환경 기능사 필기+실기

시대에듀

편·저·자·약·력

김 민(金 珉)

[학력]
아주대학교 환경공학과 졸업
수원대학교 교육대학원 환경교육학과 졸업

[경력]
現 삼일공업고등학교 환경과 교사
前 장충고등학교 기술 강사
　　성문고등학교 생태와 환경 교사
　　동원고등학교 생태와 환경 교사
　　2009~2011 맞춤형 인력양성사업 환경공업 교재 집필 참여
　　고등학교 기후변화 교과서 감수
　　2022 국가개정교육과정 중 '특성화고 환경·안전·소방 환경직군' 개정교육과정 팀장 역임

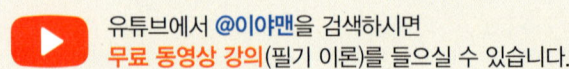

유튜브에서 **@이야맨**을 검색하시면
무료 동영상 강의(필기 이론)를 들으실 수 있습니다.

끝까지 책임진다! 시대에듀!
QR코드를 통해 도서 출간 이후 발견된 오류나 개정법령, 변경된 시험 정보, 최신기출문제, 도서 업데이트 자료 등이 있는지 확인해 보세요! **시대에듀 합격 스마트 앱**을 통해서도 알려 드리고 있으니 구글 플레이나 앱 스토어에서 다운받아 사용하세요.
또한, 파본 도서인 경우에는 구입하신 곳에서 교환해 드립니다.

편집진행 윤진영·김지은 | **표지디자인** 권은경·길전홍선 | **본문디자인** 정경일·이현진

PREFACE

환경 분야의 전문가를 향한 첫 발걸음!

책을 처음 쓰기 시작한 지 얼마 되지 않은 것 같은데, 벌써 시간이 이렇게 흘러버렸습니다. 지난 방학 동안 밤이며 낮이며 기출문제 분석에 매달렸던 기억이 떠오릅니다. 대학 졸업 후 평소 자격증 시험에 대한 체계적인 정리를 해 두었던 터라 자신 있게 덤벼들었으나, 만만치 않은 작업이었습니다. 기능사 시험의 취지에 맞도록 장황한 이론보다는 실제로 문제에 많이 출제되는 부분, 그리고 기출문제의 핵심적인 해설과 기초적 내용을 연계하여 혼자서 공부해도 충분히 합격할 수 있는 책이 될 수 있도록 노력했습니다.

기존 수험서적의 경우, 기출문제 해설이 너무 간략화되어 있거나 앞뒤 내용이 생략되어 있는 부분이 많고, 화학적 기초 배경지식에 대한 설명이 부족하여 혼자서 공부하기에 어려움을 겪는 경우가 많았습니다. 필자 역시 예전 대학시절 기사 자격증 시험을 공부하는 과정에서 앞뒤가 과감히 생략된 해설을 스스로 해결하기 위해 많은 어려움을 겪었던 기억이 있습니다. 이런 문제점의 보완을 위해 기능사 시험에 자주 사용되는 기초적인 화학 배경지식에 대한 내용을 덧붙였으며, 기존의 책에서는 접하기 힘든 수험생만이 느낄 수 있는 궁금증도 최대한 이해하기 쉽게 설명하였습니다.

본격적인 공부에 들어가기 앞서 수험생분들께 당부하고 싶은 것이 있습니다.

첫째, 화학적 기초지식에 소홀하지 마시기 바랍니다. 노말농도, 당량, 분자량, 몰농도 등 이런 내용이 어렵고 귀찮게 느껴지겠지만, 기초가 약한 공부는 모래성 위에 쌓은 탑과 같이 무너지기 쉽습니다. 기초를 확실하게 다져 공부한 내용이 쉽고 기억에 오래 남을 수 있도록 준비하시기 바랍니다.

둘째, 이론에 너무 얽매이지 마시기 바랍니다. 이론내용을 확실히 공부하고 시험에 대비하는 것이 중요하겠지만, 시간이 촉박할 경우 이론내용보다는 기출문제에 더 많은 시간을 할애하여 공부하는 것이 좋을 것입니다. 기능사 시험의 성격상 어려운 내용의 이론보다는 기존에 출제되었던 문제가 다시 출제되거나 숫자, 단위가 바뀌어 나오는 경우가 많습니다. 이론내용 역시 동일한 유형의 문제가 출제되는 경우가 많으니 이론 공부 후 기출문제 중심으로 준비하시면 보다 쉽게 합격의 기쁨을 누릴 수 있을 것입니다.

셋째, 기출문제를 전반적으로 검토하시기 바랍니다. 지면에 실린 기출문제를 처음부터 끝까지 공부하다 보면 유난히 반복되거나 비슷한 유형의 문제를 찾을 수 있을 것입니다. 이런 내용 중심으로 반복학습을 하시고 책에 빈번히 출제되는 문제를 체크해서 공부한다면 보다 효율적인 준비가 될 것입니다.

수험생분들께 환경기능사 합격을 안겨 드릴 수 있는 가장 효과적인 수험서를 만들기 위해 최선을 다했습니다. 옛말에 '문은 열고 들어가나 닫고 들어가나 들어가는 것은 똑같다'라는 말이 있습니다. 전 과목 100점이나, 평균 60점이나 합격의 자격은 동일하게 주어집니다. 단기간에 집중적이고 효율적으로 공부하여 모두 합격하시길 기도하겠습니다. 꼭 합격하십시오.

편저자 씀

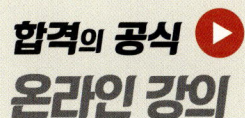
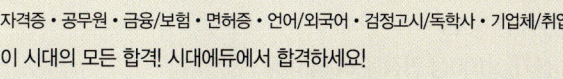

시험안내

개요

인구의 증가와 도시화, 경제규모의 확대와 산업구조의 고도화에 따른 오염물질의 대량 배출 및 다양화는 자연환경오염을 날로 심화시켜 개인위생 및 자연환경을 위협하고 있다. 이에 따라 보건과 환경을 위협하는 제요인에 적절하게 대응하기 위하여 숙련 기능인력의 양성이 필요하게 된다.

진로 및 전망

- 분뇨종말처리장, 하수처리장 및 오물의 수거·운반 등 전문용역업체와 환경오염 방지기기 제작·설치 및 시공업체, 화공, 제약, 도금, 염색식품 및 제지업체 등 각종 공장의 폐수처리 및 환경관리 부서에 진출할 수 있다.
- 환경보호에 대한 인식이 높아지면서 생물공학적 기법을 적용한 폐·하수처리기술, 폐기물의 무공해처리기술 등이 개발될 전망이며 환경오염의 감시, 오염된 하수처리시설의 철저한 관리 및 운영이 이루어질 것으로 예상되기 때문에 환경오염방지 분야의 기능인력 수요가 증가할 것이다.

시험일정

구 분	필기원서접수 (인터넷)	필기시험	필기합격 (예정자)발표	실기원서접수	실기시험	합격자 발표일
제1회	1월 초순	1월 하순	2월 초순	2월 초순	3월 중순	4월 중순
제2회	3월 중순	4월 초순	4월 중순	4월 하순	5월 하순	6월 하순
제3회	6월 초순	6월 하순	7월 중순	7월 하순	8월 하순	9월 하순
제4회	8월 하순	9월 하순	10월 중순	10월 하순	11월 하순	12월 중순

※ 상기 시험일정은 시행처의 사정에 따라 변경될 수 있으니, www.q-net.or.kr에서 확인하시기 바랍니다.

시험요강

❶ 시행처 : 한국산업인력공단
❷ 시험과목
  ㉠ 필기 : 1. 대기오염 방지 2. 폐수처리 3. 폐기물처리 4. 소음진동 방지
  ㉡ 실기 : 환경오염공정 시험방법 실무
❸ 검정방법
  ㉠ 필기 : 객관식 4지 택일형 60문항(60분)
  ㉡ 실기 : 작업형(2시간 정도)
❹ 합격기준(필기·실기) : 100점 만점에 60점 이상

검정현황

필기시험

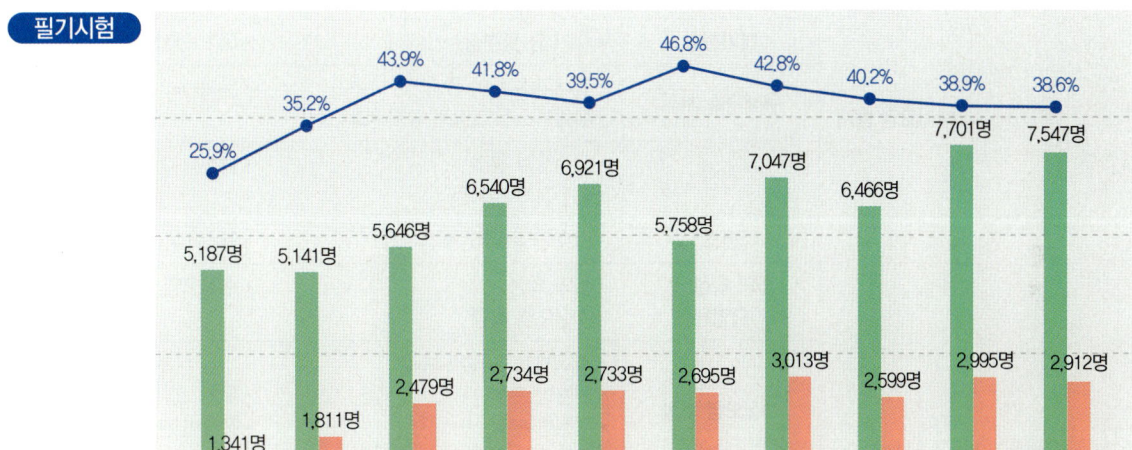

실기시험

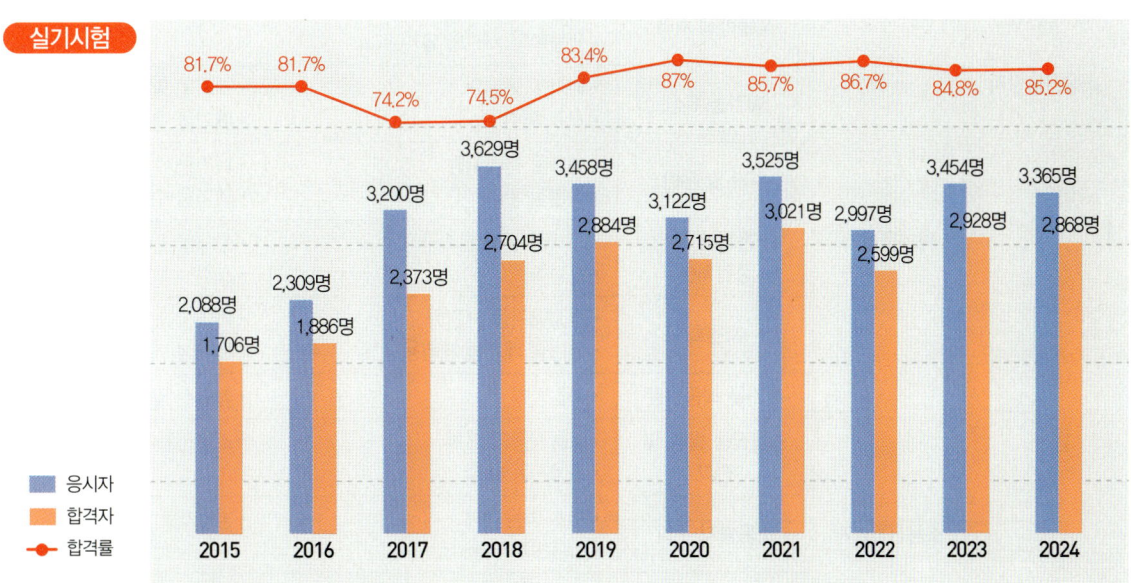

[환경기능사] 필기+실기

시험안내

출제기준(필기)

필기 과목명	주요항목	세부항목	세세항목	
대기오염방지 · 폐수처리 · 폐기물처리 · 소음진동방지	대기오염 방지	대기오염	• 대기오염 발생원	• 대기오염 측정
		대기현상	• 대기 중 물현상	• 대기 먼지현상
		유해가스 처리	• 유해가스 처리 원리 • 유해가스 처리장치 유지관리	• 유해가스 처리장치 종류
		집진	• 집진장치 원리 • 집진장치 유지관리	• 집진장치 종류
		연소	• 연료의 종류 및 특성	• 연소이론
	폐수처리	물의 특성 및 오염원	• 물의 특성 • 수질오염 측정	• 수질오염 발생원 및 특성
		수질오염 측정	• 시료채취 · 운반 · 보관 • 관능법 분석 • 적정법 분석 • 흡광 광도법 분석	• 무게차법 분석 • 전극법 분석 • 세균 검사
		물리적 처리	• 물리적 처리 원리 • 물리적 처리의 유지관리	• 물리적 처리의 종류
		화학적 처리	• 화학적 처리 원리 • 화학적 처리의 유지관리	• 화학적 처리의 종류
		생물학적 처리	• 생물학적 처리 원리 • 생물학적 처리의 유지관리	• 생물학적 처리의 종류
	폐기물처리	폐기물 특성	• 폐기물 발생원 • 시료 채취	• 폐기물 종류 • 폐기물 측정
		수거 및 운반	• 폐기물 분리저장 • 적환장 관리	• 폐기물 수거 • 폐기물 수송
		전처리 및 중간처분	• 기계적 선별 분리공정 • 고형화	• 잔재물 관리 • 소각
		자원화	• 건설폐기물 자원화 • 유기성 폐기물 재활용	• 가연성 폐기물 재활용 • 무기성 폐기물 재활용
		폐기물 최종처분	• 매립방법	• 침출수 및 매립가스 관리
	소음진동방지	소음진동 발생 및 전파	• 소음진동의 기초 • 소음진동 측정	• 소음진동 발생원과 전파
		소음방지 관리	• 기초 방음대책 • 소음방지 기술	• 방음재료 및 시설
		진동방지 관리	• 기초 방진대책 • 진동방지 기술	• 방진재료 및 시설

출제기준(실기)

실기 과목명	주요항목	세부항목	세세항목
환경오염공정시험방법 실무	일반 항목 분석	시료 채취하기	• 수질오염공정시험기준에 근거하여 시료 채취 준비/시료 채취/시료를 안전하게 보관 · 운반 · 저장할 수 있다.
		수질오염물질 분석하기	• 수질오염공정시험기준에 근거하여 일반 항목을 분석할 수 있다. • 무기물질(금속류)을 분석할 수 있다. • 유기물질을 분석할 수 있다.
	폐기물 조사분석	시료 채취하기	• 폐기물공정시험기준에 근거하여 폐기물별 시료 채취 준비/시료 채취/시료를 안전하게 보관 · 운반 · 저장할 수 있다.
		폐기물 분석하기	• 폐기물공정시험기준에 근거하여 폐기물 일반 항목을 분석할 수 있다. • 폐기물 중 무기물질(금속류)을 분석할 수 있다. • 폐기물 중 유기물질을 분석할 수 있다. • 폐기물 중 감염성 미생물을 분석할 수 있다.
	소음 · 진동 측정	측정범위 파악하기	• 소음 · 진동 측정대상, 측정목적을 확인할 수 있다. • 소음 · 진동 측정대상, 측정목적에 적합하게 측정방법을 검토할 수 있다.
		배경 · 대상 소음 · 진동 측정하기	• 배경 및 대상소음 · 진동을 측정할 수 있는 환경조건을 확인할 수 있다. • 소음 · 진동 관련 법 및 기준에 따라 배경 및 대상소음 · 진동을 측정할 수 있다.
		발생원 측정하기	• 관련 법 및 기준에 따라 발생원의 소음 · 진동 크기 정도를 측정할 수 있다.
	대기오염물질 측정분석	시료 채취하기	• 공정시험기준에 따라 대기오염물질에 대한 시료채취 방법 결정/시료 채취 준비와 채취/시료를 안전하게 보관 · 운반할 수 있다. • 시료채취 과정 중에 발생한 현장의 특이사항과 현장 조건 등을 기록할 수 있다.
		가스상 물질 기기분석하기	• 공정시험기준에 따라 가스상 대기오염물질 분석을 위한 기기 선정/기기분석에 필요한 전처리 수행/기기를 사용하여 정량 · 정성 분석할 수 있다.

출제비율

대기오염 방지	폐수처리	폐기물처리	소음진동 방지
25%	33%	33%	9%

CBT 응시 요령

[환경기능사] 필기+실기

기능사 종목 전면 CBT 시행에 따른

CBT 완전 정복!

"CBT 가상 체험 서비스 제공"

한국산업인력공단
(http://www.q-net.or.kr) 참고

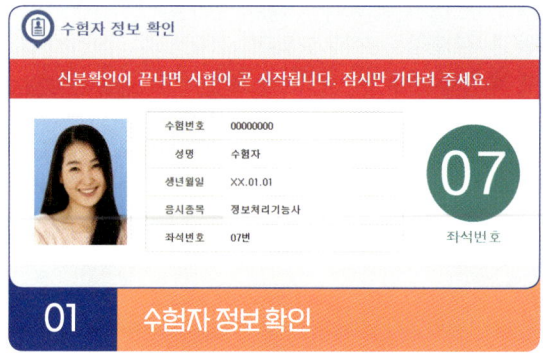

01 수험자 정보 확인

시험장 감독위원이 컴퓨터에 나온 수험자 정보와 신분증이 일치하는지를 확인하는 단계입니다. 수험번호, 성명, 생년월일, 응시종목, 좌석번호를 확인합니다.

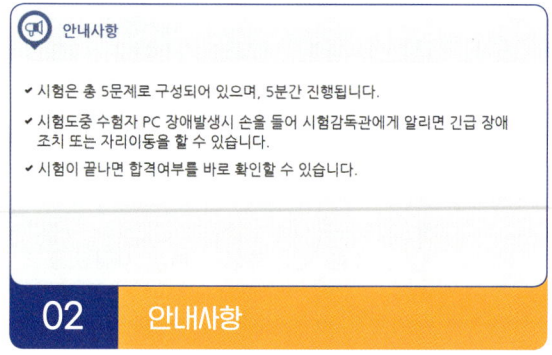

02 안내사항

시험에 관한 안내사항을 확인합니다.

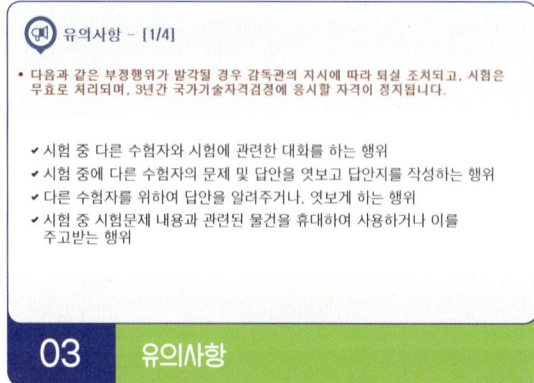

03 유의사항

부정행위에 관한 유의사항이므로 꼼꼼히 확인합니다.

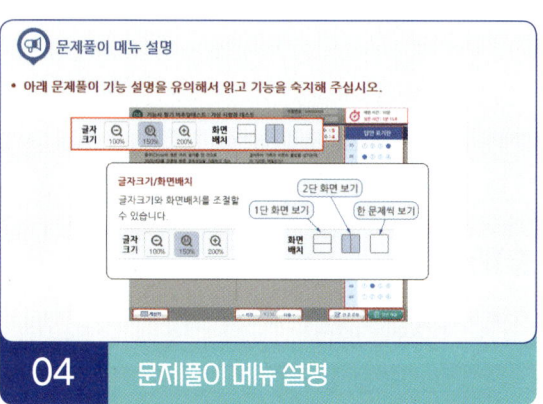

04 문제풀이 메뉴 설명

문제풀이 메뉴의 기능에 관한 설명을 유의해서 읽고 기능을 숙지해 주세요.

FORMULA OF PASS · SDEDU.CO.KR

CBT GUIDE

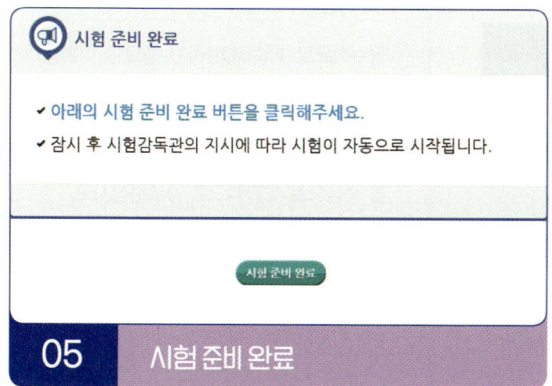

05 시험 준비 완료

시험 안내사항 및 문제풀이 연습까지 모두 마친 수험자는 시험 준비 완료 버튼을 클릭한 후 잠시 대기합니다.

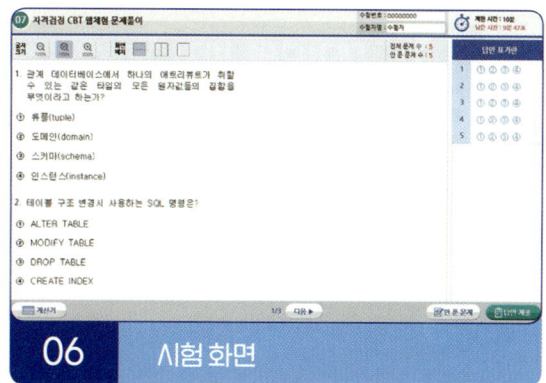

06 시험 화면

시험 화면이 뜨면 수험번호와 수험자명을 확인하고, 글자크기 및 화면배치를 조절한 후 시험을 시작합니다.

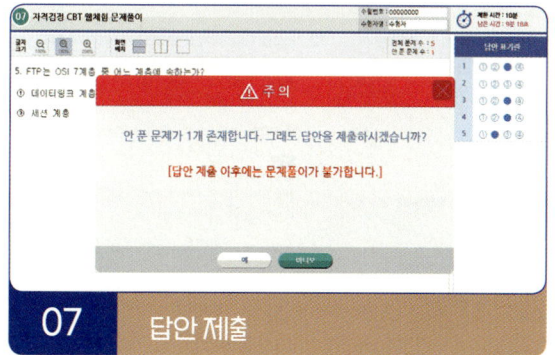

07 답안 제출

[답안 제출] 버튼을 클릭하면 답안 제출 승인 알림창이 나옵니다. 시험을 마치려면 [예] 버튼을 클릭하고 시험을 계속 진행하려면 [아니오] 버튼을 클릭하면 됩니다. 답안 제출은 실수 방지를 위해 두 번의 확인 과정을 거칩니다. [예] 버튼을 누르면 답안 제출이 완료되며 득점 및 합격여부 등을 확인할 수 있습니다.

CBT 완전 정복 Tip

내 시험에만 집중할 것
CBT 시험은 같은 고사장이라도 각기 다른 시험이 진행되고 있으니 자신의 시험에만 집중하면 됩니다.

이상이 있을 경우 조용히 손을 들 것
컴퓨터로 진행되는 시험이기 때문에 프로그램상의 문제가 있을 수 있습니다. 이때 조용히 손을 들어 감독관에게 문제점을 알리며, 큰 소리를 내는 등 다른 사람에게 피해를 주는 일이 없도록 합니다.

연습 용지를 요청할 것
응시자의 요청에 한해 연습 용지를 제공하고 있습니다. 필요시 연습 용지를 요청하며 미리 시험에 관련된 내용을 적어놓지 않도록 합니다. 연습 용지는 시험이 종료되면 회수되므로 들고 나가지 않도록 유의합니다.

답안 제출은 신중하게 할 것
답안은 제한 시간 내에 언제든 제출할 수 있지만 한 번 제출하게 되면 더 이상의 문제풀이가 불가합니다. 안 푼 문제가 있는지 또는 맞게 표기하였는지 다시 한 번 확인합니다.

[환경기능사] 필기+실기

구성 및 특징

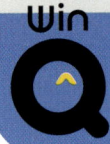

핵심이론

필수적으로 학습해야 하는 중요한 이론들을 각 과목별로 분류하여 수록하였습니다. 시험과 관계없는 두꺼운 기본서의 복잡한 이론은 이제 그만! 시험에 꼭 나오는 이론을 중심으로 효과적으로 공부하십시오.

과년도 기출문제

지금까지 출제된 과년도 기출문제를 수록하였습니다. 각 문제에는 자세한 해설이 추가되어 핵심이론만으로는 아쉬운 내용을 보충 학습하고 출제경향의 변화를 확인할 수 있습니다.

STRUCTURES

FORMULA OF PASS · SDEDU.CO.KR

최근 기출복원문제

최근에 출제된 기출문제를 복원하여 가장 최신의 출제경향을 파악하고 새롭게 출제된 문제의 유형을 익혀 처음 보는 문제들도 모두 맞힐 수 있도록 하였습니다.

실기(작업형)

실기(작업형)에서는 작업형 과제를 올컬러로 수록하여 실기시험에 효과적으로 대비할 수 있도록 하였습니다.

[환경기능사] 필기+실기

최신 기출문제 출제경향

- 집진장치의 특징, 대기오염물질과 발생원, 장치분석방법, 집진시설과 효율 계산, 지구 대기의 구성
- 활성슬러지법의 운전조건, 경도 및 알칼리도의 개념 및 계산, 부영양화와 고도처리 방법, 혐기성 소화조의 특징, 점오염원과 비점오염원의 구분, 공정시험기준의 용어 정리, 미생물 성장곡선, 소화율 계산
- 폐기물의 함수율 계산, 바젤협약, 폐기물 파쇄의 목적과 3가지 힘, 소각시설의 종류와 특징(유동상 소각로, 로터리킬른 소각로), 폐기물의 선별목적, 발열량의 정의와 계산
- 진동수·속도·파장의 관계, 투과손실 계산, 음원대책과 전파경로대책의 특징 및 차이점

- 대기의 구성, 대기오염물질의 종류, 공기의 연료비, 기준농도 변환, 유해가스의 측정, 집진율의 계산, 공기비의 계산
- 물의 특성, 부영양화와 적조현상, 중금속 수질오염현상, 침전효율 계산, 염소살균력 비교, 헨리상수를 통한 평형압력 계산, 몰 농도와 몰랄농도 계산
- 부식성 폐기물(폐산과 폐알칼리)의 기준, 폐기물 중간처리의 종류 및 목적, 적환장의 역할, 폐기물 수거량과 밀도의 계산, 소각로의 종류와 특징, 폐기물 탈수 및 함수율 계산, 최종매립과 발생가스 양 계산법
- 귀의 구조와 특징, 투과손실의 계산, 방음대책(음원대책, 전파경로대책)의 구분, 소음과 진동의 제어

2022년 2회 | **2022년 3회** | **2023년 2회** | **2023년 3회**

- 연소공학, 물리적 흡착과 화학적 흡착, 스모그의 종류와 특징, 유해가스 측정용 시료채취장치 및 순서
- 혐기성 슬러지의 특징, 산화지법의 특징과 영향 인자, 스토크스 법칙, 슬러지 처리 계통도, 활성슬러지법의 장단점, 자 테스트의 실험순서
- 슬러지 개량의 목적과 방법, 퇴비화 공정의 특징 및 장단점, 관거수거의 특징, 매립지의 가스 생성과정, MHT 계산, 폐기물 발생량 계산, 차수시설과 복토의 중요성, 시료 분할채취방법 3가지
- 가청주파수의 범위, 음의 크기, 음향파워레벨의 계산

- 스모그의 종류와 특징, 2차 대기오염물질의 종류 및 특징, 질소산화물의 측정방법, 헨리의 법칙과 적용, 상당직경의 계산, 집진율의 계산, 이론산소량, 이론공기량의 계산
- 물의 특성, 용존산소 측정, 공정시험방법 이해, 점오염원과 비점오염원, 노르말농도와 몰농도의 계산, 침전지 체류시간의 계산, 용액의 몰농도에 따른 pH의 계산, 최종 BOD값의 계산
- 폐기물의 주요 3성분, 폐기물 분석시료 축소방법의 이해, 폐기물의 탈수와 수분함량의 계산, 폐기물 수거방법과 특징, MHT의 계산, 쓰레기 발생량의 산정방법, 폐기물의 고형화, 안정화 방법
- 음의 회절현상, 진동수와 파장의 계산, 방진재의 종류와 특징, 진동가속도 레벨의 계산

FORMULA OF PASS · SDEDU.CO.KR

TENDENCY OF QUESTIONS

2024년 1회
- 대기오염물질의 분류 및 특성, 대기오염공정시험기준별 오염물질 측정방법, 대기 중 물, 먼지 현상, 유해가스 처리장치 및 처리인자 계산, 집진시설의 유지관리, 이론산소량·이론공기량의 계산
- 물의 기본적인 특성, 점·비점오염원, 다양한 수질오염물질 및 측정 지표, 수질오염 측정과 시료채취 및 운반, 분석법, 물리적·화학적·생물학적 처리원리와 처리시설의 특징, 침전조·폭기조의 유량, 부피, 체류시간의 계산
- 폐기물의 발생원의 종류 및 특징, 쓰레기 성상 분석 및 시료채취방법, 폐기물의 수송, MHT계산, 폐기물의 다양한 선별방법, 함수율 계산, 폐기물의 자원화, 고형화 및 소각처리, 복토방법의 종류, 건설폐기물의 자원화 방법, 가연성, 유기성·무기성 폐기물의 재활용법
- 소음진동의 기초이론 및 용어정리, 음압레벨의 계산, 방음대책 중 음원대책과 전파경로대책의 구분, 진동방지 기술의 종류 및 특징

2024년 2회
- 대기오염물질의 분류 및 특성, 질소산화물의 제어, 전지구적 대기오염현상, 대기 중 물·먼지 현상, 유해가스 처리, 집진효율의 계산, 이론산소량·이론공기량의 계산
- 물의 기본적인 특성, 수질오염물질의 특징, 점오염원과 비점오염원, 관능법을 이용한 물질의 분석, 스토크스 법칙의 적용과 이해, 침전시설의 SS 제거율 계산, 염소요구량·주입량·잔류량의 계산, 질소와 인의 생물학적 원리를 이용한 처리, 활성슬러지 표준공정 운전조건
- 폐기물의 6대 특성, 시료축소화 방법, MHT 계산, 고위발열량·저위발열량의 계산, 건설폐기물의 자원화 방법, 가연성·유기성·무기성 폐기물의 재활용법, 매립시설과 발생가스의 처리 및 발생량 계산
- 가청주파수의 이해, 음압레벨의 이해와 계산, 진동수·파장·전파속도의 계산 및 이해, 공해진동의 정의와 특징

2025년 1회
- 대기오염물질의 종류, 굴뚝의 연기형태, 유해가스 처리장치, 기체의 법칙, 유해가스 처리장치 유지관리, 집진원리, 효율 계산, 연소공학, 이론산소량, 이론공기량의 계산
- 점오염원과 비점오염원, 산업폐수 오염물질과 영향, 수질오염 측정과 시료보존방법, 채취 및 운반, 경도의 정의 및 계산, 수소이온농도의 정의 및 계산, 물리적 처리원리와 처리시설의 특징, 침전원리(Ⅰ, Ⅱ, Ⅲ, Ⅳ형 침전), 화학적 처리원리와 처리시설의 특징, 생물학적 처리원리와 처리시설 종류 및 특징, 혐기성 소화 운전조건, 고도처리 대상물질, 처리공정
- 폐기물의 발생원의 종류 및 특징, 쓰레기 성상 분석 및 시료분할채취법, 압축비(CR), 부피감소율(VR), 함수율, MHT 계산, 폐기물의 다양한 선별방법, 적환장 관리, 폐기물 선별방법별 특징, 연소의 3요소, 연소효율 향상 조건, 소각시설별 특징, 폐기물 고위발열량, 저위발열량 계산, 매립공법 및 매립지 가스 발생
- 소음진동의 기초 이론 및 용어정리, 파동이론, 정의, 개념, 음압레벨의 계산, 방음대책 중 음원대책과 전파경로대책의 구분, 진동방지 기술의 종류 및 특징

2025년 2회
- 대기오염물질의 종류 및 특성, 대기오염물질의 기기분석, 역전층의 종류와 특징, 개념, 충전탑, 흡수장치 충전물 구비조건, 물리적 흡착과 화학적 흡착, 전지구적 대기현상의 개념(엘니뇨, 라니냐 구분), 연소공학, 이론산소량, 이론공기량의 계산
- %, ppm, 몰농도, 노르말 농도의 계산, 부유성장식, 부착성장식 오수처리의 구별, 수자원의 일반적인 특징, 최종 BOD 농도의 계산, 몰농도, 노말농도로 pH 농도 계산, 화학적 처리방법의 주요 영향 인자, 슬러지의 혐기성 소화처리방법, Jar-Test의 정의 및 영향인자, 유리염소, 결합잔류염소의 살균력 비교, 슬러지 부상의 원인과 해결
- 폐기물 발생량 산정방법, 함수율, 압축비(CR), 부피감소율(VR), 밀도 등의 계산, 폐기물 공정시험 기준의 이해, 지정폐기물의 기준-폐산, 폐알칼리, 쓰레기 발생량 및 MHT 계산, 소각로의 종류 및 특징, 폐기물 고형화 방법별 장단점 비교, 퇴비화 공정의 장단점, 위생매립의 정의 및 특징/장단점, 매립지 선정 기준
- 외이, 중이, 내이의 구성 및 개념, 등가소음도의 개념, 벽체의 투과손실 계산, 음압레벨의 계산

[환경기능사] 필기+실기

D-20 스터디 플래너

20일 완성!

D-20
★ CHAPTER 01
대기오염 방지
1. 대기오염

D-19
★ CHAPTER 01
대기오염 방지
2. 대기현상

D-18
★ CHAPTER 01
대기오염 방지
3. 유해가스 처리

D-17
★ CHAPTER 01
대기오염 방지
4. 집진

D-16
★ CHAPTER 01
대기오염 방지
5. 연소

D-15
★ CHAPTER 02
폐수처리
1. 물의 특성 및 오염원

D-14
★ CHAPTER 02
폐수처리
2. 수질오염 측정

D-13
★ CHAPTER 02
폐수처리
3. 물리적 처리

D-12
★ CHAPTER 02
폐수 처리
4. 화학적 처리

D-11
★ CHAPTER 02
폐수 처리
5. 생물학적 처리

D-10
★ CHAPTER 03
폐기물처리
1. 폐기물 특성

D-9
★ CHAPTER 03
폐기물 처리
2. 수거 및 운반

D-8
★ CHAPTER 03
폐기물 처리
3. 전처리 및 중간처분

D-7
★ CHAPTER 03
폐기물 처리
4. 자원화

D-6
★ CHAPTER 03
폐기물 처리
5. 폐기물 최종처분

D-5
★ CHAPTER 04
소음진동 방지
1. 소음, 진동 발생 및 전파
2. 소음방지
3. 진동방지

D-4
2014~2016년
과년도 기출문제 풀이

D-3
2017~2020년
과년도 기출복원문제 풀이

D-2
2021~2024년
과년도 기출복원문제 풀이

D-1
2025년
최근 기출복원문제 풀이

표준주기율표
Periodic Table of the Elements

© 대한화학회, 2018

이 책의 목차

[환경기능사] 필기+실기

빨리보는 간단한 키워드

PART 01	핵심이론	
CHAPTER 01	대기오염 방지	002
CHAPTER 02	폐수 처리	051
CHAPTER 03	폐기물 처리	117
CHAPTER 04	소음진동 방지	165

PART 02	과년도 + 최근 기출복원문제	
2014~2016년	과년도 기출문제	188
2017~2023년	과년도 기출복원문제	326
2024년	최근 기출복원문제	518

PART 03	최근 기출복원문제	
2025년	최근 기출복원문제	546

PART 04	실기(작업형)	
CHAPTER 01	용존산소(DO)측정	574
CHAPTER 02	대기시료측정	584

빨리보는 간단한 키워드

빨간키

#합격비법 핵심 요약집　　#최다 빈출키워드　　#시험장 필수 아이템

공 통

단위환산과 단위변환

단위환산과 단위변환은 환경기능사 문제 풀이의 매우 중요한 부분을 차지하고 있으며, 다양한 영역에서 계산을 중심으로 활용되고 있다. 이에 핵심적인 내용에 대한 Key Point를 잡고 본격적인 학습에 들어가고자 한다.

(1) 단위의 기준

① 단위 정리

물리량	정 의	명칭 및 기호	비 고
길 이	거 리	미터(m)	
질 량	물질 고유의 무게	그램(g)	
시 간	시 간	초(s)	
온 도	온 도	절대온도(K)	
물질의 양	몰	몰(mol)	
면 적	넓 이	m^2	
부 피	부 피	m^3, L(= 리터)	1,000L = $1m^3$
	환경공학에서 Sm^3, Nm^3은 모두 표준상태(0℃, 1atm)에서의 $1m^3$ 용적을 의미함		
압 력	단위면적당 작용하는 힘	표준압력(atm)	1atm = 760mmHg
점 도	유체의 끈끈함을 나타내는 단위	뮤(μ)	p(g/cm·sec) cP(mg/mm·sec)
밀 도	일정 질량을 부피로 나눈 값	$\frac{질량}{부피}$	
비 중	특정 물질의 질량을 동일 부피의 표준물질로 나눈 값(보통 물)	$\frac{대상물질\ 밀도}{표준물질\ 밀도}$	무단위

② 주요 단위물리량과 차원

양	기 호	차 원	비 고
면 적	A	L^2	
부 피	V	L^3	
속 력	v	L/T	
가속도	a	L/T^2	L : Length(길이) T : Time(시간) M : Mass(질량)
힘	F	ML/T^2	
압력(F/A)	p	L/T^2	
밀도(M/V)	ρ	L/T^3	
에너지	E	ML^2/T^2	
일률(E/T)	P	ML^2/T^3	

③ 단위 접두어 정리

접두어	킬로(k)	데카(da)	기준점	데시(deci)	센티(c)	밀리(m)	마이크로(μ)	나노(n)
배 수	10^3	10^1	10^0	10^{-1}	10^{-2}	10^{-3}	10^{-6}	10^{-9}
예 시	10^{-3}km	10^{-1}dam	1m	10dm	10^2cm	10^3mm	10^6μm	10^9nm
	10^{-3}kg	10^{-1}dag	1g	10dg	–	10^3mg	10^6μg	10^9ng

※ 킬로(k), 기준점, 밀리(m), 마이크로(μ), 나노(n)로 갈수록 10^3씩 배수가 작아지며 센티(c)는 길이 단위에서만 사용한다.

※ 데카(da)는 기준점의 10배, 데시(deci)는 기준점의 0.1배로, 잘 사용되지 않는다.

(2) 단위환산

① 정의 : 동일한 물리량을 다른 단위로 표현하기 위해 바꾸는 것
② 환산방법 : 단위 접두어별로 절대적 물리량의 크기를 기억하여 환산한다.

- 길 이

  예시 1 1m를 1mm로 환산하라.

  $$\cancel{1m} \times \frac{10^3 mm}{\cancel{1m}} = 10^3 mm$$

  예시 2 1cm를 1μm로 환산하라.

  $$\cancel{1cm} \times \frac{10^4 \mu m}{\cancel{1cm}} = 10^4 \mu m$$

- 질 량

  예시 1 1g을 1kg으로 환산하라.

  $$\cancel{1g} \times \frac{10^{-3} kg}{\cancel{1g}} = 10^{-3} kg$$

  예시 2 1kg을 1mg으로 환산하라.

  $$\cancel{1kg} \times \frac{10^6 mg}{\cancel{1kg}} = 10^6 mg$$

- 시 간

  예시 1일(d)을 초(s)로 환산하라.

  $$\cancel{1day} \times \frac{24 hour}{\cancel{1day}} \times \frac{60 min}{\cancel{1hour}} \times \frac{60s}{\cancel{1min}} = 24 \times 60 \times 60s = 86,400s$$

(3) 단위변환

① 정의 : 서로 다른 단위계를 사용하기 위해 바꾸는 것

② 변환방법

- 온 도
  - 절대온도(K) = ℃ + 273.15
  - 화씨온도(°F) = 1.8℃ + 32

  ※ 화씨-섭씨 변환은 한 가지만 암기하자.

  예시 1913년 북미 캘리포니아 죽음의 계곡(Death valley)의 온도가 134°F까지 도달했다. 이를 Celsius도와 절대온도로 환산하라.

  134 = 1.8℃ + 32이므로, ℃ = 56.7

  절대온도 = 56.7 + 273 = 329.7K

- 물의 질량과 부피의 변환
  - 물의 경우, 밀도가 $1g/cm^3$ (1g/mL = 1kg/L)이므로

  물 1,000L = 1,000,000mL × 1g/mL = 1,000,000g = 1,000kg = 1ton = $1m^3$

  예시 해양에는 대략 $1.35 \times 10^9 km^3$의 물을 함유하고 있다. 이를 L로 환산하라.

  $$1.35 \times 10^9 km^3 \times (\frac{1,000m}{1km})^3 = 1.35 \times 10^{18} m^3$$

  $$= 1.35 \times 10^{18} m^3 \times \frac{10^3 L}{1m^3} = 1.35 \times 10^{21} L$$

  ※ 무게로 환산 시, $1.35 \times 10^{21} L \times 1,000 kg/L = 1.35 \times 10^{24} kg = 1.35 \times 10^{21} ton$

- 밀 도
  - 밀도(d) = $\frac{질량(m)}{부피(V)}$

  예시 밀도가 $500kg/m^3$인 압축폐기물이 1,000kg 있을 때, 전체 부피를 구하시오.

  $d = \frac{m}{V}$ 에서, $V = \frac{1,000kg}{500kg/m^3} = 2m^3$

- 압 력
  - 단위면적당 가해지는 힘으로, 1atm = 760mmHg = 101,325Pa = 101.325kPa

  예시 어느 태풍의 기압이 약 711mmHg였다. 표준대기압(atm)으로 환산하라.

  1atm : 760mmHg = x : 711mmHg

  $x = \frac{711}{760} = 0.936 atm$

10년간 자주 출제된 문제

공통-1. 폭 2m, 길이 15m인 침사지에 100cm 수심으로 폐수가 유입할 때 체류 시간이 50초라면 유량은?

① 2,000m³/h
② 2,160m³/h
③ 2,280m³/h
④ 2,460m³/h

공통-2. 200m³의 폭기조에 BOD 370mg/L인 폐수가 1,250m³/d의 유량으로 유입되고 있다. 이 폭기조의 BOD 용적 부하는?

① 1.78kg/m³·d
② 2.31kg/m³·d
③ 2.98kg/m³·d
④ 3.12kg/m³·d

공통-3. 쓰레기 소각능력이 100kg/m²·hr이고, 소각할 쓰레기의 양이 5,100kg/day이다. 하루 8시간 소각로를 운전한다면 화격자의 면적은?

① 10.90m²
② 9.38m²
③ 6.38m²
④ 5.69m²

|해설|

공통-1

체류 시간 $t = \dfrac{V}{Q}$, 여기서 t : 체류 시간, V : 부피, Q : 유량

$\therefore Q = \dfrac{V}{t} = \dfrac{2 \times 15 \times 1}{50s \times \dfrac{1hour}{60min} \times \dfrac{1min}{60s}} = \dfrac{30m^3}{50s \times \dfrac{1h}{3,600s}} = 2,160m^3/h$

공통-2

BOD 용적 부하 = $\dfrac{Q \times BOD \text{ 농도}}{V}$, 여기서 Q : 유량(m³/d), V : 폭기조 체적(m³)

단위환산, 단위변환을 통해 BOD 농도의 단위인 mg/L를 kg/m³으로 바꾸면

$BOD \text{ 농도} = \dfrac{370mg}{L} \times \dfrac{10^{-3}g}{1mg} \times \dfrac{10^{-3}kg}{1g} \times \dfrac{10^3 L}{1m^3}$

$= \dfrac{370}{1} \times \dfrac{10^{-3}}{1} \times \dfrac{10^{-3}kg}{1} \times \dfrac{10^3}{1m^3}$

$= 0.37kg/m^3$

$\therefore$ BOD 용적 부하 = $\dfrac{1,250m^3/d \times 0.37kg/m^3}{200m^3} = 2.31kg/m^3 \cdot d$

공통-3

쓰레기 소각능력 = 소각할 쓰레기의 양/화격자의 면적

$100kg/m^2 \cdot hr = (5,100kg/day)/(\text{화격자의 면적} \times 8hr/day)$

$\therefore \text{화격자의 면적} = \dfrac{5,100 \dfrac{kg}{d}}{100 \dfrac{kg}{m^2 \cdot hr} \times 8 \dfrac{hr}{d}} = 6.375m^2$

정답 1 ② 2 ② 3 ③

환경 관련 협약

협약명	내용
런던협약(1972)	폐기물의 투기로 인한 해양오염에 관한 협약
람사르협약(1975)	습지와 습지보존 자원의 보호를 위한 국제 협약
제네바협약(1979)	대기오염물질 장거리 이동에 관한 협약(산성비)
비엔나협약(1985) 몬트리올 의정서(1987) 런던회의(1990)	오존층 파괴물질 관리에 관한 협약
바젤협약(1989)	유해폐기물의 국가 간 이동 및 처리 규제에 관한 협약
기후변화 방지협약(1992) 교토 의정서(1997) 파리협약(2016)	온실가스 배출량 억제를 위한 협약
생물다양성협약(1992)	종의 다양성을 보호하기 위한 협약
나고야 의정서(2010)	생물의 유전적 자원활용의 이익을 공정하게 공유한다는 의정서

CHAPTER 01 대기오염 방지

■ 이상기체방정식

$$PV = nRT$$

P : 압력(atm) V : 부피(L)
n : 몰수(mol) R : 기체상수(0.082L·atm/K·mol)
T : 절대온도(K)

■ 보일-샤를의 법칙

$$\frac{P_1 V_1}{T_1} = \frac{P_2 V_2}{T_2}$$

P : 압력(atm) V : 부피(m^3)
T : 절대온도(K) k : 일정한 상수

■ 헨리의 법칙

$$P = H \cdot C$$

P : 분압(atm) C : 농도(kmol/m^3)
H : 헨리상수(atm·m^3/kmol)

■ 스토크스 법칙(Stokes' Law)

$$V_g = \frac{d^2(\rho_s - \rho)g}{18\mu}$$

V_g : 입자의 속도(cm/s) d : 입자의 직경(cm)
ρ_s : 입자의 밀도(g/cm^3) ρ : 가스의 밀도(g/cm^3)
μ : 점성계수(g/cm·s=1poise) g : 중력가속도(980cm/s^2)

※ 계산문제와 각 변수의 비례, 반비례를 묻는 문제 다수 출제

■ 배출가스의 유속

$$V = \sqrt{2gh}$$

V : 유속(m/s) g : 중력가속도(9.8m/s^2)
h : 동압측정치(kg/m^2)

■ 덕트(환기용 관로)의 단면적 및 관경

$$A = \frac{Q}{V \times 60}, \quad D = \left(\frac{4A}{\pi}\right)^{\frac{1}{2}}$$

A : 관의 단면적(m^2) Q : 배출가스량(m^3/min)
V : 덕트 내 유속(m/s) D : 덕트의 직경(m)

■ 상당지름(상당직경)

$$D_e = \frac{2ab}{a+b}$$

a : 가로길이(m) b : 세로길이(m)

■ 충전층의 높이

$$h = \text{HOG} \times \text{NOG}$$

HOG : 총괄이동 단위높이(m) NOG : 총괄이동 단위수 $\left(\ln\left(\frac{1}{1-E}\right)\right)$

■ 관 내 평균풍속

$$V = \frac{Q}{A}$$

A : 단면적(m^2) V : 유속(m/s)
Q : 유량(m^3/s)

■ 집진효율

$$\eta = \left(1 - \frac{C_o}{C_i}\right) \times 100$$

C_i : 입구가스의 농도　　　　　C_o : 출구가스의 농도

■ 총집진효율

$$\eta_t = \eta_1 + \eta_2\left(1 - \frac{\eta_1}{100}\right)$$

η_1, η_2 : 1차, 2차 집진장치의 집진율(%)

■ 분리계수

$$S = \frac{V^2}{R \times g}$$

V : 가스접선속도(m/s)　　　　R : 반지름(m)
g : 중력가속도(9.8m/s^2)

■ 중력집진장치의 길이

$$L = \frac{U \times H}{V_g}$$

U : 가스속도(m/s)　　　　　H : 침강실의 높이(m)
V_g : 최종침강속도(m/s)

■ 송풍기의 소요동력(kW)

$$\frac{Q \times P_t}{6{,}120 \times \eta} \times \alpha$$

Q : 풍량(m^3/min)　　　　　P_t : 전압(mmH$_2$O)
η : 송풍기 효율(%)　　　　　α : 여유율

■ 여과포의 표면여과속도

$$v = \frac{Q}{A} \times 100$$

Q : 유량(m^3/min) A : 단면적(m^2)

■ 백필터(Bag Filter)의 개수

$$n = \frac{A_f}{A_c}$$

A_f : 백필터 전체 면적 A_c : 백필터 1개 면적

■ 발열량 계산

$$LHV = HHV - 600(9H + W) = HHV - (480 \times H_2O)$$

LHV : 저위발열량(kcal/kg) HHV : 고위발열량(kcal/kg)
H : 수소의 함량(%) W : 수분의 함량(%)
H_2O : 연소 시 발생되는 H_2O의 개수

■ 이론공기량

$$A_o = \frac{O_o}{0.21}\left\{1.867C + 5.6\left(H - \frac{O}{8}\right) + 0.7S\right\}$$

O_o : 이론산소량 0.21 : 공기 중 산소의 부피비
C : 탄소의 부피비(%) H : 수소의 부피비(%)
O : 산소의 부피비(%) S : 황의 부피비(%)

■ 공기비

$$m = \frac{실제공기량(A)}{이론공기량(A_o)} = \frac{N_2(\%)}{N_2(\%) - 3.76(O_2 - 0.5CO(\%))}$$

3.76 : 대기 중 산소대비 질소의 비율

기체연료의 연소방정식

$$C_mH_n + \left(m + \frac{n}{4}\right)O_2 \rightarrow mCO_2 + \frac{n}{2}H_2O + Q$$

※ 방정식을 통해 계수를 구하는 문제 다수 출제

Deutsch-Anderson식

$$\eta = \left\{1 - \exp\left(-\frac{A \times W_e}{Q}\right)\right\} \times 100$$

η : 효율(%)　　　　　　　A : 집진극의 면적(m^2)
W_e : 입자 이동속도(m/s)　　Q : 처리가스량(m^3/s)

LA형 스모그와 런던형 스모그

- LA형 스모그 : 침강성 역전 형태(하강형), 26~32℃의 고온, 광화학적 반응, 석유계 연료, 높은 자외선 농도, 산화형 화학반응
- 런던형 스모그 : 복사역전, 0~5℃의 저온(주로 이른 아침이나 겨울철에 발생), 석탄계 연료, 환원형 화학반응

다이옥신의 발생원

- 염화페놀 관련 물질의 제조공정(제초, 곰팡이방지, 살충제 용도)
- 도시폐기물 소각(수온이 함유되어 저온소각 시 주로 발생)
- 염소화합물에 의한 표백처리 공정
- 휘발유 첨가제(4-에틸납), 포착제(2-염화-2-브로모에탄) 사용

주요 용어정리

- 방울수 : 20℃에서 정제수 20방울을 떨어뜨릴 때 그 부피가 약 1mL 되는 것
- 정확히 단다 : 규정한 양의 검체를 취하여 분석용 저울로 0.1mg까지 다는 것
- 항량(恒量)이 될 때까지 건조한다(강열한다) : 따로 규정이 없는 한 보통의 건조방법으로 1시간 더 건조하거나 또는 강열할 때 전후의 무게의 차가 매 g당 0.3mg 이하일 때
- 감압 또는 진공 : 따로 규정이 없는 한 15mmHg 이하
- 용해도 : 용매 100g당 녹을 수 있는 용질의 양(g)
- PM10 : 인체에 유해한 공기역학적 직경이 10μm 이하인 먼지(입자)

CHAPTER 02 폐수 처리

■ 유량(Q) 및 단면적(A)

- $Q = A \times V = \dfrac{\pi \times D^2}{4} \times V$
- $A = \dfrac{\pi \times D^2}{4}$

Q : 유량(m^3/s) A : 단면적(m^2)
V : 유속(m/s) D : 직경(m)

■ 몰농도 : Molarity(M, mol/L)

$$M = \dfrac{n}{V}$$

n : 용질의 몰수 V : 부피(L)

■ 노말농도

$$N = \dfrac{\text{용질의 g당량수}}{\text{용액의 부피(L)}}$$

■ ppm 농도

$1\text{ppm} = 1\text{mL}/m^3 = 1\text{mg/L}$

$\text{ppm} = \%\text{농도} \times 10{,}000 \rightarrow 1\% = 10{,}000\text{ppm}$

■ 총경도

2가 이온경도의 합 = 칼슘경도 + 마그네슘경도 + 기타이온경도(영향이 적음)

$$= \sum \dfrac{M^{2+} \times 50(\text{탄산칼슘 당량})}{M^{2+} \text{당량}}$$

수소이온농도

$$pH = -\log[H^+]$$

BOD 부하량

BOD 부하량(kg/d) = BOD 농도(kg/m³) × 폐수량(m³/d)

BOD 제거율

$$\eta = \frac{\text{BOD 제거량}}{\text{유입수 BOD량}} \times 100 = \frac{\text{유입수 BOD량} - \text{유출수 BOD량}}{\text{유입수 BOD량}} \times 100$$

$$= \left(1 - \frac{\text{유출수 BOD량}}{\text{유입수 BOD량}}\right) \times 100$$

잔존 BOD 농도

$$BOD_t = BOD_u \times 10^{-k \times t}$$

k : 탈산소계수(d^{-1}) t : 시간

※ 소비공식 $BOD_t = BOD_u(1 - 10^{-k \times t})$

최종 BOD 농도(2개의 하천 혼합 시)

$$C_m = \frac{Q_1 C_1 + Q_2 C_2}{Q_1 + Q_2}$$

C_m : 두 하천 혼합 후 BOD 농도 C_1 : 첫 번째 하천농도

C_2 : 두 번째 하천농도 Q_1 : 첫 번째 하천유량

Q_2 : 두 번째 하천유량

■ 화학적 산소요구량(산성 과망가니즈산칼륨법)

$$\mathrm{COD}(\mathrm{mg/L}) = (b-a) \times f \times \frac{1{,}000}{V} \times 0.2$$

a : 바탕시험 적정에 소비된 과망가니즈산칼륨용액(0.005M)의 양(mL)
b : 시료의 적정에 소비된 과망가니즈산칼륨용액(0.005M)의 양(mL)
f : 과망가니즈산칼륨(0.005M)의 농도계수(Factor)
V : 시료의 양(mL)

■ 부유물질 침전량

부유물질(SS) 침전량(kg/d) = 유량(m^3/d) × SS농도(kg/m^3) × SS침전율

■ 온도변환

- 화씨온도(°F) : $°F = \frac{9}{5}°C + 32$
- 절대온도(K) : $K = 273 + °C$

■ 표면부하율 : 침사지에서 100% 제거되는 입자군의 침강속도

$$V_o = \frac{Q}{A}$$

Q : 유량(m^3/d) A : 침전지의 수평단면적(m^2)

■ 침전지의 수리학적 체류시간

$$t = \frac{V}{Q}$$

t : 체류시간(d) V : 부피(m^3)
Q : 유량(m^3/d)

■ 월류속도 : 표면으로 처리수가 넘어오는 속도

$$V = \frac{Q}{\frac{\pi D^2}{4}}$$

월류부하

$$월류부하 = \frac{유량(m^3/d)}{월류위어의\ 길이(m)}$$

SS의 제거효율(%)

$$SS의\ 제거효율(\%) = \frac{유입수SS - 유출수SS}{유입수SS} \times 100$$

스토크스 법칙(Stokes' Law)

$$V_s = \frac{d^2(\rho_s - \rho_w)g}{18\mu}$$

V_s : 침강속도(cm/s) d : 입자의 직경(cm)
ρ_s : 입자의 비중(g/cm^3) ρ_w : 물의 비중(g/cm^3)
g : 중력가속도(980cm/s^2) μ : 점성도(g/cm·s)

균등계수

$$균등계수 = \frac{D_{60}}{D_{10}}$$

D_{60} : 통과백분율 60%에 해당되는 입경 D_{10} : 통과백분율 10%에 해당되는 입경

레이놀즈수

$$Re = \frac{\rho v_s L}{\mu} = \frac{v_s L}{\nu}$$

ρ : 유체의 밀도(g/cm^3) v_s : 평균속도(침강속도, cm/s)
μ : 점성계수(g/cm·s) ν : 동점성 계수(cm^2/s)
L : 특성길이(입자의 직경)

■ 중화 반응

$$N_a V_a = N_b V_b$$

N_a : 산의 농도(g당량, eq/L) N_b : 염기의 농도
V_a : 산의 부피 V_b : 염기의 부피

■ 염소요구량과 염소주입량

- 염소요구량 = 주입염소량 − 잔류염소량
- 염소주입량 = 염소요구량 + 잔류염소량

■ 염소주입농도(mg/L)

$$염소주입농도(mg/L) = \frac{염소총량(kg/d)}{상수량(m^3/d)} \times 1,000$$

■ F/M비

$$F/M비 = \frac{C \times Q}{V \times MLSS}$$

C : 포기조 유입 BOD 농도(kg BOD/m^3) Q : 포기조에 들어가는 유량(m^3/d)
V : 포기조 용적(m^3)   MLSS : MLSS 농도(kg/m^3)

■ BOD 용적부하

$$BOD\ 용적부하 = \frac{C \times Q}{V}$$

C : 포기조 유입 BOD 농도(kg BOD/m^3) Q : 포기조에 들어가는 유량(m^3/d)
V : 포기조 용적(m^3)

■ 활성슬러지법의 수리학적 체류시간(HRT ; Hydraulic Retention Time)

$$HRT = \frac{V}{Q} \times 24$$

V : 포기조 용적(m^3) Q : 유량(m^3/d)

▌ 고형물 체류시간(SRT ; Solids Retention Time)

$$\theta_c = \frac{V \times X}{Q_w \times X_w}$$

θ_c : SRT(d)
V : 반응조의 용량(m^3)
X : 반응조 혼합액의 평균부유물(MLSS)의 농도(mg/L)
Q_w : 잉여슬러지량(m^3/d)
X_w : 잉여슬러지의 평균 SS농도(mg/L)

▌ 슬러지용적지수

$$SVI = \frac{30분간\ 침강된\ 슬러지\ 부피(mL/L)}{MLSS농도(mg/L)} \times 1,000 = \frac{SV_{30}(\%) \times 10,000}{MLSS농도(mg/L)}$$

▌ 슬러지밀도지수(SDI)

$$SDI = \frac{100}{SVI}$$

▌ 소화효율(%)

$$소화효율(\%) = \left(\frac{소화\ 전\ 비율 - 소화\ 후\ 비율}{소화\ 전\ 비율}\right) \times 100$$

▌ 등온흡착식

$$\frac{X}{M} = KC^{\frac{1}{n}}$$

X : 농도차(mg/L) M : 활성탄 주입농도(mg/L)
C : 유출농도(mg/L) K, n : 상수

CHAPTER 03 폐기물 처리

■ 폐기물 발생량

$$폐기물\ 발생량 = \frac{1인당\ 폐기물\ 발생량(kg/인 \cdot d) \times 인구수(인)}{폐기물\ 밀도(kg/m^3)}$$

■ MHT(Man · Hour/Ton)

$$MHT = \frac{작업인부 \times 작업시간}{쓰레기\ 수거량}$$

※ MHT가 작을수록 수거효율이 좋다.

■ 차량 1회 운반 소요시간

차량 1회 운반 소요시간 = 왕복운반시간 + 적재시간 + 적하시간

■ 운반 차량 대수

$$운반\ 차량\ 대수 = \frac{쓰레기\ 발생량(m^3) \times 밀도(kg/m^3)}{적재용량(kg/대)}$$

■ 강열감량(%)

$$강열감량(\%) = \frac{(W_2 - W_3)}{(W_2 - W_1)} \times 100$$

W_1 : 도가니 또는 접시의 무게
W_2 : 강열 전의 도가니 또는 접시와 시료의 무게
W_3 : 강열 후의 도가니 또는 접시와 시료의 무게

▌가연성 물질의 양

$$\text{가연성 물질의 양} = \text{폐기물 밀도}(kg/m^3) \times \text{폐기물 양}(m^3) \times \frac{\text{가연성 물질 함유율}(\%)}{100}$$

▌수분함량(%)

$$\text{수분함량}(\%) = \frac{\text{물의 무게}}{\text{젖은 폐기물 무게}} \times 100$$

※ 혼합폐기물의 경우 $= \dfrac{\sum(\text{각 성분의 무게} \times \text{각 성분 함수율})}{\text{전체 폐기물 무게}}$

▌탈수(농축, 건조) 전후 슬러지 함수율

$$W_1 \times (100 - P_1) = W_2 \times (100 - P_2)$$

W_1 : 탈수 전 슬러지 고형물 양 W_2 : 탈수 후 슬러지 고형물 양
P_1 : 탈수 전 슬러지 함수율 P_2 : 탈수 후 슬러지 함수율

※ $W_1 \times TS_1 = W_2 \times TS_2$
  TS_1 : 건조 전 고형물 함량 TS_2 : 건조 후 고형물 함량

▌고형물

$$\text{고형물} = \text{가연성분}(kg) + \text{비가연성분}(kg)$$

▌밀도

$$\text{밀도} = \frac{\text{질량}(kg)}{\text{부피}(m^3)}$$

▌압축비

$$CR = \frac{V_1}{V_2}$$

V_1 : 압축 전 부피(m^3) V_2 : 압축 후 부피(m^3)

■ 압축 후 부피

$$\text{압축 후 부피} = \text{폐기물 부피}(m^3) \times \frac{\text{압축 전 밀도}(kg/m^3)}{\text{압축 후 밀도}(kg/m^3)}$$

■ 부피감소율(부피변화율)

$$VR = \frac{V_1 - V_2}{V_1} \times 100 = \left(1 - \frac{1}{CR}\right) \times 100$$

V_1 : 압축 전 부피(m^3) V_2 : 압축 후 부피(m^3)

■ 실제공기량

$$\text{실제공기량} = \text{이론공기량}(m^3/kg) \times \text{공기비}$$

■ 고위발열량(kcal/kg)

$$H_h = 8{,}100C + 34{,}250\left(H - \frac{O}{8}\right) + 2{,}250S$$

■ 저위발열량(kcal/kg)

$$H_l = 8{,}100C + 34{,}250\left(H - \frac{O}{8}\right) + 2{,}250S - 600(9H + W) = H_h - 600(9H + W)$$

■ 쓰레기 소각능력

$$\text{쓰레기 소각능력} = \frac{\text{쓰레기의 양}(kg/h)}{\text{화격자의 면적}(m^2)}$$

※ 화격자의 면적을 묻는 문제 다수 출제

연소실 부하율

$$연소실\ 부하율 = \frac{시간당\ 폐기물\ 소각량(kg/h) \times 폐기물\ 발열량(kcal/kg)}{소각로\ 부피(m^3)}$$

연소실의 열발생률(kcal/m³·h)

$$Q_c = \frac{H_l \times G}{V}$$

H_l : 저위발열량(kcal/kg) G : 연료사용량(kg/h)
V : 연소실용적(m^3)

분뇨 BOD 부하량

$$분뇨\ BOD\ 부하량 = 유입분뇨량(m^3/d) \times BOD\ 농도(t/m^3)$$

처리효율(%)

$$처리효율(\%) = \frac{유입농도 - 유출농도}{유입농도} \times 100$$

염소이온농도 희석배율

$$염소이온농도\ 희석배율 = \frac{분뇨의\ 염소이온농도}{최종방류수의\ 염소이온농도}$$

분뇨 펌프용량

$$q = \frac{Q}{t \times 60}$$

q : 펌프용량(m^3/min) Q : 분뇨처리량(m^3/d)
t : 펌프운전시간(h/d)

■ 슬러지의 부피 $\left(m^3, \text{부피} = \dfrac{\text{무게}}{\text{비중}}\right)$

슬러지의 부피 = 고형분이 차지하는 부피 + 수분이 차지하는 부피

※ $\dfrac{\text{슬러지 무게}}{\text{슬러지 비중}} = \dfrac{\text{고형물 무게}}{\text{고형물 비중}} + \dfrac{\text{물 무게}}{\text{물 비중}}$

■ 고형물 부피(m^3)

고형물 부피 = 유기성 고형분이 차지하는 부피 + 무기성 고형분이 차지하는 부피 + 수분이 차지하는 부피

※ $\dfrac{\text{슬러지 무게}}{\text{슬러지 비중}} = \dfrac{\text{유기성 고형물 무게}}{\text{유기성 고형물 비중}} + \dfrac{\text{무기성 고형물 무게}}{\text{무기성 고형물 비중}} + \dfrac{\text{물 무게}}{\text{물 비중}}$

■ 수분함량(%)

$\text{수분함량}(\%) = \dfrac{\text{수분의 중량(kg)}}{\text{소화슬러지 중량(kg)}} \times 100$

■ 고형물 부하

$\text{고형물 부하} = \dfrac{\text{고형물농도}(kg/m^3) \times \text{투입슬러지량}(m^3/d)}{\text{농축조의 표면적}(m^2)}$

■ 소화율(%)

$\text{소화율}(\%) = \dfrac{\text{소화 전 비율} - \text{소화 후 비율}}{\text{소화 전 비율}} \times 100$

■ 고형물의 함량에 따른 폐기물의 구분
- 액상 폐기물 : 고형물의 함량이 5% 미만인 것
- 반고상 폐기물 : 고형물의 함량이 5% 이상 15% 미만인 것
- 고상 폐기물 : 고형물의 함량이 15% 이상인 것

폐기물 발생량의 영향인자

- 도시의 규모 : 대도시 > 중소도시
- 생활수준 : 높을수록 발생량 증가
- 수거빈도 : 높을수록 발생량 증가
- 쓰레기통 크기 : 클수록 발생량 증가
- 발생구역 : 상업지역, 주택지역 등 장소에 따라 발생량과 성상이 달라짐
- 폐기물 재활용 : 재활용품의 회수 및 회수율이 높을수록 발생량 감소
- 관련 법규 : 폐기물 발생량에 중요한 영향을 미침(예 쓰레기 종량제)
- 분쇄기 사용 : 사용할수록 음식물 쓰레기 제한적으로 감소

폐기물의 발생량 조사방법

- 적재차량 계수분석법 : 폐기물 수거차량의 대수를 조사하여 대략 부피를 산정하고, 여기에 겉보기 밀도를 곱하여 중량을 환산하는 방법
- 직접계근법 : 소각장이나 매립장 입구에 설치된 계근대에서 반입 전후의 무게 차이를 이용하여 직접 무게를 측정하는 방법으로 작업량이 많고 번거롭지만 발생량을 정확히 파악할 수 있어 최근 가장 많이 사용
- 물질수지법 : 시스템으로 유입되는 모든 물질과 유출되는 제품과 환경오염물질의 양에 대하여 물질수지를 세움으로써 폐기물 발생량을 추정하는 방법으로 시간 및 비용이 많이 듦
- 통계조사법 : 표본을 선정하여 일정 기간 동안 조사요원이 발생하는 폐기물의 발생량과 조성을 조사하는 방법

CHAPTER 04 소음진동 방지

■ 파동의 속도

$$V = f \times \lambda$$

f : 진동수(Hz) λ : 파장(m)

※ 파장(m) = $\dfrac{\text{속력(m/s)}}{\text{진동수(Hz)}}$

■ 지향지수

$$\text{DI} = 10\log Q = \text{SPL}_\theta - \text{SPL}_m$$

Q : 지향계수 SPL_θ : 특정 방향 음압(N/m^2)
SPL_m : 평균 음압(N/m^2)

■ 중심주파수와 상한주파수

- 중심주파수 $f_c = 1.12 \times f_l$
- 상한주파수 $f_u = 1.26 \times f_l$

f_l : 하한주파수

■ 음향파워레벨(Sound Power Level)

$$\text{PWL} = 10\log\left(\dfrac{W}{W_o}\right)$$

W : 음향파워(Watt) W_o : 기준 음향파워(10^{-12}Watt)

음압레벨(Sound Pressure Level, dB)

$$\text{SPL} = 20\log\left(\frac{P}{P_o}\right)$$

P : 대상음의 음압 실효치(N/m^2) P_o : 최소 음압 실효치($2 \times 10^{-5} N/m^2$)

음의 세기(W/m²)

$$I = \frac{P^2}{\rho v}$$

P : 음압(N/m^2) ρ : 공기밀도(kg/m^3)
v : 음속(m/s)

합성소음레벨

$$L = 10\log(10^{\frac{L_1}{10}} + 10^{\frac{L_2}{10}} + \cdots + 10^{\frac{L_n}{10}})$$

L_1 : 소음 1 L_2 : 소음 2
L_n : n번째 소음

투과손실(Transmission Loss, dB)

$$\text{TL} = 10\log_{10}\left(\frac{1}{\tau}\right)$$

TL : 투과손실 τ : 투과율

진동레벨(Vibration Level, dB)

$$\text{VAL} = 20\log\left(\frac{a}{a_o}\right)$$

a : 측정대상 진동의 가속도 실효치(m/s^2)
a_o : 진동가속도 레벨의 기준치($= 10^{-5} m/s^2$)

평균흡음률

$$\alpha = \frac{\sum S_i \alpha_i}{\sum S_i} = \frac{\text{바닥, 벽, 천장면적당 흡음률의 합}}{\text{바닥, 벽, 천장면적의 합}}$$

S_i : 면의 넓이(m^2) α_i : 각 재료의 흡음률

주요 용어 정리

- 주기 : 하나의 사이클을 완성하는 데 필요한 시간(초 단위)
- 주파수 : 1초 동안에 사이클(Cycle)수
- 진폭 : 신호의 높이
- 파장 : 한 주기 동안 파(波)가 진행한 거리
- 음선 : 음의 진행 방향을 나타내는 선으로 파면에 수직
- 음파 : 매질 개개의 입자가 파동이 진행하는 방향의 앞뒤로 진동하는 종파
- 파동 : 매질 자체가 이동하는 것이 아니라 매질의 변형 운동으로 이루어지는 에너지 전달
- 파면 : 파동의 위상이 같은 점들을 연결한 면
- 공명 : 고유진동수와 같이 진동수의 외력이 주기적으로 전달되어 진폭이 크게 증가하는 현상
- 회절 : 파동이 좁은 틈을 통과할 때 그 뒤편까지 파가 전달되는 현상

파동의 종류

- 파동 : 어떤 물리량이 주기적으로 변하면서 그 변화가 공간을 통해 전파되어 나가는 것
  - 횡파 : 파동의 전파 방향과 매질의 진동 방향이 서로 수직인 파동으로 매질이 필요하다(전자기파 제외).
    예 물결파, 빛, 전자기파, 수면파, 지진파의 S파 등
  - 종파 : 파동의 전파 방향과 매질의 진동 방향이 나란한 파동으로 매질이 필요 없다.
    예 음파(소리), 지진파의 P파 등

교육은 우리 자신의 무지를 점차 발견해 가는 과정이다.

– 윌 듀란트 –

CHAPTER 01	대기오염 방지	회독 CHECK 1 2 3
CHAPTER 02	폐수 처리	회독 CHECK 1 2 3
CHAPTER 03	폐기물 처리	회독 CHECK 1 2 3
CHAPTER 04	소음진동 방지	회독 CHECK 1 2 3

PART 01

핵심이론

#출제 포인트 분석 #자주 출제된 문제 #합격 보장 필수이론

CHAPTER 01 대기오염 방지

KEYWORD 대기오염물질, 공기비, 런던형 스모그, LA형 스모그, PAN, 기후방지협약, 압력의 단위, 이상기체방정식, 혼합먼지 농도, 헨리의 법칙, Stokes 법칙, 집진효율, 발열량 계산, 완전연소 조건(3T) 등의 내용을 숙지하도록 한다.

제1절 대기오염

1. 대기오염 발생원

핵심이론 01 | 실내 공기오염의 지표

① 이산화탄소 : 실내공기의 오염 정도를 나타내주는 가장 대표적인 지표로 충분한 환기만으로 실내공기를 쾌적하게 할 수 있다.

② 허용농도 : 0.1%(1,000ppm)

③ 이산화탄소 농도에 따른 피해

기준농도	증 상
6% 이상	구 토
7% 이상	호흡곤란
10% 이상	무호흡, 의식 ×

10년간 자주 출제된 문제

실내 공기오염의 지표가 되는 것은?
① 질소 농도
② 일산화탄소 농도
③ 산소 농도
④ 이산화탄소 농도

|해설|

이산화탄소는 실내공기의 오염 정도를 나타내주는 가장 대표적인 지표로 허용농도는 0.1%(1,000ppm)이다.

정답 ④

핵심이론 02 | 대기오염물질의 종류

대기오염물질이란 대기 중에 존재하는 물질 중 대기오염의 원인으로 인정된 입자상 물질과 가스상 물질을 말한다.

① 입자상 물질
  ㉠ 먼지(Dust) : 대기 중에 떠다니거나 흩날려 내려오는 입자상 물질
  ㉡ 매연(Smoke) : 연소할 때에 생기는 유리 탄소가 주가 되는 미세한 입자상 물질
  ㉢ 검댕(Soot) : 연소할 때에 생기는 유리 탄소가 응결하여 입자의 지름이 $1\mu m$ 이상이 되는 입자상 물질
  ㉣ 미스트(Mist) : 가스나 증기의 응축으로 액상이 된 것이나 비교적 작은 물방울이 낮은 농도로 기상 중에 분산된 것
  ㉤ 훈연(Fume) : 고온에서 휘발된 금속증기의 응축에 의해 생긴 $1\mu m$ 이하의 고체 입자
  ㉥ 비산재(Fly Ash) : 연료 중의 무기원소에 의하여 연소 과정에서 발생한 미세한 재 입자
  ㉦ 안개(Fog) : 액체상태의 눈에 보이는 연무질을 뜻하며 응축에 의해서 발생하고 물이나 얼음이 분산된 상태
  ㉧ 연무(Haze) : 습도 70% 이하에서 미세한 입자가 떠 있어 공기가 유백색으로 뿌옇게 보이는 현상
  ㉨ 에어로졸(Aerosol) : 대기 중의 미세한 고체 또는 액체 입자의 분산상태로 가장 광범위한 의미를 지님

② 가스상 물질
  ㉠ 암모니아(NH_3)
    • 특징 : 무색의 기체, 자극적인 냄새

- 대기오염 발생원 : 비료공장, 냉동공장, 표백 또는 색소제조 공장, 나일론 또는 암모니아 제조공장
ⓒ 일산화탄소(CO)
  - 특징 : 공기보다 가벼우며 무색, 무미, 무취의 성질을 지님. 혈중 헤모글로빈과의 결합력이 산소보다 약 200배 강함
  - 대기오염 발생원 : 연료의 불완전 연소 시 발생(난방연료와 자동차에 의한 오염)
ⓒ 염화수소(HCl)
  - 특징 : 상온에서 기체, 무색으로 산성을 띠며 강한 자극적 냄새를 동반함
  - 대기오염 발생원 : 전지, 약품, 비료, 염료, 금속의 세척, 도자기 제조, 식품처리
ⓒ 염소(Cl_2)
  - 특징 : 독성과 부식성을 지닌 물질로 상온에서 황록색(녹황색)의 기체로 강한 자극적인 냄새를 띰
  - 대기오염 발생원 : 산화제, 표백제, 유기염소 제품, 염화물의 원료, 금속공업, 살균, 고무제조
ⓜ 아황산가스(SO_2)
  - 특징 : 자극적인 냄새, 물과 반응하여 황산(H_2SO_4)을 생성하는 유독물질
  - 대기오염 발생원 : 화산가스, 산업장과 화력발전소의 보일러 연소, 황산공장, 표백, 펄프, 사탕정제, 축전지, 알칼리염, 소독제, 살충제, 염료제조공장
ⓑ 이산화질소(NO_2, 산화질소)
  - 특징 : 독성, 자극성이 있는 적갈색의 기체
  - 대기오염 발생원 : 폭약, 비료, 필름의 제조, 아크 등 작업, 사진 건판
  - 인체의 영향 : 주로 기도를 자극하며 눈, 목, 가슴에 긴장, 두통 등을 일으키며 폐수종, 폐렴, 폐출혈 등 폐질환을 유발함
ⓢ 이황화탄소(CS_2)
  - 특징 : 상온에서 무색투명, 특이한 악취를 지님
  - 인체의 영향 : 운동신경 및 신경장애 유발 물질
  ※ 원진레이온 사건의 주범이다.
ⓞ 폼알데하이드(HCHO)
  - 특징 : 상온에서 강한 자극성 냄새
  - 대기오염 발생원 : 염료공업, 피혁공업, 합성수지, 섬유공업
  - 인체의 영향 : 눈, 기도 점막에 강한 자극, 기침, 식욕부진 등
ⓩ 플루오린(F)
  - 특징 : 상온에서 담황색의 특수한 냄새
  - 대기오염 발생원 : 염료공업, 피혁공업, 합성수지, 섬유공업
  - 인체의 영향 : 눈, 기도 점막에 강한 자극, 기침, 식욕부진 등
ⓩ 라돈(Rn)
  - 특징 : 무색, 무취, 무미의 치명적인 가스(공기보다 9배 무거움)
  - 대기오염 발생원 : 토양, 암석(화강암류), 지하수, 건축자재(석고보드, 콘크리트, 황토) 등
  - 인체의 영향 : 치명적인 발암물질로 폐암의 약 10% 이상을 차지함
ⓚ 오존(O_3)
  - 가죽제품, 고무제품 각질화
  - 특유의 마늘냄새 발생
  - 일정기준 초과 시 경보발령을 함
  - 질소산화물과 탄화수소가 결합한 2차 오염물질

10년간 자주 출제된 문제

2-1. 연료가 연소할 때 발생하는 유리탄소가 응결하여 지름이 1μm 이상이 되는 입자상 물질을 무엇이라 하는가?

① 매연(Smoke) ② 검댕(Soot)
③ 훈연(Fume) ④ 미스트(Mist)

2-2. 다음 대기오염물질 중 물리적 상태가 다른 것은?

① 먼지(Dust) ② 매연(Smoke)
③ 검댕(Soot) ④ 황산화물(SO_x)

2-3. 다음과 같은 특성을 지진 대기오염물질은?

- 가죽제품이나 고무제품을 각질화시킨다.
- 마늘냄새 같은 특유의 냄새가 나는 가스상 오염물질이다.
- 대기 중에서 농도가 일정 기준을 초과하면 경보발령을 하고 있다.
- 자동차 등에서 배출된 질소산화물과 탄화수소가 광화학반응을 일으키는 과정에서 생성된다.

① 오 존 ② 암모니아
③ 황화수소 ④ 일산화탄소

2-4. 연료의 불완전연소 시 주로 발생되는 물질은?

① CO ② SO_2
③ NO_2 ④ H_2O

2-5. 일산화탄소의 특성으로 옳지 않은 것은?

① 무색, 무취의 기체이다.
② 물에 잘 녹고, CO_2로 쉽게 산화된다.
③ 연료 중 탄소의 불완전연소 시에 발생한다.
④ 헤모글로빈과의 결합력이 강하다.

2-6. 다음과 같은 피해를 주는 대기오염물질은?

- 식물에 미치는 영향은 급성이거나 만성이며, 잎 뒤쪽 표피 밑의 세포가 피해를 입기 시작하며, 보통 백화현상에 의해 맥간반점을 형성한다.
- 지표식물로는 자주개나리, 보리, 참깨, 담배 등이 있으며 강한 식물로는 양배추, 무궁화, 옥수수 등이 있다.

① 아황산가스 ② 일산화탄소
③ 오 존 ④ 플루오린화수소가스

2-7. 다음은 어떤 오염물질에 관한 설명인가?

- 적갈색의 자극성을 가진 기체
- 공기에 대한 비중이 1.59이며, 공기보다 무겁다.
- 혈액 중 헤모글로빈과의 결합이 O_2에 비해 아주 크다.

① 아황산가스 ② 이산화질소
③ 염화수소 ④ 일산화탄소

2-8. 다음에서 설명하는 실내공기 오염물질은?

- 자연 방사능 물질 중의 하나이다.
- 무색, 무취의 기체로 공기보다 9배 정도 무겁다.
- 주요 발생원은 토양, 시멘트, 콘크리트, 대리석 등의 건축자재와 지하수, 동굴 등이다.

① 석 면 ② 라 돈
③ 폼알데하이드 ④ 휘발성 유기화합물

| 해설 |

2-1
① 연소할 때에 생기는 미세한 입자상 물질로 주로 탄소로 구성되어 있다.
③ 용융된 물질이 휘발해서 생긴 기체가 응축할 때 생기는 고체입자를 말한다.
④ 응축된 작은 물방울이 공기 중에 분산된 것이다.

2-2
황산화물(SO_x)은 가스상 물질이고, 먼지(Dust)·매연(Smoke)·검댕(Soot)은 모두 입자상 물질에 해당한다.

2-3
오존은 자동차 등에서 대기로 직접 배출되는 1차 대기오염물질인 질소산화물(NO_x), 탄화수소류(HCs) 등이 햇빛과 반응을 일으켜 생성된다.

2-4
연료의 불완전연소 시, 즉 산소공급이 부족할 때 주로 일산화탄소(CO)가 발생한다. 완전연소 시에는 이산화탄소(CO_2)와 물(H_2O)이 발생한다.

2-5
일산화탄소(CO)는 상온에서 무색, 무취, 무미의 기체로 물에 잘 녹지 않는다.

2-6
아황산가스(SO_2)는 물에 잘 녹는 무색의 자극성이 있는 불연성 가스로 주요 배출원은 발전소, 난방장치, 금속 제련공장, 정유공장 및 기타 산업공정 등이다. 질소산화물과 함께 산성비의 주요 원인물질로 토양, 호수, 하천의 산성화(H_2SO_4)에 영향을 미치고, 식물의 잎맥 손상, 성장저해 등을 일으킨다.

| 해설 |

2-7
이산화질소(NO_2)는 적갈색의 자극성 냄새가 나는 유독한 대기오염물질로, 아질산가스라고도 한다.

※ 공기에 대한 비중(1.59) = $\dfrac{\text{기체의 분자량(kg)}}{\text{공기의 분자량(29kg)}}$

기체의 분자량(kg) = 1.59 × 공기의 분자량(29kg) ≒ 46kg

2-8
라돈은 일반적으로 흙, 시멘트, 콘크리트, 대리석 등 자연계에 널리 존재하며 무색, 무취의 기체로 공기 중으로 방출되며 공기보다 약 9배 정도 무겁다.

정답 2-1 ② 2-2 ④ 2-3 ① 2-4 ① 2-5 ④ 2-6 ① 2-7 ② 2-8 ②

핵심이론 03 | 특정대기유해물질

대기환경보전법 시행규칙 별표 2

유해성대기감시물질 중 심사・평가 결과 저농도에서도 장기적인 섭취나 노출에 의하여 사람의 건강이나 동식물의 생육에 직접 또는 간접으로 위해를 끼칠 수 있어 대기배출에 대한 관리가 필요하다고 인정된 물질로서 환경부령으로 정하는 것을 말한다.

① 카드뮴 및 그 화합물 : 이타이이타이병
② 사이안화수소 : 두통, 경련, 흉부 통증
③ 납 및 그 화합물 : 복부 통증, 권태감, 빈혈
④ 폴리염화비페닐(PCB) : 간 이상, 갑상선 기능 저하, 비대증
⑤ 크로뮴 및 그 화합물 : 신장 장애, 기침, 두통, 호흡곤란
⑥ 비소 및 그 화합물 : 구토, 설사, 피부 발진
⑦ 수은 및 그 화합물 : 미나마타병
⑧ 프로필렌 옥사이드
⑨ 염소 및 염화수소 : 점막 자극, 치아 산식증
⑩ 플루오린화물 : 구토, 설사, 위장 장애
⑪ 석면 : 폐암
⑫ 니켈 및 그 화합물 : 조산, 피부병, 암 유발
⑬ 염화비닐
⑭ 다이옥신 : 유전성 기형아
⑮ 페놀 및 그 화합물 : 복통, 구토, 과호흡
⑯ 베릴륨 및 그 화합물
⑰ 벤젠 : 혈소판 감소, 체중 감량, 황달
⑱ 사염화탄소
⑲ 이황화메틸
⑳ 아닐린
㉑ 클로로폼
㉒ 폼알데하이드 : 기관지 천식 및 만성 폐쇄성 질환
㉓ 아세트알데하이드 : 간장질환
㉔ 벤지딘
㉕ 1,3-부타다이엔

㉖ 다환 방향족 탄화수소류
㉗ 에틸렌옥사이드
㉘ 다이클로로메탄
㉙ 스틸렌
㉚ 테트라클로로에틸렌
㉛ 1,2-다이클로로에탄
㉜ 에틸벤젠
㉝ 트라이클로로에틸렌
㉞ 아크릴로나이트릴
㉟ 하이드라진

10년간 자주 출제된 문제

3-1. 다음 대기오염물질 중 특정대기유해물질이 아닌 것은?

① 브로민화합물　② 사이안화수소
③ 석 면　　　　　④ 염화비닐

3-2. 다음 대기오염물질 중 특정대기유해물질에 해당하지 않는 것은?

① 프로필렌 옥사이드
② 석 면
③ 벤지딘
④ 이산화황

3-3. 조혈기능 장해를 일으키는 대표적인 물질은?

① 크로뮴　　　② 벤 젠
③ 셀레늄　　　④ 석 면

|해설|

3-1
대기환경보전법 시행규칙 별표 1(대기오염물질)
브로민 및 그 화합물은 대기오염물질에 해당한다.

3-2
대기환경보전법 시행규칙에 의하면 이산화황(SO_2)은 특정대기유해물질이 아니다.

3-3
조혈기능 장해를 일으키는 물질에는 벤젠, 석탄산, 톨루엔, 자일렌, 나프탈렌 등이 있다.
①, ④ : 발암성 물질
③ : 유독성 물질

정답 3-1 ①　3-2 ④　3-3 ②

핵심이론 04 | 런던형 스모그와 로스앤젤레스형 스모그

① 런던형 스모그
　㉠ 의의 : 가정 난방용, 기타 공장, 발전소의 석탄 연료 사용에 따라 발생한 CO, 먼지, SO_2가 지표면에 축적되어 발생한다. 겨울철, 해 뜨기 전 이른 아침에 발생하는 복사형 역전 형태를 띠고 환원 형태의 화학반응을 지니며 다음과 같은 조건에서 발생한다.
　㉡ 발생조건
　　• 방사성 복사역전
　　• 0~5℃의 저온(주로 겨울철에 발생)
　　• 이른 아침
　　• 석탄계 연료

② 로스앤젤레스형 스모그(LA형 스모그, 광화학 스모그)
　㉠ 의의 : 자동차 등에 화석연료(석유계) 연소 시 방출되는 질소산화물, 올레핀계 탄화수소, 황산화물(1차 오염물질)과 태양광선 중 자외선에 의해 오존, PAN, 과산화물, Aldehyde, Acrolein, 유기물산염, Aerosol 등의 광화학 옥시던트(2차 오염물질)를 형성한다.
　㉡ 발생조건
　　• 침강성 역전 형태(하강형)
　　• 26~32℃의 고온
　　• 광화학적 반응
　　• 석유계 연료
　　• 높은 자외선 농도

※ 역전층의 종류 및 특징
　• 침강형 역전층 : 고기압의 찬 공기가 하강하면서 발생 → LA형 스모그와 관련
　• 방사성 복사역전 : 공기와 땅의 가열, 냉각속도 차이(땅이 빨리 식고, 공기는 천천히 식는다)로 인해 밤에 발생 → 런던형 스모그와 관련
　• 이류역전 : 따뜻한 공기가 산을 넘어가 찬 공기를 만날 때
　• 전선역전 : 난류와 한류가 만날 때

10년간 자주 출제된 문제

4-1. 런던형 스모그에 관한 설명과 가장 거리가 먼 것은?
① 아침 일찍 발생한다.
② 겨울에 주로 발생한다.
③ 복사형 역전 형태이다.
④ 산화가 주된 화학반응이다.

4-2. 여름철 광화학 스모그의 일반적인 발생조건으로만 옳게 묶여진 것은?

> ㉠ 반응성 탄화수소의 농도가 크다.
> ㉡ 기온이 높고 자외선이 강하다.
> ㉢ 대기가 매우 불안정한 상태이다.

① ㉠, ㉡ ② ㉠, ㉢
③ ㉡, ㉢ ④ ㉢

4-3. 로스앤젤레스형 스모그 발생조건과 관련이 없는 것은?
① 석유계 연료
② 24~32℃
③ 광화학적 반응
④ 방사성 역전 형태

4-4. 런던형 스모그와 LA형 스모그의 차이점을 비교한 항목 중에서 틀린 것은?

	항목	런던형 스모그	LA형 스모그
①	대기 상태	복사역전	침강역전
②	오염 형태	1차 오염	2차 오염
③	온도 상태	20℃ 이상	5℃ 이하
④	주 오염원	석탄계 연료	석유계 연료

|해설|

4-1
런던형 스모그의 화학반응은 환원형이고, 산화형 화학반응은 로스앤젤레스형 스모그의 특징이다.

4-2
광화학 스모그는 자외선에 의해 영향을 받기 때문에 빛이 강한 날에 잘 발생하며, 대기 중에 머물러야 하기 때문에 대기가 안정한 상태에서 잘 발생한다.

4-3
로스앤젤레스형 스모그는 침강형(하강형) 역전 형태에서 발생한다.

4-4
런던형 스모그의 발생 시 온도는 0~5℃, 로스앤젤레스(LA)형 스모그의 발생 시 온도는 24~32℃이다.

정답 4-1 ④ 4-2 ① 4-3 ④ 4-4 ③

핵심이론 05 | 다이옥신의 발생원

① 염화페놀 관련 물질의 제조공정(제초·곰팡이 방지, 살충제 용도)
② 도시폐기물 소각(수온이 함유되어 저온 소각 시 주로 발생)
③ 염소화합물에 의한 표백처리 공정
④ 휘발유 첨가제(4-에틸납), 포착제(2-염화-2-브로모에탄) 사용

10년간 자주 출제된 문제

다음 중 최근에 문제되는 다이옥신의 발생원에 대한 설명으로 틀린 것은?

① 미연탄화수소가 질소와 반응할 때 발생된다.
② 염소화합물에 의한 표백처리공정에서 발생된다.
③ 염화페놀 관련물질의 제조공정에서 발생된다.
④ 도시폐기물을 소각할 때 발생된다.

|해설|
다이옥신은 염소를 포함하는 산업공정 또는 탄소 함유 유기물과 함께 염소를 태울 때 생성된다.

정답 ①

---

2. 대기오염 측정

핵심이론 01 | 측정방법의 결정

① 대기환경 측정분야
   ㉠ 대기환경 측정분야 : 우리 생활의 대기질 조사
   ㉡ 고정 배출원 측정분야 : 사업장 굴뚝에서 배출되는 오염물질 측정
   ㉢ 오염원의 종류
      - 인위적 오염원 : 점오염원, 이동오염원, 면오염원 등
      - 자연적 오염원 : 화산폭발, 화재 등
   ㉣ 시료채취방법
      - 입자상 물질 : 고용량 공기포집법, 저용량 공기포집법
      - 가스상 물질 : 직접 채취법, 용기 포집법, 용매포집법, 고체흡착법, 저온응축법, 포집 여지에 의한 방법 등

② 고정배출원의 측정
   ㉠ 대상물질의 성상에 따라 시료를 채취하여 실험실에서 분석하거나, 현장에서 기기로 직접 측정하는 방법으로 나뉜다.
   ㉡ 최근 원격 자동 측정방법을 이용해 모니터링이 가능하다.

③ 배출가스 중 오염물질 측정방법 : 대기오염공정시험기준 대기환경 중 오염물질 측정방법과 배출가스 중 오염물질 측정 방법으로 구성된다.
   ㉠ 항목 : 무기물질, 금속, 금속화합물, 휘발성 유기화합물 등

| 핵심이론 02 | 측정계획의 수립 |

① 측정분석 계획목적 : 배출시설에서 대상 물질에 대한 정확하고 대표성 있는 시료채취와 측정이 가능하도록 전략을 수립하는 것을 목적으로 한다.
② 고려사항 : 현장 여건에 따른 적절한 장비 및 도구의 사용, 측정 항목별 시료 채취 및 전처리, 측정 지점으로의 이동에 따른 시료저장 및 운반, 보관이 고려되어야 한다.

10년간 자주 출제된 문제

대기 오염원 가운데 자연적 오염원인 것은?
① 화산폭발
② 점오염원
③ 이동오염원
④ 면오염원

|해설|
자연적 오염원 : 화재, 화산폭발 등

정답 ①

| 핵심이론 03 | 필수기본용어(대기오염공정시험법) |

① 방울수 : 20℃에서 정제수 20방울을 떨어뜨릴 때 그 부피가 약 1mL가 되는 것을 뜻한다.
② 정확히 단다 : 규정한 양의 검체를 취하여 분석용 저울로 0.1mg까지 다는 것을 뜻한다.
③ 항량(恒量)이 될 때까지 건조한다(강열한다) : 따로 규정이 없는 한 보통의 건조방법으로 1시간 더 건조하거나 또는 강열할 때 전후의 무게의 차가 매 g당 0.3mg 이하일 때를 말한다.
④ 감압 또는 진공 : 따로 규정이 없는 한 15mmHg 이하를 뜻한다.
⑤ 용해도 : 용매 100g당 녹을 수 있는 용질의 양(g)을 의미한다.
⑥ PM10 : 인체에 유해한 공기역학적 직경이 $10\mu m$ 이하인 먼지(입자)를 뜻한다.
※ PM2.5 : 직경이 $2.5\mu m$ 이하인 먼지 입자를 뜻하며 초미세먼지라 부른다.
⑦ 용기의 구분

밀폐용기	기밀용기	밀봉용기	차광용기
이물질 유입 방지	공기 유입 방지	미생물 유입 방지	빛 유입 방지

10년간 자주 출제된 문제

3-1. 감압 또는 진공이라 함은 따로 규정이 없는 한 몇 mmHg 이하를 뜻하는가?

① 15 ② 20
③ 25 ④ 30

3-2. 다음 괄호 안에 들어갈 말로 알맞은 것은?

"정확히 단다"라 함은 규정한 양의 검체를 취하여 분석용 저울로 (　　)까지 다는 것을 뜻한다.

① 0.1g ② 0.01g
③ 0.001g ④ 0.0001g

3-3. 다음은 대기오염공정시험기준(방법)에 명시된 용기의 정의이다. 괄호 안에 알맞은 것은?

(　　)라 함은 취급 또는 저장하는 동안에 기체 또는 미생물이 침입하지 아니하도록 내용물을 보호하는 용기를 말한다.

① 밀폐용기
② 기밀용기
③ 밀봉용기
④ 차광용기

|해설|

3-1
감압 또는 진공이라 함은 따로 규정이 없는 한 15mmHg 이하를 뜻한다.

3-2
'정확히 단다'라 함은 규정한 양의 검체를 취하여 분석용 저울로 0.1mg까지 다는 것을 뜻한다(0.1mg = 0.0001g).

3-3
① 취급 또는 저장하는 동안에 이물이 들어가거나 또는 내용물이 손실되지 않도록 보호하는 용기
② 취급 또는 보관하는 동안에 외부로부터의 공기 또는 다른 가스가 침입하지 않도록 내용물을 보호하는 용기
④ 광선이 투과하지 않는 용기 또는 투과하지 않게 포장을 한 용기로써 취급 또는 보관하는 동안에 내용물의 광화학적 변화를 방지할 수 있는 용기

정답 3-1 ① 3-2 ④ 3-3 ③

핵심이론 04 | 링겔만 차트(Ringelmann Chart)

① 사용 : 매연농도 측정
② 구성 : 0~5도
③ 환경기준 : 2도 이하
④ 매연농도

0도	전 백	3도	60%
1도	20%	4도	80%
2도	40%	5도	100%

[링겔만 매연농도표]

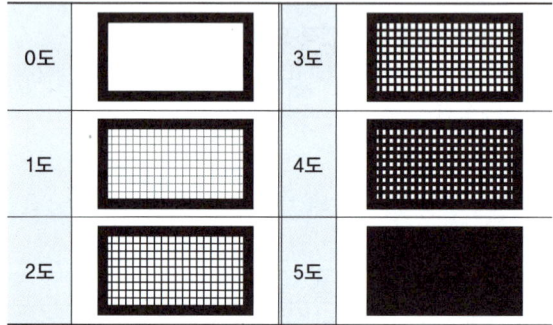

10년간 자주 출제된 문제

링겔만 차트(Ringelmann Chart)와 관련 있는 것은?

① 매연측정
② 오존검출
③ 부유분진 농도측정
④ 질소산화물의 성분분석

|해설|
링겔만 차트(Ringelmann Chart)는 굴뚝에서 배출되는 매연농도를 측정할 때 사용하는 기준표를 의미한다.

정답 ①

핵심이론 05 | 배출가스 중 질소산화물의 분석방법

아연환원 나프틸에틸렌다이아민법(ES 01308.2d)
시료 중의 질소산화물을 오존 존재하에서 물에 흡수시켜 질산이온으로 만들고 분말금속아연을 사용하여 아질산이온으로 환원한 후 설파닐아마이드(Sulfanilamide) 및 나프틸에틸렌다이아민(Naphthyl Ethylene Diamine)을 반응시켜 얻어낸 착색의 흡광도로부터 질소산화물을 정량하는 방법으로서 배출가스 중의 질소산화물을 이산화질소로 하여 계산한다.

10년간 자주 출제된 문제

대기오염공정시험방법 중 굴뚝 등에서 배출되는 배출가스 중 질소산화물($NO + NO_2$)을 분석하는 데 사용되는 분석방법은?
① 아연환원 나프틸에틸렌다이아민법
② 중화적정법
③ 침전적정법
④ 아르세나조 Ⅲ법

|해설|

실내에 화재가 발생하면 기압은 증가하고 산소는 감소한다.

정답 ①

핵심이론 06 | 자외선/가시선 분광법(ES 01202.a)

시료물질이나 시료물질의 용액 또는 여기에 적당한 시약을 넣어 발색시킨 용액의 흡광도를 측정하여 시료 중의 목적성분을 정량하는 방법으로 파장 200~1,200nm에서의 액체의 흡광도를 측정함으로써 대기 중이나 굴뚝 배출 가스 중의 오염물질 분석에 적용한다.

10년간 자주 출제된 문제

일반적으로 광원으로부터 나오는 빛을 단색화장치(Monochromater) 또는 필터(Filter)에 의하여 좁은 파장 범위의 빛만을 선택하여 액층을 통과시킨 다음 광전측광으로 하여 목적성분의 농도를 정량하는 분석방법은?
① 기체크로마토그래피
② 자외선/가시선 분광법
③ 원자흡수분광광도법
④ 비분산적외선분광분석법

|해설|

① 기체시료 또는 기화한 액체나 고체시료를 운반가스(Carrier Gas)에 의하여 분리 후 관 내에 전개시켜 기체상태에서 분리되는 각 성분을 크로마토그래프로 분석하는 방법
③ 시료를 적당한 방법으로 해리시켜 중성원자로 증기화하여 생긴 기저상태(Ground State or Normal State)의 원자가 이 원자 증기층을 투과하는 특유파장의 빛을 흡수하는 현상을 이용하여 광전측광과 같은 개개의 특유 파장에 대한 흡광도를 측정하여 시료 중의 원소 농도를 정량하는 방법
④ 선택성 검출기를 이용하여 시료 중의 특정 성분에 의한 적외선의 흡수량 변화를 측정하여 시료 중에 들어있는 특정 성분의 농도를 구하는 방법

정답 ②

제2절 대기현상

1. 대기 중 물현상

핵심이론 01 대기의 조성 및 구조

① 대기의 조성비율(부피비)

  ㉠ 질소 : 78.084%

  ㉡ 산소 : 20.946%

  ㉢ 기타 물질

아르곤	0.934%	크립톤	0.000114%
이산화탄소	0.033%	수 소	0.00005%
네 온	0.0018%	산화질소	0.00005%
헬 륨	0.000524%	제 논	0.0000087%
메 탄	0.0002%		

※ 질량비 : 질소(76.5%), 산소(23.5%)

② 대기의 구조

  ㉠ 대류권
  - 지상 10km
  - 위로 올라갈수록 기온하강(100m당 0.65℃)
  - 대류현상, 기상현상

  ㉡ 성층권
  - 지상 10~50km
  - 위로 올라갈수록 기온 상승
  - 자외선 차단 오존층 분포(단위 : Dobson Unit, DU)

  ㉢ 중간권
  - 지상 50~80km
  - 위로 올라갈수록 기온상승
  - 대류현상만(공기희박해 기상현상 나타나지 않음)

  ㉣ 열권
  - 지상 80~600km
  - 위로 올라갈수록 기온 상승
  - 극지방 오로라

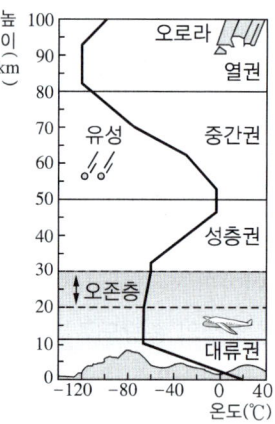

[대기권의 구조]

10년간 자주 출제된 문제

1-1. 다음 건조한 대기의 화학적 구성 중 농도가 가장 높은 것은?

① 질 소 ② 산 소
③ 아르곤 ④ 이산화탄소

1-2. 건조한 대기의 조성을 부피농도가 높은 순서대로 올바르게 나열된 것은?

① 질소 > 산소 > 아르곤 > 이산화탄소
② 산소 > 질소 > 이산화탄소 > 아르곤
③ 이산화탄소 > 산소 > 질소 > 아르곤
④ 산소 > 이산화탄소 > 아르곤 > 질소

1-3. 다음에서 대류권에 해당하는 사항만을 모두 고르면?

㉠ 고도가 상승함에 따라 기온이 감소한다.
㉡ 오존의 밀도가 높은 오존층이 존재한다.
㉢ 지상으로부터 50~85km 사이의 기층이다.
㉣ 공기의 수직이동에 의한 대류현상이 일어난다.
㉤ 눈이나 비가 내리는 등의 기상현상이 일어난다.

① ㉠, ㉡, ㉢ ② ㉡, ㉢, ㉣
③ ㉢, ㉣, ㉤ ④ ㉠, ㉣, ㉤

10년간 자주 출제된 문제

1-4. 대기층의 구조에 관한 설명으로 옳지 않은 것은?
① 오존농도의 고도분포는 지상으로부터 약 10km 부근인 성층권에서 35ppm 정도의 최대농도를 나타낸다.
② 대류권에서는 고도 증가에 따라 기온이 감소한다.
③ 열권은 지상 80km 이상에 위치한다.
④ 중간권 중 상부 80km 부근은 지구 대기층 중 가장 기온이 낮다.

|해설|

1-1
건조 공기의 성분은 부피를 기준으로 질소(N_2)가 78%, 산소(O_2)가 21%, 아르곤(Ar)은 0.93%, 이산화탄소(CO_2)는 0.03%이며 기타 0.02%이다.

1-2
건조대기의 구성비율
질소(78%) > 산소(21%) > 아르곤(0.934%) > 이산화탄소(0.033%) > 네온(Ne), 헬륨(He), 제논(Xe)

1-3
㉠ 대류권, 중간권
㉡ 성층권
㉢ 중간권
㉣ 대류권
㉤ 대류권

1-4
오존농도의 고도분포는 지상으로부터 약 25km이며, 10ppm의 최대 농도를 가진다.

정답 1-1 ① 1-2 ① 1-3 ④ 1-4 ①

핵심이론 02 | 굴뚝의 연기 형태

① 굴뚝 연기 형태에 따른 굴뚝 연기의 모양과 특징

구 분	대기상태	기온수직 분포	굴뚝 연기모양	특 징
환상형	불안정			• 대기가 불안정하고 난류가 심할 때 발생 • 국부적인 고농도 오염 발생
원추형	중 립			오염의 단면분포가 전형적인 가우시안 분포를 이루며, 대기가 중립 조건일 때 잘 발생
부채형	안정 (역전)			대기상태가 안정적이며 연기 배출 폭이 매우 좁으면서 서서히 이동
지붕형	상층 불안정 하층안정 (역전)			• 하층이 안정하고, 상층은 불안정한 상태일 때 나타나는 연기의 형태 • 해가 뜨면 역전층은 사라짐
훈증형	상층안정 (역전) 하층 불안정			• 대기오염이 가장 심함 • 굴뚝높이 아래쪽으로 확산 이동 • 해가 뜨면 역전층은 사라짐
구속형	상층안정 (역전) 중층 불안정 하층안정 (역전)			• 고기압 지역에서 장시간 침강역전이 있거나, 전선면에서 전선역전이 생겼을 때 발생 • 해가 뜨면 역전층은 사라짐

※ -------- 단열감률
―――― 실제기온감률

② 유효굴뚝높이 : 황산화물 배출 기준량을 산정할 때 사용한다.

㉠ $H_e = H + \Delta H$

여기서, H_e : 유효굴뚝높이(m)
H : 굴뚝의 실제높이(m)
ΔH : 연기의 상승고(m)

㉡ 영향인자 : 굴뚝의 높이, 굴뚝 주위의 풍속, 굴뚝내경, 배출가스의 온도, 배출속도 등

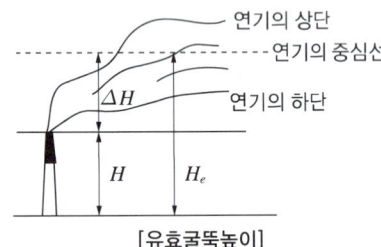

[유효굴뚝높이]

10년간 자주 출제된 문제

2-1. 다음 중 유효굴뚝높이에 영향을 미치는 인자와 가장 거리가 먼 것은?

① 굴뚝의 높이 ② 풍 속
③ 풍 향 ④ 배출가스의 온도

2-2. 다음과 같은 특성을 지닌 굴뚝 연기의 모양은?

- 대기의 상태가 하층부는 불안정하고 상층부는 안정할 때 볼 수 있다.
- 하늘이 맑고 바람이 약한 날의 아침에 볼 수 있다.
- 지표면의 오염 농도가 매우 높게 된다.

① 환상형 ② 원추형
③ 훈증형 ④ 구속형

2-3. 대기가 불안정하여 난류가 심할 때 발생하는 굴뚝으로 부터 배출되는 연기 형태는?

① 훈증형 ② 부채형
③ 원추형 ④ 환상형

2-4. 대기의 상태가 과단열감률을 나타내는 것으로 매우 불안정하고 심한 와류로 굴뚝에서 배출하는 오염물질을 넓은 지역에 걸쳐 분산시키지만 지표면에서는 국부적인 고농도 현상이 발생하기도 하는 연기의 형태는?

① 환상형(Looping) ② 원추형(Coning)
③ 부채형(Fanning) ④ 구속형(Trapping)

|해설|

2-1
유효굴뚝높이에 영향 인자 : 굴뚝의 높이, 굴뚝내경, 배출가스의 온도, 배출속도, 굴뚝 주위의 풍속

2-2
훈증형 : 하층의 불안정층이 굴뚝높이를 막 넘었을 때 굴뚝에서 배출된 오염물질이 지면까지 미치면서 발생하는 것으로, 지면에서부터 굴뚝 상공에 아직 소멸되지 않은 역전층까지 꽉 채워지게 되므로 지면 부근을 심하게 오염시킨다.

2-3
환상형에 관한 설명이다.
① 굴뚝높이 아래쪽으로 확산이동
② 대기상태가 안정적이며 연기 배출 폭이 매우 좁으면서 서서히 이동
③ 연기가 상하로 고르게 확산되면서 이동

2-4
② 날씨가 흐리고 바람이 약할 때 약한 난류에 의해 발생하며, 이 형태의 연기는 거의 지표 가까이에는 도달하지 않는다.
③ 밤이나 이른 아침 복사역전층이 형성될 때 발생한다.
④ 고기압 지역에서 장시간 침강역전이 있거나, 전선면에서 전선역전이 생겼을 때 발생한다.

정답 2-1 ③ 2-2 ③ 2-3 ④ 2-4 ①

핵심이론 03 | 전지구적 대기오염 현상

① 온실효과
  ㉠ 온실가스 농도 증가로 지구기온이 상승하는 현상
  ㉡ 6대 온실가스

가스명	특 징	온난화지수
이산화탄소(CO_2)	화석연료 기인 가장 많음(80%)	1
메탄(CH_4)	가축사료, 쌀농사 (15~20%)	21
아산화질소(N_2O)	화석연료, 농업	310
수소불화탄소(HFCs)	에어컨 냉매 인공화학물질	140~11,700
과불화탄소(PFCs)	전자제품, 소화기 인공화학물질	6,500~9,200
육불화황(SF_6)	반도체 생산공정	23,900

② 오존층파괴
  ㉠ 성층권 오존층이 염화플루오린화탄소(CFCs)의 사용으로 방출된 염소에 의해 파괴되는 현상
  ㉡ 오존층 표시단위 : Dobson Unit(DU)
③ 산성우 : 대기 중의 이산화탄소(CO_2)와 평형을 이룬 증류수의 pH 5.6 이하로 나타내는 강수를 말함
④ 열섬현상 : 대기오염으로 인한 지구환경 변화 중 도시지역의 공장, 자동차 등에서 배출되는 고온의 가스와 냉난방시설로부터 배출되는 더운 공기가 상승하면서 주변의 찬 공기가 도시로 유입되어 도시지역의 대기오염물질에 의한 거대한 지붕을 만드는 현상

10년간 자주 출제된 문제

3-1. 온실효과 및 온난화에 관한 설명 중 옳지 않은 것은?
① 교토 의정서는 지구온난화 규제 및 방지와 관련한 국제협약이다.
② 온실효과를 일으키는 물질로는 CO_2, CH_4, N_2O 등이 있다.
③ CO_2는 바닷물에 잘 녹기 때문에 현재 해양은 대기가 함유하는 CO_2의 약 60배 정도를 함유한다.
④ 대기 중의 CO_2는 태양광선 중 자외선을 흡수하여 온실효과를 일으킨다.

3-2. 다음 중 오존층의 두께를 표시하는 단위는?
① VAL
② OTL
③ Pa
④ Dobson

3-3. 대기오염으로 인한 지구환경 변화 중 도시지역의 공장, 자동차 등에서 배출되는 고온의 가스와 냉난방시설로부터 배출되는 더운 공기가 상승하면서 주변의 찬 공기가 도시로 유입되어 도시지역의 대기오염물질에 의한 거대한 지붕을 만드는 현상은?
① 라니냐 현상
② 열섬 현상
③ 엘니뇨 현상
④ 오존층 파괴 현상

3-4. 다음 빈칸에 알맞은 내용은?

> 산성우는 대기 중의 (㉠)와 평형을 이룬 증류수의 pH (㉡) 이하의 pH를 나타내는 강수로 정의하기도 한다.

① ㉠ 황화수소, ㉡ 4.3
② ㉠ 이산화질소, ㉡ 5.6
③ ㉠ 일산화질소, ㉡ 4.3
④ ㉠ 이산화탄소, ㉡ 5.6

3-5. 다음 중 산성비에 관한 설명으로 가장 거리가 먼 것은?
① 독일에서 발생한 슈바르츠발트(검은 숲이란 뜻)의 고사현상은 산성비에 의한 대표적인 피해이다.
② 바젤협약은 산성비 방지를 위한 대표적인 국제협약이다.
③ 산성비에 의한 피해로는 파르테논 신전과 아크로폴리스 같은 유적의 부식 등이 있다.
④ 산성비의 원인물질로 H_2SO_4, HCl, HNO_3 등이 있다.

| 해설 |

3-1
대기 중의 CO_2는 태양광선 중 적외선을 흡수하여 온실효과를 일으킨다.
- 자외선 : 태양광선 중 살균력을 지님
- 적외선 : 태양광선 중 열을 지님

3-2
DU(Dobson)
오존층의 두께를 표시하는 단위로 해면상 표준상태 0℃, 1기압에서 1mm는 100DU이다.

3-3
열섬 현상
도심의 온도가 대기오염이나 인공열 등의 영향으로 주변지역보다 높게 나타나는 현상으로 대도심 주거지역이 가장 뚜렷한 현상을 나타낸다.

3-4
순수한 물은 pH 7.0으로서 중성을 띠며, 빗물은 대기 중의 CO_2에 의해 약 pH 5.6을 띤다.
※ $H_2O + CO_2 \rightleftharpoons H_2CO_3$(탄산 → pH를 5.6으로 낮추는 약산임)
산성우의 pH는 5.6 이하(H_2SO_4, HNO_3 등으로 인해 영향받음)

3-5
바젤협약(Basel Convention)은 유엔환경계획(UNEP) 후원하에 스위스 바젤(Basel)에서 채택된 협약으로, 유해폐기물의 국가 간 이동 및 교역을 규제하는 협약이다.

정답 3-1 ④ 3-2 ④ 3-3 ② 3-4 ④ 3-5 ②

핵심이론 04 | 물 현상

① 정의 : 물 또는 얼음 입자들이 대기 중에서 부유하거나 지면이나 물체에 부착되는 현상

② 특징 : 바람에 의해 불어오르거나, 지면이나 지상에 붙어 있을 수 있는 특징을 지닌다.

③ 종류
  ㉠ 강우 : 대기 중 수증기가 응결하여 물방울 형태로 지면에 떨어지는 현상
  ㉡ 안개 : 지표면 근처에 수증기가 응결하여 떠다니는 미세한 물방울이 모여 시야를 가리는 현상
  ㉢ 눈 : 대기 중의 수증기가 응결되어 얼음 결정 형태로 지면에 떨어지는 현상
  ㉣ 서리 : 지표면이 매우 차가워져 대기 중의 수증기가 직접 얼음으로 변하여 지면에 형성되는 현상
  ㉤ 우박 : 대기 중에서 강한 상승 기류로 인해 물방울이 반복적으로 얼어 형성된 얼음 덩어리가 지면에 떨어지는 현상

10년간 자주 출제된 문제

대기 중 물 현상 가운데 지표면이 매우 차가워져 대기 중의 수증기가 얼음으로 변하여 지면에 형성되는 현상을 무엇이라 하는가?

① 우박
② 강우
③ 서리
④ 우박

정답 ③

핵심이론 05 | 대기 먼지 현상

① 정의 : 고체 입자들이 대기 중에서 떠다니거나 바람에 의해 불어 오르는 현상
② 종류
　㉠ 연무 : 대기 중에 미세한 먼지, 염분, 연기 등의 작은 입자들이 떠다니며 시야를 흐리게 만드는 현상
　㉡ 황사 : 중국과 몽골 등의 사막 지역에서 발생한 미세한 모래와 먼지가 바람에 의해 대기 중으로 이동해, 한국, 일본 등 동북아시아 지역에 영향을 미치는 현상
　㉢ 연기 : 불완전 연소로 인해 발생한 미세한 고체 및 액체 입자들이 대기 중에 부유하는 현상으로, 주로 화재, 산업 활동, 또는 차량 배기가스로 인해 발생

제3절 유해가스 처리

1. 유해가스 처리 원리

핵심이론 01 | 압력의 단위

① 표준대기압(Standard Atmosphere) : 1atm
② SI 단위 : 파스칼(Pascal, Pa)
　$1Pa = 1N/m^2$
　$1atm = 101,325Pa ≒ 101kPa$
③ 실험실 단위 : torr, mmHg
　$1atm = 760mmHg$

[SI 단위 기준 압력단위 환산표]

단위	atm	mmHg (= torr)	mmH$_2$O	bar
atm	1	760	10,332.2	1.01325
단위	psi	Pa	kgf/cm^2	
atm	14.6956	101,325	1.03322	

10년간 자주 출제된 문제

다음 중 크기가 다른 압력은?

① 1atm
② 760mmHg
③ 1,013mbar
④ 1,013N/m^2

|해설|

$1atm = 760mmHg = 1.0332kgf/cm^2$
　　　$= 10.332mH_2O(mAq)$
　　　$= 1.013bar$
　　　$= 1,013mbar$
　　　$= 101,325N/m^2$

정답 ④

핵심이론 02 | 화학식량 계산 및 기체의 비중

① 화학식량 계산
   화학식을 구성하는 모든 원자들의 원자량을 합한 값
② 기체의 비중
   보통 0℃, 1기압(표준상태)인 공기의 무게에 대한 같은 부피의 기체의 무게비로 나타낸다.
③ 분자량 계산에 자주 나오는 원소의 원자량(g/mol)
   ㉠ H : 1   ㉡ C : 12
   ㉢ N : 14   ㉣ O : 16
   ㉤ S : 32   ㉥ Cl : 35.5

10년간 자주 출제된 문제

2-1. 다음 중 분자량이 가장 큰 기체는?

① CO_2 ② H_2S
③ NH_3 ④ SO_2

2-2. 다음 기체 중 비중이 가장 큰 것은?

① HCHO   ② CS_2
③ SO_2 ④ CO_2

|해설|

2-1
④ $32 + (16 \times 2) = 64$
① $12 + (16 \times 2) = 44$
② $(1 \times 2) + 32 = 34$
③ $14 + (1 \times 3) = 17$

2-2
분자량이 가장 큰 것이 비중이 가장 크다.
② CS_2 분자량 76
① HCHO 분자량 30
③ SO_2 분자량 64
④ CO_2 분자량 44

정답 2-1 ④ 2-2 ②

핵심이론 03 | 용해도

① 정의 : 용매 100g에 녹을 수 있는 용질의 최대 g수(백분율로 나타낸 포화 용액의 농도)
   ㉠ 용매 : 액체에 기체 또는 고체를 녹일 때, 그 기체나 고체를 녹인 액체(주로 물)
   ㉡ 용질 : 액체에 기체 또는 고체를 녹일 때 그 액체 속에 녹아 있는 물질
② 고체 및 액체의 용해도 : 일반적으로 온도가 높을수록 커진다.
③ 기체의 용해도 : 일반적으로 온도가 낮을수록, 압력이 높을수록 커진다.
④ 물에 대한 용해도
   $HCl > HF > NH_3 > SO_2 > Cl_2 > H_2S > CO_2 > O_2 > CO$

10년간 자주 출제된 문제

다음 중 상온에서 물에 대한 용해도가 가장 큰 기체는?

① SO_2
② CO_2
③ HCl
④ H_2

|해설|

물에 대한 용해도
$HCl > HF > NH_3 > SO_2 > Cl_2 > H_2S > CO_2 > O_2 > CO$

정답 ③

핵심이론 04 | 기체의 법칙

① 보일(Boyle)의 법칙

일정 온도에서 일정량의 기체부피(V)는 압력(P)에 반비례한다.

$$PV = k$$

여기서, k : 일정한 상수

$$P_1 V_1 = P_2 V_2$$

② 샤를(Charles)의 법칙

일정압력(P)에서 일정량의 기체부피(V)는 절대온도(T)에 비례한다.

$$\frac{V}{T} = k$$

여기서, k : 일정한 상수

③ 보일–샤를의 법칙

기체의 부피(V)는 절대온도(T)에 비례하고 압력(P)에 반비례한다.

$$\frac{P_1 V_1}{T_1} = \frac{P_2 V_2}{T_2} = k$$

여기서, k : 일정한 상수

㉠ 압력이 일정할 때 : $\dfrac{V_1}{T_1} = \dfrac{V_2}{T_2}$

㉡ 부피가 일정할 때 : $\dfrac{P_1}{T_1} = \dfrac{P_2}{T_2}$

④ 이상기체 방정식

대상 기체를 이상적인 상태의 기체로 가정한 방정식으로, 일반온도와 압력에서 대부분의 기체가 이상기체로 생각될 수 있다.

$$PV = nRT$$

여기서, P : 기체의 압력
  V : 기체의 부피
  n : 기체의 몰수
  R : 기체상수(0.082L · atm/K · mol
       = 8.31J/K · mol = 1.987cal/mol · K)
  T : 절대온도(섭씨온도 + 273)

10년간 자주 출제된 문제

4-1. 35℃, 750mmHg 상태에서 NO₂ 150g이 차지하는 부피(L)는?

① 약 51L ② 약 62L
③ 약 84L ④ 약 92L

4-2. 400℃, 680mmHg 상태에서 200m³의 배출가스는 표준상태에서 얼마인가?

① 52Sm³ ② 61Sm³
③ 68Sm³ ④ 73Sm³

4-3. 0℃, 760mmHg에서의 가스량이 100,000m³/h이라 할 때 500℃, 740mmHg에서의 가스량(m³/h)은 얼마인가?

① 275.69 ② 290.803
③ 390.803 ④ 490.803

4-4. 어느 공장의 배출가스의 양은 50m³/h이다. 배출가스 중의 SO_2농도가 470ppm이라면 하루에 발생되는 SO_2의 양(kg)은?(단, 24시간 연속가동기준, 표준상태 기준)

① 1.33 ② 1.61
③ 1.79 ④ 1.94

4-5. 먼지의 농도와 가스의 체적이 각각 30mg/Sm³, 100Sm³와 60mg/Sm³, 50Sm³인 가스를 섞으면 이때의 먼지 농도와 가스의 체적은?

① 30mg/Sm³, 100Sm³ ② 40mg/Sm³, 150Sm³
③ 60mg/Sm³, 100Sm³ ④ 90mg/Sm³, 150Sm³

|해설|

4-1

이상기체방정식

$PV = nRT$

여기서, P : 압력
  V : 부피
  n : 몰수
  R : 0.082(이상기체상수)
  T : 온도(절대온도)

NO_2의 분자량이 46g/mol이므로

150g일 때 몰수는 $\dfrac{150g}{46g/mol} = 3.26 \text{mol}$

$\dfrac{750}{760} \times V = 3.26 \times 0.082 \times (273 + 35)$

$\therefore V = \dfrac{3.26 \times 0.082 \times (273 + 35) \times 760}{750} = 83.43\text{L}$

|해설|

4-2
보일-샤를의 법칙

$$\frac{P_1 V_1}{T_1} = \frac{P_2 V_2}{T_2} = k$$

여기서, k : 일정한 상수
- P_1 : 680mmHg
- V_1 : 200m³
- T_1 : 673(= 400+273)K
- P_2 : 760mmHg
- V_2 : x m³
- T_2 : 273K(표준상태 : 0℃, 1기압)

$$680\text{mmHg} \times \frac{200\text{m}^3}{273+400} = 760\text{mmHg} \times \frac{x\,\text{m}^3}{273}$$

$$\therefore x = \frac{680}{760} \times 273 \times \frac{200\text{m}^3}{273+400} = 72.58\text{Sm}^3$$

4-3
보일-샤를의 법칙

$$\frac{P_1 V_1}{T_1} = \frac{P_2 V_2}{T_2} = k$$

여기서, k : 일정한 상수

가스량도 일종의 부피임을 감안하여,

$$V_2 = V_1 \times \frac{T_2}{T_1} \times \frac{P_1}{P_2}$$

$$= 100,000\text{m}^3/\text{h} \times \frac{273+500}{273} \times \frac{760\text{mmHg}}{740\text{mmHg}}$$

$$= 290,803\text{m}^3/\text{h}$$

4-4
$\text{ppm} = C \times \frac{22.4}{M}$ 을 활용

470ppm = 470mL/m³이며 SO₂의 분자량이 64이므로 64mg을 부피로 환산하면 22.4mL이다.

∴ SO₂의 양
= 470mL/m³ × (64mg/22.4mL) × 1kg/10⁶mg × 50m³/h × 24h/d
= 1.61kg/d

4-5
- 혼합먼지의 농도

$$\frac{(C_1 \times Q_1) + (C_2 \times Q_2)}{(Q_1 + Q_2)}$$

$$= \frac{(30\text{mg/Sm}^3 \times 100\text{Sm}^3) + (60\text{mg/Sm}^3 \times 50\text{Sm}^3)}{(100+50)\text{Sm}^3}$$

$$= 40\text{mg/Sm}^3$$

- 가스의 체적 $V_t = V_1 + V_2 = 100 + 50 = 150\text{Sm}^3$

정답 4-1 ③　4-2 ④　4-3 ②　4-4 ④　4-5 ②

핵심이론 05 | 헨리의 법칙(Henry's Law)

① 일정한 온도에서 기체의 용해도는 그 기체의 압력인 분압이 증가할수록 증가하고, 기체가 액체에 용해될 때에는 발열 반응이므로 일정한 압력에서 온도가 낮을수록 증가한다.

② 헨리의 법칙에 잘 적용되는 기체는 낮은 압력에서 물에 대한 용해도가 별로 크지 않은 H_2, O_2, CO, N_2, CH_4 등의 무극성 분자들이고, 물에 잘 녹는 NH_3, HCl, SO_2, H_2S, NO_2, HF 등의 극성 분자들은 잘 적용되지 않는다.

③ 헨리의 법칙 : $P = HC$

여기서, P : 분압
　　　　H : 헨리상수
　　　　C : 농도

10년간 자주 출제된 문제

5-1. 유해가스와 물이 일정 온도에서 평형상태에 있을 때 기상의 유해가스 분압이 76mmHg이고 수중 유해가스 농도가 2kmol/m³라 가정하면 헨리상수(atm·m³/kmol)는?(단, 전압은 atm으로 하며, 헨리의 법칙은 $P = HC$이다. 여기서, P : 분압, H : 헨리상수, C : 농도)

① 0.05　② 0.2
③ 20　④ 38

5-2. 다음 중 헨리의 법칙에 관한 설명으로 가장 적합한 것은?

① 기체의 용매에 대한 용해도가 높은 경우에만 헨리의 법칙이 성립한다.
② HCl, HF, SO_2 등은 헨리의 법칙이 잘 적용되는 가스이다.
③ 일정 온도에서 특정 유해가스의 압력은 용해가스의 액중 농도에 비례한다.
④ 헨리정수는 온도변화에 상관없이 동일성분 가스는 항상 동일한 값을 가진다.

5-3. A기체와 물이 30℃에서 평형상태에 있다. 기상에서의 A의 분압이 40mmHg일 때, 수중에서의 A기체의 액중농도는?(단, 30℃에서 A기체의 물에 대한 헨리상수는 1.60×10^1 atm·m³/kmol이다)

① 2.29×10^{-3} kmol/m³　② 3.29×10^{-3} kmol/m³
③ 2.29×10^{-2} kmol/m³　④ 3.29×10^{-2} kmol/m³

| 해설 |

5-1

$P = HC$

$\dfrac{76}{760} = H \times 2\text{kmol/m}^3$

$\therefore H = \dfrac{0.1}{2} = 0.05$

5-2

헨리의 법칙($P=HC$)은 일정한 온도에서 일정량의 용매에 녹는 기체의 질량은 압력(P)에 비례하지만 부피는 압력에 관계없이 일정하다는 법칙이다.
① 기체의 용매에 대한 용해도가 낮은 경우에만 적용한다.
② 헨리의 법칙이 잘 적용되는 가스는 수소, 산소, 질소, 이산화탄소 등이다.
④ 헨리정수는 온도변화에 따라 변한다.

5-3

$P = HC$

기체의 액체에 대한 용해도는 그 분압에 비례한다.

여기서, P : 용질가스의 기상분압(atm)
 H : 헨리상수(atm · m³/kmol)
 C : 액상 농도(kmol/m³)

$\dfrac{40}{760} = 16 \times C$

$\therefore C = 0.003289 = 3.29 \times 10^{-3} \text{kmol/m}^3$

정답 5-1 ① 5-2 ③ 5-3 ②

| 핵심이론 06 | 스토크스 법칙(Stokes' Law)

$$V_g = \dfrac{d^2(\rho_p - \rho)g}{18\mu}$$

여기서, V_g : 입자의 속도(cm/s)
 d : 입자의 직경(cm)
 ρ_p : 입자의 밀도(g/cm³)
 ρ : 가스의 밀도(g/cm³)
 μ : 점성계수(g/cm · s = 1poise)
 g : 중력가속도(980cm/s²)

10년간 자주 출제된 문제

6-1. 정지 공기 중에서 침강하는 직경이 3μm인 구형입자의 종말침강속도는?(단, 스토크스 법칙을 적용하며, 입자의 밀도는 5.2g/cm³이고, 점성계수는 1.85×10^{-5}kg/m · s이다)

① 0.125cm/s ② 0.137cm/s
③ 0.234cm/s ④ 0.345cm/s

6-2. 스토크스 법칙에 따른 입자의 침전속도에 관한 설명으로 틀린 것은?

① 침전속도는 입자와 물의 밀도차에 비례한다.
② 침전속도는 중력가속도에 비례한다.
③ 침전속도는 입자지름의 제곱에 반비례한다.
④ 침전속도는 물의 점도에 반비례한다.

| 해설 |

6-1

스토크스의 법칙

$V_g = \dfrac{d^2(\rho_p - \rho)g}{18\mu}$

$= \dfrac{(3 \times 10^{-4}\text{cm})^2 \times 5.2\text{g/cm}^3 \times 980\text{cm/s}^2}{18 \times (1.85 \times 10^{-4}\text{g/cm} \cdot \text{s})} = 0.137\text{cm/s}$

단, 가스의 밀도(ρ)는 0.0013g/cm³으로 매우 작아 무시한다.

6-2

스토크스(Stokes)의 법칙

$V_g(\text{m/s}) = \dfrac{d^2(\rho_p - \rho)g}{18\mu}$

여기서, d : 입자의 직경, $\rho_p - \rho$: 밀도 차이
 g : 중력가속도, μ : 점도

정답 6-1 ② 6-2 ③

2. 유해가스의 처리장치 종류

핵심이론 01 | 흡착법

① 흡착 : 기체의 분자나 원자가 고체 성분인 흡착제의 표면에 물리적 또는 화학적으로 결합되는 현상이다.

② 흡착제 : 활성탄, 알루미나, 제올라이트 등이 사용되며 모두 비표면적이 매우 크다(다공성).

③ 물리적 흡착
   ㉠ 가스분자와 흡착제 표면의 활성점 사이에 반데르발스(Van der Waals) 힘에 의한 결합
   ㉡ 흡착 시 발열반응
   ㉢ 분자량이 클수록 흡착이 잘 됨
   ㉣ 가역적 결합(재생 용이)
   ㉤ 가온(온도를 상승시키는 것)을 통해 흡착제의 재생이 가능함

④ 화학적 흡착
   ㉠ 흡착반응은 화학적 결합의 파괴 및 재형성과정을 포함
   ㉡ 물리적 반응보다 훨씬 결합이 강함
   ㉢ 비가역적인 결합
   ㉣ 흡착제의 재생이 불가능함

⑤ 흡착등온식(Freundlich식)
   ㉠ 흡착제로 오염물질을 제거하는 흡착등온식
   ㉡ $S = KC^N$
   여기서, K, N : 상수

⑥ 흡착제의 종류

흡착제	용도
활성탄	악취제거, 가스 정제용
활성 알루미나	습한 가스의 건조
실리카겔	가스건조와 황분의 제거용
분자체	탄화수소로부터 오염물질을 제거
보크사이트	가스건조, 석유 불순물 처리

10년간 자주 출제된 문제

1-1. 화학흡착의 특성에 해당되는 것은?(단, 물리흡착과 비교)
① 온도범위가 낮다.
② 흡착열이 낮다.
③ 여러 층의 흡착층 가능하다.
④ 흡착제의 재생이 이루어지지 않는다.

1-2. 흡착법에 관한 설명으로 옳지 않은 것은?
① 물리적 흡착은 Van der Waals 흡착이라고도 한다.
② 물리적 흡착은 낮은 온도에서 흡착량이 많다.
③ 화학적 흡착인 경우 흡착과정이 주로 가역적이며 흡착제의 재생이 용이하다.
④ 흡착제는 단위질량당 표면적이 큰 것이 좋다.

1-3. 가스상태의 오염물질을 물리적 흡착법으로 처리하려고 한다. 흡착효율을 높이기 위한 방법으로 옳은 것은?
① 접촉시간을 줄인다.   ② 온도를 내린다.
③ 압력을 감소시킨다.   ④ 흡착제의 표면적을 줄인다.

1-4. 다음 중 수처리 시 사용되는 응집제와 거리가 먼 것은?
① PAC   ② 소석회
③ 입상활성탄   ④ 염화 제2철

|해설|

1-1, 1-2
화학적 흡착은 비가역적이고, 물리적 흡착은 가역적이다.
• 가역적 흡착 : 흡착과 제거가 쉽게 일어난다.
• 비가역적 흡착 : 흡착은 쉽지만 입자의 제거(흡착제의 재생)가 쉽지 않다.

1-3
흡착률을 높이기 위한 방법이다.
① 접촉시간을 늘린다.
③ 압력을 증가시킨다.
④ 흡착제의 표면적을 크게 한다.

1-4
흡착제
입상활성탄, 실리카겔, 합성제올라이트, 보크사이트, 활성알루미나

정답 1-1 ④ 1-2 ③ 1-3 ② 1-4 ③

핵심이론 02 | 중유탈황법과 배연탈황법의 종류

① 중유탈황법(Heavy Oil Desulfurization) - 전처리
  ㉠ 접촉수소화 탈황(가장 많이 사용함)
  ㉡ 금속산화물에 의한 흡착탈황
  ㉢ 미생물에 의한 생화학적 탈황
  ㉣ 방사선 화학적 탈황

② 배연탈황법(Exhaust Gas Desulfurization) - 후처리
  연소 후에 생성된 SO_x를 흡수, 산화, 환원, 흡착 등의 공정으로 제거하고 깨끗한 가스를 굴뚝으로 배출하는 방법을 말한다.
  ㉠ 석회석에 의한 흡수법
  ㉡ 활성탄에 의한 흡착법
  ㉢ 산화마그네슘에 의한 흡습법

10년간 자주 출제된 문제

2-1. 중유의 탈황법으로 가장 실용적이며 많이 사용하는 방법은?
① 석회석에 의한 흡수탈황법
② 활성탄에 의한 흡착탈황법
③ 아황산소다 탈황법
④ 접촉수소화 탈황법

2-2. 중유의 탈황 방법과 가장 거리가 먼 것은?
① 방사선 화학적 탈황
② 금속산화물에 의한 흡착탈황
③ 미생물에 의한 생화학적 탈황
④ 접촉산화물에 의한 흡착탈황

2-3. 다음 중 배기가스에 포함되어 있는 황산화물의 제거 방법이 아닌 것은?
① 석회석에 의한 흡수법
② 활성탄에 의한 흡착법
③ 산화마그네슘에 의한 흡습법
④ 수소화 탈황법

2-4. 화력발전소에서 많은 양의 아황산가스(SO_2)가 배출되고 있다. 이의 저감방법이 아닌 것은?
① 저유황 연료사용
② 고연돌 사용
③ 배기가스 탈황설비 설치
④ 연료 중에 있는 유황분 제거

|해설|

2-1
가장 많이 이용하는 접촉수소화 탈황법에는 직접탈황법, 간접탈황법, 중간탈황법이 있다.

2-2
중유탈황법
• 접촉수소화 탈황법
• 금속산화물에 의한 흡착탈황
• 미생물에 의한 생화학적 탈황
• 방사선 화학적 탈황

2-3
대기오염을 방지하기 위해 연소배기가스 중 황산화물을 제거하는 것을 배연탈황이라고 한다. 흡수제로서 석회석과 금속산화물을 이용하는 흡수법, 활성탄을 이용하는 흡착법, 산화 바나듐 촉매를 이용하는 접촉산화법 등이 있다. 수소화 탈황법은 정유공장에서 중유의 탈황방법으로 사용되고 있다.

2-4
② 높은 연돌(굴뚝)의 사용은 아황산가스의 대기확산과 관련이 있다. 대기 중의 아황산가스를 줄이기 위하여 연료 중에 포함된 황이 적은 연료나 청정연료로 대체사용하거나 연료 연소 후 배출가스를 탈황(배연탈황)하는 방법이 있다.

정답 2-1 ④ 2-2 ④ 2-3 ④ 2-4 ②

핵심이론 03 | 촉매산화법

① 정 의

촉매산화연소법은 배기가스 중에 포함된 가연성 물질을 촉매작용에 의해 200~400℃의 저온영역에서 연소시키는 방법으로 가스상 오염물질의 처리에 주로 사용된다.

② 화학식

$C_x H_y O_z$(용제) + O_2(공기 중의 산소)
$\rightarrow CO_2 + H_2O$ + 반응열

※ 산화와 환원
- 산화 : 산소를 얻거나 수소 또는 전자를 잃는 것
- 환원 : 산소를 잃거나 수소 또는 전자를 얻는 것

10년간 자주 출제된 문제

3-1. 대기오염물질인 분진의 제거방법 중 적당치 않은 것은?
① 촉매산화법
② 중력침강법
③ 세정법
④ 백-필터법

3-2. 촉매산화법으로 악취물질을 함유한 가스를 산화, 분해하여 처리하고자 할 때, 연소온도 범위는?
① 100~200℃
② 300~400℃
③ 500~600℃
④ 700~800℃

|해설|

3-1
촉매산화법은 백금, 코발트, 동, 니켈 등의 촉매를 사용하여 저온(약 350℃)에서 완전연소를 행하여 가스상 오염물질을 제거하기 위한 방법이다. 입자상 물질을 제거하는 방법으로는 중력침강법, 원심력분리법, 세정법, 전기집진법, 여과법(백-필터법) 등이 있다.

3-2
촉매산화법의 연소온도는 직접연소법(700~800℃)보다 낮은 300~400℃ 범위이다.

정답 3-1 ① 3-2 ②

핵심이론 04 | 촉매환원법

선택적 촉매환원법은 촉매하에서 암모니아(NH_3), 일산화탄소(CO), 탄화수소(HC), 수소(H_2) 등의 환원제를 사용하여 질소산화물(NO_x)을 질소(N_2)로 환원하는 방법이다.

10년간 자주 출제된 문제

4-1. 다음의 대기오염방지방법 중 황산화물의 처리방법이 아닌 것은?
① 금속산화물법
② 선택적 촉매환원법
③ 흡착법
④ 석회석법

4-2. 질소산화물을 촉매환원법으로 처리할 때, 어떤 물질로 환원되는가?
① 질 소
② 산 소
③ 탄화수소
④ 이산화질소

4-3. 다음 중 선택적인 촉매환원법으로 질소산화물을 처리할 때 사용되는 환원제로 가장 적합한 것은?
① 수산화칼슘
② 암모니아
③ 염화수소
④ 플루오린화수소

|해설|

4-1
선택적 촉매환원법은 대기오염물질 중 질소산화물의 처리방법이다.

4-2
선택적 촉매환원법은 촉매를 사용하여 400℃ 이하에서 질소산화물을 물과 질소로 환원하는 방법이다.

4-3
선택적 촉매환원법(SCR) 환원제
암모니아(NH_3), 일산화탄소(CO), 탄화수소(HC)

정답 4-1 ② 4-2 ① 4-3 ②

| 핵심이론 05 | 질소산화물 발생을 억제하는 방법

① 저산소 연소(과잉공기량 감소)
② 저온도 연소(연소용 공기온도 조절)
③ 연소부분의 냉각
④ 배기가스의 재순환
⑤ 2단 연소
⑥ 버너 및 연소실의 구조개선

※ 연료의 성질보다는 공기량, 높은 온도에 기인하므로 점화시기와 공기압축비의 조절로 발생을 억제할 수 있다.

10년간 자주 출제된 문제

5-1. 다음 중 질소산화물의 저감방법이 아닌 것은?
① 배기가스 재순환
② 2단 연소
③ 과잉공기량 증대
④ 연소온도 조정

5-2. 연소조절에 의한 NO_x 발생의 억제방법으로 옳지 않은 것은?
① 2단 연소를 실시한다.
② 과잉공기량을 삭감시켜 운전한다.
③ 배기가스를 재순환시킨다.
④ 부분적인 고온영역을 만들어 연소효율을 높인다.

|해설|

5-1
과잉공기량을 증대하면 질소산화물의 발생도 증가한다.

5-2
질소산화물의 발생을 억제하는 방법
- 저과잉공기 연소
- 연소용 공기온도 저하
- 배기가스 재순환(FGR)
- 단계적 연소

정답 5-1 ③ 5-2 ④

| 핵심이론 06 | 후드(Hood)에 의한 일반적 흡인요령

① 후드를 발생원에 근접시킨다.
② 국부적인 흡인 방식을 택한다.
③ 후드의 개구 면적을 좁게 한다.
④ 에어 커튼(Air Curtain)을 이용한다.
⑤ 충분한 포착 속도를 유지한다.
⑥ 송풍기에 여유를 준다.

※ 후드 형태에 따른 분류 : 포위형, 수형, 포집형

10년간 자주 출제된 문제

6-1. 후드(Hood)에 의한 일반적 흡인요령으로 알맞지 않은 것은?
① 충분한 포착속도를 유지한다.
② 후드의 개구면적을 가능한 한 크게 한다.
③ 가능한 한 후드를 발생원에 근접시킨다.
④ 국부적인 흡인방식을 택한다.

6-2. 후드(Hood)는 여러 가지 생산공정에서 발생되는 열이나 대기오염물질을 함유하는 공기를 포획하여 환기시키는 장치이다. 이러한 후드의 형식(종류)에 해당하지 않는 것은?
① 배기형 후드
② 포위형 후드
③ 수형 후드
④ 포집형 후드

|해설|

6-1
후드의 개구면적을 가능한 한 좁게 하여 흡인속도를 크게 한다.

6-2
후드의 형태에 따른 종류 : 포위형, 수형, 포집형 후드

정답 6-1 ② 6-2 ①

핵심이론 07 | 배출가스의 유속 측정

① 정 의

피토관(Pitot Tube)은 통풍관이나 굴뚝에서 배기가스의 유속을 측정할 수 있는 기구이다.

② 공 식

$V = \sqrt{2gh}$

여기서, V : 유속(m/s)

g : 중력가속도(9.805m/s^2)

h : 동압측정치(kg/m^2)

※ 베르누이 정리 : 점성이 없는 유체가 흐를 때 에너지가 보존된다는 법칙으로, 이동 폭이 좁아지면 동일한 시간에 동일한 유체가 이동해야 하므로 속도가 빨라진다.

10년간 자주 출제된 문제

통풍관이나 굴뚝에서 배기가스의 유속을 측정할 수 있는 가장 적당한 기구는?

① 습식가스미터(Wet Gas Meter)
② 휴대형 공기채취기(Handy Air Sampler)
③ 피토관(Pitot Tube)
④ 대용량 공기채취기(High Volume Air Sampler)

|해설|

③ 피토관 : 베르누이의 정리를 응용하여 유속을 측정하는 계기
① 습식가스미터 : 기체의 유량측정
② 휴대형 공기채취기 : 휴대가 가능한 공기 채취장치
④ 대용량 공기채취기 : 다량의 부유분진을 한꺼번에 대량으로 모아서 분석측정하는 장치

정답 ③

핵심이론 08 | 덕트(환기용 관로)의 단면적과 관경 공식

$$A = \frac{Q}{V \times 60}, \quad D = \left(\frac{4A}{\pi}\right)^{\frac{1}{2}}$$

여기서, A : 관의 단면적(m^2)

Q : 배출가스량(m^3/min)

V : 덕트 내 유속(m/s)

D : 덕트의 직경(m)

10년간 자주 출제된 문제

배출가스량과 이동속도를 감안하여 덕트의 단면적과 관경을 산정하는 공식은?(단, A : 관의 단면적(m^2), Q : 배출가스량(m^3/min), V : 덕트 내 유속(m/s), D : 덕트의 직경(m))

① $A = \frac{Q}{V}$, $D = \left(\frac{4A}{\pi}\right)^{2}$

② $A = \frac{Q}{V}$, $D = \left(\frac{4A}{\pi}\right)^{\frac{1}{2}}$

③ $A = \frac{Q}{V \times 60}$, $D = \left(\frac{4A}{\pi}\right)^{2}$

④ $A = \frac{Q}{V \times 60}$, $D = \left(\frac{4A}{\pi}\right)^{\frac{1}{2}}$

정답 ④

핵심이론 09 | 상당지름(상당직경)

① 정 의

상당지름이란 유동의 마찰이나 유속, 열전달 같은 것을 구할 때 기본식이 원형인 배관을 기준으로 설계되어 있어 각형이나 도형 모양(이중 원관 등)인 경우 유체가 접하는 표면적을 같은 크기의 원형 모양으로 바꿔서 계산하기 위한 것

② 공 식

$$D_e = \frac{2ab}{a+b}$$

여기서, a : 가로 길이
b : 세로 길이

10년간 자주 출제된 문제

9-1. 가로 a, 세로 b인 직사각형의 상당지름 D_e은 얼마인가?

① $\frac{ab}{a+b}$ ② $\frac{2ab}{a+b}$

③ $\frac{ab}{2(a+b)}$ ④ $\frac{a(a+b)}{ab}$

9-2. 원형송풍관이 아닌 사각송풍관일 경우 원형송풍관의 지름에 해당하는 사각송풍관의 상당지름을 구하여 계산하는데, 가로 45cm, 세로 55cm인 직사각형 후드의 상당지름은?

① 37.5cm   ② 44.5cm
③ 49.5cm   ④ 50.5cm

|해설|

9-1
상당지름 $D_e = \dfrac{2ab}{(a+b)}$

9-2
상당지름 $D_e = \dfrac{단면적}{평균둘레길이}$
$= \dfrac{2ab}{a+b} = \dfrac{2 \times 45 \times 55}{45+55} = 49.5\text{cm}$

여기서, a : 가로
b : 세로

정답 9-1 ② 9-2 ③

핵심이론 10 | 기타 계산공식

① 단면적$(A) = \dfrac{Q}{V}$

② 관 내 평균풍속$(V) = \dfrac{Q}{A}$

여기서, A : 단면적
V : 유속
Q : 유량

③ 통풍력$(Z) = h \times 273 \times \left(\dfrac{\gamma_a}{273+t_a} - \dfrac{\gamma_g}{273+t_g}\right)$

여기서, h : 굴뚝 높이(m)
γ_a : 대기 중의 비중량(kg/m³)
γ_g : 굴뚝 내의 가스 비중량
t_a : 대기의 온도
t_g : 굴뚝 내의 가스 온도

④ 굴뚝 내의 평균가스온도

$$t_m = \frac{t_1 - t_2}{2.3\log\left(\dfrac{t_1}{t_2}\right)}$$

여기서, t_1 : 굴뚝 입구 온도
t_2 : 굴뚝 출구 온도

⑤ 충전층의 높이

$h = \text{HOG} \times \text{NOG}$

여기서, HOG : 총괄이동 단위높이
NOG : 총괄이동 단위수 $= \ln\left(\dfrac{1}{1-E}\right)$

10년간 자주 출제된 문제

10-1. 직경이 200mm인 표면이 매끈한 직관을 통하여 풍량 100m³/min의 표준공기를 송풍할 때, 관 내 평균풍속은?

① 50m/s   ② 53m/s
③ 60m/s   ④ 62m/s

10년간 자주 출제된 문제

10-2. 다음과 같은 조건으로 가스가 배출될 때 이론 통풍력은?

- 굴뚝높이 : 30m
- 배기가스 온도 : 250℃
- 외기온도 : 20℃
- 연소가스 공기비중 : 1.3kg/Nm³

① 16mmH₂O
② 46mmH₂O
③ 146mmH₂O
④ 490mmH₂O

10-3. 염화수소를 함유한 배기가스를 총괄이동 단위높이(HOG)가 0.5m인 충전탑을 사용하여 제거할 때 염화수소의 제거효율은 99%이었다. 충전층의 높이는?

① 1.2m
② 2.3m
③ 3.4m
④ 4.5m

|해설|

10-1
- $Q = A \times V$
- $A = \dfrac{\pi D^2}{4} = \dfrac{3.14 \times (0.2)^2}{4} = 0.0314\text{m}^2$
- $\therefore V = \dfrac{Q}{A}$

$= \dfrac{100\text{m}^3/\text{min}}{0.0314\text{m}^2}$

$= 3,184.7133\text{m/min} \times 1\text{min}/60\text{s}$

$= 53.07\text{m/s}$

10-2

$Z = h \times 273 \times \left(\dfrac{1.3}{273 + t_a} - \dfrac{1.3}{273 + t_g}\right)$

$= (30 \times 273)\left(\dfrac{1.3}{273 + 20} - \dfrac{1.3}{273 + 250}\right)$

$= 15.98\text{mmH}_2\text{O} ≒ 16\text{mmH}_2\text{O}$

10-3

$h = \text{HOG} \times \text{NOG}$

$= 0.5\text{m} \times 4.61$

$= 2.3\text{m}$

여기서, h : 충전층 높이

HOG : 총괄이동 단위 높이

NOG : 총괄이동 단위 수 $= \ln\left(\dfrac{1}{1-E}\right) = \ln\left(\dfrac{1}{1-0.99}\right)$

$= 4.61$

정답 10-1 ② 10-2 ① 10-3 ②

3. 유해가스 처리장치의 유지관리

핵심이론 01 | 포착속도와 흡착제

① 포착속도(제어속도)

오염물질을 오염지역에서 후드로 이동시키기에 충분한 최소한의 바람의 속도(유속)

② 흡착제 선택 시 고려사항

㉠ 기체의 흐름에 대한 압력손실이 작아야 한다.
㉡ 강도와 경도가 어느 정도 있어야 한다.
㉢ 흡착률이 우수해야 한다.
㉣ 흡착제의 재생이 용이해야 한다.
㉤ 흡착물질의 회수가 쉬워야 한다.

10년간 자주 출제된 문제

1-1. 대기오염방지시설 환기시설 설계에서 포착속도(제어속도)의 설명이 올바르게 된 것은?

① 오염물질이 덕트를 통과하는 최소의 속도
② 오염물질을 오염원에서 후드로 이동시키기 위한 속도
③ 오염물질이 배출구를 통과하는 속도
④ 오염물질이 덕트를 통과하는 최대의 속도

1-2. 유해가스의 흡착처리에서 흡착제의 선택 시 고려하여야 할 조건으로 적합하지 않은 것은?

① 흡착률이 우수해야 한다.
② 흡착물질의 회수가 쉬워야 한다.
③ 흡착제의 재생이 용이해야 한다.
④ 기체의 흐름에 대한 압력손실이 커야 한다.

|해설|

1-1
포착속도(제어속도)란 배출원에서 배출되는 오염물질을 비산한 계점 범위 내 어떤 점에서 포착하여 후드 속으로 끌어들이기에 충분한 최소한의 바람의 흐름(유속)을 말한다.

1-2
④ 기체의 흐름에 대한 압력손실이 작아야 한다.

정답 1-1 ② 1-2 ④

핵심이론 02 | 흡수액의 구비조건

① 흡수능력과 용해도가 커야 한다.
② 화학적으로 안정하지만 휘발성이 낮아야 한다.
③ 독성과 부식성이 없어야 한다.
④ 점성과 휘발성이 작아야 한다.
⑤ 가격이 저렴하고 재생이 가능해야 한다.

10년간 자주 출제된 문제

2-1. 다음 중 흡수장치의 흡수액이 갖추어야 할 조건으로 옳지 않은 것은?
① 용해도가 작아야 한다.
② 점성이 작아야 한다.
③ 휘발성이 작아야 한다.
④ 화학적으로 안정해야 한다.

2-2. 흡수공정으로 유해가스를 처리할 때, 흡수액이 갖추어야 할 요건으로 옳지 않은 것은?
① 용해도가 커야 한다.
② 점성이 작아야 한다.
③ 휘발성이 커야 한다.
④ 가격이 저렴하여야 한다.

2-3. 유해가스를 흡수액에 흡수시켜 제거하려고 한다. 흡수 효율에 영향을 미치는 인자로 가장 거리가 먼 것은?
① 기체와 액체의 접촉시간 및 접촉면적
② 흡수액에 대한 유해가스의 용해도
③ 유해가스의 분압
④ 운반가스(Carrier Gas)의 활성도

|해설|

2-1
용해도가 높을수록 흡수율이 커진다.

2-2
휘발성이 작아야 흡수액의 증발손실이 적어 오래 사용이 가능하다.

2-3
유해가스 제거효율은 기체와 액체의 접촉면적과 접촉시간, 흡수액의 농도와 반응 속도, 물에 대한 기체의 용해도에 영향을 받는다.

정답 2-1 ① 2-2 ③ 2-3 ④

핵심이론 03 | 충전물의 구비조건

① 단위용적에 대한 표면적이 커야 한다.
② 마찰저항과 압력손실이 작아야 한다.
③ 공극률과 충전밀도가 커야 한다.
④ 내열성과 내식성이 커야 한다.
⑤ 액의 홀드 업(Hold Up)이 작아야 한다.

10년간 자주 출제된 문제

3-1. 충전탑(Packed Tower)에 채워지는 충전물의 구비조건으로 틀린 것은?
① 단위용적에 대하여 비표면적이 작을 것
② 마찰저항이 작을 것
③ 압력손실이 작고 충전밀도가 클 것
④ 내식성과 내열성이 클 것

3-2. 충전탑의 충전물의 구비조건 중 틀린 항목은?
① 단위용적에 대한 전표면적이 커야 한다.
② 공극률이 크며, 압력손실이 작고, 충전밀도가 커야 한다.
③ 액의 홀드 업(Hold Up)이 커야 한다.
④ 내열성과 내식성이 커야 한다.

3-3. 유해가스 흡수장치인 충전탑(Packed Tower)에서 충전물이 갖추어야 할 조건으로 적합하지 않은 것은?
① 가벼워야 한다.
② 비표면적이 작아야 한다.
③ 마찰저항이 작아야 한다.
④ 압력손실이 작아야 한다.

|해설|

3-1
단위용적에 대하여 비표면적이 커야 한다.

3-2
홀드 업(Hold Up)은 처리가스의 유속이 증가함에 따라 충전층 내의 액보유량이 증가하게 되어 압력강하가 증가하는 현상(억류현상)으로 작아야 한다.

3-3
비표면적이 커야 다량의 유해가스를 흡수할 수 있다.

정답 3-1 ① 3-2 ③ 3-3 ②

제4절 집 진

1. 집진원리

핵심이론 01 집진효율

① 집진율

$$\eta = \left(1 - \frac{C_o}{C_i}\right) \times 100$$

여기서, C_i : 입구가스의 농도
  C_o : 출구가스의 농도

② 먼지통과율

$$P = \frac{C_o}{C_i}$$

여기서, P : 통과율(%)
  C_i : 입구가스 먼지농도(g/m³)
  C_o : 출구가스 먼지농도(g/m³)

③ 연속된 집진장치 효율

출구 먼지농도 = 유입 먼지농도 $\times (1 - \eta_1) \times (1 - \eta_2)$

여기서, η_1, η_2 : 각 집진장치 집진효율

10년간 자주 출제된 문제

1-1. 집진장치의 입구 더스트 농도가 2.8g/Sm³이고 출구 더스트 농도가 0.1g/Sm³일 때 집진율(%)은?

① 86.9 ② 94.2
③ 96.4 ④ 98.8

1-2. 어떤 집진시설의 집진율이 99%이고, 집진시설 유입구의 분진농도가 15.5g/m³일 때 유출구의 분진농도(g/m³)는?

① 0.01g/m³ ② 0.135g/m³
③ 0.145g/m³ ④ 0.155g/m³

1-3. 집진효율이 50%인 중력집진장치와 집진효율이 99%인 여과집진장치가 차례로 결합된 집진시설이 있다. 중력집진장치에 유입되는 먼지의 농도가 1,000mg/Sm³일 때, 여과집진장치의 출구 먼지농도는?

① 1mg/Sm³ ② 5mg/Sm³
③ 10mg/Sm³ ④ 15mg/Sm³

1-4. 집진장치 출구가스의 먼지농도가 0.02g/m³, 먼지통과율은 0.5%일 때, 입구가스 먼지농도(g/m³)는?

① 3.5g/m³ ② 4.0g/m³
③ 4.5g/m³ ④ 8.0g/m³

|해설|

1-1

$$\eta = \left(1 - \frac{C_o}{C_i}\right) \times 100 = \left(1 - \frac{0.1}{2.8}\right) \times 100 = 96.4\%$$

여기서, η : 집진율(%)
  C_o : 출구농도(g/Sm³)
  C_i : 입구농도(g/Sm³)

1-2

$$\eta = \left(1 - \frac{C_o}{C_i}\right) \times 100$$

$$99 = \left(1 - \frac{C_o}{15.5}\right) \times 100$$

$$C_o = 15.5 \times (1 - 0.99)$$
$$= 0.155 \text{g/m}^3$$

1-3

출구 먼지농도 = $1,000 \times (1 - 0.5) \times (1 - 0.99) = 5\text{mg/Sm}^3$

1-4

$$P = \frac{C_o}{C_i}$$

여기서, P : 통과율(%)
  C_i : 입구가스 먼지농도(g/m³)
  C_o : 출구가스 먼지농도(g/m³)

$$0.005 = \frac{0.02}{C_i}$$

$$\therefore C_i = \frac{0.02}{0.005} = 4\text{g/m}^3$$

정답 1-1 ③ 1-2 ④ 1-3 ② 1-4 ②

핵심이론 02 | 총집진효율

$$\eta_t = \eta_1 + \eta_2\left(1 - \frac{\eta_1}{100}\right)$$

여기서, η_1, η_2 : 1차, 2차 집진장치의 집진율(%)

10년간 자주 출제된 문제

2-1. 함진농도가 10g/Sm³인 분진을 처리하는 1차 집진장치의 집진율이 90%인 경우, 집진율이 몇 %인 2차 집진장치를 직렬로 사용하면 출구농도를 0.2g/Sm³로 할 수 있는가?
① 65%
② 70%
③ 75%
④ 80%

2-2. 집진율 99%로 운전되던 집진장치가 성능저하로 집진율이 97%로 떨어졌다. 집진장치 입구의 함진농도가 일정하다고 할 때 출구의 함진농도는 어떻게 변하겠는가?
① 3% 증가
② 3배 증가
③ 2% 증가
④ 2배 증가

|해설|

2-1

$$\eta_t = \left(1 - \frac{C_o}{C_i}\right) \times 100 = \left(1 - \frac{0.2}{10}\right) \times 100$$

$$= \left(\frac{10}{10} - \frac{0.2}{10}\right) \times 100 = \left(\frac{10 - 0.2}{10}\right) \times 100$$

$$= 98\%$$

$\eta_t = \eta_1 + \eta_2\left(1 - \frac{\eta_1}{100}\right)$ 이므로

여기서, η_1, η_2 : 1차, 2차 집진장치의 집진율(%)

$$\eta_t = 90 + \eta_2\left(1 - \frac{90}{100}\right)$$

$$98 = 90 + \eta_2(1 - 0.9)$$

$$\therefore \eta_2 = 80\%$$

2-2

출구의 함진농도 $= \dfrac{1-\eta_1}{1-\eta_2} = \dfrac{1-0.97}{1-0.99} = 3$

정답 2-1 ④ 2-2 ②

핵심이론 03 | 분리계수와 여과집진장치의 집진원리

① 분리계수(S)

$$S = \frac{V^2}{R \times g}$$

여기서, V : 가스접선속도(m/s)
　　　　R : 반지름(m)
　　　　g : 중력가속도(9.8m/s²)

② 여과집진장치의 집진원리
　㉠ 관성충돌
　㉡ 직접 차단
　㉢ 확 산

10년간 자주 출제된 문제

3-1. 사이클론의 반지름이 8cm, 유입가스의 처리속도가 3m/s일 때 분리계수를 구하면?
① 10.5
② 11.5
③ 12.5
④ 13.5

3-2. 여과집진장치의 주된 집진원리와 가장 거리가 먼 것은?
① 차 단
② 관성충돌
③ 확 산
④ 응 집

|해설|

3-1
분리계수는 중력에 대한 원심력의 상대적인 크기를 나타내는 것으로 다음과 같이 계산된다.

$$S = \frac{V^2}{R \times g} = \frac{3^2}{0.08 \times 9.8} = 11.5$$

여기서, V : 가스접선속도(m/s)
　　　　R : 반지름(m)
　　　　g : 중력가속도(9.8m/s²)

3-2
배출가스 중 먼지는 유체의 흐름에 장벽으로 작용하는 여과재에 관성충돌, 직접 차단, 확산 등의 메커니즘을 통하여 여과재에 부착되어 제거된다.

정답 3-1 ② 3-2 ④

2. 집진장치 종류

핵심이론 01 | 중력집진장치

① 원리 : 중력에 의한 자연침강을 이용하는 집진방법으로 입자의 크기가 50μm 이상의 큰 입자상 물질을 처리하는 데 사용된다.
   ㉠ 취급입경 : 50μm 이상
   ㉡ 압력손실 : 10~15mmH$_2$O
   ㉢ 집진율 : 40~60%

② 특 징
   ㉠ 전처리장치로 많이 이용된다.
   ㉡ 다른 집진 장치에 비하여 압력손실이 적다.
   ㉢ 구조가 간단하고 운전비 및 설치비용이 적게 든다.
   ㉣ 부하가 높은 가스 및 고온가스 처리에 용이하다.
   ㉤ 미세한 입자의 포집효율이 낮다.
   ㉥ 먼지부하 및 유량변동에 적응성이 낮다.

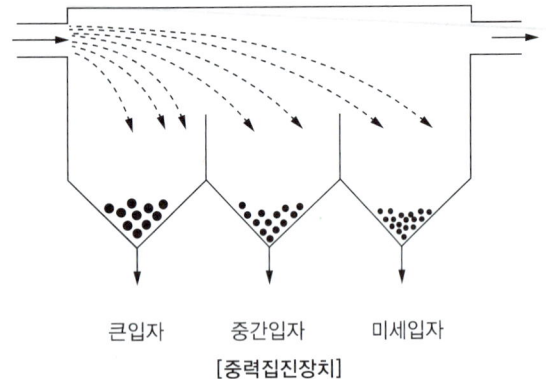

[중력집진장치]

10년간 자주 출제된 문제

1-1. 다음 집진장치 중 집진효율이 가장 낮은 것은?
① 중력집진장치　② 전기집진장치
③ 여과집진장치　④ 원심력집진장치

1-2. 중력집진장치에서 효율 향상조건으로 옳지 않은 것은?
① 침강실 처리가스 속도가 작을수록 미립자가 포집된다.
② 침강실 입구 폭이 클수록 유속이 느려지며 미세한 입자가 포집된다.
③ 침강실 내의 배기가스 기류는 균일하여야 한다.
④ 높이가 높고, 수평거리가 짧을수록 집진율이 높아진다.

1-3. 중력집진장치의 침강실에서 입자상 오염물질의 최종침강속도가 0.2m/s, 높이가 1.5m일 때 이것을 완전 제거하기 위하여 소요되는 이론적인 중력 침강실의 길이(m)는?(단, 집진장치를 통과하는 가스의 속도는 2m/s임. 층류 기준)
① 5.0　② 7.5
③ 15.0　④ 17.5

|해설|

1-1
집진장치의 집진효율
• 중력집진장치 : 40~60%
• 관성력집진장치 : 50~70%
• 원심력집진장치 : 85~95%
• 여과집진장치 : 90~99%
• 전기집진장치 : 90~99.9%

1-2
높이(H)가 낮고, 길이(L)가 길수록 집진효율이 높아진다.

1-3
$$L = \frac{U \times H}{V_g} = \frac{2\text{m/s} \times 1.5\text{m}}{0.2\text{m/s}} = 15\text{m}$$

여기서, L : 중력집진장치의 길이(m)
　　　　U : 가스속도(m/s)
　　　　H : 침강실의 높이(m)
　　　　V_g : 최종침강속도(m/s)

정답 1-1 ①　1-2 ④　1-3 ③

핵심이론 02 | 관성력집진장치

① 원리 : 뉴턴의 관성의 법칙을 이용한 것으로 함진가스를 방해판에 충돌시키거나 기류를 급격하게 방향 전환시켜 입자를 관성력에 의하여 분리하여 포집하는 장치이다.
  ㉠ 취급입경 : 10~100μm
  ㉡ 압력손실 : 20mmH$_2$O 이상
  ㉢ 집진율 : 50~70%

② 특 징
  ㉠ 다른 집진장치의 전처리용으로 많이 이용한다.
  ㉡ 비교적 굵은 입자를 선택 제거할 수 있다.
  ㉢ 구조가 간단하며 취급이 쉽다.
  ㉣ 운전비용이 적게 들고, 고온가스 처리가 가능하다.
  ㉤ 미세한 입자의 포집효율이 낮다.
  ㉥ 부식성, 점착성 가스처리에 부적합하다.

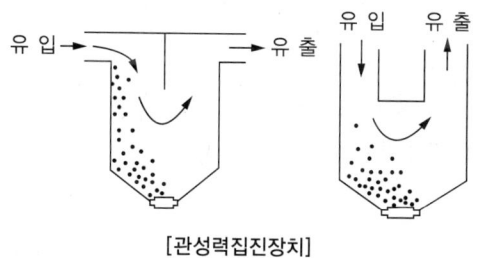

[관성력집진장치]

10년간 자주 출제된 문제

2-1. 함진가스를 방해판에 충돌시켜 기류의 급격한 방향전환을 이용한 집진장치를 다음 중에서 고르면?
① 중력집진장치
② 전기집진장치
③ 여과집진장치
④ 관성력집진장치

2-2. 다음 중 관성력집진장치의 장점이 아닌 것은?
① 고온처리가 가능하다.
② 운전비용이 적게 든다.
③ 미세한 입자 포집률이 높다.
④ 구조가 간단하고 취급이 간단하다.

2-3. 그림과 같은 집진원리를 갖는 집진장치 명칭은?

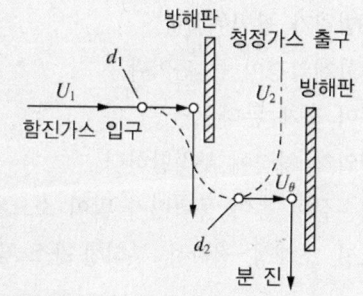

① 관성력집진장치
② 중력집진장치
③ 전기집진장치
④ 원심력집진장치

|해설|

2-1
관성력집진장치는 뉴턴의 관성법칙을 이용한 것으로 함진가스를 방해판에 충돌시키거나 기류를 급격하게 방향전환시켜 입자를 관성력에 의하여 분리하여 포집한다.

2-2
미세한 입자의 포집률이 높은 것은 전기집진장치이다.

2-3
그림은 관성력집진장치의 원리를 나타낸 것이다.

정답 2-1 ④ 2-2 ③ 2-3 ①

핵심이론 03 | 원심력집진장치

① 원리 : 처리가스를 사이클론의 입구로 유입시켜 선회류를 형성시키면 처리가스 내의 크고 작은 입경을 가진 분진은 원심력을 얻어 선회류를 벗어나 원심력 집진기 본체(몸통) 외벽에 충돌하여 집진된다.
  ㉠ 취급입경 : 3~100μm
  ㉡ 압력손실 : 50~150mmH$_2$O
  ㉢ 집진율 : 85~95%

② 특 징
  ㉠ 작용하는 집진력은 원심력, 관성력, 중력 등이다.
  ㉡ 구조가 간단하고 가동부가 없다.
  ㉢ 고온에 견딜 수 있는 재질로 제작할 수 있다.
  ㉣ 사용범위가 광범위하다.
  ㉤ 분리한계입경이 큰 편이다.
  ㉥ 비용이 적게 든다.
  ㉦ 미세입자 처리에 부적합하다.
  ㉧ 압력손실이 높아 동력비가 많이 소요된다.
  ㉨ 마모성, 조해성, 점착성, 부식성 가스 처리에 부적합하다.

③ 사이클론 형식의 종류
  ㉠ 상부접선유입식 : 처리가스는 상부에 설치된 입구에서 몸체에 접선 방향으로 유입되어 선회류를 형성하면서 하부로 진행한다. 시멘트, 발전소, 제련소 등에 많이 사용된다.
  ㉡ 축류식 혹은 축상유입식 : 처리가스 유입구가 원심력집진기의 축과 평행하며 처리가스는 집진기의 상부에서 유입되어 입구에 설치되어 있는 나선형 유도깃을 따라 선회류를 형성하면서 하부로 진행한다. 고효율 원심력집진기에서 많이 사용된다.
  ㉢ 하부유입식 : 처리가스는 하부에 설치된 입구에서 몸체에 접선 방향으로 유입되어 선회류를 형성하면서 상부로 진행한다. 세정식 원심력집진기 등에 사용되고 있다.

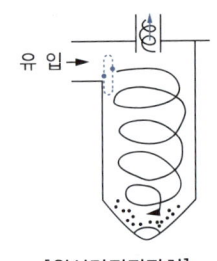

[원심력집진장치]

10년간 자주 출제된 문제

3-1. 원심력집진장치에 관한 설명으로 옳지 않은 것은?
① 구조가 간단하고 취급이 용이한 편이다.
② 압력손실이 20mmH$_2$O 정도로 작고, 고집진율을 얻기 위한 전문적인 기술이 불필요하다.
③ 점(흡)착성 배출가스 처리는 부적합하다.
④ 블로다운 효과를 사용하여 집진효율 증대가 가능하다.

3-2. 원심력집진장치의 집진효율을 높이는 방법으로 옳지 않은 것은?
① 배기관경이 클수록 입경이 작은 먼지를 제거할 수 있다.
② 한계 입구유속 내에서는 그 입구유속이 클수록 효율은 높은 반면 압력손실도 높아진다.
③ 고농도일 경우는 병렬연결하여 사용하고, 응집성이 강한 먼지는 직렬연결(단수 3단 이내)하여 사용한다.
④ 침강먼지 및 미세먼지의 재비산을 막기 위해 스키어와 회전깃 등을 설치한다.

3-3. 원심력집진장치에 관한 설명으로 옳지 않은 것은?
① 처리가능 입자는 3~100μm이며, 저효율 집진장치 중 집진율이 우수하고, 경제적인 이유로 전처리 장치로 많이 사용된다.
② 설치비와 유지비가 저렴한 편이다.
③ 점착성이나 딱딱한 입자가 함유된 배출가스에 적합하다.
④ 블로다운 효과와 관련 있다.

| 해설 |

3-1
② 압력손실은 50~150mmH₂O 정도이며, 고집진율을 얻기 위한 전문적인 기술이 필요하다.

3-2
① 배기관경이 작을수록 입경이 작은 먼지를 제거할 수 있다.

3-3
원심력집진장치는 점착성이 있거나 딱딱한 입자가 함유된 배출가스의 처리에 부적합하며 주로 세정집진장치로 처리한다.

정답 3-1 ② 3-2 ① 3-3 ③

핵심이론 04 | 세정집진장치

① 원리 : 세정액 또는 함진가스를 분산시켜서 생성되는 액적, 액막, 기포 등에 의하여 함진가스 중의 미립자를 분리포집하는 장치이다. 세정집진에서는 관성력, 확산력, 응집력, 중력 등이 이용된다.

  ㉠ 취급입경 : $0.1~100\mu m$
  ㉡ 압력손실 : $300~800mmH_2O$
  ㉢ 집진율 : $80~95\%$

② 특 징
  ㉠ 가연성·폭발성 먼지를 처리할 수 있다.
  ㉡ 단일장치에서 가스흡수와 분진포집이 동시에 가능하다.
  ㉢ 미스트를 처리할 수 있다.
  ㉣ 고온가스를 냉각시킬 수 있다.
  ㉤ 부식성 가스와 먼지를 중화시킬 수 있다.
  ㉥ 소요설치면적이 대체로 적게 들며 설치비용이 저렴하다.
  ㉦ 압력손실이 커 동력비가 많이 소요된다.
  ㉧ 부식의 위험성이 크다.
  ㉨ 슬러지 발생 시 처리가 곤란하다.
  ㉩ 백연문제가 발생할 가능성이 있다.

③ 세정집진장치 가스속도 비교
  ㉠ 충전탑 : 0.3~1m/s
  ㉡ 분무탑 : 0.2~1m/s
  ㉢ 제트스크러버 : 20~50m/s
  ㉣ 벤투리스크러버 : 60~90m/s

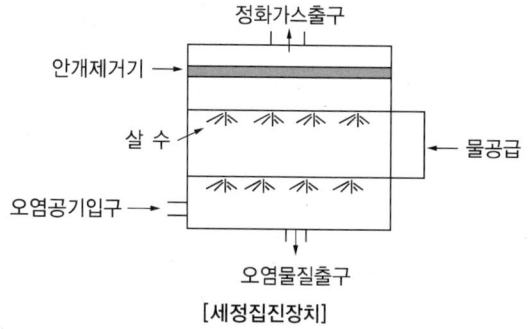

[세정집진장치]

10년간 자주 출제된 문제

4-1. 세정집진장치의 특징으로 거리가 먼 것은?
① 고온의 가스를 처리할 수 있다.
② 폐수처리장치가 필요하다.
③ 점착성 및 조해성 먼지를 처리할 수 없다.
④ 포집된 먼지의 재비산 염려가 거의 없다.

4-2. 대기오염방지시설 중 세정집진장치의 처리원리로 가장 거리가 먼 것은?
① 관성충돌
② 확산작용
③ 응집작용
④ 여과작용

4-3. 다음 가스 흡수장치 중 장치 내의 (겉보기)가스 속도가 가장 큰 것은?
① 충전탑
② 분무탑
③ 제트스크러버
④ 벤투리스크러버

|해설|

4-1
세정집진장치는 물을 뿌려 오염물질을 제거하므로 점착성 및 조해성 먼지의 처리에 효율적이다.

4-2
세정집진장치의 포집원리는 관성충돌, 직접흡수, 확산작용, 응집작용, 응결 등이다.

4-3
세정집진장치 가스속도 비교
• 충전탑 : 0.3~1m/s
• 분무탑 : 0.2~1m/s
• 제트스크러버 : 20~50m/s
• 벤투리스크러버 : 60~90m/s

정답 4-1 ③ 4-2 ④ 4-3 ④

핵심이론 05 | 여과집진장치

① 원리 : 함진가스가 여과재를 통과 시 여과재가 장벽으로 작용하여 함진가스에서 먼지를 제거하는 장치이다.
  ㉠ 취급입경 : $0.1 \sim 20 \mu m$
  ㉡ 압력손실 : $100 \sim 200 mmH_2O$
  ㉢ 집진율 : $90 \sim 99\%$

② 특 징
  ㉠ 미세입자에 대한 집진효율이 높다.
  ㉡ 여러 가지 형태의 분진을 포집할 수 있다.
  ㉢ 집진율에 비하여 시설비 및 유지비가 적게 든다.
  ㉣ 다양한 용량을 처리할 수 있다.
  ㉤ 수분, 여과속도에 적응성이 낮다.
  ㉥ 넓은 설치공간이 필요하다.
  ㉦ 가연성, 점착성, 폭발성 분진제거는 곤란하다.

③ 탈진방식
  ㉠ 간헐식 : 집진실을 여러 개의 방으로 구분하고, 방 하나씩 처리가스를 차단해서 순차적으로 부착된 먼지를 분리
  ㉡ 연속식 : 처리가스를 차단하지 않고 항시 여포의 일부를 털어내는 방식

④ 집진원리 : 차단부착, 관성충돌, 확산작용, 중력작용, 정전기와 반발력

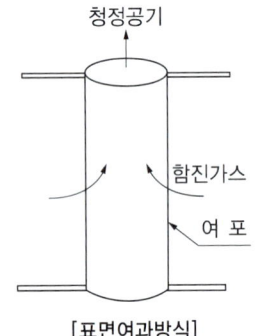

[표면여과방식]

10년간 자주 출제된 문제

5-1. 대기오염 제어시설 중 입자상 물질의 최소입경을 처리할 수 있는 집진기는?

① 여과집진기
② 침강집진기
③ 중력집진기
④ 원심집진기

5-2. 다음 중 여과집진장치에 대한 설명으로 옳은 것은?

① 350℃ 이상의 고온의 가스처리에 적합하다.
② 여과포의 종류와 상관없이 가스상 물질도 효과적으로 제거할 수 있다.
③ 압력손실이 약 20mmH₂O 전후이며, 다른 집진장치에 비해 설치면적이 작고, 폭발성 먼지제거에 효과적이다.
④ 집진원리는 직접 차단, 관성 충돌, 확산 등의 형태로 먼지를 포집한다.

5-3. 여과집진장치의 주된 집진원리와 가장 거리가 먼 것은?

① 중습
② 관성충돌
③ 확산
④ 차단

|해설|

5-1
① 20~0.1μm
③ 1,000~50μm
④ 100~3μm

5-2
① 350℃ 이상의 고온에서는 여과재가 손상될 수 있어 250℃ 이하의 가스처리를 주로 한다.
② 가스상 물질보다 입자상 물질 제거에 효과적이다.
③ 압력손실이 약 100~200mmH₂O이며, 다른 집진장치에 비해 설치면적이 넓고, 폭발 위험성이 있다.

5-3
여과집진장치의 집진원리는 차단부착, 관성충돌, 확산작용, 중력작용, 정전기와 반발력 등이다.

정답 5-1 ① 5-2 ④ 5-3 ①

핵심이론 06 | 전기·흡착집진장치

① 전기집진장치

㉠ 원리 : 입자에 전기적인 부하를 제공하고 전계를 형성하게 하여 하전된 입자가 집진극으로 포집되도록 유도하여 입자를 제거한다.
  - 취급입경 : 0.05~20μm
  - 압력손실 : 10~20mmH₂O
  - 집진율 : 90~99.9%

㉡ 특 징
  - 미세입자에 대한 집진효율이 높다(집진효율은 99% 이상 가능).
  - 낮은 압력손실(10~20mmAq)로 대량 가스처리가 가능하다.
  - 재생성 분진은 건식으로, 훈연이나 연무는 습식으로 집진이 가능하다.
  - 광범위한 온도범위에서 설계가 가능하다.
  - 초기 시설비가 많이 들지만 비교적 운영비가 적게 든다.
  - 설치비용이 고가이다.
  - 운전 조건에 대한 유연성이 낮다.
  - 가스상 오염물질의 처리가 어렵다.

㉢ 고유저항과 집진율 관계
  - 겉보기 고유저항이 10^4 이하 : 재비산
  - 겉보기 고유저항이 10^4~10^{10} 범위 : 정상적으로 진행
  - 겉보기 고유저항이 10^{10}~10^{12} 범위 : 스파크 빈발
  - 겉보기 고유저항이 10^{12} 이상 : 역코로나와 역전리 현상

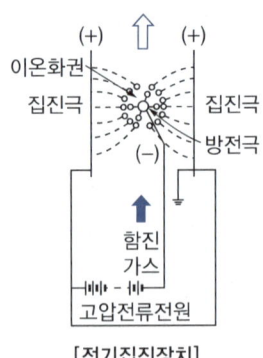

[전기집진장치]

② 흡착집진장치
  ㉠ 원리 : 활성탄 같은 고체 흡착제를 넣고 오염가스를 통과시키는 장치이다.
  ㉡ 종류 : 고정층, 이동층, 유동층

10년간 자주 출제된 문제

6-1. 다음 중 집진장치에 대한 설명으로 옳은 것은?

① 사이클론은 여과집진장치에 해당된다.
② 중력집진장치는 고효율 집진장치에 해당된다.
③ 여과집진장치는 수분이 많은 먼지 처리에 적합하다.
④ 전기집진장치는 코로나 방전을 이용하여 집진하는 장치이다.

6-2. 전기집진장치에서 먼지의 고유저항과 집진율을 나타낸 다음 그림에서 ㉠~㉣ 영역을 바르게 짝지은 것은?

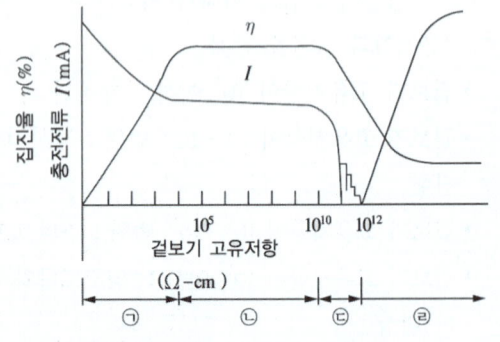

① 재비산 - 정상 - 스파크 빈발 - 역전리
② 정상 - 스파크 빈발 - 역전리 - 재비산
③ 스파크 빈발 - 역전리 - 재비산 - 정상
④ 역전리 - 재비산 - 정상 - 스파크 빈발

6-3. 전기집진장치의 집진극이 갖추어야 할 조건으로 옳지 않은 것은?

① 부착된 먼지를 털어내기 쉬울 것
② 전기장 강도가 불균일하게 분포하도록 할 것
③ 열, 부식성 가스에 강하고 기계적인 강도가 있을 것
④ 부착된 먼지의 탈진 시 재비산이 일어나지 않는 구조를 가질 것

6-4. 대기오염물질 중 입자상물질을 처리할 수 있는 일반적인 집진장치 종류가 아닌 것은?

① 중력집진장치
② 세정집진장치
③ 흡착집진장치
④ 여과집진장치

|해설|

6-1
① 사이클론은 대표적 원심력집진장치이다.
② 중력집진장치의 단점은 미세입자에 대한 포집 효율이 낮은 것이다.
③ 여과집진장치는 수분이 많은 먼지 처리보다는 건조한 먼지 처리에 적합하다.

6-2
고유저항과 집진율 관계
• 겉보기 고유저항이 10^4 이하 : 집진극과 분진 사이에 결합력이 소실되어 부착된 분진이 가스 중으로 재비산
• 겉보기 고유저항이 $10^4 \sim 10^{10}$ 범위 : 입자의 대전과 집진된 분진의 탈진이 정상적으로 진행
• 겉보기 고유저항이 $10^{10} \sim 10^{12}$ 범위 : 스파크 빈발
• 겉보기 고유저항이 10^{12} 이상 : 역코로나와 역전리 현상이 일어남

6-3
전기장 강도가 균일하게 분포하도록 할 것

6-4
흡착집진장치는 일반적으로 SO_x, NO_x, CO_2 등 가스상 물질을 처리하는 데 사용된다.

정답 6-1 ④ 6-2 ① 6-3 ② 6-4 ③

3. 집진장치 유지관리

핵심이론 01 | 집진시설을 선택하기 위한 고려 요소

① 처리해야 할 가스의 최대유량
② 입자의 모양, 밀도, 입경분포 등 분진의 물리적 특성
③ 분진의 화학적 특성
④ 요구되는 효율
⑤ 유량에 따른 허용 압력손실
⑥ 투자비와 운영비
⑦ 처리가스의 특성(온도, 습도 등)
⑧ 운전 및 유지의 용이성

10년간 자주 출제된 문제

집진시설을 선택하기 위하여 고려하여야 할 요소와 가장 거리가 먼 것은?
① 입자의 밀도와 입경분포
② 먼지의 물리적·화학적 특성
③ 먼지의 농도와 예상 투시도
④ 배기가스의 부식성과 용해성

|해설|
먼지의 농도는 맞지만 예상 투시도와 관련이 없다.

정답 ③

핵심이론 02 | 집진장치의 효율향상 조건

① 중력집진장치
  ㉠ 침강실 내 처리가스 속도가 작을수록 미립자를 포집할 수 있다.
  ㉡ 침강실 내 배기가스의 흐름상태는 균일하여야 한다.
  ㉢ 침강실의 높이가 낮고 길이가 길수록 집진율이 높아진다.
  ㉣ 침강실의 입구 폭이 클수록 유속이 느려지므로 미세한 입자를 포집할 수 있다.
  ㉤ 다단일 경우 단수가 증가할수록 압력손실은 커지나 효율도 증가하게 된다.

② 관성력집진장치
  ㉠ 함진 배기가스가 방해판에 충돌직전 및 방향전환 직전의 가스 유속이 적당히 빠를수록 미세한 입자의 제거가 가능하다.
  ㉡ 기류의 방향전환 각도가 작고, 전환횟수가 많을수록 집진효율은 증가한다.
  ㉢ 방해판이 많을수록 압력손실은 증가하나 집진효율은 우수하다.
  ㉣ 출구가스 속도가 느릴수록 미세한 입자가 제거된다.

③ 원심력집진장치(사이클론)
  ㉠ 배기관경이 작을수록 압력손실은 커지나 집진효율은 증가한다.
  ㉡ 입구유속이 적절히 빠를수록 유효원심력이 증가하여 효율이 높아진다.
  ㉢ 블로다운 방식을 사용함으로써 효율증대를 기여할 수 있다.
  ㉣ 침강분진 및 미세분진의 재비산을 막기 위해 스키머, 회전깃, 살수설비 등을 하여 집진효율을 증대시킨다.

④ 세정집진장치
  ㉠ 동력사용량이 클수록 집진율이 커진다.
  ㉡ 최종처리장치인 기액분리기의 성능이 좋을수록 효율은 높아진다.

⑤ 여과집진장치

　㉠ 처리가스에 적합한 여재를 선택한다.

　㉡ 처리가스의 온도는 250℃를 넘지 않도록 한다.

　㉢ 여재를 통과하는 가스의 겉보기 속도가 작을수록 미세입자의 포집이 가능하다.

　㉣ 여재를 전처리한다.

　㉤ 높은 집진율을 얻기 위해서 간헐식 탈진방식을 채택한다.

　㉥ 고농도 가스 집진율을 얻기 위해서는 연속식 탈진방식을 채택한다.

10년간 자주 출제된 문제

2-1. 관성력집진장치의 효율향상 조건 중에서 틀린 것은?

① 기류의 전환 횟수를 많게 한다.
② 기류의 방향 전환 각도를 작게 한다.
③ 처리 후 출구가스 속도를 높게 한다.
④ Dust Box는 적당한 형상과 크기로 설치한다.

2-2. 사이클론의 효율향상에 관한 다음 설명 중 옳은 것은?

① 배기관경(내경)이 클수록 입경이 작은 먼지를 제거할 수 있다.
② 입구의 한계유속 내에서는 그 입구유속이 작을수록 효율이 높다.
③ 고농도일 경우 직렬 연결하여 사용하고, 응집성이 강한 먼지는 병렬 연결하여 사용한다.
④ 미세먼지의 재비산 방지를 위해 스키머와 회전깃 등을 설치한다.

2-3. 중력집진장치의 효율향상 조건이라 볼 수 없는 것은?

① 침강실 내의 처리가스 속도를 작게 한다.
② 침강실 내의 배기가스 기류를 균일하게 한다.
③ 높이는 작고, 길이는 길게 한다.
④ Blow Down 효과를 유발하여 난류현상을 유발한다.

2-4. 사이클론의 집진효율을 높이는 블로다운 효과를 위해 호퍼부에서 처리가스량의 몇 % 정도를 흡인하는가?

① 0.1~0.5%　　　② 5~10%
③ 100~120%　　　④ 150~180%

|해설|

2-1
③ 처리 후 출구가스 속도를 낮게 한다.

2-2
① 배기관경(내경)이 작을수록 입경이 작은 먼지를 제거할 수 있다.
② 한계속도 이내일 때, 입구유속이 빠를수록 효율이 높아진다.
③ 고농도일 경우 병렬로 연결하고, 응집성이 강한 먼지는 직렬로 연결하여 사용한다.

2-3
Blow Down 효과를 유발하는 것은 원심력집진장치의 효율향상 조건에 해당한다.
Blow Down : 사이클론의 더스트 박스에서 처리배기량의 5~10%를 흡인함에 따라 사이클론 내 난기류 현상을 억제시킴으로써 집진된 분진이 비산되어 분리된 분진이 빠져나가는 것을 방지하는 방법

2-4
블로다운(Blow Down) 효과를 위해 사이클론의 집진함 또는 호퍼로부터 처리가스의 5~10%를 흡인해 줌으로써 사이클론 내의 난류현상을 감소시켜 원심력을 증가시키고 집진된 먼지의 재비산을 방지한다.

정답 2-1 ③　2-2 ④　2-3 ④　2-4 ②

| 핵심이론 03 | 송풍기의 소요동력

소요동력(kW) = $\dfrac{Q \times P_t}{6{,}120 \times \eta} \times \alpha$

여기서, Q : 풍량(m^3/min)

P_t : 전압(mmH$_2$O)

η : 송풍기 효율

α : 여유율

※ 풍량의 단위(m^3/min 또는 m^3/s)에 따라 분모의 정수가 바뀌므로 유의해야 한다.

풍량의 단위가 m^3/s일 때

송풍기의 소요동력(kW) = $\dfrac{Q \times P_t}{102 \times \eta} \times \alpha$

10년간 자주 출제된 문제

3-1. 어떤 송풍기의 풍전압이 250mmH$_2$O이고, 풍량이 6,000 m^3/h 일 때 소요동력을 구하면?(단, 송풍기 효율 : 65%, 여유율 : 20%)

① 6.2kW ② 7.5kW
③ 8.4kW ④ 9.1kW

3-2. A집진장치의 압력손실이 444mmH$_2$O, 처리가스량이 55 m^3/s인 송풍기의 효율이 77%일 때 이 송풍기의 소요동력은?

① 256kW ② 286kW
③ 298kW ④ 311kW

|해설|

3-1

송풍기의 소요동력 = $\dfrac{Q \times P_t}{6{,}120 \times \eta} \times \alpha$

$= \dfrac{6{,}000 m^3/h \times 1h/60min \times 250}{6{,}120 \times 0.65} \times 1.2$

$= 7.54$kW

3-2

송풍기의 소요동력 = $\dfrac{P_s \times Q}{102 \times \eta} = \dfrac{444 mmH_2O \times 55 m^3/s}{102 \times 0.77}$

$= 310.9$kW ≒ 311kW

여기서, P_s : 압력손실(mmH$_2$O)

Q : 처리가스량(m^3/s)

η : 송풍기 효율(%)

정답 3-1 ② 3-2 ④

| 핵심이론 04 | 여과포

① 정의 : 다공질의 섬유로 주로 이루어져 있으며 여과집진기에 사용되어 오염된 공기의 입자상 물질을 걸러주는 역할을 한다.

② 여과포의 구조 : 평직, 능직, 주자직, 부직포

③ 여과포의 종류

  ㉠ 자연섬유 : 목면, 양모

  ㉡ 화학섬유 : 나일론, 올론, 폴리에스터

  ㉢ 광물섬유 : 흑연, 유리섬유, 철섬유

④ 여과포의 특성 : 내열성, 내구성, 내산성, 비흡수성

⑤ 여과포의 표면여과속도

$v = \dfrac{Q}{A}$

⑥ 백필터(Bag Filter)의 개수

$n = \dfrac{A_f}{A_c} = \dfrac{Q}{\pi DH u_f}$

여기서, A_f : 백필터 전체 면적

A_c : 백필터 1개 면적

Q : 배출가스량(m^3/min)

D : 직경(m)

H : 유효높이(m)

u_f : 겉보기 여과속도(m/s)

n : 여과자루의 수(개)

10년간 자주 출제된 문제

4-1. 지름이 0.2m, 유효높이 3m인 원통형 여과포 32개를 사용하여 유량이 20kg/min인 가스를 처리할 경우에 여과포의 표면여과속도는?

① 약 0.13m/min
② 약 0.33m/min
③ 약 0.66m/min
④ 약 0.87m/min

4-2. 직경이 20cm, 유효높이 16m, 여과자루를 사용하여 농도가 $5g/m^3$의 배출가스를 $1,200m^3/min$으로 처리하였다. 여과속도가 2cm/s일 때 필요한 여과자루의 수는?

① 95
② 96
③ 100
④ 107

4-3. 함진배기가스 $100m^3/min$를 지름 26cm, 유효길이 3m 되는 원통형 백필터로 처리하고자 한다. 가스처리 속도를 3m/min으로 할 때 소요되는 백필터의 개수는?

① 14개
② 28개
③ 56개
④ 72개

4-4. 여과집진장치에 사용되는 다음 여포재료 중 가장 높은 온도에서 사용이 가능한 것은?

① 목 면
② 양 모
③ 가네카론
④ 글라스파이버

해설

4-1

※ 밀도가 주어지지 않은 미상의 가스의 비체적$\left(\frac{m^3}{kg}\right)$을 1로 가정하여 $kg/min = m^3/min$라 두고 문제를 푼다.

$Q = 20kg/min = 20m^3/min$
$A = 2\pi rh \times 32 = 2 \times 3.14 \times 0.1m \times 3m \times 32 = 60.288m^2$

이므로, $v = \frac{Q}{A}$에서

$\therefore v = \frac{20m^3/min}{60.288m^2} \fallingdotseq 0.33m/min$

4-2

여과자루(Bag Filter)의 수

$n = \frac{Q}{\pi D H u_f}$

$= \frac{1,200m^3/min \times 1min/60s}{3.14 \times 0.2m \times 16m \times 0.02m/s}$

$\fallingdotseq 99.5$

$\therefore 100$개

여기서, Q : 배출가스량(m^3/min)
D : 직경(m)
H : 유효높이(m)
u_f : 겉보기 여과속도(m/s)
n : 여과자루의 수(개)

4-3

- 총여과면적 = $\frac{100m^3/min}{3m/min} = 33.33m^2$

- 백필터의 단면적 = $\pi \times$ 지름 $\times$ 길이 $= 3.14 \times 0.26 \times 3 = 2.44m^2$

$\therefore$ 백필터의 개수 = $\frac{33.33}{2.44} \fallingdotseq 14$개

4-4

여포재료 사용 가능 온도
- 목면 : 80℃
- 양모 : 80℃
- 가네카론 : 100℃
- 글라스파이버 : 250℃(신소재 유리섬유로 열에 강하다)

정답 4-1 ② 4-2 ③ 4-3 ① 4-4 ④

제5절 연소

1. 연료의 종류 및 특성

핵심이론 01 연료의 종류 및 특성

① 연료의 정의

　연료란 공기 중의 산소와 반응하여 연소되면서 열을 발생하는 물질을 말한다.

② 연료의 구비조건

　㉠ 가격이 저렴하고 매장량이 풍부해야 한다.

　㉡ 저장, 운반 및 취급이 용이해야 하고, 단위 중량당 발열량이 클수록 좋다.

　㉢ 인체에 유독성이 적고 연소 시 매연 발생 등 공해요인이 적어야 한다.

　㉣ 저장 및 사용에 있어서 안전성이 있어야 한다.

　㉤ 점화성이 좋아야 한다.

③ 연료의 종류

　㉠ 고체연료 : 고체상태 그대로 사용하는 연료이며 식물 등이 변질된 것(목재, 석탄)으로서 생성 그대로 사용하는 것과 이들을 가공한 것(목탄, 연탄 등)

장 점	• 가격이 저렴하고 국내 매장량 풍부 • 설비비가 저렴하고, 저장 용이 • 에너지밀도가 높음 • 연소속도가 늦어 특수용도로 사용
단 점	• 품질이 균일하지 못함 • 연소효율이 낮고, 완전연소 어려움 • 연소(부하)조절이 곤란하며, 순간적으로 고온을 얻기 어려움 • 매연발생이 심하며 회분이 많음 • 점화 및 소화가 어려움

　㉡ 액체연료 : 원유, 휘발유(가솔린), 등유, 경유, 중유 등

장 점	• 품질이 일정하고 발열량이 높고 연소효율이 높음 • 저장, 운반, 계량, 점화, 소화 및 연소조절이 용이 • 회분이 거의 없음
단 점	• 연소온도가 높아 국부적으로 과열을 일으키기 쉬움 • 화재, 역화(Back Fire)의 위험이 큼 • 고속(압)연료 분사 시 연소할 때 소음이 큼

　㉢ 기체연료 : 천연가스, LPG, 석탄가스, 고로가스, 석유분해가스 등

장 점	• 연소성이 좋아 적절한 공기로 완전연소 가능 • 유해 배출물이 적어 배열을 회수하여 활용 가능 • 연소 조절 및 점화, 소화가 용이 • 회분이나 매연 등이 없어 청결하여 이용에 편리함
단 점	• 시설비가 많이 들며 고급연료로 다른 연료보다 가격이 높음 • 압축상태로 저장하기 때문에 누출하기 쉽고 화재 및 폭발위험 • 연료밀도가 낮아 수송효율이 낮고, 저장조건이 까다로움

10년간 자주 출제된 문제

다음 중 기체연료의 특징으로 가장 거리가 먼 것은?

① 연료 속에 황이 포함되지 않은 것이 많다.
② 점화와 소화가 용이하다.
③ 다른 연료에 비해 연료비가 비싸며, 저장이 곤란하다.
④ 재 속의 금속산화물이 주요 장해요인으로 작용한다.

|해설|

기체연료는 회분(재)이나 매연 등이 없어서 청결하며 이용이 편리한 것이 장점이다.

정답 ④

핵심이론 02 | C/H, LNG, LPG

① 탄화수소비(C/H)

　탄소가 적을수록(탄화수소비가 낮을수록) 연소효율이 높다.

　㉠ 중유 > 경유 > 등유 > 가솔린
　㉡ 고체연료 > 액체연료 > 기체연료

② 액화천연가스(LNG)와 액화석유가스(LPG)

구 분	주성분	비 중	액화온도(압력)	액화 시 부피 축소	열 량	용 도
LNG	메탄(CH_4)	0.62	−162℃ ($1kg/cm^2$)	1/600	13,320 kcal/kg	도시가스용, 차량, 발전용, 석유화학
LPG	프로판(C_3H_8)	1.6	−42℃ ($7kg/cm^2$)	1/260	12,040 kcal/kg	가정연료, 산업용, 도시가스용
LPG	부탄(C_4H_{10})	2.0	−0.5℃ ($2kg/cm^2$)	1/230	11,840 kcal/kg	차량, 휴대용버너, 공업용

10년간 자주 출제된 문제

2-1. 다음에 열거한 연료 중에서 탄소와 수소의 비(C/H Ratio)가 가장 작은 연료는?

① 중 유　　　② 휘발유
③ 경 유　　　④ 등 유

2-2. 다음 중 LNG의 주성분은?

① CO　　　② C_2H_2
③ CH_4　　　④ C_3H_8

|해설|

2-1

탄화수소비(C/H)
- 중유 > 경유 > 등유 > 가솔린(휘발유)
- 고체연료 > 액체연료 > 기체연료

2-2

LNG(액화천연가스)의 주성분은 메탄(CH_4)이고, LPG(액화석유가스)의 주성분은 프로판(C_3H_8)과 부탄(C_4H_{10})이다.

정답 2-1 ②　2-2 ③

핵심이론 03 | 고위발열량과 저위발열량

① 고위발열량(H_h)

　연료 중의 수분 및 연소에 의하여 생성된 수분의 응축열(증발잠열)을 함유한 열량으로 열량계를 사용할 경우 고위발열량이 측정된다.

② 저위발열량(H_l)

　고위발열량에서 수분의 응축열(증발잠열)을 뺀 열량으로 진발열량이라 하며 소각로의 설계에 이용된다.

③ 발열량 공식

$$H_l = H_h - 600(9H + W)$$

10년간 자주 출제된 문제

3-1. 폐기물의 저위발열량(LHV)을 구하는 식으로 옳은 것은? (단, HHV : 폐기물의 고위발열량(kcal/kg), H : 폐기물의 원소분석에 의한 수소 조성비(kg/kg), W : 폐기물의 수분함량 (kg/kg), 600 : 수증기 1kg의 응축열(kcal))

① LHV = HHV − 600W
② LHV = HHV − 600(H + W)
③ LHV = HHV − 600(9H + W)
④ LHV = HHV + 600(9H + W)

3-2. 20%의 수분을 포함하고 있는 폐기물을 연소시킨 결과 고위발열량은 2,500kcal/kg이었다. 저위발열량은?(단, 추정식에 의한다)

① 2,480kcal/kg
② 2,380kcal/kg
③ 2,020kcal/kg
④ 1,860kcal/kg

3-3. 폐기물소각로의 설계기준이 되는 발열량은?

① 고위발열량
② 저위발열량
③ 고위발열량과 저위발열량의 산술평균
④ 고위발열량과 저위발열량의 기하평균

| 해설 |

3-1

LHV = HHV − 600(9H + W)

여기서, LHV : 저위발열량(kcal/kg)
HHV : 고위발열량(kcal/kg)
H : 수소의 함량(%)
W : 수분의 함량(%)

※ 저위발열량은 수분에 의한 영향을 배제한 열량으로 소각로 건설의 기준이 되기도 한다.

3-2

$H_l = H_h - 600(9H + W)$
$= 2,500 - (600 \times 0.2)$
$= 2,380 \text{kcal/kg}$

3-3

소각로의 설계는 수분을 배제한 발열량인 저위발열량(진발열량)을 기준으로 한다.

정답 3-1 ③ 3-2 ② 3-3 ②

핵심이론 04 | 연소계산 기초

① 몰질량

  ㉠ 물질 1mol에 해당하는 무게를 뜻하며, g/mol로 표시한다.

  ㉡ 기체 1mol은 표준상태(0℃, 1기압)에서 22.4L의 부피를 지니며 그 무게는 해당 물질의 분자량만큼의 무게를 지닌다. 또한 해당 물질은 아보가드로수(6.02×10^{23})만큼의 개수를 갖게 된다.

② 표준상태(= STP)

  ㉠ 기체가 0℃, 1기압 상태에 있을 때를 의미한다.

  ㉡ 표준상태에서 기체가 지니는 $1m^3$의 체적을 $1Sm^3$ 또는 $1Nm^3$으로 표시한다.

  ※ STP(Standard)와 NTP(Normal)는 각각 0℃, 1기압과 15℃(또는 20℃), 1기압으로 규정하고 있으나, 대기학적인 기준에서는 둘 다 0℃, 1기압으로 규정하고 있다.

10년간 자주 출제된 문제

4-1. 탄소 18kg이 완전연소하는 데 필요한 이론공기량(Sm^3)은?

① 107 ② 160
③ 203 ④ 208

4-2. 황(S) 함유량이 2.5%이고 비중은 0.87인 중유를 350L/h로 태우는 경우 SO_2 발생량(Sm^3/h)은?(단, 황성분은 전량이 SO_2로 전환되며, 표준상태 기준)

① 약 2.7 ② 약 3.6
③ 약 4.6 ④ 약 5.3

4-3. 프로판(C_3H_8) 가스 10kg을 완전연소하는 데 필요한 이론공기량(Sm^3)은?

① 62.2Sm^3
② 84.2Sm^3
③ 104.2Sm^3
④ 121.2Sm^3

|해설|

4-1

$C + O_2 \rightarrow CO_2$

12kg(분자량) : 22.4Sm^3(1mol의 산소부피) = 18kg : x

이론산소량 $x = 22.4 \times \dfrac{18}{12} = 33.6 Sm^3$

$\therefore$ 이론공기량 $= \dfrac{\text{이론산소량}}{0.21(\text{산소의 부피비})} = \dfrac{33.6}{0.21} = 160 Sm^3$

4-2

$S + O_2 \rightarrow SO_2$

32kg : 22.4Sm^3 = 350L/h × 0.87kg/L × 0.025 : x

$\therefore x = \dfrac{350 \times 0.87 \times 0.025}{32} \times 22.4$

$= 5.32 Sm^3/h$

4-3

$C_3H_8 + 5O_2 \rightarrow 3CO_2 + 4H_2O$

44 : 5 × 22.4Sm^3 = 10kg : x

이론산소량 $x = 25.45 Sm^3$

$\therefore$ 이론공기량 $= \dfrac{\text{이론산소량}}{0.21} = \dfrac{25.45 Sm^3}{0.21} = 121.2 Sm^3$

정답 4-1 ② 4-2 ④ 4-3 ④

2. 연소이론

핵심이론 01 | 연 소

① 연소의 종류

  ㉠ 증발연소 : 연료 자체가 증발하여 타는 경우이며 휘발유와 같이 끓는점이 낮은 기름의 연소나 왁스가 액화하여 다시 기화되어 연소하는 것
    예 액체연료인 석유, 휘발유, 중유, 경유 등

  ㉡ 분해연소 : 석탄, 목재 또는 고분자 가연성 물질의 열분해로 발생한 휘발성 가연성 가스가 연소하는 것

  ㉢ 표면연소 : 공기가 공급되는 고체의 표면에서 산소와 반응하여 빨갛게 빛을 내면서 반응하는 연소

  ㉣ 확산연소 : 공기의 확산에 의한 불꽃이동연소

  ㉤ 자기연소(내부연소) : 자기연소는 가연성이면서 자체 내에 산소를 함유하고 있는 물질로서 공기 중의 산소를 필요로 하지 않는 연소
    예 $C_3H_5(ONO_2)_3$ 또는 $C_3H_5(NO_3)_3$: 나이트로글리세린
    $C_6H_2(CH_3)(NO_2)_3$ 또는 $C_7H_5N_3O_6$: 트라이나이트로글리세린(TNT)
    $C_6H_2(OH)(NO_2)_3$ 또는 $C_6H_3N_3O_7$: 피크르산

② 완전연소의 조건

  ㉠ 공기와 연료의 비가 잘 맞아야 한다.

  ㉡ 공기와 연료의 혼합이 잘되어야 하며 충분한 산소가 공급되어야 한다.

  ㉢ 완전연소를 위한 충분한 체류시간이 제공되어야 한다.

  ㉣ 일정한 연소온도가 유지되고 재의 방출이 최소가 될 수 있는 소각로의 형태가 요구된다.

  ㉤ 완전연소를 위하여 후연소대의 체류시간을 길게 할 필요가 있다.

③ 일반적인 완전연소를 위한 3가지 조건(3T)

  ㉠ Time(체류시간)

  ㉡ Temperature(온도)

  ㉢ Turbulence(충분한 혼합)

10년간 자주 출제된 문제

1-1. 휘발유와 같이 끓는점이 낮은 기름의 연소는 주로 어떤 연소방식인가?

① 증발연소
② 분해연소
③ 표면연소
④ 자기연소

1-2. 연료가 완전연소되기 위한 조건으로 틀린 것은?

① 연소온도를 낮게 유지하여야 한다.
② 공기와 연료의 혼합이 잘 되어야 한다.
③ 공기(산소)의 공급이 충분하여야 한다.
④ 연소를 위한 체류시간이 충분하여야 한다.

1-3. 유기물을 완전연소시키기 위한 폐기물의 연소성능 필요조건 항목(3T)으로 가장 거리가 먼 것은?

① 온 도
② 기 압
③ 체류시간
④ 혼 합

1-4. 다음 중 연료 자체가 타는 경우로 휘발유와 같이 끓는점이 낮은 기름의 연소나 왁스가 액화하여 다시 기화되어 연소되는 형태는?

① 분해연소
② 표면연소
③ 자기연소
④ 증발연소

|해설|

1-1

① 증발연소 : 액체연료인 휘발유, 등유, 알코올, 벤젠 등이 기화하여 증기가 되는 연소
② 분해연소 : 석탄, 목재 등이 열분해하여 발생한 증기와 함께 연소 초기에 불꽃을 내면서 반응하는 연소
③ 표면연소 : 고체연료인 목탄, 코크스, 석탄 등이 고온이 되면 고체 표면이 빨갛게 빛을 내면서 반응하는 연소
④ 자기연소 : 나이트로글리세린처럼 공기 중 산소를 필요로 하지 않고, 분자 자신 속의 산소에 의해서 반응하는 연소

1-2
발화점 이상의 온도를 유지하여야 한다.

1-3
폐기물의 연소성능 3대 필요조건(3T)
- 긴 체류시간(Time)
- 적당한 온도(Temperature)
- 적당한 혼합(Turbulence)

1-4

① 분해연소 : 종이, 목재, 석탄, 플라스틱 등의 가연물이 고온에서 열분해가 진행되어 가연성 가스와 산소가 결합하여 표면에서 연소하는 형태
② 표면연소 : 목탄(숯), 코크스, 금속분 등이 열분해되지 않고 고체표면이나 내부 공간으로 확산하여 물질 자체가 연소하는 형태
③ 자기연소 : 연소 물질 속에 산소를 가지고 있어 산소가 공급되지 않아도 연소가 일어나는 형태

정답 1-1 ① 1-2 ① 1-3 ② 1-4 ④

핵심이론 02 | 직접연소법과 연소방정식

① 직접연소법

악취가스를 연소로에 도입하여 고온의 연소온도에서 가스 중의 악취물질을 이산화탄소(CO_2)와 물로 산화 분해하는 방법이다. 일반적으로 악취의 분해온도는 700~850℃ 이상이 요구되며 산화반응을 완전하게 하기 위한 체류시간은 0.3~0.5초 정도가 필요하다. 이 외에 난류조건으로 오염물질 성분, 연소가스의 균등혼합, 반응실내의 온도분포의 균일화가 필요하다.

② 기체연료의 연소방정식

$$C_mH_n + \left(m + \frac{n}{4}\right)O_2 \rightarrow mCO_2 + \frac{n}{2}H_2O + Q$$

10년간 자주 출제된 문제

2-1. 직접연소법으로 악취물질을 함유한 가스를 연소, 산화하여 처리하고자 할 때 일반적인 연소 온도범위는?

① 100~200℃
② 300~400℃
③ 500~600℃
④ 700~800℃

2-2. 분자식 C_mH_n인 탄화수소 가스 1Sm³당 완전연소 시 필요한 이론산소량은?(단, mol 기준)

① $m + n$
② $m + (n/2)$
③ $m + (n/4)$
④ $m + (n/8)$

2-3. 프로판(C_3H_8)의 연소 반응식은 다음과 같다. 다음 식에서 x, y값을 옳게 나타낸 것은?

$$C_3H_8 + xO_2 \rightarrow 3CO_2 + yH_2O$$

① $x = 2$, $y = 2$
② $x = 3$, $y = 4$
③ $x = 4$, $y = 3$
④ $x = 5$, $y = 4$

|해설|

2-1
직접연소법은 악취가스를 연소로에 도입하여 고온의 연소온도에서 가스 중의 악취물질을 이산화탄소(CO_2)와 물로 산화 분해하는 방법이다. 악취분해온도는 700~850℃ 이상 요구된다.

2-2
$$C_mH_n + \left(m + \frac{n}{4}\right)O_2 \rightarrow mCO_2 + \frac{n}{2}H_2O + Q$$

2-3
프로판(C_3H_8)의 연소반응식을 참조하여 계산하면 수소(H)의 경우 반응된 식에서 8개가 존재하므로,
$8 = 2y$, $y = 4$ ⋯ ㉠
위에서 y값이 4일 때 반응식의 총 산소의 개수는
$(3 \times 2) + (4 \times 1) = 10$
반응식의 산소개수는 $2x$이므로,
$2x = 10$, $x = 5$ ⋯ ㉡
∴ $x = 5$, $y = 4$

정답 2-1 ④ 2-2 ③ 2-3 ④

핵심이론 03 | 이론산소량, 이론공기량, 실제공기량

① 이론산소량(O_o) : 연료를 완전연소하는 데 필요한 최소량의 산소

   ㉠ 탄소 C의 연소반응식

C	+	O_2	→	CO_2
12kg		32kg		44kg
1kg		32/12 = 2.67kg		3.67kg
12kg		22.4Nm³		22.4Nm³
1kg		22.4/12 = 1.87Nm³		1.87Nm³

   ㉡ 수소 H_2의 연소반응식

H_2	+	$\frac{1}{2}O_2$	→	H_2O
2kg		16kg		18kg
1kg		16/2 = 8kg		9kg
2kg		11.2Nm³		22.4Nm³
1kg		11.2/2 = 5.6Nm³		11.2Nm³

② 이론공기량(A_o) : 이론적으로 필요한 공기량

$$A_o = \frac{이론산소량}{0.21}$$

③ 원소비율을 통한 중량, 부피비율 기준 계산법

   ㉠ 중량비(kg/kg)

- 이론산소량(O_o) = $2.667C + 8\left(H - \frac{O}{8}\right) + S$

- 이론공기량(A_o) = $\frac{1}{0.232} \times O_o$

   ㉡ 부피비

- 이론산소량(O_o)
  $= 1.867C + 5.6\left(H - \frac{O}{8}\right) + 0.7S$

- 이론공기량(A_o) = $\frac{1}{0.21} \times O_o$

④ 실제공기량(A) : 실제로 공급되는 공기

$$A = A_o \times m = A_o + \frac{A}{A_o}$$

여기서, A : 실제공기량
A_o : 이론공기량
m : 공기비$\left(= \dfrac{실제공기량(A)}{이론공기량(A_o)}\right)$

⑤ 이론건연소가스량(G_{od}) = $0.79A_o + CO_2$량
⑥ 실제건연소가스량(G_d) = $(m - 0.21)A_o + CO_2$량
⑦ 이론습연소가스량(G_{ow}) = $0.79A_o + CO_2$량 + H_2O량
⑧ 실제습연소가스량(G_w)
   = $(m - 0.21)A_o + CO_2$량 + H_2O량

10년간 자주 출제된 문제

3-1. 메탄 16kg 연소시키는 데 필요한 이론적 산소량은?

① 16kg ② 32kg
③ 48kg ④ 64kg

3-2. 탄소 1kg이 연소할 때 이론적으로 필요한 산소의 질량은?

① 4.1kg ② 3.6kg
③ 3.2kg ④ 2.7kg

3-3. 프로판가스(C_3H_8) 1.5Sm^3를 완전연소하는 데 필요한 이론공기량(Sm^3)은?

① 24.4 ② 35.7
③ 42.8 ④ 53.8

3-4. 프로판(C_3H_8) 1Sm^3을 공기비 1.2로 완전연소시킬 때 실제 습연소가스량(Sm^3)은?

① 약 18 ② 약 22
③ 약 27 ④ 약 31

3-5. 탄소, 수소, 산소 및 황의 함유량이 각각 85%, 5%, 8%, 2%인 중유를 연소시킬 때 필요한 이론공기량은?(단, 공기 중의 산소는 부피 비율로 0.21%이다)

① 6.12Sm^3/kg ② 7.32Sm^3/kg
③ 8.69Sm^3/kg ④ 9.97Sm^3/kg

3-6. 탄소 87%, 수소 10%, 황 3%의 조성을 가진 중유 2kg을 완전연소시킬 때, 필요한 이론공기량(Sm^3)은?

① 8.6 ② 14
③ 18 ④ 21

|해설|

3-1

$CH_4 + 2O_2 \rightarrow CO_2 + 2H_2O$
16   2×32

∴ 이론적 산소량 = 2×32 = 64kg

3-2

$C + O_2 \rightarrow CO_2$

12kg(탄소 분자량) : 32kg(산소 분자량×2) = 1kg : x

∴ 이론적 산소량 $x = \dfrac{32 \times 1}{12} = 2.67$kg

3-3

프로판가스(C_3H_8) + 5O_2 → 3CO_2 + 4H_2O
22.4Sm^3 : 5×22.4Sm^3 = 1.5Sm^3 : x

• 이론산소량 $x = 7.5Sm^3$

• 이론공기량 = $\dfrac{7.5}{0.21} = 35.7Sm^3$

3-4

$C_3H_8 + 5O_2 \rightarrow 3CO_2 + 4H_2O$

공기 중 산소의 부피비는 21%이므로,

• 이론 공기량 = 5×100/21 = 23.8Sm^3
• 실제 공기량 = 23.8×1.2 = 28.6Sm^3

∴ 습연소가스량 = 실제 공기량 − 이론 산소량 + 이론 탄산가스량 + 이론 수소량
  = 28.6 − 5 + 3 + 4
  = 30.6Sm^3

3-5

이론공기량

$= \dfrac{1}{0.21}\left\{1.867(0.85) + 5.6\left(0.05 - \dfrac{0.08}{8}\right) + 0.7(0.02)\right\}$

≒ 8.69Sm^3/kg

3-6

중유 2kg을 완전연소시키므로,

$A_o = \dfrac{2}{0.21}\{1.867(0.87) + 5.6(0.1) + 0.7(0.03)\}$

≒ 21

정답 3-1 ④ 3-2 ④ 3-3 ② 3-4 ④ 3-5 ③ 3-6 ④

CHAPTER 02 폐수 처리

KEYWORD 물의 특성, 성층현상, 오염물질별 질병, 적조의 원인, 정수처리 순서, 농도의 단위환산, 수질오염지표, 경도 계산, 수소이온농도 계산, BOD 부하량, 산화-환원반응, Jar Test, 소독법, 호기성 및 혐기성 소화조건, 고도처리 등의 내용을 숙지하도록 한다.

제1절 물의 특성 및 오염원

1. 물의 특성

핵심이론 01 │ 물의 중요성 및 특성

① 중요성
  ㉠ 높은 열용량 : 지구의 기후조절, 생물 다양성을 유지하는 역할
  ㉡ 생물체 유지기능 : 대부분의 생물체의 구성요소로 사용됨
  ㉢ 자정작용 : 자연계 스스로 오염물질을 처리하는 중요한 요소로 활용

② 특성 및 구성
  ㉠ 화학식 : H_2O(분자량 18)
  ㉡ 수소와 산소가 서로 극성공유결합 및 수소결합을 이룸
  ㉢ 높은 기화열, 융해열로 지구평균온도(15℃) 유지

③ 구성
  ㉠ 해수(바닷물)의 비율 97%, 담수의 비율 3%
  ㉡ 담수 중 빙산이나 빙하가 69% 정도 차지
  ㉢ 담수 중 지하수가 29% 정도 차지
  ㉣ 담수 중 호수나 강, 하천, 늪, 등의 지표수와 대기층에 2% 정도 존재
  ㉤ 담수의 분포도 : 빙하 ≫ 지하수 > 지표수 > 토양 함유 수분 > 대기 중 수분

④ 분류
  ㉠ 염분의 유무 : 담수(Fresh Water), 기수(Brackish Water), 염수(Salt Water)
  ㉡ 공간적 구분 : 지표수, 지하수, 해수

10년간 자주 출제된 문제

1-1. 지구상에 존재하는 물의 형태 중 해수가 차지하는 비율은?
① 약 75%
② 약 84%
③ 약 91%
④ 약 97%

1-2. 지구상 존재하는 담수 중 가장 많은 부분을 차지하는 형태는?
① 호소수
② 하천수
③ 지하수
④ 빙하

|해설|
1-1
물의 형태 중 해수(바닷물)는 97%, 담수(육지의 물)는 3%이다.
1-2
지구상 존재하는 담수 중 빙하는 69% 이상을 차지한다.

정답 1-1 ④ 1-2 ④

핵심이론 02 | 바닷물(해수)의 특성

물의 형태의 대부분을 차지하는 해수는 물리적, 화학적으로 다음과 같은 특성을 지닌다.

① pH는 약 8.2로서 약알칼리성이다.
② 해수의 Mg/Ca비는 3~4 정도로 담수의 0.1~0.3에 비해 크다.
③ 해수의 밀도는 1.02~1.07g/cm³ 범위로 수심이 깊을수록 증가한다.
④ 해수의 염도는 약 35,000ppm 정도이다.
⑤ 염분은 적도 해역에서 높고, 남북극 해역에서는 다소 낮다.
⑥ 해수의 주요성분농도비는 항상 일정하다.
⑦ 해수 내 전체 질소 중 35% 정도는 암모니아성 질소, 유기질소 형태이다.
⑧ 해수의 염소이온농도는 약 19,000ppm 정도이다.

10년간 자주 출제된 문제

2-1. 해수의 화학적 성질에 관한 설명으로 맞지 않은 것은?

① 해수 내 전체 질소 중 35% 정도는 암모니아성 질소, 유기질소 형태이다.
② 해수의 주요성분농도비는 항상 일정하다.
③ 해수의 pH는 약 6.9~7.3 정도로 매우 안정하다.
④ 해수의 Mg/Ca비는 담수에 비하여 크다.

2-2. 바닷물(해수)에 관한 설명으로 틀린 것은?

① 해수는 수자원 중에서 97% 이상을 차지하나 사용목적이 극히 한정되어 있다.
② 해수의 pH는 약 8.2 정도로 약알칼리성을 띠고 있다.
③ 해수는 약전해질로 염소이온농도가 약 10,000ppm 정도이다.
④ 해수의 주요성분농도비는 항상 일정하다.

|해설|
2-1
해수의 pH는 약 8.2 정도로 약알칼리성을 띠고 있다.
2-2
해수의 염소이온농도는 약 19,000ppm 정도이다.

정답 2-1 ③ 2-2 ③

핵심이론 03 | 지하수의 특성

육지에 내린 비가 하천, 바다로 유입되는 과정에서 지하로 스며들어 형성된다.

① 지표수보다 수질변동이 적으며, 유속이 느리고, 수온변화가 적다.
② 무기물 함량이 높으며, 공기용해도가 낮고, 알칼리도 및 경도가 높다.
③ 자정속도가 느리고 유량변화가 적다.
④ 염분함량이 지표수보다 높다.
⑤ 혐기성 세균에 의한 유기물 분해작용이 일어난다.
⑥ SS 및 탁도가 낮고 환원상태이다.

10년간 자주 출제된 문제

3-1. 지하수의 특징으로 틀린 것은?

① 유속이 대체로 느리다.
② 국지적인 환경조건의 영향이 적다.
③ 세균에 의한 유기물의 분해가 주된 생물작용이 된다.
④ 연중 수온의 변화가 매우 적다.

3-2. 수자원에 대한 일반적인 설명으로 틀린 것은?

① 호수는 미생물의 번식이 있고, 수온변화에 따른 성층이 형성된다.
② 지표수는 무기물이 풍부하고 지하수보다 깨끗하며 연중 수온이 일정하다.
③ 수량면에서는 무한하지만 사용 목적이 극히 한정적인 수자원은 바닷물이다.
④ 호수는 물의 움직임이 적어 한 번 오염이 되면 회복이 어렵다.

3-3. 다음과 같은 특성을 갖는 수원은?

- 일반적으로 무기물이 풍부하고 지표수보다 깨끗하다.
- 연중 수온의 변화가 적으므로 수원으로서 많이 이용되고 있다.
- 일년 내내 온도가 거의 일정하다.

① 호 수   ② 하천수
③ 지하수   ④ 바닷물

| 해설 |

3-1
지하수는 국지적인 환경조건의 영향을 많이 받는다.

3-2
- 지하수 : 무기물이 풍부하고 지표수보다 깨끗하며 연중 수온이 일정하다.
- 지표수 : 유기물이 많고 수온변화가 심하나 취수가 용이하다.

3-3
지하수의 특성
- 수온의 변동이 적고 탁도가 낮다.
- 경도나 무기염료의 농도가 높다.
- 지역적 수질의 차이가 크다.
- 미생물과 오염물이 적다.
- 세균에 의한 유기물의 분해(혐기성 환원작용)가 주된 생물작용이다.
- 자정속도가 느리다.
- 국지적인 환경영향을 크게 받는다.

정답 3-1 ② 3-2 ② 3-3 ③

핵심이론 04 | 호소의 물 현상

① **전도현상** : 봄과 가을에 호수의 수온 변화로 인해 발생한 밀도차로 일어나는 물의 수직혼합현상으로 호소의 자정작용에 도움을 준다.

② **성층현상** : 수심이 깊고 유속이 늦은 저수지나 호소 등에서 수온의 변화에 따른 물의 밀도차에 의하여 물의 위치가 거의 고정되는 현상을 말하며, 주로 여름이나 겨울에 뚜렷하게 일어난다.

③ **부영양화** : 수중에 비료, 축산분뇨의 유입이 많아져 영양염류가 과다해진 상태를 말하여 녹조, 적조로 이어질 수 있다.

10년간 자주 출제된 문제

4-1. 성층현상이 뚜렷한 계절을 알맞게 짝지은 것은?
① 겨울, 가을
② 가을, 봄
③ 겨울, 여름
④ 봄, 여름

4-2. 추운 겨울에 호수가 표면부터 어는 현상 및 호수의 전도현상과 가장 밀접한 연관이 있는 물의 특성은?
① 증산
② 밀도
③ 증발열
④ 용해도

| 해설 |

4-1
성층현상은 여름과 겨울에 주로 일어난다.

4-2
전도현상은 결국 온도에 따른 물의 밀도 차이로 발생한다.

정답 4-1 ③ 4-2 ②

2. 수질오염 발생원 및 특성

핵심이론 01 | 오염물질의 발생원

① 점오염원 : 폐수배출시설, 하수발생시설, 축사 등으로서 관로·수로 등을 통하여 일정한 지점으로 수질오염물질을 배출하는 배출원을 말하며 지점 내의 오염물질 정화 후 방류, 오염원의 이전 등으로 처리한다.

② 비점오염원 : 도시, 도로, 농지, 산지, 공사장 등으로 불특정 장소에서 불특정하게 수질오염물질을 배출하는 배출원을 말하며 산림, 초지의 개발을 억제하거나 넓은 범위로 살포된 농약, 비료 등의 사용을 억제하거나 토양 유실 등을 방지하는 등의 방법으로 예방 및 처리한다.

10년간 자주 출제된 문제

1-1. 오염물질은 배출하는 형태에 따라 점오염원과 비점오염원으로 구분된다. 다음 중 비점오염원에 해당하는 것은?

① 생활하수
② 농경지 배수
③ 축산폐수
④ 산업폐수

1-2. 비점오염원의 특징이 아닌 것은?

① 일간, 계절 간의 배출량 변화가 크다.
② 기상조건, 지질, 지형 등의 영향이 크다.
③ 빗물, 지하수 등에 의하여 희석되거나 확산되면서 넓은 장소로부터 배출된다.
④ 지표수 유출이 거의 없는 갈수 시 하천수 수질악화에 큰 영향을 미친다.

|해설|

1-1
- 점오염원 : 오염물질이 지도상의 한 점에서 배출되는 것 (예 생활하수, 축산폐수, 산업폐수)
- 비점오염원 : 도시, 도로, 농지, 산지, 공사장 등 불특정 장소에서 면적 단위로 수질오염 물질이 배출되는 배출원(예 농경지 배수)

1-2
갈수 시보다 강우 시 더불어 유출되는 토사 등 부유물질, 질소, 인 등 영양염류, 고농도의 중금속 등의 오염물질이 수질악화에 큰 영향을 미친다.

정답 1-1 ② 1-2 ④

핵심이론 02 | 산업폐수 오염물질과 영향

오염물질	발생원	영향
수은(Hg)	제련, 살충제, 온도계·압력계 제조	미나마타병, 헌터-루셀(Hunter-Russel) 증후군, 말단동통증(Acrodynia)
PCB	변압기, 콘덴서 공장	카네미유증
비소(As)	지질(광산), 유리, 염료, 안료, 의약품, 농약 제조	급성중독 : 구토, 설사, 복통, 탈수증, 위장염, 혈압저하, 혈변, 순환기 장애 등 만성중독 : 국소 및 전신마비, 피부염, 발암, 색소 침착, 간장비대 등의 순환기 장애
카드뮴(Cd)	아연도금 및 제련, 건전지, 플라스틱 안료	이타이이타이병, 골연화증, 골다공증, 신장(Kidney) 손상
크로뮴(Cr)	도금, 피혁재료, 염색공업	폐암, 피부염, 피부궤양
납(Pb)	납제련소, 축전지공장, 페인트	다발성 신경염, 관절염, 두통, 기억상실, 경련 등
구리(Cu)	광산폐수, 전기용품, 합금	메스꺼움, 간경변, 윌슨씨병
사이안(CN)	각종 도금공장	전신 질식현상

10년간 자주 출제된 문제

2-1. 오염물질과 피해상태의 연결로 가장 거리가 먼 것은?

① 페놀 - 냄새
② 인 - 부영양화
③ 유기물 - 용존산소 결핍
④ 사이안 - 골연화증

2-2. 인체에 '카네미유증'이란 만성질환을 발생시키는 유해물질은?

① Cd
② PCB
③ Fe
④ Mn

2-3. 카드뮴은 다음 어떤 공장에서 주로 배출되는가?

① 제지업
② 주류제조업
③ 코크스제조업
④ 도금공장

2-4. 도금, 피혁제조, 색소, 방부제, 약품제조업 등의 폐기물에서 주로 검출될 수 있는 성분은?

① As
② Cd
③ Cr
④ Hg

| 해설 |

2-1
- 사이안(CN) : 헤모글로빈의 효소작용을 저해함으로써 전신 질식증상 일으킨다.
- 카드뮴(Cd) : 골연화증, 이타이이타이병

2-2
카네미유증
1968년 일본 큐슈 북서부에 카네미창고주식회사라고 하는 식용유 제조회사에서 열매체로 사용하던 PCB가 식용유에 혼입되어 유통됨으로써 이를 섭취한 주민 중 1,400여명이 피부장해, 간장장해, 시력감퇴, 탈모, 칼슘대사장애 등의 피해를 당한 사건이다.

2-3
이타이이타이병을 일으키는 카드뮴은 주로 도금공장이나 제련공장에서 배출된다.

2-4
크로뮴(Cr) 화합물 : 크로뮴도금, 피혁제조, 색소, 방부제, 약품제조업 등에서 발생한다.
① 비소 : 유리, 도자기제조, 의약품과 농약의 제조 및 운반과 저장 등에서 폭로된다.
② 카드뮴 : 아연광석의 채광이나 제련과정에서 부산물로 생성된다.
④ 수은 : 석탄과 석유의 연소에 의해서 공기 중에 방출된다.

정답 2-1 ④ 2-2 ② 2-3 ④ 2-4 ③

| 핵심이론 03 | 적조현상

호소나 해수 중의 영양물질의 과도한 유입으로 부유성 식물성 플라크톤의 번식증가로 인해 물의 색이 흑색, 청색, 갈색, 적색을 띠게 되는 현상을 말한다.

① 원 인
  ㉠ 오염물질로 인한 질소(N), 인(P) 등의 풍부한 영양염류 유입
  ㉡ 물의 이동이 없이 정체되었을 때
  ㉢ 생물생장 조건(빛, 수온, pH 등)이 유리할 때
  ㉣ 미량원소 존재
  ㉤ 해수의 Upwelling으로 인한 침적 인 상승
    ※ Upwelling : 바람과 해양 및 육지의 상호작용으로 형성되는 상승류로서 해수가 밑에서 위로 상승하는 경우

② 영향(피해)
  ㉠ 우리나라의 경우 장마, 태풍이 지나간 후 오염물질이 일시에 하천 및 바다로 유입되어 발생
  ㉡ 적조생물의 호흡이나 분해로 인해 수중의 용존산소 감소
  ㉢ 아가미 등에 부착하여 어패류 질식사
  ㉣ 강한 독성을 갖는 편모조류의 독 분비로 인한 어패류 폐사
  ㉤ 양식업, 어업 등 생산활동 저해
  ㉥ 농약과 비료의 무분별한 사용으로 녹조 및 적조가 상시 발생하는 경우가 많음

10년간 자주 출제된 문제

다음 중 적조현상을 발생시키는 주된 원인물질은?
① Cl
② P
③ Mg
④ Fe

| 해설 |
적조현상 : 육지로부터 영양염류(N, P 등)가 대량 유입하여 부영양화를 촉진하는 경우 발생

정답 ②

핵심이론 04 | 정수처리 순서 및 시설

① 순서 : 혼화 → 응집 → 침전 → 여과 → 소독
② 관거시설
  ㉠ 측구 : 도로의 노면, 도로 비탈면 또는 측도의 노면이나 비탈면 및 입접지에 내린 우수의 원활한 처리를 위하여 설치하는 도로의 배수시설
  ㉡ 하수관거의 종류 : 철근콘크리트관, 원심력 철근콘크리트관(Hume Pipe), 프리스트레스트 콘크리트관, 현장타설 철근콘크리트 관거, 합성 수지관, 도관, 주철관
  ㉢ 콘크리트 하수관거의 주요 부식 유발물질 : H_2S, SO_4^{2-}
  ㉣ 단면적(A) 및 유량(Q)의 계산
   • $A = \dfrac{\pi \times D^2}{4}$
   • $Q = A \times V = \dfrac{\pi \times D^2}{4} \times V$

10년간 자주 출제된 문제

4-1. 상수도의 정수처리장에서 정수처리의 일반적인 순서는?
① 침전 → 여과 → 염소소독
② 침전 → 소독 → 여과
③ 여과 → 활성슬러지 처리 → 염소소독
④ 여과 → 염소소독 → 응집침전

4-2. 도로와 사유지의 경계선에 따라서 도로부지 내에 설치하는 배수로를 무엇이라 하는가?
① 우수받이   ② 측 구
③ 오수받이   ④ 맨 홀

4-3. 다음 중 콘크리트 하수관거의 부식을 유발하는 오염물질로 가장 적합한 것은?
① NH_4^+
② SO_4^{2-}
③ Cl^-
④ PO_4^{3-}

4-4. 하수관거의 종류 중 맞지 않는 것은?
① 아연강관
② 현장타설 콘크리트관
③ 무근콘크리트관
④ 철근콘크리트관

4-5. 직경이 30cm인 하수관에 유량 20m³/min의 하수를 흘려보낸다면 유속은?(단, 하수관 단면적 모두에 하수가 가득 찬다고 가정함)
① 약 3.2m/s   ② 약 4.7m/s
③ 약 6.5m/s   ④ 약 8.3m/s

|해설|

4-1
정수처리공정은 혼화, 응집, 침전, 여과, 소독 등 5단계의 과정을 거친다.

4-2
측구 : 도로의 노면, 도로 비탈면 또는 측도의 노면이나 비탈면 및 입접지에 내린 우수의 원활한 처리를 위하여 설치하는 도로의 배수시설

4-3
하수관거 부식 주요원인
• H_2S(혐기성균 부산물) + $4H_2O$ → H_2SO_4(황산) + $4H_2$
• H_2SO_4(황산) → $2H^+ + SO_4^{2-}$

4-4
하수관거의 종류
• 철근콘크리트관
• 원심력 철근콘크리트관(Hume Pipe)
• 프리스트레스트 콘크리트관
• 현장타설 철근콘크리트관거
• 합성수지관
• 도 관
• 주철관

4-5
• $Q = A \times V = \dfrac{\pi \times D^2}{4} \times V$
• $V = \dfrac{4 \times Q}{\pi \times D^2}$
$= \dfrac{4 \times 20\text{m}^3/\text{min}}{3.14 \times (0.3\text{m})^2} = 283\text{m/min} = 4.7\text{m/s}$

정답 4-1 ① 4-2 ② 4-3 ② 4-4 ① 4-5 ②

제2절　수질오염 측정

1. 측정기본 원리

핵심이론 01 ｜ 농 도

① 백분율농도
  ㉠ 질량백분율 농도 : 용액 100g 속에 녹아 있는 용질의 g수(g/g) → wt%
  ㉡ 부피백분율 농도 : 용액 1,000mL 속에 녹아 있는 용질의 mL수(mL/L) → vol%

② ppm 농도
  ㉠ 1ppm = 1mL/m^3 = 1mg/L
  ㉡ ppm = %농도 × 10,000
  ㉢ ppm은 원칙적으로 무단위이고, 크기는 10^{-6}이다. 임의로 단위를 부여하여 사용한다.
    예 10,000ppm = 10,000 × 10^{-6} = 10^{-2} = 0.01 = 1%
    → 100% = 1

③ 몰농도 : Molarity(M, mol/L)
  ㉠ 정의 : 용액 1L 속에 포함되어 있는 용질의 몰(mol)수
  ㉡ $M = \dfrac{n}{V}$
    여기서, n : 용질의 몰수, V : 부피(L)

④ 몰랄농도 : 용액 1kg 속에 포함되어 있는 용질의 몰(mol)수

⑤ 노말농도
  ㉠ 정의 : 용액 1L 속에 포함되어 있는 용질의 g당량수
  ㉡ $N = \dfrac{용질의\ g당량}{V}$

※ 용어 정리
  • 당량(eq) : 화학반응에서 각 원소, 화합물에 할당된 일정한 양
  • 당량수(eq/mol) : 각 원소, 화합물의 1mol당 할당된 일정한 양
  • g당량수(g/eq) : g당량이라고 하며, 1몰의 질량으로 당량을 나눈 값, 즉 화합물의 일정한 양에 할당된 무게를 의미한다.

[물질별 분자량, 당량, g당량수의 비교]

물 질	분자량	당 량	g당량수(g/eq)
HCl	36.5g/mol	1	$\dfrac{36.5g}{1} = 36.5g$
NaOH	40g/mol	1	$\dfrac{40g}{1} = 40g$
H$_2$SO$_4$	98g/mol	2	$\dfrac{98g}{2} = 49g$
CaCO$_3$	100g/mol	2	$\dfrac{100g}{2} = 50g$

예 • HCl 36.5g이 물 1L에 녹아 있다면 몇 N인가?
염산은 1당량이고, g당량수는 36.5g이므로
염산 36.5g의 g당량은 $\dfrac{36.5g}{36.5g} = 1$ 이다.

∴ $\dfrac{1}{1L} = 1N$

• 황산 98g이 물 1L에 녹아 있다면 몇 N인가?
황산은 2당량이고, g당량수는 $\dfrac{98g}{2} = 49g$이므로
황산 98g의 g당량은 $\dfrac{98g}{49g} = 2$ 이다.

∴ $\dfrac{2}{1L} = 2N$

10년간 자주 출제된 문제

1-1. 순수한 물의 농도는?
① 45.56M　　② 55.56M
③ 65.56M　　④ 75.56M

1-2. 어떤 물질을 분석한 결과 1,500ppm의 결과를 얻었다. 이것을 %로 환산하면?
① 0.15%　　② 1.5%
③ 15%　　④ 150%

1-3. 117ppm의 NaCl 용액의 농도는 몇 M인가?(단, 원자량은 Na : 23, Cl : 35.5)
① 0.002　　② 0.004
③ 0.025　　④ 0.050

10년간 자주 출제된 문제

1-4. 2g의 소금을 증류수에 녹여서 100mL의 소금물을 만든다면 소금물의 농도는?

① 200mg/L
② 2,000mg/L
③ 20,000mg/L
④ 200,000mg/L

1-5. 농황산의 비중이 1.84, 농도는 75(W/W%) 정도라면 이 농황산의 몰농도(mol/L)는?(단, 농황산의 분자량은 : 98)

① 10 ② 12
③ 14 ④ 16

|해설|

1-1
몰농도(M)는 용액 1L 속에 포함되어 있는 어떤 물질의 몰수이므로,
$1L \times 1,000mL/L \times 1g/mL \times \dfrac{1mol}{18g} = 55.56mol/L = 55.56M$

1-2
1% = 10,000ppm
$1 : 10,000 = x : 1,500$
∴ $x = 0.15\%$

1-3
NaCl 1M = 58.5g/L
몰농도를 x라 하면,
$x \times 58.5g/L = 0.117g/L$
(∵ 117ppm = 117mg/L = 0.117g/L)
∴ $x = 0.002M$

1-4
100mL → 2g
1,000mL → 20g
소금물의 농도 = 20g/L = 20,000mg/L

1-5
몰농도(mol/L) = (비중×1,000×중량%)/분자량
     = (1.84×1,000×0.75)/98 = 14
농황산의 비중이 1.84이므로 밀도 = 1.84g/mL
1.84g/mL×1,000mL/L×1mol/98 = 18.77mol/L
농도가 75%이므로 18.77mol/L×0.75 = 14mol/L

정답 1-1 ② 1-2 ① 1-3 ① 1-4 ③ 1-5 ③

핵심이론 02 | 유체의 점도(Viscosity)

① 정의 : 유체(액체, 기체)의 내부 저항을 의미하며, 보통 끈적거리는 정도를 나타낸다.
② 단위 : g/cm · s(= Poise)
   예 물의 점도 : 1mpa · s, 벌꿀, 당밀의 점도 : 500pa · s
③ 동점성 계수 : 점성계수를 밀도로 나눈 값으로 유체의 온도에 따라 변화하며 온도 상승 시 감소한다(cm^2/s = Stokes).

$$\nu = \dfrac{\mu}{\rho}$$

10년간 자주 출제된 문제

유체의 점도 단위로서 올바른 것은?

① kg · s/m
② kg/m · s
③ m^2/s
④ m/s

|해설|

점도는 P(Poise)로 표시하고 단위는 g/cm · s이다.

정답 ②

핵심이론 03 | 수질오염의 지표

물리적 항목	• 탁 도 • 냄새와 맛 • 색 도 • 온 도 • 부유물질(SS ; Suspended Solids)
화학적 항목	• 수소이온농도(pH) • 용존산소(DO) • 생물학적 산소요구량(BOD) • 화학적 산소요구량(COD) • 경도(Hardness) • 알칼리도(Alkalinity) • 총유기탄소 • 전기전도도 • 독성물질
생물학적 항목	• 총대장균군/분원성 대장균군 • 식물성 플랑크톤(조류) • Chlorophyll-a

10년간 자주 출제된 문제

3-1. 수질오염의 지표 중에서 SS는 무엇을 뜻하는가?

① 용존산소
② 부유물질
③ 산 도
④ 경 도

3-2. 다음은 수질오염의 지표에 관한 설명이다. 틀린 것은?

① pH : 산성 또는 알칼리성의 정도
② SS : 수중에 부유하고 있는 물질량
③ DO : 수중에 용해되어 있는 산소량
④ COD : 생화학적 산소요구량

|해설|

3-1
SS(Suspended Solids) : 부유물질

3-2
COD(Chemical Oxygen Demand) : 화학적 산소요구량

정답 3-1 ② 3-2 ④

핵심이론 04 | 경도(Hardness)

① 경도(Hardness) : 물에 녹아 있는 용해성 금속이온(Ca^{2+}, Mg^{2+} 등)에 의해서 일어나며 이에 상응하는 탄산칼슘($CaCO_3$)의 양으로 표시

② 총경도 = 일시경도(Temporary Hardness) + 영구경도(Permanent Hardness)

  ㉠ 일시경도(= 탄산경도) : 끓일 경우 제거되는 경도 성분
  ㉡ 영구경도(= 비탄산경도) : 끓여도 제거되지 않는 경도 성분

③ 경도의 영향

  ㉠ 음용 시 복통, 설사 유발
  ㉡ 세제, 비누와 결합 시 세척력 감소
  ㉢ 관 벽면에 이물질 형성으로 통로를 좁게 하거나 열전달률을 감소시킴

④ 연수화(Softening) : 높은 경도를 해결하기 위한 방법

⑤ 경도계산

  총경도 계산 = 2가 이온경도의 합
  = 칼슘경도 + 마그네슘경도 + 기타이온경도(영향이 적음)

  $$= \sum \frac{M^{2+} \times 50(\text{탄산칼슘 당량})}{M^{2+} \text{당량}}$$

※ 당량 = $\dfrac{\text{분자량}}{\text{원자가수}}$

예 마그네슘의 당량 = $\dfrac{24(\text{마그네슘 분자량})}{2(\text{마그네슘 원자가수})} = 12$

10년간 자주 출제된 문제

4-1. 산도(Acidity)나 경도(Hardness)는 무엇으로 환산하는가?

① 탄산칼슘
② 탄산나트륨
③ 탄화수소나트륨
④ 수산화나트륨

4-2. 수질 오염의 지표 중 경도의 주 원인은?

① Ca^{2+}, Mg^{2+}
② Mg^{2+}, Cd^{2+}
③ Fe^{2+}, Pb^{2+}
④ Cu^{2+}, Mn^{2+}

10년간 자주 출제된 문제

4-3. 경도(Hardness)에 관한 설명으로 거리가 먼 것은?

① Na^+은 농도가 높을 때는 경도와 비슷한 작용을 하여 유사경도라 한다.
② 세탁효과를 떨어뜨려 세제 소모량을 증가시킨다.
③ 2가 이상의 양이온 및 음이온 농도의 합으로 표시한다.
④ 가열하면 침전되어 제거되는 경도를 일시경도라 한다.

4-4. 지하수를 사용하기 위해 수질 분석을 하였더니 칼슘이온 농도가 40mg/L이고, 마그네슘이온 농도가 36mg/L이었다. 이 지하수의 총경도(as $CaCO_3$)는?

① 16mg/L
② 76mg/L
③ 120mg/L
④ 250mg/L

|해설|

4-1
산도(Acidity), 경도(Hardness), 알칼리도(Alkalinity) 모두 탄산칼슘($CaCO_3$)으로 환산하여 ppm 단위로 나타낸다.

4-2
경도(Hardness)는 물에 녹아 있는 용해성 2가 금속이온(Ca^{2+}, Mg^{2+} 등)에 의해서 일어나는데, 이에 상응하는 탄산칼슘($CaCO_3$)의 양으로 표시한다.

4-3
경도(Hardness)는 금속 2가 양이온(Ca^{2+}, Mg^{2+}, Fe^{2+}, Mn^{2+}, Sr^{2+} 등)의 양을 탄산칼슘($CaCO_3$)의 농도로 환산한 값(ppm)이며 음이온 농도는 해당되지 않는다.

4-4
총경도 계산 = 2가 이온경도의 합
= 칼슘경도 + 마그네슘경도 + 기타이온경도(영향이 적음)

$$\therefore \sum \frac{M^{2+} \times 50(탄산칼슘\ 당량)}{M^{2+}당량} = \frac{40 \times 50}{20} + \frac{36 \times 50}{12}$$

$$= 250mg/L$$

정답 4-1 ① 4-2 ① 4-3 ③ 4-4 ④

핵심이론 05 | 알칼리도(Alkalinity)

① 산을 중화시키는 능력의 척도이다.
② 수중의 수산화물(OH), 탄산염(CO_3^{2-}), 중탄산염(HCO_3^-)의 형태로 함유 성분을 이에 대응하는 탄산칼슘($CaCO_3$) 형태로 환산하여 mg/L 단위로 나타낸다.
③ 알칼리도 기여도 : $OH^- > CO_3^{2-} > HCO_3^-$
  ㉠ 알칼리도가 높을 경우 : 강한 침식성 및 수중 생물 생장 저해
  ㉡ 알칼리도가 낮을 경우 : 수중의 질소 제거 저하

10년간 자주 출제된 문제

5-1. 알칼리도에 관한 설명으로 틀린 것은?

① 산이 유입될 때 이를 중화시킬 수 있는 능력의 척도이다.
② 알칼리도는 물에 알칼리를 주입, 소모된 알칼리 물질의 양을 환산한 값이다.
③ 알칼리도 유발물질로는 수산화물, 중탄산염, 탄산염 등이 있다.
④ 메틸오렌지알칼리도와 총알칼리도는 같은 의미이다.

5-2. 다음 중 수중의 알칼리도를 ppm 단위로 나타낼 때 기준이 되는 물질은?

① $Ca(OH)_2$
② CH_3OH
③ $CaCO_3$
④ HCl

|해설|

5-1
알칼리도란 산을 중화시키는 능력의 척도로, 수중의 수산화물·탄산염·중탄산염의 함유 성분을 이에 대응하는 탄산칼슘($CaCO_3$) 형태로 환산하여 mg/L 단위로 나타낸 것이다.

5-2
산도(Acidity), 경도(Hardness), 알칼리도(Alkalinity) 모두 탄산칼슘($CaCO_3$)으로 환산하여 ppm 단위로 나타낸다.
※ 탄산칼슘($CaCO_3$)의 분자량은 100으로 계산이 편리하기 때문에 기준으로 사용한다.

정답 5-1 ② 5-2 ③

핵심이론 06 | 수소이온농도(pH)

① 수소이온농도
- ㉠ 정의 : 순수한 물속에 포함된 수소이온의 농도를 표시하는 방법
- ㉡ 표시
  - 수소이온농도 : $pH = -\log[H^+]$
  - 수산화이온농도 : $pOH = -\log[OH^-]$
  - ∴ $pH + pOH = 14$
- ㉢ 자연수의 pH는 7로 중성이나 빗물의 경우 탄산(CO_3^{2-})의 영향으로 5.6을 유지한다.

② 수소이온농도의 계산
- ㉠ 용액의 특성이 산성인지 알칼리성인지 판단하는 지표가 되는 항목
- ㉡ 순수한 물의 수소이온농도
  $H_2O \rightarrow [H^+] + [OH^-]$ 이므로
  산과 알칼리의 양은 각각 1.0×10^{-7} mol/L이다.
- ㉢ $pH = \log \dfrac{1}{[H^+]} = -\log[H^+]$

10년간 자주 출제된 문제

6-1. 0.01N-HCl 용액의 pH는 얼마인가?(단, HCl은 100% 이온화한다)
① 1
② 2
③ 3
④ 4

6-2. pH 2인 용액의 수소이온[H^+] 농도(mol/L)는?
① 0.01
② 0.1
③ 1
④ 100

6-3. $Ca(OH)_2$ 1mM이 용해된 수용액의 pH는?(단, $Ca(OH)_2$은 100% 완전 해리됨)
① 10.4
② 10.7
③ 11.0
④ 11.3

|해설|

6-1
HCl은 1가 물질이므로 수소이온 몰농도(H^+)는 이 용액의 노말농도(N)와 같다.
즉, $[H^+] = 0.01 = 10^{-2}$
∴ $pH = -\log[H^+] = -\log 10^{-2} = 2$

6-2
$pH = -\log[H^+]$
$2 = -\log[H^+]$
∴ $[H^+] = 10^{-2}$ mol/L = 0.01mol/L

6-3
1mM $Ca(OH)_2 \rightarrow 10^{-3}$M $Ca(OH)_2 \rightarrow 10^{-3}$mol/L
$Ca(OH)_2 \rightarrow Ca^{2+} + 2OH^-$
1M : 2M = 10^{-3}M : 2.0×10^{-3}M(= $[OH^-]$)
∴ $pH = 14 + \log[OH^-] = 14 + \log(2 \times 10^{-3}) = 11.3$

정답 6-1 ② 6-2 ① 6-3 ④

핵심이론 07 | 온도 표시(ES 04000.d)

① 온도의 표시는 셀시우스(Celcius) 법에 따라 아라비아 숫자의 오른쪽에 ℃를 붙인다. 절대온도는 K로 표시하고, 절대온도 0K는 -273℃로 한다.

② 온도 표시법
  ㉠ 섭씨온도(℃) : 셀시우스법에 따른 일반적인 온도 표기법
  ㉡ 화씨온도(°F) : °F = $\frac{9}{5}$℃ + 32
  ㉢ 절대온도(K) : K = ℃ + 273

③ 표준온도는 0℃, 상온은 15~25℃, 실온은 1~35℃로 하고, 찬 곳은 따로 규정이 없는 한 0~15℃의 곳을 뜻한다.

④ 냉수는 15℃ 이하, 온수는 60~70℃, 열수는 약 100℃를 말한다.

⑤ "수욕상 또는 수욕 중에서 가열한다."라 함은 따로 규정이 없는 한 수온 100℃에서 가열함을 뜻하고 약 100℃의 증기욕을 쓸 수 있다.

10년간 자주 출제된 문제

7-1. 환경오염공정시험방법의 온도 규정에서 상온이란?

① 0℃
② 4℃
③ 1~35℃
④ 15~25℃

7-2. 환경오염공정시험법에 규정한 온도에 대해 잘못된 것은?

① 표준온도 0℃
② 실온 1~35℃
③ 상온 15~25℃
④ 찬 곳 4℃ 이하

|해설|

7-1
표준온도는 0℃, 상온은 15~25℃, 실온은 1~35℃로 하고, 찬 곳은 따로 규정이 없는 한 0~15℃의 곳을 뜻한다.
※ 개정으로 인한 명칭 변경
  환경오염공정시험방법 → 환경오염공정시험기준

7-2
찬 곳은 따로 규정이 없는 한 0~15℃의 곳을 뜻한다.
※ 개정으로 인한 명칭 변경
  환경오염공정시험법 → 환경오염공정시험기준

정답 7-1 ④ 7-2 ④

핵심이론 08 | 용액농도(ES 04000.d)

① 용액의 농도를 (1 → 10), (1 → 100) 또는 (1 → 1,000) 등으로 표시하는 것은 고체 성분에 있어서는 1g, 액체 성분에 있어서는 1mL를 용매에 녹여 전체 양을 10mL, 100mL 또는 1,000mL로 하는 비율을 표시한 것이다.

② 액체 시약의 농도에 있어서 예를 들어 염산(1 + 2)이라고 되어있을 때에는 염산 1mL와 물 2mL를 혼합하여 조제한 것을 말한다.

10년간 자주 출제된 문제

황산(1 + 2)은 무엇을 의미하는가?

① 황산 1mL를 물에 희석하여 2mL로 한다.
② 황산 1mL와 물 2mL를 혼합한 용액
③ 물 1mL에 황산 2mL를 혼합한 용액
④ 물 1mL에 황산을 가하여 전체 2mL로 한다.

|해설|

액체 시약의 농도에 있어서 황산(1 + 2) : 황산 1mL와 물 2mL를 혼합하여 조제한 것을 말한다.

정답 ②

핵심이론 09 | BOD 관련 계산문제

① BOD 부하량 = BOD 농도 × 폐수량

② BOD 제거율(η)
   = (BOD 제거량/유입수 BOD량) × 100
   = {(유입수 BOD량 − 유출수 BOD량)/유입수 BOD량} × 100

③ 잔존 BOD 농도
   $BOD_t = BOD_u \times 10^{-kt}$
   여기서, k : 탈산소계수(d^{-1})
          t : 시간

④ 탈산소계수
   $k = \dfrac{1}{\Delta t} \times \log \dfrac{L_1}{L_2}$
   여기서, L_1 : 상류측 BOD 농도
          L_2 : 하류측 BOD 농도
          $\dfrac{1}{\Delta t}$: 유하시간(d)

10년간 자주 출제된 문제

9-1. 폐수량이 1,500m³/d, BOD 150mg/L의 총부하량은?
① 2.25kg/d   ② 22.5kg/d
③ 225kg/d   ④ 2,250kg/d

9-2. 탈산소계수가 0.1/d인 어떤 유기물질의 BOD₅가 200ppm이었다. 2일 후에 남아 있는 BOD값은?(단, 상용대수 적용)
① 192.3mg/L ② 189.4mg/L
③ 184.6mg/L ④ 179.3mg/L

9-3. 300mL BOD병에 분석대상 시료를 0.2% 넣고, 나머지는 희석수로 채운 다음 최초의 DO농도를 측정한 결과 6.8mg/L이었으며, 5일간 배양 후의 DO농도는 2.6mg/L이었다. 이 시료의 BOD₅(mg/L)는?
① 8,200   ② 6,300
③ 4,800   ④ 2,100

|해설|

9-1
총부하량 = 폐수량 × BOD 농도
       = 1,500m³/d × 0.15kg/m³ = 225kg/d

9-2
$BOD_5 = BOD_u(1 - 10^{-kt})$
여기서, BOD_5 : 5일 후 BOD값
       BOD_u : 최종 BOD값
       k : 탈산소계수
       t : 시간
$200ppm = BOD_u(1 - 10^{-0.1 \times 5})$
$BOD_u = \dfrac{200}{0.6838} = 292.5ppm$

2일 후에 남아 있는 BOD값은 잔존공식을 이용하면,
∴ $BOD_2 = BOD_u \times (10^{-kt})$
         $= 292.5 \times (10^{-0.1 \times 2}) = 292.5 \times 0.63$
         $= 184.6ppm(= mg/L)$

※ 소비공식 $BOD_t = BOD_u(1 - 10^{-kt})$
  잔존공식 $BOD_t = BOD_u(10^{-kt})$

9-3
$BOD_5(mg/L) = (D_1 - D_2) \times P$
여기서, D_1 : 15분간 방치된 후의 희석(조제)한 시료의 DO(mg/L)
       D_2 : 5일간 배양한 다음의 희석(조제)한 시료의 DO(mg/L)
       P : 희석시료 중 시료의 희석배수(희석시료량/시료량)
$P = \dfrac{300}{300 \times 0.002} = 500$
∴ $BOD_5 = (6.8 - 2.6) \times 500 = 2,100mg/L$

정답 9-1 ③ 9-2 ③ 9-3 ④

2. 시료채취·운반·보관

핵심이론 01 | 수질오염 측정의 정의 및 적용범위

① 목적 : 수질의 조성변화 없이 하며, 법적 요구사항이므로 규정에 따라 실시
② 적용범위 : 지표수, 지하수, 하수, 도시하수, 산업폐수

핵심이론 02 | 시료의 채취 및 보관

① 배출허용기준 적합 여부 판정을 위한 시료채취
　㉠ 시료의 성상, 유량, 유속의 변화를 고려해 채취
　㉡ 복수채취를 원칙으로 한다(단, 신속대응이 필요한 경우 예외로 할 수 있음).
　㉢ 수동으로 시료를 채취할 경우에는 30분 이상 간격으로 2회 이상 채취, 단일시료화
　㉣ 자동시료채취기로 시료를 채취할 경우에는 6시간 이내에 30분 이상 간격으로 2회 이상 채취(composite sample)하여 일정량의 단일 시료화
② 측정값 산출
　㉠ pH, 수온 : 30분 이상 간격으로 2회 이상 측정한 후 산술평균하여 측정값을 산출
　㉡ 사이안(CN), 노말헥산추출물질, 대장균군 등 시료채취기구에 의해 시료 성분의 유실 또는 변질 등의 우려가 있는 경우 : 30분 이상 간격으로 2개 이상의 시료를 채취하여 각각 분석한 후 산술평균하여 분석값을 산출
③ 하천수 등 조사를 위한 시료채취
　㉠ 시료의 성상, 유량, 유속 등의 시간에 따른 변화(폐수의 경우 조업상황 등)를 고려하여 현장물의 성질을 대표할 수 있도록 채취
　㉡ 수질 또는 유량의 변화가 심하다고 판단될 때에는 오염상태를 잘 알 수 있도록 시료의 채취횟수를 늘려야 하며, 이때에는 채취 시의 유량에 비례하여 시료를 서로 섞은 다음 단일시료로 한다.

④ 지하수 수질조사를 위한 시료채취
　㉠ 침전물로부터 오염을 피하기 위하여 보존 전에 현장에서 여과($0.45\mu m$)하는 것을 권장

※ 복수시료채취 예외사항
　1. 신속대응 요구 시 : 환경오염사고, 취약시간대인 경우
　2. 물환경보전법 제38조 제1항의 규정에 의한 비정상적인 행위를 할 경우
　3. 사업장 내에서 발생하는 폐수를 회분식(batch식) 등 간헐적으로 처리하여 방류하는 경우
　4. 기타 부득이 복수시료채취 방법으로 시료를 채취할 수 없을 경우

10년간 자주 출제된 문제

2-1. 수질오염 측정의 적용범위에 해당하지 않는 것은?
① 지표수　　② 지하수
③ 하수　　　④ 빗물

2-2. 수질오염 측정 시 복수시료 채취 예외사항에 해당하지 않는 것은?
① 환경오염사고 시
② 낮시간 인파가 많이 붐빌 때
③ 사업장 내에서 발생하는 폐수를 회분식(batch식) 등 간헐적으로 처리하여 방류하는 경우
④ 물환경보전법 제38조 제1항의 규정에 의한 비정상적인 행위를 할 경우

|해설|

2-1
수질오염 측정 적용범위 : 지표수, 지하수, 하수, 도시하수, 산업폐수

2-2
복수시료 채취 예외사항 중에 취약시간에 해당하는 경우는 있지만, 낮시간에 대한 내용은 없다.

정답 2-1 ④　2-2 ②

핵심이론 03 | 시료채취 유의사항(ES 04130.1e 요약)

① 시료는 목적시료의 성질을 대표할 수 있는 위치에서 시료채취용기 또는 채수기를 사용하여 채취한다.
② 채취용기는 시료를 채우기 전에 시료로 3회 이상 씻은 다음 사용한다.
③ 시료채취량은 시험항목 및 시험횟수에 따라 차이가 있으나 보통 3~5L 정도이어야 한다.
④ 용존가스, 환원성 물질, 휘발성 유기화합물, 냄새, 유류 및 수소이온 등을 측정하기 위한 시료를 채취할 때에는 운반 중 공기와의 접촉이 없도록 시료 용기에 가득 채운 후 빠르게 뚜껑을 닫는다.
⑤ 유류 또는 부유물질 등이 함유된 시료는 시료의 균일성이 유지될 수 있도록 채취해야 하며, 침전물 등이 부상하여 혼입되어서는 안 된다.
⑥ 지하수 시료는 취수정 내에 고여 있는 물과 원래 지하수의 성상이 달라질 수 있으므로 고여 있는 물을 충분히 퍼낸 다음 새로 나온 물을 채취한다. 이 경우 퍼내는 양은 고여 있는 물의 4~5배 정도나 pH 및 전기전도도를 연속적으로 측정하여 이 값이 평형을 이룰 때까지로 한다. 저속양수 펌프를 이용해 반드시 저속으로 시료를 채취한다.
⑦ 총유기탄소를 측정하기 위한 시료 채취 시 시료병은 가능한 외부의 오염이 없어야 하며, 이를 확인하기 위해 바탕시료를 시험해 본다.
⑧ 퍼클로레이트를 측정하기 위한 시료채취 시 시료 용기를 질산 및 정제수로 씻은 후 사용하며, 시료채취 시 시료병의 2/3를 채운다.
⑨ 다이에틸헥실프탈레이트를 측정하기 위한 시료채취 시 스테인레스강이나 유리 재질의 시료채취기를 사용한다. 시료병은 미리 시료로 헹구지 않는다.
⑩ 미생물 시료는 멸균된 용기를 이용하여 무균적으로 채취하여야 하며, 시료채취 직전에 물속에서 채수병의 뚜껑을 열고 폴리글로브를 착용하는 등 신체접촉에 의한 오염이 발생하지 않도록 유의하여야 한다.
⑪ 채취된 시료는 즉시 실험하여야 하며, 그렇지 못한 경우에는 5.0 시료의 보존 방법에 따라 보존하고 규정된 시간 내에 실험하여야 한다.

10년간 자주 출제된 문제

3-1. 시료채취 시 유의사항으로 틀린 것은?
① 채취용기는 시료를 채우기 전에 시료로 3회 이상 씻은 다음 사용한다.
② 시료채취용기에 시료를 채울 때에는 어떠한 경우에도 시료의 교란이 일어나서는 안 된다.
③ 지하수 시료는 취수정 내에 고여 있는 물과 원래 지하수의 성상이 달라질 수 있으므로 고여 있는 물을 충분히 퍼낸 다음 새로 나온 물을 채취한다.
④ 시료채취량은 시험항목 및 시험횟수의 필요량의 3~5배 채취를 원칙으로 한다.

3-2. 지하수 시료채취의 유의사항으로 옳지 않은 것은?
① 취수정 내에 고여 있는 물과 원래 지하수의 성상이 달라질 수 있으므로 고여 있는 물을 충분히 퍼낸 다음 새로 나온 물을 채취한다.
② 퍼내는 양은 고인물의 약 4~5배 정도로 한다.
③ 전기전도도, pH 같은 값을 연속적으로 측정해 평형이 이룰 때까지 한다.
④ 고속양수펌프를 이용해 빠르게 시료를 채취한다.

|해설|
3-1
④ 시료채취량은 시험항목 및 시험횟수의 필요량의 3~5L 채취를 원칙으로 한다.

3-2
④ 지하수 시료는 반드시 저속양수펌프를 이용해 저속으로 시료를 채취해야 한다.

정답 3-1 ④ 3-2 ④

핵심이론 04 | 시료채취지점

① 배출시설 등의 폐수

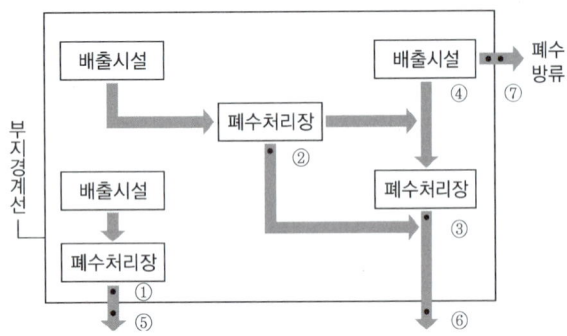

- 당연 채취지점 : ①, ②, ③, ④
- 필요시 채취지점 : ⑤, ⑥, ⑦
※ ①, ②, ③ : 방지시설 최초 방류지점
　④ : 배출시설 최초 방류지점(방지시설을 거치지 않을 경우)
　⑤, ⑥, ⑦ : 부지경계선 외부 배출수로

[시료의 채취지점]

(출처 : 시료의 채취 및 보존방법(ES 04130.1e), 수질오염공정시험기준, 2019)

㉠ 폐수의 성질을 대표할 수 있는 곳에서 채취하며 폐수의 방류수로가 한 지점 이상일 때에는 수로별로 채취하여 별개의 시료로 하며 필요에 따라 부지 경계선 외부의 배출구 수로에서도 채취할 수 있다. 시료채취 시 우수나 조업목적 이외의 물이 포함되지 말아야 한다.

② 하천수

㉠ 하천수의 오염 및 용수의 목적에 따라 채수지점을 선정하며 하천본류와 하천지류가 합류하는 경우에는 아래 그림의 합류 이전 각 지점과 합류 이후 충분히 혼합된 지점에서 각각 채수한다.

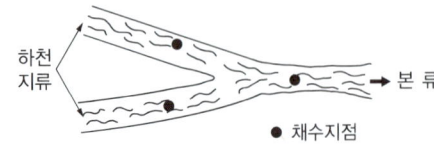

(출처 : 시료의 채취 및 보존방법(ES 04130.1e), 수질오염공정시험기준, 2019)

㉡ 하천의 단면에서 수심이 가장 깊은 수면의 지점과 그 지점을 중심으로 하여 좌우로 수면 폭을 2등분한 각각의 지점의 수면으로부터 수심 2m 미만일 때에는 수심의 1/3에서, 수심이 2m 이상일 때에는 수심의 1/3 및 2/3에서 각각 채수한다.

기타의 경우에는 시료채취 목적에 따라 필요하다고 판단되는 지점 및 위치에서 채수한다.

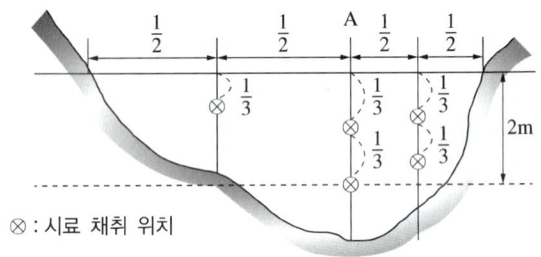

⊗ : 시료 채취 위치

(출처 : 시료의 채취 및 보존방법(ES 04130.1e), 수질오염공정시험기준, 2019)

10년간 자주 출제된 문제

시료의 채취지점에 대한 설명으로 옳지 않은 것은?

① 폐수의 성질을 대표할 수 있는 곳에서 채취한다.
② 방류수로가 한 지점 이상일 때에는 수로별로 채취하여 별개의 시료로 한다.
③ 부지 경계선 외부의 배출구 수로에서는 채취할 수 없다.
④ 시료채취 시 우수나 조업목적 이외의 물이 포함되지 말아야 한다.

|해설|

경우에 따라 부지 경계선 외부의 배출구 수로에서도 채취가 가능하다.

정답 ③

핵심이론 05 | 시료의 보존방법

① 측정항목별 시료용기 및 보존방법

항목	시료용기	보존방법	최대보존기간(권장보존기간)
냄새	G	가능한 한 즉시 분석 또는 냉장 보관	6시간
노말헥산 추출물질	G	4℃ 보관, H_2SO_4로 pH 2 이하	28일
부유물질	P, G	4℃ 보관	7일
색도	P, G	4℃ 보관	48시간
생물화학적 산소요구량	P, G	4℃ 보관	48시간(6시간)
수소이온농도	P, G	–	즉시 측정
온도	P, G	–	즉시 측정
용존산소 적정법	BOD병	즉시 용존산소 고정 후 암소 보관	8시간
용존산소 전극법	BOD병	–	즉시 측정
잔류염소	G(갈색)	즉시 분석	–
전기전도도	P, G	4℃ 보관	24시간
총 유기탄소 (용존유기탄소)	P, G	즉시 분석 또는 HCl 또는 H_3PO_4 또는 H_2SO_4를 가한 후(pH < 2) 4℃ 냉암소에서 보관	28일(7일)
클로로필 a	P, G	즉시 여과하여 –20℃ 이하에서 보관	7일(24시간)
탁도	P, G	4℃ 냉암소에서 보관	48시간(24시간)
투명도	–	–	–
화학적 산소요구량	P, G	4℃ 보관, H_2SO_4로 pH 2 이하	28일(7일)
불소	P	–	28일
브로민이온	P, G	–	28일
사이안	P, G	4℃ 보관, NaOH로 pH 12 이상	14일(24시간)
아질산성 질소	P, G	4℃ 보관	48시간(즉시)
암모니아성 질소	P, G	4℃ 보관, H_2SO_4로 pH 2 이하	28일(7일)
염소이온	P, G	–	28일
음이온 계면활성제	P, G	4℃ 보관	48시간
인산염인	P, G	즉시 여과한 후 4℃ 보관	48시간
질산성 질소	P, G	4℃ 보관	48시간
총인 (용존 총인)	P, G	4℃ 보관, H_2SO_4로 pH 2 이하	28일
총질소 (용존 총질소)	P, G	4℃ 보관, H_2SO_4로 pH 2 이하	28일(7일)
퍼클로레이트	P, G	6℃ 이하 보관, 현장에서 멸균된 여과지로 여과	28일
페놀류	G	4℃ 보관, H_3PO_4로 pH 4 이하 조정한 후 시료 1L당 $CuSO_4$ 1g 첨가	28일
황산이온	P, G	6℃ 이하 보관	28일(48시간)
금속류(일반)	P, G	시료 1L당 HNO_3 2mL 첨가	6개월
비소	P, G	1L당 HNO_3 1.5mL로 pH 2 이하	6개월
셀레늄	P, G	1L당 HNO_3 1.5mL로 pH 2 이하	6개월
수은(0.2μg/L 이하)	P, G	1L당 HCl(12M) 5mL 첨가	28일
6가크로뮴	P, G	4℃ 보관	24시간
알킬수은	P, G	HNO_3 2mL/L	1개월
다이에틸헥실 프탈레이트	G(갈색)	4℃ 보관	7일(추출 후 40일)
1,4-다이옥산	G(갈색)	HCl(1+1)을 시료 10mL당 1~2방울씩 가하여 pH 2 이하	14일
염화비닐, 아크릴로니트릴, 브로모폼	G(갈색)	HCl(1+1)을 시료 10mL당 1~2방울씩 가하여 pH 2 이하	14일
석유계 총탄화수소	G(갈색)	4℃ 보관, H_2SO_4 또는 HCl으로 pH 2 이하	7일 이내 추출, 추출 후 40일
유기인	G	4℃ 보관, HCl로 pH 5~9	7일(추출 후 40일)
폴리클로리네이티드 비페닐(PCB)	G	4℃ 보관, HCl로 pH 5~9	7일(추출 후 40일)
휘발성 유기화합물	G	냉장보관 또는 HCl을 가해 pH < 2로 조정 후 4℃ 보관 냉암소보관	7일(추출 후 14일)
과불화화합물	PP	냉장보관(4±2℃), 2주 이내 분석 어려울 때 냉동보관(–20℃)	냉동 시 필요에 따라 분석 전까지 시료의 안정성 검토(2주)

항목		시료 용기	보존방법	최대보존기간 (권장보존기간)
총 대장균군	환경기준 적용 시료	P, G	저온(10℃ 이하)	24시간
	배출허용기준 및 방류수 기준 적용 시료	P, G	저온(10℃ 이하)	6시간
분원성 대장균군		P, G	저온(10℃ 이하)	24시간
대장균		P, G	저온(10℃ 이하)	24시간
물벼룩 급성 독성		P, G	4℃ 보관(암소에 통기되지 않는 용기에 보관)	72시간 (24시간)
식물성 플랑크톤		P, G	즉시 분석 또는 포르말린용액을 시료의 3~5% 가하거나 글루타르알데하이드 또는 루골용액을 시료의 1~2% 가하여 냉암소 보관	6개월

*P : polyethylene, G : glass, PP : polypropylene

[주요 물질별 용기 정리]

용기	대상물질
유리병	냄새, 노말헥산추출물질, 잔류염소(갈색병), 페놀류, 다이에틸헥실프탈레이트(갈색병), 1,4-다이옥산(갈색병), 염화비닐, 아크릴로니트릴, 브로모폼(갈색병), 석유계총탄화수소(갈색병), 유기인, PCB, 휘발성유기화합물, 물벼룩급성독성
폴리에틸렌	불소

10년간 자주 출제된 문제

5-1. 다음 중 반드시 갈색 유리용기를 사용해야 하는 것은?

① 잔류염소
② 불소
③ 용존산소
④ 탁도

5-2. 측정항목별 시료 보존방법으로 옳지 않은 것은?

① 아질산성 질소 : 4℃ 보관
② 용존산소의 최대 보관 기간은 5일이다.
③ 페놀류는 H_3PO_4로 pH 4 이하로 조정한 뒤 $CuSO_4$ 1g/L를 첨가하여 4℃ 보관한다.
④ 냄새는 가능한 빠른 시일 내에 분석 후 냉장 보관한다.

|해설|

5-1
염화비닐, 석유계총탄화수소, 잔류염소는 빛에 의한 변화 발생 우려가 있어 갈색 유리병을 사용한다.

5-2
② 용존산소의 최대 보관 기간은 8시간이다.

정답 5-1 ① 5-2 ②

3. 관능법 분석

핵심이론 01 | 관능법 분석준비 및 수행

① 관능법 분석
  ㉠ 정의 : 수중 함유 성분에 대한 이화학적 측정이 불가능한 시료의 특성을 인간의 오감에 의한 분석 방법
  ㉡ 분석법 종류 : 냄새, 맛 분석 시험법

② 냄새를 이용한 분석
  ㉠ 먹는 물, 샘물 및 염지하수 중의 냄새를 확인한다.
  ㉡ 시료를 삼각플라스크에 넣고 마개를 닫은 후 가온하여 40~50℃로 만든 후 세게 흔들어 마개를 열면서 관능적으로 냄새를 확인한다.
  ㉢ 개인차가 심해 5명 이상 측정을 권장한다(단, 염소 냄새는 제외).

③ 맛을 이용한 분석
  ㉠ 수질 기준으로 소독으로 인한 맛 이외의 맛이 없는 것은 정상이다.
  ㉡ 샘물, 먹는샘물, 약수터의 맛은 적용하지 않는다.
  ㉢ 시료를 비커에 넣고 가온하여 40~50℃로 만든 후 맛을 보아 판단한다.
  ㉣ 최소 2명의 측정을 권장한다(5명 이상, 염소 맛 제외).
  ㉤ 안정성이 확보되지 않은 시료, 병원성 미생물로 오염된 시료는 측정하지 않을 수 있다.

④ 시료의 관리 및 보존 공통사항
  ㉠ 시료채취 후 가능한 한 빨리 측정, 보관이 불가피한 경우 물 시료를 1L 병에 가득 넣어 0~4℃ 온도로 보관한다.
  ㉡ 유리 재질의 병과 폴리테트라플루오로에틸렌(PTFE) 재질의 마개를 사용하여 채취한다(플라스틱 사용 금지).

핵심이론 02 | 관능법 분석 결과 처리

① 정도관리
  ㉠ 정확도, 정밀도를 정도관리를 위해 산출할 수 있으며, 냄새의 정밀도 정도관리와 맛의 정밀도 정도관리 목표값을 작성할 수 있다.
  ㉡ 냄새, 맛 : 정밀도 구현을 위해 시료를 2명 이상이 동일하게 측정해 결과의 차이를 구할 수 있어야 한다. 이때 측정값의 차이가 없어야 한다.

② 시험성적서 작성
  ㉠ 다음 사항이 시험성적서에 포함되어야 한다.
  ㉡ 시료채취장소 및 일시, 시험접수일자, 시험방법, 시험환경, 시험결과(분석항목, 수질기준, 분석결과, 단위), 발행일자

10년간 자주 출제된 문제

2-1. 수중 함유 성분에 대한 이화학적 측정이 불가능한 시료의 특성을 인간의 오감에 의한 분석하는 것을 무엇이라 하는가?
① 무게차 분석 ② 관능법 분석
③ 적정법 분석 ④ 전극법 분석

2-2. 맛을 이용한 분석 가운데 옳지 않은 것은?
① 수질기준으로 소독으로 인한 맛 이외의 맛은 없는 것이 정상이다.
② 샘물, 먹는샘물, 약수터의 맛은 적용하지 않는다.
③ 최소 4명이 측정(권장은 5명 이상, 염소 맛 제외)한다.
④ 시료를 비커에 넣고 가온하여 40~50℃로 만든 후 맛을 보아 판단한다.

|해설|
2-2
③ 최소인원 2명이 측정한다.

정답 2-1 ② 2-2 ③

4. 무게차 분석

핵심이론 01 | 무게차법 분석 준비

① 수중 함유 물질을 여과한 뒤 추출하여, 그 중량을 단위 부피당질량(mg/L)으로 표시하는 방법
② 종류 : 수중부유물질 시험법, 노말헥산 추출물질 시험법
③ 분석과정 : 시험의뢰서의 분석의뢰 항목의 확인 이후 표준작업절차서를 준비해 수행방법을 익히고 분석

핵심이론 02 | 무게차법 분석 수행

① 부유물질(SS ; Suspended Solid)
　㉠ 수중 현탁고형물질
　㉡ 미리 무게를 측정한 유리섬유 여과지(GF/C)를 여과기에 부착하여 일정량의 시료를 여과시킨 후 함량으로 건조하여 무게를 달아 여과 전후의 무게차를 산출해 부유물질의 양을 계산한다.
② 노말헥산 추출물질
　㉠ 수질오염을 나타내는 지표이다.
　㉡ 휘발성이 낮은 탄화수소, 탄화수소 유도체, 그리고 그리스 등의 기름 물질을 헥산 추출물질로 정의한다.
　㉢ 석유화학 산업, 석유정제업, 철강업, 기계 공업 등에서 발생하는 공장 폐수에 포함된다.
　㉣ 시험 기준에서는 비교적 휘발되지 않는 탄화수소, 그리스유상 물질 등을 포함한 물 중의 물질을 pH 4 이하로 산성화하여 노말헥산으로 추출한다.
　㉤ 산화제인 활성 규산마그네슘(플로리실) 칼럼을 통해 동식물 유지류를 흡착, 제거하고 광유류를 측정한다.
　㉥ 지표수, 지하수, 폐수 등에 적용 가능, 정량 한계는 0.5mg/L이다.

[시료 보존 기간 및 관리]

시험법	시료 보존 기간	시료의 관리
부유물질	7일	4℃ 보관
노말헥산 추출물질	28일	4℃ 황산으로 pH 2 이하 관리

| 핵심이론 03 | 무게차법 분석 결과처리 |

① 방법 바탕 시료의 측정
  ㉠ 시료군마다 1개의 방법 바탕 시료(method blank)를 측정하며, 정제수를 사용하고, 수행순서의 실험절차와 동일하게 측정하고, 그 값은 정량한계 미만이어야 한다.

② 정도 관리 목표값
  ㉠ 정도관리 목표값은 노말헥산 추출물질만 있고, 정도관리의 목표는 정량한계, 정밀도, 정확도로 제시한다.

정도 관리 항목	정도 관리 목표
정량한계	0.5mg/L
정밀도	상대 표준편차가 ±25% 이내
정확도	75~125%

10년간 자주 출제된 문제

3-1. 수중 함유 물질을 여과한 뒤 추출하여, 그 중량을 단위부피당질량(mg/L)으로 표시하는 방법을 무엇이라 하는가?
① 무게차 분석
② 관능법 분석
③ 적정법 분석
④ 전극법 분석

3-2. 무게차 분석방법의 시료보존기간과 관리에 대한 내용으로 적절하지 않은 것은?

[시료 보존 기간 및 관리]

시험법	시료 보존 기간	시료의 관리
부유물질	① 10일	② 4℃ 보관
노말헥산 추출물질	③ 28일	④ 4℃ 황산으로 pH 2 이하 관리

|해설|
3-2
① 7일

정답 3-1 ① 3-2 ①

5. 적정법 분석

| 핵심이론 01 | 적정법 분석 준비 |

① 적정법
  ㉠ 정의 : 표준액을 뷰렛에 넣어 시료용액을 떨어뜨려 정량적 반응으로 대상 시료의 목적성분의 양을 측정하는 방법
  ㉡ 종류 : 중화적정, 산화환원적정, 침전적정, 킬레이트적정

10년간 자주 출제된 문제

다음 중 적정법에 해당되지 않는 것은?
① 중화법
② 산화환원법
③ 비색법
④ 킬레이트법

정답 ③

핵심이론 02 | 적정법 분석 수행

① 용존산소측정

　㉠ 측정원리 : 윙클러-아지드화나트륨 변법 사용

　㉡ 과정 및 반응

과 정	화학 반응 및 결과
황산망가니즈($MnSO_4$) 첨가	황산망가니즈를 시료에 첨가
알칼리성 아이오딘화칼륨 (alkali-KI-NaN_3) 용액 첨가	$MnSO_4$가 알칼리성 환경에서 수산화 제일망가니즈($Mn(OH)_2$)로 침전
$Mn(OH)_2$ 산화	시료 중의 용존 산소(O_2)에 의해 $Mn(OH)_2$가 산화되어 수산화제이망가니즈($Mn(OH)_3$)로 변환
황산(H_2SO_4) 첨가	황산에 의해 산성화, $Mn(OH)_3$가 아이오딘(I_2)을 유리시킴
아이오딘(I_2) 적정	유리된 아이오딘(I_2)을 티오황산나트륨($Na_2S_2O_3$) 용액으로 적정하여 용존 산소의 양(mg/L)을 정량

② 용존산소(DO) 계산식

　㉠ $DO(mg/L, ppm) = a \times f \times \dfrac{V_1}{V_2} \times \dfrac{1,000}{V_1 - R} \times 0.2$

　　여기서, a : 적정에 소비된 0.025N-$Na_2S_2O_3$ 용액의 양(mL)

　　　　　f : 0.025N-$Na_2S_2O_3$ 용액의 역가

　　　　　V_1 : 전체 시료량(DO병의 용량, mL)

　　　　　V_2 : 적정에 사용한 시료량(mL)

　　　　　R : 황산망가니즈 용액과 알칼리성 아이오딘화칼륨-아지드화나트륨 용액의 첨가량(mL)

정도 관리 항목	정도 관리 목표
정량한계	0.1mg/L

③ 화학적 산소요구량 측정

　㉠ 측정원리 : 산성 100℃ 과망가니즈산칼륨($KMnO_4$)법

　㉡ 과정 및 반응

과 정	화학 반응 및 결과
시료 산성화	황산(H_2SO_4)으로 시료를 산성함
과망가니즈산칼륨 ($KMnO_4$) 첨가 및 산화	일정 과량의 과망가니즈산칼륨($KMnO_4$)으로 30분간 수욕상에서 시료 내 유기물을 산화함
남은 과망가니즈산칼륨 환원	남은 과망가니즈산칼륨을 옥살산나트륨($Na_2C_2O_4$)으로 환원시킴
옥살산나트륨 역적정	남은 옥살산나트륨을 과망가니즈산칼륨으로 역적정함
COD 계산	유기물과 산화 반응한 과망가니즈산칼륨의 양을 구하고 이를 산소의 양으로 환산하여 COD(mg/L)를 측정한 용액으로 적정하여 용존 산소의 양(mg/L)을 정량

④ 화학적 산소 요구량(COD) 계산식

　㉠ $COD(mg/L, ppm) = (b-a) \times f \times \dfrac{1,000}{V} \times 0.2$

　　여기서, a : 바탕 시험의 적정에 소비된 0.025N-$KMnO_4$ 용액(mL)

　　　　　b : 본 시험의 적정에 소비된 0.025N-$KMnO_4$ 용액(mL)

　　　　　f : 0.025N-$KMnO_4$ 용액의 역가

　　　　　V_1 : 시험에 사용된 시료의 양(mL)

　　　　　V_2 : 적정에 사용한 시료량(mL)

정도 관리 항목	정도 관리 목표
정밀도	상대 표준편차가 ±25% 이내
정확도	75~125% 이내

⑤ 생화학적 산소요구량 측정(BOD)

　㉠ 측정원리 : 수중 유기물이 호기성 미생물에 의해 분해될 때 소모하는 산소량을 측정(mg/L)

　㉡ 과정 및 반응

과 정	화학 반응 및 결과
시료 저장	시료를 20℃에서 5일간 저장
용존산소 소비 측정	시료 중 호기성 미생물의 증식과 호흡 작용으로 소비되는 용존 산소의 양을 측정
희석 필요성 확인	시료 중 용존 산소의 양이 소비되는 산소의 양보다 적을 경우, 시료를 희석수로 적당히 희석하여 사용
식종 희석수 사용	공장 폐수나 혐기성 발효 상태의 시료는 호기성 산화에 필요한 미생물을 포함한 식종 희석수로 희석하여 시험

⑥ 생화학적 산소 요구량(BOD) 계산식

㉠ 미 식종 시료 계산식

$$BOD(mg/L, ppm) = (D_1 - D_2) \times P$$

여기서, D_1 : 15분간 방치된 후 희석(조제)한 시료의 DO(mg/L)

D_2 : 5일간 배양한 다음 희석(조제)한 시료의 DO(mg/L)

P : 희석 배수(희석시료량/시료량)

㉡ 식종 시료 계산식

$$BOD(mg/L, ppm)$$
$$= [(D_1 - D_2) - (B_1 - B_2) \times f] \times P$$

여기서, D_1 : 15분간 방치된 후 희석(조제)한 시료의 DO(mg/L)

D_2 : 5일간 배양한 다음 희석(조제)한 시료의 DO(mg/L)

B_1 : 식종액의 BOD를 측정할 때 희석된 식종액의 배양 전 DO(mg/L)

B_2 : 식종액의 BOD를 측정할 때 희석된 식종액의 배양 후 DO(mg/L)

f : 희석시료 중 식종액 함유율(x%)과 희석한 식종액 중의 식종액 함유율(y%)의 비(x/y)

P : 희석 배수(희석시료량/시료량)

정도 관리 항목	정도 관리 목표
정밀도	상대 표준편차가 ±15% 이내
정확도	85~115% 이내

⑦ 염소이온 측정

㉠ 측정원리 : 질산은 적정법(Mohr법)

㉡ 과정 및 반응

과 정	화학 반응 및 결과
크로뮴산 칼륨(K_2CrO_4) 첨가	시료에 크로뮴산 칼륨(K_2CrO_4)을 지시약으로 첨가
질산은($AgNO_3$) 적정 시작	질산은($AgNO_3$) 표준액으로 시료를 적정함
염소 이온(Cl^-)과 반응	Ag^+이 염소이온(Cl^-)과 반응하여 염화은(AgCl) 흰색 침전 생성
당량점 도달	당량점에 도달할 때까지 Ag^+는 Cl^-과 반응하여 AgCl로 침전
종말점 도달	당량점 이후에 Ag^+이 크로뮴산 이온(CrO_4^{2-})과 반응하여 적갈색의 크로뮴산은(Ag_2CrO_4) 침전 생성
종말점 판단	적갈색 침전(Ag_2CrO_4) 생성 시 종말점으로 판단함
적정의 적합성	Mohr법은 Cl^-, Br^-, CN^-의 적정에 적합하나, AgI 및 AgSCN의 흡착력 때문에 I^-, SCN^-의 적정에는 부적합

⑧ 염소이온 계산식

㉠ 염소이온(mg/L)

$$(a - b) \times f \times 0.3545 \times \frac{1,000}{V}$$

여기서, a : 시료의 적정에 소비된 0.01N-질산은 용액(mL)

b : 탕 시험액의 적정에 소비된 0.01N-질산은 용액(mL)

f : 0.01N-질산은 용액 역가(0.1N-질산은 용액의 역가와 동일)

V : 시료의 양(mL)

정도 관리 항목	정도 관리 목표
정량 한계	0.7mg/L
정밀도	상대 표준편차가 ±25% 이내
정확도	75~125% 이내

10년간 자주 출제된 문제

2-1. 용존산소를 측정하는 적정법에 대한 설명으로 옳지 않은 것은?
① 윙클러-아자이드화나트륨 변법 사용
② 시료에 황산망가니즈와 알칼리성 아이오딘화 칼륨용액을 첨가한다.
③ 질산을 첨가하여 아이오딘을 유리시킨다.
④ 최종적으로 티오황산나트륨으로 적정한다.

2-2. 화학적 산소요구량을 측정하는 적정법에 대한 설명으로 옳지 않은 것은?
① 중크로뮴산칼륨을 환원제로 사용한다.
② 황산(H_2SO_4)으로 시료를 산성화 한다.
③ 역적정 시약으로 옥살산 나트륨을 사용한다.
④ 최종적으로 COD값은 ppm으로 정량하여 계산한다.

2-3. 생화학적 산소요구량(BOD)의 측정에 관한 설명으로 옳지 않은 것은?
① 시료를 20℃에서 5일간 저장한다.
② 일반적으로 BOD_5를 대표값으로 사용한다.
③ 일반시료의 경우 희석하지 않고 원시료를 기준으로 한다.
④ 공장 폐수나 혐기성 발효 상태의 시료는 호기성 산화에 필요한 미생물을 포함한 식종 희석수로 희석하여 시험

2-4. 염소이온을 측정하는 Mohr법에서 사용하는 지시약은?
① 크로뮴산 칼륨(K_2CrO_4)
② 질산은($AgNO_3$)
③ 황산(H_2SO_4)
④ 옥살산나트륨

|해설|

2-1
③ 황산에 의해 산성화, $Mn(OH)_3$가 아이오딘(I_2)을 유리시킨다.

2-2
① 과망가니즈산칼륨($KMnO_4$)을 환원제로 사용한다.

2-3
시료 중 용존 산소의 양이 소비되는 산소의 양보다 적을 경우, 시료를 희석수로 적당히 희석하여 사용한다.

2-4
모르법에서는 크로뮴산칼륨을 지시약으로, 질산은을 표준액으로 사용한다.

정답 2-1 ③ 2-2 ① 2-3 ③ 2-4 ①

6. 전극법 분석

핵심이론 01 | 전극법 분석 준비

① 전극법
  ㉠ 정의 : pH 등 용존이온의 상태를 전류의 세기로 측정하는 분석법
  ㉡ 종류 : pH, DO, 전기전도도 등

핵심이론 02 | 전극법 분석 수행

① pH 측정기
  ㉠ 유리 전극법을 사용
  ㉡ 기준전극과 비교전극으로 구성된 검출부를 측정액 속에 넣어 발생한 기전력차를 이용해 측정액의 pH를 측정하는 방법
  ㉢ 구성 : 검출부(유리전극+비교전극), 지시부(검출된 pH의 농도를 표시)
  ㉣ 측정범위
    • 수온 : 0~40℃
    • 지표수, 지하수, 폐수
    • pH 0~14까지 측정 가능

② 용존 산소 측정기
  ㉠ 격막전극법을 활용한다.
  ㉡ 구성 : 격막에 의해 시료와 분리된 전해질 속에 다른 두 가지 종류의 금속으로 이루어진 전극이 들어 있는 회로로 구성된다.
  ㉢ 측정과정

과 정	화학반응 및 결과
전압 적용	두 전극에 일정한 전압을 걸어줌
산소 확산	산소가 격막을 통해 음극(cathode)으로 확산됨
산소 환원	음극에서 산소가 환원되며 전류 흐름이 형성됨
전류 측정	생성된 전류의 크기를 측정, 전류 크기는 산소 분압에 비례함
DO값 계산	전류의 크기를 이용하여 용존 산소(DO) 값을 계산함

정도 관리 항목	정도 관리 목표
정량 한계	0.5mg/L
정확도	95~105% 이내

③ 전기 전도도 측정기
  ㉠ 지시부는 교류 휘트스톤 브리지(Wheatstone bridge) 회로 또는 연산 증폭기 회로로 구성
  ㉡ 검출부는 한 쌍의 고정된 전극으로 된 전도도 셀 사용(보통 백금 전극 표면에 백금 흑도금을 한 것)
  ㉢ 전도도 셀 특성 : 전도도 셀은 형태, 위치, 전극의 크기에 따라 각기 다른 셀 상수를 가짐
  ㉣ 셀 상수 결정 방법
    • 전도도 표준 용액(염화칼륨 용액)을 사용하여 결정
    • 셀 상수가 알려진 다른 전도도 셀과 비교하여 결정
    • 일반적으로 기기 제작사의 지침서나 설명서에 명시
  ㉤ 온도 보상
    • 25℃에서의 자체 온도 보상 회로가 있는 전기전도도 측정기가 사용하기 편리함
    • 보상 회로가 없는 경우, 온도에 따른 환산식을 사용하여 25℃에서의 전기전도도 값으로 환산 필요

정도 관리 항목	정도 관리 목표
정밀도	상대 표준편차가 ±20% 이내

10년간 자주 출제된 문제

2-1. pH 등 용존이온의 상태를 전류의 세기로 측정하는 분석법을 무엇이라 하는가?
① 관능법 분석
② 무게차분석
③ 전극법 분석
④ 비색법 분석

2-2. pH 측정기에 대한 설명으로 옳지 않은 것은?
① 유리 전극법을 사용한다.
② 검출부는 기준전극과 비교전극으로 구성된다.
③ -10℃~40℃의 측정범위를 지닌다.
④ pH 0~14까지 측정범위를 지닌다.

|해설|

2-2
③ pH 측정기는 0~40℃의 측정범위를 지닌다.

정답 2-1 ③ 2-2 ③

---

7. 흡광광도법 분석

핵심이론 01 흡광광도법 분석준비

① 흡광광도법
  ㉠ 정의 : 빛이 시료 용액층을 통과할 때 발생하는 흡수, 산란 정도를 이용해 목적성분을 정량, 정성 분석하는 방법이다.
  ㉡ 200~900nm의 파장 영역에서 주로 사용되며 대표적인 환경오염물질 유해성분 분석장치이다.

② 분석원리
  ㉠ 비어-람베르트의 법칙 : 빛이 물질을 통과할 때 그 물질에 의해 흡수되는 빛의 양이 물질의 농도(C)와 두께(l)에 비례한다.
  ㉡ $A(흡광도) = \varepsilon C l = \log\left(\dfrac{1}{t}\right)$
  ㉢ $I_t = I_o \cdot 10^{-\varepsilon c l}$
    여기서, I_t : 투과광의 강도
    I_o : 입사광의 광도
    ε : 흡광계수
    C : 농도
    l : 광도의 길이(빛의 투과 거리)

10년간 자주 출제된 문제

빛이 물질을 통과할 때 그 물질에 의해 흡수되는 빛의 양이 물질의 농도(C)와 두께(l)에 비례한다는 법칙을 무엇이라 하는가?
① 헨리의 법칙
② 비어-람베르트의 법칙
③ 스토크스 법칙
④ 이상기체의 법칙

|해설|

흡광도 관련 법칙 암기법
• 비어는 농도에 비례(비농) → 비어의 법칙
• 람베르트는 두께에 비례(람두) → 람베르트법칙
• 농도와 두께 모두 비례 → 비어-람베르트의 법칙

정답 ②

| 핵심이론 02 | 흡광광도법 분석수행

① 흡광광도계 기기구성 : 광원부 - 파장선택부 - 시료부 - 측광부
  ㉠ 광원부 : 텅스텐램프, 중수소 방전관
  ㉡ 파장선택부 : 단색화장치, 필터
  ㉢ 시료부 : 측정대상 시료를 넣는 셀
  ㉣ 측광부 : 시료부를 통과한 빛을 측정하여 기록하는 부분

② 흡광광도계 분석항목의 특징
  ㉠ 암모니아성 질소
    - 암모늄염에 포함된 질소의 양으로 물의 오염도를 나타내는 시료
    - 유기체 질소가 분해되어 암모니아를 생성하고, 이후 아질산 및 최종적으로 질산으로 산화되어 안정화된다.
    - 인도페놀법을 사용하며, 암모늄 이온(NH_4^+)이 하이포염소산 이온(ClO^-)의 존재하에서 페놀과 반응해 생성되는 인도페놀(짙은 청색 화합물)의 청색을 630nm에서 측정하여 분석한다.
  ㉡ 총인
    - 하천, 호소 등의 부영양화를 나타내는 지표로서, 물에 포함된 인의 총량
    - 인구 밀도가 높은 지역의 하천, 호소에서 많이 발견된다.
    - 아스코르브산 환원법을 사용하여, 시료 중 유기 화합물을 산화 분해한 후, 몰리브데늄산암모늄과 반응시켜 생성된 몰리브데늄산암모늄을 아스코르브산으로 환원하여 흡광도를 측정함으로써 총인의 농도를 구한다.

10년간 자주 출제된 문제

분광광도계의 구성 가운데 단색화장치, 필터 등으로 구성되는 부분을 무엇이라 하는가?
① 광원부
② 파장선택부
③ 시료부
④ 측광부

|해설|

파장선택부는 단색화장치, 필터 등을 활용해 원하는 파장을 선택하여 측정할 수 있다.

정답 ②

8. 세균검사

핵심이론 01 | 일반세균(먹는물수질공정시험기준)

① 일반세균
  ㉠ 정의 : 저해요소가 없는 영양배지에서 일정 시간과 특정 온도에서 배양되어 생성된 세균과 진균을 광범위하게 가르킨다.
  ㉡ 수질검사 세균의 종류
    - 저온 일반세균(ES 05701.1e) : $-21\pm1.0℃$에서 72 ± 3시간 배양했을 때, R2A한천배지에 집락을 형성하는 모든 세균(예 곰팡이, 효모, 그람음성, 양성세균 등)
    - 중온 일반세균(ES 05702.1d) : $-35\pm0.5℃$에서 48 ± 2시간 배양했을 때, Plate count agar 또는 Tryptone dextrose extract agar에 집락을 형성하는 모든 세균(예 장티푸스, 황포, 살모넬라균, 그 외 통상 부패세균, 일부곰팡이, 효모 등)

핵심이론 02 | 시료채취 및 관리

① 시료용기 사용
  ㉠ 멸균된 시료용기를 사용하여 무균적으로 채취하고, 즉시 시험을 진행한다.
  ㉡ 수질 공정시험의 경우, 시료는 30시간 이내에 시험을 진행해야 인정되며, 이 시간 동안 시료는 빛이 차단된 4℃ 냉장 보관한다.

② 잔류염소 제거
  ㉠ 잔류염소를 함유한 시료를 채취할 때, 멸균한 시료채취용기에 멸균한 티오황산나트륨용액을 최종 농도 0.03%가 되도록 투여한다.
  ㉡ 티오황산나트륨용액은 잔류염소를 제거하는 역할을 하며, 수돗물에도 잔류염소가 존재하므로 이 절차가 필요하다.

③ 수도꼭지에서 시료 채취
  ㉠ 수도꼭지에서 시료를 채취할 경우, 수도꼭지를 2~3분간 틀어 물을 흘려보내 고여 있는 물을 제거한 후 시료를 채취해야 한다.
  ㉡ 수도꼭지에 연결된 부착물이 있으면 교차오염 방지를 위해 제거하고, 필요에 따라 수도꼭지 입구를 가스버너 등으로 화염멸균할 수 있다.

④ 제품수 시료 채취
  ㉠ 먹는샘물, 먹는해양심층수 및 먹는염지하수 제품수의 경우, 병의 마개가 열린 것은 시료로 사용할 수 없다.

10년간 자주 출제된 문제

먹는물수질공정시험기준에 의거한 일반세균 검사에 관련된 내용으로 옳지 않은 것은?

① 일반세균이란 광범위한 진균과 세균이라 할 수 있다.
② 멸균된 용기를 사용해 시료를 채취한다.
③ 티오황산나트륨을 사용해 잔류염소를 제거할 수 있다.
④ 중온 일반세균은 일반세균검사에 포함되지 않는다.

|해설|

세균검사 대상 : 저온일반세균과 중온일반세균

정답 ④

| 핵심이론 03 | 일반세균검사 진행방법

① 시료 채취 : 멸균된 용기에 시료를 무균적으로 채취
② 배양 : 시료를 배양 배지에 접종하여 35℃에서 48시간 동안 배양
③ 세균 집락 확인 : 배양 후 생긴 세균 집락의 수를 세어 일반세균수를 계산
④ 결과 분석 : 집락 수에 따라 수질의 세균 오염 정도를 평가

10년간 자주 출제된 문제

일반세균검사의 진행방법으로 옳지 않은 것은?
① 시료를 멸균된 용기에 무균적으로 채취한다.
② 시료를 배양 배지에 접종하여 20℃에서 48시간 동안 배양한다.
③ 배양 후 생긴 세균 집락의 수를 세어 일반세균수를 계산한다.
④ 집락 수에 따라 수질의 세균 오염 정도를 평가한다.

|해설|
배양 기준 온도는 35℃이며 48시간 동안 배양한다.

정답 ②

제3절 물리적 처리

1. 물리적 처리 원리

| 핵심이론 01 | 물리적 처리 원리 및 대상물질

① 물리적 처리 원리
  ㉠ 정의 : 물리적 힘이나 물리적 수단을 이용해 오염수를 처리하는 것으로 주로 수중 부유물질의 제거에 활용
  ㉡ 주요처리시설 : 스크린, 침사지, 분쇄조, 침전지, 여과지, 막분리 등
② 대상물질
  ㉠ 수중 불순물 : 토양의 침식, 유기물, 식물의 부패, 동물의 부패·배설물, 산업오폐수 등
    • 침전 가능 고형물 : 크기 0.01mm 이상으로 중력에 의해 제거 가능
    • 침전 불가능 고형물 : 크기 0.01mm 이하로 주로 콜로이드성을 띠며 박테리아, 미세점토 등을 사용해 처리
  ㉡ 콜로이드 입자 : 표면에 음전하를 띠고 전기적으로 불균형이 제타전위를 일으키는 입자성 물질로 서로 간의 정전기적 반발력이 발생하여 뭉쳐지지 않는다.
  ㉢ 용존물질 : 크기 10^{-9}m 이하의 유기, 무기물질로 주로 화학적 방법을 결합해 혼화, 응집, 침전시켜 제거
③ 물리적 처리시설의 종류
  스크린, 분쇄기, 침사시설, 유수분리시설, 유량조절시설, 혼합시설, 응집시설, 침전시설, 부상시설, 여과시설, 탈수시설, 건조시설, 증류시설, 농축시설

10년간 자주 출제된 문제

물리적 처리에 관한 설명으로 옳지 않은 것은?
① 물리적 힘이나 물리적 수단을 이용해 처리한다.
② 스크린, 침사지, 폭기조 등이 해당된다.
③ 동식물 부패, 산업폐수 등을 처리할 수 있다.
④ 주로 수중 부유물질 처리에 적합하다.

|해설|
폭기조는 생물학적 처리조이다.

정답 ②

2. 물리적 처리시설 및 유지관리

핵심이론 01 | 스크린(Screen)

① 원리 : 폐수 속의 거친 부유물질이나 협잡물을 제거하는 물리적 방법
② 유효간격에 따른 분류
 ㉠ 세스크린(Fine) : 12.5mm 이하
 ㉡ 중스크린(Medium) : 12.5~50mm
 ㉢ 조스크린(Coarse) : 50mm 이상
③ 그릿(Grit) : 자갈, 모래, 달걀껍질, 유리, 쇳조각 등 여러 가지 무기고형물의 혼합물
④ 운영조건
 ㉠ 대부분 침사지의 전방에 설치한다.
 ㉡ 사석의 퇴적방지를 위해 접근유속은 0.45m/s 이상으로 유지한다.
 ㉢ 일반적인 통과유속은 1m/s 이하를 유지한다.
 ㉣ 협잡물의 제거를 통해 처리부하율 감소 및 장치의 보호를 목적으로 설치한다.

10년간 자주 출제된 문제

1-1. 폐수처리 공정 중 예비처리인 스크리닝(Screening)에 관한 설명으로 옳지 않은 것은?

① 유입수 중의 부유협잡물을 제거하여 후속처리과정을 원활하게 할 목적으로 설치한다.
② 통과유속은 2m/s 이하로 한다.
③ 사석의 퇴적방지를 위해 스크린으로의 접근유속은 0.45m/s 이상이 되어야 한다.
④ 대부분 침사지 전방에 설치한다.

1-2. 폐수처리에 있어서 스크린(Screen) 조작으로 옳은 것은?

① 수로 흐름을 용이하게 하기 위해 큰 고형물(나무조각, 플라스틱 등)을 제거하는 조작이다.
② 화학적 플럭을 제거하는 조작이다.
③ 비교적 밀도가 크고, 입자의 크기가 작은 고형물을 제거하는 조작이다.
④ BOD와 관계가 있는 유기물인 가용성 물질을 제거하는 조작이다.

1-3. 모래, 자갈, 뼈조각 등과 같은 무기성의 부유물로 구성된 혼합물을 무엇이라 하는가?

① Screenings   ② Grit
③ Sludge   ④ Scum

|해설|

1-1
스크린의 통과 유속기준 : 1m/s 이하(표준유속 : 0.45m/s)

1-2
스크린은 폐수처리의 첫 단계로 폐수 중의 고형물(나무 조각, 플라스틱 등)을 제거하여 장치 시설의 고장을 예방하는 역할로 주로 사용된다.

1-3
그릿(Grit)은 자갈, 모래, 달걀껍질, 유리, 쇳조각 등 여러 가지 무기고형물들을 말한다.
① 스크린에 의해 거친 부유물질이나 협잡물을 제거하는 물리적 방법
③ 정수나 하수처리 시 액체로부터 분리되어 침전된 찌꺼기
④ 정화조의 상부에 떠오르는 부패성 유기화합물의 일종

정답 1-1 ② 1-2 ① 1-3 ②

핵심이론 02 | 침사지(Grit Chamber)

① 목적 : 폐수 내의 자갈, 모래, 기타 뼈나 금속 부속품 등의 무거운 입자를 제거
② 설치위치 : 가능한 한 취수구에 근접하여 설치

10년간 자주 출제된 문제

무기성 부유물질, 자갈, 모래, 뼈 등 토사류를 제거하여 기계장치 및 배관의 손상이나 막힘을 방지하는 시설로 가장 적합한 것은?

① 침전지
② 침사지
③ 조정조
④ 부상조

|해설|

침사지(Grit Chamber)의 설치 목적은 도수관로 내 토사유입방지, 침전지 내 토사유입방지를 통해 기계장치(펌프, 임펠러)의 보호에 있다.

정답 ②

핵심이론 03 | 침전지

① 침전의 형태
  ㉠ Ⅰ형 침전
   • 독립침전, Stokes 법칙이 적용되는 침전의 형태 (입자 간의 영향이 없다)
   • 주로 그릿과 모래 입자가 제거된다.
  ㉡ Ⅱ형 침전
   • 입자 간의 응집작용에 의해 일어나는 침전
   • 응집작용에 의해 질량이 커지며 침전속도가 가속
   • 약품침전조에서 화학적인 플럭이 제거된다.
  ㉢ Ⅲ형 침전
   • 입자 간에 작용하는 힘에 의해 침전을 방해하는 중간 농도의 부유액이 침전하는 형태
   • 지역침전, 방해침전, 간섭침전이라 부른다.
   • 2차 침전지의 고형물을 제거한다.
  ㉣ Ⅳ형 침전(압축침전)
   • 입자들의 압축에 의해 생겨나는 고농도의 부유액에서 발생하는 침전으로 구조물에 연속적으로 가해지는 입자들의 무게 때문에 발생한다.
   • 2차 침전지의 하부 고형물을 제거한다.
② 정류판(Baffle) : 유속의 감소와 유량의 분산을 유도하여 흐름을 양호하게 하기 위하여 설치한다.
③ 표면부하율 : 침사지에서 100% 제거되는 입자군의 침강속도

$$V_o = \frac{Q}{A}$$

여기서, V_o : 침전지의 표면적부하
Q : 유량
A : 침전지의 수평단면적(표면적)

④ Stokes 법칙

$$V_s = \frac{d^2(\rho_s - \rho)g}{18\mu}$$

여기서, g : 중력가속도 ρ_s : 입자의 밀도
ρ : 액체의 밀도 d : 입자의 직경
μ : 액체의 점도

⑤ 수리학적 체류시간(HRT)

$$t = \frac{V}{Q}$$

⑥ 침전지의 월류속도

$$\frac{Q}{\pi \frac{D^2}{4}}$$

⑦ SS의 제거효율(%)

$$\frac{유입수SS - 유출수SS}{유입수SS} \times 100$$

10년간 자주 출제된 문제

3-1. 입자의 농도가 큰 경우의 침전으로 입자들이 서로 방해함으로써 독립적으로 침전하지 못하고 침전물과 액체 사이에 경계면을 이루면서 진행되는 침전 형태로서 방해침전이라고도 하는 것은?
① 독립침전 ② 응집침전
③ 지역침전 ④ 압축침전

3-2. 물속에 함유된 모래를 제거할 때에는 어느 방법이 가장 적당한가?
① 흡착법 ② 스크린법
③ 침전법 ④ 염소주입법

3-3. 일반침전지에서 부유물질의 침전속도가 감소되는 경우는?
① 폐수의 점도가 클 경우
② 부유물질의 입자가 클 경우
③ 부유물질의 입자밀도가 클 경우
④ 폐수의 밀도와 부유물질의 밀도차가 클 경우

3-4. 침전지 유입부의 정류판(Baffle)의 기능은 무엇인가?
① 바람을 막아 표면난류 방지
② 침전지 내 적정수위 유지
③ 침전지 유입수의 균일한 분배, 분포
④ 침전슬러지의 재부상 방지

3-5. 침전지에서 입자가 100% 제거되기 위해서 요구되는 침전속도는?
① 표면부하율 ② 침강속도
③ 침전효율 ④ 유입속도

10년간 자주 출제된 문제

3-6. 물속에서 침강하고 있는 입자에 스토크스(Stokes)의 법칙이 적용된다면 입자의 침강속도에 가장 큰 영향을 주는 변화인자는?

① 입자의 밀도 ② 물의 밀도
③ 물의 점도 ④ 입자의 직경

3-7. 침전지에서 지름이 0.1mm이고 비중이 2.65인 모래입자가 침전하는 경우에 침전속도는?(단, Stokes 법칙을 적용, 물의 점도 : 0.01g/cm · s)

① 0.625cm/s ② 0.726cm/s
③ 0.792cm/s ④ 0.898cm/s

3-8. 1차 침전지의 깊이가 4m, 표면적 $1m^2$에 대해 $30m^3/d$으로 폐수가 유입된다. 이때의 체류시간은?

① 2.3시간 ② 3.2시간
③ 5.5시간 ④ 6.1시간

3-9. 폭 10m, 길이 30m, 높이 3m인 장방형 침전지에 $0.05 m^3/s$의 유량이 유입될 때 체류시간(h)은?

① 3 ② 4
③ 5 ④ 6

3-10. 유입하수량이 $2,000m^3/d$이고 침전지의 용적이 $250m^3$일 때 이 침전지의 체류시간은?

① 3시간 ② 4시간
③ 6시간 ④ 8시간

3-11. 폐수처리장의 최종침전지의 직경이 24m이고 유입평균유량이 $1.9 \times 10^4 m^3/d$일 때 침전지의 월류속도는?

① $45.02m^3/m^2 \cdot d$ ② $42.02m^3/m^2 \cdot d$
③ $33.60m^3/m^2 \cdot d$ ④ $26.27m^3/m^2 \cdot d$

3-12. 폐수의 유량 $20,000m^3/d$, 부유물질의 농도가 150mg/L이고, 이 중 하천바닥에 침전하는 것이 30%이면, 그 침전양은 얼마인가?

① 900kg/d ② 950kg/d
③ 1,000kg/d ④ 1,050kg/d

3-13. $1,000m^3/d$의 하수를 처리하는 침전지의 유입하수의 SS농도가 400mg/L, 유출하수의 SS농도가 200mg/L이라면 이 침전지의 SS제거율은?

① 3% ② 25%
③ 50% ④ 70%

|해설|

3-1

③ Ⅲ형 침전(지역침전) : 슬러지의 방해를 받아 침강속도가 증가하는 형태(방해침전)
① Ⅰ형 침전(독립침전) : 이웃 입자에 영향을 받지 않고 등속침전하는 형태
② Ⅱ형 침전(응집침전) : 침강하는 입자들이 서로 플럭을 형성하여 침강속도가 증가하는 형태
④ Ⅳ형 침전(압축침전) : 무게에 의해 압축되어 수분이 토출되는 형태

3-2

침전법은 중력을 이용하여 고형물질을 제거하는 것으로서 가장 많이 이용하고 있는 방법이다.

3-3

침전속도는 폐수의 점도와 반비례하므로 폐수의 점도가 클 경우 침전속도가 감소된다.

3-4

정류판(Baffle)의 설치 목적은 유속의 감소와 유량의 분산을 유도하여 흐름을 양호하게 하기 위함이다.

3-5

표면부하율은 침전지 등에서 물의 통과속도를 나타내는 단위로 표면적부하, 수면적부하, 수면부하율이라고도 한다.

3-6

침강속도는 입자 직경의 제곱에 비례한다.

종말침강속도 $V_g = \dfrac{d^2(\rho_s - \rho)g}{18\mu}$

여기서, d : 입자의 직경
g : 중력가속도
$\rho_s - \rho$: 먼지와 가스의 비중차
μ : 공기의 점도

3-7
Stokes의 법칙

$$V_s = \frac{d^2(\rho_s - \rho_w)g}{18\mu}$$

여기서, V_s : 침강속도(cm/s)
　　　　d : 입자의 직경(cm)
　　　　ρ_s : 입자의 비중(g/cm³)
　　　　ρ_w : 물의 비중(g/cm³)
　　　　g : 중력가속도(980cm/s²)
　　　　μ : 점성도(g/cm·s)

$$\therefore V_s = \frac{(0.01)^2 \times (2.65-1.0) \times 980}{18 \times 0.01} = 0.898 \, cm/s$$

3-8
$$t = \frac{V}{Q}$$

여기서, t : 시간
　　　　V : 부피
　　　　Q : 유량

$$\therefore t = \frac{4m \times 1m^2 \times 24h/d}{30m^3/d} = 3.2h$$

3-9
$$t = \frac{V}{Q} = \frac{10 \times 30 \times 3m^3}{0.05m^3/s \times 60 \times 60s/h} = 5시간$$

3-10
$$t = \frac{V}{Q} = \frac{250m^3 \times 24h/d}{2,000m^3/d} = 3시간$$

3-11
$$월류속도 = \frac{Q}{\pi \frac{D^2}{4}} = \frac{1.9 \times 10^4 m^3/d}{3.14 \times \frac{24^2}{4}} = 42.02 m^3/m^2 \cdot d$$

3-12
부유물질의 농도 150mg/L = 150g/m³ = 0.15kg/m³
∴ 침전량 = 20,000m³/d × 0.15kg/m³ × 0.3 = 900kg/d

3-13
침전지의 SS제거율

$$= \frac{유입하수의\ SS농도 - 유출하수의\ SS농도}{유입하수의\ SS농도} \times 100$$

$$= \frac{400-200}{400} \times 100 = 50\%$$

정답 3-1 ③ 3-2 ④ 3-3 ① 3-4 ② 3-5 ① 3-6 ② 3-7 ④
　　　 3-8 ② 3-9 ④ 3-10 ① 3-11 ② 3-12 ① 3-13 ③

핵심이론 04 | 여과지(KDS 57 00 00 상수도 정수시설 설계기준)

상수처리공정에서 물을 여과시키기 위한 목적으로 바닥에 입자가 고운 모래를 깔아놓은 저수지 형태를 지닌 구조물로 여과속도에 따라 급속여과지와 완속여과지로 나뉜다.

① 급속여과지
　㉠ 원수 중의 현탁물질을 약품으로 응집시킨 다음 입상여과층에서 비교적 빠른 속도로 물을 통과시켜 여재에 부착시키거나, 여과층에서 체거름작용으로 탁질을 제거한다.
　㉡ 1지의 여과면적은 150m² 이하로 한다.
　㉢ 형상은 직사각형을 표준으로 한다.
　㉣ 여과속도는 120~150m/d를 표준으로 한다.
　㉤ 주기적인 역세척을 통해 장치의 효율을 유지할 수 있다.
　㉥ 모래의 균등계수는 1.7 이하이다.

$$균등계수 = \frac{D_{60}}{D_{10}}$$

② 완속여과지
　㉠ 모래층과 모래층 표면에 증식하는 미생물군에 의하여 수중의 부유물질이나 용해성 물질 등 불순물을 포착하여 산화하고 분해하는 방법이다.
　㉡ 여과속도는 4~5m/d 정도이다.
　㉢ 세균 제거율(98~99.5%)이 탁월하다.
　㉣ 약품의 소요가 불필요하며, 유지관리비가 저렴하다.
　㉤ 모래의 균등계수는 2.0 이하이다.
　㉥ 여과지의 면적이 넓고, 건설비가 많이 든다.

③ 여과지의 운영상 문제점
　㉠ 진흙 덩어리(Mud Ball)의 축적
　㉡ 여과지의 수축
　㉢ 공기 결합(Air Binding)

10년간 자주 출제된 문제

4-1. 다음 중 급속여과지에 여과 시 손실수두에 영향을 미치는 영향인자가 아닌 것은?

① 여과속도 ② 여과면적
③ 모래층 두께 ④ 모래입자의 크기

4-2. 완속여과의 특징을 나타낸 것이다. 이 중 잘못된 것은?

① 손실수두가 비교적 적다.
② 유지관리비가 적다.
③ 시공비가 적고 부지가 좁다.
④ 처리수의 수질이 양호하다.

4-3. 상수처리를 위한 완속식 여과공법에서의 적당한 여과속도는?

① 5m/d ② 15m/d
③ 50m/d ④ 150m/d

4-4. 여과사의 체분석 결과 다음 그림과 같은 도표를 얻었다. 이 여과사의 균등계수는 얼마인가?

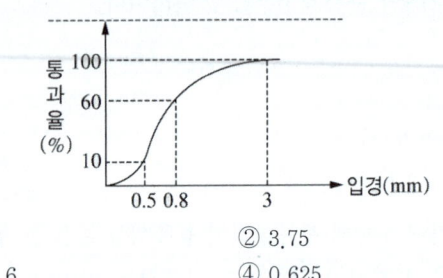

① 6 ② 3.75
③ 1.6 ④ 0.625

4-5. 고도 폐수처리에서 여과작용에 영향을 미치는 변수로 가장 적절한 것은?

① 플럭(Floc)의 강도와 부유물의 중량
② 플럭(Floc)의 경도와 부유물의 농도
③ 플럭(Floc)의 강도와 부유물의 농도
④ 플럭(Floc)의 경도와 부유물의 중량

|해설|

4-1
급속여과지의 손실수두에 영향을 미치는 인자는 모래입자의 크기, 모래층 두께, 여과속도, 점성도, 수온 등이다.

4-2
완속여과는 여과속도가 느리기 때문에 큰 부지면적이 필요하며, 시공비도 많이 든다.

4-3
완속 여과방식의 여과속도는 4~5m/d이고, 급속 여과방식의 여과속도는 120~150m/d이다.

4-4
균등계수 = $\dfrac{D_{60}}{D_{10}} = \dfrac{0.8}{0.5} = 1.6$

4-5
플럭의 강도가 강할수록, 부유물의 농도가 높을수록 여과반응이 잘 형성된다.

정답 4-1 ② 4-2 ③ 4-3 ① 4-4 ③ 4-5 ③

핵심이론 05 | 응집(Coagulation, 혼화)

① 정의 : 미세한 콜로이드성 부유물질(0.1~1μm)을 용해 및 이온 형태를 띠는 고형입자의 처리를 위해, 응집제를 이용해 서로 응집시켜 침강성을 높여주는 공정

② 레이놀즈수

$$Re = \frac{\rho v_s L}{\mu} = \frac{v_s L}{\nu}$$

여기서, ρ : 유체의 밀도
v_s : 평균속도(= 침강속도)
μ : 점성계수
ν : 동점성 계수
L : 특성길이(= 입자의 직경)

10년간 자주 출제된 문제

5-1. 가로, 세로의 크기가 1.8m×2.4m이고 유효깊이 0.5m인 약품혼화조가 6분 만에 채워지도록 설계되어 있다고 하면 본 약품혼화조로 유입되는 폐수의 유량은?

① 6L/s ② 8L/s
③ 12L/s ④ 4L/s

5-2. 다음 중 유체의 흐름을 판별하는 레이놀즈수를 나타낸 식은?

① 점성력/관성력 ② 관성력/점성력
③ 탄성력/마찰력 ④ 마찰력/탄성력

|해설|

5-1

$t = \frac{V}{Q}$

$\therefore V = \frac{1.8 \times 2.4 \times 0.5}{6 \times 60} = 0.006 \text{m}^3/\text{s} = 6\text{L/s}$

5-2

Reynolds수는 '점성력에 대한 관성력의 비'를 나타내는 무차원수이다.

$Re = \rho VD/\mu$

여기서, ρ : 유체의 밀도(kg/m³)
V : 평균속도(m/s)
D : 관직경(m)
μ : 점성계수(kg/m·s)

정답 5-1 ① 5-2 ②

핵심이론 06 | 부상(Flotation)

① 정의 : 미세기포를 부착시켜 부력에 의하여 부상분리시키는 방법

② 대상 : 기름, 미세부유물질 등 저비중의 물질

③ 종류 : 공기부상법, 용존공기부상법(가장 많이 사용됨), 진공부상법, 전해부상법

핵심이론 07 | 막분리(Membrane Separation)

① 정의 : 막을 여재로 하여 물을 통과시켜 수중 오염물질이나 불순물을 여과하는 방법

② 대상 : 일반적으로 입자가 매우 작은 미립상태의 부유물질, 미생물, 난분해성 유기화합물, 미생물 등이 해당됨

③ 여과막의 종류 : 정밀여과(MF), 한외여과(UF), 나노여과(NF), 역삼투(RO)

10년간 자주 출제된 문제

7-1. 미세기포를 부착시켜 부력에 의하여 부상분리시키는 방법을 무엇이라 하는가?

① 부상처리 ② 막분리
③ 응집처리 ④ 응결

7-2. 여과막의 종류에 해당하지 않는 것은?

① 정밀여과 ② 한외여과
③ 역삼투 ④ 밀리여과

|해설|

7-1

여과막의 종류 : 정밀여과(MF), 한외여과(UF), 나노여과(NF), 역삼투(RO)

정답 7-1 ① 7-2 ④

제4절 화학적 처리

1. 화학적 처리 원리

핵심이론 01 화학적 처리 원리 및 특징

① 화학적 처리원리
  ㉠ 정의 : 화학약품과 반응의 원리를 활용하여 오염물질의 양을 줄이거나 제거시키는 것
  ㉡ 주요처리기술 : 산화, 환원공정, 다양한 전처리 공정, 생물학적으로 처리 어려운 물질 제거 공정 등
  ㉢ 특징
   - 처리시간이 짧다.
   - 물리적 처리에 비해 넓은 장소가 필요 없다.
   - 독성물질 제거를 위해 고도의 조작기술이 필요하다.
   - 비용이 비싸다.

② 기본원리
  ㉠ 산화와 환원 : 물질이 산화, 환원되면 성질이 변하는 것을 이용해 처리하는 방법

	산소	산화수	수소	전자
산화	얻는다	증가	잃는다	잃는다
환원	잃는다	감소	얻는다	얻는다

  ※ 암기법 : 산화는 (산)으로 시작되는 것이 증가, 나머지는 다 반대로 암기
  ※ 펜톤산화반응 : 침출수 내 난분해성 유기물과 오존반응을 활용한 방법으로 과산화수소 + 철의 시약 구성을 지님

  ㉡ 산과 염기
   중화적정식 : $NV = N'V'$
   여기서, N : 산의 규정농도
   V : 산의 부피
   N' : 염기의 규정농도
   V' : 염기농도

[산과 염기의 정의]

구분	산	염기
아레니우스 (Arrhenius)	수용액에서 이온화되어 수소이온(H^+)을 발생시키는 물질	수용액에서 이온화되어 수산화이온(OH^-)을 발생시키는 물질
브뢴스테드-로우리(Brønsted-Lowry)r	양성자(H^+)를 내놓는 물질	양성자를 수용하는 물질
루이스 (Lewis)	비공유 전자쌍을 받는 물질	비공유 전자쌍을 내놓는 물질

  ㉢ 응집과 응결
   - 응집(Coagulation) : 입자의 크기가 작아 침전이 어려운 콜로이드성 부유물질을 응집제와 결합시켜 침강성을 증대시켜 쉽게 가라앉혀 제거할 수 있게 만드는 과정
     - 제타전위 : 전해질 용액 중의 작은 입자의 외측에 형성된 전기 층간의 전위차를 의미하며, 값이 클수록 응집이 어려워진다.
   - 응결(Flocculation) : 응집된 작은 입자를 더 크게 만드는 과정
   - Jar test(응집교반시험)
     - 응집제의 사용량 중 최대의 양호한 플럭(Floc) 형성이 가능한 적정 주입량을 시험하는 장치로 응집제는 주로 황산알루미늄이 사용
     - 응집에 영향을 미치는 인자 : 수온, pH, 알칼리도, 교반조건, 응집제 첨가량
     - 응집조에 명반을 투입 후 완속교반해야 와류형성이 방지되어 플럭형성이 활성화된다.
   - 6가 크로뮴(Cr^{6+})처리법

Cr^{6+} → Cr^{3+} → $Cr(OH)↓$
(황색) 환원   (청록색) 중화(NaOH 주입)   침전

환원 → 중화 → 침전

[응집제 종류별 특징]

항목	특징
황산알루미늄 [$Al_2(SO_4)_3 \cdot nH_2O$]	• 가격이 저렴하다. • 모든 현탁물질에 유효하다. • 독성이 없고 대량 주입 가능하다. • 결정은 부식성이 없어 취급이 용이하다. • 철염에 비해 플럭이 가볍고 알칼리도가 필요, 적정하다. • 적정 응집 pH 폭이 좁다.
폴리염화 알루미늄 (PAC)	• 응집 및 플럭 형성이 빠르다. • pH, 알칼리도 저하가 황산알루미늄의 1/2 이하이다. • 탁질 제거 효과가 우수하다. • 저온수에서도 응집 효과가 우수하다.
철염	• 염화제2철이 주로 사용된다. • 형성플럭이 무겁고 침강이 빠르며 부식성이 강하다. • pH 7 이상에서 금속염 제거 가능하다. • 황산제2철은 응집효율이 높고 가격이 비싸며, 철염은 침전물에 잔류한다.

ⓒ 흡착 : 응집, 물리화학적 처리 등에 의해 제거되지 않는 극히 미세하고 생물·화학적으로 안정된 유기물이 낮은 농도로 존재할 때, 냄새, 맛, 잔류 농약 등 극미량의 유해성분을 제거할 때 흡착처리한다.

• 흡착제 조건
  - 단위 무게당 흡착 능력이 우수할 것
  - 물에 용해되지 않고 내알칼리, 내산성일 것
  - 재생이 가능할 것
  - 다공질이며, 입경(부피)에 대한 비표면적이 클 것
  - 자체로부터 수중에 유독성 물질을 발생시키지 않을 것
  - 입도 분포가 균일하며, 구입이 용이하고 가격이 저렴할 것

[물리적 흡착과 화학적 흡착 비교]

물리적 흡착	화학적 흡착
가역이며 재생이 용이하다.	비가역이며 재생이 어렵다.
발열반응이다.	흡열반응이다.
다분자 흡착이다.	단분자 흡착이다.
반데르발스 힘이 작용한다.	흡착제와 용질 간의 화학반응이다.

ⓒ 킬레이트화
• 특정 금속이온과 대상물질이 결합하여 안정된 물질을 형성하는 원리를 이용하는 방법
• 금속이온의 제거, 특정 화합물과의 반응성을 줄여주기 위해 사용

ⓑ 염소처리 살균
• 특 징

장점	• 가격이 저렴하며, 조작이 간단하고 살균력이 강하다. • 살균 이외에도 산화제로 이용되며 소독효과가 우수하다. • 수중에서 유리 잔류 염소와 결합 잔류 염소 형태로 존재하며, 소독의 잔류효과가 우수하다. • 대량의 수처리 적용이 용이하며 지속적 살균이 가능하다.
단점	• 염소살균은 발암물질인 트라이할로메탄(THM)을 생성시킬 가능성이 있다. • 물속에 페놀류가 있을 시 염소와 페놀이 반응하여 클로로페놀을 형성, 강한 악취를 발생한다.

• 반응 : 염소를 물에 투입하면 화학반응이 일어나, 이 반응결과 생성된 차아염소산(HOCl)과 차아염소산이온(OCl^-) 물질이 살균작용을 하게 된다. 살균력은 HOCl이 OCl^- 보다 80배 이상 강하다. pH가 낮을수록 차아염소산(HOCl)의 생성 비율이 높다.
  - 잔류염소(Residual Chlorine) : 유리잔류염소 + 결합잔류염소
  - 결합잔류염소(Combined Residual Chlorine)의 생성과정
  - 염소요구량 : 주입염소량 − 잔류염소량
  - 염소주입량 : 염소요구량 + 잔류염소량
  - 파괴점 : 분기점(Breakpoint)이라고도 하며 잔류염소량이 최저가 되는 지점이다.

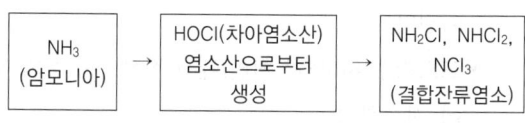

[파괴점 염소주입 관련 주요 화학식명]

한글명		화학식	결합력세기
암모니아		NH_3	–
유리잔류염소	차아염소산	$HOCl$	1
	차아염소산이온	OCl^-	2
클로라민 (결합잔류염소)	모노클로라민	NH_2Cl	3
	다이클로라민	$NHCl_2$	
	트리클로라민	NCl_3	

ⓢ 기타 살균방법

방법	원리		특징
자외선	식수로 사용하고자 하는 물을 254nm 파장의 자외선(UV) 램프를 사용하여 광화학 반응을 통해 수중의 박테리아, 바이러스, 곰팡이, 사상균, 대장균 등을 사멸	장점	• Virus, 원생동물의 소독에 효과적이다. • 소독부산물 생성이 없다. • 높은 안정성, 적은 요구공간 • 비용이 저렴 • 잔류성이 없다. • pH의 영향을 받지 않으며 지속적인 소독이 가능하다.
		단점	• 탁도 또는 부유물질이 효과를 저해한다. • 소독효과에 대한 즉시 측정이 어렵다.
오존 처리	오존(O_3)의 강한 산화력을 이용하여 물속의 세균, 바이러스, 그리고 유기물질의 세포벽이나 핵산을 파괴하는 것	장점	• 선진국에서는 많이 사용 • 난분해성 물질의 처리에도 사용이 가능하다. • 살균력이 가장 우수하고 염소보다 소독부산물 발생이 적다.
		단점	• 브로메이트(BrO_3^-) 등 소독부산물이 발생한다. • 염소에 비해 잔류성이 없으므로 최종살균에 이용되지는 않는다. • 전기를 이용해 오존을 생성해야 하므로 시설비, 관리비 등이 많이 소요된다.

ⓞ 이온교환
- 특정 이온을 다른 이온으로 교체하여 물속의 불순물을 제거하는 과정으로 이온교환를 통해 이루어진다.
- 고도정수처리(3차 처리)에서 질산성 질소의 제거에 적용한다.

ⓩ 전기투석법
- 양이온을 선택적으로 투과시키는 양이온교환막과 음이온을 선택적으로 투과시키는 음이온교환막을 조합하여 전기적 에너지에 의한 무기이온을 제거하는 공정
- 고도정수처리, 염수의 탈염, 브로민이온 제거, 질산성 질소 제거, 해수의 담수화 사용

10년간 자주 출제된 문제

1-1. 환원에 관한 설명으로 옳은 것은?
① 산소를 잃는다. ② 산화수는 증가한다.
③ 수소를 잃는다. ④ 전자를 잃는다.

1-2. 산과 염기의 정의 가운데 양성자(H^+)를 내놓는 물질로 규정한 것은?
① 아레니우스 정의 ② 브뢴스테드 로우리 정의
③ 루이스 정의 ④ 헨리의 정의

1-3. 펜톤의 산화반응이란 어떤 반응인가?
① 황화수소의 난분해성 유기물질 산화
② 오존의 난분해성 유기물질 산화
③ 과산화수소의 난분해성 유기물질 산화
④ 아질산의 난분해성 유기물질 산화

1-4. $Ca(OH)_2$ 100mL를 중화하는 데 염산(HCl) 0.02N 용액 60mL가 소비되었다. $Ca(OH)_2$ 용액의 농도는 몇 N인가?
① 0.012N ② 0.024N
③ 0.048N ④ 0.096N

1-5. 응집에 영향을 미치는 인자가 아닌 것은?
① 수 온 ② pH
③ 알칼리도 ④ 미생물 농도

1-6. 응집제 가운데 형성 플럭이 무겁고 침강이 빠르며 부식성이 강하며 pH 7 이상에서 금속염 제거 가능한 물질은?
① 철 염
② 탄산칼슘
③ 황산알루미늄
④ 폴리염화알루미늄

10년간 자주 출제된 문제

1-7. 명반을 폐수의 응집조에 주입 후 완속교반을 행하는 주된 목적은?

① Floc의 입자를 크게 증가시키기 위하여
② Floc과 공기를 잘 접촉시키기 위하여
③ 명반을 원수에 용해시키기 위하여
④ 생성된 Floc의 수를 증가시키기 위하여

1-8. Cr^{6+} 함유 폐수 처리법으로 가장 적합한 것은?

① 환원 → 침전 → 중화
② 환원 → 중화 → 침전
③ 중화 → 침전 → 환원
④ 중화 → 환원 → 침전

1-9. 물리적 흡착에 대한 내용으로 옳은 것은?

① 가역적이다.
② 흡열반응이다.
③ 단분자 흡착이다.
④ 흡착제의 재생이 어렵다.

1-10. 선박의 식수 소독과 가장 관계가 깊은 것은?

① 염 소
② 오 존
③ 자외선
④ 이산화염소

1-11. 상수처리에 사용되는 오존살균에 관한 다음 설명 중 옳지 않은 것은?

① 저장이 어려우므로 오존발생기를 이용하여 현장에서 생산한다.
② 오존은 HOCl보다 더 강력한 산화제이다.
③ 상수의 최종살균을 위해 가장 권장되는 방법이다.
④ 수용액의 오존은 매우 불안정하여 20℃의 증류수에서의 반감기는 20~30분 정도이다.

1-12. 다음 폐수처리법 중 고액분리 방법이 아닌 것은?

① 전기투석법
② 부상분리법
③ 스크리닝
④ 원심분리법

|해설|

1-1

	산 소	산화수	수 소	전 자
산 화	얻는다	증 가	잃는다	잃는다
환 원	잃는다	감 소	얻는다	얻는다

1-2

브뢴스테드 로우리의 정의에 의하면 산은 양성자를 내놓고, 염기는 양성자를 수용한다.

1-3

펜톤산화반응은 과산화수소와 2가 철이온의 반응을 통해 난분해성 유기물을 산화시키는 반응이다.

1-4

$NV = N'V'$

$0.02N \times 60mL = N' \times 100mL$

$N' = \dfrac{0.02 \times 60}{100} = 0.012N$

1-5

응집에 영향을 미치는 인자 : 수온, pH, 알칼리도, 교반조건, 응집제 첨가량

1-6

응집제 가운데 철염이 형성된 플럭이 가장 무겁고 효과적이지만 가격이 비싼 단점이 있다.

1-7

너무 빨리 교반할 경우 와류가 형성되어 플럭형성에 방해가 될 수 있으므로 가급적이면 완속교반을 시키는 것이 중요하다.

1-8

6가크로뮴 처리는 환원 → 중화 → 침전 후 제거 순으로 진행한다.

1-9

물리적 흡착은 가역적이며 흡착제의 재생이 용이하다.

1-10

자외선 소독

식수로 사용하고자 하는 물을 254nm 파장의 자외선(UV) 램프를 사용하여 광화학 반응을 통해 수중의 박테리아, 바이러스, 곰팡이, 사상균, 대장균 등을 사멸시킨다. 물속에 잔류물이나 부산물을 남기지 않아 안전하다.

1-11

오존살균은 전기로 산소를 발생시켜 오존을 생성해야 하므로 유지비 및 초기 투자비가 염소살균보다 비싸서 상수처리 공정에 많이 사용되지 않는다.

③ 정수나 하수처리에서 가장 많이 이용되는 살균제는 염소이다.

1-12

전기투석법

염수의 탈염, 브로민이온의 제거, 질산성 질소 제거, 해수의 담수화 공정 등에 적용된다.

정답 1-1 ① 1-2 ② 1-3 ③ 1-4 ④ 1-5 ④ 1-6 ① 1-7 ① 1-8 ②
1-9 ① 1-10 ③ 1-11 ③ 1-12 ①

2. 화학적 처리의 종류 및 유지관리

핵심이론 01 | 화학적 처리의 종류

① 화학적 침강시설
② 중화시설
③ 흡착시설
④ 살균시설
⑤ 이온교환시설
⑥ 소각시설
⑦ 산화시설
⑧ 환원시설
⑨ 침전물 개량시설

10년간 자주 출제된 문제

수질오염방지시설 중 화학적 처리시설에 해당하는 것은?
① 환원시설
② 폭기시설
③ 응집시설
④ 유수분리시설

|해설|
폭기시설 → 생물화학적 처리시설
응집시설, 유수분리시설 → 물리적 처리시설

정답 ①

핵심이론 02 | 화학적 처리시설의 유지관리

① 일반적인 유의사항
  ㉠ 시약 취급 시 항상 주의한다.
  ㉡ pH 조정제 및 응집제의 종류별 취급 시 항상 유의사항을 파악한다.
  ㉢ 약품 주입방식에 따른 약품 저장 및 주입방식을 숙지한다.
  ㉣ 약품 저장 설비 및 주입설비의 체크를 주기적으로 하며, 이상발생 시 신속하게 대처한다.

② pH 조정제 및 응집제 취급
  ㉠ 진한황산은 물과 발열반응이 발생하므로 사용목적에 따라 묽은 농도의 황산을 사용한다.
  ㉡ 고형 황산알루미늄은 중량비 5~10% 용액으로 사용한다.
  ㉢ 액체 황산알루미늄은 원액을 그대로 사용할 때가 많지만, 결정 석출의 우려가 있을 때에는 산화알루미늄으로 6~8% 정도의 일정한 농도로 희석하여 사용한다.

③ 염소제 취급
  ㉠ 염소가스는 공기보다 무겁고 자극성 냄새를 가진 가스로, 독성이 강하므로 취급 시 주의가 필요하다.
  ㉡ 차아염소산 나트륨은 액화 염소에 비해 안전하고 취급이 용이하며 법적 규제가 없다는 장점이 있다. 그러나 용액에서 발생하는 산소 기포가 배관 내에 쌓여 물의 흐름을 방해할 수 있으므로, 이러한 점을 충분히 고려해야 한다. 차아염소산 칼슘은 화재 시 고온노출될 경우 폭발하거나 분해하여 염소가스 방출하기 때문에 주의를 요한다.

10년간 자주 출제된 문제

화학적 처리 약품의 사용 시 주의점에 해당하지 않는 것은?

① 시약 취급 시 항상 주의한다.
② 진한 황산은 물과 반응의 우려가 있으므로 묽은 농도의 황산을 사용한다.
③ 연소가스는 강한 독성이 있으므로 항상 주의를 요한다.
④ 차아염소산 나트륨은 법적 규제가 강하므로 사용 시 주의해야 한다.

|해설|
차아염소산 나트륨은 액화 염소에 비해 안전하고 취급이 용이하며 법적 규제가 없다는 장점이 있다.

정답 ④

제5절 생물학적 처리

1. 생물학적 처리의 원리

핵심이론 01 | 생물학적 처리의 개요

① 처리 원리 : 폐수가 포함한 유기물을 다양한 미생물(조류, 박테리아 등)을 통해 제거하는 방법이다.
② 도시하수와 고농도의 유기물 함유 폐수 공정에 가장 폭넓은 범위로 사용되며, 미생물의 생장조건을 충족시킬 경우 가장 경제적인 처리법이 될 수 있다.

10년간 자주 출제된 문제

폐수가 포함된 유기물을 조류, 박테리아 등의 미생물을 활용해 제거하는 방법은?

① 생물학적 처리
② 화학적 처리
③ 물리적 처리
④ 고도처리

|해설|
생물학적 처리에 대한 설명이다.

정답 ①

핵심이론 02 | 폐수처리 미생물

① 정의 : 미생물이란 일반적으로 육안으로 식별되지 않는 1.0mm 이하 크기의 생물을 총칭하며, 소수의 후생동물과 원생동물, 조류, 균류, 세균, 바이러스 등이 포함된다.
  ㉠ 호기성 미생물 : 산소를 이용해 대사작용을 하는 미생물(최종산물 → $H_2O + CO_2$)
  ㉡ 혐기성 미생물 : 저산소 또는 무산소 상태를 선호하는 미생물(최종산물 → $CH_4 + CO_2$)

② 원생생물의 분류
  ㉠ 원핵미생물(핵막이 없음) : 세균(Bacteria), 남조류
  ㉡ 진핵미생물(핵막이 있음) : 균류(Fungi), 녹조류, 원생동물(Protozoa)

③ 조류(Algae, 식물성 플랑크톤)
  ㉠ 광합성을 하는 무기영양계의 원생생물로서 단세포 또는 다세포로 구성된다.
  ㉡ 남조류는 섬유상, 군락상의 단세포로 구성되며, 수온이 높은 늦여름에 특히 많이 발생된다.
  ㉢ 녹조류는 클로로필 a, b를 가지고 있다.
  ㉣ 조류는 광합성과정에서 CO_2를 소비하고 O_2를 생성하므로 주간에는 물의 pH와 알칼리도를 높이고 용존산소를 과포화하게 하는 원인이 된다.
  ㉤ 과도한 조류의 성장은 수질오염에 영향을 끼치며 맛, 색, 냄새유발 등의 문제를 유발한다.

④ 세균(Bacteria)
  ㉠ 가장 간단한 원생생물로서 용해된 유기물을 섭취한다.
  ㉡ 막대기모양, 공모양, 나선모양 등이 있다.
  ㉢ 일반적인 화학조성식은 $C_5H_7O_2N$으로 나타낼 수 있다.
  ㉣ 수분 80%, 고형물 20%로 구성되어 있다.
  ㉤ 생물학적 수처리의 주체로 사용되며 미생물의 효율적 증식이 수처리의 효율을 결정한다.
  ㉥ 호기성 미생물과 혐기성 미생물로 나뉘어 수중 오염물질을 제거한다.

⑤ 균류(Fungi)
  ㉠ 다핵의 진핵세포로 구성되어 있다.
  ㉡ 용해된 유기물질을 흡수하면서 성장 또는 번식한다.
  ㉢ 다세포의 비광합성 종속영양성 원생생물 대부분은 절대 호기성의 사상성(Filamentous) 미생물이다.
  ㉣ 광합성을 하지 못하며 토양의 유기물을 섭취한다.
  ㉤ pH 2~5 범위에서 주로 성장하며 침전이 어려워 슬러지 팽화를 유발한다.

⑥ 원생동물(Protozoa)
  ㉠ 단핵이고, 운동성이 있고, 광합성을 하지 않는 진핵미생물이다.
  ㉡ 통상 호기성 종속영양성이나 혐기성인 것도 많으며, 박테리아나 입자상의 유기물을 소모시킬 수 있다.
  ㉢ 폐수가 생물학적으로 양호하게 처리되는 경우 다량 발견되기 때문에 생물학적 처리의 지표생물로 많이 이용된다.

10년간 자주 출제된 문제

2-1. 폐수 처리분야에서 미생물이라 하는 개체의 크기 기준으로 가장 적절한 것은?
① 1.0mm 이하
② 3.0mm 이하
③ 5.0mm 이하
④ 10.0mm 이하

2-2. 수질오염의 지표에서 수중의 DO 농도가 증가하는 것은?
① 동물의 호흡 작용
② 불순물의 산화 작용
③ 유기물의 분해 작용
④ 조류의 광합성 작용

2-3. 박테리아에 관한 설명으로 틀린 것은?
① 가장 간단한 생물로서 용해된 유기물을 섭취한다.
② 막대기모양, 공모양, 나선모양 등이 있다.
③ 일반적인 화학조성식은 $C_5H_7O_2N$으로 나타낼 수 있다.
④ 60%는 수분, 40%는 고형물질로 구성되어 있다.

2-4. 용존산소에 가장 민감하다고 볼 수 있는 미생물은?
① Bacteria
② Rotifer
③ Sarcodina
④ Ciliate

2-5. 슬러지 팽화(Bulking) 현상이 일어날 때 가장 많이 출현하는 미생물은?
① Zoogloea
② Achromobacter
③ Algae
④ Fungi

|해설|

2-1
미생물이란 일반적으로 육안으로 식별되지 않는 1mm 이하 크기의 생물을 총칭한다.

2-2
동물의 호흡, 불순물의 산화, 유기물의 분해 모두 호기성 생물에 의해 용존산소(DO)가 소비되는 과정이며 조류(Algae)는 원시적인 진핵생물이긴 하지만 광합성을 해 산소를 발생시킬 수 있는 역할을 한다.

2-3
수분 80%, 고형물 20%로 구성되어 있다.

2-4
Rotifer는 오염된 하천이 물의 자정 작용에 의해 깨끗해졌을 때 나타난다.

2-5
균류(Fungi)는 pH 2~5에서 잘 성장하며 잘 침전되지 않아 슬러지 팽화(Sludge Bulking)를 유발한다.

정답 2-1 ① 2-2 ④ 2-3 ④ 2-4 ② 2-5 ④

핵심이론 03 | 미생물 증식단계

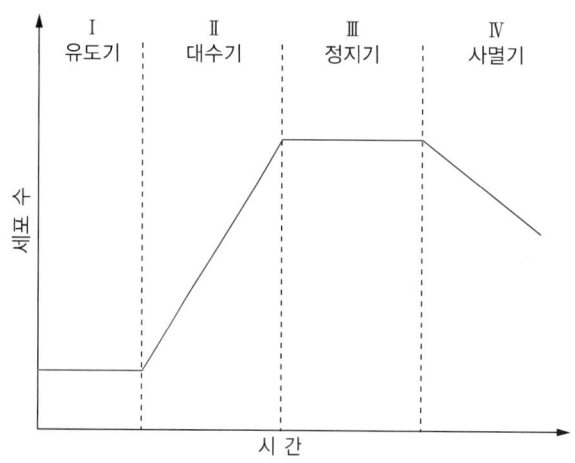

① 지체기(유도기) : 접종된 미생물이 새로운 환경에 적응하는 기간
② 대수증식기(대수성장기) : 대수성장단계로 유기물이 풍부하여 미생물이 최대한 번식되는 시기
③ 감소증식기 : 감소성장단계
④ 사멸기 : 내생성장단계, 유기물이 소멸되어 미생물이 자신의 원형질을 분해하여 에너지를 얻는 내호흡 기간

10년간 자주 출제된 문제

3-1. 미생물의 증식과정 중 영양소의 고갈로 미생물이 원형질을 분해하여 에너지를 얻는 내호흡 기간은?

① 지체기
② 대수증식기
③ 감소증식기
④ 사멸기

3-2. 회분식으로 일정한 양의 에너지와 영양분을 한 번만 주고 미생물을 배양했을 때 미생물의 성장과정을 순서(초기 → 말기)대로 나타낸 것은?

① 대수성장기 → 유도기 → 정지기 → 사멸기
② 대수성장기 → 정지기 → 유도기 → 사멸기
③ 유도기 → 대수성장기 → 정지기 → 사멸기
④ 유도기 → 정지기 → 대수성장기 → 사멸기

|해설|

3-1
사멸기는 내생성장단계로, 유기물이 소멸되어 미생물이 자신의 원형질을 분해하여 에너지를 얻는 내호흡 기간이다.

3-2
미생물의 4단계 생장곡선
- 유도기(Lag Phase) : 세포가 새로운 환경에 적응하는 시기
- 대수생장기(Logarithmic Phase, Exponential Phase) : 일정 속도로 빠르게 증식하는 기간
- 정지기(Stationary Phase) : 생장이 멈추는 기간
- 사멸기(Death Phase) : 생균수가 감소되는 시기

정답 3-1 ④ 3-2 ③

2. 생물학적 처리의 종류

핵심이론 01 | 미생물의 생장방식에 따른 구분

생물학적 처리는 유기물이 다량으로 포함된 폐수의 처리에 이용되며 미생물이 서식할 수 있는 적절한 조건(온도, pH, 산소량 등)을 유지하는 것이 중요하다.

① 부유 성장식(Suspended Growth Process)
  미생물이 반응조 내에서 부유상태로 성장하면서 폐수 내의 각종 유기물을 분해하여 새로운 세포나 최종 생성물로 전환시키는 처리공정
② 부착 성장식(Attached Growth Process)
  미생물이 매체에 부착상태로 성장하면서 폐수 내의 각종 유기물을 새로운 세포나 최종 생성물로 전환시키는 처리공정
※ 부유 성장과 부착 성장의 구분은 미생물이 필요로 하는 산소를 공급하는 방식이 인위적이냐 아니냐에 있다.
③ 생물막을 이용한 방법 : 호기성 여상법, 접촉산화법, 회전생물접촉법

10년간 자주 출제된 문제

생물학적 처리방법과 방법의 원리가 잘못 설명된 것은?

① 회전원판법 – 미생물 부착성장형으로서 별도의 산소공급장치가 없다.
② 접촉안정법 – 생물흡수(Biosorption)에 의하여 폐수 중의 유기물을 슬러지에 흡착시킨다.
③ 심층포기법 – U자형의 관을 이용하여 포기를 실시하며 주로 부상조를 사용하여 슬러지를 분리시킨다.
④ 산화지법 – 수심 1m 이하의 경우 호기성 세균의 산소공급원은 조류와 균류이다.

|해설|

산화지법에서 주로 유기물은 박테리아에 의해서 제거되고, 박테리아가 유기물을 제거하는 데 필요한 산소는 조류의 광합성에 의해 공급된다.

정답 ④

핵심이론 02 | 산소의 이용 유무에 따른 구분 – 호기성 처리

산소를 선호하는 미생물에 의한 유기물 분해과정으로 오염물질의 분해 초기에 이루어진다(활성슬러지법, 살수여상법, 회전원판법 등).

① 유기물의 산화(이화작용)

  유기물 + O_2 → CO_2 + H_2O + 기타 최종산물 + 에너지

② 세포물질의 합성(동화작용)

  유기물 + O_2 + 에너지 → 세포물질($C_5H_7O_2N$)

10년간 자주 출제된 문제

2-1. 물속의 탄소유기물이 호기성 분해를 하여 발생하는 것은?

① 암모니아
② 탄산가스
③ 메탄가스
④ 유화수소

2-2. 호기성 미생물에 의한 유기물 분해 시 최종산물은?

① CH_4, H_2O
② CO_2, H_2O
③ HC, H_2O
④ O_2, H_2O

2-3. 유기물질을 호기성으로 완전분해 시 최종산물은?

① 이산화탄소와 메탄
② 일산화탄소와 메탄
③ 이산화탄소와 물
④ 일산화탄소와 물

|해설|

2-1, 2-2, 2-3

호기성 분해과정

탄소유기물 + O_2 $\xrightarrow{\text{호기성 미생물}}$ CO_2 + H_2O + 에너지

※ 혐기성 분해과정 : 메탄가스(CH_4) 및 탄산가스(CO_2) 발생

정답 2-1 ② 2-2 ② 2-3 ③

핵심이론 03 | 활성슬러지법의 원리

① 일반적으로 하·폐수는 1차 침전지에서 고형물이 제거된 후 반송슬러지와 함께 폭기조로 투입되어 혼합되면서 일정시간동안 연속적으로 포기가 이루어진다.
② 폭기조에서 용해성 유기물질이 활성슬러지에 의하여 세포질로 전환되며, 활성슬러지는 2차 침전지에서 고액분리되어 침전된 슬러지는 반송슬러지로써 다시 반응조에 이송되어 생물처리에 사용된다. 이중 일부는 잉여슬러지로써 배출되고 상징수는 방류 또는 고도처리과정을 거치게 된다.

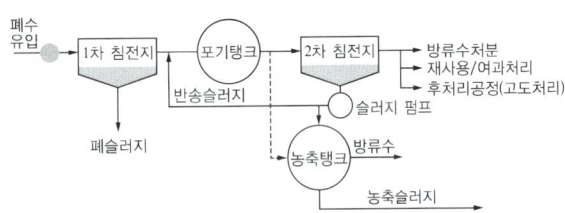

[활성슬러지법의 처리계통도]

10년간 자주 출제된 문제

일반도시 폐수처리에 이용되고 있는 활성슬러지법의 시설로 옳게 배열된 것은?

① 유입수 → 침사지 → 1차 침전지 → 폭기조 → 최종 침전지 → 염소접촉조 → 유출수
② 유입수 → 침사지 → 1차 침전지 → 염소접촉조 → 폭기조 → 최종 침전지 → 접촉조 → 유출수
③ 유입수 → 침사지 → 1차 침전지 → 최종 침전지 → 염소접촉조 → 폭기조 → 유출수
④ 유입수 → 1차 침전지 → 침사지 → 폭기조 → 최종 침전지 → 염소접촉조 → 유출수

|해설|

폐수처리 계통도
유입 → 스크린(침사지) → 1차 침전지 → 포기조(폭기조, 반응조) → 최종(2차) 침전지 → 소독조 → 방류

정답 ①

핵심이론 04 | 활성슬러지법의 설계 및 운전인자

① F/M비(Food/Micro-organism)
유기영양물(Food)과 미생물(MLSS)의 비율로 표준활성슬러지법에서 F/M비는 0.2~0.4kg BOD/kg MLSS·day가 적당하다. F/M비가 적당하면 미생물 Floc 형성이 잘되어 슬러지가 빠르게 침강한다.

$$\text{F/M비} = \frac{C \times Q}{V \times \text{MLSS}}$$

여기서, C : 폭기조 유입 BOD농도(kg BOD/m^3)
Q : 1일에 폭기조에 들어가는 유량(m^3/d)
V : 폭기조 용적(m^3)

② BOD용적부하 : 폭기조 1m^3당 1일에 유입되는 BOD의 kg수로 나타낸 것

$$\text{BOD용적부하} = \frac{C \times Q}{V}$$

③ 활성슬러지 농도(MLSS 농도) : 폭기조 내의 활성슬러지 미생물 농도를 나타내는 지표
④ 수리학적 체류시간(HRT ; Hydraulic Retention Time)

$$\text{HRT} = \frac{V}{Q} \times 24$$

여기서, HRT : 수리학적 체류시간(h)
V : 폭기조 용적(m^3)
Q : 유량(m^3/d)

⑤ 고형물 체류시간(SRT ; Solids Retention Time)
활성슬러지가 처리장 전체 시스템 내에 체류하는 시간

$$\theta_c = \frac{V \times X}{Q_w \times X_w}$$

여기서, θ_c : SRT(일)
V : 반응조의 용량(m^3)
X : 반응조 혼합액의 평균부유물(MLSS)의 농도(mg/L)
Q_w : 잉여슬러지량(m^3/d)
X_w : 잉여슬러지의 평균 SS농도(mg/L)

⑥ 슬러지용적지수(SVI) : 슬러지의 침강농축성을 나타내는 지표로 폭기조 내 혼합액 1L를 30분간 침전시킨 후 1g의 MLSS가 점유하는 침전슬러지의 부피(mL)로 나타낸 것
  ㉠ 50~150 : 침전성이 양호
  ㉡ 200 이상 : 팽화현상 발생(슬러지가 침전되지 않고 부풀어 오르는 현상)

$$SVI = \frac{30분간\ 침강된\ 슬러지\ 부피(mL/L)}{MLSS농도(mg/L)} \times 1,000$$

$$= \frac{SV_{30}(\%) \times 10,000}{MLSS농도(mg/L)}$$

⑦ 슬러지밀도지수(SDI)
  침전슬러지량 100mL 중에 포함된 MLSS를 그램(Gram)수로 나타낸 것

$$SDI = \frac{100}{SVI}$$

⑧ 용존산소(DO) : 적정 DO농도는 2~3mg/L 정도로 유지해야 한다.
⑨ 슬러지반송 : 폭기조의 활성슬러지 농도를 일정한 농도로 유지하여 F/M비와 SRT의 적정범위를 유지하기 위해서는 2차 침전지 슬러지를 폭기조로 반송할 필요가 있다.

※ 슬러지 팽화(Sludge Bulking) : 사상미생물의 번식이 증가해 슬러지가 침전되지 않고 부풀어 오르는 현상

10년간 자주 출제된 문제

4-1. 표준활성슬러지법으로 폐수를 처리하는 경우 F/M비(kg·BOD/kg MLSS·day)의 운전범위로 가장 적절한 것은?
① 0.03~0.06 ② 0.2~0.4
③ 2~4 ④ 3~6

4-2. BOD가 200mg/L이고 폐수량이 1,500m³/d인 폐수를 활성슬러지법으로 처리하고자 한다. F/M비가 0.4kg/kg·d이라면 MLSS 1,500mg/L로 운전하기 위해서 요구되는 폭기조 용적은?
① 500m³ ② 600m³
③ 800m³ ④ 900m³

10년간 자주 출제된 문제

4-3. BOD 400mg/L, 유량 3,000m³/d인 폐수를 MLSS 3,000mg/L인 폭기조에서 체류시간을 8시간으로 운전하고자 한다. 이때 F/M비(BOD-MLSS 부하)는?
① 0.2 ② 0.4
③ 0.6 ④ 0.8

4-4. 눈금이 있는 실린더에 슬러지를 1L 담아 30분간 침전시킨 결과 슬러지의 부피가 200mL였다. 이 슬러지의 SVI는?(단, MLSS의 농도는 2,000mg/L이다)
① 10 ② 50
③ 100 ④ 200

4-5. 다음 중 슬러지 팽화의 지표로서 가장 관계가 깊은 것은?
① 함수율 ② SVI
③ TSS ④ NBDCOD

4-6. 폭기조에서 DO가 5mg/L이었다. 다음 기술 중 가장 타당한 것은?
① DO가 부족하므로 처리가 잘 안 된다.
② DO가 적절하게 유지되고 있다.
③ 과다 포기이다.
④ SV가 증가할 것이다.

4-7. 다음과 같은 재래식 활성슬러지조에서 조 내의 용존산소 농도에 대한 설명으로 맞는 것은?

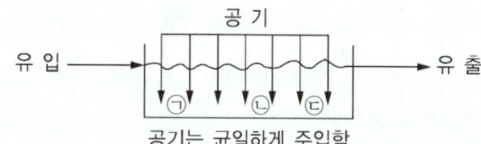

① ㉠ 지점이 가장 높다. ② ㉡ 지점이 가장 높다.
③ ㉢ 지점이 가장 높다. ④ 어디나 동일하다.

4-8. 활성슬러지 공법에서 2차 침전지 슬러지를 폭기조로 반송시키는 주된 목적은?
① 슬러지를 순환시켜 배출슬러지를 최소화하기 위해
② 폭기조 내 요구되는 미생물의 농도를 적절하게 유지하기 위해
③ 최초침전지 유출수를 농축하기 위해
④ 폐수 중 무기고형물을 산화하기 위해

| 해설 |

4-1
유기영양물(Food)과 미생물(MLSS)의 비율로 표준활성슬러지법에서 F/M비는 0.2~0.4kg BOD/kg MLSS·day가 적당하다. F/M비가 적당하면 미생물 Floc 형성이 잘 되어 슬러지가 빠르게 침강한다.

4-2
$$V = \frac{200 \times 1,500}{1,500 \times 0.4} = 500\text{m}^3$$

4-3
체류시간 $t = \dfrac{V}{Q}$

여기서, Q : 유량(m^3/d)
V : 폭기조 용적(m^3)
t : 체류시간(d)

폭기조 용적 $V = t \times Q = 8\text{h} \times 3,000\text{m}^3/\text{d} \times 1\text{d}/24\text{h} = 1,000\text{m}^3$

F/M비 $= \dfrac{\text{BOD} \times Q}{\text{MLSS} \times V} = \dfrac{400 \times 3,000}{3,000 \times 1,000} = 0.4$

4-4
SVI = 30분간 침전 후 슬러지의 부피 × $\dfrac{1,000}{\text{MLSS의 농도}}$

$= 200\text{mL/L} \times \dfrac{1,000}{2,000\text{mg/L}} = 100$

4-5
SVI(Sludge Volume Index)는 활성슬러지의 침전가능성을 나타내는 값으로 슬러지 팽화(Sludge Bulking) 여부를 확인하는 지표이다.
• SVI 50~150 : 정상 침강
• SVI 200 이상 : 슬러지 팽화현상 발생

4-6
폭기조 내 적정 DO 농도는 평균 2~3mg/L이므로 과다 포기이다.

4-7
㉠ 지점에서 용존산소의 소비가 가장 크므로 ㉠ < ㉡ < ㉢ 순으로 용존산소량이 높다.

4-8
폭기조의 활성슬러지 농도(MLSS 농도)를 일정한 농도로 유지하여 F/M비와 SRT(고형물 체류시간)의 적정범위를 유지하기 위해서는 2차 침전지 슬러지를 폭기조로 반송할 필요가 있다.

정답 4-1 ② 4-2 ① 4-3 ② 4-4 ③ 4-5 ② 4-6 ① 4-7 ③ 4-8 ②

핵심이론 05 | 슬러지 팽화(Bulking)

① 정의 : 최종 침전지에 활성슬러지법을 실시할 경우 사상미생물의 과도한 번식으로 슬러지가 잘 침전되지 않거나 침전된 슬러지가 수면으로 떠오르는 현상

② 팽화(Bulking)의 원인
㉠ 폭기조 DO 부족
㉡ MLSS가 너무 높거나 낮을 때
㉢ 유해물질의 유입
㉣ 유입 BOD 농도가 높을 때
㉤ pH가 낮을 때
㉥ N : P(질소와 인의 비율)의 불균형

※ Bulking Agent : Sludge 퇴비화 시 C/N비 조정과 통기성이 좋도록 첨가하는 것

10년간 자주 출제된 문제

5-1. 다음 중 활성슬러지공법으로 하수 처리 시 주로 사상성 미생물의 이상번식으로 2차 침전지에서 침전성이 불량한 슬러지가 침전되지 못하고 유출되는 현상을 의미하는 것은?

① 슬러지 벌킹
② 슬러지 시딩
③ 연못화
④ 역 세

5-2. 활성슬러지의 팽화(Bulking)에 대한 설명으로 틀린 것은?

① 폭기조 내 사상균에 의한 팽화에 의해 최종침전지에서 침전이 불량해진다.
② 팽화는 과도한 교반에 의해 Floc의 파괴로 기인된다.
③ 팽화는 폭기조 내 DO 부족에 기인하는 경우가 있다.
④ 팽화는 BOD/MLSS 부하의 과대 또는 과소에 의한 경우도 있다.

5-3. 활성슬러지공법으로 운전할 때 발생되는 문제점으로 가장 거리가 먼 것은?

① 슬러지 Bulking
② 슬러지 Rising
③ Pin Floc
④ Ponding

5-4. 어느 하수처리장에서 활성슬러지 공법으로 처리하고자 한다. 유량이 20,000m³/d, BOD 250mg/L인 하수를 매일 24시간 연속하여 Blower를 가동시켜 150m³/min율로 공기를 공급, BOD를 80% 제거한다면 제거된 BOD 1kg당 소모된 공기량은?

① 43m³ · air/kg · BOD
② 54m³ · air/kg · BOD
③ 62m³ · air/kg · BOD
④ 78m³ · air/kg · BOD

|해설|

5-1
② MLSS 관리를 위해 반송슬러지를 투입하는 것
③ 살수여상법에서 폐수처리 시 여상표면에 물이 고이는 것
④ 여과층의 찌꺼기를 씻어내는 세척방법

5-2
사상균 팽화(Bulking)의 원인
• 폭기조 DO 부족
• MLSS가 너무 높거나 낮을 때
• 유해물질의 유입
• 유입 BOD 농도가 높을 때
• pH가 낮을 때
• N : P의 불균형

5-3
Ponding(연못화)은 오니가 여상을 막고 통수가 저해되며, 여상 위에 처리할 폐수가 체류하는 것으로 살수여상법의 대표적인 문제점이다.

5-4
• 공기공급량 = 150m³/min × 60min/h × 24h/d
         = 216,000m³/d
• BOD농도 = 250mg/L = 250g/m³ = 0.25kg/m³
∴ 소모된 공기량 = $\dfrac{216,000\text{m}^3/\text{d}}{0.25\text{kg/m}^3 \times 20,000\text{m}^3/\text{d} \times 0.8}$
         = 54m³ · air/kg · BOD

정답 5-1 ① 5-2 ② 5-3 ④ 5-4 ②

핵심이론 06 | 활성슬러지법의 종류

① 표준 활성슬러지법

DO*(ppm)	2 이상
pH*	6~8
BOD : N : P*	100 : 5 : 1
적정온도(℃)	25~30
반응조의 수심(m)	4~6
F/M비(kg BOD/kg SS)	0.2~0.4
HRT(시간)	6~8
MLSS농도(mg/L)	1,500~3,000
SRT(일)	3~6

* : 폐수 처리 시 공기주입량 결정 주요 3인자

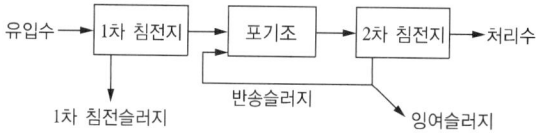

[표준 활성슬러지법의 처리계통]

② 계단식 포기법(Step Aeration)
반송슬러지를 포기조의 유입구에 전량 반송하지만 유입수는 포기조의 길이에 걸쳐 골고루 분할하여 유입시키는 방법이다.

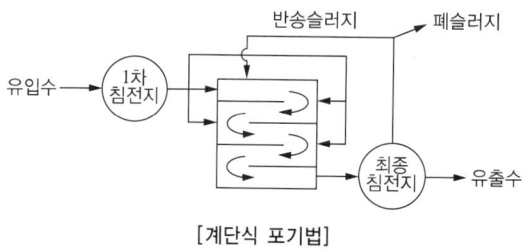

[계단식 포기법]

③ 장기포기법
포기탱크 내의 활성슬러지를 장시간 폭기시켜 영양부족 상태를 유지하여 미생물의 자기분해에 의해 잉여슬러지 생성을 적게 하는 방법이다.

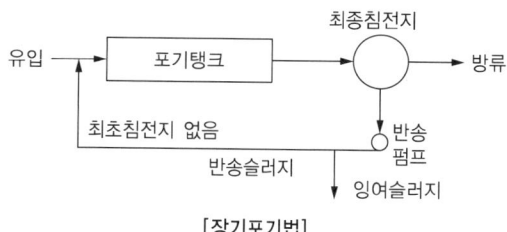

[장기포기법]

④ 산화구법(Oxidation Ditch)

산화구법에서 기계식 포기장치(로터)는 처리에 필요한 산소를 공급하는 이외에 산화구 내의 활성슬러지와 유입하수를 혼합·교반시키며, 혼합액에 유속을 부여하여 순환시켜 활성슬러지가 침강되지 않도록 한다.

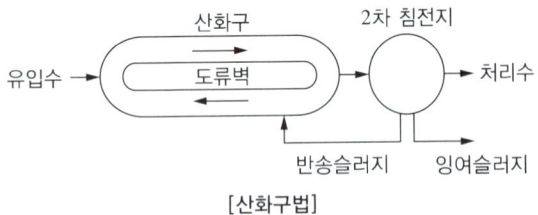

[산화구법]

⑤ 심층포기법 : 수심이 깊은 포기조를 이용하여 용지이용률을 높이고자 고안된 공법이다.
⑥ 회전원판법(RBC) : 생물막을 이용하여 하수를 처리하는 방식으로 원판의 일부가 수면에 잠기도록 원판을 설치하여 이를 18m/min 이하로 천천히 회전시키면서 원판 표면상에 부착성장한 미생물군에 의해 정화가 진행된다.
  ㉠ 산소공급은 원판이 회전하며 자동적으로 이루어져 폭기장치가 필요 없다.
  ㉡ 운영변수가 많아 모델링이 복잡한 단점이 있다.
⑦ 연속회분식 : 1개의 회분조(Sequencing Batch Reactor)에 반응조와 2차 침전지의 기능을 갖게 하여, 반응과 혼합액의 침전, 상징수의 배수, 침전슬러지의 배출 공정 등을 반복하여 처리하는 방식이다.
  ㉠ 슬러지 반송이 필요 없다.
  ㉡ 유입기를 혐기상태로 할 경우 용존산소 농도를 낮출 수 있어 산소전달효율의 극대화가 가능하다.
  ㉢ 방류수질이 기준치에 미치지 못할 경우 처리시간의 연장이 가능하다.
  ㉣ 처리용량이 너무 클 경우 적용이 어렵다.

10년간 자주 출제된 문제

6-1. 연속회분식 활성슬러지법(SBR)에 관한 설명으로 거리가 먼 것은?

① 슬러지 반송이 필요 없다.
② 유입기를 혐기 상태로 할 경우 용존산소가 거의 없도록 할 수 있어 폭기 시 산소전달효율을 극대화할 수 있다.
③ 반응조 일부만 사용하므로 단로(Short Circuiting) 현상이 자주 발생하고, 침전효율은 낮다.
④ 방류수질이 기준치에 미달할 경우 처리시간을 연장할 수 있다.

6-2. 활성슬러지법은 여러 가지 변법이 개발되어 왔으며 각 방법은 특별한 운전이나 제거효율을 달성하기 위하여 발전되었다. 다음 중 활성슬러지법의 변법으로 볼 수 없는 것은?

① 계단식 폭기법
② 접촉안정법
③ 장시간 폭기법
④ 살수여상법

6-3. 회전원판 접촉법과 가장 관계가 먼 것은?

① 호기성 처리
② 고밀도 폴리에틸렌
③ 폭기기
④ 생물학적 처리

|해설|

6-1
연속회분식(Sequencing Batch Reactor) 공정은 유입, 반응, 침전, 배출을 하나의 반응조를 이용하여 연속적으로 일어난다. 즉, 유입(Fill) → 반응(React) → 침전(Settle) → 배출(Draw) → 휴지(Idle)공정 순으로 반응이 진행된다.

6-2
활성슬러지법의 변법에는 계단식 폭기법, 점감식 폭기법, 접촉안정법, 장기 폭기법, 산화구법, 심층 폭기법, 크라우스 공법(Kraus Process) 등이 있다.

6-3
회전원판 접촉법은 폭기장치(산소 공급장치)가 필요 없다.

정답 6-1 ③ 6-2 ④ 6-3 ③

핵심이론 07 | 살수여상법

① 원리 : 부착생물을 이용한 오염물질의 처리방법으로 자갈, 쇄석, 플라스틱제 등의 매체로 채워진 반응조 위에 살수기 혹은 고정상 노즐로 폐수를 균등하게 살수하여 매체층을 거치면서 폐수 내의 오염물질을 제거하는 공정이다. 주 정화반응은 호기성 산화이다.

② 장점 및 단점

장 점	단 점
• 슬러지의 팽화가 발생하지 않는다. • 조건의 변동에 따른 내구성이 좋다. • 슬러지량과 공기량의 조절이 불필요하다. • 슬러지가 적게 생성된다. • 운전이 용이하다. • 건설 및 유지관리비가 적다.	• 여재 비표면적이 적다. • 처리효율이 활성슬러지법에 비하여 낮다. • 처리공정의 손실수두가 크다. • 활성슬러지법보다 정화능력이 낮다. • 생물막의 공기유동저항이 크므로 산소공급능력(산소결핍)에 한계가 있다.

③ 살수여상 운영 시 발생되는 문제점

　㉠ 파리 발생

　㉡ 연못화 현상(Ponding)

　㉢ 냄새(악취) 발생

　㉣ 생물막 탈락

④ 처리과정

　유입수 → 스크린 → 1차 침전지 → 살수여상지 → 2차 침전지 → 소독조 → 방류

⑤ 매질의 조건 : 폐수나 공기가 통과하며, 미생물은 부착이 용이해야 한다.

10년간 자주 출제된 문제

7-1. 다음 중 폐수처리의 대표적인 부착성장식 생물학적 처리공법은?

① 활성슬러지법
② 이온교환법
③ 살수여상법
④ 임호프탱크

7-2. 다음 중 살수여상법으로 폐수를 처리할 때, 유지관리상 주의할 점이 아닌 것은?

① 파리의 발생
② 여상의 폐쇄
③ 생물막의 탈락
④ 슬러지의 팽화

7-3. 살수여상의 매질과 관계가 없는 것은?

① 미생물이 자랄 수 있는 표면
② 폐수가 통과할 수 있는 공간
③ 공기가 통과할 수 있는 공간
④ 박테리아가 통과할 수 있는 공간

7-4. 살수여상에서 발생하는 연못화 현상의 원인으로 가장 거리가 먼 것은?

① 유기물 부하량이 너무 적어 처리가 되지 않을 경우
② 매질이 너무 작거나 균일하지 못한 경우
③ 미생물 점막이 과도하게 탈리되어 공극을 메울 경우
④ 최초침전지에서 현탁고형물이 충분히 제거되지 않을 경우

7-5. 최초 유입폐수의 BOD농도 400mg/L, 폐수량 200m³/d를 살수여과상으로 처리하고자 한다. 살수여과처리 전 BOD는 전처리 및 1차 처리에서 각각 20%씩 제거된다면 살수여과상의 BOD 용적부하가 1.6kg/m³·d일 때 필요한 여과상의 용적은?

① 32m³
② 37m³
③ 42m³
④ 47m³

| 해설 |

7-1
폐수처리 공정
- 부유식 성장(Suspended Growth) : 활성슬러지법
- 부착식 성장(Attached Growth) : 살수여상법, 회전원판법

7-2
슬러지 팽화(Bulking)는 활성슬러지 공법에서 발생하는 문제점이다.

살수여상법 유의점
- 파리의 발생
- 악취 발생
- 연못화 현상
- 결 빙
- 생물막의 탈락

7-3
살수여상의 매질은 폐수나 공기가 통과하며, 미생물은 부착해야 한다.

7-4
Ponding(연못화)은 오니가 여상을 막고 통수가 저해되며, 여상 위에 처리할 폐수가 체류하는 것으로 주로 유기물 부하량이 과도할 때 일어난다.

7-5
살수여과처리 전 BOD는 전처리 및 1차 처리에서 각각 20%씩 제거되므로

유입폐수의 BOD 농도 = $400\text{mg/L} \times (1-0.2) \times (1-0.2)$
$= 256\text{mg/L}$

- BOD 용적부하 = $\dfrac{\text{BOD 농도} \times \text{유입수량}}{\text{여상 유효용적}}$

- $1,600\text{g/m}^3 \cdot \text{d} = \dfrac{256\text{mg/L} \times 200\text{m}^3/\text{d}}{\text{여상 유효용적}}$

∴ 여상 유효용적 = $\dfrac{256\text{g/m}^3 \times 200\text{m}^3/\text{d}}{1,600\text{g/m}^3 \cdot \text{d}} = 32\text{m}^3$

정답 7-1 ③ 7-2 ④ 7-3 ④ 7-4 ② 7-5 ①

핵심이론 08 | 접촉산화법

① **원 리**

접촉산화법은 생물막을 이용한 처리방식의 한 가지로서 반응조 내의 접촉재 표면에 발생 부착된 호기성 미생물의 대사활동에 의해 하수를 처리하는 방식이다. 1차 침전지 유출수 중의 유기물은 호기상태의 반응조 내에서 접촉재 표면에 부착된 생물에 흡착되어 미생물의 산화 및 동화작용에 의해 분해 제거된다. 부착생물의 증식에 필요한 산소는 포기장치로부터 조 내에 공급된다.

② **특 징**

㉠ 반송슬러지가 필요하지 않으므로 운전관리가 용이하다.
㉡ 비표면적이 큰 접촉재를 사용하며, 부착생물량을 다량으로 부유할 수 있기 때문에 유입기질의 변동에 유연히 대응할 수 있다.
㉢ 생물상이 다양하여 처리효과가 안정적이다.
㉣ 슬러지의 자산화가 기대되어, 잉여슬러지량이 감소한다.
㉤ 부착생물량을 임의로 조정할 수 있어서 조작조건의 변경에 대응하기 쉽다.
㉥ 접촉재가 조 내에 있기 때문에, 부착생물량의 확인이 어렵다.
㉦ 고부하에서 운전하면 생물막이 비대화되어 접촉재가 막히는 경우가 발생한다.

> **10년간 자주 출제된 문제**
>
> 접촉산화법(호기성 침지여상)에 관한 설명으로 적합하지 않은 것은?
>
> ① 매체로서는 벌집형, 모듈(Module)형, 벌크(Bulk)형, 플라스틱제 등이 쓰인다.
> ② 부하변동과 유해물질에 대한 내성이 높다.
> ③ 운전 휴지기간에 대한 적응력이 낮다.
> ④ 처리수의 투시도가 높다.
>
> |해설|
> 접촉폭기조 내의 생물막으로 미생물이 유지되므로 운전 휴지기간에 대한 적응력이 높다.
>
> 정답 ③

핵심이론 09 | 산소의 이용 유무에 따른 구분 – 혐기성 처리

슬러지는 1차적으로 호기성 미생물에 의해 분해되기 시작하며, 슬러지 내 산소가 고갈되면 이후 2차적으로 혐기성 미생물에 의해 분해되어 처리된다. 최종부산물로 메탄(CH_4)이 생성되어 에너지원으로 회수하여 사용하는 것이 가능하다.

① 가수분해(Hydrolysis) : 탄수화물, 지방, 단백질 등 불용성 유기물이 미생물이 방출하는 외분비 효소에 의해 가용성 유기물로 분해된다.

② 산 생성단계(Acidogenesis) : 유기산균이 유기물질을 분해시켜 유기산과 알코올을 생성한다.

③ 초산 생성단계(Acetogenesis) : 산 생성단계에서 생긴 아세트산을 제외한 물질(Isopropanol, Propionate, Aromatic Compounds)들을 초산 생성균에 의해 초산으로 분해한다.

④ 메탄 생성단계(Methanogenesis) : 초산, 폼산, 수소, 메탄올, 메틸아민 등은 메탄 생성균에 의해 CH_4와 CO_2로 최종 전환된다.

⑤ 혐기성 소화의 장단점

장 점	단 점
• 고농도의 폐수나 분뇨를 비교적 낮은 에너지로 처리한다. • 호기성 처리에 비해 슬러지(고형물)의 발생량이 적다(호기성 처리의 1/3 정도). • 슬러지의 건조나 탈수가 쉽다. • 병원균과 기생충란이 사멸된다. • 메탄가스를 태워 열로 이용할 수 있다. • 동력시설을 필요로 하지 않고 운전비용이 저렴하다.	• 반응이 더디고 소화기간이 길다. • 비교적 낮은 처리효율로 처리수를 다시 호기성 처리 후 방류하여야 한다. • 혐기성 세균은 온도, pH 및 기타 화합물의 영향에 민감하다. • 소화가스는 냄새가 나며 부식성이 높다.

10년간 자주 출제된 문제

9-1. 혐기성 소화방법으로 쓰레기를 처분하려고 한다. 연료로 쓰일 수 있는 가스를 많이 얻으려면 다음 중 어떤 성분이 특히 많아야 유리한가?

① 질 소
② 탄 소
③ 산 소
④ 인

9-2. 슬러지의 혐기성 소화처리에 관한 설명으로 적절하지 않은 것은?

① 슬러지의 무게와 부피를 감소시킨다.
② 이용가치가 있는 부산물을 얻을 수 있다.
③ 병원균을 죽이거나 통제할 수 있다.
④ 호기성 소화보다 빠른 시간에 처리할 수 있다.

9-3. 혐기성 소화조의 장점이라고 볼 수 없는 것은?

① 폐슬러지량 감소
② 유출수의 수질 양호
③ 고농도 폐수처리
④ 이용 가능한 가스생산

9-4. 다음 중 유기물의 혐기성 소화 분해 시 발생되는 물질로 거리가 먼 것은?

① 산 소
② 알코올
③ 유기산
④ 메 탄

|해설|

9-1
혐기성 분해는 유기물을 최종적으로 CO_2와 CH_4로 분해되며, CH_4는 연료로 사용될 수 있다. 따라서 연료로 쓰일 수 있는 가스를 많이 얻으려면 메탄을 구성하는 탄소 성분이 많아야 유리하다.

9-2
혐기성 소화의 단점은 처리속도가 느리다는 것이다.

9-3
유출수의 수질이 좋지 않아 호기적 처리 후 방류한다.

9-4
혐기성 소화 발생물질 : 알코올, 유기산, 메탄, 탄산가스, 물
※ 산소는 호기성 소화 시 소비되는 물질이다.

정답 9-1 ② 9-2 ④ 9-3 ② 9-4 ①

핵심이론 10 | 혐기성 소화의 종류

① **재래식 소화법(2단 소화)** : 소화와 고·액분리가 별도의 소화조에서 진행되며, 소화액은 2차 처리공정으로 고형물은 슬러지 처리계통으로 이송된다.
  ⊙ 제1소화조 : 적정한 온도 유지와 교반이 이루어져 유기물의 발효가 이루어진다.
  ⓒ 제2소화조 : 고형물의 고·액분리가 이루어진다.

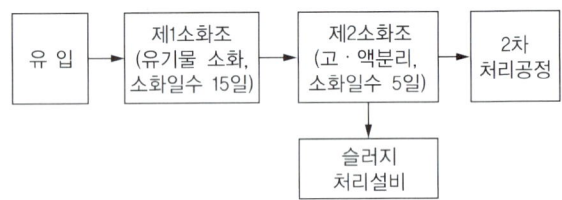

② **BIMA법**
  ⊙ 부유성장식 혐기성 소화법의 일종으로 주로 35℃에서 운전된다.
  ⓒ 유입폐수는 Center Tube 내에서 4~5시간 체류하면서 산 생성균에 의해 가수분해되어 저급지방산을 생성하고 Main Chamber에서는 저급지방산이 메탄 생성균에 의해 CH_4, CO_2로 전환된다.
  ⓒ 소화단수는 1단 공정이며 소화일수는 약 15일이다.
  ⓔ 소화조 내에는 충전물이 없으며 Center Tube 내의 위치에너지에 의하여 조 내 교반작용이 이루어지고 Main Chamber 내의 유출수는 고·액분리 된 후 2차 처리공정으로 이송된다.

③ **HAF법**
  ⊙ 국내에서 개발된 부착성장식 혐기성 소화법으로 원통 또는 사각형의 수직 구조물 내에 Media(충전재, 여재)가 충전되어 있다.
  ⓒ 하부로부터 유입되는 유기물질을 가수분해 하여 유기산과 당, 아미노산 등으로 발효시키며, 유기산 생성 박테리아에 의해 전 분자의 휘발성 산인 Acetic Acid, Propionic Acid, Butyric Acid 등으로 전환된 후 최종적으로 메탄생성 박테리아에 의해 CH_4, CO_2로 분해하여 안정화하는 공법이다.

10년간 자주 출제된 문제

슬러지 혐기성 소화의 장점과 거리가 먼 것은?
① 병원균을 죽일 수 있다.
② 슬러지 발생량을 감소시킬 수 있다.
③ 메탄가스와 같은 가치 있는 부산물을 얻을 수 있다.
④ 호기성 소화에 비해 처리시간이 짧아 경제적이다.

| 해설 |

혐기성 소화는 병원균의 사멸, 슬러지 발생량 감소, 메탄가스의 연료화 등의 장점이 있으나 처리시간이 길다는 단점이 있다.

정답 ④

핵심이론 11 | 임호프탱크(Imhoff Tank)

① 2층 탱크라고도 하며, 침전실, 소화실, 스컴실(Scum Chamber)로 구성된다.
② 하나의 조를 중간에 벽을 만들어서 둘로 나누어 상부는 침전 처리, 하부는 오니 소화처리로 다른 방법에 비해 처리효율이 낮다.
③ 소규모 하수처리장 등에 쓰이고 있었지만 지금은 거의 사용하지 않는 방법이다.

10년간 자주 출제된 문제

11-1. 상부에서는 부유물의 침전이 일어나고, 하부에서는 침전물의 혐기성 소화가 하나의 탱크에서 이루어지는 소규모 분뇨 처리시설은?(단, 상부와 하부는 분리되어 있으나, 개구가 있어 폐수로 채워진다)
① 원심분리탱크
② 저류탱크
③ 임호프탱크
④ 활성슬러지조

11-2. 임호프탱크(Imhoff Tank)의 구성요소가 아닌 것은?
① 폭기실
② 소화실
③ 침전실
④ 스컴실

| 해설 |

11-1
임호프탱크는 부유물의 침전과 침전물의 혐기성 소화가 한 탱크 내에서 이루어지는 처리시설로서, 2개의 층으로 되어 있어서 상부에서는 침전이 진행되고 하부에서는 혐기성 소화가 동시에 이루어진다.

11-2
임호프탱크(Imhoff Tank)는 침전실, 소화실, 스컴실(Scum Chamber)로 구성된 폐수 처리탱크를 말한다.

정답 11-1 ③ 11-2 ①

CHAPTER 02 폐수 처리

핵심이론 12 | 혐기성 소화의 운전조건

① 온도
- ㉠ 중온소화 : 30~37℃
- ㉡ 고온소화 : 50~55℃

② pH : 평형상태의 pH는 6.5~7.5, 최적 pH는 7.2~7.4

③ 체류시간
- ㉠ 중온소화 : 25~30일
- ㉡ 고온소화 : 10~15일

④ 접촉 : 유기물과 미생물간의 적당한 접촉은 기계적 혼합 및 소화가스의 재순환에 의하여 수행

⑤ 유기물 부하량
- ㉠ 중온소화 : 1.3~1.8kg VS/m^3·d
- ㉡ 고온소화 : 1.5~6.5kg VS/m^3·d

⑥ 가스발생량 : COD 1kg당 0.35m^3의 CH_4 생산

⑦ 알칼리도 : 혐기성 소화조의 완충능력(Buffer Capacity)

⑧ 소화가스 발생량의 감소원인
- ㉠ 저농도 슬러지 유입
- ㉡ 소화슬러지 과잉배출
- ㉢ 소화조 내 온도저하
- ㉣ 소화가스 누출
- ㉤ 과다한 유기산 생성

10년간 자주 출제된 문제

12-1. 혐기성 소화조의 완충능력(Buffer Capacity)을 표현하는 것으로 가장 적절한 것은?

① 완충경도
② C/N비
③ 알칼리도
④ pH 변화율

12-2. 혐기성 소화조의 운전 중 소화가스 발생량이 현저히 감소하였다. 예상할 수 있는 원인과 가장 거리가 먼 것은?

① 저농도의 슬러지 유입
② 소화조 내부의 온도저하
③ 과다한 유기산 생성
④ 과다교반

12-3. 혐기성 소화탱크에서 유기물 80%, 무기물 20%인 슬러지를 소화처리하여 소화슬러지의 유기물이 75%, 무기물이 25%가 되었다. 이때 소화효율은?

① 25%　　　　② 45%
③ 75%　　　　④ 85%

|해설|

12-1
혐기성 소화에 있어서 알칼리도는 주로 혐기성 분해 과정에서 발생되는 암모니아의 중탄산염에 의한 것이며, 소화조의 완충능력을 나타낸다. 알칼리도를 측정하면 pH의 측정보다도 쉽게 변화를 감지할 수가 있다.

12-2
과다교반으로 BOD, SS가 비정상적으로 높게 될 수 있다.

12-3

$$소화효율 = \frac{(소화\ 전\ 비율 - 소화\ 후\ 비율)}{소화\ 전\ 비율} \times 100$$

- 소화 전 비율 = $\frac{80}{20} = 4$
- 소화 후 비율 = $\frac{75}{25} = 3$

∴ 소화효율 = $\frac{4-3}{4} \times 100 = 25\%$

정답 12-1 ③　12-2 ④　12-3 ①

핵심이론 13 | 메탄가스 발생량

탄수화물이 혐기성 분해될 때 이론적으로 생성되는 CO_2와 CH_4의 몰 비율은 각각 50%로 동일하다.

① 글루코스($C_6H_{12}O_6$)의 분해반응

  ㉠ 호기성 : $C_6H_{12}O_6 + 6O_2 \rightarrow 6CO_2 + 6H_2O$

  ㉡ 혐기성 : $C_6H_{12}O_6 \rightarrow 3CO_2 + 3CH_4$

② 아세트산의 경우 : $CH_3COOH \rightarrow CO_2 + CH_4$

※ 가스 용적은 0℃, 1기압에서 1mol당 22.4L이다.

10년간 자주 출제된 문제

13-1. 아래는 글루코스($C_6H_{12}O_6$)의 혐기성 분해반응식이다. a, b로 알맞은 것은?

$$C_6H_{12}O_6 \rightarrow aCO_2 + bCH_4$$

① $a = 2$, $b = 2$
② $a = 3$, $b = 3$
③ $a = 4$, $b = 4$
④ $a = 3$, $b = 4$

13-2. 분뇨처리장에 유입되는 분뇨의 성상이 다음과 같을 때 CH_4 가스 발생량은?(단, 휘발성 고형물 : 60.5%, 총고형물량 : 25,000mg/L, CH_4 가스발생량 : 0.6m³/kg VS, 휘발성 고형물 전량이 가스화된다고 가정)

① 약 9m³/kL VS
② 약 10m³/kL VS
③ 약 11m³/kL VS
④ 약 12m³/kL VS

13-3. 500g의 $C_6H_{12}O_6$가 완전한 혐기성 분해를 한다고 가정할 때 발생 가능한 CH_4 가스용적으로 옳은 것은?(단, 표준상태 기준)

① 24.4L
② 62.2L
③ 186.7L
④ 1,339.3L

해설

13-1
글루코스($C_6H_{12}O_6$)의 탄소수는 6개이고, 산소수는 6개이므로 $a = 3$, $b = 3$이다.

13-2
총고형물량 25,000mg/L = 25,000g/m³ = 25kg/m³
CH_4 가스 발생량 = 25kg/m³ × 0.6m³/kg VS × 0.605
= 9.075m³/kL VS

13-3
$C_6H_{12}O_6 \rightarrow 3CO_2 + 3CH_4$
180g : 3 × 22.4L
500g : x

∴ CH_4 가스용적 $x = \dfrac{3 \times 22.4L \times 500g}{180g} = 186.7L$

정답 13-1 ② 13-2 ① 13-3 ③

| 핵심이론 14 | 고도처리

① 개념 : 3차 처리라고 하며, 유기물을 제거한 2차 처리 후 부영양화의 원인물질인 질소(N), 인(P), 중금속의 제거를 목적으로 행해지는 것을 말한다.

② 고도처리 방식
  ㉠ 잔류 SS 제거 공정
  ㉡ 잔류 용존유기물 제거 공정
  ㉢ 질산화공정
  ㉣ 질소 제거 공정
  ㉤ 인 제거 공정
  ㉥ 질소, 인 동시제거 공정

10년간 자주 출제된 문제

14-1. 다음 폐수처리공법 중 고도처리로 볼 수 없는 것은?
① 활성탄흡착에 의한 난분해성 유기물의 제거
② 혐기호기법에 의한 영양물의 제거
③ 살수여상법에 의한 탄소계 유기물의 제거
④ 화학적 응결에 의한 인의 제거

14-2. 고도처리의 제거대상물질과 제거방법의 연결이 잘못된 것은?
① 질소(N) – 질산화와 탈질산화
② 중금속 – 활성탄 흡착 또는 화학적 응결
③ 인(P) – 규조토 여과
④ NH_4^+ – pH 조정 후 탈기

|해설|

14-1
살수여상법에 의한 탄소계 유기물의 제거는 2차 처리에 해당된다.

14-2
인(P)을 제거하기 위한 공정으로는 A/O공법이 있다. 규조토 여과는 부유물질의 제거에 사용된다.

정답 14-1 ③　14-2 ③

| 핵심이론 15 | 흡착공정

① 개념 : 응집, 물리 화학적 처리 등에 의해 제거되지 않는 극히 미세하고 생물·화학적으로 안정된 유기물이 낮은 농도로 존재할 때 그리고 냄새, 맛, 잔류 농약 등 극미량의 유해 성분을 제거할 때 흡착처리한다.

② 원리
  ㉠ 흡착제 주위의 막을 통하여 피흡착제의 분자가 이동하는 단계
  ㉡ 흡착제가 공극을 가졌다면 공극을 통하여 피흡착제가 확산하는 단계
  ㉢ 흡착제 활성표면에 피흡착제의 분자가 흡착되면서 피흡착제와 흡착제 사이에 결합이 이루어지는 단계
  ※ 파괴점 : 흡착재의 흡착이 완료되어 유출수에서 용질이 배출되는 점

③ 흡착제의 조건
  ㉠ 단위 무게당 흡착 능력이 우수할 것
  ㉡ 물에 용해되지 않고 내알칼리, 내산성일 것
  ㉢ 재생이 가능할 것
  ㉣ 다공질이며, 입경(부피)에 대한 비표면적이 클 것
  ㉤ 자체로부터 수중에 유독성 물질을 발생시키지 않을 것
  ㉥ 입도 분포가 균일하며, 구입이 용이하고 가격이 저렴할 것

④ 물리적 흡착의 특징
  ㉠ 가역적이며 재생이 용이하다.
  ㉡ 발열반응이다.
  ㉢ 다분자 흡착이다.
  ㉣ 반데르발스의 힘(Van der Waals Force)이 작용한다.

⑤ 화학적 흡착의 특징
  ㉠ 비가역적이며 재생이 어렵다.
  ㉡ 흡열반응이다.
  ㉢ 단분자 흡착이다.
  ㉣ 흡착제와 용질 간의 화학반응이다.

10년간 자주 출제된 문제

흡착공정에서 흡착재의 흡착이 완료되어 유출수에서 용질이 배출되는 점을 무엇이라 하나?

① 한계점
② 유출점
③ 극한점
④ 파괴점

|해설|

혼합가스를 활성탄에 투과시키면 초기에는 흡착률이 매우 높으나 시간이 지날수록 흡착률이 떨어져 점차 출구가스에 증기 성분이 서서히 나타나기 시작하는데, 출구가스에 증기 성분이 나타나기 시작하는 시점을 활성탄의 파괴점이라고 한다. 흡착공정에서 파괴점을 지나면 흡착효율은 점차 감소한다.

정답 ④

핵심이론 16 | 활성탄 처리법

① 개념 : 정수처리 방법으로 제거되지 않는 이취미, 페놀류, 유기물, 합성세제의 제거 등에 사용되며, 분말 활성탄처리법과 입상 활성탄처리법으로 구분한다.
② 흡착대상
  ㉠ 정수나 폐수의 생물화학적 처리를 방해하는 화학약품 폐수
  ㉡ 생물학적으로 분해가 어려운 화학물질 및 미처리 유기물
  ㉢ 강이나 하천의 생태계에 중대한 영향을 미치는 독성물질
  ㉣ 냄새나 색도

10년간 자주 출제된 문제

16-1. 폐수처리에 있어서 활성탄은 어떤 목적으로 주로 사용되는가?

① 흡 착　　② 중 화
③ 침 전　　④ 부 유

16-2. 폐수를 활성탄을 이용하여 흡착법으로 처리하고자 한다. 폐수 내 오염물질의 농도를 30mg/L에서 10mg/L로 줄이는 데 필요한 활성탄의 양은?(단, $X/M = KC^{1/n}$ 사용, $K=0.5$, $n=1$)

① 3.0mg/L　　② 3.3mg/L
③ 4.0mg/L　　④ 4.6mg/L

|해설|

16-1

활성탄은 대표적인 흡착제로 중금속과 유기오염물질의 제거에 매우 효과적으로 사용되고 있으며 종류로는 형상에 따라 분말활성탄과 입상활성탄으로 구분한다.

16-2

등온흡착식

$X/M = KC^{1/n}$

여기서, X : 농도차(mg/L)
　　　　M : 활성탄 주입농도(mg/L)
　　　　C : 유출농도(mg/L)
　　　　K, n : 상수

$\dfrac{30-10}{M} = 0.5 \times 10^{1/1}$

$\therefore M = \dfrac{20}{5} = 4.0\text{mg/L}$

정답 16-1 ① 16-2 ③

핵심이론 17 | 질소(N)의 제거 공정

① **물리화학적 공법**

　㉠ 파괴점염소주입법(Breakpoint Chlorination) : 염소를 가하여 수중의 암모니아성 질소를 질소가스로 변환하여 제거하는 방법

　㉡ 공기탈기법(Ammonia Stripping) : pH를 11 이상으로 높인 후 공기를 불어넣어 수중의 암모니아를 NH_3 가스로 탈기하는 방법

　㉢ (선택적)이온교환법(Selective Ion Exchange) : Zeolite 등을 이용하여 암모니아를 이온교환에 의해 제거하는 방법

　㉣ 막분리 : RO, NF막을 이용 암모니아를 제거하는 방법

② **생물학적 방법** : 기본적으로 세포합성, 질산화, 탈질의 공정으로 구분할 수 있다.

　㉠ 세포합성(질소동화작용) : 공기 중의 유리질소는 토양 미생물에 의해 고정되고, 고정된 질소는 식물체에 의하여 흡수되며 탄수화물에서 유도된 유기물과 결합하여 아미노산, 핵산 및 그 밖의 질소유기물을 합성한다.

　㉡ 질산화 : 암모니아는 나이트로소모나스에 의하여 먼저 아질산염(NO_2^-)으로 산화된 후 나이트로박터에 의하여 질산염(NO_3^-)으로 산화된다.

　　Org-N → NH_3-N → NO_2-N → NO_3-N

　㉢ 탈질 : 종속영양 세균이 유기물을 분해할 때 산소대신 아질산성 질소나 질산성 질소를 최종 전자수용체로 사용하면서 질소가스로 변화되는 반응이다.

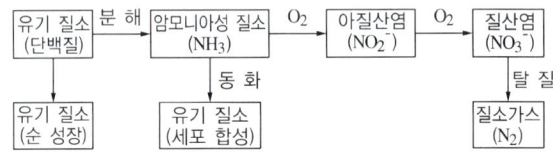

[질소의 생물학적 처리공정]

10년간 자주 출제된 문제

17-1. 질소화합물의 분해과정을 알맞게 나타낸 것은?

① 유기물 → 질산성 질소 → 아질산성 질소 → 암모니아성 질소
② 유기물 → 아질산성 질소 → 질산성 질소 → 암모니아성 질소
③ 유기물 → 암모니아성 질소 → 아질산성 질소 → 질산성 질소
④ 유기물 → 유기질소 → 질산성 질소 → 아질산성 질소

17-2. 탈기법으로 수중의 암모니아를 제거하고자 할 때, 25℃에서 가장 적절한 pH는?

① 4.5
② 5.6
③ 7.0
④ 11.0

17-3. 물속에서 단백질과 같은 유기질소의 질산화가 진행될 때 다음 중 가장 늦게 생성되는 물질은?

① Org-N
② NH_3-N
③ NO_2-N
④ NO_3-N

|해설|

17-1
동식물의 사체, 하수, 공장 폐수, 분뇨, 화학 비료의 유입에 의해 생성되는 암모니아성 질소는 산화되어 아질산성 질소가 되고, 다음에 질산성 질소가 되어 최종 산화물로 안정화된다.

17-2
탈기법(Air Stripping)은 유입 하폐수의 pH를 10~11 이상으로 높인 후 가스상태로 폐수 중에 녹아 있는 암모니아 등에 공기를 주입하여 제거하는 방법이다.

17-3
질산화과정
Org-N → NH_3-N → NO_2-N → NO_3-N

정답 17-1 ③ 17-2 ④ 17-3 ④

핵심이론 18 | 인(P)의 제거 공정

① **응집침전법**
   ㉠ 응집제를 첨가하여 난용성의 인 화합물을 형성하고 이를 침전시켜 분리한다.
   ㉡ 가장 보편적으로 이용되는 다가의 금속이온들은 칼슘[Ca(Ⅱ)], 알루미늄[Al(Ⅲ)], 철[Fe(Ⅱ)] 등이 있다.

② **A/O 공정**
   ㉠ 혐기·호기 공정으로 하·폐수 내의 유기물 산화 제거와 생물학적으로 인이 제거되는 방법이다.
   ㉡ 혐기성조(인 방출), 호기성조(인 흡수)로 구성된다.
   ㉢ 장단점

장 점	단 점
• 운전이 비교적 간단하다. • 폐슬러지 내 인의 함량이 3~5% 정도로 높아 비료 가치가 있다. • 수리학적 체류시간이 비교적 짧다.	• 질소 제거가 고려되지 않아 높은 효율의 질소, 인의 동시 제거가 곤란하다. • 공정의 유연성이 제한적이며, 동절기에는 성능이 불안정하게 된다. • 수리학적 체류시간이 짧아 고효율의 산소 전달장치가 요구된다. • 높은 BOD/P비가 요구된다.

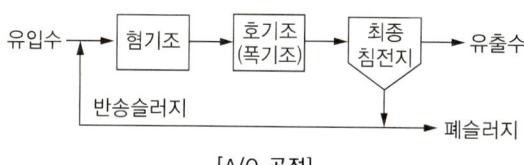

[A/O 공정]

③ **포스트립(Phostrip) 공정** : 생물학적 처리와 화학적 처리를 병용함으로써 보다 안정적으로 인을 제거한다.

10년간 자주 출제된 문제

18-1. 생물학적 원리를 이용하여 인(P)만을 효과적으로 제거하기 위한 고도처리 공법으로 가장 적절한 것은?

① 4단계 Bardenpho 공법
② 5단계 Bardenpho 공법
③ A/O 공법
④ A_2/O 공법

18-2. 생물학적 원리를 이용한 하수고도처리공법 중 A/O 공법의 공정으로 알맞은 것은?

① 폭기조 – 무산소조 – 침전지
② 무산소조 – 폭기조 – 무산소조 – 재폭기조 – 침전지
③ 혐기조 – 폭기조 – 침전지
④ 혐기조 – 호기조 – 무산소조 – 침전지

18-3. 하수고도처리공법중 인(P) 성분만을 주로 제거하기 위하여 고안된 공법으로 가장 알맞은 것은?

① Bardenpho 공법
② Phostrip 공법
③ A_2/O 공법
④ UCT 공법

18-4. 하수의 고도처리공법 중 인(P) 성분만을 주로 제거하기 위한 Side Stream 공정으로 다음 중 가장 적합한 것은?

① Bardenpho 공법
② Phostrip 공법
③ A_2/O 공법
④ UCT 공법

|해설|

18-1
①, ②, ④ 모두 질소(N)와 인(P)을 제거하기 위한 공법이다.

18-2
A/O 공법은 혐기성 및 호기성 반응조의 순서로 조합된 단일슬러지 부유성장 처리공법이며, A_2/O 공법은 질소 제거를 동시수행하기 위해 A/O 공법에 무산소조(Anoxic Zone)를 추가한 공법이다.

18-3
①, ③, ④는 모두 질소와 인을 제거하는 공법이다.
포스트립(Phostrip) 공정은 생물학적 처리와 화학적 처리를 병용함으로써 보다 안정적으로 인을 제거한다. 반송슬러지의 일부를 혐기성 탈인조에서 인을 방출시키도록 한 뒤 탈인된 슬러지를 유입수와 접촉시키면서 호기성조에서 인의 과잉섭취를 유도하는 방법이다. 탈인조에서 방출된 인은 화학제의 첨가에 의해 침전 제거되며 또한 잉여슬러지의 제거에 의한 인 제거도 이루어진다.

18-4
인(P) 제거 공법(생물학적 고도처리)
Phostrip 공법, A/O 공법, Bardenpho 공법

정답 18-1 ③   18-2 ③   18-3 ②   18-4 ②

| 핵심이론 19 | 질소, 인의 동시제거 공정

① 질소, 인의 제거 공정 분류
  ㉠ A_2/O
  ㉡ 수정 Bardenpho
  ㉢ UCT(University of Cape Town Process) 공정
  ㉣ VIP(Virginia Initiative Plant)
  ㉤ 수정 Phostrip
  ㉥ 연속 회분식 반응조 공정(SBR)

② A_2/O 공정
  ㉠ A/O 공정을 개량하여 질소 제거가 가능하도록 무산소조(Anoxic)를 추가한 방법이다.
  ㉡ 혐기조(BOD 흡수, 인 방출), 호기조(BOD 소비, 인 흡수, 질산화), 무산소조(탈질)로 구성된다.
  ㉢ 폭기조에서 질산화를 통하여 생성된 질산성 질소를 무산소조로 반송하여 탈질한다.
  ㉣ 장단점

장 점	단 점
• A/O 공정에 비해 탈질성능이 우수하다. • 폐슬러지 내 인의 함량이 높아(3~5%) 비료 가치가 있다.	• A/O 공정에 비해 장치가 복잡하다. • 동절기에 제거효율이 저하된다. • 반송슬러지 내 질산염에 의해 인 방출이 억제되어 인 제거효율이 감소할 수 있다.

③ 수정 Bardenpho(5단계 Bardenpho 공정)
  ㉠ 혐기성조 – 1단계 무산소조 – 1단계 호기조 – 2단계 무산소조 – 2단계 호기조
  ㉡ 인과 질소의 동시처리가 가능하다.
  ㉢ 내부 반송률이 높고 비교적 큰 규모의 반응조 사용이 적합하다.
  ㉣ 폐슬러지 내의 인함량이 높아 비료로서 활용 가치가 있다.

④ 연속 회분식 반응조 공정 : SBR(Sequencing Batch Reactor)은 탄소성 유기물의 산화, 질소 제거 및 인 제거를 달성하기 위한 몇가지 시스템 공정을 조합한 공정에서 반응, 침전, 방류를 연속적으로 운전할 수 있는 공법이다.

10년간 자주 출제된 문제

19-1. 하수고도처리를 위한 A_2/O 공법의 조구성에 해당되지 않는 것은?
① 혐기조 ② 혼합조
③ 폭기조 ④ 무산소조

19-2. 생물학적으로 질소와 인을 제거하는 A_2/O 공정 중 혐기조의 주된 역할은?
① 질산화 ② 탈질화
③ 인의 방출 ④ 인의 과잉 섭취

19-3. 생물학적 원리를 이용하여 인과 질소를 동시에 제거하는 공법의 공정 중 혐기조의 역할을 알맞게 나타낸 것은?
① 유기물 제거, 인의 과잉 흡수
② 유기물 제거, 인의 방출
③ 유기물 제거, 탈질소
④ 유기물 제거, 질산화

19-4. 생물학적 원리를 이용하여 영양염류(인 또는 질소)를 효과적으로 제거할 수 있는 공법이라 볼 수 없는 것은?
① M-A/S ② A_2/O
③ Bardenpho ④ UCT

| 해설 |

19-1
A_2/O 공법은 혐기성 및 호기성 반응조로 구성된 A/O 공법에 질소제거를 동시수행하기 위해 무산소반응조(Anoxic Zone)를 추가한 것이다.

19-2
A_2/O 공정
• 혐기조 : 인(P)을 방출
• 호기조 : 인을 과잉 섭취
• 무산소조 : 질산성 질소를 탈질화

19-3
혐기조에서는 유기물 제거와 인의 방출이 일어나고 폭기조에서는 인의 과잉 섭취가 일어난다.

19-4
인 또는 질소를 효과적으로 제거할 수 있는 대표적인 생물학적 공정에는 공정의 배치 형태에 따라 A_2/O, 수정 Bardenpho 및 UCT 공정 등이 있다.

정답 19-1 ② 19-2 ③ 19-3 ② 19-4 ①

3. 생물학적 처리의 유지관리

핵심이론 01 | 생물학적 폐수처리의 관리

① 개념 : 생물학적 폐수처리 시 발생하는 이상현상에 따른 적절한 대책이 요구된다.

② 이상현상의 종류
- ㉠ 벌킹현상
- ㉡ 거품현상
- ㉢ 핀플럭현상
- ㉣ 슬러지 해체
- ㉤ 슬러지 부상
- ㉥ 곰팡이, 효모 증식

10년간 자주 출제된 문제

폐수의 생물학적 처리 시 발생하는 이상현상에 해당하지 않은 것은?
① 슬러지 해체
② 슬러지 부상
③ 핀플럭현상
④ 침전성 개선

|해설|
생물학적 처리 시 발생하는 다양한 이상현상들은 침전성이 악화되어 원활한 처리가 되지 않는 현상들이다.

정답 ④

핵심이론 02 | 벌킹현상

① 개념 : 슬러지용량지표값(SVI)이 150mL/g 이상 유지되어 침강성이 불량해져 원활한 농축이 일어나지 않는 현상이다.

② 현상의 원인
- ㉠ 유입폐수의 부패
- ㉡ 불충분한 폭기량
- ㉢ MLSS량 과다
- ㉣ 부적절한 pH
- ㉤ 영양염류의 결핍

③ 현상의 원인생물 : 대부분 사상체의 생장에 따라 벌킹현상이 발생된다.

④ 제어방법
- ㉠ 운전조건 제어 : pH 조절, 영양염류 첨가, 폭기 증가, 부패성 폐수 유입 차단 등
- ㉡ 화학적 처리 : 응집, 침강제를 통한 침전성 개선, 염소살균을 통한 소독 등
- ㉢ 공정개선 : 유입폐수의 단속, 선택조 설치를 통한 유동성 확보 등

10년간 자주 출제된 문제

2-1. 슬러지용량지표값(SVI)의 이상으로 침강성이 불량해져 슬러지 농축이 일어나지 않는 현상은?
① 핀플럭현상
② 벌킹현상
③ 거품현상
④ 효모증식

2-2. 벌킹현상을 화학적 처리를 통해 개선하고자 할 때 적절한 것은?
① pH 조절
② 영양염류 첨가
③ 폭기량 증대
④ 염소살균을 통한 소독

|해설|
2-1
SVI값이 150mL/mg 이상 유지되면 벌킹현상이 발생한다.
2-2
사상체의 사멸을 위해 화학적 소독(염소살균)을 실시한다.

정답 2-1 ② 2-2 ④

핵심이론 03 | 거품현상

① 개념 : 벌킹 다음으로 많이 일어나는 현상으로, 폭기조 및 침전조 표면에 거품(스컴)이 발생하여 기계장치의 손상, 악취, 공정의 신뢰도 저하 등을 유발하는 현상이다.
② 현상의 원인
  ㉠ 계면활성제의 유입
  ㉡ 강한 폭기의 강도
  ㉢ 거품 Trapping 현상
③ 현상의 원인생물 : 방선균의 일종인 Nocardia균의 증식에 기인한다.
④ 제어방법 : Nocardia균의 증식환경의 제어로 접근한다.
  ㉠ 폭기량의 조절(감소)
  ㉡ 저농도 MLSS 유지
  ㉢ 물리적 처리
  ㉣ 부상조의 설치를 통한 거품 제거
  ㉤ 염소투입을 통한 방선균의 사멸유도

10년간 자주 출제된 문제

거품현상을 제어하기 위한 가장 적절한 방법은?
① 폭기량 증대
② 고농도 MLSS 유지
③ 물리적 처리
④ 방선균의 증식 유도

|해설|
거품현상은 Nocardia균(방선균)의 증식에 기인하며, 물리적 처리를 통해 발생된 거품과 균의 증식을 최소화할 수 있다.

정답 ③

핵심이론 04 | 핀플럭

① 개념 : 과도한 폭기로 인해 플럭 형성이 잘 이루어지지 않고 분산되어, 슬러지의 침전성이 떨어지는 현상이다.
② 현상의 원인 : 유기물 부하가 매우 낮거나, 폭기의 양이 너무 높을 때.
③ 제어방법 : 폭기량 조절, F/M비 조절(상향)

10년간 자주 출제된 문제

과도한 폭기로 인해 플럭 형성이 불량해져 침전성이 저해되는 현상은?
① 핀플럭현상
② 벌킹현상
③ 거품현상
④ 효모증식

|해설|
핀플럭현상이 발생하면 슬러지가 분산되어 침전성이 저해된다.

정답 ①

핵심이론 05 | 슬러지 해체

① 개념 : 활성슬러지의 플럭이 결합되지 않고 해체되어 분산되고, 침전성이 떨어져 처리수의 탁도가 증가하는 현상이다.
② 현상의 원인 : 독성물질 유입, 염류농도 증가, 이상 원생동물 증식 등
③ 제어방법 : BOD 부하조절(낮춤), 독성물질 유입제한, 재식종(Seeding)

10년간 자주 출제된 문제

슬러지 해체를 제어할 수 있는 적절한 방법은?
① 독성물질 유입 제한
② BOD 부하 증가 유도
③ 원생동물의 증식 유도
④ 염류농도의 증가 유도

|해설|

슬러지 해체에 대한 제어법에는 BOD 부하를 낮추거나, 독성물질의 유입을 제한하고, 미생물을 처음부터 아예 재식종(Seeding)하는 방법이 있다.

정답 ①

CHAPTER 03 폐기물 처리

KEYWORD 폐기물 특성, 폐기물 발생량 계산, 관련협약, MHT, 운반차량대수 계산, 적환장, 함수율, 선별법, 압축비, RDF, 열분해, 소각로 특성, 발열량, 분뇨처리(특성), 슬러지 특성, 습식산화(짐머만 공법), 매립발생가스 등의 내용을 숙지하도록 한다.

제1절 폐기물 특성

1. 폐기물 발생원 및 종류

핵심이론 01 생활폐기물

① 정의 : 사람이 주거하는 가정에서 발생되는 가정 생활폐기물, 사람이 주거하지 않고 영리적인 목적에 따라 사업행위를 하는 1일 300kg 이하 소규모 사업장에서 발생하는 비주거용 생활폐기물

② 종류
  ㉠ 가정 : 주택유형에 따라 단독주택 및 공동주택(다세대/연립주택, 아파트)에서 발생하는 생활폐기물로 구분
  ㉡ 비가정 : 소규모 사업체에서 발생하는 생활폐기물
    • 업종 : 생산·제조, 시장·상가, 업무시설, 서비스업, 교육기관, 음식점, 숙박업 7가지 업종

핵심이론 02 사업장 폐기물

① 정의 : 쓰레기·연소재·오니·폐유·폐산·폐알칼리·동물의 사체 등으로서 사람의 생활이나 사업활동에 필요하지 아니하게 된 물질

② 종류
  ㉠ 배출시설계 : 배출시설의 설치·운영과 관련하여 배출되는 사업장일반폐기물
  ㉡ 비배출시설계 : 폐기물관리법 시행령 제2조제7호 및 제9호 규정에 의한 사업장에서 발생되는 폐기물, 폐기물관리법 제2조제3호 및 같은 법 시행령 제2조제1호 내지 제5호 사업장에서 배출시설 등의 운영에 관계되지 아니한 폐기물
  ㉢ 지정폐기물 : 폐기물관리법 제2조에 의해 사업장 폐기물 중 폐유·폐산 등 주변 환경을 오염시킬 수 있거나 의료폐기물 등 인체에 위해를 줄 수 있는 해로운 물질로서 대통령령으로 정하는 폐기물
  ㉣ 의료폐기물 : 보건·의료기관, 동물병원, 시험·검사기관 등에서 배출되는 폐기물 중 인체에 감염 등 위해를 줄 우려가 있는 폐기물과 인체 조직 등 적출물(摘出物), 실험동물의 사체 등 보건·환경 보호상 특별한 관리가 필요하다고 인정되는 폐기물로서 대통령령으로 정하는 폐기물
  ㉤ 건설폐기물 : 토목·건설공사 등과 관련하여 배출되는 폐기물로서 지정폐기물 및 생활폐기물과 성상이 다른 폐기물을 의미함

핵심이론 03 | 폐기물 처리시설

① 재활용 시설
  ㉠ 중간재활용 : 폐기물 재활용 시설을 갖추고 중간가공폐기물을 만드는 시설에서 발생 되는 것
  ㉡ 종합재활용 : 폐기물 재활용 시설을 갖추고 중간재활용업과 최종 재활용업을 함께하는 시설에서 발생 되는 것

② 중간처분시설
  ㉠ 소각시설 : 다양한 소각시설에서 발생
  ㉡ 기계적 처분시설 : 압축, 파쇄, 분쇄 등 기계적 처분시설에서 발생
  ㉢ 화학적 처분시설 : 고형화, 안정화, 반응시설 등의 처분시설에서 발생
  ㉣ 생물학적 처분시설 : 소멸화, 호기성, 혐기성 분해 시설 등에서 발생

③ 최종처분시설
  ㉠ 매립시설 : 차단형 매립시설, 관리형 매립시설(침출수 처리시설, 가스소각·발전·연료화 처리시설 등 부대시설 포함) 등에서 발생되는 것

※ 폐기물의 6대 유해 특성
  인화성, 부식성, 반응성, 용출독성, 유해성, 난분해성

[고형물 함량에 따른 구분]

폐기물 구분	고형물 함량 비율
액 상	고형물 함량 5% 미만
반고상	고형물 함량 5% 이상~15% 미만
고 상	고형물 함량 15% 이상

10년간 자주 출제된 문제

3-1. 폐기물에 대한 설명으로 옳지 않은 것은?
① 사람이 거주하는 가정에서 발생되는 폐기물을 말한다.
② 주택 유형에 따라 단독 및 공동주택으로 구분한다.
③ 소규모 업체에서 발생하는 것은 사업장폐기물이다.
④ 소규모 사업장의 규모는 1일 300kg 이하 발생이다.

3-2. 폐유·폐산 등 주변 환경을 오염시킬 수 있거나 의료폐기물 등 인체에 위해를 줄 수 있는 해로운 물질로서 대통령령으로 정하는 폐기물을 무엇이라 하는가?
① 지정폐기물
② 생활폐기물
③ 의료폐기물
④ 건설폐기물

3-3. 폐기물 발생원 가운데 중간처분시설에 해당되지 않는 것은?
① 차단형 매립시설
② 소각시설
③ 기계적 처분시설
④ 생물학적 처분시설

|해설|

3-1
소규모 업체 발생 폐기물도 생활폐기물로 구분한다.

3-2
차단형 매립시설은 최종처분 시설에 해당한다.

정답 3-1 ③ 3-2 ① 3-3 ①

| 핵심이론 04 | 폐기물 발생량 영향인자

① 도시의 규모 : 대도시 > 중소도시
② 생활수준 : 높을수록 발생량이 증가함
③ 수거빈도 : 수거빈도가 높을수록 발생량 증가
④ 쓰레기통 크기 : 클수록 발생량 증가
⑤ 발생구역 : 상업지역, 주택지역 등 장소에 따라 발생량과 성상이 달라짐
⑥ 폐기물 재활용 : 재활용품의 회수 및 재이용률이 높을수록 발생량 감소
⑦ 관련 법규 : 폐기물 발생량에 중요한 영향을 미침(예 쓰레기 종량제)
⑧ 분쇄기 사용 : 사용할수록 음식물 쓰레기 제한적으로 감소

10년간 자주 출제된 문제

쓰레기 발생량에 영향을 미치는 요인과 가장 거리가 먼 것은?
① 쓰레기통의 크기
② 쓰레기통의 색도
③ 부엌용 분쇄기의 사용
④ 법 규

|해설|
쓰레기 발생량에 영향을 미치는 요인으로 장소, 도시규모, 생활수준, 기후 및 계절, 수집빈도, 쓰레기통의 크기, 분쇄기의 사용, 재활용품의 회수, 법규 등이 있다.

정답 ②

2. 시료 채취

| 핵심이론 01 | 채취 도구 및 시료용기

① 채취도구 : 채취과정 또는 보관 중에 침식되거나 녹이 나는 재질은 피한다.
② 시료용기
  ㉠ 시료를 변질시키거나 흡착하지 않는 것이어야 하며 기밀하고 누수나 흡습성이 없어야 한다.
  ㉡ 무색경질의 유리병, 폴리에틸렌병 또는 폴리에틸렌백을 사용(노말헥산 추출물질, 유기인, 폴리클로리네이티드비페닐(PCBs) 및 휘발성 저급 염소화 탄화수소류 실험을 위한 시료의 채취 시에는 갈색 경질의 유리병을 사용)
  ㉢ 시료 중에 다른 물질의 혼입이나 성분의 손실을 방지하기 위하여 밀봉할 수 있는 마개를 사용하며 코르크 마개를 사용하여서는 안 된다. 다만, 고무나 코르크 마개에 파라핀지, 유지 또는 셀로판지를 씌워 사용할 수도 있다.
  ㉣ 시료 용기에는 폐기물의 명칭, 대상 폐기물의 양, 채취 장소, 채취 시간 및 일기, 시료 번호, 채취 책임자 이름, 시료의 양, 채취방법, 기타 참고자료(보관상태 등)를 기재한다.

10년간 자주 출제된 문제

폐기물의 시료채취 도구 및 시료용기에 관한 설명으로 옳지 않은 것은?
① 채취도구로 녹이 스는 재질은 피한다.
② 흡착이 발생하는 도구는 피한다.
③ 휘발성 저급 염소화 탄화수소류 실험을 위한 시료의 채취 시에는 투명한 유리병을 사용한다.
④ 밀봉마개로 코르크 마개는 사용하지 않는다.

|해설|
③ 휘발성 저급 염소화 탄화수소류 실험을 위한 시료의 채취 시에는 갈색경질의 유리병을 사용한다.

정답 ③

핵심이론 02 | 시료의 채취방법

① 일반적 요령
  ㉠ 폐기물이 생성되는 단위 공정별로 구분하여 채취
  ㉡ 시료를 채취하기 전에 폐기물을 잘 혼합하여야 하며 이것이 불가능할 경우에는 전체의 성질을 대표할 수 있도록 서로 다른 곳에서 채취하여야 한다. 다만, 서로 다른 종류의 폐기물이 혼재되어 있다고 판단될 때에는 혼재된 폐기물의 성분별로 각각에 대해 시료를 채취할 수 있다.
② 고상혼합물 시료 채취 : 적당한 채취 도구를 사용하며 한 번에 일정량씩을 채취
③ 액상혼합물 시료 채취 : 최종 지점의 낙하구에서 흐르는 도중에 채취
④ 콘크리트 고형화물 시료 채취 : 고상혼합물 방법을 따르며, 대형이라 분쇄가 어려울 경우, 임의의 5개소에서 채취하여 각각 파쇄한 후 100g씩 균등한 양을 혼합하여 채취한다.
⑤ 폐기물 소각시설의 소각재 시료 채취
  ㉠ 일반사항
    • 연소실 바닥을 통해 배출되는 바닥재와 폐열 보일러 및 대기오염 방지시설을 통해 배출되는 비산재의 채취에 적용한다.
    • 공정상 비산방지나 냉각을 목적으로 소각재에 물을 분사하는 경우를 제외하고는 가급적 물을 분사하기 전에 시료를 채취한다. 다만 부득이하게 수분이 함유된 상태에서 시료를 채취할 경우에는 가능한 한 수분함량이 적게 되도록 채취한다.
  ㉡ 연속식 연소 방식의 소각재 반출 설비에서 시료 채취
    • 바닥재 저장조 : 부설된 크레인을 이용하여 채취
    • 비산재 저장조 : 낙하구 밑에서 채취
    • 소각재가 운반차량에 적재되어 있는 경우 : 적재 차량에서 채취
    • 부지 내에 야적되어 있는 경우 : 야적더미에서 층별로 채취
  ㉢ 회분식 연소 방식의 소각재 반출 설비에서 시료 채취
    • 하루 동안의 운전횟수에 따라 운전 시마다 2회 이상 채취하는 것을 원칙으로 하고, 시료의 양은 1회에 500g 이상으로 한다.

핵심이론 03 | 시료의 분할채취법

① 구획법 : 대시료를 아래 순서대로 구획(20등분)을 나누어 균등한 양을 취하여 하나의 시료로 만든다.

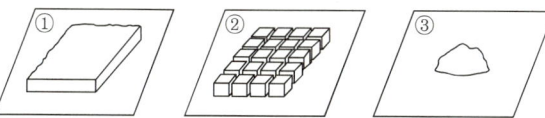

② 교호삽법

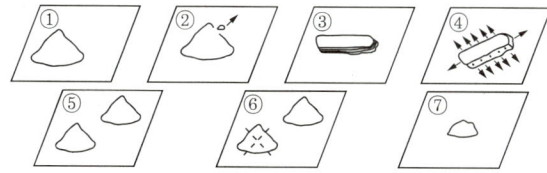

㉠ ①처럼 분쇄한 대시료를 단단하고 깨끗한 평면 위에 원추형으로 쌓는다.
㉡ ②처럼 장소를 바꾸어 원추를 쌓는다.
㉢ ③ 원추에서 일정량 취하여 장 방향으로 쌓고, 계속해서 일정한 양을 취해 그 위에 입체로 쌓는다.
㉣ ④, ⑤ 육면체의 측면을 돌면서 각 면에서 균등한 양을 취하여 두 개의 원추를 쌓는다.
㉤ ⑥처럼 최종적으로 하나의 원추를 버리고 위 과정을 반복하면서 적당한 크기까지 줄인다.

③ 원추4분법

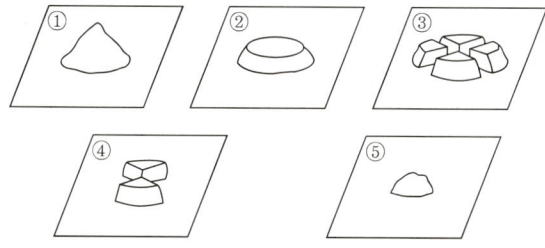

㉠ 분쇄한 대시료를 단단하고 깨끗한 평면 위에 원추형으로 쌓아 올린다.
㉡ ①처럼 앞의 원추를 장소를 바꾸어 다시 쌓는다.
㉢ ②처럼 원추의 꼭지를 수직으로 눌러서 평평하게 만들고, 이것을 부채꼴로 사등분한다.
㉣ ④처럼 마주 보는 두 부분을 취하고 반은 버린다.
㉤ 반복한다.

10년간 자주 출제된 문제

3-1. 폐기물 시료 채취방법에 대한 설명으로 옳지 않은 것은?
① 폐기물이 생성되는 단위 공정별로 구분하여 채취한다.
② 고상 혼합물 시료 채취 시 적당한 채취 도구를 사용하며 한 번에 일정량씩 채취한다.
③ 액상 혼합물 시료 채취 시 최종 지점의 낙하구에서 흐르는 도중에 채취한다.
④ 콘크리트 고형물 시료 채취는 액상혼합물 방법을 따른다.

3-2. 시료의 분할채취법에 해당하지 않는 것은?
① 교호삽법
② 구획법
③ 원추사분법
④ 적재차량 계수분석법

|해설|

3-1
콘크리트는 고상이므로 고상 혼합물 시료채취법을 따른다.

3-2
적재차량 계수분석법은 발생량 조사방법이다.

정답 3-1 ④ 3-2 ④

3. 폐기물 측정

핵심이론 01 | 폐기물공정시험기준상 용어의 정의 (ES 06000.b)

① 감압 또는 진공 : 따로 규정이 없는 한 15mmHg 이하를 뜻한다.
② 방울수 : 20℃에서 정제수 20방울을 적하할 때, 그 부피가 약 1mL 되는 것을 뜻한다.
③ 항량으로 될 때까지 건조한다 : 같은 조건에서 1시간 더 건조할 때 전후 무게의 차가 g당 0.3mg 이하일 때를 말한다.
④ 정밀히 단다 : 규정된 양의 시료를 취하여 화학저울 또는 미량저울로 칭량함을 말한다.
⑤ 무게를 "정확히 단다" : 규정된 수치의 무게를 0.1mg까지 다는 것을 말한다.

10년간 자주 출제된 문제

1-1. 공정시험방법에서 '방울수'라 함은 20℃에서 정제수 몇 방울이 1mL가 되는 것을 의미하는가?

① 10
② 15
③ 20
④ 25

1-2. 폐기물공정시험기준(방법)상 용어의 정의 중 "항량으로 될 때까지 건조한다."의 의미로 가장 적합한 것은?

① 같은 조건에서 1시간 더 건조할 때 전후 무게의 차가 g당 0.3mg 이하일 때를 말한다.
② 같은 조건에서 1시간 더 건조할 때 전후 무게의 차가 g당 0.5mg 이하일 때를 말한다.
③ 같은 조건에서 1시간 더 건조할 때 전후 무게의 차가 g당 1mg 이하일 때를 말한다.
④ 같은 조건에서 1시간 더 건조할 때 전후 무게의 차가 g당 5mg 이하일 때를 말한다.

|해설|

1-1
방울수라 함은 20℃에서 정제수 20방울을 적하할 때, 그 부피가 약 1mL 되는 것을 뜻한다.
※ 개정으로 인한 명칭 변경
　폐기물공정시험방법 → 폐기물공정시험기준

1-2
"항량으로 될 때까지 건조한다"라 함은 같은 조건에서 1시간 더 건조할 때 전후 무게의 차가 g당 0.3mg 이하일 때를 말한다.
항량 : 더 이상 증발할 수분이 없어 질량변화가 없게 된 상태의 질량
※ 개정으로 인한 명칭 변경
　폐기물공정시험기준(방법) → 폐기물공정시험기준

정답 1-1 ③ **1-2** ①

핵심이론 02 | 강열감량 및 유기물함량 시험법(중량법) (ES 06301.1d)

① 강열감량 : 폐기물을 약 600℃에서 연소시켰을 때 감소하는 양을 측정하는 것으로 폐기물을 소각시킬 때 감소하는 무게를 예측할 수 있다.
② 유기물함량 : 강열감량에서 수분 함유량을 제외한 휘발성 고형물의 함유량을 측정하는 것으로 거의 대부분이 유기물이다. 유기물은 소각로 내부에서 탈 수 있는 성분으로 열을 발생시키는 물질이다.
③ 방법 : 시료에 질산암모늄용액(25%)을 넣고 가열하여 600±25℃의 전기로 안에서 3시간 강열한 다음, 데시케이터에서 식힌 후 무게를 달아 증발접시의 무게차로부터 강열감량 및 유기물함량(%)을 구한다.
④ 분석기기 및 기구 : 칭량병 또는 증발접시, 저울, 데시케이터
⑤ 시료의 강열감량 및 유기물함량 계산

㉠ 강열감량(%) = $\dfrac{W_2 - W_3}{W_2 - W_1} \times 100$

여기서, W_1 : 도가니 또는 접시의 무게
W_2 : 강열 전의 도가니 또는 접시와 시료의 무게
W_3 : 강열 후의 도가니 또는 접시와 시료의 무게

㉡ 유기물함량(%) = $\dfrac{\text{휘발성 고형물}}{\text{고형물}} \times 100$

10년간 자주 출제된 문제

2-1. 폐기물의 강열감량 및 유기물함량 시험조건에 관한 설명으로 틀린 것은?
① 백금제, 석영제 또는 사기제 도가니 등을 사용한다.
② 강열온도는 600±25℃로 한다.
③ 시료는 전기로 안에서 1시간 강열한다.
④ 시료에 25% 질산암모늄용액을 넣어 적신다.

2-2. 다음 중 수분 및 고형물 함량 측정에 필요하지 않은 실험기구는?
① 증발접시
② 전자저울
③ Jar Test
④ 데시케이터

2-3. 강열감량 및 유기물함량-중량법에 관한 설명으로 옳지 않은 것은?
① 시료를 황산암모늄용액(5%)을 넣고 가열하여 탄화시킨다.
② 시료에 시약을 넣고 가열하여 탄화 후 600±25℃의 전기로 안에서 3시간 강열한 다음 데시케이터에서 식힌 후 무게를 단다.
③ 평량병 또는 증발접시는 백금제, 석영제 또는 사기제 도가니 또는 접시로 가급적 무게가 적은 것을 사용한다.
④ 데시케이터는 실리카겔과 염화칼슘이 담겨 있는 것을 사용한다.

|해설|

2-1
강열감량 시험법
폐기물의 강열감량 및 유기물함량을 측정하는 방법으로 시료를 질산암모늄용액(25%)을 넣고 가열하여 600±25℃의 전기로 안에서 3시간 강열한 다음 데시케이터에서 식힌 후 무게를 달아 증발접시의 무게차로부터 강열감량 및 유기물함량(%)을 구한다.

2-2
Jar Test는 최상의 응집을 위한 응집제의 선정 및 최적 주입량을 결정하는 실험이다.

2-3
강열감량 및 유기물함량-중량법
- 시료 : 질산암모늄용액(25%)을 넣고 가열한다.
- 진행 : 600±25℃의 전기로 안에서 3시간 강열한 다음 데시케이터에서 식힌 후 무게를 단다.
- 측정 : 증발접시의 무게차로부터 강열감량 및 유기물함량(%)을 구한다.

※ 폐기물공정시험기준 개정으로 인한 명칭 변경
평량병 → 칭량병, 탄화 → 강열

정답 2-1 ③ 2-2 ③ 2-3 ①

핵심이론 03 | 폐기물 입도분포

① 유효입경 : 입도분포곡선에서 누적중량의 10%가 통과하는 입자의 직경(체눈) 크기(D_{10})
② 균등계수 : 처리물의 중량 백분율의 60%가 통과되는 입경을 중량백분율 10%가 통과되는 입경으로 나눈 값으로 1에 가까울수록 입경의 구성이 균등하다는 것이고 수치가 클수록 입경의 크기 분포가 넓어 통기 저항이 증가된다.

$$\frac{통과백분율\ 60\%에\ 해당되는\ 입경}{통과백분율\ 10\%에\ 해당되는\ 입경} = \frac{D_{60}}{D_{10}}$$

10년간 자주 출제된 문제

폐기물입도를 분석한 결과 입도누적곡선상, 최소 입경으로부터의 10%가 입경 2mm, 40%가 5mm, 60%가 10mm, 90%가 20mm이었을 때 균등계수는?

① 2
② 3
③ 5
④ 7

|해설|

균등계수

$= \dfrac{입도누적곡선에서\ 통과백분율\ 60\%에\ 해당되는\ 입경}{통과백분율\ 10\%에\ 해당되는\ 입경}$

$= \dfrac{10mm}{2mm}$

$= 5$

정답 ③

핵심이론 04 | 함수율 계산

① 수분함량 $= \dfrac{물\ 무게}{젖은\ 폐기물의\ 무게} \times 100$

② 혼합폐기물의 경우

$$\dfrac{\sum(각\ 성분의\ 무게 \times 각\ 성분의\ 함수율)}{전체\ 폐기물의\ 무게}$$

10년간 자주 출제된 문제

4-1. 어느 도시 쓰레기를 분류하여 성분별로 수분함량을 측정한 결과 중량으로 음식물 30%, 종이 50%, 금속 20%이고, 수분함량은 각각 70%, 20%, 10%이었다. 이 쓰레기의 수분함량은 몇 %인가?

① 30%
② 33%
③ 36%
④ 39%

4-2. 다음은 어느 도시 쓰레기에 대하여 성분별로 수분함량을 측정한 결과이다. 이 쓰레기의 평균 수분함량(%)은?

성 분	중량비(%)	수분함량(%)
음식물류	45	70
종이류	30	8
기 타	25	6

① 33.2%
② 35.4%
③ 37.7%
④ 39.1%

4-3. 1차 침전지에서 인발한 슬러지의 함수율의 99%이었다. 이 슬러지를 함수율 97%로 농축시켰더니 33m³이 되었다면 1차 침전지에서 인발한 슬러지 양(m³)은?(단, 슬러지의 비중은 모두 1이다)

① 80
② 99
③ 135
④ 150

| 해설 |

4-1
수분함량 = (30% × 0.7) + (50% × 0.2) + (20% × 0.1) = 33%

4-2
평균 함수율 = (45% × 0.7) + (30% × 0.08) + (25% × 0.06)
= 35.4%

4-3
$V_1 \times (100 - P_1) = V_2 \times (100 - P_2)$
$V_1 \times (100 - 99) = 33 \times (100 - 97)$
∴ $V_1 = 99\text{m}^3$

여기서, V_1 : 농축 전 슬러지량
V_2 : 농축 후 슬러지량
P_1 : 농축 전 함수율
P_2 : 농축 후 함수율

정답 4-1 ② 4-2 ② 4-3 ②

핵심이론 05 | 폐기물 밀도 계산

① 폐기물의 구성
  ㉠ 고형물 : 가연성분 + 비가연성분
  ㉡ 수 분

② 밀도 = $\dfrac{\text{질량}}{\text{부피}}$, 질량 = 부피 × 밀도

10년간 자주 출제된 문제

5-1. A폐기물의 성분을 분석한 결과 가연성 물질의 함유율이 무게기준으로 50%이었다. 밀도가 700kg/m³인 A폐기물 10m³에 포함된 가연성 물질의 양은?

① 500kg
② 1,500kg
③ 2,500kg
④ 3,500kg

5-2. 어느 도시의 쓰레기를 분석한 결과 밀도는 450kg/m³이고 비가연성 물질의 질량백분율은 72%였다. 이 쓰레기 10m³ 중에 함유된 가연성 물질의 질량은?

① 1,160kg
② 1,260kg
③ 1,310kg
④ 1,460kg

| 해설 |

5-1
가연성 물질의 양 = 폐기물 밀도 × 폐기물 양 × 가연성 물질 함유율
= 700kg/m³ × 10m³ × 0.5
= 3,500kg

5-2
가연성 물질의 질량 = 쓰레기의 양 × 밀도 × (1 − 비가연성 물질의 함량)
= 10m³ × 450kg/m³ × (1 − 0.72)
= 1,260kg

※ 질량 = 부피 × 밀도, 가연성 물질 = (1 − 비가연성 물질의 함량)

정답 5-1 ④ 5-2 ②

핵심이론 06 | 폐기물 발생량의 조사방법

① 적재차량 계수분석법 : 폐기물 수거차량의 대수를 조사하여 대략적인 부피를 산정하고, 여기에 겉보기 밀도를 곱하여 중량을 환산하는 방법이다.
② 직접계근법 : 소각장이나 매립장 입구에 설치된 계근대에서 반입 전후의 무게 차이를 이용하여 직접 무게를 측정하는 방법이다. 작업량이 많고 번거롭지만 발생량을 정확히 파악할 수 있어 최근 가장 많이 사용되고 있다.
③ 물질수지법 : 시스템으로 유입되는 모든 물질과 유출되는 제품과 환경오염물질의 양에 대하여 물질수지를 세움으로써 폐기물 발생량을 추정하는 방법으로 시간 및 비용이 많이 든다.
④ 통계조사법 : 표본을 선정하여 일정 기간 동안 조사요원이 발생하는 폐기물의 발생량과 조성을 조사하는 방법이다.

10년간 자주 출제된 문제

6-1. 폐기물 발생량의 조사방법으로 가장 거리가 먼 것은?
① 적재차량 계수분석
② 직접계근법
③ 간접계근법
④ 물질수지법

6-2. 주로 산업폐기물의 발생량을 추산할 때 이용하는 방법으로 우선 조사하고자 하는 계(System)의 경계를 정확하게 설정한 다음 투입되는 원료와 제품의 흐름을 근거로 폐기물의 발생량을 추정하는 방법으로서 비용이 많이 들며 상세한 데이터가 있을 때 사용하는 방법은?
① 계수분석법
② 직접계근법
③ 흐름분석법
④ 물질수지법

|해설|

6-1
폐기물 발생량의 조사방법
- 적재차량 계수분석법 : 조사된 차량의 대수에 폐기물의 겉보기 비중을 보정하여 중량으로 환산하는 방법
- 직접계근법 : 중간 적하장이나 중계 처리장에서 직접 계근하는 방법
- 물질수지법 : 특정 시스템을 이용하여 유입, 유출되는 폐기물의 양에 대해 물질수지를 세워 폐기물 발생량을 추정하는 방법

6-2
물질수지법은 주로 산업폐기물 발생량을 추산할 때 사용한다.

정답 6-1 ③ 6-2 ④

| 핵심이론 07 | 폐기물 발생량 계산

$$\text{폐기물 발생량} = \frac{\text{1인당 폐기물 발생량} \times \text{인구수}}{\text{폐기물 밀도}}$$

10년간 자주 출제된 문제

7-1. 인구 750명인 마을에서 적재함의 부피가 5m³인 차량으로 7일 동안 쓰레기를 4회 수거하였다. 적재 시 쓰레기 밀도가 0.5t/m³이면, 이 마을의 1인 1일 쓰레기 발생량은?

① 1.2kg/인·일
② 1.9kg/인·일
③ 2.2kg/인·일
④ 2.5kg/인·일

7-2. 인구 180,000명 도시에서 1일 1인당 2.5kg의 원단위로 폐기물이 발생된 경우 그 발생량은?(단, 폐기물 밀도는 500kg/m³이다)

① 180m³/d
② 360m³/d
③ 720m³/d
④ 900m³/d

|해설|

7-1

1인 1일 쓰레기 발생량 = (0.5t/m³ × 5m³ × 4회/7일)/750인
= 0.0019t/인·일
= 1.9kg/인·일

7-2

$$\text{폐기물 발생량} = \frac{\text{인구수} \times \text{1인당 폐기물 발생량}}{\text{폐기물 밀도}}$$

$$= \frac{180,000\text{인} \times 2.5\text{kg/인}\cdot\text{d}}{500\text{kg/m}^3}$$

$$= 900\text{m}^3/\text{d}$$

정답 **7-1** ② **7-2** ④

| 제2절 | 수거 및 운반

1. 폐기물 분리저장

| 핵심이론 01 | 폐기물 저장시설의 위생적 관리

① 생활폐기물
  ㉠ 특별자치시, 특별자치도, 시·군·구의 조례에서 정하는 방법에 따라 보관한다.
  ㉡ 보관장소는 악취가 나거나, 쥐·모기·파리 등 해충이 생기지 아니하도록 필요한 조치를 한다.

② 음식물류 폐기물
  ㉠ 특별자치시, 특별자치도, 시·군·구의 조례에서 정하는 바에 따라 전용봉투 또는 전용수거용기에 분리하여 보관한다.
  ㉡ 음식물류 폐기물을 재활용하는 자는 악취가 나거나 오수가 흘러나오지 아니하도록 밀폐된 보관용기 또는 보관시설에 보관한다.

③ 사업장 일반폐기물
  ㉠ 부식되거나 파손되지 아니한 재질로 된 보관용기에 보관한다.
  ㉡ 자체하중 및 보관하려는 폐기물의 최대량 보관 시의 적재하중에 견딜 수 있고 물이 스며들지 아니하도록 시멘트·아스팔트 등의 재료로 바닥이 포장되고, 지붕과 벽면을 갖춘 보관창고에 보관한다.
  ㉢ 사업장일반폐기물배출자는 그의 사업장에서 발생하는 폐기물을 보관이 시작되는 날부터 90일(중간가공 폐기물의 경우는 120일)을 초과하여 보관하여서는 아니 된다.
  ㉣ 석면(뿜칠로 사용된 것은 제외)의 해체·제거작업에 사용된 비닐시트 중 바닥용으로 사용된 것이 아닌 것은 포대에 담아 보관한다.

④ 지정폐기물
  ㉠ 폐유기용제는 휘발되지 아니하도록 밀폐된 용기에 보관하여야 한다.

ⓒ 폐석면은 다음과 같이 보관한다.
- 석면의 해체·제거작업에 사용된 바닥비닐시트(뿜칠로 사용된 석면의 해체·제거작업 시 사용된 비닐시트의 경우 모든 비닐시트), 방진마스크, 작업복 등 흩날릴 우려가 있는 폐석면은 습도 조절 등의 조치 후 고밀도 내수성 재질의 포대로 2중 포장하거나 견고한 용기에 밀봉하여 흩날리지 아니하도록 보관하여야 한다.
- 고형화되어 있어 흩날릴 우려가 없는 폐석면은 폴리에틸렌, 그 밖에 이와 유사한 재질의 포대로 포장하여 보관하여야 한다.

ⓒ 지정폐기물은 지정폐기물에 의하여 부식되거나 파손되지 아니하는 재질로 된 보관시설 또는 보관용기를 사용하여 보관하여야 한다.

ⓔ 자체 무게 및 보관하려는 폐기물의 최대량 보관 시의 적재무게에 견딜 수 있고 물이 스며들지 아니하도록 시멘트·아스팔트 등의 재료로 바닥을 포장하고 지붕과 벽면을 갖춘 보관창고에 보관하여야 한다. 다만, 다음의 어느 하나에 해당하는 경우에는 그러하지 아니하다.
- 침출수가 발생하지 아니한다고 관할 시·도지사나 지방환경관서의 장이 인정하는 경우
- 침출수의 발생으로 주변 환경오염의 우려가 없다고 관할 시·도지사나 지방환경관서의 장이 인정하는 경우
- 드럼 등 보관용기에 보관하는 경우로서 내용물이 흘러나올 우려가 없고 용기 외부에 지정폐기물이 묻어 있지 아니한 경우(이 경우에는 폐기물의 최대량 보관 시의 적재무게에 견딜 수 있고 보관용기 취급과정에서 내용물이 외부에 흘러나오지 아니하도록 시멘트·아스팔트 등으로 바닥을 포장하고 방류턱을 갖춘 시설에 보관하여야 한다.)

ⓜ 지정폐기물배출자는 그의 사업장에서 발생하는 지정폐기물 중 폐산·폐알칼리·폐유·폐유기용제·폐촉매·폐흡착제·폐흡수제·폐농약, 폴리클로리네이티드비페닐 함유폐기물, 폐수처리 오니 중 유기성 오니는 보관이 시작된 날부터 45일을 초과하여 보관하여서는 아니 되며, 그 밖의 지정폐기물은 60일을 초과하여 보관하여서는 아니 된다. 다만, 천재지변이나 그 밖의 부득이 한 사유로 장기 보관할 필요성이 있다고 관할 시·도지사나 지방환경관서의장이 인정하는 경우와 1년간 배출하는 지정폐기물의 총량이 3톤(2013년 12월 31일까지는 4톤) 미만인 사업장의 경우에는 1년의 기간 내에서 보관할 수 있다.

⑤ 의료폐기물, 건설폐기물

기타 의료폐기물, 건설폐기물 보관방법은 폐기물관리법 제13조, 시행령 제7조, 시행규칙 제14조에 의거하여 따른다.

10년간 자주 출제된 문제

폐기물 저장시설의 위생적 관리에 관한 내용으로 옳지 않은 것은?

① 생활폐기물의 보관장소는 악취가 나거나, 쥐·모기·파리 등 해충이 생기지 아니하도록 필요한 조치를 한다.
② 음식물류 폐기물을 재활용하는 자는 악취가 나거나 오수가 흘러나오지 아니하도록 밀폐된 보관용기 또는 보관시설에 보관한다.
③ 사업장 일반폐기물은 부식되거나 파손되지 아니한 재질로 된 보관용기에 보관한다.
④ 지정폐기물 가운데 폐유기용제는 뚜껑이 개방된 용기에 보관하여야 한다.

|해설|
폐유기용제는 휘발되지 아니하도록 밀폐된 용기에 보관하여야 한다.

정답 ④

핵심이론 02 | 수거폐기물 보관용기의 종류와 용량 결정

[수거폐기물 보관용기의 특징 및 운반차량 조합]

구 분		용기용량	수집차량	부착방법	수거폐기물 종류
드럼형		180L	보통트럭	지게차, 인력	음식물폐기물, 액상폐기물, 위험물, 빈캔, 공병
컨테이너형	리프트 상차용	0.6~1.2m³	덤프트럭	크레인	신문·종이류, 공병 빈캔 등
		0.5m³	압축식 운반차		
	반전용 용기	0.09~1.0m³	압축식 운반차	컨테이너 전도장치	가연성, 불연성, 재활용품류 등
	암롤 박스	4~20m³	암롤차량	컨테이너 적하장치	가연성, 불연성, 건설폐기물 등

[폐기물 보관용기의 종류]

10년간 자주 출제된 문제

수거폐기물 보관용기의 특징으로 가장 적절한 것은?

① 드럼형은 일반적으로 덤프트럭의 수집차량을 이용한다.
② 리프트상차용은 대표적인 컨테이너형이다.
③ 리프트상차용은 지게차나 인력을 이용하여 부착한다.
④ 암롤박스는 신문, 종이, 공병 등의 폐기물 수거에 활용된다.

|해설|
리프트상차용은 수집차량으로 덤프트럭을 이용하고, 크레인을 이용해 부착하며 신문, 종이류, 공병 등 가벼운 폐기물을 수거하는 데 사용한다.

정답 ②

2. 폐기물 수거

핵심이론 01 | 수거의 의의

생활폐기물 관리에 소요되는 총비용 중 수거 및 운반단계가 70% 이상을 차지한다.

10년간 자주 출제된 문제

폐기물 관리체계 중 도시폐기물 관리에서 가장 많은 비용을 차지하는 요소는?

① 처 리　② 저 장
③ 처 분　④ 수 집

|해설|
도시폐기물 관리체계에서 수거(수집, 70% 이상)의 비용이 가장 크다.

정답 ④

| 핵심이론 02 | 폐기물 차량수거 노선

① 기본원칙
　㉠ 배출 및 수거가 용이한 장소를 선정하여 수거장소로 지정하고 수거시간, 배출요령 등이 기재된 안내판 설치 및 홍보를 실시하여야 한다.
　㉡ 수거가 어려운 고지대 단독주택, 농어촌 지역 등은 학교운동장, 동사무소, 마을 공터 등 일정지역을 수거장소로 지정·수거하는 거점수거방식을 활용한다.
　㉢ 수거장소 지정이 어려운 단독주택지역은 문전수거 또는 대면수거 방식으로 수거하여 불법배출을 억제하고 청소서비스를 제고하여야 한다.

② 수거노선 결정 고려사항
　㉠ 수거노선, 빈도 결정 시 기존 정책과 규정을 고려한다.
　㉡ 지형지물, 도로경계 같은 장벽을 사용하여 간선도로 부근에서 시작하고 끝나도록 배치한다.
　㉢ 경사지역은 위에서 아래로 내려가면서 수거한다.
　㉣ 출발점은 차고근방, 마지막 수거지점은 처분시설 인근으로 한다.
　㉤ 교통이 혼잡한 지역은 출퇴근 시간을 피한다.
　㉥ 발생량이 많은 지역을 가장 먼저 수거한다.
　㉦ 발생량이 적지만 동일한 수거빈도가 필요한 지역은 가능한 같은 날 왕복 내에서 수거한다.
　㉧ U턴은 피하고 시계 방향으로 수거한다.
　㉨ 한번 간 길은 다시 가지 않는다.

10년간 자주 출제된 문제

수거노선 결정 고려사항으로 적절하지 않은 것은?

① 수거노선, 빈도 결정 시 기존 정책과 규정을 고려한다.
② 경사지역은 아래서 위로 내려가면서 수거한다.
③ 교통이 혼잡한 지역은 출퇴근 시간을 피한다.
④ 한번 간 길은 다시 가지 않는다.

|해설|

② 경사지역은 위에서 아래로 내려가면서 수거한다.

정답 ②

핵심이론 03 | MHT(Man·Hour/Ton)

$$\text{MHT} = \frac{\text{작업인부} \times \text{작업시간}}{\text{쓰레기 수거량}}$$

수거작업 간의 노동력을 비교하기 위한 것으로 단위 무게(Ton)당 인력·시간(Man·Hour)의 비율로, 폐기물의 수거효율의 단위로 사용되며, 값이 작을수록 수거효율은 높아진다.

10년간 자주 출제된 문제

3-1. MHT에 대한 설명이 틀린 것은?

① man·hour/ton을 뜻한다.
② 폐기물의 수거효율 단위이다.
③ MHT가 클수록 수거효율이 좋다.
④ 수거작업 간의 노동력을 비교하기 위한 것이다.

3-2. A도시에 인구 50,000명이 거주하고 있으며, 1인당 쓰레기 발생량이 평균 0.9kg/인·일이다. 이 쓰레기를 25명이 수거한다면 수거효율(MHT)은 얼마인가?(단, 1일 작업시간은 8시간, 1년 작업일수는 310일이다)

① 2.52
② 3.14
③ 3.77
④ 4.44

3-3. A지역의 쓰레기 수거량은 연간 3,500,000톤이다. 이 쓰레기를 5,000명이 수거한다면 수거능력은 얼마인가?(단, 1일 작업시간은 8시간, 1년 작업일수는 300일)

① 2.34MHT
② 3.43MHT
③ 3.97MHT
④ 4.21MHT

해설

3-1
MHT가 작을수록 수거효율이 좋다.

3-2
$$\text{MHT} = \frac{\text{작업인부} \times \text{작업시간}}{\text{연간 쓰레기발생량}}$$

$$= \frac{25 \times 8 \times 310}{16,425}$$

$$= 3.77$$

∴ 연간 쓰레기발생량
= 0.9kg/인·일 × 50,000인 × 365일/년 × 10^{-3}t/kg
= 16,425t/년

3-3
$$\text{MHT} = \frac{\text{수거인부} \times \text{작업시간}}{\text{쓰레기 수거량}}$$

$$= \frac{5,000\text{명} \times 8\text{h/d} \times 300\text{d/yr}}{3,500,000\text{t/yr}}$$

$$= 3.43\text{MHT}$$

정답 3-1 ③ 3-2 ③ 3-3 ②

핵심이론 04 | 운반차량 계산문제

① 차량 1회 운반 소요시간
왕복운반시간 + 적재시간 + 적하시간

② 운반 차량대수

$$= \frac{1일\ 폐기물\ 발생량}{차량적재량 \times 차량당\ 일\ 운반횟수}$$

$$= \frac{쓰레기\ 발생량 \times 밀도}{적재용량}$$

10년간 자주 출제된 문제

4-1. 쓰레기의 양이 4,000m³이며, 밀도는 1.2t/m³이다. 적재용량이 8t인 차량으로 이 쓰레기를 운반한다면 몇 대의 차량이 필요한가?

① 120대
② 400대
③ 500대
④ 600대

4-2. 인구 100,000명이 거주하고 있는 도시에 1인 1일당 쓰레기 발생량이 평균 1kg이다. 적재용량 4.5톤 트럭을 이용하여 하루에 수거를 마치려면 최소 몇 대가 필요한가?

① 12대
② 20대
③ 23대
④ 32대

|해설|

4-1

$$운반차량 = \frac{쓰레기\ 발생량}{적재용량}$$

$$= \frac{4,000m^3 \times 1.2t/m^3}{8t/대}$$

$$= 600대$$

※ 적재용량 = 차량적재량 × 차량당 일 운반횟수

4-2

$$운반차량 = \frac{100,000인 \times 1kg \times 10^{-3}}{4.5t/대}$$

$$= 22.22$$

$$≒ 23대$$

정답 4-1 ④ 4-2 ③

핵심이론 05 | 폐기물 관로수송

① 정의 : 폐기물을 일정한 위치에 설치된 투입구에 버리면 매립 배관을 통해 중앙 제어 시스템의 프로그램에 의하여 고속의 공기와 함께 중앙 처리장으로 운반되어 처리하는 수거 시스템을 말한다.

② 종류

구 분	고정식	이동식
특 징	진공흡입장치, 압축기, 제어설비 등을 중앙 집하장에 설치	진공흡입장치, 압축기, 제어설비 등을 특수 차량에 설치
적용세대	500~10,000세대	20~2,000세대
적용지역	대규모 지역	소규모 지역

③ 특 징

㉠ 지하 매설 관로로 수시 운반으로 적체 현상 없음
㉡ 쓰레기 수거, 운반과정에서 2차 환경오염 문제 해결로 쾌적한 환경조성
㉢ 밀폐 관로를 통해 운반함으로써 먼지, 해충, 병원균 서식, 악취 요인을 원천 제거하여 청결 유지
㉣ 자동화된 수거 공정과 소음이 없으며, 차량에 의한 교통 혼잡, 배기가스 저감
㉤ 관리가 용이하고 소수인원만 필요함
㉥ 초기 투자비가 고가이나, 유지관리비가 저렴함

10년간 자주 출제된 문제

5-1. 관거 수거에 관한 설명으로 틀린 것은?

① 자동화, 무공해화가 가능하다.
② 가설 후에 경로 변경이 곤란하고 설치비가 높다.
③ 잘못 투입된 물건의 회수가 용이하다.
④ 큰 쓰레기는 파쇄, 압축 등의 전처리를 해야 한다.

5-2. 쓰레기 수송하는 방법 중 자동화, 무공해화가 가능하고 눈에 띄지 않는다는 장점을 가지고 있으며 공기수송, 반죽수송, 캡슐수송 등의 방법으로 쓰레기를 수거하는 방법은?

① 모노레일 수거
② 관거 수거
③ 컨베이어 수거
④ 컨테이너철도 수거

10년간 자주 출제된 문제

5-3. 폐기물을 새로운 수단인 파이프라인 수송의 단점이 아닌 것은?
① 잘못 투입된 물건의 회수 곤란
② 조대폐기물은 파쇄, 압축 등의 전처리 필요
③ 장거리 수송의 곤란
④ 폐기물 발생 밀도가 높은 곳은 사용 불가능

5-4. 폐기물을 관거(Pipeline)를 이용하여 수거하는 방법에 관한 설명으로 거리가 먼 것은?
① 폐기물 발생 빈도가 높은 곳이 경제적이다.
② 잘못 투입된 물건은 회수하기 곤란하다.
③ 5km 이상의 장거리 수송에 경제적이다.
④ 큰 폐기물은 전처리하여야 한다.

|해설|

5-1
잘못 투입된 물건의 회수가 곤란하다.

5-2
관거(Pipeline)를 이용한 수송의 장단점

장점	• 자동화, 무공해화 가능 • 경관을 보전
단점	• 가설 후 경로변경이 곤란하고 설치비가 높음 • 잘못 투입된 물건의 회수 곤란 • 조대 쓰레기는 파쇄, 압축 등의 전처리가 필요 • 장거리 수송 곤란 • 사고 발생 시 시스템 전체가 마비

5-3
파이프라인은 폐기물 발생 밀도가 높은 곳에서 사용 가능하다.

5-4
관거(Pipeline) 수거의 가장 큰 단점은 장거리 수송이 곤란하다는 것이다.

정답 5-1 ③　5-2 ②　5-3 ④　5-4 ③

3. 적환장 관리

핵심이론 01 | 적환장

① 개념 : 중·소형의 수집차량에서 수거된 폐기물을 큰 차량으로 옮겨 싣고 장거리수송을 할 경우 필요한 시설

② 설치 필요성
　㉠ 처분지가 수송장소로부터 멀리 떨어져 있을 때
　㉡ 작은 용량의 수집차량을 이용할 때
　㉢ 불법투기와 다량의 어질러진 폐기물들이 발생할 때
　㉣ 저밀도 거주지역이 존재할 때
　㉤ 상업지역에서 폐기물 수집에 소형용기를 많이 사용할 때
　㉥ 슬러지 수송이나 관로수송 방식을 사용할 때

③ 적환장의 형식
　㉠ 저장 투하방식(Storage Discharge) : 쓰레기를 저장 피트에 저장한 후 불도저, 압축기로 적환하는 방식
　㉡ 직접 투하방식(Direct Discharge) : 소형차에서 대형차로 직접 투하하여 싣는 방법으로 주택가와 거리가 먼 교외지역에 설치가능한 적환장 방식
　㉢ 직접·저장 투하 결합방식(Direct and Storage Discharge) : 직접 상차하는 방식과 저장 후 적환하는 방식, 두 가지 모두를 한 적환장 내에서 운용하는 방식

10년간 자주 출제된 문제

1-1. 폐기물을 수집하기 위한 적환장의 설치 이유와 가장 거리가 먼 것은?
① 작은 용량의 수집차량을 이용할 때
② 작은 규모의 주택들이 밀집되어 있을 때
③ 상업지역의 수거에 대형용기를 사용할 때
④ 처분지가 수집 장소로부터 비교적 멀리 떨어져 있을 때

10년간 자주 출제된 문제

1-2. 다음 중 적환장의 위치로 적당하지 않은 곳은?
① 쉽게 간선도로에 연결될 수 있고 2차 보조 수송수단에의 연결이 쉬운 곳
② 수거해야 할 쓰레기 발생지역의 무게중심으로부터 먼 곳
③ 공중의 반대가 적고 환경적 영향이 최소인 곳
④ 건설과 운용이 가장 경제적인 곳

1-3. 수송차량 또는 쓰레기 투하방식에 따라 구분한 적환장의 형식으로 알맞지 않는 것은?
① 저장 투하방식
② 직접·저장 복합 투하방식
③ 직접 투하방식
④ 간접 투하방식

1-4. 다음 중 적환장을 설치할 필요성이 가장 낮은 경우는?
① 공기수송 방식을 사용하는 경우
② 폐기물 수집에 대형 컨테이너를 많이 사용하는 경우
③ 처분장이 원거리에 있어 도중에 불법 투기의 가능성이 있는 경우
④ 처분장이 멀리 떨어져 있어 소형 차량에 의한 수송이 비경제적일 경우

|해설|

1-1
적환장은 비교적 작은 수집차량에서 큰 차량으로 옮겨 싣고 장거리 수송을 할 경우 필요한 시설이다.

1-2
② 수거해야 할 쓰레기 발생지역의 무게중심에 가까운 곳

1-3
적환장의 형식
- 저장 투하방식(Storage Discharge) : 쓰레기를 저장 피트에 저장한 후 불도저, 압축기로 적환하는 방식
- 직접 투하방식(Direct Discharge) : 소형차에서 대형차로 직접 투하하여 싣는 방법으로 주택가와 거리가 먼 교외지역에 설치가 능한 적환장 방식
- 직접·저장 투하 결합방식(Direct and Storage Discharge) : 직접 상차하는 방식과 저장 후 적환하는 방식, 두 가지 모두를 한 적환장 내에서 운용하는 방식

1-4
적환장은 비교적 작은 수집차량(소형 컨테이너)에서 큰 차량으로 옮겨 싣고 장거리 수송을 할 경우 필요한 시설이다.

정답 1-1 ③ 1-2 ② 1-3 ④ 1-4 ②

4. 폐기물 수송

핵심이론 01 | 수송차량의 안전작업 확보

① 폐기물 수송차량 작업의 위험요인
　㉠ 안전사고 형태 : 부상 및 사망
　㉡ 주요사고 형태 : 넘어짐, 추락, 교통사고, 절단
　㉢ 원인 : 무리한 작업 및 안전수칙 미준수

② 예방법
　㉠ 수송차량 승차석 외에 탑승을 금지한다.
　㉡ 작동반경 내 작업자 접근 여부 확인 후 안전한 상태에서 작동시킨다.
　㉢ 경광등을 설치하여 안전한 작업환경을 설정한다.

핵심이론 02 | 수송차량의 선정

① 조작의 편리성 및 안전장치 확보로 작업자의 안정성 확보가 필요하다.
② 침출수 유출 및 비산먼지 확산 방지 장치 설치로 작업자 및 주변 확산 방지가 필요하다.
③ 수거폐기물의 감용·압축 성능 향상으로 폐기물 수송의 효율성 증대가 필요하다.
④ 차량 운영 비용이 적은 경제적인 수송차량 선정이 필요하다.

핵심이론 03 | 폐기물 수송 2차 오염방지

① 기본원칙 : 수집, 운반, 보관 과정에서 폐기물이 흩날리거나 누출되지 않도록 하며, 침출수의 유출을 방지한다.
② 2차 오염방지 개선에 따른 효과
  ㉠ 폐기물 흩날림 예방으로, 도로 및 주택가 대기질 개선으로 국민 건강 확보에 기여
  ㉡ 폐기물 수집·운반차량 및 도시 미관 개선, 악취 방지로 국민의 쾌적한 생활 여건 조성
  ㉢ 낙하물 사고 방지 및 과적 방지를 통한 도로 교통안전 문제 해결

10년간 자주 출제된 문제

폐기물 수송차량 작업의 위험요인 및 예방법에 대한 설명으로 옳지 않은 것은?

① 안전사고 형태 : 부상 및 사망
② 주요사고 형태 : 넘어짐, 추락, 교통사고, 절단
③ 원인 : 무리한 작업 및 안전수칙 미준수
④ 수송차량은 경우에 따라 승차석 외에 탑승하여 효과적으로 수송하도록 할 수 있다.

|해설|
수송차량 승차석 외에 탑승을 금지한다.

정답 ④

제3절 전처리 및 중간처분

1. 기계적 선별 분리공정

핵심이론 01 | 폐기물 선별

① 손선별(Hand Separation) : 정확도가 높고, 위험물질을 분류할 수 있으나 지저분하며 작업량이 떨어짐
② 스크린선별(Screening) : 스크린의 크기에 따라 폐기물을 분류하는 것으로 큰 폐기물 유입 시 장치 고장 등을 예방하기 위한 전처리 설비로 사용됨
③ 공기선별(Air Separation) : 밀도와 공기저항에 따라 폐기물을 선별함(중력, 부력, 항력 작용)
④ 관성선별 : 가벼운 것과 무거운 것을 분리하기 위한 방법으로 중력이나 탄도학을 이용
⑤ 부상선별 : 밀도차에 의해 물에 뜨는 것을 선별하는 방법
⑥ 광학선별(Optical Separation) : 유리 선별 시 색깔별로 분리할 때 사용
⑦ 스토너(Stoner) : 진동경사판에서 맥동하는 공기를 가하여(진동을 주어) 두 물질의 밀도차에 의해 분리하는 방법
⑧ 지그(Jig) : 물속에서 물을 맥동유체로 이용하여 무거운 것을 고르는 선별 방법
⑨ Secators : 물렁거리는 가벼운 물질로부터 딱딱한 물질을 선별하는 데 사용
⑩ 자력선별(Magnetic Separation) : 철 성분을 제거 또는 회수할 경우에 사용

10년간 자주 출제된 문제

1-1. 폐기물의 선별 방법으로 가장 거리가 먼 것은?

① 흡착선별
② 공기선별
③ 자석선별
④ 스크린선별

1-2. 폐기물을 분리하여 재활용하고자 할 때 철금속류를 회수하는 가장 적합한 방법은?

① Air Separation
② Hand Separation
③ Magnetic Separation
④ Screening

10년간 자주 출제된 문제

1-3. 폐기물의 공기 선별 시 투입되는 폐기물 입자에 작용하는 힘과 가장 거리가 먼 것은?

① 중력
② 부력
③ 항력
④ 정전기력

1-4. 다음 중 폐기물의 기계적(물리적) 선별방법으로 가장 거리가 먼 것은?

① 체선별
② 공기선별
③ 용제선별
④ 관성선별

1-5. 다음 폐기물 선별장치 중 건식 방법이 아닌 것은?

① Trommel Screen
② Fluidized Bed Separator
③ Jigs
④ Ballistic Separator

|해설|

1-1
폐기물의 선별방법 : 손선별, 스크린선별, 공기선별, 자석선별, 관성선별, 부상선별, 광학선별

1-2
폐기물 선별법의 종류
- 공기선별 : 폐기물 내의 가벼운 물질인 종이나 플라스틱을 기타 무거운 물질로부터 선별하는 방법
- 손선별 : 손으로 종이류, 플라스틱, 금속류, 유리류를 분류하는 방법
- 자력선별 : 철 성분을 제거 또는 회수할 경우에 사용

1-3
정전기력은 종이, 플라스틱, 유리 내 알루미늄의 정전기 선별에 작용한다.

1-4
기계적(물리적) 선별법 : 체선별(Screening), 공기선별, 손선별, 관성선별, Stoner 등

1-5
습식선별 방법 : Jig, Table, 공기부상(Flotation), Sink/Float

정답 1-1 ① 1-2 ③ 1-3 ① 1-4 ③ 1-5 ③

2. 폐기물 전처리 및 중간처리 공정

핵심이론 01 폐기물 압축

① 압축비$(CR) = \dfrac{V_1}{V_2}$

여기서, V_1 : 압축 전 부피
V_2 : 압축 후 부피

② 부피감소율$(VR) = \dfrac{V_1 - V_2}{V_1} \times 100$

$= \left(1 - \dfrac{1}{CR}\right) \times 100$

10년간 자주 출제된 문제

1-1. 쓰레기를 압축시켜 45% 용적감소율이 있었다면 압축비는?

① 1.25
② 1.54
③ 1.67
④ 1.82

1-2. 압축비 1.67로 쓰레기를 압축하였다면 압축 전과 압축 후의 체적 감소율은 몇 %인가?(단, 압축비는 V_i/V_f이다)

① 약 20%
② 약 40%
③ 약 60%
④ 약 80%

1-3. 밀도가 450kg/m³인 생활폐기물을 매립하기 위해 850kg/m³으로 압축하였다면 압축비는?

① 1.54
② 1.73
③ 1.89
④ 2.11

1-4. 밀도가 350kg/m³인 폐기물을 750kg/m³이 되도록 압축시켰을 때의 부피감소율은?

① 약 72%
② 약 68%
③ 약 53%
④ 약 47%

1-5. 밀도가 1.0g/cm³인 폐기물 10kg에 5kg의 고형화 재료를 첨가하여 고형화시킨 결과 밀도가 2g/cm³으로 증가하였다. 이 경우의 부피 변화율은 얼마인가?

① 0.25
② 0.50
③ 0.75
④ 1.33

| 해설 |

1-1

$$용적감소율 = \left(1 - \frac{1}{압축비}\right) \times 100$$

$$45\% = \left(1 - \frac{1}{압축비}\right) \times 100$$

$$0.45 = \left(1 - \frac{1}{압축비}\right)$$

$$\frac{1}{압축비} = 0.55$$

$$\therefore 압축비 = \frac{1}{0.55} = 1.818$$

1-2

$$부피감소율(VR, \%) = \left(1 - \frac{1}{압축비(CR)}\right) \times 100$$

$$\therefore VR = \left(1 - \frac{1}{1.67}\right) \times 100 ≒ 40\%$$

1-3

$$압축비 = \frac{압축\ 전\ 부피(V_1)}{압축\ 후\ 부피(V_2)}$$

- $V_1 = \dfrac{1\text{kg}}{450\text{kg/m}^3} = 0.00222\text{m}^3$
- $V_2 = \dfrac{1\text{kg}}{850\text{kg/m}^3} = 0.00117\text{m}^3$

$$\therefore 압축비 = \frac{0.00222\text{m}^3}{0.00117\text{m}^3} = 1.89$$

1-4

$$압축비(CR) = \frac{V_2}{V_1},\ 부피감소율(VR) = (1-CR) \times 100$$

여기서, V_1 : 압축 전 부피
V_2 : 압축 후 부피

$$V_1 = \frac{1\text{kg}}{350\text{kg/m}^3} = 0.002857\text{m}^3,$$

$$V_2 = \frac{1\text{kg}}{750\text{kg/m}^3} = 0.001333\text{m}^3$$

$$CR = \frac{0.001333}{0.002857} = 0.467$$

$$\therefore 부피감소율(VR) = (1-0.467) \times 100 = 53.3\%$$

1-5

$$부피 = \frac{질량}{밀도}$$

- $V_1 = \dfrac{10{,}000}{1.0} = 10{,}000\text{cm}^3$
- $V_2 = \dfrac{15{,}000}{2.0} = 7{,}500\text{cm}^3$

$$\therefore 부피\ 변화율 = \frac{7{,}500}{10{,}000} = 0.75$$

정답 1-1 ④ 1-2 ② 1-3 ③ 1-4 ① 1-5 ③

핵심이론 02 | 폐기물 파쇄

① 파쇄처리의 목적
- ㉠ 부피 감소
- ㉡ 겉보기 비중(밀도)의 증가
- ㉢ 입경의 고른 분포
- ㉣ 비표면적의 증가
- ㉤ 특정성분의 분리

② 파쇄의 작용 원리 : 전단작용, 압축작용, 충격작용

③ 파쇄기의 종류
- ㉠ 전단파쇄기 : 목재, 플라스틱, 종이류 파쇄(전단)
- ㉡ 충격파쇄기 : 유리나 목질류 파쇄
- ㉢ 압축파쇄기 : 콘크리트, 건설폐기물 파쇄
- ㉣ 냉각파쇄기 : 드라이아이스(Dry Ice)나 액체질소 등을 냉매로 하여 상온에서 깨지지 않는 것을 저온에서 충격 파쇄

10년간 자주 출제된 문제

2-1. 고형폐기물의 파쇄처리 목적이 아닌 것은?
① 특정성분의 분리
② 겉보기 비중의 증가
③ 비표면적의 증가
④ 부식효과 방지

2-2. 다음 중 작용하는 힘에 따른 폐기물의 파쇄 장치의 분류로 가장 거리가 먼 것은?
① 전단식 파쇄기
② 충격식 파쇄기
③ 압축식 파쇄기
④ 공기식 파쇄기

2-3. 폐기물 파쇄기에 관한 다음 설명 중 틀린 것은?
① 전단파쇄기는 대개 고정칼, 회전칼과의 교합에 의하여 폐기물을 전단한다.
② 전단파쇄기는 충격파쇄기에 비하여 파쇄속도는 느리나, 이물질의 혼입에 대하여는 강하다.
③ 전단파쇄기는 파쇄물의 크기를 고르게 할 수 있다.
④ 전단파쇄기는 주로 목재류, 플라스틱류 및 종이류를 파쇄하는 데 이용된다.

10년간 자주 출제된 문제

2-4. 폐기물 파쇄에 관한 다음 설명 중 가장 거리가 먼 것은?
① 전단식 파쇄기는 고정칼이나 왕복칼 또는 회전칼을 이용하여 폐기물을 절단한다.
② 충격식 파쇄기는 대량 처리가 가능하다.
③ 충격식 파쇄기는 연성이 있는 물질에는 부적합한 편이다.
④ 전단식 파쇄기는 유리나 목질류 등을 파쇄하는 데 이용되며, 해머밀은 대표적인 전단식 파쇄기에 해당한다.

2-5. 폐기물을 파쇄시키는 과정에서 발생할 수 있는 문제점과 가장 거리가 먼 것은?
① 먼지 발생
② 소음 및 진동발생
③ 폭발 발생
④ 침출수 발생

|해설|

2-1
폐기물의 파쇄의 목적
• 겉보기 밀도 증가
• 고체의 치밀한 혼합
• 부식효과 증대
• 비표면적의 증가

2-2
파쇄 장치에 작용하는 힘은 전단작용, 충격작용, 압축작용이다.

2-3
전단파쇄기는 충격파쇄기에 비하여 처리속도가 느리고, 이물질의 혼입에 대하여 약하나 파쇄물질의 크기를 균열하게 할 수 있는 장점이 있다.

2-4
유리나 목질류 등을 파쇄하는 데 이용되는 것은 충격식 파쇄기이며, 해머밀은 대표적인 충격식 파쇄기에 해당한다.
④ 전단식 파쇄기는 목재, 종이, 플라스틱의 파쇄에 효과적이다.

2-5
침출수 발생은 폐기물을 매립하는 과정에서 발생하는 문제점이다.

정답 2-1 ④　2-2 ④　2-3 ②　2-4 ④　2-5 ④

핵심이론 03 | 슬러지 탈수

① 여과비저항 : 슬러지의 여과특성, 즉 탈수가능성을 나타내는 인자로 클수록 탈수가 어렵다.

$$\text{SRF} = \frac{2 \times A \times \Delta P \times b}{\eta \times TS}$$

여기서, A : 여과면적
ΔP : 여과 케이크에 의한 압력손실
b : 상수
η : 동점성계수
TS : 전 고형물농도

② 슬러지의 탈수 방법 : Belt Press, Filter Press, 진공탈수, 원심분리, 가압탈수, 증기건조, 동결탈수, 로터리킬른법 등

③ 슬러지 함수율

$$W_1 \times (100 - P_1) = W_2 \times (100 - P_2)$$

여기서, W_1 : 탈수 전 슬러지 고형물량
W_2 : 탈수 후 슬러지 고형물량
P_1 : 탈수 전 슬러지 함수율
P_2 : 탈수 후 슬러지 함수율

10년간 자주 출제된 문제

3-1. 슬러지나 분뇨의 탈수 가능성을 나타내는 것은?
① 균등계수
② 알칼리도
③ 여과비저항
④ 유효경

3-2. 슬러지의 탈수 방법으로 적합하지 않은 것은?
① Belt Press
② Screw Belt Press
③ Filter Press
④ 진공여과

3-3. 함수율이 95%인 슬러지 20m³를 75%로 탈수하였을 때 슬러지 체적은 몇 m³로 되는가?
① 2
② 3
③ 4
④ 5

10년간 자주 출제된 문제

3-4. 함수율이 25%인 폐기물을 건조시켜 함수율 5%로 만들기 위해 폐기물 1톤당 증발시켜야 할 수분의 양은?

① 173.9kg
② 191.3kg
③ 204.7kg
④ 210.5kg

|해설|

3-1
슬러지의 여과 특성을 잘 나타내는 인자는 여과비저항이다.

3-2
슬러지의 탈수 방법
Belt Press, Filter Press, 진공탈수, 원심분리, 가압탈수, 증기건조, 동결탈수, 로터리킬른법

3-3
$W_1 \times (100 - P_1) = W_2 \times (100 - P_2)$
$20 \times (100 - 95) = W_2 \times (100 - 75)$
$\therefore W_2 = \frac{100}{25} = 4\text{m}^3$

3-4
$W_1 \times (100 - P_1) = W_2 \times (100 - P_2)$
여기서, W_1 : 건조 전 폐기물 중량
P_1 : 건조 전 함수율
W_2 : 건조 후 폐기물 중량
P_2 : 건조 후 함수율
$1,000 \times (100 - 25) = W_2 \times (100 - 5)$
$W_2 = \frac{75,000}{95} = 789.47\text{kg}$
∴ 증발시켜야 할 수분 = 1,000 - 789.47
= 210.53kg

정답 3-1 ③ 3-2 ② 3-3 ③ 3-4 ④

3. 잔재물 관리

핵심이론 01 | 잔재물 성상파악

① 잔재물 처리의 필요성
   ㉠ 생활폐기물 전처리시설(MBT) 공정에서 잔재물 발생으로 인한 소각시설 부하 증가와 매립지 부족 문제 발생
   ㉡ 잔재물 처리 시 발생하는 환경적인 영향(소음, 악취, 오염물질 배출 등) 최소화 필요
   ㉢ EU 폐기물지침(1999/31/EC)에 따라 잔재물의 생분해성 유기물 함량 제한(6MJ/kg 이하) 필요
   ㉣ 국내 매립지 부족으로 인한 사용 제약 요소 발생
   ㉤ 잔재물의 선택 전 분리, 선별을 통한 자원화, 안정화로 폐기물 감량화 기대 가능

② 잔재물의 종류 및 처리지침
   ㉠ 재활용품(선별항목)
      재판매하거나 공공재활용기반시설과 연계하여 가공 후 유상판매 방안 필요
   ㉡ 유기성 폐기물(음식류 등)
      • 생물학적 처리시설 중 호기성 분해를 통한 안정화방안(부숙토, 안정화 후 매립 등)
      • 단독 또는 기타 유기성 폐기물(분리배출 음식물, 가축분뇨, 슬러지 등)과 혼합 혐기성 소화 등의 에너지화 방안
      • 기존 매립시설 내 LFG 회수시설이 이미 설치되어 운영 중이거나 향후 설치 계획이 있는 지자체에서는 매립을 통한 LFG 회수 등
      ※ 위 제시 처리시설이 부재할 경우 매립처리
   ㉢ 토사류
      매립 등 폐기물관리법에 따라 적절히 처리
   ㉣ 혐기성 소화 후 발생한 고액분리 슬러지
      2차 호기성 분해 과정을 통해 유기물 안정화 후 매립

ⓜ 호기성 분해 안정화 후 잔재물
최대한 회수하여 고형연료제조, 유상판매, 매립 등 적합한 방식으로 처리

10년간 자주 출제된 문제

잔재물의 종류 가운데 재판매하거나 공공재활용 기반시설과 연계하여 가공 후 유상판매 방안이 필요한 것은?

① 재활용품(선별항목)
② 유기성 폐기물(음식류 등)
③ 토사류
④ 호기성 분해 안정화 후 잔재물

|해설|

잔재물 가운데 유일하게 가공 후 유상판매할 수 있는 것은 선별된 재활용품이다.

정답 ①

핵심이론 02 | 유기성 잔재물 생물학적 처리계획

① 유기성 폐기물 안정화
  ㉠ 필요성 : 최종 처분인 매립량을 최소화하기 위해서는 생활폐기물 내에 포함된 유기물을 생물학적 방법을 통해 분해하여 안정화하는 시켜야 한다.

② 생물학적 안정화 방안
  ㉠ 호기성 안정화 : 음식물류 폐기물, 가축분뇨, 동식물성 잔사를 주로 호기성 조건에서 발효 미생물의 작용으로 분해 안정화하는 공정
  ㉡ 혐기성 안정화 : 혐기성 소화처리는 일명 '메탄발효'라고도 하며, 주된 목적은 폐수 혹은 폐기물처리와 동시에 메탄이라는 에너지를 회수하기 위하여 적용한다.

10년간 자주 출제된 문제

유기성 잔재물을 생물학적으로 처리하는 내용으로 적절하지 않은 것은?

① 매립량의 최소화를 위해 안정화가 필요하다.
② 호기성 안정화의 배출 물질은 주로 이산화탄소이다.
③ 호기성 안정화를 일명 메탄발효라고 한다.
④ 혐기성 안정화를 통해 에너지를 회수할 수 있다.

|해설|

혐기성 안정화 : 혐기성 소화처리는 일명 '메탄발효'라고도 하며, 주된 목적은 폐수 혹은 폐기물처리와 동시에 메탄이라는 에너지를 회수하기 위하여 적용한다.

정답 ③

| 핵심이론 03 | 잔재물 매립지 복토재 활용

① 복토의 목적
- ㉠ 우수침투량 감소로 침출수 발생 억제
- ㉡ 병원균 매개체의 서식 방지(파리, 모기, 쥐 등)
- ㉢ 악취, 유독가스 배출 방지
- ㉣ 미관상 문제 완화 및 식물성장 토양의 제공
- ㉤ 화재 예방

② 복토의 종류
- ㉠ 일일복토
  - 폐기물의 날림, 악취 최소화를 위해 매립 당일 신속히(5시간 내) 시행
  - 복토 두께 20cm
- ㉡ 중간복토
  - 쓰레기 운반차량을 위한 도로지반 제공이나 장기간 방치되는 매립 부분의 빗물 배제를 목적으로 실시
  - 복토두께 50cm(폐기물 관리법은 30cm)
- ㉢ 최종복토
  - 식생층 : 양질토사 60cm 이상
  - 최종 복토는 매립진행 중에 부등 침하를 고려하여, 1년 경과 이후 각 단별 이격구간에 실시하고, 매립 종료 후에는 매립지 상부 활용계획을 수립하여 함께 진행함

③ 잔재물의 복토재 활용
- ㉠ 호기성 및 혐기성 생분해도를 분석한 후 복토재로 활용

10년간 자주 출제된 문제

잔재물을 매립지 복토재로 활용하는 내용으로 가장 적절한 것은?

① 복토는 침출수 발생이나 악취, 유독가스 등의 배출을 방지하기 위해 사용한다.
② 일일 복토의 두께는 20cm이다.
③ 잔재물의 호기성, 혐기성 생분해도를 분석한 후 복토재로 활용 가능하다.
④ 일반적으로 복토는 관리법의 기준과 동일하게 적용하여 시행한다.

|해설|

복토는 폐기물관리법 기준보다 항상 강화하여 수행하는 것을 원칙으로 한다.

정답 ④

4. 고형화 처리기술

핵심이론 01 | 고형화

① 정의 : 유독성 물질에 충분한 양의 고화제를 첨가하여 고체 형태의 물질로 변환하는 공정을 말하며, 안정화와 동시에 진행되는 경우가 많다.

② 목적 : 유해폐기물의 취급개선과 환경오염의 방지

③ 효과
- ㉠ 폐기물 함수율 저감으로 취급이 용이해진다.
- ㉡ 유해폐기물의 용출 표면적이 축소된다.
- ㉢ pH조절, 흡착 등으로 유해물질의 용해도가 감소된다.
- ㉣ 다양한 형태로 재활용이 가능해진다(건설 자재 등).

10년간 자주 출제된 문제

유독성 물질에 충분한 양의 고화제를 첨가하여 고체 형태의 물질로 변환하는 공정을 무엇이라 하는가?

① 고형화
② 퇴비화
③ 매립
④ 열처리

정답 ①

핵심이론 02 | 고형화 방법 및 공정

① 유기성 공정
- ㉠ 소수성 물질로 대상체를 고형화 시킨다.
- ㉡ 유기독성 물질에 적합하고, 폐기물 내 수분은 고형화 과정에서 증발한다.
- ㉢ 장비의 비용이 고가이어서, 유해성이 높은 방사성 폐기물 같은 특수한 상황에 주로 사용된다.

② 무기성 공정
- ㉠ 시멘트와 같은 물질을 이용해 대상체를 고형화 시킨다.
- ㉡ 적절한 함수율의 무기성 슬러지 처리에 적합하다.
- ㉢ 포졸란 같은 물질을 사용하면 저렴한 비용으로 작업이 가능하다.

③ 고형화 공정
- ㉠ 시멘트 기초법
  - 다양한 폐기물의 처리가 가능하며, 사전탈수하지 않아도 된다.
  - 포틀랜드 시멘트법을 가장 많이 사용한다.
  - 중금속 물질 처리에 적합하며 공정 운영이 쉽다.
  - 낮은 pH의 물질일 경우 용출 가능성이 있다.
- ㉡ 석회 기초법
  - 비용이 저렴하며, 사전탈수하지 않아도 된다.
  - 석회-포졸란 반응을 이용해 고형화 한다.
  - 운전이 용이하다.
  - 낮은 pH의 물질인 경우 용출될 수 있으며, 최종 처분되는 물질의 양이 증가할 수 있다.
- ㉢ 자가 시멘트법
  - 낮은 혼합률(MR)을 지닌 중금속 폐기물에 적합하다.
  - 연소가스 탈황 시 발생되는 슬러지 처리에 적용한다.
  - 폐기물 자체가 고형화 된다.

- 고형화 시키기 위해 숙련된 운전기술과 보조 에너지가 필요하다.
   ㄹ. 피막형성법
   - 혼합률(MR)이 낮고 침출성이 낮지만, 에너지 소요가 크며, 화재의 위험 있는 단점이 있다.
   - 피막용 수지의 비용이 고가이다.
   ㅁ. 열가소성 플라스틱법
   - 용출 손실이 없고, 수용액의 침투에 대한 높은 저항성과 고화처리된 폐기물 회수 후 재활용 가능하다.
   - 혼합률이 높고, 고온분해성분의 폐기물 적용 불가능하다.
   - 에너지 요구량이 높고 화재발생의 위험이 있다.

10년간 자주 출제된 문제

2-1. 다양한 폐기물에 적용 가능하며, 주로 중금속 물질 처리에 적합하고 공정이 쉬워 많이 활용되는 고형과 공정은?

① 석회기초법 ② 자가 시멘트법
③ 시멘트 기초법 ④ 피막 형성법

2-2. 고형화 공정 가운데 열가소성 플라스틱법에 대한 설명으로 옳지 않은 것은?

① 용출손실이 거의 없다.
② 고화처리된 폐기물은 회수 후 재활용이 가능하다.
③ 고온 분해성분의 폐기물은 적용이 불가능하다.
④ 혼합률(MR)이 낮다.

|해설|

2-1
혐기성 안정화 : 혐기성 소화처리는 일명 '메탄발효'라고도 하며, 주된 목적은 폐수 혹은 폐기물처리와 동시에 메탄이라는 에너지를 회수하기 위하여 적용한다.

2-2
열가소성 플라스틱법은 혼합률(첨가제질량/폐기물질량)이 높아서 다량의 첨가제가 필요한 단점이 있다.

정답 2-1 ③ 2-2 ④

5. 소 각

핵심이론 01 | 소각처리의 장단점

장 점	단 점
• 폐기물의 감량화(90% 감량)	• 고가의 처리비용
• 폐기물의 위생적 처리	• 고도의 기술(고온 유지)
• 에너지 회수이용	• 각종 2차 환경오염 유발
• 병원성 미생물 제거 가능	(수질오염, 대기오염)

10년간 자주 출제된 문제

슬러지 소각의 장점으로 가장 거리가 먼 것은?

① 병원균의 사멸로 위생적이며 안전하다.
② 슬러지 용적이 감소된다.
③ 시설비 및 유지관리비가 저렴하다.
④ 다른 처리법에 비해 소요면적이 적다.

|해설|

소각처리의 장점은 부피(용적)을 줄일 수 있으며 병원균이 사멸하여 위생적으로 안전하며 다른 처리법에 비해 부지면적이 적다는 것이나, 대기오염물질이 발생하여 시설비 및 유지관리비가 비싸다는 것이 단점이다.

정답 ③

핵심이론 02 | 연소의 조건

① 연소의 3요소 : 가연물, 산소 공급원, 점화원
② 연소온도를 높이기 위한 방법
　㉠ 발열량이 높은 연료를 사용할 것
　㉡ 완전연소시킬 것
　㉢ 과잉공기량(공기비)을 적게 할 것
　㉣ 연료 또는 공기를 예열해서 공급할 것
　㉤ 복사(Radiation)에 의한 열의 방산을 적게 하기 위해 연소속도를 빨리 할 것

10년간 자주 출제된 문제

2-1. 연소 시 연소온도를 높일 수 있는 조건이 아닌 것은?
① 공기비를 높인다.
② 공기를 예열한다.
③ 완전 연소시킨다.
④ 발열량이 높은 연료를 사용한다.

2-2. 연소 시 연소온도를 높일 수 있는 조건으로 가장 거리가 먼 것은?
① 완전연소시킨다.
② 연소용 공기를 예열한다.
③ 과잉공기량을 많게 한다.
④ 발열량이 높은 연료를 사용한다.

|해설|

2-1
공기비가 높을수록 연소온도는 낮아진다.

2-2
과잉공기량이 지나치게 많으면 연소실의 온도가 저하된다.

정답 2-1 ① **2-2** ③

핵심이론 03 | 연소효율을 높이기 위한 조건(3T)

① 온도(Temperature) : 착화온도 이상으로 가열하여야 한다.
② 연소시간(Time) : 완전연소를 위해 체류시간이 충분해야 한다.
③ 혼합(Turbulence) : 연료와 공기가 충분히 혼합되어야 한다.

10년간 자주 출제된 문제

3-1. 소각로에서 연소효율을 높이기 위한 조건 중 3T에 해당되지 않는 것은?
① 적당한 온도
② 적당한 난류혼합
③ 충분한 연소시간
④ 적당한 산소공급

3-2. 소각장에서 폐기물을 연소시킬 때 조건으로 적절치 못한 것은?
① 공기/연료비가 적절해야 한다.
② 연료와 공기가 충분히 혼합되어야 한다.
③ 완전연소를 위해 가능한 한 체류시간이 짧아야 한다.
④ 점화온도가 유지되고 재의 방출이 최소화될 수 있는 소각로 형태이어야 한다.

|해설|

3-1
완전연소를 위한 3가지 조건(3T)
• 충분한 시간(Time)
• 높은 온도(Temperature)
• 적당한 혼합(Turbulence)

3-2
완전연소를 위해 체류시간이 충분해야 한다.

정답 3-1 ④ **3-2** ③

핵심이론 04 | 인화점과 착화점

① 인화점 : 가연성 액체 또는 고체가 증기나 분해가스를 발생할 경우 공기 중에 농도가 연소범위 이내에 있으면 그 표면에 불꽃을 접근시키면 인화되는데, 이 인화에 필요한 최저온도

② 착화점(발화점) : 가연물이 공기 속에서 가열되어 열이 축적됨으로써 외부로부터 점화되지 않아도 스스로 연소를 개시하는 온도
  ㉠ 분자구조가 간단할수록 착화온도는 높아진다.
  ㉡ 화학결합의 활성도가 클수록 착화온도는 낮아진다.
  ㉢ 화학반응성이 클수록 착화온도는 낮아진다.
  ㉣ 화학적으로 발열량이 클수록 착화온도는 낮아진다.
  ㉤ 공기 중의 산소농도 및 압력이 높을수록 착화온도는 낮아진다.
  ㉥ 비표면적이 클수록 착화온도는 낮아진다.

10년간 자주 출제된 문제

착화온도에 관한 다음 설명 중 옳은 것은?
① 분자구조가 간단할수록 착화온도는 낮아진다.
② 발열량이 작을수록 착화온도는 낮아진다.
③ 활성화 에너지가 작을수록 착화온도는 높아진다.
④ 화학결합의 활성도가 클수록 착화온도는 낮아진다.

|해설|
① 분자구조가 간단할수록 착화온도는 높아진다.
② 발열량이 높을수록 착화온도는 낮아진다.
③ 활성화 에너지가 작을수록 착화온도는 낮아진다.
※ 착화온도 : 물질이 공기 중에서 열을 받아 점화시키지 않아도 스스로 연소를 시작하는 온도

정답 ④

핵심이론 05 | 공기비

$$공기비(m) = \frac{실제공기량}{이론공기량}$$

① 공기비(m)가 클 경우 : 연소실 온도가 낮아짐, 배기가스에 의한 열손실, 연소장치의 부식

② 공기비(m)가 작은 경우 : 불완전 연소에 의한 매연발생, 폭발위험성, CO, 탄화수소 농도 증가

10년간 자주 출제된 문제

5-1. 쓰레기를 연소시키기 위한 이론공기량이 $10Sm^3/kg$이고 공기비가 1.1일 때 실제로 공급된 공기량은?
① $0.5Sm^3/kg$
② $0.6Sm^3/kg$
③ $10.0Sm^3/kg$
④ $11.0Sm^3/kg$

5-2. 연료의 연소 시 공기비가 클 경우에 나타나는 현상으로 가장 거리가 먼 것은?
① 연소실 내의 온도가 낮아짐
② 배기가스 중 NO_x양 증가
③ 배기가스에 의한 열손실의 증대
④ 불완전연소에 의한 매연 증대

|해설|

5-1
실제공기량 = 이론공기량 × 공기비
 = $10Sm^3/kg × 1.1$
 = $11.0Sm^3/kg$

5-2
공기비가 연소에 미치는 영향
• 공기비가 너무 클 경우
 - 연소실 온도감소(냉각효과 발생)
 - 배기가스(NO_x, SO_x 등)발생 증가에 의한 열손실 증대
 - 저온부식 촉진
 - 일산화탄소, 메탄 등의 발생으로 대기오염 심화
• 공기비가 너무 적을 경우
 - 불완전연소에 의한 매연 발생
 - 미연소에 의한 열손실
 - 미연소가스에 의한 폭발사고

정답 5-1 ④ 5-2 ④

핵심이론 06 | 화격자(스토커) 연소방식

① 개 념
  ㉠ 폐기물을 화격자 윗부분에서 공급하고 공기를 화격자 밑에서 송풍하여 연소하는 방식
  ㉡ 노(爐) 안에 고정화격자 또는 구동화격자를 설치하여 화격자 위에 폐기물을 놓고 연소시키는 방식
  ㉢ 생활폐기물 소각 시 가장 대표적인 소각 방식

② 특 징
  ㉠ 구조가 비교적 간단하고 고장이 적어 운전이 용이
  ㉡ 연속적인 소각 및 배출
  ㉢ 열에 쉽게 용해되는 경우 화격자 막힘 현상
  ㉣ 긴 체류시간 및 낮은 교반력
  ㉤ 고온 중에 구동하므로 금속부의 마모손실

10년간 자주 출제된 문제

6-1. 도시 폐기물을 소각하는 방식으로 널리 사용되고 있으며 체류시간이 길고 교반력이 약하여 국부가열의 우려가 있는 소각로는?

① 유동층 소각로
② 회전로 소각로
③ 화격자 소각로
④ 액체주입형 소각로

6-2. 화격자 소각로의 장점으로 가장 적합한 것은?

① 체류시간이 짧고 교반력이 강하다.
② 연속적인 소각과 배출이 가능하다.
③ 열에 쉽게 용해되는 물질의 소각에 적합하다.
④ 수분이 많은 물질의 소각에 적합하며, 금속부의 마모손실이 적다.

|해설|

6-1
화격자(스토커) 소각로의 특징
• 연속적인 소각 및 배출
• 열에 쉽게 용해되는 경우 화격자 막힘 현상
• 긴 체류시간 및 낮은 교반력
• 금속부의 마모손실

6-2
② 화격자 소각로는 연속적 소각 및 배출이 가능하며 대량 소각도 가능하다.

화격자 소각로의 단점
• 체류시간이 길고 교반력이 약하다.
• 열에 쉽게 용융되는 물질은 화격자 막힘 현상을 일으킨다.
• 구동 부분의 마모 손실이 크다.

정답 6-1 ③ 6-2 ②

핵심이론 07 | 고정상(床) 연소방식

① 개 념
- ㉠ 소각로 안의 상의 윗부분에 폐기물을 쌓아서 연소시키는 방식
- ㉡ 화격자에 적재할 수 없는 오니, 입자상 물질과 같은 폐기물이나 열을 받아 용융되며, 착화 및 연소되는 폐기물의 연소에 적합한 방식

② 경사고정상식
- ㉠ 폐기물의 건조와 연소에 기계적인 구동 부분이 없어서 건설비는 싸지만, 폐기물의 성상이 일정해야 하고 점착성이 없어야 한다.
- ㉡ 열효율을 향상시키려면 연소배기가스를 경사 고정식 내부를 통과시켜 보유열량을 축적하는 구조가 좋다.

③ 수평고정상식
- ㉠ 회분이 적은 고분자계 폐기물의 소각에 알맞다.
- ㉡ 소각로 밖에 설치된 공기 송풍기에 의해 연소공기를 균등하게 분산시켜 강제주입한 방식이다.

④ 다단로상식
- ㉠ 윗부분에서 공급된 폐기물을 여러 단으로 칸이 나누어져 있다.
- ㉡ 교반 갈퀴에 의해 가래로 흙을 일구는 것처럼 이랑을 만들면서 배기가스와 접촉시켜 균등하게 건조시킬 수 있으며 부분적 연소를 피할 수 있는 방식이다.
- ㉢ 함수율이 높고 발열량이 낮은 폐기물의 소각에 적합하고 유기성 슬러지 처리에 많이 이용하는 방식이다.

10년간 자주 출제된 문제

폐기물을 연소시키기 위한 소각로의 한 형태로 소각로 내의 화상위에서 폐기물을 태우는 방식으로 플라스틱과 같이 열에 의해 용융되는 물질의 소각에 적당하나 체류시간이 길고 교반력이 약하여 국부적으로 가열될 염려가 있는 소각로는?

① 고정상 소각로
② 화격자 소각로
③ 유동상 소각로
④ 열분해 용융 소각로

|해설|

고정상 소각로 : 연소용 공기가 노 주위에서 화상을 향하여 분사되면서 폐기물을 소각하며 플라스틱과 같은 열가소성 폐기물에 적합하다.

정답 ①

핵심이론 08 | 로터리킬른 방식

① 개 념
  ㉠ 광물류의 건조, 소각에 많이 사용되는 방식
  ㉡ 안쪽의 내화물을 부착한 원통형 소각로를 5~8%의 경사를 설치하고 아랫부분에 롤러를 설치하여 구동장치에 따라 천천히 회전하면서 소각하는 방식

② 장단점

장 점	단 점
• 거의 모든 폐기물을 적용시킬 수 있다. • 전처리과정을 거치지 않고 소각시킬 수 있다. • 처리목적에 따라 소성온도와 체류시간을 적절하게 조절할 수 있다. • 폐기물의 성상변화에 적응성이 우수하다.	• 소량의 폐기물에 부적합하다. • 내화재의 손상이 심하여 미연분이나 비산분진이 많이 배출될 수 있다. • 고점착성의 폐기물에 부적합하다. • 열효율이 35~40% 정도로 비교적 낮다.

10년간 자주 출제된 문제

8-1. 소각로 중 로터리킬른 방식의 장점이라 볼 수 없는 것은?

① 액상이나 고체상의 여러 종류를 한꺼번에 연소시킬 수 있다.
② 예열이나 혼합 등 전처리가 거의 필요 없다.
③ 열효율이 높고 먼지발생량이 적다.
④ 연소로 내에서 혼합이 잘 이루어진다.

8-2. 다음 중 로터리킬른 방식의 장점으로 거리가 먼 것은?

① 열효율이 높고, 적은 공기비로도 완전연소가 가능하다.
② 예열이나 혼합 등 전처리가 거의 필요 없다.
③ 드럼이나 대형용기를 파쇄하지 않고 그대로 투입할 수 있다.
④ 공급장치의 설계에 있어서 유연성이 있다.

|해설|

8-1
열효율이 낮고 먼지발생량이 많다.

8-2
로터리킬른은 일명 회전로라 하며 열효율이 낮고, 투자비에 비해 소각능력이 떨어지는 단점이 있다.

정답 8-1 ③ 8-2 ①

핵심이론 09 | 유동상 연소방식

① 개념 : 비교적 입자가 고른 유동매체는 아랫부분에서 고속으로 공기를 불어 넣어 주면 부상하게 되고 유동매체 전체가 비등 상태에 가까운 유동층을 생성하게 된다. 이를 폐기물 소각에 응용한 것이다.

② 유동매질(매체)의 조건
  ㉠ 불활성
  ㉡ 열 충격에 강하고 융점이 높을 것
  ㉢ 내마모성이 좋을 것
  ㉣ 비중이 작을 것
  ㉤ 가격이 저렴할 것

③ 장단점

장 점	단 점
• 연소잔재가 남지 않는 슬러지 등에 적합하다. • 노 내 온도조절이 용이하고, 노 내 온도 분포를 균일하게 유지할 수 있다. • 노의 구조가 간단하고 고장이 적다. • 공기량이 적다.	• 슬러지의 함수율이 크면 소각효율이 떨어진다. • 유출되는 모래에 의해 후속처리의 기계류에 손상이 발생될 수 있다. • 온도가 낮을 때는 냄새를 유발한다.

10년간 자주 출제된 문제

9-1. 뜨거운 공기를 주입하여 모래를 부상, 가열시키고 상부에서 폐기물을 주입하여 태우는 방식으로 슬러지, 폐유, 폐윤활유 등의 소각에 탁월한 성능을 가진 소각로는?

① 다단로
② 유동상
③ 회전로
④ 고정상

9-2. 유동상 소각로에서 유동상의 매질이 갖추어야 할 조건이 아닌 것은?

① 불활성
② 낮은 융점
③ 내마모성
④ 작은 비중

9-3. 유동상 소각로의 장점으로 거리가 먼 것은?

① 유동매체의 열용량이 커서 전소 및 혼소가 가능하다.
② 연소효율이 높아 미연소분의 배출이 적고 2차 연소실이 불필요하다.
③ 유동매체의 손실이 없어 유지관리비가 적게 소요된다.
④ 과잉공기량이 적고 질소산화물도 적게 배출된다.

|해설|

9-1
유동상 소각로
여러 개의 공기분사 노즐이 있는 화상 위에 모래를 넣고 노즐로부터 공기를 압송하여 모래를 유동시켜 유동층을 형성하고, 모래를 버너로 약 600~700℃ 정도로 예열한 상태에서 쓰레기를 투입하여 순간적으로 건조, 소각하는 방식이다.

9-2
낮은 융점(×) → 융점이 높을 것(○)

9-3
구조가 단순하여 유지관리가 용이하고, 설치 운영비용이 상대적으로 저렴하지만, 유동매체의 마모 손실에 따른 보충이 필요하다.

정답 9-1 ② 9-2 ② 9-3 ③

핵심이론 10 | 소각로 연소실 내 연소가스와 폐기물의 흐름 형식

① 교류식 : 중간 정도의 발열량을 가지는 폐기물에 적합하다.
② 병류식 : 폐기물의 발열량이 상당히 높은 경우에 적당한 형식이다.
③ 2회류식 : 2개의 연도를 갖고 한쪽 방향의 연도에 설치된 댐퍼(Damper)의 조작에 의해 향류식·병류식 또는 양자의 중간 형태를 얻을 수 있는 형식이다.
④ 향류식 : 폐기물의 이송 방향과 연소 가스의 흐름 방향이 반대로 향하고 있는 형식이다.

10년간 자주 출제된 문제

발열량이 상당히 높은 폐기물의 소각처리 시 소각로 연소실 내의 연소가스와 폐기물의 흐름 형식으로 가장 적절한 것은?

① 교류식
② 병류식
③ 회류식
④ 향류식

|해설|

병류식은 폐기물의 이송 방향과 연소 가스의 흐름 방향이 같은 형식으로 폐기물의 발열량이 상당히 높은 경우에 적당한 형식이다.

정답 ②

핵심이론 11 | 발열량

① 폐기물 발열량 산정방법
  ㉠ 추정식에 의한 방법
  ㉡ 단열열량계에 의한 방법
  ㉢ 원소분석에 의한 방법(Dulong의 식)

② 고위발열량

$$H_h = 8,100C + 34,250\left(H - \frac{O}{8}\right) + 2,250S \;[\text{kcal/kg}]$$

③ 저위발열량
  ㉠ $H_l = 8,100C + 34,250\left(H - \frac{O}{8}\right) + 2,250S - 600(9H + W) \;[\text{kcal/kg}]$
  ㉡ $H_l = H_h - 600(9H + W)$

  여기서, H_l : 저위발열량
  H_h : 고위발열량

10년간 자주 출제된 문제

11-1. 쓰레기의 저위발열량을 측정하는 방법으로 알맞지 않은 것은?

① 추정식에 의한 방법 ② 단열열량계에 의한 방법
③ 흡착식에 의한 방법 ④ 원소분석에 의한 방법

11-2. 다음 중 듀롱(Dulong)식과 관계있는 발열량 분석법은?

① 단열열량계법 ② 직접연소법
③ 원소분석법 ④ 물질수지법

11-3. 중량비로 수소가 15%, 수분이 1%인 연료의 고위발열량이 9,500kcal/kg일 때 저위발열량은?

① 8,684kcal/kg ② 8,968kcal/kg
③ 9,271kcal/kg ④ 9,554kcal/kg

11-4. 수소가 10%, 수분이 0.5%인 연료의 고위발열량이 12,000 kcal/kg이면 저위발열량은?(단, 구하는 식은 LHV = HHV − 6(9H + W)이다)

① 11,243kcal/kg ② 11,457kcal/kg
③ 11,645kcal/kg ④ 11,985kcal/kg

10년간 자주 출제된 문제

11-5. 도시 쓰레기의 조성을 분석하였더니 탄소 30%, 수소 10%, 산소 45%, 질소 5%, 황 0.5%, 회분 9.5%일 때 듀롱(Dulong)식을 이용한 고위발열량은?

① 약 2,450kcal/kg ② 약 3,940kcal/kg
③ 약 4,440kcal/kg ④ 약 5,360kcal/kg

|해설|

11-1
폐기물 발열량 산정방법
• 추정식에 의한 방법
• 단열열량계에 의한 방법
• 원소분석에 의한 방법

11-2
원소분석법에 의한 저위발열량(Dulong의 식)
$H_l = 8,100C + 34,250\left(H - \frac{O}{8}\right) + 2,250S - 600(9H + W)$
[kcal/kg]

11-3
$H_l = H_h - 600(W + 9H)$
$= 9,500 - 600(0.01 + 9 \times 0.15)$
$= 8,684\text{kcal/kg}$

여기서, H_l : 저위발열량(kcal/kg)
  H_h : 고위발열량(kcal/kg)
  H : 수소의 함량(%)
  W : 수분의 함량(%)

11-4
$H_l = H_h - 600(9H + W)$
$= 12,000 - 600(9 \times 0.1 + 0.005)$
$= 11,457\text{kcal/kg}$

11-5
$H_h = 8,100C + 34,250\left(H - \frac{O}{8}\right) + 2,250S$
$= (8,100 \times 0.3) + 34,250\left(0.1 - \frac{0.45}{8}\right) + (2,250 \times 0.005)$
$= 2,430 + 1,498.44 + 11.25$
$= 3,939.69\text{kcal/kg}$

정답 11-1 ③ 11-2 ③ 11-3 ① 11-4 ② 11-5 ②

핵심이론 12 | 소각로 설계

① 쓰레기 소각능력(kg/h/m²) = $\dfrac{\text{쓰레기의 양(kg/h)}}{\text{화격자의 면적(m}^2)}$

② 연소실 부하율(kcal/h/m³)

= $\dfrac{\text{시간당 폐기물 소각량} \times \text{폐기물 발열량}}{\text{소각로 부피(용적)}}$

③ 연소실의 열발생률

$Q_c = \dfrac{H_l \times G}{V}$ (kcal/m³·h)

여기서, H_l : 저위발열량
G : 연료 사용량
V : 연소실 용적

10년간 자주 출제된 문제

12-1. 화격자 소각로의 소각 능률이 220kg/m²·h이고 80,000kg의 폐기물을 1일 8시간 소각한다면 이 때 화격자의 면적은?

① 41.6m² ② 45.4m²
③ 49.7m² ④ 54.6m²

12-2. 소각능력이 400kg/m²·h인 화격자 소각로에 유입되는 쓰레기 양이 15,000kg/d이다. 하루 8시간 소각로를 운전한다고 할 때 필요한 화격자의 면적은?

① 5.74m² ② 4.69m²
③ 4.12m² ④ 5.15m²

12-3. 폐기물 20,000kg/d을 1일 10시간 가동하여 소각 처리하려고 한다. 소각로 내의 열부하가 40,000kcal/m³·h이며 폐기물의 발열량이 500kcal/kg이라면 소각로의 부피는?

① 10m³ ② 15m³
③ 20m³ ④ 25m³

12-4. 쓰레기 발생량이 24,000kg/일이고 발열량이 500kcal/kg이라면 노 내 열부하가 50,000kcal/m³·h인 소각로의 용적은?(단, 1일 가동시간은 12h이다)

① 20m³ ② 40m³
③ 60m³ ④ 80m³

10년간 자주 출제된 문제

12-5. 가로 1.2m, 세로 2m, 높이 12m의 연소실에서 저위발열량이 10,000kcal/kg인 중유를 1시간에 10kg씩 연소시킨다면 연소실의 열 발생률은 얼마인가?

① 2,888kcal/m³·h ② 3,472kcal/m³·h
③ 4,985kcal/m³·h ④ 5,644kcal/m³·h

|해설|

12-1

• 폐기물 1일 소각량 = $\dfrac{80,000\text{kg/d}}{8\text{h/d}}$ = 10,000kg/h

• 소각로의 소각능률 = $\dfrac{\text{쓰레기의 양(kg/h)}}{\text{화격자의 면적(m}^2)}$

∴ 화격자의 면적 = $\dfrac{\text{쓰레기의 양}}{\text{쓰레기 소각능력}}$ = $\dfrac{10,000\text{kg/h}}{220\text{kg/m}^2 \cdot h}$

= 45.45m²

12-2

화격자의 면적 = $\dfrac{\text{쓰레기의 양}}{\text{쓰레기 소각능력}}$ = $\dfrac{15,000\text{kg/d}}{400\text{kg/m}^2 \cdot h \times 8\text{h/d}}$

≒ 4.69m²

12-3

소각로의 부피 = $\dfrac{\text{폐기물 발생량} \times \text{폐기물 발열량}}{\text{소각로 열부하}}$

= $\dfrac{20,000\text{kg/d} \times 500\text{kcal/kg}}{40,000\text{kcal/m}^3 \cdot h \times 10\text{h/d}}$

= 25m³

12-4

소각로의 용적 = $\dfrac{\text{쓰레기 발생량} \times \text{쓰레기 발열량}}{\text{소각로 열부하}}$

= $\dfrac{24,000\text{kg/d} \times 500\text{kcal/kg}}{50,000\text{kcal/m}^3 \cdot h \times 12\text{h/d}}$

= 20m³

12-5

$Q_c = \dfrac{H_l \times G}{V} = \dfrac{10,000 \times 10}{1.2 \times 2 \times 12}$ = 3,472kcal/m³·h

여기서, Q_c : 연소실 열발생률
H_l : 저위발열량
G : 연료 사용량
V : 연소실 용적

정답 12-1 ② 12-2 ② 12-3 ④ 12-4 ① 12-5 ②

핵심이론 13 | 소각과 열분해

① 연소는 발열반응으로 이루어지나, 열분해는 흡열반응으로 이루어진다.
② 유기물이 연소하면 물과 이산화탄소를 생성하지만, 열분해는 열에 의해 고분자의 폐기물 및 유기화학 물질이 저분자화된다.
③ 저온 열분해는 탄화물(Tar), 차르(Char) 및 액체상태의 연료가 많이 생성되며, 고온 열분해는 가스 상태의 연료가 많이 생성된다.
④ 열분해공정
  ㉠ 전처리공정 : 파쇄, 선별을 위한 장치 등이 사용됨
  ㉡ 후처리공정 : 분리, 정제, 저장, 이용을 위한 장치가 사용됨
  ㉢ 오염관리를 위한 공정 : 배기가스 처리, 배수 처리, 잔사 처리 등을 위한 장치가 사용됨

10년간 자주 출제된 문제

소각에 비하여 열분해 공정의 특징이라고 볼 수 없는 것은?
① 무산소 분위기 중에서 고온으로 가열한다.
② 액체 및 기체상태의 연료를 생산하는 공정이다.
③ NO_x 발생량이 적다.
④ 열분해 생성물의 질과 양의 안정적 확보가 용이하다.

|해설|

열분해 공정은 가스, 액체연료 등의 획득이 가능하나 그 양과 질의 안정적인 확보가 어렵다.

정답 ④

핵심이론 14 | 에너지 회수 설비

① 과열기(Superheater)
  ㉠ 보일러에서 발생하는 포화증기에는 다수의 수분이 함유되어 있는데, 이것을 과열하여 수분을 제거하고 과열도가 높은 증기를 얻기 위해 설치한다.
  ㉡ 과열기의 재질은 탄소강, 니켈, 몰리브덴, 바나듐 등을 함유한 특수 내열 강관을 사용한다.
  ㉢ 부착위치에 따라 방사형, 대류형, 방사·대류형으로 분류한다.
② 재열기(Reheater) : 과열기와 같은 구조로 되어 있으며, 과열기의 중간 또는 뒤쪽에 배치된다.
③ 절탄기(Economizer, 석탄을 절약하는 기계) : 연도에 설치되며, 보일러 전열면을 통하여 연소가스의 여열로 보일러 급수를 예열하여 보일러의 효율을 높이는 장치이다.
④ 공기예열기 : 가스 여열을 이용하여 연소용 공기를 예열하여 보일러의 효율을 높이는 장치이다.
⑤ 일반적인 설치 순서
  과열기 → 재열기 → 절탄기 → 공기예열기

10년간 자주 출제된 문제

14-1. 폐기물을 소각할 경우 필요한 폐열회수 및 이용설비가 아닌 것은?

① 과열기
② 부패조
③ 열교환기
④ 공기예열기

14-2. 연소가스의 잉여열을 이용하여 보일러에 주입되는 물을 예열함으로써 보일러드럼에 발생되는 열응력을 감소시켜 보일러의 효율을 높이는 장치는?

① 과열기(Superheater)
② 재열기(Reheater)
③ 절탄기(Economizer)
④ 공기예열기(Air Preheater)

|해설|

14-1
부패조는 침전조에서 침전된 고형물을 혐기성 소화에 의해 분해시키는 탱크이다.

14-2
절탄기(Economizer) : 보일러 연소배기가스의 여열을 흡수, 급수를 예열함으로써 연료를 절감시키는 폐열회수장치

정답 14-1 ② 14-2 ③

제4절 자원화

1. 건설폐기물 자원화

핵심이론 01 | 건설폐기물

① 정의 : 건설현장에서 발생하는 5톤 이상의 폐기물(공사를 시작할 때부터 완료할 때까지 발생하는 것만 해당한다.)

② 건설폐기물의 종류

번 호	종 류
1	폐콘크리트
2	폐아스팔트콘크리트
3	폐벽돌
4	폐블록
5	폐기와
6	폐목재
7	폐합성수지
8	폐섬유
9	폐벽지
10	건설오니
11	폐금속류
12	폐유리
13	폐타일 및 폐도자기
14	폐보드류
15	폐판넬
16	건설폐토석
17	혼합건설폐기물
18	건설공사로 인하여 발생하는 그밖의 폐기물

10년간 자주 출제된 문제

건설폐기물에 해당하지 않는 것은?

① 폐콘크리트
② 건설오니
③ 폐목재
④ 폐유지류

|해설|

폐유지류(기름)는 건설폐기물과 전혀 관련이 없다.

정답 ④

핵심이론 02 | 건설폐기물 처리법

① 일반적으로 소각·매립·재활용으로 처리한다.
② 총 발생량의 97.25%를 재활용하고 있다.
③ 재활용, 자원화 방법
　㉠ 물질별로 방법이 다르다.
　㉡ 불연물을 이용한 재활용법 : 선별, 파쇄 등의 과정을 통해 순환골재 또는 도로포장용 골재로 사용한다.
　㉢ 가연물을 이용한 재활용법 : 폐목재 등을 활용한 고형연료 생산 등으로 활용한다.

핵심이론 03 | 건설폐기물 자원화

① 규정 : 건설폐기물의 재활용 촉진에 관한 법률
② 건설공사 시 사용되는 골재에 대하여 자원화를 통해 생산된 순환골재를 일정비율 의무적으로 사용하도록 규정
③ 2016년 1월 1일부터는 의무사용 대상 건설공사에서는 공사 시 소요되는 골재 사용량의 40% 이상의 순환골재를 사용하도록 규정

구 분	종류 및 용도	의무사용제품 (기준)
아스팔트콘크리트 제품	• 순환골재 25%(중량기준) 이상 사용한 제품 • 도로, 농로, 주차장, 광장 등의 아스팔트콘크리트 포장용	• GR 인증제품 • 환경표시 인증제품 • 중소벤처기업부 성능인증제품
콘크리트 제품	• 순환골재 50%(중량기준) 이상 사용한 제품(벽돌, 블록, 도로경계석, 맨홀 등) • 건축물 또는 구조물이 아닌 시설의 바닥, 도로의 경계시설 등의 설치 및 보수용	

10년간 자주 출제된 문제

건설폐기물의 자원화에 관한 설명으로 옳지 않은 것은?

① 재활용, 자원화 방법은 물질마다 다르다.
② 불연물은 주로 고형연료 생산 등으로 활용한다.
③ 건설공사 시 의무적으로 순환골재를 일정비율 이상 사용하도록 규정하고 있다.
④ 건설폐기물의 재활용 촉진에 관한 법률에 의해 규정되어 있다.

|해설|

불연물은 선별, 파쇄 등의 과정을 통해 순환골재 또는 도로포장용 골재로 사용한다.

정답 ②

2. 가연성 폐기물 재활용

핵심이론 01 | 가연성 폐기물 재활용

① 정의 : 폐기물을 물질 그대로 재이용하거나 파쇄, 선별, 압축 등 물리적 힘을 가하여 변형시키고 가공한 후 낮은 단계의 물질의 원료나 연료로 재사용하는 것
② 발생원 : 가정, 제조공장, 건설현장 등
③ 처리계획
　㉠ 일반적으로 소각, 매립, 재활용으로 처리한다.
　㉡ 총 발생량의 97.25%를 재활용하고 있다.
　㉢ 재활용, 자원화 방법

핵심이론 02 | 가연성 폐기물 재활용 기술

① 고형연료화(SRF ; Solid refuse feul)
　㉠ 단순소각 또는 매립하던 폐합성수지, 폐고무, 폐목재 등을 수송성과 저장성, 연소 안정성을 향상시켜 석탄 열량(4,000~5,000kcal/kg)과 유사한 수준으로 자원화한 것
　㉡ 코르크나 펠릿 형태로 제작돼 화력발전소 등의 보조연료로 사용되는 신재생에너지라 할 수 있다.
　㉢ 구성된 쓰레기의 발열량이 높아, 연소 시 높은 화력이 발생된다.
　㉣ 대상 : 생활폐기물, 폐합성수지류, 폐합성섬유류, 폐고무류, 폐타이어 등이며, 바이오 고형연료제품의 사용 가능 폐기물은 폐지류, 농업폐기물, 폐목재류, 식물성 잔재물, 초본류 폐기물 등
② 포장재 폐기물 재활용
　㉠ 재활용을 위해 분리배출된 포장재 폐기물을 선별하여 이용한다.
　㉡ 각각의 재생공정을 통해 종이, 플라스틱, 섬유, 별 등으로 재생된다.
③ 폐목재 재활용
　㉠ 물질 재활용법과 에너지 재활용법으로 구분된다.
　㉡ 목재의 사용이 다양한 용도에 따른 제품의 확보가 어렵고, 가공과정에서 부산물이 많다는 단점이 있으며, 이를 극복하기 위해 폐목재를 이용해 가공재를 생산한다.

10년간 자주 출제된 문제

가연성 폐기물의 재활용 기술 가운데 단순소각 또는 매립하던 폐합성수지, 폐고무, 폐목재 등을 수송성과 저장성, 연소 안정성을 향상시켜 석탄 열량(4,000~5,000kcal/kg)과 유사한 수준으로 자원화한 것을 무엇이라 하는가?

① 포장재 폐기물 재활용
② 폐목재 재활용
③ 고형연료화
④ 공정오니 재활용

|해설|
고형연료화(SRF ; Solid refuse feul)는 대표적 가연성 폐기물 재활용 기술 중 하나이다.

정답 ③

3. 유기성 폐기물 재활용

핵심이론 01 | 유기성 폐기물

① 정의 : 생물에서 유래한 동식물성의 폐기물로서 유기물의 함량이 40% 이상인 폐기물을 말한다.
② 관리 주체 및 특성
　㉠ 특성상 관리 주체가 명확하지 않을 수 있다.
　㉡ 환경부, 농림부, 해양수산부, 산림청, 수자원공사, 각 지자체 등이 해당될 수 있다.
　㉢ 높은 수분과 부패성이 커서 저장, 운반, 중간처리, 최종처리 과정이 많은 어려움이 있을 수 있다.
③ 종류
　㉠ 사업계 : 폐수처리오니, 공정오니, 정수처리오니, 동·식물성 잔재물, 가축분뇨
　㉡ 생활계 : 하수처리오니, 음식물폐기물, 분뇨처리오니

10년간 자주 출제된 문제

생물에서 유래한 동식물성 폐기물로서 유기물의 함량이 40% 이상인 폐기물을 뜻하는 것은?

① 유기성 폐기물
② 무기성 폐기물
③ 가연성 폐기물
④ 건설폐기물

정답 ①

핵심이론 02 | 유기성 폐기물 재활용 기술

① 퇴비화

　㉠ 퇴비화의 장단점

장 점	단 점
• 폐기물 감량화 • 토양개량제로 활용 가능 • 소요에너지가 작음 • 초기시설투자비가 낮음 • 요구 기술수준이 높지 않음	• 비료가치가 낮음 • 퇴비제품의 품질 표준화가 어려움 • 부지가 많이 필요함 • 부피감소가 크지 않음(50% 이하) • 악취 발생 가능성

　㉡ 퇴비화의 영향인자
- 온도 : 45~65℃ 범위
- pH : 중성 혹은 약알칼리성의 범위(pH 5.5~8.0)
- 함수율 : 50~60%
- 탄소/질소율(C/N Ratio) : 약 20~30

② 사료화

　㉠ 정의 : 유기성 폐기물 가운데 영양분이 높지만, 음식물류 폐기물, 식품제조업에서 발생하는 잔존물 등과 같이 식품으로 이용할 수 없는 폐기물을 살균 등을 통해 가축이 먹을 수 있도록 하는 기술을 말한다.

　㉡ 종류
- 건식 사료법 : 함수율 15% 이하
- 건식발효사료 : 함수율 30% 이하(공정에 따라 12% 이하인 경우도 있음)
- 습식사료 : 함수율 70~80%

③ 혐기성소화(바이오가스화)

　㉠ 정의 : 음식물류를 단독이나 축산폐기물, 하수슬러지 등과 혼합해 혐기성 상태로 소화하여 메탄가스를 얻는 방법으로, 소량 시 혐기성 슬러지는 액상이나 건조후 퇴비로 사용하는 방법을 말한다.

　㉡ 특징
- 처리과정에서 메탄가스가 생산된다.
- 소화 후 슬러지 발생이 적다.
- 긴 체류시간으로 슬러지, 폐수 내의 병원균이 사멸한다.
- 시설비가 고가이다.
- 미생물은 살아있으므로 조건에 매우 예민하다.

10년간 자주 출제된 문제

2-1. 퇴비화가 진행되었을 때 나타나는 특징으로 거리가 먼 것은?

① 병원균이 사멸되어 거의 없다.
② 수분 보유 능력과 양이온 교환능력이 낮아진다.
③ C/N비가 10~20 정도로 낮아진다.
④ 악취가 거의 없고 안정화된다.

2-2. 다음 중 폐기물의 퇴비화 공정에서 유지시켜 주어야 할 최적 조건으로 가장 적합한 것은?

① 온도 : 20±2℃
② 수분 : 5~10%
③ C/N 비율 : 100~150
④ pH : 6~8

2-3. 쓰레기를 퇴비화시킬 때의 적정 C/N비 범위는?

① 1~5　　　　　　② 20~35
③ 100~150　　　　④ 250~300

2-4. 유기성 폐기물의 퇴비화 조작에서 환경변화 인자가 아닌 것은?

① 온 도　　　　　② pH
③ 탄소/질소율(C/N Ratio)　④ 질소/인(N/P Ratio)

2-5. 사료화법에서 선식발효사료의 함수율 기준은?

① 5% 이하　　　　② 15% 이하
③ 30% 이하　　　　④ 70~80%

2-6. 혐기성 소화의 특징에 해당하지 않는 것은?

① 처리과정에서 메탄가스가 생산된다.
② 소화 후 슬러지 발생이 많다.
③ 긴 체류시간으로 슬러지, 폐수 내의 병원균이 사멸한다.
④ 시설비가 크다.

| 해설 |

2-1
수분 보유 능력과 양이온 교환능력이 좋아진다.

2-2
퇴비화의 최적조건
- 수분 : 50~60%
- pH : 5.5~8 정도
- 온도 : 중온균 30~40℃, 고온균 50~60℃
- C/N비 : 30~50

2-3
퇴비화 처리에서 적정 C/N비는 20~35 정도이다.
C/N비
탄소(C)와 질소(N) 성분의 비율로 퇴비화의 중요한 인자이다.

2-4
퇴비화 과정에서 고려해야 할 기본인자들은 C/N율, pH, 통기성, 수분함량, 온도, 입자의 크기 등이다.
- 온도 : 유기물 분해에 가장 효율적인 온도범위는 45~65℃ 범위이다.
- pH : 유기물 분해는 중성 혹은 약알칼리성의 범위에서 가장 활발하다.
- 탄소/질소율(C/N Ratio) : 가장 적합한 탄소와 질소비(C/N비)는 약 20~30이며, 너무 높으면 유기산의 생성으로 pH가 저하되고 퇴비화도 저하된다.

2-5
건식발효사료는 보통 함수율 30% 이하의 기준값을 가진다.

2-6
혐기성 소화는 반응 후 슬러지 발생이 적은 장점이 있다.

정답 2-1 ② 2-2 ④ 2-3 ② 2-4 ④ 2-5 ③ 2-6 ②

4. 무기성 폐기물 재활용

핵심이론 01 | 무기성 폐기물

① 정의 : 금속, 유리, 세라믹, 콘크리트 등과 같이 유기물을 포함하지 않거나 매우 적은 양의 유기물을 포함하는 폐기물을 말한다.
   ㉠ 생활폐기물 : 유리류, 자기류, 금속비철금속류, 회분류, 연탄재 등
   ㉡ 사업장 배출시설계 폐기물 : 무기성 오니류, 광재류, 소각재 등
   ㉢ 건설폐기물 : 건설현장에서 발생하는 폐기물 중 금속류를 제외한 무기성 폐재로 정의한다.

② 광재, 분진의 재활용
   ㉠ 광재, 분진 등 무기성 폐기물은 건축·토목공사의 성토재, 보조기층재, 도로기층제 등으로 재활용된다.
   ㉡ 재활용 시 금속, 목재, 쓰레기 등의 이물질은 제거하고 사용한다.
   ㉢ 폐주물사, 무기오니의 성토재로 사용할 때에는 일반 토사 또는 건설폐기물류 재활용 토사류 50% 이상 혼합물을 사용한다.

③ 무기성 오니의 재활용
   ㉠ 재활용 용도는 관계법령에 따라 인·허가된 건축·토목공사의 성토재·보조기층재·도로기층재 및 매립시설의 복토용 등으로 이용하는 경우만 해당한다.
   ㉡ 재활용하기 위해서는 폐기물 중간재활용업 허가를 받거나, 폐기물처리신고를 한 후 재활용할 수 있다.
   ㉢ 폐기물처리신고를 통해 재활용하려는 경우에는 직접 성토재 등으로 이용하는 자만이 신고 가능하다.

10년간 자주 출제된 문제

1-1. 무기성 폐기물 가운데 생활폐기물에 해당하는 것은?
① 무기성 오니류
② 유리류
③ 광재류
④ 소각재

1-2. 광재나 분진의 재활용 방법에 해당하지 않는 것은?
① 건축·토목공사의 성토재, 보조기층재, 도로기층제 등으로 재활용된다.
② 폐주물사, 무기오니의 성토재로 사용할 때에는 일반 토사 또는 건설폐기물류 재활용 토사류 50% 이상 혼합물을 사용한다.
③ 폐기물관리법에 의해 적용된다.
④ 재활용할 때 금속, 목재 등은 함께 사용 가능하다.

|해설|

1-1
생활폐기물 : 유리류, 자기류, 금속비철금속류, 회분류, 연탄재 등

1-2
재활용 시 금속, 목재, 쓰레기 등의 이물질은 제거하고 사용한다.

정답 1-1 ② 1-2 ④

제5절 폐기물 최종처분

1. 매 립

핵심이론 01 | 매립 형태

① 단순 매립 : 특정한 시설 없이 폐기물을 땅에 묻는 방법으로 비위생적이다.
② 위생 매립
  ㉠ 주민을 포함한 공공의 건강이나 안전에 해가 됨이 없도록 생활폐기물을 매립 처분하는 것
  ㉡ 도랑식, 경사식, 지역식으로 분류

10년간 자주 출제된 문제

1-1. 우리나라 폐기물을 최종처리하는 방법 중 가장 큰 비중을 차지하는 것은?
① 매 립
② 소 각
③ 재활용
④ 해양투기

1-2. 폐기물 위생 매립의 종류에 해당되지 않는 것은?
① 지역식
② 경사식
③ 도랑식
④ 저장식

1-3. 폐기물의 최종처리 방법으로 알맞게 짝지어진 것은?
① 압축 – 파쇄
② 매립 – 해양투기
③ 파쇄 – 매립
④ 선별 – 해양투기

1-4. 다음 중 폐기물의 중간처리가 아닌 것은?
① 압 축
② 파 쇄
③ 선 별
④ 매 립

| 해설 |

1-1
도시 쓰레기 최종처리 방법으로 매립, 소각, 해양투기, 재활용 등이 사용되고 있으나 현실적으로 위생 매립이 가장 많이 이용되고 있다.

1-2
위생 매립은 매립 공법에 따라 도랑식, 경사식, 지역식으로 분류한다.

1-3
폐기물의 최종처리 방법으로 위생 매립과 해양투기가 시행되고 있으나, 육상폐기물의 해양투기는 환경오염 문제 등으로 우리나라의 경우 2013년부터 분뇨와 분뇨오니, 2014년부터 산업폐수와 폐수오니의 해양투기가 금지되었다.

1-4
소각 및 매립은 폐기물의 최종처리에 해당한다.

정답 1-1 ① 1-2 ④ 1-3 ② 1-4 ④

핵심이론 02 | 매립 공법

구 분	종 류	특 징
육상매립	셀(Cell)공법	• 매립된 쓰레기의 표면 및 비탈면에 복토를 실시하여 셀 모양으로 매립층이 발생하며 각 셀마다 일일복토를 하는 방식 • 현재 가장 많이 이용되며 쓰레기 비탈면의 경사각도는 15~20%
육상매립	샌드위치공법	• 쓰레기를 수평으로 고르게 깔아 매립 후 복토를 하고 쓰레기층과 복토층을 매일 교대로 쌓는 방법 • 좁은 산간지에 적용
육상매립	압축매립공법	• Baling System으로 압축매립한 폐기물을 블록 쌓듯이 매립 • 매립할 쓰레기의 부피를 감소시켜 매립
해안매립	순차투입공법	• 호안 측에서 쓰레기를 투입하여 순차적으로 육지화
해안매립	박층뿌림공법	• 밑면이 뚫린 바지선 등으로 쓰레기를 뿌려 줌으로써 바다 지반의 하중을 균등하게 해 줌 • 매립 지반안정화 및 매립부지 조기 이용 등에 유리하지만 매립효율이 떨어짐

10년간 자주 출제된 문제

2-1. 다폐기물의 해안매립 공법 중 밑면이 뚫린 바지선 등으로 쓰레기를 떨어뜨려 줌으로써 바닥지반의 하중을 균일하게 하고, 쓰레기 지반 안정화 및 매립부지 조기이용 등에는 유리하지만 매립효율이 떨어지는 것은?

① 셀공법
② 박층뿌림공법
③ 순차투입공법
④ 내수배제공법

2-2. 다음 매립 공법 중 해안매립 공법에 해당하는 것은?

① 셀공법
② 순차투입공법
③ 압축매립공법
④ 도랑형공법

| 해설 |

2-1
박층뿌림공법에 관한 설명이다.

2-2
박층뿌림공법, 순차투입공법, 내수배제공법 등이 해안매립공법에 해당한다.

정답 2-1 ② 2-2 ②

| 핵심이론 03 | 매립지에서 발생하는 가스의 농도 변화

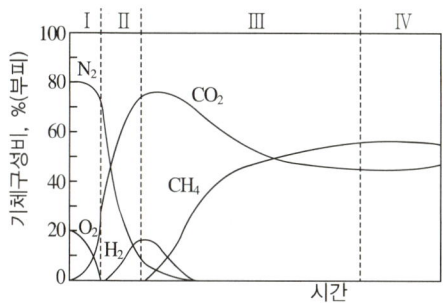

① Ⅰ구역 : 폐기물 속의 산소가 급속히 소모되는 단계
② Ⅱ구역 : 혐기성 비메탄 상태로 아직 CH_4 생성은 없고, CO_2가 급속히 생성되는 단계(H_2도 생성)
③ Ⅲ구역 : 산 생성 단계로 CO_2 농도가 최대가 되고, CH_4이 생성되기 시작한다. 침출수의 pH가 가장 낮아지며, COD 농도가 가장 높은 시점이다.
④ Ⅳ구역 : 메탄(CH_4) 생성단계로 메탄의 농도가 가장 높으며, 반대로 침출수 농도는 낮아진다. 보통 CH_4 : CO_2 비는 약 55 : 45 수준이다.

10년간 자주 출제된 문제

3-1. 다음 중 정상적으로 운영되는 도시쓰레기(여러 종류의 유기물 포함) 매립장에서 가장 많이 발생하는 가스성분은?

① 일산화탄소 ② 이산화질소
③ 메 탄 ④ 부 탄

3-2. 유기성 폐기물 매립장(혐기성)에서 가장 많이 발생되는 가스는?(단, 정상상태(Steady-State))

① 일산화탄소 ② 이산화질소
③ 메 탄 ④ 부 탄

3-3. 매립 초기 호기성 단계의 매립지에서 가장 많이 발생하는 가스는?

① 수소 가스 ② 메탄 가스
③ 질소 가스 ④ 이산화탄소 가스

3-4. 매립 시 발생되는 매립가스 중 악취를 유발시키는 물질은?

① 메 탄 ② 이산화탄소
③ 암모니아 ④ 일산화탄소

3-5. 다음 그림은 폐기물을 매립한 후 발생하는 생성가스의 농도 변화를 단계적으로 나타낸 것이다. 유기물이 효소에 의해 발효되는 혐기성 비메탄 단계는?

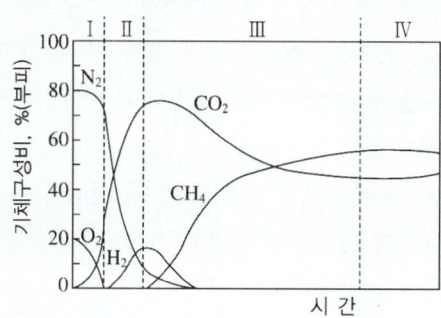

① Ⅰ구역
② Ⅱ구역
③ Ⅲ구역
④ Ⅳ구역

|해설|

3-1
매립지 발생 가스성분은 메탄가스(CH_4)와 이산화탄소(CO_2)가 대부분이다.

3-2
정상상태의 매립지에서 혐기성 분해과정을 통해 발생되는 가스는 주로 메탄(CH_4)-55%과 이산화탄소(CO_2)-45%이며, 기타 암모니아, 황화수소, 미량 유기독성 물질, 악취 성분으로 구성되어 있다.

3-3
호기성 단계에서 매립과 동시에 유기물은 분해가 시작되면서 이산화탄소 가스를 생산하고 빠른 속도로 혐기성 상태로 넘어간다. 혐기성 상태에서 이산화탄소 가스는 감소하며, 메탄 가스와 수소 가스가 증가한다.

3-4
악취발생물질
암모니아(NH_3), 황화수소(H_2S), 메틸메르캅탄 및 아민류 등

3-5
혐기성 비메탄 단계는 산소가 없고 수소가스가 생성되는 단계이다.

정답 3-1 ③ 3-2 ③ 3-3 ③ 3-4 ③ 3-5 ②

2. 침출수 및 매립가스 관리

핵심이론 01 | 침출수 발생 및 성상

① 침출수 발생 주요인자
  ㉠ 강우침투량   ㉡ 유출계수   ㉢ 증발산량

② 침출수의 성상
  ㉠ 침출수의 성상은 매우 다양하고 고농도의 유기물질, 질소성분 및 무기성 염 등을 함유하고 있으며, 매립 경과시간에 따라 성상이 다양하게 변하는 특성이 있다.
  ㉡ 침출수의 특징은 대체로 유기물 함량이 높고 질소성분이 대부분 암모니아 형태로 존재하며, 인 및 중금속 함량이 비교적 낮다.
  ㉢ 가스발생이 많이 될수록, 혐기성 분해가 잘 일어날수록 유해물질의 농도는 낮아진다.
  ㉣ 매립 경과시간이 오래된 매립지(Old Landfill)에서 발생되는 침출수에 함유된 유기성분은 주로 방향족 탄화수소로 구성된 휴믹산(Humic Acid)이나 펄빅산(Fulvic Acid) 등과 같은 난분해성으로 구성되어 있다.

③ 펜톤 처리
  ㉠ 침출수 내 난분해성 유기물질의 산화 및 분해의 용도로 사용함
  ㉡ 시약의 주요성분 : 과산화수소(H_2O_2), 철염($FeSO_4$)

10년간 자주 출제된 문제

1-1. 매립지의 침출수 발생 및 그 성상에 관한 다음 설명 중 옳지 않은 것은?
① 침출수 내 유기물질의 농도는 대체적으로 매립지에서 가스가 많이 생산될수록 저하된다.
② 침출수 내 유기물질의 농도는 매립지내 혐기성 분해가 잘 일어날수록 저하된다.
③ 침출수의 특성은 폐기물의 종류와 분해 특성에 따라 크게 달라진다.
④ 침출수 내에는 중금속이 거의 포함되어 있지 않기 때문에 생물학적 처리가 가장 효과적이다.

1-2. 침출수 내 난분해성 유기물을 펜톤산화법에 의해 처리하고자 할 때, 사용되는 시약의 구성으로 옳은 것은?
① 과산화수소 + 철
② 과산화수소 + 구리
③ 질산 + 철
④ 질산 + 구리

1-3. 펜톤(Fenton) 산화반응에 대한 설명으로 옳은 것은?
① 황화수소 난분해성 유기물질 산화
② 오존의 난분해성 유기물질 산화
③ 과산화수소의 난분해성 유기물질 산화
④ 아질산의 난분해성 유기물질 산화

1-4. 매립지에서의 침출수 발생량에 영향을 미치는 인자와 가장 거리가 먼 것은?
① 강우침투량   ② 유출계수
③ 증발산량   ④ 지하수량

|해설|

1-1
침출수는 낮은 농도이긴 하나 중금속이 포함되어 있어 생물학적 처리보다는 물리적·화학적 처리가 적합하다.

1-2
펜톤(Fenton)처리법
2가 철이온과 과산화수소의 혼합액을 이용하여 난분해성 유기물을 산화시키는 반응이다.

1-3
Fenton 산화반응은 OH 라디칼(Radical)에 의한 산화반응으로 난분해성 물질을 제거할 수 있는 방법이다. Fenton 시약으로 과산화수소(30~35%)와 황산철(Ⅱ)을 주입하고 계속 교반을 하면서 산화시킨다.

1-4
침출수 발생량 산정
• 물질수지식 : $Q = P - (E_t + R_o + W)$
• 강우유출량(합리식) : $Q = \dfrac{1}{360} \times C \times I \times A$

정답 1-1 ④   1-2 ①   1-3 ③   1-4 ④

| 핵심이론 02 | 차수시설

① 차수시설의 재료
  ㉠ 점토
  ㉡ 벤토나이트(결정성 점토)
  ㉢ 시멘트
  ㉣ 합성차수막

② 표면차수막
  ㉠ 매립지반의 투수계수가 큰 경우에 사용한다.
  ㉡ 매립지 전체를 차수재료로 덮는 방식으로 시공한다.
  ㉢ 지하수 집배수시설을 설치한다.
  ㉣ 비용이 많이 든다.
  ㉤ 매립 전에는 보수, 보강시공이 가능하나 매립 후에는 어렵다.

③ 연직차수막
  ㉠ 지중에 수평 방향의 차수층이 존재할 때 사용한다.
  ㉡ 수직 또는 경사 시공을 한다.
  ㉢ 지하수 집배수시설이 불필요하다.
  ㉣ 지하매설로서 차수성 확인이 어렵다.
  ㉤ 단위면적당 공사비는 많이 소요되나 총공사비는 적게 든다.
  ㉥ 지중이므로 보수가 어렵지만 차수막 보강시공이 가능하다.
  ㉦ 비위생 매립지의 침출수에 의한 지하수 오염방지 목적으로 시공하는 사례가 많다.

10년간 자주 출제된 문제

2-1. 매립지의 폐기물에 포함된 수분, 매립지에 유입되는 빗물에 의해 발생하는 침출수의 유출 방지와 매립지 내부로의 지하수 유입을 방지하기 위하여 설치하는 것은?

① 차수시설
② 복토시설
③ 다짐시설
④ 회수시설

2-2. 매립지의 차수시설 재료로 가장 거리가 먼 것은?

① 점토
② 자갈
③ 시멘트
④ 합성수지

2-3. 매립지 차수시설에 대한 설명 중 가장 거리가 먼 것은?

① 차수시설은 매립이 시작되면 복구가 불가능하므로 차수막의 특성에 따라 완벽하게 설계 및 시공되어야 한다.
② 차수시설은 형태에 따라 매립지의 바닥 및 경사면의 차수를 위한 표면차수공과 매립지의 하류부 또는 주변부에 연직으로 설치하는 연직차수시설로 나뉜다.
③ 점토에 벤토나이트 등을 첨가하면 차수성을 향상시킬 수 있다.
④ 합성수지 및 고무계 차수막은 내화학성과 내구성이 높아 경사면 및 지반침하의 우려가 있는 곳에도 직접 시공할 수 있다.

2-4. 매립 시에 사용하는 연직차수막에 관한 설명으로 알맞지 않은 것은?

① 수평 방향의 차수층 존재 시에 사용된다.
② 지하수 집배수시설이 필요하다.
③ 단위면적당 공사비가 비싸다.
④ 차수성 확인이 어렵다.

| 해설 |

2-1
차수시설 설치의 목적
- 폐기물의 분해에 따른 침출수의 유출 방지
- 매립지 내부로 지하수 유입 방지

2-2
매립지의 차수시설은 침출수가 매립지에 유출되는 것을 방지하는 시설이므로 자갈은 부적합하다. 차수시설에 쓰이는 재료는 점토와 합성차수막이 대표적이다.

2-3
차수시설은 매립지에서 발생하는 침출수를 처리하는 시설로 지반침하의 우려가 있는 곳에서는 지하수의 압력에 의하여 파괴될 수 있으므로 피한다.

2-4
지하수 집배수시설이 필요한 것은 표면차수막이다.

정답 2-1 ① 2-2 ② 2-3 ④ 2-4 ②

| 핵심이론 03 | 매립가스 관리

① 매립가스 : 쓰레기가 자연적으로 분해되면서 발생하는 가스 성분이다.
② 주요성분 : 수소, 이산화탄소, 메탄 등이 시기별로 발생하며, 최종적으로 이산화탄소와 메탄이 생성된다.
③ 포집방법
    ㉠ 수직가스 포집정을 통해 매립가스 확산 방지와 포집이 진행된다.
    ㉡ 매립장 하부 → 상부로 연장되며 대부분의 매립가스가 포집된다.
    ㉢ 이후 이송관로를 통해 매립가스 센터로 이동한다.
④ 에너지원으로의 활용
    ㉠ 포집정에 모인 가스들의 대부분을 발전시설로 공급한다.
    ㉡ 미량의 잔여가스는 운반 뒤 소각처리된다.

10년간 자주 출제된 문제

쓰레기 매립장에서 최종 발생하는 가스 성분으로 연료화하여 사용할 수 있는 성분은?
① 수 소
② 질 소
③ 이산화탄소
④ 메 탄

|해설|
메탄은 대표적인 매립가스로 LNG의 주성분이다.

정답 ④

CHAPTER 04 소음진동 방지

KEYWORD 가청주파수, 소리-진동 관련 용어 및 계산, 횡파와 종파의 구분, 귀의 구조별 역할, 음의 회절, 마스킹 현상, 지향계수, 소음도, 음향파워레벨(PWL), 음압레벨(SPL), 합성소음도, 투과선실, 진동레벨(VAL), 방음대책, 흡음률, 방진대책 등의 내용을 숙지하도록 한다.

제1절 소음, 진동 발생 및 전파

1. 소음진동의 기초

핵심이론 01 소음과 진동

① 소음
  ㉠ 정의 : 인간이 원하지 않은 모든 소리나 감각적으로 바람직하지 않은 소리
  ㉡ 가청주파수의 범위 : 20~20,000Hz

② 진동
  ㉠ 정의 : 어떤 물체가 외부의 힘에 의하여 평형상태에 있는 상태에서 전후좌우 또는 상하로 흔들리는 현상
  ㉡ 인간이 느끼는 최소진동치 : 55±5dB

10년간 자주 출제된 문제

1-1. 사람의 귀로 들을 수 있는 최소음의 세기는?
① $2 \times 10^{-5} W/m^2$ ② $2 \times 10^{-8} W/m^2$
③ $10^{-12} W/m^2$ ④ $10^{-5} W/m^2$

1-2. 사람이 느끼는 최소진동치(dB)로 가장 알맞은 것은?
① 40±5   ② 45±5
③ 50±5   ④ 55±5

|해설|
1-1
사람이 귀로 들을 수 있는 소리의 최소 세기는 $10^{-12} W/m^2$이다.
1-2
사람이 느끼는 최소진동치(진동역치)는 55±5dB 정도이다.

정답 1-1 ③ 1-2 ④

핵심이론 02 소리, 진동 관련 용어

① 주기 : 하나의 사이클을 완성하는 데 필요한 시간(초 단위)
② 주파수 : 1초 동안에 사이클(Cycle)수
③ 진폭 : 신호의 높이
④ 파장 : 한 주기 동안 파(波)가 진행한 거리
⑤ 음선 : 음의 진행 방향을 나타내는 선으로 파면에 수직
⑥ 음파 : 매질 개개의 입자가 파동이 진행하는 방향의 앞뒤로 진동하는 종파
⑦ 파동 : 매질 자체가 이동하는 것이 아니라 매질의 변형운동으로 이루어지는 에너지 전달
⑧ 파면 : 파동의 위상이 같은 점들을 연결한 면
⑨ 공명 : 고유진동수와 같이 진동수의 외력이 주기적으로 전달되어 진폭이 크게 증가하는 현상
⑩ 회절 : 파동이 좁은 틈을 통과할 때 그 뒤편까지 파가 전달되는 현상

10년간 자주 출제된 문제

2-1. 1초 동안에 사이클(Cycle)수를 말하는 것은?
① 주기
② 주파수
③ 진폭
④ 파장

2-2. 파동이 진행할 때 장애물 뒤쪽으로 음이 전파되는 현상을 무엇이라 하는가?
① 회절
② 굴절
③ 음선
④ 흡음

10년간 자주 출제된 문제

2-3. 소음 용어에 대해 바르게 짝지어진 것은?
① SIL - 항공기 소음평가
② TNI - 도로교통소음지수
③ NNI - 회화방해레벨
④ NC - 명료지수

2-4. 두 개의 진동체의 고유진동수가 같을 때 한 쪽을 울리면 다른 쪽도 울리는 현상을 무엇이라 하는가?
① 공 명
② 진 폭
③ 회 절
④ 굴 절

|해설|

2-1
① 하나의 사이클을 완성하는 데 필요한 시간(초 단위)
③ 신호의 높이
④ 한 주기 동안 파가 진행한 거리

2-2
회절 : 파동이 진행 도중 장애물을 만나거나 좁은 틈을 지날 때 장애물의 뒷부분까지 파동이 전달되는 현상
② 굴절 : 파동이 서로 다른 매질의 경계면을 지나면서 진행 방향이 바뀌는 현상
③ 음선 : 음의 진행 방향을 나타내는 선으로 파면에 수직
④ 흡음 : 물체가 소리를 빨아들이는 현상

2-3
① SIL(Speech Interference Level) : 대화방해레벨
③ NNI(Noise and Number Index) : 항공기 소음지수
④ NC(Noise Criteria) : 실내 암소음 평가방법의 기준

2-4
공명현상 : 물체의 고유진동수와 같은 진동수의 외력이 주기적으로 전달되어 진폭이 크게 증가하는 현상
② 진폭 : 주기적인 진동에서 진동의 중심으로부터 최대로 움직인 거리
③ 회절 : 파동이 좁은 틈을 통과할 때 그 뒤편까지 파가 전달되는 현상
④ 굴절 : 파동이 서로 다른 매질의 경계면을 지나면서 진행 방향이 바뀌는 현상

정답 2-1 ② 2-2 ① 2-3 ② 2-4 ①

핵심이론 03 | 파 동

① **정 의**
어떤 물리량이 주기적으로 변하면서 그 변화가 공간을 통해 전파되어 나가는 것

② **종 류**
㉠ 횡파 : 파동의 전파 방향과 매질의 진동 방향이 서로 수직인 파동으로 매질이 필요하다(전자기파 제외).
　예 물결파, 빛, 전자기파, 수면파, 지진파의 S파 등
㉡ 종파 : 파동의 전파 방향과 매질의 진동 방향이 나란한 파동으로 매질이 필요 없다.
　예 음파(소리), 지진파의 P파 등

③ **용 어**
㉠ 마루 : 파동의 가장 높은 곳
㉡ 파장 : 마루 또는 골과 골 사이의 거리
㉢ 진폭 : 진동의 중앙에서 마루 또는 골까지의 거리
㉣ 주기 : 하나의 파장이 전파되는 데 걸리는 시간

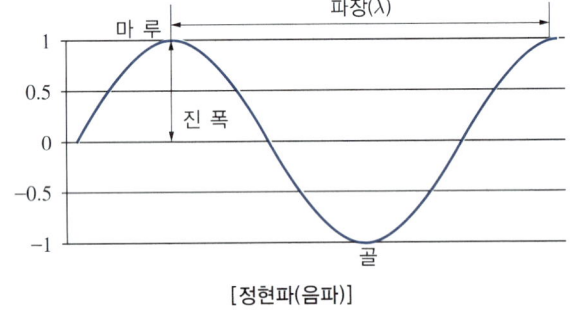

[정현파(음파)]

10년간 자주 출제된 문제

3-1. 파동의 종류 중 횡파에 관한 설명으로 틀린 것은?

① 파동의 진행 방향과 매질의 진동 방향이 서로 평행하다.
② 전자기파 외에는 매질이 있어야 한다.
③ 물결파(수면파)는 횡파이다.
④ 지진파의 S파는 횡파이다.

3-2. 다음 중 종파에 해당되는 것은?

① 광 파
② 음 파
③ 수면파
④ 지진파의 S파

3-3. 파동의 특성을 설명하는 용어로 옳지 않은 것은?

① 파동의 가장 높은 곳을 마루라 한다.
② 매질의 진동방향과 파동의 진행 방향이 직각인 파동을 횡파라고 한다.
③ 마루와 마루 또는 골과 골 사이의 거리를 주기라 한다.
④ 진동의 중앙에서 마루 또는 골까지의 거리를 진폭이라 한다.

|해설|

3-1

횡파 : 파의 이동 방향과 매질의 진동 방향이 수직인 파
예 빛, 전자기파, 수면파, 지진파의 S파 등

3-2
- 종파 : 매질의 진동 방향이 파동의 진행 방향과 평행할 경우
  예 음파(소리), 지진파의 P파
- 횡파 : 매질의 진동 방향이 파동의 진행 방향과 수직인 경우
  예 물결파, 전자기파, 지진파의 S파

3-3
- 파장 : 마루와 마루 또는 골과 골 사이의 거리
- 주기 : 하나의 파장이 전파되는 데 걸리는 시간

정답 3-1 ① 3-2 ② 3-3 ③

핵심이론 04 | 귀의 구조

① 기능상 외이, 중이, 내이로 구분
② 외이 : 귓바퀴와 외이도로 구성되며 공기로 음을 전달
③ 귓바퀴 : 외부의 소리를 모아주고 귓바퀴에 소리를 증폭시켜주는 역할
④ 외이도 : 음파의 이동 통로
⑤ 중이 : 측두골 내부에 있으며, 공기로 채워지며 뼈로 음을 전달
⑥ 고막 : 외이에서 소리를 받아 진동으로 이소골에 전달해주는 역할
⑦ 이소골 : 세 개의 작은 뼈(추골, 침골, 등골)로 이루어진 고리로서 진동을 내이로 전달
⑧ 이관 : 고막이 잘 진동될 수 있도록 압력을 조절하는 역할
⑨ 내이 : 형태와 내부구조가 복잡하여 미로(迷路)라고도 하며 청각을 담당하는 와우와 몸의 평형을 담당하는 전정과 세반고리관의 세 부분으로 구성
⑩ 반고리관 : 몸의 회전(회전감각)을 감지하는 기관
⑪ 달팽이관 : 내부에는 림프액과 청각 세포가 있음
※ 난원창 : 고막의 진동을 증폭하여 외림프에 전달하는 기관

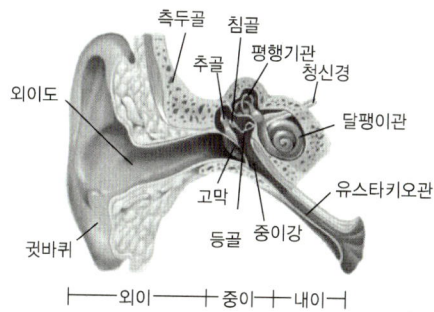

10년간 자주 출제된 문제

4-1. 사람의 귀는 기능상 외이, 중이, 내이로 구분될 수 있다. 다음 중 내이에 관한 설명으로 틀린 것은?

① 음의 전달 매질은 액체이다.
② 이소골에 의해 진동음압을 20배 정도로 증폭시킨다.
③ 이관은 중이의 기압을 조정한다.
④ 난원창은 이소골의 진동을 외우각 중의 림프액에 전달하는 진동판이다.

4-2. 귀의 내부구조 중 외이와 중이의 기압을 조정하는 기관에 해당하는 것은?

① 고 막
② 유스타키오관
③ 난원창
④ 이소골

|해설|

4-1
이소골은 중이 안에 있는 작은 세 개의 뼈로 구성된다. 중이의 이소골은 신호를 증폭하여 그 신호를 내이의 난원창을 통해 달팽이관으로 전달한다.

4-2
① 고막 : 음파를 진동시키는 기관
③ 난원창 : 고막의 진동을 증폭해서 외림프에 전달하는 기관
④ 이소골 : 고막의 진동을 증폭시켜 내이로 전달해주는 기관

정답 4-1 ② 4-2 ②

2. 소음진동 발생원과 전파

핵심이론 01 | 음의 회절과 굴절

① 회절(Sound Diffraction)
  음파의 진행속도가 장소에 따라 변하고 진행 방향이 변하거나 음장에 장애물이 있는 경우 장애물 뒤쪽으로 음이 전파되는 현상으로 저주파에서 주로 발생한다.

② 굴 절
  ㉠ 음파가 한 매질에서 타 매질로 통과할 때 구부러지는 현상이다.
  ㉡ 낮에는 상공 쪽으로 굴절하며 소리가 작아지고, 밤에는 지표 쪽으로 굴절하며 소리가 커진다.
  ㉢ 온도가 낮은 쪽으로 굴절한다.

10년간 자주 출제된 문제

1-1. 파동이나 빛이 진행하다가 장애물을 만나면 차단되지 않고 장애물의 뒤쪽까지 전파되는 현상은?

① 회 절
② 반 사
③ 간 섭
④ 굴 절

1-2. 벽 뒤에 있는 사람은 보이지 않으나 말소리를 들을 수 있다든지, 실제로 경적이 울릴 때 건물의 모서리를 보면 차는 보이지 않으나 소리를 들을 수 있는 것은 음의 어떤 특성 때문인가?

① 음의 반사
② 음의 굴절
③ 음의 회절
④ 음의 투과

1-3. 파동의 특성 중 회절에 관한 설명이 바르지 못한 것은?

① 회절하는 정도는 파장에 반비례한다.
② 슬릿의 폭이 좁을수록 회절하는 정도가 크다.
③ 파동이 진행할 때 장애물의 뒤쪽으로 전파되는 현상이다.
④ 장애물이 작을수록 회절이 잘 된다.

10년간 자주 출제된 문제

1-4. 음의 굴절에 관한 다음 기술 중 틀린 것은?
① 음파가 한 매질에서 타 매질로 통과할 때 구부러지는 현상이다.
② 대기의 온도차에 의한 굴절은 온도가 낮은 쪽으로 굴절한다.
③ 음원보다 상공의 풍속이 클 때 풍상 측에서는 상공으로 굴절한다.
④ 밤(지표부근의 온도가 상공보다 저온)에 거리감쇠가 크다.

|해설|

1-1
② 파동이 두 매질의 경계에서 정반사하거나 난반사하는 현상
③ 둘 이상의 파동이 겹쳐질 때(중첩) 나타나는 밝기(강도) 변화
④ 파동이 두 매질의 경계에서 방향이 꺾이는 현상

1-2
음의 회절은 음파의 진행속도가 장소에 따라 변하고 진행 방향이 변하거나 음장에 장애물이 있는 경우 장애물 뒤쪽으로 음이 전파되는 현상이다. 파장이 길수록, 장애물이 작을수록, 틈구멍이 작을수록 회절이 잘된다.

1-3
회절하는 정도는 파장에 비례한다.

1-4
온도가 낮은 쪽으로 굴절하므로, 낮에는 상공 쪽으로 굴절하며 밤에는 지표 쪽으로 굴절한다. 따라서 밤에는 낮보다 거리감쇠가 작아져 소리가 크게 들린다.

정답 1-1 ① 1-2 ③ 1-3 ① 1-4 ④

핵심이론 02 | 파동의 관계식

① $V = f \times \lambda$
   여기서, V : 파동의 속도(m/s)
         f : 진동수(Hz)
         λ : 파장(m)

② 파장(m) = $\dfrac{속도(m/s)}{진동수(Hz)}$

※ 특정 온도에서의 음속 계산식 : $v = 331 + (0.6 \times 섭씨온도)$

10년간 자주 출제된 문제

2-1. 진동수가 100Hz이고 속도가 20m/s인 파동의 파장은?
① 0.2m ② 0.5m
③ 2.0m ④ 5.0m

2-2. 진동체가 500Hz로 단진동하고 기온이 10℃일 때 진동체에 의해 발생되는 음파의 파장(m)은?
① 0.67 ② 1.76
③ 2.82 ④ 3.92

2-3. 1초당 10회 진동하는 파동의 파장이 5m이면 이 파동의 전파속도는 몇 m/s인가?
① 2m/s ② 50m/s
③ 500m/s ④ 1,000m/s

|해설|

2-1
파장 = $\dfrac{속도}{진동수} = \dfrac{20}{100} = 0.2$m

2-2
• 속력 = 파장 × 진동수
• 공기 중 음속 = $331 + 0.6 \times 기온(℃) = 331 + 6 = 337$m/s
∴ 파장 = $\dfrac{속도}{진동수} = \dfrac{337}{500} = 0.67$

2-3
$V = f \times \lambda = 10 \times 5 = 50$m/s
여기서, V : 전파속도(m/s)
       f : 진동수(Hz)
       λ : 파장(m)

정답 2-1 ① 2-2 ① 2-3 ②

핵심이론 03 | 마스킹 효과와 도플러 효과

① 마스킹 효과(Masking Effect)
  ㉠ 음의 간섭 효과
  ㉡ 듣고자 하는 소리에 다른 소리가 영향을 주어 잘 들리지 않거나 듣는 것이 어렵게 되는 현상
  ㉢ 동시에 두 가지 소리가 날 때는 작은 소리보다 큰소리가 잘 들리며, 진동수가 다른 두 가지 소리가 발생했을 경우 낮은 진동수의 소리가 잘 들리며 높은 진동수의 소리는 들리지 않게 되는 것

② 도플러 효과(Doppler Effect)
  ㉠ 파원과 관측자 사이의 상대적 운동 상태에 따라 관측자가 관측하는 진동수가 달라지는 현상
  ㉡ 진행 방향 쪽에서는 발생 음보다 고음으로, 진행 방향의 반대쪽에서는 저음으로 들리는 현상

10년간 자주 출제된 문제

3-1. 마스킹 효과에 관한 설명 중 맞지 않는 것은?

① 저음이 고음을 잘 마스킹 한다.
② 두 음의 주파수가 비슷할 때는 마스킹 효과가 대단히 커진다.
③ 두 음의 주파수가 거의 같을 때는 Doppler 현상에 의해 마스킹 효과가 커진다.
④ 음파의 간섭에 의해 일어난다.

3-2. 발음원이 이동할 때 그 진행 방향 쪽에서는 원래 발음원의 음보다 고음으로 진행 반대쪽에서는 저음으로 되는 현상을 무엇이라 하는가?

① 도플러 효과   ② 회 절
③ 지향 효과   ④ 마스킹 효과

|해설|

3-1
두 음의 주파수가 거의 같을 때에는 마스킹 효과가 감소한다.

3-2
도플러 효과(Doppler Effect) : 어떤 파동의 파동원과 관찰자의 상대 속도에 따라 진동수와 파장이 바뀌는 현상

정답 3-1 ③ 3-2 ①

핵심이론 04 | 지향계수와 지향지수

① 정 의
  ㉠ 지향성(Directivity) : 음원(스피커)으로부터 방사된 소리의 세기 또는 마이크로폰의 감도가 방향에 따라 변하는 상태이다.
  ㉡ 지향계수(Q, Directivity Factor) : 음원의 지향성을 수치로 나타내기 위해서 전음향 출력이 같은 무지향성 점음원으로 치환된 때의 세기를 기준으로 해서 각 방향의 세기를 비로써 표시한 것으로 보통 Q로 나타낸다. 일반적으로 음원의 형태, 크기와 주파수에 따라 지향성이 변화하여 복잡하다.
  ㉢ 지향지수(DI ; Directivity Index) : 지향계수를 dB 단위로 나타낸 것으로서, 지향성이 큰 경우 특정방향 음압레벨과 평균음압레벨과의 차이로 정의한다.

② 소음원의 위치에 따른 지향계수와 지향지수의 값

소음원 위치	접한 변의 수 (n)	지향계수 (Q)	지향지수 (DI)
자유 공간	0	1	0
반 자유 공간 (지면 위)	1	2	3
2면 접한 공간	2	4	6
3면 접한 공간	3	8	9

③ 상관관계
  $DI = 10 \log Q$

④ 음압(P)의 차이로 DI 구하기
  $DI = SPL_\theta - SPL_m$
  여기서, SPL_θ : 특정방향음압(N/m^2)
  SPL_m : 평균음압(N/m^2)

10년간 자주 출제된 문제

4-1. 무지향성 점음원이 자유공간에 있을 때 지향계수는?

① 0
② 1
③ 2
④ 4

4-2. 무지향성 점음원을 두 면이 접하는 구석에 위치시켰을 때의 지향지수는?

① 0
② +3dB
③ +6dB
④ +9dB

|해설|

4-1
지향계수
음원의 지향성을 수치로 나타내기 위해서 전음향 출력이 같은 무지향성 점음원으로 치환된 때의 세기를 기준으로 해서 각 방향의 세기를 비로써 표시한 것을 지향계수(Directivity Factor)라 하고 보통 Q로 나타낸다. 자유공간에서 $Q=1$이다.

4-2
무지향성 점음원의 음원이 놓인 위치에 따른 지향지수
- 두 면이 접하는 구석 : +6dB
- 세 면이 접하는 구석 : +9dB

정답 4-1 ② 4-2 ③

핵심이론 05 | 주파수 간 관계

① 중심주파수(f_c) = 1.12 × 하한주파수(f_l)
② 상한주파수(f_u) = 1.26 × 하한주파수(f_l)
③ 옥타브 대역(Octave Bands) : 주파수별 소리 크기의 분포도를 말하며 각 소음레벨에 가장 많은 영향을 주는 주파수 대역을 알 수 있게 되어 소음관리가 용이해진다.

10년간 자주 출제된 문제

옥타브 밴드에서 중심주파수 1,000Hz가 가지는 상한주파수와 하한주파수를 바르게 나타낸 것은?(단, 중심주파수 = 1.12 × 하한주파수, 상한주파수 = 1.26 × 하한주파수)

① 1,125Hz, 893Hz
② 1,420Hz, 710Hz
③ 1,230Hz, 862Hz
④ 1,096Hz, 921Hz

|해설|

- 중심주파수(f_c) = 1.12 × 하한주파수(f_l)
  ∴ 하한주파수(f_l) = $\frac{1,000}{1.12}$ = 893Hz
- 상한주파수(f_u) = 1.26 × 하한주파수(f_l)
  ∴ 상한주파수(f_u) = 1.26 × 893Hz = 1,125Hz

정답 ①

핵심이론 06 | 소음 평가 용어

① 데시벨(dB) : 소음의 세기 및 음압 등을 비교하는 단위
② SIL(Speech Interference Level) : 대화방해레벨을 말하며 소음에 의해 대화가 방해되는 정도를 표시하기 위해 사용되며 보통 500~5,000Hz에서 회화방해가 크다(500Hz 이상의 소음성분이 주로 음성 방해).
③ PSIL(Preferred Speech Interference Level) : 우선회화방해레벨을 의미하며 소음을 1/1 옥타브 밴드로 분석한 주심주파수 500, 1,000, 2,000Hz의 음압레벨의 산술평균값이며, 말하는 사람 간의 거리에 지배된다.
④ TNI(Traffic Noise Index) : 도로교통소음에 대한 지수
⑤ NNI(Noise and Number Index) : 항공기소음지수
⑥ NC(Noise Criteria) : 사무실, 회의실 등 실내에서의 통화평가하는 기준
⑦ PNC(Preferred Noise Criteria) : NC 곡선 중의 저주파부를 더 낮은부로 수정한 것으로 NC 곡선을 개량한 것으로 음질에 의한 불쾌감의 평가를 도입하고 있다.
⑧ 감각소음레벨 : 소음의 불쾌도를 나타내는 단위로 주로 항공기의 소음의 시끄러움을 표시하는 데 사용되며 PNdB를 단위로 사용한다.
⑨ 등가소음레벨(Equivalent Sound Level) : 변동소음의 표시방법 중 하나
⑩ 소음평가지수(Noise rating Number) : 소음 허용값을 평가하는 수치로 NR수에 따라 일상회화 가능 거리와 전화회화의 가능성을 표시하는 국제표준단위(ISO)
⑪ 고체음(전파음) : 물체의 진동에 의한 기계적인 소음
⑫ 기류음 : 직접적인 공기의 압력 변화에 의한 소음
⑬ 유체음(난류음) : 유체의 흐름의 동적인 거동에 의해 발생(선풍기, 송풍기 등)
⑭ 주야평균 소음레벨 : 하루의 매 시간 당 등가소음도를 측정(24개 Data)한 후, 야간(22:00~07:00)의 매 시간 측정치에 10dB의 벌칙 레벨을 합산하여 파워평균(dB합)한 레벨

3. 소음진동 측정

핵심이론 01 | 소음계의 구성 요소(구성도)

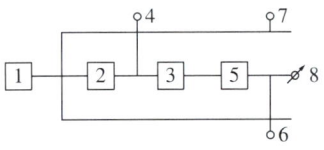

1. 마이크로폰
2. 레벨레인지 변환기
3. 증폭기
4. 교정장치
5. 청감보정회로
6. 동특성 조절기
7. 출력단자(간이소음계 제외)
8. 지시계기

① 마이크로폰(Microphone) : 지향성이 작은 압력형으로 하며, 기기의 본체와 분리가 가능
② 레벨레인지 변환기 : 측정하고자 하는 소음도가 지시계기의 범위 내에 있도록 하기 위한 감쇠기
③ 증폭기(Amplifier) : 마이크로폰에 의하여 음향에너지를 전기에너지로 변환시킨 양을 증폭시키는 장치
④ 교정장치(Calibration Network Calibrator) : 소음측정기의 감도를 점검 및 교정하는 장치
⑤ 청감보정회로(Weighting Networks) : 인체의 청감각을 주파수 보정특성에 따라 나타내는 것으로 A특성을 갖춘 것
⑥ 동특성 조절기(Fast-slow Switch) : 지시계기의 반응속도를 빠름 및 느림의 특성으로 조절할 수 있는 조절기
⑦ 출력단자(Monitor Out) : 소음신호를 기록기 등에 전송할 수 있는 교류단자를 갖춘 것
⑧ 지시계기(Meter) : 지침형 또는 디지털형

10년간 자주 출제된 문제

1-1. 소음계의 구성 요소에서 음파의 미약한 압력 변화(음압)를 전기신호로 변환하는 것은?
① 정류회로
② 마이크로폰
③ 동특성 조절기
④ 청감보정회로

1-2. 소음의 배출허용기준 측정방법에서 소음계의 청감보정회로는 어디에 고정하여 측정하여야 하는가?
① A특성
② B특성
③ C특성
④ D특성

|해설|

1-1
① 교류를 직류로 변환하는 회로
③ 지시계기의 반응속도를 빠름 및 느림의 특성으로 조절할 수 있는 조절기
④ 인체의 청감각을 주파수 보정특성에 따라 나타내는 것으로 A특성을 갖춘 것

1-2
ES 03301.1c 환경기준 중 소음측정방법(청감보정회로)
인체의 청감각을 주파수 보정특성에 따라 나타내는 것으로 A특성을 갖춘 것이어야 한다. 소음계의 청감보정회로는 A특성에 고정하여 측정하여야 한다.

정답 1-1 ② **1-2** ①

핵심이론 02 | 소음도

① **정 의**
   소음계의 청감보정회로를 통하여 측정한 지시치

② **종 류**
   ⊙ 등가소음도 : 임의의 측정시간 동안 발생한 변동소음의 총 에너지를 같은 시간 내의 정상소음의 에너지로 등가하여 얻어진 소음도
   ⓒ 측정소음도 : 시험기준에서 정한 측정방법으로 측정한 소음도 및 등가소음도 등
   ⓒ 배경소음도 : 측정소음도의 측정위치에서 대상소음이 없을 때 시험기준에서 정한 측정방법으로 측정한 소음도 및 등가소음도 등
   ② 대상소음도 : 측정소음도에 배경소음을 보정한 후 얻어진 소음도
   ⓜ 평가소음도 : 대상소음도에 보정치를 보정한 후 얻어진 소음도

③ **소음의 측정조건(ES 03301.1c)**
   ⊙ 소음계의 마이크로폰은 측정위치에 받침장치(삼각대 등)를 설치하여 측정하는 것을 원칙으로 한다.
   ⓒ 손으로 소음계를 잡고 측정할 경우 소음계는 측정자의 몸으로부터 0.5m 이상 떨어져야 한다.
   ⓒ 소음계의 마이크로폰은 주소음원 방향으로 향하도록 하여야 한다.
   ② 풍속이 2m/s 이상일 때에는 반드시 마이크로폰에 방풍망을 부착하여야 하며, 풍속이 5m/s를 초과할 때에는 측정하여서는 안 된다.
   ⓜ 진동이 많은 장소 또는 전자장(대형 전기기계, 고압선 근처 등)의 영향을 받는 곳에서는 적절한 방지책(방진, 차폐 등)을 강구하여야 한다.
   ⓑ 일반지역의 경우에는 가능한 한 측정점 반경 3.5m 이내에 장애물(담, 건물, 기타 반사성 구조물 등)이 없는 지점의 지면 위 1.2~1.5m로 한다.

10년간 자주 출제된 문제

2-1. 다음 중 소음·진동에 관련한 용어의 정의로 옳지 않은 것은?

① 반사음은 한 매질 중의 음파가 다른 매질의 경계면에 입사한 후 진행 방향을 변경하여 본래의 매질 중으로 되돌아오는 음을 말한다.
② 정상소음은 시간적으로 변동하지 아니하거나 또는 변동폭이 작은 소음을 말한다.
③ 등가소음도는 임의의 측정시간동안 발생한 변동소음의 총 에너지를 같은 시간 내의 정상소음의 에너지로 등가하여 얻어진 소음도를 말한다.
④ 지발발파는 수 시간 내에 시간차를 두고 발파하는 것을 말한다.

2-2. 손으로 소음계를 잡고 소음을 측정할 경우 소음계는 측정자의 몸으로 부터 몇 cm 이상 떨어져야 하는가?

① 20cm 이상
② 30cm 이상
③ 50cm 이상
④ 70cm 이상

|해설|

2-1
지발발파는 수 초 내에 시간차를 두고 발파하는 것을 말한다.

2-2
손으로 소음계를 잡고 측정할 경우에는 소음계는 측정자의 몸으로부터 0.5m(50cm) 이상 떨어져야 한다.

정답 2-1 ④ 2-2 ③

핵심이론 03 | 음향 및 음압레벨

① 음향파워레벨(PWL ; Sound Power Level)
  ㉠ 정의 : 음원의 강도를 나타내는 물리량으로 로그규모로 표시하는 것을 말한다.
  ㉡ 공 식
  $$\text{PWL} = 10\log\left(\frac{W}{W_o}\right)$$
  여기서, W : 음향파워
  W_o : 기준 음향파워(10^{-12}Watt)

② 음압레벨(SPL ; Sound Pressure Level)
  ㉠ 정의 : 음은 음을 전달하는 물질(매질)의 압력 변화를 수반하는데 압력의 변화 부분을 음압이라 하며 이것으로 음의 세기를 나타내는 것을 음압레벨이라 한다.
  ㉡ 공 식
  $$\text{SPL}(\text{dB}) = 20\log\left(\frac{P}{P_o}\right)$$
  여기서, P : 대상음의 음압실효치
  P_o : 최소음압실효치($2 \times 10^{-5}\text{N/m}^2$)

10년간 자주 출제된 문제

3-1. PWL이 100dB일 때의 음향출력은 몇 Watt가 되겠는가?

① 0.01W
② 0.1W
③ 1W
④ 10W

3-2. 0.1W의 출력을 가진 사이렌의 음향파워레벨은?

① 90dB
② 100dB
③ 110dB
④ 120dB

3-3. 어떤 측정된 소음원의 음압이 기준음압보다 10배 증가할 때 음압레벨은 몇 dB씩 증가하는가?

① 2dB
② 6dB
③ 10dB
④ 20dB

| 해설 |

3-1

$$PWL = 10\log\left(\frac{W}{W_o}\right)$$

여기서, W : 음향파워
W_o : 기준 음향파워(10^{-12}Watt)

$$100\text{dB} = 10\log\left(\frac{W}{10^{-12}}\right)$$
$$100\text{dB} = 10\log(W \times 10^{12})$$
$$100\text{dB} = 10\log W + 120$$
$$\log W = -2$$
$$\therefore W = 10^{-2} = 0.01\text{Watt}$$

3-2

음향파워레벨(PWL)

$$PWL = 10\log\left(\frac{W}{W_o}\right)$$
$$= 10\log\frac{0.1}{10^{-12}}$$
$$= 10\log 10^{11}$$
$$= 110\text{dB}$$

3-3

- $SPL = 20\log\left(\frac{P}{P_o}\right)$
- $P = 10P_o$

$$\therefore SPL = 20\log\left(\frac{10P_o}{P_o}\right)$$
$$= 20\log 10$$
$$= 20\text{dB}$$

정답 3-1 ① 3-2 ③ 3-3 ④

핵심이론 04 | 음의 세기

① 정 의

음파의 진행 방향에 수직인 단위면적을 단위시간에 통과한 에너지를 말한다.

② 공 식

$$I = \frac{P^2}{\rho v} (\text{W/m}^2)$$

여기서, P : 음압(N/m²)
ρ : 공기밀도
v : 음속

10년간 자주 출제된 문제

음압의 실효치가 2×10^{-1}N/m²인 평면파의 경우 음의 세기는 몇 W/m²인가?(단, 상온기준으로 공기의 평균밀도 : 1.2kg/m³, 음속은 340m/s이다)

① 10^{-1}
② 10^{-2}
③ 10^{-3}
④ 10^{-4}

| 해설 |

$$I = \frac{P^2}{\rho v}$$

여기서, P : 음압(N/m²)
ρ : 공기밀도
v : 음속
ρv : 공기의 고유음향자항 또는 임피던스(Impedance)
   $= 400$Ns/m³

$$I = \frac{(2 \times 10^{-1})^2}{400}$$
$$= \frac{4 \times 10^{-2}}{400}$$
$$= 10^{-4} \text{W/m}^2$$

정답 ④

핵심이론 05 | 합성소음도(합성소음레벨)

① 정 의

여러 개의 음원이 있을 때, n개의 음원이 동시에 작동할 때의 음의 세기

② 공 식

$$L = 10\log(10^{\frac{L_1}{10}} + 10^{\frac{L_2}{10}} + \cdots + 10^{\frac{L_n}{10}})$$

여기서, L : 합성소음레벨
L_1 : 소음1
L_2 : 소음2
L_n : n번째 소음

10년간 자주 출제된 문제

음세기 레벨이 80dB인 전동기 3대가 동시에 가동된다면 합성소음레벨은?

① 약 81dB
② 약 83dB
③ 약 85dB
④ 약 89dB

|해설|

$$L = 10\log(10^{\frac{L_1}{10}} + 10^{\frac{L_2}{10}} + \cdots + 10^{\frac{L_n}{10}})$$
$$= 10\log(10^{\frac{80}{10}} + 10^{\frac{80}{10}} + 10^{\frac{80}{10}})$$
$$= 10\log(3 \times 10^8)$$
$$= 10\log 3 + 80$$
$$= 4.77 + 80$$
$$= 84.77\text{dB}$$

정답 ③

핵심이론 06 | 투과손실(Transmission Loss)

① 정 의

차음재료의 차음성능을 나타내는 지표로서 벽이 얼마나 음의 투과를 방지하는가를 나타내는 정도를 나타낸다.

② 공 식

$$\text{TL}(\text{dB}) = 10\log\left(\frac{1}{\tau}\right)$$

여기서, TL : 투과손실
τ : 투과율

10년간 자주 출제된 문제

6-1. 투과율이 0.05인 건축재료의 투과손실은?

① 8dB
② 10dB
③ 13dB
④ 15dB

6-2. 어느 벽체의 투과손실 값이 32dB이라면 이 벽체의 투과율은?

① 5.3×10^{-3}
② 6.3×10^{-4}
③ 5.3×10^{-5}
④ 6.3×10^{-6}

6-3. 음파가 난입사하고 질량법칙이 적용되는 경우, 교실의 단일벽 면밀도가 300kg/m²이라면 0.1kHz에서의 투과손실은? (단, $\text{TL} = 18\log(m \cdot f) - 44$ 적용)

① 26.6dB
② 36.6dB
③ 46.6dB
④ 56.6dB

6-4. A벽체 입사음의 세기가 10^{-3}W/m²이고, 투과음의 세기가 10^{-6}W/m²일 때 투과손실은?

① 10dB
② 20dB
③ 30dB
④ 40dB

| 해설 |

6-1
투과손실 공식
$$TL = 10\log\left(\frac{1}{\tau}\right)$$
여기서, TL : 투과손실
τ : 투과율
$$\therefore TL = 10\log\left(\frac{1}{0.05}\right)$$
$$= 10\log 20$$
$$= 13\text{dB}$$

6-2
$$TL = 10\log\left(\frac{1}{\tau}\right)$$
$$32 = 10\log\left(\frac{1}{\tau}\right)$$
$$3.2 = \log\left(\frac{1}{\tau}\right)$$
$$3.2 = \log 1 - \log \tau$$
$$-3.2 = \log \tau$$
$$\therefore \tau = 10^{-3.2} = 6.3 \times 10^{-4}$$

6-3
$$TL = 18\log(m \cdot f) - 44$$
여기서, m : 벽체의 면밀도(kg/m^2)
f : 입사되는 음의 주파수(Hz)
$$\therefore TL = 18(\log 300 + \log 100) - 44$$
$$\fallingdotseq 36.6\text{dB}$$

6-4
투과율 $\tau = \dfrac{\text{투과음의 세기}}{\text{입사음의 세기}} = \dfrac{10^{-6}\text{W/m}^2}{10^{-3}\text{W/m}^2} = 10^{-3}$
$$\therefore TL = 10\log\left(\frac{1}{\tau}\right)$$
$$= 10\log\left(\frac{1}{10^{-3}}\right)$$
$$= 10\log 10^3$$
$$= 30\text{dB}$$

정답 6-1 ③ 6-2 ② 6-3 ② 6-4 ③

핵심이론 07 | 진동레벨(VAL ; Vibration Level)

① 정 의

1~90Hz 범위의 주파수 대역별 진동가속도레벨에 주파수 대역별 인체의 진동감각특성(수직 또는 수평감각)을 보정한 후의 값들을 dB 합산한 것으로 단위는 dB(V)를 쓴다.

② 공 식

$$VAL(\text{dB}) = 20\log\left(\frac{a}{a_o}\right)$$

여기서, a : 측정대상 진동의 가속도 실효치(m/s^2)
a_o : 진동가속도 레벨의 기준치(= 10^{-5}m/s^2)

③ 진동레벨계(소음계) 성능 기준
㉠ 측정가능 주파수 범위는 1~90Hz 이상이어야 한다.
㉡ 측정가능 진동레벨의 범위는 45~120dB 이상이어야 한다.
㉢ 진동픽업의 횡감도는 규정주파수에서 수감축 감도에 대한 차이가 15dB 이상이어야 한다(연직특성).
㉣ 레벨레인지 변환기가 있는 기기에 있어서 레벨레인지 변환기의 전환오차가 0.5dB 이내이어야 한다.
㉤ 지시계기의 눈금오차는 0.5dB 이내이어야 한다.

10년간 자주 출제된 문제

7-1. 다음은 진동과 관련된 용어 설명이다. 괄호 안에 알맞은 것은?

( )은(는) 1~90Hz 범위의 주파수 대역별 진동가속도레벨에 주파수 대역별 인체의 진동감각특성(수직 또는 수평감각)을 보정한 후의 값(dB)들을 합산한 것이다.

① 진동레벨
② 등감각곡선
③ 변위진폭
④ 진동수

7-2. 측정된 진동레벨이 배경진동레벨보다 몇 dB 이상 높으면(크면) 배경진동의 영향을 무시할 수 있는가?

① 5dB
② 10dB
③ 15dB
④ 20dB

10년간 자주 출제된 문제

7-3. 진동레벨 중 가장 많이 쓰이는 수직진동레벨의 단위로 옳은 것은?

① dB(A)
② dB(V)
③ dB(L)
④ dB(C)

7-4. 다음 중 진동레벨계의 성능기준으로 옳지 않은 것은?

① 측정가능 주파수 범위 : 1~90Hz 이상
② 측정가능 진동레벨 범위 : 45~120dB 이상
③ 레벨레인지 변환기의 전환오차 : 0.5dB 이내
④ 지시계기의 눈금오차 : 1dB 이내

|해설|

7-1
진동레벨의 감각보정회로(수직)를 통하여 측정한 진동가속도레벨의 지시치를 말하며, 단위는 dB(V)로 표시한다.

7-2
측정된 진동레벨이 배경진동레벨보다 10dB 이상 높으면(크면) 배경진동의 영향을 무시할 수 있다.

7-3
진동레벨의 단위는 dB(V)이 가장 보편적으로 사용된다.

7-4
지시계기의 눈금오차는 0.5dB 이내이어야 한다.

정답 7-1 ① 7-2 ② 7-3 ② 7-4 ④

제2절 소음방지

1. 방음 대책

핵심이론 01 │ 소음 및 방음

① 소음의 영향
  ㉠ 일시적 청력상실
  ㉡ 영구적 청력상실(4,000Hz 부근)
  ㉢ 노인성 난청(6,000Hz 부근)
  ㉣ 작업능률 저하
  ㉤ 생리적인 영향
  ㉥ 심리적인 영향

② 방음 대책
  ㉠ 음원 대책
   • 발생원의 저소음화 : 가장 일반적이며 효율적인 방법으로 소음원의 음향출력을 줄이는 것
   • 발생원인 제거 : 저소음 기계선정, 소음원 대체, 공정 및 가공법 개선 등
   • 차음 : 물체를 이용해 음의 전달을 차단하는 것
   • 방진 : 기계의 진동력을 탄성체 등으로 흡수하는 것
   • 제진 : 진동체표면에 다른 재료를 부착하여 진동을 억제시키는 것
  ㉡ 전파경로 대책 : 거리감쇠, 차폐효과, 흡음, 지향성 변환 등
   • 거리감쇠 : 음원과 수음점까지 충분한 거리를 유지해 소리에너지를 감쇠시키는 것
   • 차폐효과 : 칸막이 같은 차폐물질을 설치해 소음을 감쇠시키는 것
   • 흡음 : 벽체, 바닥, 천장면 등에 흡음처리를 통해 소음을 감소시키는 것

10년간 자주 출제된 문제

1-1. 방음 대책을 음원대책과 전파경로대책으로 구분할 때, 다음 중 전파경로대책에 해당하는 것은?

① 강제력 저감
② 방사율 저감
③ 파동의 차단
④ 지향성 변환

1-2. 소음공해에 관한 설명 중 잘못된 것은?

① 감각공해이다.
② 국소적 · 다발적이다.
③ 축적성이 커 난청을 유발한다.
④ 대책 후에 처리할 물질이 발생되지 않는다.

1-3. 항공기 소음이 큰 피해를 주는 이유에 관한 기술 중 틀린 것은?

① 간헐적이고 충격음이다.
② 발생음량이 많고 금속성 저주파음이다.
③ 상공에서 발생하기 때문에 피해 면적이 넓다.
④ 활주로에서 1km 떨어진 곳에서 약 100dB을 나타낸다.

1-4. 방음 대책을 음원대책과 전파경로대책으로 구분할 때 음원대책에 해당하는 것은?

① 거리 감쇠
② 소음기 설치
③ 방음벽 설치
④ 공장건물 내벽의 흡음처리

|해설|

1-1
방음 대책
- 음원대책 : 발생원의 저소음화, 발생원인 제거, 차음, 방진, 제진
- 전파경로대책 : 거리감쇠, 차폐효과, 방음벽 설치(흡음), 지향성 변환

1-2
소음공해는 축적성이 없다.

1-3
항공기 소음은 발생음량이 많고 금속성 고주파음이다.

1-4
소음기 설치는 음원대책에 해당한다.

정답 1-1 ④ 1-2 ③ 1-3 ② 1-4 ②

2. 방음 재료 및 시설

핵심이론 01 | 다공질 흡음 재료

① 정 의

내부에 무수히 많은 작은 구멍들이 있는 재료로 음파가 들어왔을 경우 내부의 작은 구멍 속에 공기운동에 대한 마찰 저항 및 재질 자체의 진동으로 음에너지의 일부가 열에너지로 변환되어 흡음되는 특성을 가진 재료

② 종 류

Glass Wool(유리솜), Rock Wool(암면), 광물면, 식물섬유류, 발포수지재료 등

③ 선택 및 사용 시 유의점

㉠ 벽면 부착 시 한 곳에 집중시키기보다는 전체 내벽에 분산시켜 부착한다.
㉡ 흡음재는 전면을 접착재로 부착하는 것보다는 못으로 시공하는 것이 좋다.
㉢ 다공질 재료는 산란하기 쉬우므로 표면에 얇은 직물로 피복하는 것이 바람직하다.
㉣ 다공질 재료의 표면에 종이를 입히는 것은 피해야 한다.

10년간 자주 출제된 문제

다음 중 다공질 흡음재가 아닌 것은?

① 암 면
② 비닐시트
③ 유리솜
④ 폴리우레탄폼

|해설|

다공질 흡음재는 구멍이 많은 흡음재로서 벽과의 마찰 또는 점성 저항 및 작은 섬유들의 진동에 의하여 소리 에너지의 일부가 기계 에너지인 열로 소비됨으로써 소음도가 감쇠된다.
예 폴리우레탄폼, 유리솜, 암면

정답 ②

핵심이론 02 | 평균흡음률

$$\alpha = \frac{\sum S_i \alpha_i}{\sum S_i} = \frac{\text{바닥, 벽, 천장 면적당 흡음률의 합}}{\text{바닥, 벽, 천장 면적의 합}}$$

여기서, S_i : 면의 넓이
α_i : 각 재료의 흡음률

10년간 자주 출제된 문제

2-1. 가로×세로×높이가 각각 3m×5m×2m이고, 바닥, 벽, 천장의 흡음률이 각각 0.1, 0.2, 0.6일 때, 이 방의 평균흡음률은?

① 0.13
② 0.19
③ 0.27
④ 0.31

2-2. 흡음재료의 선택 및 사용상의 유의점에 관한 설명으로 옳지 않은 것은?

① 벽면 부착 시 한 곳에 집중시키기보다는 전체 내벽에 분산시켜 부착한다.
② 흡음재는 전면을 접착재로 부착하는 것보다는 못으로 시공하는 것이 좋다.
③ 다공질 재료는 산란하기 쉬우므로 표면에 얇은 직물로 피복하는 것이 바람직하다.
④ 다공질 재료의 흡음률을 높이기 위해 표면에 종이를 바르는 것이 권장되고 있다.

|해설|

2-1
- 바닥 면적 = 3m × 5m = 15m²
- 천장 면적 = 3m × 5m = 15m²
- 벽 면적 = {(3m × 2m) + (5m × 2m)} × 2 = 32m²

$\therefore$ 평균흡음률 $= \dfrac{\sum S_i \alpha_i}{\sum S_i}$

$= \dfrac{(15\text{m}^2 \times 0.1) + (15\text{m}^2 \times 0.6) + (32\text{m}^2 \times 0.2)}{15\text{m}^2 + 15\text{m}^2 + 32\text{m}^2}$

$= 0.2726$

2-2
다공질 재료의 표면에 종이를 입히는 것은 피해야 한다.

정답 2-1 ③ 2-2 ④

3. 소음방지 기술

핵심이론 01 | 소음방지 계획 및 추진방법

① 소음방지 계획 : 소음으로 인한 문제 발생 시 다음과 같은 방식으로 추진한다.
  ㉠ 문제가 되는 수음점의 위치를 확인한다.
  ㉡ 귀 또는 소음계의 지시치, 주파수 분석 등을 통해 수음지점의 실태조사를 진행한다.
  ㉢ 해당 지점의 소음목표레벨을 명확히 한다.
  ㉣ 실태조사와 목표레벨의 차에서 주파수에 따른 저감목표를 검토한다.
  ㉤ 문제가 되는 주파수에 대한 발생원 조사를 실시한다.
  ㉥ 발생원의 위치가 판명되면 소음 발생원인의 검토 후 발생원 제거 및 저감대책을 강구한다.
  ㉦ 소음 필요 주파수 특성을 발생원 대책, 전파경로에 대한 대책 등으로 분류한 뒤 종합계획을 수립한다.
  ㉧ 종합계획에 의거한 소음대책을 추진한다.

② 소음방지 대책 추진방법 : 음원대책, 전파경로대책, 수음점대책 등으로 나누어 수립하며, 가장 적절한 방법을 선택하여 조합한다.

핵심이론 02 | 소음 발생원과 방지 대책 수립

① 발생 및 대책
  ㉠ 기류음 : 배출 유속의 저감화, 밸브의 다단화, 관의 곡률 완화 등
    • 맥동음 : 엔진, 압축기 등의 주기적 흡입·토출에 의해 발생
    • 난류음 : 빠른 유속, 밸브 등 기체의 흐름 중 와류에 의해 발생
  ㉡ 고체음 : 공명 억제, 방사면 축소, 가진역 제어, 방진 등
    • 동적 발음기구 : 기계의 운동에 의해 발생(베어링, 외륜)
    • 정적 발음기구 : 진동에 의해 발생(기계, 프레임)

② 방지시설 설계지침
  ㉠ 설계의 순서
    • 대상환경 및 음원조사
    • 소음레벨 측정
    • 현장에서 분석기를 통한 주파수 분석
    • 환경 감쇠량 측정
    • 감쇠량 설정
    • 해석 검토
    • 경제성을 고려한 설계 검토 후 공사

10년간 자주 출제된 문제

기류음의 소음방지 대책으로 적절한 것은?
① 공명 억제
② 가진력 제어
③ 배출 유속 저감
④ 밸브의 단일화

|해설|
공기의 흐름에 의한 소음을 기류음이라 하며 배출 유속의 저감화, 밸브의 다단화, 관의 곡률 완화 등을 통해 제어할 수 있다.

정답 ③

핵심이론 03 | 방음자재

① 방음자재의 종류 및 기능
  ㉠ 흡음재 : 음파를 흡수하는 재료(예 마, 솜, 석면, 암면, 시멘트, 플라스터, 석회, 페인트 등)
  ㉡ 차음재 : 소리를 차단하는 재료로 질량이 클수록 좋은 성능을 지님(예 콘크리트, 유리, 석면판 등)

10년간 자주 출제된 문제

방음자재의 종류 가운데 차음재에 해당하는 것은?
① 마
② 솜
③ 콘크리트
④ 석 회

|해설|
소리의 진행을 차단하여 제어하는 것을 차음이라 하며, 차음재로는 콘크리트, 유리, 석면판 등이 해당된다.

정답 ③

제3절 진동방지

1. 방진 대책

핵심이론 01 진동의 영향

신체에 미치는 영향, 동물에 미치는 영향, 건물에 미치는 영향 등이 있다.

① 신체에 미치는 영향 : 개인의 감각, 연령, 성별 등에 차이를 보이며 다음과 같은 특징을 지닌다.
  ㉠ 위하수, 장내압의 증가
  ㉡ 척추에 대한 이상 압력
  ㉢ 자율신경계와 내분비계에 대한 영향
  ㉣ 시력저하 및 불안감 초래 등 정신 및 신경상의 장애

② 공해진동 : 사람에게 불쾌감을 주는 진동으로, 쾌적한 생활환경을 파괴하며, 사람의 건강과 건물에 피해를 주는 진동을 의미하며 다음과 같은 특징을 지닌다.
  ㉠ 일반적으로 사람에게 피해를 주는 진동공해의 주파수는 1~90Hz이다.
  ㉡ 사람에게 불쾌감을 주는 진동을 말한다.
  ㉢ 공해진동레벨은 60dB부터 80dB까지가 많다.
  ㉣ 수직진동은 4~8Hz 이상에서 영향이 크다.

10년간 자주 출제된 문제

다음 공해진동에 관련된 설명 중 틀린 것은?
① 일반적으로 사람에게 피해를 주는 진동공해의 주파수는 1~90Hz이다.
② 사람에게 불쾌감을 주는 진동을 말한다.
③ 공해진동레벨은 60dB부터 80dB까지가 많다.
④ 수직진동은 50Hz 이상에서 영향이 크다.

|해설|
수직진동은 4~8Hz에서 상하진동한다.

정답 ④

핵심이론 02 진동픽업

① 정의 : 지면에 설치할 수 있는 구조로서 진동신호를 전기신호로 바꾸어 주는 장치
② 설치장소
  ㉠ 경사 또는 요철이 없는 장소
  ㉡ 완충물이 없고 충분히 다져 굳은 장소
  ㉢ 복잡한 반사 회절현상이 없는 지점
  ㉣ 온도, 전기, 자기 등의 외부 영향을 받지 않는 곳

10년간 자주 출제된 문제

2-1. 지면에 설치할 수 있는 구조로서 진동신호를 전기신호로 바꾸어 주는 장치는?
① 진동픽업
② 증폭기
③ 감각보정회로
④ 동특성조절기

2-2. 진동 측정 시 진동픽업을 설치하기 위한 장소로 알맞지 않은 것은?
① 경사 또는 요철이 없는 장소
② 완충물이 있고 충분히 다져 굳은 장소
③ 복잡한 반사 회절현상이 없는 지점
④ 온도, 전자기 등의 외부 영향을 받지 않는 곳

|해설|

2-1
마이크는 음성 신호를 받아들여 전기신호로 바꿔주는 것이나 진동픽업은 진동 자체를 받아들여 전기신호를 출력한다.

2-2
진동픽업의 설치장소는 완충물이 없고, 충분히 다져서 단단히 굳은 장소로 한다.

정답 2-1 ① 2-2 ②

2. 방진 재료 및 시설

핵심이론 01 | 공기스프링의 장단점

① 공기스프링의 장점
  ㉠ 설계 시 스프링 높이, 내하력, 정수를 독립적으로 설정이 가능하다.
  ㉡ 지지하중 변동 시 높이 조정변에 의해 지지대상의 높이를 일정하게 유지할 수 있다.
  ㉢ 하중의 변화에 따라 고유진동수를 일정하게 유지할 수 있다.
  ㉣ 부하능력이 광범위하다.
  ㉤ 자동제어가 가능하다.
  ㉥ 고주파 차진에 매우 우수한 성능을 갖는다.

② 공기스프링의 단점
  ㉠ 구조가 복잡하고 시설비가 많이 든다.
  ㉡ 압축기 등 부대시설이 요구된다.
  ㉢ 공기누설의 위험이 있다.
  ㉣ 사용 진폭이 작은 것이 많고, 별도의 댐퍼가 필요한 경우가 있다.

10년간 자주 출제된 문제

1-1. 다음의 조건에 해당되는 방진재로 가장 적합한 것은?

- 지지하중이 크게 변하는 경우에는 높이 조정변에 의해 그 높이를 조절할 수 있어 기계높이를 일정레벨로 유지시킬 수 있다.
- 하중의 변화에 따라 고유진동수를 일정하게 유지할 수 있다.
- 부하 능력이 광범위하다.

① 공기스프링 ② 방진고무
③ 금속스프링 ④ 진동절연

1-2. 하중의 변화에도 기계의 높이 및 고유진동수를 일정하게 유지시킬 수 있으며, 부하능력이 광범위하나 사용진폭이 적은 것이 많으므로 별도의 댐퍼가 필요한 경우가 많은 방진재는?

① 방진고무 ② 탄성블록
③ 금속스프링 ④ 공기스프링

|해설|
1-1
공기스프링은 그 외 자동제어가 가능하고 설계 시 스프링의 높이, 내하력, 스프링정수를 각각 독립적으로 광범위하게 설정할 수 있다.

1-2
공기스프링의 특징
- 공기의 압축 탄성을 이용한 것
- 하중의 변화에도 기계의 높이 및 고유진동수를 일정하게 유지
- 부하능력이 광범위하나 사용진폭이 작아 별도의 댐퍼가 필요함
- 자동제어 가능
- 구조가 복잡하고 시설비가 높음

정답 1-1 ① 1-2 ④

핵심이론 02 | 금속스프링의 장단점

① 금속스프링의 장점
  ㉠ 환경요소(온도, 부식, 용해 등)에 대한 저항성이 크다.
  ㉡ 뒤틀리거나 오므러들지 않는다.
  ㉢ 최대변위가 허용된다.
  ㉣ 저주파 차진에 좋다.
  ㉤ 금속패널의 종류가 많다.
  ㉥ 정적 및 동적으로 유연한 스프링을 용이하게 설계할 수 있다.

② 금속스프링의 단점
  ㉠ 감쇠가 거의 없으며, 공진 시에 전달률이 매우 크다.
  ㉡ 고주파 진동 시에 단락된다.
  ㉢ 로킹이 일어나지 않도록 주의해야 한다.

> **10년간 자주 출제된 문제**
>
> **방진재 중 금속스프링의 장점이라 볼 수 없는 것은?**
> ① 환경요소에 대한 저항성이 크다.
> ② 최대변위가 허용된다.
> ③ 공진 시에 전달률이 매우 크다.
> ④ 저주파 차진에 좋다.
>
> |해설|
> 공진 시 전달률이 매우 큰 것은 장점이 아니라 단점에 해당한다.
>
> **정답** ③

핵심이론 03 | 방진고무의 장단점

① 방진고무의 장점
  ㉠ 형상의 선택이 비교적 자유롭고 압축, 전단, 나선 등의 사용방법에 따라 1개로 3축 방향 및 회전 방향의 스프링정수를 광범위하게 선택할 수 있다.
  ㉡ 고무 자체의 내부 마찰에 의해 저항을 얻을 수 있어 고주파 진동의 차진에 양호하다.
  ㉢ 내부감쇠가 크므로 댐퍼(Damper)가 필요 없다.
  ㉣ 진동수비가 1 이상인 영역에서도 진동 전달률이 거의 증대하지 않는다.
  ㉤ 설계 및 부착이 비교적 간결하고 금속과도 견고하게 접착할 수 있고 소형경량이다.
  ㉥ 고주파 영역에서는 고체음 절연성능이 있다.

② 방진고무의 단점
  ㉠ 내부마찰에 의한 발열 때문에 열화되고, 내유 및 내열성이 약하다.
  ㉡ 공기 중의 오존에 의해 산화된다.
  ㉢ 스프링정수를 극히 작게 설계하기 곤란하므로 고유진동수의 하한은 4~5Hz이며, 그 이하에서 사용할 필요가 있을 경우는 금속스프링이나 공진스프링을 사용해야 한다.
  ㉣ 대용량 사용 시 금형, 부착 등에 비용이 많이 들게 되므로 소하중인 곳에서 사용해야 한다.
  ㉤ 내고온, 내저온성이 떨어진다.

> **10년간 자주 출제된 문제**
>
> **방진고무의 일반적인 성질로 볼 수 없는 것은?**
> ① 고무 자체의 내부마찰에 의해 내부저항이 최소화되어 저주파 진동 차진에 효과적이다.
> ② 형상을 비교적 자유롭게 할 수 있다.
> ③ 공기 중의 오존에 의해 산화된다.
> ④ 스프링정수는 재질 및 형상에 따라 광범위하게 선택할 수 있다.
>
> |해설|
> 고무 자체의 내부마찰에 의해 저항을 얻을 수 있어 고주파 진동의 차진에 양호하다.
>
> **정답** ①

3. 진동방지 기술

핵심이론 01 | 방진원리

① 개념 : 각종 설비·장비들로부터 발생하는 다양한 진동과 외부로부터 가해지는 진동이 대상물체에 전달되지 않도록 하는 기술이다.

핵심이론 02 | 진동방지 계획

① 진동방지 계획 수립절차
　㉠ 수진점 위치 확인
　㉡ 수진점 일대 진동실태 조사
　㉢ 수진점 진동 판정
　㉣ 수진점 진동규제 기준 확인
　㉤ 진동 저감 목표레벨 설정
　㉥ 발생원 위치 및 발생기계 확인
　㉦ 개선대책 선정 후 시공
　㉧ 재평가

핵심이론 03 | 진동방지 대책 시 고려사항

① 주민협조, 현장조사, 기관협의
　㉠ 공사 전 지역주민의 협조를 얻는다.
　㉡ 현장조사를 통해 위험물 등을 파악한다.
　㉢ 관할 기관과 정확한 사전협의를 통해 행정절차 등을 확인한다.
② 진동 예측
　㉠ 사전에 진동규제 등 관련 법 조항을 검토한다.
　㉡ 공사 시행 전 진동 발생 정도를 예측한다.
③ 진동 저감방안 수립
　㉠ 측정업체에 의뢰해 진동 측정을 실시한다.
　㉡ 측정결과값을 기준으로 저감대책을 수립한다.
④ 공법확정 : 제시된 저감대책을 적용해 최적의 공법을 선정하여 시공한다.
⑤ 사후처리
　㉠ 체크리스트를 통해 주기적인 진동 측정을 실시한다.
　㉡ 지역주민의 민원을 최소화한다.

10년간 자주 출제된 문제

진동방지 대책 시 고려사항으로 적절하지 않은 것은?
① 진동 예측 시 사전에 진동규제에 관련된 법 조항을 검토한다.
② 측정업체에 의뢰해 진동 측정하여 저감대책을 수립한다.
③ 현장조사를 통해 위험성을 확인한다.
④ 지역주민의 민원은 법적 강제조항을 통해 해결한다.

|해설|
지역주민의 민원을 최소화하여 공사에 차질이 없도록 진행한다.

정답 ④

2014~2016년	과년도 기출문제	회독 CHECK 1 2 3
2017~2023년	과년도 기출복원문제	회독 CHECK 1 2 3
2024년	최근 기출복원문제	회독 CHECK 1 2 3

PART 02

과년도 + 최근 기출복원문제

#기출유형 확인 #상세한 해설 #최종점검 테스트

2014년 제1회 과년도 기출문제

01
C_8H_{18}을 완전연소시킬 때 부피 및 무게에 대한 이론 AFR로 옳은 것은?

① 부피 : 59.5, 무게 : 15.1
② 부피 : 59.5, 무게 : 13.1
③ 부피 : 35.5, 무게 : 15.1
④ 부피 : 35.5, 무게 : 13.1

해설

공기연료비(AFR) : 공급된 공기와 연료가 완전연소하는 경우, 공기와 연료의 질량비 또는 몰(부피)비

$C_8H_{18} + 12.5O_2 \rightarrow 8CO_2 + 9H_2O$

$1\text{mol} : 12.5\text{mol} = 22.4\text{Sm}^3 : x$

- 연료(C_8H_{18}) 1mol당 이론산소량은 12.5mol이므로

  공기의 부피(x) = $12.5 \times \dfrac{22.4\text{Sm}^3}{0.21(\text{산소의 부피비})} = 1{,}333.33\text{Sm}^3$

  ∴ AFR = $\dfrac{1{,}333.33\text{Sm}^3}{22.4\text{Sm}^3} = 59.5$(부피비)

- 같은 방법으로 무게비를 계산

  공기의 무게(x) = $12.5 \times \dfrac{32\text{kg}}{0.232(\text{산소의 무게비})} = 1{,}724\text{kg}$

  ∴ AFR = $\dfrac{1{,}724\text{kg}}{114\text{kg}} = 15.12$(무게비)

02
프로판(C_3H_8) 44kg을 완전연소시키기 위해 부피비로 10%의 과잉공기를 사용하였다. 이때 공급한 공기의 양은?

① 112Sm^3
② 123Sm^3
③ 587Sm^3
④ $1{,}232\text{Sm}^3$

해설

$C_3H_8 + 5O_2 \rightarrow 3CO_2 + 4H_2O$

44kg(분자량) : $5 \times 22.4\text{Sm}^3$ = 44kg(연소량) : x

- 이론산소량 $x = \dfrac{44}{44} \times 5 \times 22.4 = 112\text{Sm}^3$

- 이론공기량 = $\dfrac{\text{이론산소량}}{0.21} = \dfrac{112\text{Sm}^3}{0.21} = 533.33\text{Sm}^3$

∴ 실제공기량 = 공기비 × 이론공기량
= 1.1(10% 과잉공기비) × 533.33Sm^3
= 586.7Sm^3

03
여름철 광화학 스모그의 일반적인 발생조건으로만 옳게 묶여진 것은?

㉠ 반응성 탄화수소의 농도가 크다.
㉡ 기온이 높고 자외선이 강하다.
㉢ 대기가 매우 불안정한 상태이다.

① ㉠, ㉡
② ㉠, ㉢
③ ㉡, ㉢
④ ㉢

해설

광화학 스모그는 자외선에 의해 영향을 받기 때문에 빛이 강한 날에 잘 발생하며, 대기 중에 머물러야 하기 때문에 대기가 안정한 상태에서 잘 발생한다.

04 중력집진장치의 효율향상 조건에 관한 설명으로 옳지 않은 것은?

① 침강실 내 처리가스 속도가 클수록 미립자가 포집된다.
② 침강실 내 배기가스 기류는 균일하여야 한다.
③ 침강실 입구 폭이 클수록 유속이 느려지고, 미세한 입자가 포집된다.
④ 다단일 경우 단수가 증가될수록 압력손실은 커지나 효율은 증가한다.

해설
침강실 내 처리가스 속도가 작을수록 미립자가 포집된다.

05 원심력집진장치에서 한계(또는 분리)입경이란 무엇을 말하는가?

① 50% 처리효율로 제거되는 입자입경
② 100% 분리·포집되는 입자의 최소입경
③ 블로다운효과에 적용되는 최소입경
④ 분리계수가 적용되는 입자입경

해설
한계입경 : 100% 분리·포집되는 입자의 최소입경

06 메탄(Methane) 1mol을 이론적으로 완전연소시킬 때, 0℃, 1기압하에서 필요한 산소의 부피(L)는? (단, 이때 산소는 이상기체로 간주한다)

① 22.4L ② 44.8L
③ 67.2L ④ 89.6L

해설
메탄의 완전연소식
$CH_4 + 2O_2 \rightarrow CO_2 + 2H_2O$
1mol : 2mol = 22.4L : x
∴ x = 44.8L

07 배출가스 중의 염소농도가 200ppm이었다. 염소농도를 10mg/Sm³로 최종 배출한다고 하면 염소의 제거율은 얼마인가?

① 95.7% ② 97.2%
③ 98.4% ④ 99.6%

해설
염소 1mol = 22.4mL = 71g, ppm = mg/L = mL/m³
10mg/Sm³ (염소농도) × $\frac{22.4\text{mL}}{71\text{mg}}$ = 3.15mL/m³ = 3.15ppm
즉, 염소농도는 200 → 3.15ppm으로 저감되었음
∴ 염소제거율 = $\left(1 - \frac{3.15}{200}\right) \times 100 = 98.425 = 98.4\%$

08 대기의 상태가 과단열감률을 나타내는 것으로, 매우 불안정하고 심한 와류로 굴뚝에서 배출되는 오염물질이 넓은 지역에 걸쳐 분산되지만 지표면에서는 국부적인 고농도 현상이 발생하기도 하는 연기의 형태는?

① 환상형(Looping)
② 원추형(Coning)
③ 부채형(Fanning)
④ 구속형(Trapping)

해설
환상형은 대기가 절대 불안정한 상태이다.

09 다음 설명하는 장치분석법에 해당하는 것은?

> 이 법은 기체시료 또는 기화(氣化)한 액체나 고체시료를 운반가스(Carrier Gas)에 의하여 분리, 관 내에 전개시켜 기체상태에서 분리되는 각 성분을 분석하는 방법으로 일반적으로 무기물 또는 유기물의 대기오염물질에 대한 정성(定性), 정량(定量) 분석에 이용한다.

① 흡광광도법
② 원자흡광광도법
③ 가스크로마토그래프법
④ 비분산적외선분석법

해설
ES 01201.a 기체크로마토그래피
기체시료 또는 기화한 액체나 고체시료를 운반가스(Carrier Gas)에 의하여 분리 후 관 내에 전개시켜 기체상태에서 분리되는 각 성분을 크로마토그래프로 분석하는 방법으로, 무기물 또는 유기물의 대기오염물질에 대한 정성, 정량분석에 이용한다.
※ 대기오염공정시험기준 개정으로 인한 명칭 변경
① 흡광광도법 → 자외선/가시선 분광법
② 원자흡광광도법 → 원자흡수분광광도법
③ 가스크로마토그래프법 → 기체크로마토그래피
④ 비분산적외선분석법 → 비분산적외선분광분석법

10 SO_2 기체와 물이 30℃에서 평형상태에 있다. 기상에서의 SO_2 분압이 44mmHg일 때 액상에서의 SO_2 농도는?(단, 30℃에서 SO_2 기체의 물에 대한 헨리상수는 $1.60 \times 10 atm \cdot m^3/kmol$이다)

① $2.51 \times 10^{-4} kmol/m^3$
② $2.51 \times 10^{-3} kmol/m^3$
③ $3.62 \times 10^{-4} kmol/m^3$
④ $3.62 \times 10^{-3} kmol/m^3$

해설
평형상태는 헨리의 법칙을 활용한다.
$P = H \times C$
여기서, P : 압력
H : 헨리상수
C : 농도
$\frac{44}{760} = 1.60 \times 10 \times C$
$\therefore C = \frac{0.0579}{16} = 0.00362 = 3.62 \times 10^{-3} kmol/m^3$

11 전기집진장치의 집진극이 갖추어야 할 조건으로 옳지 않은 것은?

① 부착된 먼지를 털어내기 쉬울 것
② 전기장 강도가 불균일하게 분포하도록 할 것
③ 열, 부식성 가스에 강하고 기계적인 강도가 있을 것
④ 부착된 먼지의 탈진 시 재비산이 일어나지 않는 구조를 가질 것

해설
② 전기장 강도가 균일하게 분포하도록 할 것

12 연소조절에 의한 NO$_x$ 발생의 억제방법으로 옳지 않은 것은?

① 2단 연소를 실시한다.
② 과잉공기량을 삭감시켜 운전한다.
③ 배기가스를 재순환시킨다.
④ 부분적인 고온영역을 만들어 연소효율을 높인다.

해설
질소산화물의 발생을 억제하는 방법
• 저과잉공기 연소
• 연소용 공기온도 저하
• 배기가스 재순환(FGR)
• 단계적 연소

13 황(S) 성분이 1.6wt%인 중유가 2,000kg/h 연소하는 보일러 배출가스를 NaOH 용액으로 처리할 때, 시간당 필요한 NaOH의 양(kg)은?(단, 황 성분은 완전연소하여 SO$_2$로 되며, 탈황률은 95%이다)

① 76　　② 82
③ 84　　④ 89

해설
S + O$_2$ → SO$_2$ + 2NaOH → Na$_2$SO$_3$ + H$_2$O
32kg(분자량) : 2 × 40kg(분자량) = 30.4kg/h : x
(∵ 황성분 1.6%이므로, 0.016 × 2,000kg/h × 0.95 = 30.4kg/h)
∴ 필요한 NaOH의 양(x) = 30.4kg/h × 80kg ÷ 32kg = 76kg/h

14 다음 중 오존층의 두께를 표시하는 단위는?

① VAL
② OTL
③ Pa
④ Dobson

해설
DU(Dobson) : 오존층의 두께를 표시하는 단위로, 해면상 표준상태(0℃, 1기압)에서 1mm는 100DU이다.

15 질소산화물을 촉매환원법으로 처리하고자 할 때 사용되는 촉매는 무엇인가?

① K$_2$SO$_4$
② 백 금
③ V$_2$O$_5$
④ HCl

해설
일반적인 촉매환원법의 환원촉매로는 백금이 주로 사용되며, 선택적 촉매환원법(SCR)의 촉매로는 바나듐(V$_2$O$_5$), 비석(Zeolite) 등이 주로 사용된다.

16 다음 중 Acidity 또는 Hardness는 무엇으로 환산하는가?

① 염화칼슘
② 질산칼슘
③ 수산화칼슘
④ 탄산칼슘

해설
경도, 산도, 알칼리도 등에서 계산의 편의성을 위해 분자량이 100인 탄산칼슘(CaCO$_3$)을 이용한다.

정답　12 ④　13 ①　14 ④　15 ②, ③　16 ④

17 4m × 3m의 여과지에 1,000m³/d의 유량을 처리하는 경우 여과율은?

① 0.96L/m² · s
② 9.6L/m² · s
③ 0.12L/m² · s
④ 1.2L/m² · s

해설

여과율 = $\dfrac{\text{유량}}{\text{표면적}} = \dfrac{1,000\text{m}^3/\text{d}}{12\text{m}^2}$

= 83.33m/d × 1d/86,400s × 1,000L/m³
= 0.96L/m² · s

18 에탄올(C_2H_5OH)의 농도가 350mg/L인 폐수의 이론적인 화학적 산소요구량은?

① 620mg/L
② 730mg/L
③ 840mg/L
④ 950mg/L

해설

에탄올의 산화반응식
$C_2H_5OH + 3O_2 \rightarrow 2CO_2 + 3H_2O$
46g(분자량) : 3×32g(분자량) = 350mg/L : x

∴ $x = \dfrac{3 \times 32 \times 350}{46} = 730.4\text{mg/L}$

19 활성슬러지법으로 처리하고 있는 어떤 폐수처리시설 폭기조의 운영관리 자료 중 적절하지 않은 것은?

① SV가 20~30%이다.
② DO가 7~9mg/L이다.
③ MLSS가 3,000mg/L이다.
④ pH가 6~8이다.

해설

용존산소(DO) 농도는 2mg/L(=ppm)를 유지한다.

20 시료의 5일 BOD가 212mg/L이고, 탈산소계수값이 0.15/d(밑수 10)이면, 이 시료의 최종 BOD(mg/L)는?

① 243
② 258
③ 285
④ 292

해설

$BOD_5 = BOD_u(1 - 10^{-k \times t})$
여기서, BOD_5 : 5일 후 BOD값
BOD_u : 최종 BOD값
k : 탈산소계수
t : 시간
212ppm = $BOD_u(1 - 10^{-0.15 \times 5})$

∴ $BOD_u = \dfrac{212}{0.82} = 258\text{ppm}$

21 다음 내용에 알맞은 생물학적 처리공정으로 가장 적합한 것은?

- 설치면적이 적게 들며, 처리수의 수질이 양호하다.
- BOD, SS의 제거율이 높다.
- 수량 또는 수질에 영향을 많이 받는다.
- 슬러지 팽화가 문제점으로 지적된다.

① 산화지법
② 살수여상법
③ 회전원판법
④ 활성슬러지법

해설

활성슬러지공법에 관한 설명이다.

22 아연과 성질이 유사한 금속으로 체내 칼슘균형을 깨뜨려 골연화증의 원인이 되며, 이타이이타이병으로 잘 알려진 것은?

① Hg ② Cd
③ PCB ④ Cr^{6+}

해설
카드뮴(Cd)에 관한 설명이다.

23 SVI = 125일 때, 반송슬러지 농도(mg/L)는?

① 1,000 ② 2,000
③ 4,000 ④ 8,000

해설
$SVI = \dfrac{1}{X_r}$, $X_r = \dfrac{1}{SVI}$

여기서, SVI : 슬러지 용적지수(mL/g)
        X_r : 반송슬러지농도(mL/g)

$\therefore X_r = \dfrac{1}{125 mL/g} = 0.008 g/mL \times 1,000 mg/g \times 1,000 mL/L$
        $= 8,000 mg/L$

24 다음 식은 크로뮴 함유 폐수의 수산화물 침전과정의 화학반응식이다. ㉠에 들어갈 알맞은 수치는?

$Cr_2(SO_4)_3 + 6NaOH \rightarrow ㉠Cr(OH)_3\downarrow + 3Na_2SO_4$

① 1 ② 2
③ 3 ④ 4

해설
좌측 반응식에서 Cr이 2개이므로, 우측 침전식의 Cr을 수치로 맞추어 볼 수 있다.

25 하수의 고도처리공법 중 인(P) 성분만을 주로 제거하기 위한 Side Stream 공정으로 다음 중 가장 적합한 것은?

① Bardenpho 공법
② Phostrip 공법
③ A_2/O 공법
④ UCT 공법

해설
인(P)제거 공법(생물학적 고도처리)
Phostrip 공법, A/O 공법 등

26 효과적인 응집을 위해 실시하는 약품교반 실험장치(Jar Tester)의 일반적인 실험순서가 바르게 나열된 것은?

① 정치 침전 → 상징수 분석 → 응집제 주입 → 급속 교반 → 완속교반
② 급속교반 → 완속교반 → 응집제 주입 → 정치 침전 → 상징수 분석
③ 상징수 분석 → 정치 침전 → 완속교반 → 급속교반 → 응집제 주입
④ 응집제 주입 → 급속교반 → 완속교반 → 정치 침전 → 상징수 분석

해설
약품교반 실험(Jar Test) 순서
• Step 1 : 6개의 Jar에 원수를 넣고, 응집제의 주입량을 달리한다.
• Step 2 : 급속교반 후 완속교반하여 20분간 정치한다.
• Step 3 : 각 Jar의 상징수를 채취하여 탁도를 측정한다.
• Step 4 : 최저 탁도를 나타내는 Jar의 응집제 주입률을 최적값으로 상징수를 분석한다.

27 다음 중 수처리 시, 사용되는 응집제와 거리가 먼 것은?

① PAC ② 소석회
③ 입상활성탄 ④ 염화제2철

해설
흡착제 : 입상활성탄, 실리카겔, 합성제올라이트, 보크사이트, 활성알루미나

30 0.1N 염산(HCl) 용액의 예상되는 pH는 얼마인가?(단, 이 농도에서 염산 용액은 100% 해리한다)

① 1 ② 2
③ 12 ④ 13

해설
$pH = -\log[H^+] = -\log 0.1 = 1$

28 부상법으로 처리해야 할 폐수의 성상으로 가장 적합한 것은?

① 수중에 용존유기물의 농도가 높은 경우
② 비중이 물보다 낮은 고형물이 많은 경우
③ 수온이 높은 경우
④ 독성물질을 많이 함유한 경우

해설
부상법
비중차에 의한 처리법으로 물보다 낮은 물질을 띄워서 제거하는 방법으로 주로 유지류, 미생물 슬러지, 부유물질, 목재 등의 처리에 적합하다.

29 MLSS 농도가 1,000mg/L이고, BOD 농도가 200mg/L인 2,000m³/d의 폐수가 폭기조로 유입될 때, BOD/MLSS 부하는?(단, 폭기조의 용적은 1,000m³이다)

① 0.1kg BOD/kg MLSS·d
② 0.2kg BOD/kg MLSS·d
③ 0.3kg BOD/kg MLSS·d
④ 0.4kg BOD/kg MLSS·d

해설
$\text{BOD/MLSS 부하} = \dfrac{400\text{kg/d}}{1,000\text{kg}} = 0.4\text{kg BOD/kg MLSS}\cdot\text{d}$

31 다음 중 살수여상법으로 폐수를 처리할 때, 유지관리상 주의할 점이 아닌 것은?

① 슬러지의 팽화
② 여상의 폐쇄
③ 생물막의 탈락
④ 파리의 발생

해설
슬러지 팽화(Bulking)는 활성슬러지 공법에서 발생하는 문제점이다.
살수여상법 주의점
파리의 발생, 악취 발생, 연못화 현상, 결빙, 생물막의 탈락 등

32 166.6g의 C₆H₁₂O₆가 완전한 혐기성 분해를 한다고 가정할 때, 발생 가능한 CH₄ 가스용적으로 옳은 것은?(단, 표준상태 기준)

① 24.4L
② 62.2L
③ 186.7L
④ 1,339.3L

해설

$C_6H_{12}O_6 \rightarrow 3CH_4 + 3CO_3$
180g : 3 × 22.4L = 166.6g : x
∴ x = 62.2L

33 무기응집제인 알루미늄염의 장점으로 가장 거리가 먼 것은?

① 적정 pH 폭이 2~12 정도로 매우 넓은 편이다.
② 독성이 거의 없어 대량으로 주입할 수 있다.
③ 시설을 더럽히지 않는 편이다.
④ 가격이 저렴한 편이다.

해설

알루미늄염은 독성이 없고 경제적이나 pH 폭이 좁은 단점이 있다.

34 스토크스(Stokes)의 법칙에 따라 물속에서 침전하는 원형입자의 침전속도에 관한 설명으로 옳지 않은 것은?

① 침전속도는 입자의 지름의 제곱에 비례한다.
② 침전속도는 물의 점도에 반비례한다.
③ 침전속도는 중력가속도에 비례한다.
④ 침전속도는 입자와 물 간의 밀도차에 반비례한다.

해설

스토크스(Stokes)의 법칙

$$V_g(\text{m/s}) = \frac{d^2 \cdot (\rho_s - \rho) \cdot g}{18\mu}$$

여기서, d : 입자의 직경(비례)
$\rho_s - \rho$: 밀도 차이(비례)
g : 중력가속도(비례)
μ : 점도(반비례)

35 완속여과의 특징에 관한 설명으로 가장 거리가 먼 것은?

① 손실수두가 비교적 적다.
② 유지관리비가 적은 편이다.
③ 시공비가 적고 부지가 좁다.
④ 처리수의 수질이 양호한 편이다.

해설

완속여과는 여과속도가 느리기 때문에 큰 부지면적이 필요하며, 시공비도 많이 든다.

정답 32 ② 33 ① 34 ④ 35 ③

36 쓰레기 발생량과 성상에 영향을 미치는 요인에 관한 설명으로 가장 거리가 먼 것은?

① 수집빈도가 높을수록, 그리고 쓰레기통이 클수록 발생량이 감소하는 경향이 있다.
② 일반적으로 도시의 규모가 커질수록 쓰레기 발생량이 증가한다.
③ 쓰레기 관련 법규는 쓰레기 발생량에 매우 중요한 영향을 미친다.
④ 대체로 생활수준이 증가하면 쓰레기 발생량도 증가하며 다양화된다.

해설
수집빈도가 높을수록, 쓰레기통이 클수록 발생량은 증가한다.

37 화상 위에서 쓰레기를 태우는 방식으로 플라스틱처럼 열에 열화, 용해되는 물질의 소각과 슬러지, 입자상 물질의 소각에도 적합하며, 체류시간이 길고 국부적으로 가열될 염려가 있으며, 연소효율이 나쁘며, 잔사의 용량이 많아질 수 있는 소각로는?

① 고정상 ② 화격자
③ 회전로 ④ 다단로

해설
고정상 소각로에 관한 설명이다.

38 폐기물 소각시설의 후연소실에 대한 설명으로 가장 거리가 먼 것은?

① 주연소실에서 생성된 휘발성 기체는 후연소실로 흘러들어 연소된다.
② 깨끗하고 가연성인 액상 폐기물은 바로 후연소실로 주입될 수 있다.
③ 후연소실 내의 온도는 주연소실의 온도보다 보통 낮게 유지한다.
④ 연기 내의 가연성분의 완전산화를 위해 후연소실은 충분한 양의 잉여 공기가 공급되어야 한다.

해설
③ 후연소실 내의 온도는 주연소실의 온도보다 보통 높게 유지한다.

39 퇴비화에 관련된 부식질(Humus)의 특징과 거리가 먼 것은?

① 병원균이 사멸되어 거의 없다.
② 뛰어난 토양개량제이다.
③ C/N비가 50~60 정도로 높다.
④ 물보유력과 양이온 교환능력이 좋다.

해설
③ C/N비는 10~20 정도로 낮다.

40 소각로에서 적용하는 공기비(m)에 관한 설명으로 가장 적합한 것은?

① 실제공기량과 이론공기량의 비
② 연소가스량과 이론공기량의 비
③ 연소가스량과 실제공기량의 비
④ 실제공기량과 이론산소량의 비

해설

공기비(m) = $\dfrac{\text{실제공기량}}{\text{이론공기량}}$

41 슬러지 내의 수분 중 일반적으로 가장 많은 양을 차지하며 고형물질과 직접 결합해 있지 않기 때문에 농축 등의 방법으로 용이하게 분리할 수 있는 수분은?

① 간극수 ② 모관결합수
③ 부착수 ④ 내부수

해설

간극수는 슬러지 입자들에 의해 둘러싸인 공간을 채우고 있는 수분이며 고형물과 직접 결합하고 있지 않아 분리가 용이하다.

42 매립지에서의 침출수 발생량에 영향을 미치는 인자와 가장 거리가 먼 것은?

① 강우침투량
② 유출계수
③ 증발산량
④ 교통량

해설

교통량은 침출수 발생량과 아무런 관계가 없다.

43 폐기물의 해안매립공법 중 밑면이 뚫린 바지선 등으로 쓰레기를 떨어뜨려 줌으로써 바닥지반의 하중을 균일하게 하고, 쓰레기 지반 안정화 및 매립부지 조기이용 등에는 유리하지만 매립효율이 떨어지는 것은?

① 셀공법
② 박층뿌림공법
③ 순차투입공법
④ 내수배제공법

해설

박층뿌림공법에 관한 설명이다.

44 폐기물처리에서 에너지 회수방법으로 거리가 먼 것은?

① 슬러지 개량
② 혐기성 소화
③ 소각열 회수
④ RDF 제조

해설

슬러지 개량이란 탈수성을 좋게 하여 처리 시 비용을 저렴하게 하기 위한 방법이다.

정답 40 ① 41 ① 42 ④ 43 ② 44 ①

45 쓰레기를 파쇄처리하는 이유와 가장 거리가 먼 것은?

① 겉보기 밀도의 감소
② 입자크기의 균일화
③ 부등침하의 가능한 억제
④ 비표면적의 증가

해설
파쇄처리의 목적
- 유기물의 분리 : 쓰레기의 균일화로 물질별 분리가 가능
- 밀도의 증가 : 쓰레기의 운반, 저장, 취급의 용이성 증대
- 입자크기의 균일화 : 매립작업의 효율성 증대
- 비표면적의 증가 : 미생물의 작용을 촉진시켜 퇴비화 등의 발효 효율을 증가

46 어느 도시에 인구 100,000명이 거주하고 있으며, 1인당 쓰레기 발생량이 평균 0.9(kg/인·일)이다. 이 쓰레기를 적재용량이 5톤인 트럭을 이용하여 한 번에 수거를 마치려면 트럭이 몇 대 필요한가?

① 10대 ② 12대
③ 15대 ④ 18대

해설
$$\text{운반차량} = \frac{\text{쓰레기 발생량}}{\text{적재용량}}$$
$$= \frac{100,000\text{인} \times 0.9\text{kg}}{5\text{t}} \times \frac{1\text{t}}{10^3\text{kg}}$$
$$= 18\text{대}$$

47 일정기간 동안 특정지역의 쓰레기 수거차량의 대수를 조사하여 이 값에 쓰레기의 밀도를 곱하여 중량으로 환산하여 쓰레기 발생량을 산출하는 방법은?

① 경향법
② 직접계근법
③ 물질수지법
④ 적재차량 계수분석법

해설
폐기물 발생량의 조사방법
- 직접계근법 : 중간 적하장이나 중계 처리장에서 직접 계근하는 방법이다.
- 물질수지법 : 특정 시스템을 이용하여 유입, 유출되는 폐기물의 양에 대해 물질수지를 세워 폐기물 발생량을 추정하는 방법이다.
- 적재차량 계수분석법 : 조사된 차량의 대수에 폐기물의 겉보기 비중을 보정하여 중량으로 환산하는 방법이다.

48 매립가스 중 축적되면 폭발의 위험성이 있으며, 가볍기 때문에 위로 확산되며, 구조물의 설계 시에는 구조물로 스며들지 않도록 해야 하는 물질은?

① 메탄
② 산소
③ 황화수소
④ 이산화탄소

해설
메탄(CH_4)은 매립 가스 중에서 연료로 사용 가능하나 폭발의 위험성이 있기에 조심해야 한다.

정답 45 ① 46 ④ 47 ④ 48 ①

49 다단로 소각에 대한 내용으로 틀린 것은?

① 체류시간이 길어 특히 휘발성이 적은 폐기물의 연소에 유리하다.
② 온도반응이 비교적 신속하여 보조연료 사용조절이 용이하다.
③ 다량의 수분이 증발되므로 수분함량이 높은 폐기물의 연소도 가능하다.
④ 물리·화학적 성분이 다른 각종 폐기물을 처리할 수 있다.

해설
체류시간이 길어 온도반응이 느리며 늦은 온도반응 때문에 보조연료 사용의 조절이 어렵다.

50 그림과 같이 쓰레기를 수평으로 고르게 깔아 압축하고 복토를 깔아 쓰레기층과 복토층을 교대로 쌓는 매립 공법을 무엇이라 하는가?

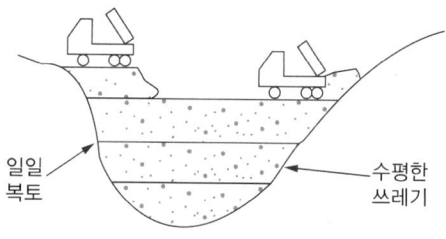

① 박층뿌림공법
② 샌드위치공법
③ 압축매립공법
④ 도랑형공법

해설
샌드위치공법에 관한 설명 및 그림이다.

51 폐기물의 원소를 분석한 결과 탄소 42%, 산소 40%, 수소 9%, 회분 7%, 황 2%이었다. 듀롱(Dulong)식을 이용하여 고위발열량(kcal/kg)을 구하면?

① 약 4,100
② 약 4,300
③ 약 4,500
④ 약 4,800

해설
$$HHV = 81C + 342.5\left(H - \frac{O}{8}\right) + 22.5S$$
$$= (81 \times 42) + 342.5\left(9 - \frac{40}{8}\right) + (22.5 \times 2) = 4,817 \text{kcal/kg}$$
$$\fallingdotseq 4,800 \text{kcal/kg}$$

※ 질소 성분, 회분 성분은 열량계산과 관계가 없다.

52 다음 중 MHT에 관한 설명으로 옳지 않은 것은?

① man·hour/ton을 뜻한다.
② 폐기물의 수거효율을 평가하는 단위로 쓰인다.
③ MHT가 클수록 수거효율이 좋다.
④ 수거작업 간의 노동력을 비교하기 위한 것이다.

해설
Man·Hour/Ton : 1ton의 쓰레기를 1명의 인부가 처리하는 데 걸리는 시간으로, 작을수록 효율이 좋다.

53 다음 중 작용하는 힘에 따른 폐기물의 파쇄장치의 분류로 가장 거리가 먼 것은?

① 전단식 파쇄기
② 충격식 파쇄기
③ 압축식 파쇄기
④ 공기식 파쇄기

해설
파쇄장치에 작용하는 힘은 전단작용, 충격작용, 압축작용이다.

54 밀도가 1g/cm³인 폐기물 10kg에 고형화 재료 2kg을 첨가하여 고형화시켰더니 밀도가 1.2g/cm³로 증가했다. 이 경우 부피변화율은?

① 0.7
② 0.8
③ 0.9
④ 1.0

해설

부피변화율(압축비) = $\dfrac{V_2}{V_1}$

여기서, V_1 : 압축 전 부피
V_2 : 압축 후 부피

$V_1 = 10\text{kg} \times \dfrac{1\text{L}}{1\text{kg}} = 10\text{L}$, $V_2 = 12\text{kg} \times \dfrac{1\text{L}}{1.2\text{kg}} = 10\text{L}$

∴ 부피변화율 = $\dfrac{10\text{L}}{10\text{L}} = 1.0$

55 다음 중 폐기물의 기계적(물리적) 선별방법으로 가장 거리가 먼 것은?

① 체선별
② 공기선별
③ 용제선별
④ 관성선별

해설

물리적 선별법 : 체선별(Screening), 공기선별, 손선별, 관성선별, Stoner 등

56 음의 회절에 관한 설명으로 옳지 않은 것은?

① 회절하는 정도는 파장에 반비례한다.
② 슬릿의 폭이 좁을수록 회절하는 정도가 크다.
③ 장애물 뒤쪽으로 음이 전파되는 현상이다.
④ 장애물이 작을수록 회절이 잘된다.

해설

회절현상은 파장에 비례한다.

57 다음 괄호 안에 알맞은 것은?

> 한 장소에 있어서의 특정의 음을 대상으로 생각할 경우 대상소음이 없을 때 그 장소의 소음을 대상소음에 대한 (　　)이라 한다.

① 고정소음
② 기저소음
③ 정상소음
④ 배경소음

해설

배경소음에 관한 설명이다.

58 가속도 진폭의 최댓값이 0.01m/s² 인 정현진동의 진동가속도 레벨은?(단, 기준 10^{-5}m/s²)

① 28dB
② 30dB
③ 57dB
④ 60dB

해설

$$VAL = 20\log\left(\frac{a}{a_o}\right) dB$$

여기서, VAL : 진동가속도 레벨(Vibration Acceleration Level)

a : 측정대상 진동의 가속도 실효치$\left(=\dfrac{\text{가속도 진폭}}{\sqrt{2}}\right)$

a_o : 진동가속도 레벨의 기준치(10^{-5}m/s²)

$a = \dfrac{0.01\text{m/s}^2}{\sqrt{2}} = 0.00707\text{m/s}^2$

$\therefore VAL = 20\log\left(\dfrac{a}{a_o}\right)dB = 20\log\left(\dfrac{0.00707}{10^{-5}}\right) = 57\text{dB}$

60 무지향성 점음원을 두 면이 접하는 구석에 위치시켰을 때의 지향지수는?

① 0
② +3dB
③ +6dB
④ +9dB

해설

무지향성 점음원의 음원이 놓인 위치에 따른 지향지수
• 두 면이 접하는 구석 : +6dB
• 세 면이 접하는 구석 : +9dB

59 공해진동에 관한 설명으로 옳지 않은 것은?

① 진동수 범위는 1,000~4,000Hz 정도이다.
② 문제가 되는 진동레벨은 60dB부터 80dB까지가 많다.
③ 사람이 느끼는 최소진동역치는 55±5dB 정도이다.
④ 사람에게 불쾌감을 준다.

해설

공해진동의 진동수 범위는 1~90Hz 정도이다.

2014년 제2회 과년도 기출문제

01 오존층의 두께를 표시하는 단위는?

① Plank
② Dobson
③ Albedo
④ Donora

해설
DU(Dobson) : 오존층의 두께를 표시하는 단위로, 해면상 표준상태(0℃, 1기압)에서 1mm는 100DU이다.

02 세정식 집진장치의 유지관리에 관한 설명으로 옳지 않은 것은?

① 먼지의 성상과 처리가스 농도를 고려하여 액가스비를 결정한다.
② 목부는 처리가스의 속도가 매우 크기 때문에 마모가 일어나기 쉬우므로 수시로 점검하여 교환한다.
③ 기액분리기는 시설의 작동이 정지해도 잠시 공회전을 하여 부착된 먼지에 의한 산성의 세정수를 제거해야 한다.
④ 벤투리형 세정기에서 집진효율을 높이기 위하여 될 수 있는 한 처리가스 온도를 높게 하여 운전하는 것이 바람직하다.

해설
벤투리형 세정기는 낮은 온도에서 높은 유해가스 제거효율을 기대할 수 있다.

03 다음 중 벤투리스크러버의 입구 유속으로 가장 적합한 것은?

① 60~90m/s
② 5~10m/s
③ 1~2m/s
④ 0.5~1m/s

해설
흡수장치 입구유속
- 분무탑 : 0.2~1m/s
- 벤투리스크러버 : 60~90m/s
- 충전탑 : 0.3~1m/s
- 제트스크러버 : 20~50m/s

04 대기상태에 따른 굴뚝 연기의 모양으로 옳은 것은?

① 역전 상태 - 부채형
② 매우 불안정 상태 - 원추형
③ 안정 상태 - 환상형
④ 상층 불안정, 하층 안정 상태 - 훈증형

해설
대기상태에 따른 굴뚝 연기 모양
- 부채형 : 역전 상태, 매우 안정 상태
- 환상형 : 매우 불안정 상태
- 원추형 : 대기 중립
- 훈증형 : 상층 안정, 하층 불안정
- 구속형 : 상·하층 안정, 중간층 불안정
- 상승형 : 상층 불안정, 하층 안정

정답 1 ② 2 ④ 3 ① 4 ①

05 연기의 상승높이에 영향을 주는 인자와 가장 거리가 먼 것은?

① 배출가스 유속
② 오염물질 농도
③ 외기의 수평풍속
④ 배출가스 온도

해설
연기의 상승높이와 오염물질의 농도와는 아무런 관계가 없다.

06 표준상태에서 물 6.6g을 수증기로 만들 때 부피는?

① 약 5.16L
② 약 6.22L
③ 약 7.24L
④ 약 8.21L

해설
표준상태에서 물(H_2O) 1mol(18g)일 때 22.4L이므로
18g : 22.4L = 6.6g : x
∴ $x = \dfrac{22.4L \times 6.6g}{18g} = 8.21L$

07 자동차가 공회전할 때 많이 배출되며 혈액에 흡수되면 헤모글로빈과의 결합력이 산소의 약 210배 정도로 강하고, 이에 따라 중추신경계의 장애를 초래하는 가스는?

① Ozone
② HC
③ CO
④ NO_x

해설
일산화탄소(CO)는 헤모글로빈(Hb)과 결합력이 산소(O_2)보다 매우 높아 카복시헤모글로빈(COHb)을 형성하여 혈액 내 산소운반을 방해한다.
※ CO + Hb → COHb

08 다음 집진장치 중 일반적으로 압력손실이 가장 큰 것은?

① 중력집진장치
② 원심력집진장치
③ 전기집진장치
④ 벤투리스크러버

해설
압력손실의 비교
• 중력집진장치 : 5~15mmH_2O
• 전기집진장치 : 10~20mmH_2O
• 원심력집진장치 : 50~150mmH_2O
• 벤투리스크러버 : 300~800mmH_2O

09 다음 중 여과집진장치에 관한 설명으로 옳은 것은?

① 350℃ 이상의 고온의 가스처리에 적합하다.
② 여과포의 종류와 상관없이 가스상 물질도 효과적으로 제거할 수 있다.
③ 압력손실이 약 20mmH_2O 전후이며, 다른 집진장치에 비해 설치면적이 작고, 폭발성 먼지 제거에 효과적이다.
④ 집진원리는 직접 차단, 관성 충돌, 확산 등의 형태로 먼지를 포집한다.

해설
여과집진장치의 집진원리는 차단 부착, 관성 충돌, 확산작용, 중력작용, 정전기와 반발력 등이다.

정답 5 ② 6 ④ 7 ③ 8 ④ 9 ④

10 대기권에서 발생하고 있는 기온역전의 종류에 해당하지 않는 것은?

① 자유역전
② 이류역전
③ 침강역전
④ 복사역전

해설
역전층의 종류
- 이류역전 : 따뜻한 기류가 차가운 지표나 공기층 위로 유입되는 것
- 침강역전 : 고기압하에 상층의 공기가 서서히 침강할 때 단열압축에 의해 발생
- 복사역전 : 지표면이 복사 냉각되어 새벽에 지표면 부근에서 발생

11 다음 중 아황산가스에 대한 식물저항력이 가장 약한 것은?

① 담 배
② 옥수수
③ 국 화
④ 참 외

해설
아황산가스(H_2S)는 담뱃잎에 치명적인 영향을 끼친다.

12 다음 압력 중 크기가 다른 하나는?

① $1.013N/m^2$
② 760mmHg
③ 1,013mbar
④ 1atm

해설
1atm = 76cmHg = 760mmHg = 1,013.25hPa = 1,013mbar
= $1.013 \times 10^5 N/m^2$

13 황 성분 1%인 중유를 20t/h로 연소시키고 배출되는 SO_2를 석고($CaSO_4$)로 회수하고자 할 때, 회수하는 석고의 양은?(단, 24시간 연속 가동되며, 연소율 : 100%, 탈황률 : 80%, 원자량 S : 32, Ca : 40)

① 6.83kg/min
② 11.33kg/min
③ 12.75kg/min
④ 14.17kg/min

해설
$S + O_2 \rightarrow SO_2 + \frac{1}{2}O_2 + CaCO_3 \rightarrow CaSO_4 + CO_2$

- 황의 분자량 = 32g/mol
- $CaSO_4$의 분자량 = 136g/mol
- 황 성분이 1.0%이고 탈황률이 80%이므로,
  $0.01 \times 20t/h \times 0.8 = 0.16t/h$
  필요한 $CaSO_4$의 양(x)은 다음과 같다.
  32g/mol : 136g/mol = 0.16t/h : x
  $\therefore x = \frac{0.16t/h \times 136g/mol}{32g/mol} = 0.68t/h = 11.33kg/min$

14 연소 시 연소상태를 조절하여 질소산화물 발생을 억제하는 방법으로 가장 거리가 먼 것은?

① 저온도 연소
② 저산소 연소
③ 공급공기량의 과량 주입
④ 수증기 분무

해설
공급공기량을 과량 주입하면 질소산화물 발생을 촉진한다.

15 역사적인 대기오염 사건 중 포자리카(Poza Rica) 사건은 주로 어떤 오염물질에 의한 피해였는가?

① O_3
② H_2S
③ PCB
④ MIC

해설
멕시코 포자리카 사건
- 원인물질 : 황화수소(H_2S)
- 기상상태 : 기온역전
- 피해 : 점막자극, 호흡곤란

16 신도시를 중심으로 설치되며 생활오수는 하수처리장으로, 우수는 별도의 관거를 통해 직접 수역으로 방류하는 배제방식은?

① 합류식
② 분류식
③ 직각식
④ 원형식

해설
하천배제방식
- 합류식 : 빗물(우수)이나 오수를 동일관으로 배제하는 관
- 분류식 : 빗물(우수)이나 오수를 별도의 관으로 나누어 배제하는 관거

17 지구상의 담수 중 가장 큰 비율을 차지하고 있는 것은?

① 호 수
② 하 천
③ 빙설 및 빙하
④ 지하수

해설
담수의 대부분이 빙설 및 빙하로 존재한다.

18 미생물과 조류의 생물화학적 작용을 이용하여 하수 및 폐수를 자연 정화시키는 공법으로, 라군(Lagoon)이라고도 하며, 시설비와 운영비가 적게 들기 때문에 소규모 마을의 오수처리에 많이 이용되는 것은?

① 회전원판법
② 부패조법
③ 산화지법
④ 살수여상법

해설
산화지법은 생물학적 처리법의 일종으로 호기성 산화지(Aerobic Lagoon), 포기식 산화지(Aerated Lagoon), 임의성 산화지(Facultative Lagoon)로 분류된다.
※ 라군(Lagoon)이라는 어원은 호수, 못 등 물이 잔잔히 고여 있는 공간을 의미한다.

19 활성슬러지법에서 MLSS가 의미하는 것으로 가장 적합한 것은?

① 방류수 중의 부유물질
② 폐수 중의 중금속물질
③ 폭기조 혼합액 중의 부유물질
④ 유입수 중의 부유물질

해설
MLSS : 폭기조(포기조) 내 부유물질의 양

정답 15 ② 16 ② 17 ③ 18 ③ 19 ③

20 다음 중 지표수의 특성으로 가장 거리가 먼 것은? (단, 지하수와 비교)

① 지상에 노출되어 오염의 우려가 큰 편이다.
② 용존산소 농도가 높고, 경도가 큰 편이다.
③ 철, 망간 성분이 비교적 적게 포함되어 있고, 대량 취수가 용이한 편이다.
④ 수질 변동이 비교적 심한 편이다.

해설
일반적으로 지표수는 지하수보다 용존산소 및 경도가 낮다.

21 다음 중 인체에 만성 중독증상으로 카네미유증을 발생시키는 유해물질은?

① PCB ② Mn
③ As   ④ Cd

해설
카네미유증은 PCB 섭취에 따른 중독증상이다.

22 건조 전 슬러지 무게가 150g이고 항량으로 건조한 후의 무게가 35g이었다면, 이때 수분의 함량(%)은?

① 46.7 ② 56.7
③ 66.7 ④ 76.7

해설
수분 함량 $= \dfrac{W_1 - W_2}{W_1} \times 100 = \dfrac{150 - 35}{150} \times 100 = 76.7\%$

여기서, W_1 : 건조 전 무게
       W_2 : 건조 후 무게

23 다음 중 침전 효율을 높이기 위한 방법과 가장 거리가 먼 것은?

① 침전지의 표면적을 크게 한다.
② 응집제를 투여한다.
③ 침전지 내 유속을 빠르게 한다.
④ 침전된 침전물을 계속 제거시켜 준다.

해설
응집제 첨가 후, 교반을 적절히 해주어야 더 많은 Floc이 형성되어 비중이 증가함과 동시에 침전의 효과를 거둘 수 있다. 교반의 속도가 중요한데 너무 빨리 교반할 경우 와류가 형성되어 Floc 형성에 방해가 될 수 있으므로 가급적이면 완속교반을 시키는 것이 중요하다.

24 시간당 125m³의 폐수가 유입되는 침전조가 있다. 위어(Weir)의 유효길이를 30m라 할 때, 월류부하는?

① 약 $4.2\,m^3/m \cdot h$
② 약 $40\,m^3/m \cdot h$
③ 약 $100\,m^3/m \cdot h$
④ 약 $150\,m^3/m \cdot h$

해설
월류부하 $= \dfrac{\text{폐수량}}{\text{위어의 유효길이}}$
$= \dfrac{125\,m^3/h}{30\,m}$
$= 4.2\,m^3/m \cdot h$

25 하수의 생물화학적 산소요구량(BOD)을 측정하기 위해 시료수를 배양기에 넣기 전의 용존산소량이 10mg/L, 시료수를 5일 동안 배양한 후의 용존산소량이 7mg/L이며, 시료를 5배 희석하였다면, 이 하수의 BOD_5(mg/L)는?

① 3
② 6
③ 15
④ 30

해설
BOD_5(mg/L) = (초기 용존산소 − 배양 후 용존산소) × 희석배수
= (10 − 7) × 5
= 15mg/L

26 MLSS 농도가 2,500mg/L인 혼합액을 1,000mL 메스실린더에 취해 30분간 정치한 후의 침강슬러지가 차지하는 용적이 400mL이었다면, 이 슬러지의 SVI는?

① 100
② 160
③ 250
④ 400

해설
$$SVI(슬러지\ 용적지수) = \frac{SV(mL/L)}{MLSS(mg/L)} \times 10^3$$
$$= \frac{400mL/L}{2,500mg/L} \times 10^3$$
$$= 160mL/g$$

27 주간에 호소에서 조류가 성장하는 동안 조류가 수질에 미치는 영향으로 가장 적합한 것은?

① 수온의 상승
② 질소의 증가
③ 칼슘 농도의 증가
④ 용존산소 농도의 증가

해설
조류는 주간에 광합성을 하며, 광합성은 CO_2를 감소시키고 용존산소(DO) 농도를 증가시킨다.

28 동점도(ν)의 단위로 옳은 것은?

① g/cm·s
② g/m²·s
③ cm^2/s
④ cm^2/g

해설
동점도(ν)는 절대 점도를 밀도로 나눈 값으로 Stokes, cm^2/s 등의 단위로 나타낸다.

29 다음 중 경도의 주 원인물질은?

① Ca^{2+}, Mg^{2+}
② Ba^{2+}, Cd^{2+}
③ Fe^{2+}, Pb^{2+}
④ Ra^{2+}, Mn^{2+}

해설
경도(Hardness)는 금속 2가 양이온(Ca^{2+}, Mg^{2+}, Fe^{2+}, Mn^{2+}, Sr^{2+} 등)의 양을 말한다.

30 에탄올(C_2H_5OH)의 농도가 350mg/L인 폐수를 완전 산화했을 때, 이론적인 화학적 산소요구량(mg/L)은?

① 488　　② 569
③ 730　　④ 835

해설
에탄올의 산화반응식
$C_2H_5OH + 3O_2 \rightarrow 2CO_2 + 3H_2O$
46g(분자량) : 3×32g(분자량) = 350mg/L : x
∴ $x = \dfrac{3 \times 32 \times 350}{46} = 730\text{mg/L}$

31 산도(Acidity)나 경도(Hardness)는 무엇으로 환산하는가?

① 탄산칼슘　　② 탄산나트륨
③ 탄화수소나트륨　　④ 수산화나트륨

해설
산도(Acidity), 경도(Hardness), 알칼리도(Alkalinity) 모두 탄산칼슘($CaCO_3$)으로 환산하여 ppm 단위로 나타낸다.

32 다음 중 산화에 해당하는 것은?

① 수소와 화합　　② 산소를 잃음
③ 전자를 얻음　　④ 산화수 증가

해설
산화와 환원 비교

구 분	산 화	환 원
산소	물질이 산소와 화합	산화물이 산소를 잃을 때
수소	수소화합물이 수소를 잃을 때	물질이 수소와 화합
전자	전자를 잃을 때	전자를 얻을 때
산화수	증 가	감 소

33 무기성 부유물질, 자갈, 모래, 뼈 등 토사류를 제거하여 기계장치 및 배관의 손상이나 막힘을 방지하는 시설로 가장 적합한 것은?

① 침전지
② 침사지
③ 조정조
④ 부상조

해설
침사지(Grit Chamber)의 설치 목적은 도수관로 내 토사유입방지, 침전지 내 토사유입방지를 통한 기계장치(펌프, 임펠러) 등의 보호에 있다.

34 생물학적 처리공법으로 하수 내의 질소를 처리할 때, 탈질이 주로 이루어지는 공정은?

① 탈인조
② 폭기조
③ 무산소조
④ 침전조

해설
무산소조에서 질소의 제거(탈질)과정이 이루어진다.

35 다음 중 비점오염원에 해당하는 것은?

① 농경지 배수
② 폐수처리장 방류수
③ 축산폐수
④ 공장의 산업폐수

해설
배출 형태에 따른 오염원의 분류
- 점오염원 : 오염물질이 지도상의 한 점에서 배출되는 것(예 생활하수, 축산폐수, 산업폐수)
- 비점오염원 : 도시, 도로, 농지, 산지, 공사장 등 불특정 장소에서 면적 단위로 수질오염물질이 배출되는 배출원(예 농경지 배수)

36 밀도가 1.2g/cm³인 폐기물 10kg에 고형화 재료 5kg을 첨가하여 고형화한 결과 밀도가 2.5g/cm³으로 증가하였다. 이때 부피변화율은?

① 0.5
② 0.72
③ 1.5
④ 2.45

해설
부피변화율(압축비) = $\dfrac{V_2}{V_1}$

여기서, V_1 : 압축 전 부피
V_2 : 압축 후 부피

- $V_1 = 10\text{kg} \times \dfrac{1\text{L}}{1.2\text{kg}} = 8.3\text{L}$
- $V_2 = 15\text{kg} \times \dfrac{1\text{L}}{2.5\text{kg}} = 6\text{L}$

∴ 부피변화율 = $\dfrac{6\text{L}}{8.3\text{L}} = 0.72$

37 압축기에 플라스틱을 넣고 압축시킨 결과, 부피감소율이 80%였다. 이 경우 압축비는?

① 2
② 3
③ 4
④ 5

해설
압축비(CR) = $\dfrac{100}{100 - \text{부피감소율}(\%)} = \dfrac{100}{100 - 80} = 5$

38 퇴비화의 단점으로 거리가 먼 것은?

① 생산된 퇴비는 비료가치가 낮다.
② 생산품인 퇴비는 토양의 이화학 성질을 개선시키는 토양개선제로 사용할 수 없다.
③ 다양한 재료를 이용하므로 퇴비 제품의 품질표준화가 어렵다.
④ 퇴비가 완성되어도 부피가 크게 감소되지는 않는다(50% 이하).

해설
생산된 퇴비는 토양개선제로 사용 가능하다(퇴비화의 장점).

39 폐기물의 재활용과 감량화를 도모하기 위해 실시할 수 있는 제도로 가장 거리가 먼 것은?

① 예치금 제도
② 환경영향평가
③ 부담금 제도
④ 쓰레기 종량제

해설
환경영향평가는 환경에 크게 영향을 미치는 법률, 행정계획 등 국가 정책을 수립하거나 개발 사업을 시행하기에 앞서, 그와 같은 행위가 환경에 미치는 영향을 미리 예측평가하고 영향저감방안을 강구함으로써 환경에 미치는 부정적인 영향을 최소화하려는 일련의 행정절차이다.

폐기물 재활용 및 감량화 제도
- 예치금 제도
- 부담금 제도
- 쓰레기 종량제

40 인구 30만명인 도시에서 1인당 쓰레기 발생량이 1.2kg/일이라고 한다. 적재용량이 15m³인 트럭으로 이 쓰레기를 매일 수거하려고 할 때, 필요한 트럭의 수는?(단, 쓰레기 평균밀도는 550kg/m³)

① 31   ② 36
③ 39   ④ 44

해설
운반 차량 = $\dfrac{\text{쓰레기 발생량}}{\text{적재용량}}$

$= \dfrac{300,000\text{인} \times 1.2\text{kg/인} \cdot \text{d} \times \text{m}^3/550\text{kg}}{15\text{m}^3/\text{대}}$

$= 43.6$
$= 44$대

41 노의 하부로부터 가스를 주입하여 모래를 띄운 후, 이를 가열시켜 상부에서 폐기물을 투입하여 소각하는 방식의 소각로는?

① 유동상 소각로
② 다단로
③ 회전로
④ 고정상 소각로

해설
유동상 소각로
여러 개의 공기분사 노즐이 있는 화상 위에 모래를 넣고 노즐로부터 공기를 압송하여 모래를 유동시켜 유동층을 형성하고, 모래를 버너로 약 600~700℃ 정도로 예열한 상태에서 쓰레기를 투입하여 순간적으로 건조, 소각하는 방식이다.

42 혐기성 소화탱크에서 유기물 75%, 무기물 25%인 슬러지를 소화 처리하여 소화슬러지의 유기물이 58%, 무기물이 42%가 되었다. 소화율은?

① 35%   ② 42%
③ 49%   ④ 54%

해설
- 소화 전 비율 = $\dfrac{75}{25} = 3$
- 소화 후 비율 = $\dfrac{58}{42} = 1.38$

∴ 소화율 = $\left(\dfrac{\text{소화 전 비율} - \text{소화 후 비율}}{\text{소화 전 비율}}\right) \times 100$

$= \left(\dfrac{3-1.38}{3}\right) \times 100$

$= 54\%$

43
도시 폐기물의 개략분석(Proximate Analysis) 시 4가지 구성성분에 해당하지 않는 것은?

① 다이옥신(Dioxin)
② 휘발성 고형물(Volatile Solids)
③ 고정탄소(Fixed Carbon)
④ 회분(Ash)

해설
개략분석(Proximate Analysis) 분석성분 : 수분, 휘발성 고형물, 고정탄소, 회분

44
함수율 25%인 쓰레기를 건조시켜 함수율이 12%인 쓰레기로 만들려면 쓰레기 1ton당 약 얼마의 수분을 증발시켜야 하는가?

① 148kg   ② 166kg
③ 180kg   ④ 199kg

해설
$W_1(100-P_1) = W_2(100-P_2)$
여기서, W_1 : 건조 전 폐기물 양
　　　　W_2 : 건조 후 폐기물 양
　　　　P_1 : 건조 전 함수율
　　　　P_2 : 건조 후 함수율
$1,000(100-25) = W_2(100-12)$
$88 W_2 = 1,000 \times 75$
$W_2 = \dfrac{75,000}{88} = 852.27 \text{kg}$
∴ 증발시켜야 하는 수분량 $= 1,000 - 852.27 = 147.73\text{kg} ≒ 148\text{kg}$

45
소각로 내의 화상 위에서 폐기물을 태우는 방식으로 플라스틱과 같이 열에 의하여 열화되는 물질의 소각에 적합하며 국부적으로 가열의 염려가 있는 소각로는?

① 회전로
② 화격자 소각로
③ 고정상 소각로
④ 유동상 소각로

해설
고정상 소각로 : 연소용 공기가 주위에서 화상을 향하여 분사되면서 폐기물을 소각하며, 플라스틱과 같은 열가소성 폐기물에 적합하다.

46
슬러지나 폐기물을 토지주입 시, 중금속류의 성질에 관한 설명으로 가장 거리가 먼 것은?

① Cr : Cr^{3+}은 거의 불용성으로 토양 내에서 존재한다.
② Pb : 토양 내에 침전되어 있어 작물에 거의 흡수되지 않는다.
③ Hg : 토양 내에서 활성도가 커 작물에 의한 흡수가 용이하고, 강우에 의해 쉽게 지표로 용해되어 나온다.
④ Zn : 모래를 제외한 대부분의 토양에 영구적으로 흡착되나 보통 Cu나 Ni보다 장기간 용해상태로 존재한다.

해설
수은(Hg)은 작물에 의한 흡수가 잘되지만, 잔존성이 강해 강우에 의해 지표로 쉽게 용해되어 나오지 않는다.

정답 43 ① 44 ① 45 ③ 46 ③

47 500,000명이 거주하는 도시에서 일주일 동안 8,720m³의 쓰레기를 수거하였다. 이 쓰레기의 밀도가 0.45t/m³이라면, 1인 1일 쓰레기 발생량은?

① 1.12kg/인·일
② 1.21kg/인·일
③ 1.25kg/인·일
④ 1.31kg/인·일

해설
- 발생량 = $8,720m^3 \times 0.45t/m^3 \times 10^3 kg/t = 3,924,000kg$
- 1인 1일 쓰레기 발생량 = $\dfrac{발생량}{인구수 \times 기간} = \dfrac{3,924,000}{500,000 \times 7}$
  = 1.12kg/인·일

48 다음 매립 공법 중 해안매립공법에 해당하는 것은?

① 셀공법
② 순차투입공법
③ 압축매립공법
④ 도랑형공법

해설
해안매립공법 : 박층뿌림공법, 순차투입공법, 내수배제공법 등

49 다음 중 슬러지 개량(Conditioning)방법에 해당하지 않는 것은?

① 슬러지 세척   ② 열처리
③ 약품처리   ④ 관성분리

해설
슬러지 개량(Conditioning)의 주목적 : 슬러지의 탈수 특성을 좋게 하기 위해 세척, 약품처리, 열처리 등을 실시한다.

50 폐기물의 저위발열량(LHV)을 구하는 식으로 옳은 것은?[단, HHV : 폐기물의 고위발열량(kcal/kg), H : 폐기물의 원소분석에 의한 수소 조성비(kg/kg), W : 폐기물의 수분 함량(kg/kg), 수증기 1kg의 응축열(kcal) : 600]

① LHV = HHV − 600W
② LHV = HHV − 600(H + W)
③ LHV = HHV − 600(9H + W)
④ LHV = HHV + 600(9H + W)

해설
LHV = HHV − 600(9H + W)
여기서, LHV : 저위발열량(kcal/kg)
HHV : 고위발열량(kcal/kg)
H : 수소의 함량(%)
W : 수분의 함량(%)
저위발열량 : 수분에 의한 영향을 배제한 열량으로 소각로 건설의 기준이 되기도 한다.

51 소각에 비하여 열분해 공정의 특징이라고 볼 수 없는 것은?

① 무산소 분위기 중에서 고온으로 가열한다.
② 액체 및 기체상태의 연료를 생산하는 공정이다.
③ NO_x 발생량이 적다.
④ 열분해 생성물의 질과 양의 안정적 확보가 용이하다.

해설
열분해 공정으로 가스, 액체 연료 등을 획득할 수 있으나, 그 양과 질의 안정적인 확보가 어렵다.

52 연도로 배출되는 배기가스 중의 폐열을 이용하여 보일러의 급수를 예열함으로써 열효율 증가에 기여하는 설비는?

① 공기예열기
② 절탄기
③ 재열기
④ 과열기

해설
절탄기(Economizer) : 보일러 연소배기가스의 여열을 흡수, 급수를 예열함으로써 연료를 절감시키는 폐열회수장치

53 황화수소 1Sm³의 이론연소공기량(Sm³)은?(단, 표준상태 기준, 황화수소는 완전연소되어 물과 아황산가스로 변화됨)

① 5.6
② 7.1
③ 8.7
④ 9.3

해설
황화수소(H_2S) 1Sm³을 연소하면, 이론산소량(Sm³/Sm³)은
$1Sm^3 \times \frac{3}{2} Sm^3/Sm^3 = 1.5 Sm^3$

이론연소공기량 = $\frac{이론산소량}{0.21(대기 중 산소의 분압)}$
$= \frac{1.5}{0.21}$
$= 7.1 Sm^3$

$H_2S + \frac{3}{2} O_2 \rightarrow SO_2 + H_2O$

54 슬러지나 분뇨의 탈수 가능성을 나타내는 것은?

① 균등계수
② 알칼리도
③ 여과비저항
④ 유효경

해설
슬러지의 여과 특성을 잘 나타내는 인자는 여과비저항이다.
SRF(여과비저항)
$SRF = \frac{2 \times A \times \Delta P \times b}{\eta \times TS}$

여기서, A : 여과면적
ΔP : 여과 케이크에 의한 압력손실
b : 상수
η : 동점성계수
TS : 전 고형물농도

55 다음 중 폐기물의 퇴비화 공정에서 유지시켜 주어야 할 최적조건으로 가장 적합한 것은?

① 온도 : 20±2℃
② 수분 : 5~10%
③ C/N 비율 : 100~150
④ pH : 6~8

해설
퇴비화의 최적조건
• 온도 : 중온균 30~40℃, 고온균 50~60℃
• 수분 : 50~60%
• C/N비 : 30~50
• pH : 5.5~8 정도

56 진동측정 시, 진동픽업을 설치하기 위한 장소로 옳지 않은 것은?

① 경사 또는 요철이 없는 장소
② 완충물이 있고 충분히 다져서 단단히 굳은 장소
③ 복잡한 반사, 회절현상이 없는 지점
④ 온도, 전자기 등의 외부 영향을 받지 않는 곳

해설
② 완충물이 없고 충분히 다져서 단단히 굳은 장소로 한다.

57 선음원의 거리감쇠에서 거리가 2배로 되면 음압레벨의 감쇠치는?

① 1dB　② 2dB
③ 3dB　④ 4dB

해설
거리감쇠
- 점음원 : 거리가 2배 멀어질 때 6dB 감쇠
- 선음원 : 거리가 2배 멀어질 때 3dB 감쇠

58 흡음재료의 선택 및 사용상의 유의점에 관한 설명으로 옳지 않은 것은?

① 벽면 부착 시 한 곳에 집중시키기보다는 전체 내벽에 분산시켜 부착한다.
② 흡음재는 전면을 접착재로 부착하는 것보다는 못으로 시공하는 것이 좋다.
③ 다공질재료는 산란하기 쉬우므로 표면에 얇은 직물로 피복하는 것이 바람직하다.
④ 다공질재료의 흡음률을 높이기 위해 표면에 종이를 바르는 것이 권장되고 있다.

해설
다공질재료의 표면에 종이를 입히는 것은 피해야 한다.

59 다음 중 종파에 해당되는 것은?

① 광 파
② 음 파
③ 수면파
④ 지진파의 S파

해설
- 종파 : 매질의 진동방향이 파동의 진행방향과 평행할 경우
  예 음파(소리), 지진파의 P파
- 횡파 : 매질의 진동방향이 파동의 진행방향과 수직인 경우
  예 물결파, 전자기파, 지진파의 S파

60 진동수가 3,300Hz이고, 속도가 330m/s인 소리의 파장은?

① 0.1m　② 1m
③ 10m　④ 100m

해설
파동의 파장(λ) = $\dfrac{v}{f} = \dfrac{330\text{m/s}}{3,300\text{Hz}} = 0.1\text{m}$

여기서, v : 속도(m/s)
　　　f : 진동수(Hz)

정답 56 ② 57 ③ 58 ④ 59 ② 60 ①

2014년 제5회 과년도 기출문제

01 농황산의 비중이 약 1.84, 농도는 75%라면 이 농황산의 몰농도(mol/L)는?(단, 농황산의 분자량은 98이다)

① 9
② 11
③ 14
④ 18

해설

몰농도(mol/L) = 비중$\left(\dfrac{g}{mL}\right) \times \dfrac{10^3 mL}{L} \times \dfrac{1 mol}{98 g} \times 0.75$(농도)

$= 1.84 \times 10^3 \times \dfrac{1}{98} \times 0.75 = 14$

02 굴뚝에서 배출되는 가스의 유속을 측정하고자 피토관을 굴뚝에 넣었더니 동압이 5mmH₂O이었다. 이때 배출가스의 유속은 얼마인가?(단, 피토관 계수는 0.85이고 공기의 비중량은 1.3kg/m³이다)

① 5.92m/s
② 7.38m/s
③ 8.84m/s
④ 9.49m/s

해설

피토관을 이용한 가스 유속측정

$V = C \times \sqrt{\dfrac{2gh}{\gamma}}$

$= 0.85 \times \sqrt{\dfrac{2 \times 9.8 \times 5}{1.3}}$

$= 7.38 m/s$

여기서, V : 가스유속(m/s)
  C : 피토관 계수
  h : 피토관에 대한 동압(mmH₂O)
  γ : 비중량(= 밀도)
  g : 중력가속도(= 9.8m/s²)

03 고도에 따라 대기권을 분류할 때 지표로부터 가장 가까이 있는 것은?

① 열 권
② 대류권
③ 성층권
④ 중간권

해설

대기권의 고도상승에 따른 기온분포
대류권(하강) – 성층권(상승) – 중간권(하강) – 열권(상승)

04 소각로에서 연소효율을 높일 수 있는 방법과 거리가 먼 것은?

① 공기와 연료의 혼합이 좋아야 한다.
② 온도가 충분히 높아야 한다.
③ 체류시간이 짧아야 한다.
④ 연료에 산소가 충분히 공급되어야 한다.

해설

소각로 내 연소효율 향상조건
• 공기와 연료의 충분한 혼합(Turbulence)
• 충분히 높은 온도 유지(Temperature)
• 물질연소에 필요한 충분히 긴 체류시간(Time)
• 연소에 필요한 산소의 충분한 공급

정답 1 ③ 2 ② 3 ② 4 ③

05 집진장치에 관한 설명으로 옳지 않은 것은?

① 중력집진장치는 $50\mu m$ 이상의 큰 입자를 제거하는 데 유용하다.
② 원심력집진장치의 일반적인 형태가 사이클론이다.
③ 여과집진장치는 여과재에 먼지를 함유하는 가스를 통과시켜 입자를 분리, 포집하는 장치이다.
④ 전기집진장치는 함진가스 중의 먼지에 (+)전하를 부여하여 대전시킨다.

해설
④ 전기집진장치는 함진가스 중의 먼지에 (+)전하가 아닌 (-)전하를 부여하여 대전시킨다.

06 다음 온실가스 중 지구온난화지수(GWP)가 가장 큰 것은?

① CH_4
② SF_6
③ CO_2
④ N_2O

해설
온난화지수(GWP) 비교
$CO_2(1)$ < $CH_4(21)$ < $N_2O(310)$ < HFC(1,300) < PFC(7,000) < $SF_6(23,900)$

07 산성비의 주된 원인 물질로만 올바르게 나열된 것은?

① SO_2, NO_2, Hg
② CH_4, NO_2, HCl
③ CH_4, NH_3, HCN
④ SO_2, NO_2, HCl

해설
산성비의 원인 물질은 질소산화물(NO_x), 황산화물(SO_x)이 대부분이며 미량의 염산(HCl)이 포함된다.

08 다음 내용에 해당하는 대기오염물질은?

> 보통 백화현상에 의해 맥간반점을 형성하고 지표식물로는 자주개나리, 보리, 담배 등이 있고 강한 식물로는 협죽도, 양배추, 옥수수 등이 있다.

① 황산화물
② 탄화수소
③ 일산화탄소
④ 질소산화물

해설
황산화물(SO_x)에 관한 설명으로 대기 중의 수분과 반응하여 산성비(H_2SO_4)를 형성하기도 한다.

09 대기오염공정시험기준상 각 오염물질에 대한 측정방법의 연결로 옳지 않은 것은?

① 일산화탄소 - 비분산적외선분석법
② 염소 - 질산은적정법
③ 황화수소 - 메틸렌블루법
④ 암모니아 - 인도페놀법

해설
② 염소 - 오르토톨리딘법, 4-피리딘카복실산 - 피라졸론법
※ 대기오염공정시험기준 개정으로 인한 명칭 변경
비분산적외선분석법 → 비분산적외선분광분석법

10 다음 중 주로 광화학반응에 의하여 생성되는 물질은?

① PAN ② CH_4
③ NH_3 ④ HC

해설
PAN(Peroxyacetyl Nitrate)
배기가스 중에 함유된 여러 탄화수소(HC)나 질소산화물(NO_x)이 태양광선(특히 자외선-UV)에 의해 광화학적으로 합성된 2차 오염물질이다. 눈이나 목에 자극을 주며 농작물이나 식물에도 피해를 준다.

11 유해가스 처리를 위한 흡착제 선택 시 고려해야 할 사항으로 옳지 않은 것은?

① 흡착효율이 우수해야 한다.
② 흡착제의 회수가 용이해야 한다.
③ 흡착제의 재생이 용이해야 한다.
④ 기체의 흐름에 대한 압력손실이 커야 한다.

해설
흡착제 선택 시 고려사항
• 흡착효율, 재생률이 우수해야 한다.
• 수명이 길고, 내산성(강산에 견디는 힘), 부식성, 습분에 견고해야 한다.
• 회수가 용이해야 한다.
• 압력손실이 작고, 장치 내 충분한 체류시간을 유지할 수 있어야 한다.
• 불순물 함유량이 적어야 한다.

12 연소조절에 의하여 NO_x 발생을 억제하는 방법 중 옳지 않은 것은?

① 연소 시 과잉공기를 삭감하여 저산소 연소시킨다.
② 연소의 온도를 높여서 고온 연소를 시킨다.
③ 버너 및 연소실 구조를 개량하여 연소실 내의 온도분포를 균일하게 한다.
④ 화로 내에 물이나 수증기를 분무시켜서 연소시킨다.

해설
질소산화물(NO_x)은 고온상태에서 발생하기 쉬우므로 연소온도를 낮추어야 한다.
질소산화물의 발생을 억제하는 방법
• 저과잉공기 연소
• 연소용 공기온도 저하
• 배기가스 재순환(FGR)
• 단계적 연소

13 $0.3g/Sm^3$인 HCl의 농도를 ppm으로 환산하면? (단, 표준상태 기준)

① 116.4ppm
② 137.7ppm
③ 167.3ppm
④ 184.1ppm

해설
$ppm = mL/m^3$, HCl의 1mol = 36.5mg, 22.4mL(1가 이온이므로)
$0.3g/Sm^3$을 ppm으로 환산하면,
$0.3g/Sm^3 \times 1,000mg/g \times 22.4mL/36.5mg = 184.1ppm$

14 중량비로 수소가 15%, 수분이 1% 함유되어 있는 중유의 고위발열량이 13,000kcal/kg이다. 이 중유의 저위발열량은?

① 11,368kcal/kg
② 11,976kcal/kg
③ 12,025kcal/kg
④ 12,184kcal/kg

해설

$H_l = H_h - 600(W + 9H)$
$= 13,000 - 600 \times (0.01 + 9 \times 0.15)$
$= 12,184 \text{kcal/kg}$

여기서, H_l : 저위발열량(kcal/kg)
H_h : 고위발열량(kcal/kg)
H : 수소의 함량(%)
W : 수분의 함량(%)

15 다음 중 건조대기 중에 가장 많은 비율로 존재하는 비활성 기체는?

① He   ② Ne
③ Ar   ④ Xe

해설

• 비활성 기체
 - 주기율표의 18족을 이루는 6개의 원소
 - 헬륨(He), 네온(Ne), 아르곤(Ar), 크립톤(Kr), 제논(Xe), 라돈(Rn) 등
• 건조대기의 구성비율
 질소(78%) > 산소(21%) > 아르곤(0.934%) > 이산화탄소(0.033%) > 네온, 헬륨, 제논

16 Stokes의 법칙에 의한 침강속도에 영향을 미치는 요소로 가장 거리가 먼 것은?

① 침전물의 밀도
② 침전물의 입경
③ 폐수의 밀도
④ 대기압

해설

Stokes의 법칙

$$V_g (\text{m/s}) = \frac{d^2 \cdot (\rho_p - \rho) \cdot g}{18\mu}$$

여기서, d : 입자의 직경
ρ_p : 입자의 밀도
ρ : 폐수의 밀도
g : 중력가속도
μ : 점도

17 수처리 시 사용되는 응집제와 거리가 먼 것은?

① 입상활성탄
② 소석회
③ 명반
④ 황산반토

해설

• 응집제 : 소석회, 명반, 황산반토 등
• 흡착제 : 입상활성탄, 실리카겔, 합성제올라이트, 보크사이트, 활성알루미나 등

18 750g의 Glucose($C_6H_{12}O_6$)가 완전한 혐기성 분해를 할 경우 발생 가능한 CH_4 가스량은?(단, 표준상태 기준)

① 187L ② 225L
③ 255L ④ 280L

해설

$C_6H_{12}O_6 \rightarrow 3CH_4 + 3CO_2$
180g : 3 × 22.4L = 750g : x
∴ x = 280L

19 포기조의 용량이 500㎥, 포기조 내의 부유물질의 농도가 2,000mg/L일 때, MLSS의 양은?

① 500kg MLSS
② 800kg MLSS
③ 1,000kg MLSS
④ 1,500kg MLSS

해설

$2,000\text{mg/L} \times 500\text{m}^3 \times \dfrac{1,000\text{L}}{1\text{m}^3} \times \dfrac{1\text{kg}}{10^6\text{mg}} = 1,000\text{kg MLSS}$

20 활성슬러지공법에서 슬러지 반송의 주된 목적은?

① MLSS 조절
② DO 공급
③ pH 조절
④ 소독 및 살균

해설

활성슬러지공법의 가장 중요한 인자는 폭기조 내 미생물의 양으로 일정한 미생물양이 유지되어야 오염물질의 처리가 원활하게 된다. 슬러지의 반송, 폐기를 통해 폭기조 내 미생물양(MLSS)을 조절한다.

21 수돗물을 염소로 소독하는 가장 주된 이유는?

① 잔류염소 효과가 있다.
② 물과 쉽게 반응한다.
③ 유기물을 분해한다.
④ 생물농축 현상이 없다.

해설

염소소독의 잔류효과를 통해 추후에 발생될 수 있는 오염물질(주로 병원성 미생물)을 차단하는 효과를 기대할 수 있다.

22 폐수처리공정에서 유입폐수 중에 포함된 모래, 기타 무기성의 부유물로 구성된 혼합물을 제거하는 데 사용되는 시설은?

① 응집조
② 침사지
③ 부상조
④ 여과조

해설

침사지 : 모래 및 자갈 등의 부유물질을 비중차를 이용해 침강·분리하는 못이나 조를 말한다.

정답 18 ④ 19 ③ 20 ① 21 ① 22 ②

23 위어(Weir)의 설치 목적으로 가장 적합한 것은?

① pH 측정
② DO 측정
③ MLSS 측정
④ 유량 측정

해설
위어(Weir)는 하천이나 개수로의 유량을 측정하는 데 사용된다.

25 다음 중 임호프콘(Imhoff Cone)이 측정하는 항목으로 가장 적합한 것은?

① 전기음성도
② 분원성 대장균군
③ pH
④ 침전물질

해설
임호프콘(Imhoff Cone) : 폐수의 침전성 고형물의 부피 측정을 위한 눈금이 있는 유리기구

24 활성슬러지법은 여러 가지 변법이 개발되어 왔으며, 각 방법은 특별한 운전이나 제거효율을 달성하기 위하여 발전되었다. 다음 중 활성슬러지법의 변법으로 볼 수 없는 것은?

① 다단 포기법
② 접촉 안정법
③ 장기 포기법
④ 오존 안정법

해설
활성슬러지 변법
다단 포기법(단계식 포기), 점감식 포기법, 순산소 활성슬러지법, 접촉 안정법, 산화구법, 심층식 포기법, 장기 포기법 등

26 SVI와 SDI의 관계식으로 옳은 것은?(단, SVI ; Sludge Volume Index, SDI ; Sludge Density Index)

① SVI = 100/SDI
② SVI = 10/SDI
③ SVI = 1/SDI
④ SVI = SDI/1,000

해설
SDI(슬러지 밀도지수) = 100/SVI(슬러지 용적지수)

27 하수처리장의 유입수 BOD가 225mg/L이고, 유출수의 BOD가 55ppm이었다. 이 하수처리장의 BOD 제거율은?

① 약 55%
② 약 76%
③ 약 83%
④ 약 95%

해설

$$\text{BOD 제거율} = \frac{\text{유입수의 BOD 농도} - \text{유출수의 BOD 농도}}{\text{유입수의 BOD 농도}} \times 100$$

$$= \frac{225 - 55}{225} \times 100$$

$$= 75.5$$

$$\fallingdotseq 76\%$$

28 다음은 수질오염공정시험기준상 방울수에 대한 설명이다. 괄호 안에 알맞은 것은?

> 방울수라 함은 20℃에서 정제수 (㉠)을 적하할 때, 그 부피가 약 (㉡) 되는 것을 뜻한다.

① ㉠ 10방울   ㉡ 1mL
② ㉠ 20방울   ㉡ 1mL
③ ㉠ 10방울   ㉡ 0.1mL
④ ㉠ 20방울   ㉡ 0.1mL

해설

ES 04000.d 총칙(관련 용어의 정의)
방울수라 함은 20℃에서 정제수 20방울을 적하할 때, 그 부피가 약 1mL 되는 것을 뜻한다.

29 다음 포기조 내의 미생물 성장 단계 중 신진대사율이 가장 높은 단계는?

① 내생성장 단계
② 감소성장 단계
③ 감소와 내생성장 단계 중간
④ 대수성장 단계

해설

미생물은 지체기 → 대수성장기 → 감소성장기 → 내생성장기의 단계를 거친다.
- 지체기(The Lag Phase) : 접종한 미생물이 배양액의 환경에 적응하여 분열을 시작하기까지 걸리는 시간
- 대수성장기(The Log-growth Phase) : 미생물이 급격히 증식하는 단계로 신진대사율이 가장 높음
- 감소성장기(The Stationary Phase) : 세포 성장에 필요한 기질과 영양소 소비가 끝나고 오래된 세포의 사멸률이 세포성장률보다 높아지는 단계
- 내생호흡기(The Log-death Phase) : 내생 단계로 기질과 영양소 소비가 없어 세포의 자산화가 일어나는 단계

30 회전원판식 생물학적 처리시설로 유량 1,000m³/d, BOD 200mg/L로 유입될 경우, BOD 부하(g/m²·d)는?(단, 회전원판의 지름은 3m, 300매로 구성되어 있으며, 두께는 무시하며, 양면을 기준으로 한다)

① 29.4
② 47.2
③ 94.3
④ 107.6

해설

- $\text{BOD 부하} = \dfrac{\text{BOD 농도} \times \text{유량}}{\text{단면적}}$
- BOD 농도 $= 200\text{mg/L} \rightarrow 200\text{g/m}^3$
- 단면적 $= \dfrac{\pi}{4} \times D^2 \times 2 \times 300(\text{매})$

$$= \frac{3.14}{4} \times 3^2 \times 2 \times 300$$

$$= 4{,}239\text{m}^2$$

∴ $\text{BOD 부하} = \dfrac{200\text{g/m}^3 \times 1{,}000\text{m}^3/\text{d}}{4{,}239\text{m}^2} = 47.18\text{g/m}^2 \cdot \text{d}$

정답 27 ② 28 ② 29 ④ 30 ②

31 탈질(Denitrification)과정을 거쳐 질소 성분이 최종적으로 변환된 질소의 형태는?

① NO_2-N
② NO_3-N
③ NH_3-N
④ N_2

해설
탈질과정
$NO_3-N → NO_2-N →$ 대기 중 N_2
- 탈질화(Denitrification) : 토양이나 하수 중의 단백질의 최종산화물인 아질산성 질소 또는 질산성 질소가 질소기체로 환원되어 공기 중으로 방출, 제거되는 현상
- 질산화(Nitrification) : 탈질화의 반대과정($NH_3 → NO_2-N → NO_3-N$)

32 공장폐수 50mL를 검수로 하여 산성 100℃ $KMnO_4$법에 의한 COD 측정을 하였을 때, 시료적정에 소비된 0.025N $KMnO_4$ 용액은 5.13mL이다. 이 폐수의 COD 값은?(단, 0.025N $KMnO_4$ 용액의 역가는 0.98이고, 바탕시험 적정에 소비된 0.025N $KMnO_4$ 용액은 0.13mL이다)

① 9.8mg/L
② 19.6mg/L
③ 21.6mg/L
④ 98mg/L

해설
$$COD = (b-a) \times f \times \frac{1,000}{V} \times 0.2$$
$$= (5.13 - 0.13) \times 0.98 \times \frac{1,000}{50} \times 0.2$$
$$= 19.6 \text{mg/L}$$

여기서, a : 바탕시험 적정에 소비된 과망가니즈산칼륨용액(0.025N)의 양(mL)
b : 시료의 적정에 소비된 과망가니즈산칼륨용액(0.025N)의 양(mL)
f : 과망가니즈산칼륨용액(0.025N)의 농도계수(Factor)
V : 시료의 양(mL)

※ 수질오염공정시험기준 개정으로 과망가니즈산칼륨용액의 농도가 0.025N에서 0.005M로 변경

33 하천의 유량은 1,000m³/d, BOD 농도 26ppm이며, 이 하천에 흘러드는 폐수의 양이 100m³/d, BOD 농도 165ppm이라고 하면 하천과 폐수가 완전혼합된 후 BOD 농도는?(단, 혼합에 의한 기타 영향 등은 고려하지 않는다)

① 38.6ppm
② 44.9ppm
③ 48.5ppm
④ 59.8ppm

해설
$$C_m = \frac{Q_1 C_1 + Q_2 C_2}{Q_1 + Q_2}$$
$$= \frac{(1,000 \times 26) + (100 \times 165)}{1,000 + 100}$$
$$= 38.6 \text{ppm}$$

여기서, C_m : 두 하천 혼합 후 BOD 농도
C_1 : 첫 번째 하천 농도
C_2 : 두 번째 하천 농도
Q_1 : 첫 번째 하천 유량
Q_2 : 두 번째 하천 유량

34 다음 중 레이놀즈 수(Reynold's Number)와 반비례 하는 것은?

① 액체의 점성계수
② 입자의 지름
③ 액체의 밀도
④ 입자의 침강속도

해설
레이놀즈 수
$$Re = \frac{\rho v_s L}{\mu} = \frac{v_s L}{\nu}$$
여기서, ρ : 유체의 밀도
v_s : 평균속도
μ : 점성계수
ν : 동점성 계수
L : 특성길이

31 ④ 32 ② 33 ① 34 ①

35 염소 살균에서 용존 염소가 반응하여 물의 불쾌한 맛과 냄새를 유발하는 것은?

① 클로로페놀
② PCB
③ 다이옥신
④ CFC

[해설]
클로로페놀 : 정수처리 중 잔류한 염소가 페놀과 반응하여 클로로페놀이 형성되며 악취와 불쾌한 맛을 유발한다.
※ 지난 1991년 3월 16일 발생한 낙동강 페놀사건의 주원인물질이다.

36 퇴비화의 장점으로 가장 거리가 먼 것은?

① 폐기물의 재활용
② 높은 비료가치
③ 과정 중 낮은 Energy 소모
④ 낮은 초기시설 투자비

[해설]
- 퇴비화의 장점
  - 폐기물의 재활용
  - 과정 중 낮은 에너지 소모
  - 낮은 초기시설 투자비
- 퇴비화의 단점
  - 낮은 비료가치
  - 낮은 부피 감소율(50% 이하)
  - 퇴비제품의 표준화가 어려움

37 다음 중 폐기물의 적환장이 필요한 경우와 거리가 먼 것은?

① 폐기물 처분장소가 수집장소로부터 16km 이상 멀리 떨어져 있을 때
② 작은 용량의 수집차량($15m^3$ 이하)을 사용할 때
③ 작은 규모의 주택들이 밀집되어 있을 때
④ 상업지역에서 폐기물 수집에 대형 수거용기를 많이 사용할 때

[해설]
④ 상업지역에서 폐기물 수집에 소형 수거용기를 많이 사용할 때

38 쓰레기의 양이 $4,000m^3$이며, 밀도는 $1.2t/m^3$이다. 적재용량이 8t인 차량으로 이 쓰레기를 운반한다면 몇 대의 차량이 필요한가?

① 120대
② 400대
③ 500대
④ 600대

[해설]
$$운반\ 차량 = \frac{쓰레기\ 발생량}{적재용량} = \frac{4,000m^3 \times 1.2t/m^3}{8t} = 600\ 대$$

39 A도시 쓰레기 성분 중 안 타는 성분이 중량비로 약 60% 차지하였다. 지금 밀도가 $400kg/m^3$인 쓰레기가 $8m^3$있을 때 타는 성분 물질의 양은?

① 1.28t
② 1.92t
③ 3.2t
④ 19.2t

[해설]
- 타는 성분 = 100 − 안 타는 성분 = 40%
- 타는 성분 물질의 양 = $400kg/m^3 \times 8m^3 \times 0.4 = 1,280kg = 1.28t$

40 유동상 소각로에서 유동상 매질이 갖추어야 할 특성으로 거리가 먼 것은?

① 불활성일 것
② 내마모성일 것
③ 융점이 낮을 것
④ 비중이 작을 것

해설
③ 융점이 높을 것

41 쓰레기 소각로의 소각능력이 120kg/m²·h인 소각로가 있다. 하루에 8시간씩 가동하여 12,000kg의 쓰레기를 소각하려고 한다. 이때 소요되는 화격자의 넓이는 몇 m²인가?

① 11.0 ② 12.5
③ 14.0 ④ 15.5

해설
- 쓰레기 소각능력 = $\dfrac{\text{소각할 쓰레기 양}}{\text{화격자의 면적}}$
- 화격자의 면적 = $\dfrac{\text{소각할 쓰레기 양}}{\text{쓰레기 소각능력}}$
  $= \dfrac{12,000\text{kg/d}}{120\text{kg/m}^2\cdot\text{h} \times 8\text{h/d}}$
  $= 12.5\text{m}^2$

42 화격자 연소기의 특징으로 거리가 먼 것은?

① 연속적인 소각과 배출이 가능하다.
② 체류시간이 짧고 교반력이 강하여 수분이 많은 폐기물의 연소에 효과적이다.
③ 고온 중에서 기계적으로 구동하므로 금속부의 마모손실이 심한 편이다.
④ 플라스틱과 같이 열에 쉽게 용해되는 물질에 의해 화격자가 막힐 염려가 있다.

해설
- 화격자 소각로의 단점
  - 체류시간이 길고 교반력이 약하다.
  - 열에 쉽게 용융되는 물질은 화격자 막힘 현상을 일으킨다.
  - 구동 부분의 마모 손실이 크다.
- 화격자 소각로의 장점 : 연속적 소각 및 배출이 가능하며 대량 소각도 가능하다.

43 유해폐기물 처리를 위해 사용되는 용매추출법에서 용매의 선택기준으로 옳지 않은 것은?

① 끓는점이 낮아 회수성이 높을 것
② 밀도가 물과 다를 것
③ 분배계수가 낮아 선택성이 작을 것
④ 물에 대한 용해도가 낮을 것

해설
용매선택기준
- 분배계수가 높을 것
- 물에 대한 용해도가 낮을 것
- 끓는점이 너무 높지 않을 것
- 극성이 높지 않을 것

정답 40 ③ 41 ② 42 ② 43 ③

44 매립지에서 매립 후 경과기간에 따라 매립가스(Landfill Gas) 생성과정을 4단계로 구분할 때, 각 단계에 관한 설명으로 가장 거리가 먼 것은?

① 제1단계에서는 친산소성 단계로서 폐기물 내에 수분이 많은 경우에는 반응이 가속화되어 용존산소가 쉽게 고갈되어 2단계 반응에 빨리 도달한다.
② 제2단계에서는 산소가 고갈되어 혐기성 조건이 형성되며 질소가스가 발생하기 시작하며, 아울러 메탄가스도 생성되기 시작하는 단계이다.
③ 제3단계에서는 매립지 내부의 온도가 상승하여 약 55℃ 정도까지 올라간다.
④ 제4단계에서는 매립가스 내 메탄과 이산화탄소의 함량이 거의 일정하게 유지된다.

해설
2단계는 혐기성 분해가 시작되는 단계이나 메탄(CH_4)은 아직 형성되지 않는다.

45 쓰레기 수거대상인구가 550,000명이고, 쓰레기 수거실적이 220,000톤/년이라면 1인당 1일 쓰레기 발생량(kg)은?(단, 1년 365일로 계산)

① 1.1kg   ② 1.8kg
③ 2.1kg   ④ 2.5kg

해설
$$1인\ 1일\ 쓰레기\ 발생량 = \frac{발생량}{인구수 \times 기간}$$
$$= \frac{220,000톤/년 \times 1,000kg/톤}{550,000인 \times 365일/년}$$
$$= 1.1kg/인 \cdot 일$$

46 다음 중 유해폐기물의 국제적 이동의 통제와 규제를 주요 골자로 하는 국제협약(의정서)은?

① 교토 의정서
② 바젤협약
③ 비엔나협약
④ 몬트리올 의정서

해설
① 교토 의정서 : 지구온난화 방지 및 기후변화협약
③ 비엔나협약 : 오존층 보호를 위한 최초의 협약
④ 몬트리올 의정서 : 오존층 파괴물질인 염화플루오린화탄소(CFCs)의 생산과 사용을 규제하기 위한 협약

47 짐머만 공법이라고도 하며, 액상 슬러지에 열과 압력을 작용시켜 용존산소에 의해 화학적으로 슬러지 내의 유기물을 산화시키는 방법은?

① 호기성 산화
② 습식 산화
③ 화학적 안정화
④ 혐기성 소화

정답 44 ② 45 ① 46 ② 47 ②

48 도시에서 생활쓰레기를 수거할 때 고려할 사항으로 가장 거리가 먼 것은?

① 처음 수거지역은 차고지와 가깝게 설정한다.
② U자형 회전을 피하여 수거한다.
③ 교통이 혼잡한 지역은 출·퇴근 시간을 피하여 수거한다.
④ 쓰레기가 적게 발생하는 지점은 하루 중 가장 먼저 수거하도록 한다.

해설
④ 쓰레기가 가장 많이 발생하는 지점을 하루 중 가장 먼저 수거한다.

49 소각로에서 완전연소를 위한 3가지 조건(일명 3T)으로 옳은 것은?

① 시간 – 온도 – 혼합
② 시간 – 온도 – 수분
③ 혼합 – 수분 – 시간
④ 혼합 – 수분 – 온도

해설
완전연소를 위한 3가지 조건(3T)
시간(Time), 온도(Temperature), 혼합(Turbulence)

50 파쇄하였거나 파쇄하지 않은 폐기물로부터 철분을 회수하기 위해 가장 많이 사용되는 폐기물 선별방법은?

① 공기선별
② 스크린선별
③ 자석선별
④ 손선별

해설
③ 자석선별 : 폐기물 내 철분과 비철분을 분류하기 위한 방법
① 공기선별 : 폐기물 내의 가벼운 물질인 종이나 플라스틱을 기타 무거운 물질로부터 선별하는 방법
② 스크린선별 : 다양한 크기를 가진 혼합 폐기물을 크기에 따라 자동으로 분류하는 방법
④ 손선별 : 손으로 종이류, 플라스틱, 금속류, 유리류를 분류하는 방법

51 다음 중 분뇨수거 및 처분계획을 세울 때 계획하는 우리나라 성인 1인당 1일 분뇨발생량의 평균범위로 가장 적합한 것은?

① 0.2~0.5L
② 0.9~1.1L
③ 2.3~2.5L
④ 3.0~3.5L

해설
성인 1인당 1일 분뇨발생량 : 0.9~1.1L/인·일

정답 48 ④ 49 ① 50 ③ 51 ②

52 다음은 연소의 종류에 관한 설명이다. 괄호 안에 알맞은 것은?

> 목재, 석탄, 타르 등은 연소 초기에 가연성 가스가 생성되고, 이것이 긴 화염을 발생시키면서 연소하는데 이러한 연소를 (   )라 한다.

① 표면연소 ② 분해연소
③ 확산연소 ④ 자기연소

해설
② 분해연소 : 석탄, 중유 등이 열분해 히여 발생한 증기와 함께 연소 초기에 불꽃을 내면서 반응하는 연소
① 표면연소 : 고체연료인 목탄, 코크스, 석탄 등이 고온이 되면 고체표면이 빨갛게 빛을 내면서 반응하는 연소
③ 확산연소 : 촛불과 같이 가스가 확산되면서 주위의 공기에서 산소를 얻어 반응하는 연소
④ 자기연소 : 나이트로글리세린처럼 공기 중 산소를 필요로 하지 않고, 분자 자신 속의 산소에 의해서 반응하는 연소

53 폐기물의 파쇄작용이 일어나게 되는 힘의 3종류와 가장 거리가 먼 것은?

① 압축력
② 전단력
③ 수평력
④ 충격력

해설
파쇄대상물에 작용하는 3가지 힘은 충격력, 전단력, 압축력이다.

54 스크린선별에 관한 설명으로 거리가 먼 것은?

① 스크린선별은 주로 큰 폐기물로부터 후속 처리장치를 보호하거나 재료를 회수하기 위해 많이 사용한다.
② 트롬멜 스크린은 진동 스크린의 형식에 해당한다.
③ 스크린의 형식은 진동식과 회전식으로 구분할 수 있다.
④ 회전 스크린은 일반적으로 도시폐기물 선별에 많이 사용하는 스크린이다.

해설
트롬멜 스크린은 회전식 스크린이다.

55 다음 중 유기물의 혐기성 소화 분해 시 발생되는 물질로 거리가 먼 것은?

① 산 소 ② 알코올
③ 유기산 ④ 메 탄

해설
산소는 호기성 소화 시 소비되는 물질이다.
혐기성 소화 발생물질 : 알코올, 유기산, 메탄, 탄산가스, 물

56 음향파워가 0.2Watt이면 PWL은?

① 113dB ② 123dB
③ 133dB ④ 226dB

해설
$$PWL = 10\log\left(\frac{W}{W_o}\right)$$
$$= 10\log\left(\frac{0.2}{10^{-12}}\right)$$
$$= 113\text{dB}$$
여기서, PWL : 음향파워레벨(dB)
W : 음향파워(Watt)
W_o : 기준 음향파워(10^{-12}Watt)

정답 52 ② 53 ③ 54 ② 55 ① 56 ①

57 사람의 귀는 외이, 중이, 내이로 구분할 수 있다. 다음 중 내이에 관한 설명으로 옳지 않은 것은?

① 음의 전달 매질은 액체이다.
② 이소골에 의해 진동음압을 20배 정도 증폭시킨다.
③ 음의 대소는 섬모가 받는 자극의 크기에 따라 다르다.
④ 난원창은 이소골의 진동을 와우각 중의 림프액에 전달하는 진동판이다.

해설
이소골은 중이 안에 있는 세 개의 작은 뼈로 구성된다. 중이의 이소골은 신호를 증폭하여 그 신호를 내이의 난원창을 통해 달팽이관으로 전달한다.

58 아파트 벽의 음향투과율이 0.1%라면 투과손실은?

① 10dB
② 20dB
③ 30dB
④ 50dB

해설
투과손실 $= 10\log\dfrac{1}{\tau} = 10\log\dfrac{1}{0.001} = 10\log 10^3 = 30\text{dB}$
여기서, τ : 투과율

59 소음계의 구성요소 중 음파의 미약한 압력변화(음압)를 전기신호로 변환하는 것은?

① 정류회로
② 마이크로폰
③ 동특성조절기
④ 청감보정회로

해설
① 교류를 직류로 변환하는 회로
③ 지시계기의 반응속도를 빠름 및 느림의 특성으로 조절할 수 있는 조절기
④ 인체의 청감각을 주파수 보정특성에 따라 나타내는 것으로 A특성을 갖춘 것

60 흡음재료 선택 및 사용상 유의점으로 거리가 먼 것은?

① 다공질 재료는 산란되기 쉬우므로 표면을 얇은 직물로 피복하는 행위는 금해야 한다.
② 다공질 재료의 표면을 도장하면 고음역에서 흡음률이 저하한다.
③ 실의 모서리나 가장자리 부분에 흡음재를 부착하면 효과가 좋아진다.
④ 막진동이나 판진동형의 것은 도장해도 차이가 없다.

해설
다공질 재료는 산란이 쉬워 표면에 얇은 직물로 피복하며 흡음률을 높이기 위해 종이를 입히는 것은 피해야 한다.

2015년 제1회 과년도 기출문제

01 질소산화물의 발생을 억제하는 연소방법이 아닌 것은?

① 저과잉공기비 연소법
② 고온 연소법
③ 2단 연소법
④ 배기가스 재순환법

해설
질소산화물은 고온상태에서 발생하기 쉬우므로 연소온도를 낮추어야 한다.
질소산화물의 발생을 억제하는 방법
- 저과잉공기 연소
- 연소용 공기온도 저하
- 배기가스 재순환(FGR)
- 단계적 연소

02 함진가스를 방해판에 충돌시켜 기류의 급격한 방향전환을 이용하여 입자를 분리 · 포집하는 집진장치는?

① 중력집진장치
② 전기집진장치
③ 여과집진장치
④ 관성력집진장치

해설
관성력집진장치에 관한 설명이다.

03 다음 중 집진효율이 가장 낮은 집진장치는?

① 전기집진장치
② 여과집진장치
③ 원심력집진장치
④ 중력집진장치

해설
집진장치의 집진효율
- 중력집진장치 : 40~60%
- 관성력집진장치 : 50~70%
- 원심력집진장치 : 85~90%
- 여과집진장치 : 90~99%
- 전기집진장치 : 90~99.9%

04 다음 기체 중 비중이 가장 큰 것은?

① SO_2
② CO_2
③ HCHO
④ CS_2

해설
분자량이 가장 큰 것이 비중이 크다.
④ CS_2 : 76
① SO_2 : 64
② CO_2 : 44
③ HCHO : 30

정답 1 ② 2 ④ 3 ④ 4 ④

05 CO 200kg을 완전연소시킬 때 필요한 이론산소량 (Sm³)은?(단, 표준상태 기준)

① 15
② 56
③ 80
④ 381

해설

$CO + \frac{1}{2} O_2 \rightarrow CO_2$

$28kg : \frac{1}{2} \times 22.4 Sm^3 = 200kg : x$

이론산소량 $x = \dfrac{\frac{1}{2} \times 22.4 \times 200}{28} = 80 Sm^3$

07 다음 중 2차 대기오염물질에 속하는 것은?

① HCl
② Pb
③ CO
④ H_2O_2

해설
대기오염물질
• 1차 오염물질 : NH_3, HCl, H_2S, CO, CO_2, H_2, Pb, Zn, Hg, HC 등
• 2차 오염물질 : O_3, H_2O_2, PAN 등

08 다음 표준상태(0℃, 760mmHg)에 있는 건조공기 중 대기 내의 체류시간이 가장 긴 것은?

① N_2
② CO
③ NO
④ CO_2

해설
가스상 물질의 체류시간 비교
• N_2 : 4억년
• CO : 0.5년
• NO : 2~3일
• CO_2 : 8~10년

06 여과집진장치에 사용되는 다음 여과재 중 최고사용온도가 가장 높은 것은?

① 유리섬유
② 목 면
③ 양 모
④ 아마이드계 나일론

해설
여포재료 사용 가능 온도
• 유리섬유 : 250℃(유리섬유는 열에 강하다)
• 아마이드계 나일론 : 110℃
• 목면 : 80℃
• 양모 : 80℃

09 대기환경보전법규상 특정대기유해물질이 아닌 것은?

① 석 면
② 시안화수소
③ 망간화합물
④ 사염화탄소

해설
대기오염물질과 특정대기유해물질의 구분
• 대기오염물질 : 망간화합물
• 특정대기유해물질 : 석면, 시안화수소, 사염화탄소

10 집진효율이 50%인 중력침강 집진장치와 99%인 여과식 집진장치가 직렬로 연결된 집진시설에서 중력침강 집진장치의 입구 먼지농도가 200mg/Sm³이라면, 여과식 집진장치의 출구 먼지의 농도(mg/Sm³)는?

① 1
② 5
③ 10
④ 50

해설
$\eta_T = 1 - (1-\eta_1)(1-\eta_2)$
$= 1 - (1-0.5)(1-0.99) = 0.995 = 99.5\%$
여기서, η_T : 총집진율(%)
η_1 : 1차 집진율
η_2 : 2차 집진율
출구 먼지농도 = 입구 먼지농도 × 통과율
= 200mg/Sm³ × (1 − 0.995) = 1mg/Sm³

11 대류권에서는 온실가스이며 성층권에서는 오존층 파괴물질로 알려져 있는 것은?

① CO
② N_2O
③ HCl
④ SO_2

해설
오존층 파괴물질은 아산화질소(N_2O)이다.

12 다음 대기오염물질과 관련된 업종 중 플루오린화수소가 주된 배출원에 해당하는 것은?

① 고무가공, 인쇄공업
② 인산비료, 알루미늄제조
③ 내연기관, 폭약제조
④ 코크스 연소로 제철

해설
플루오린화수소의 주요배출원
• 알루미늄공업
• 인산비료 제조공업
• 유리공업 등

13 다음 중 섭씨온도가 20℃인 것은?

① 20K
② 36°F
③ 68°F
④ 273K

해설
섭씨온도(℃)와 화씨온도(°F)의 관계
• 섭씨온도 = (화씨 − 32) / 1.8
• 화씨온도 = (섭씨 × 1.8) + 32

14 대기오염방지시설 중 유해가스상 물질을 처리할 수 있는 흡착장치의 종류와 가장 거리가 먼 것은?

① 고정층 흡착장치
② 촉매층 흡착장치
③ 이동층 흡착장치
④ 유동층 흡착장치

해설
흡착장치의 종류 : 고정층, 이동층, 유동층 흡착장치

정답 10 ① 11 ② 12 ② 13 ③ 14 ②

15 복사역전에 대한 다음 설명 중 옳지 않은 것은?

① 복사역전은 공중에서 일어난다.
② 맑고 바람이 없는 날 아침에 해가 뜨기 직전에 강하게 형성된다.
③ 복사역전이 형성될 경우 대기오염물질의 수직이동, 확산이 어렵게 된다.
④ 해가 지면서부터 열복사에 의한 지표면의 냉각이 시작되므로 복사역전이 형성된다.

해설
복사역전은 지표면에서 발생하며 해가 진 후 대기와 지표면의 냉각속도 차이에 의해 일시적으로 형성되며 해가 뜨면 자연스럽게 사라진다.

16 생물학적으로 질소와 인을 제거하는 A_2/O 공정 중 혐기조의 주된 역할은?

① 질산화
② 탈질화
③ 인의 방출
④ 인의 과잉 섭취

해설
혐기조에서는 유기물 제거(흡수)와 인의 방출이 일어나고 포기조에서는 인의 과잉 섭취가 일어난다.
※ 무산소조 : 질소제거반응(탈질)

17 다음 중 산화와 거리가 먼 것은?

① 원자가가 감소하는 현상
② 전자를 잃는 현상
③ 수소를 잃는 현상
④ 산소와 화합하는 현상

해설
산화와 환원 비교

구 분	산 화	환 원
산 소	물질이 산소와 화합	산화물이 산소를 잃을 때
수 소	수소산화물이 수소를 잃을 때	물질이 수소와 화합
전 자	전자를 잃을 때	전자를 얻을 때
산화수 (원자가)	증 가	감 소

18 물 속에서 침강하고 있는 입자에 스토크스(Stokes)의 법칙이 적용된다면 입자의 침강속도에 가장 큰 영향을 주는 변화 인자는?

① 입자의 밀도
② 물의 밀도
③ 물의 점도
④ 입자의 직경

해설
입자의 직경(d^2)이 가장 큰 영향을 준다.

종말침강속도(V_g) $= \dfrac{d^2(\rho_s - \rho)g}{18\mu}$

여기서, d : 입자의 직경(비례)
g : 중력가속도(비례)
$(\rho_s - \rho)$: 먼지와 가스의 비중차(비례)
μ : 공기의 점도(반비례)

19 활성슬러지공법에 의한 운영상의 문제점으로 옳지 않은 것은?

① 거품발생
② 연못화 현상
③ Floc해체 현상
④ 슬러지부상 현상

해설
연못화(Ponding)는 오니가 여상을 막고 통수가 저해되며, 여상 위에 처리할 폐수가 체류하는 것으로 살수여상법의 대표적인 문제점이다.

20 A공장의 최종 방류수 4,000m³/day에 염소를 60kg/day로 주입하여 방류하고 있다. 염소주입 후 잔류염소량이 3mg/L이었다면 이 때 염소요구량은 몇 mg/L 인가?

① 12mg/L
② 17mg/L
③ 20mg/L
④ 23mg/L

해설
염소요구량은 염소주입량에서 잔류염소량을 뺀 값이다.
염소주입량 $= \dfrac{60kg/day \times 10^6 mg/kg}{4,000m^3/day \times 10^3 L/m^3} = 15mg/L$ 이므로
염소요구량은 15mg/L − 3mg/L = 12mg/L이다.

21 다음 중 유기수은계 함유 폐수의 처리방법으로 가장 적합한 것은?

① 오존처리법, 염소분해법
② 흡착법, 산화분해법
③ 황산분해법, 시안처리법
④ 염소분해법, 소석회처리법

해설
유기수은 : 흡착법, 화학(산화)분해법, 생물처리법

22 다음은 BOD용 희석수(또는 BOD용 식종희석수)를 검토하기 위한 시험방법이다. ( ) 안에 알맞은 것은?

( ) 각 150mg씩을 취하여 물에 녹여 1,000mL로 한 액 5~10mL를 3개의 300mL BOD병에 넣고 BOD용 희석수(또는 BOD용 식종희석수)를 완전히 채운 다음 BOD 시험방법에 따라 시험한다.

① 설퍼민산 및 수산화나트륨
② 글루코스 및 글루타민산
③ 알칼리성 아이오딘화칼륨 및 아자이드화나트륨
④ 황산구리 및 설퍼민산

해설
ES 04305.1c 생물화학적 산소요구량
BOD용 희석수를 검토하기 위해서는 글루코스 및 글루타민산을 이용한다.
※ 수질오염공정시험기준 개정으로 인한 명칭 변경
 물 → 정제수

23 생물학적 처리방법에 관한 설명으로 옳지 않은 것은?

① 주로 유기성 폐수의 처리에 적용한다.
② 미생물을 이용한 처리방법으로 호기성 처리방법은 부패조 등이 있다.
③ 살수여상은 부착성장식 생물학적 처리공법이다.
④ 산화지는 자연에 의하여 처리하기 때문에 활성슬러지법에 비해 적정처리가 어렵다.

> **해설**
> 생물학적 처리방법에는 호기성 처리법과 혐기성 처리법이 있다. 호기성 처리방법은 활성슬러지법, 살수여상법, 산화지법이 있고, 혐기성 처리방법은 부패조 등이 해당된다.

24 물리적 처리에 관한 설명으로 거리가 먼 것은?

① 폐수가 흐르는 수로에 관망을 설치하여 부유물 중 망의 유효간격보다 큰 것을 망 위에 걸리게 하여 제거하는 것이 스크린의 처리 원리이다.
② 스크린의 접근유속은 0.15m/s 이상이어야 하며, 통과유속이 5m/s를 초과해서는 안 된다.
③ 침사지는 모래, 자갈, 뼈조각, 기타 무기성 부유물로 구성된 혼합물을 제거하기 위해 이용된다.
④ 침사지는 일반적으로 스크린 다음에 설치되며, 침전한 그릿이 쉽게 제거되도록 밑바닥이 한 쪽으로 급한 경사를 이루도록 한다.

> **해설**
> ② 일반적으로 스크린의 접근유속은 0.4m/s 이상, 통과유속은 0.9m/s를 초과하면 안 된다.

25 수질오염공정시험기준에서 "취급 또는 저장하는 동안에 이물질이 들어가거나 또는 내용물이 손실되지 아니하도록 보호하는 용기"를 무엇이라 하는가?

① 차광용기
② 밀봉용기
③ 기밀용기
④ 밀폐용기

> **해설**
> ES 04000.d 총칙(관련 용어의 정의) - 용기의 구분
> • 차광용기 : 광선이 투과하지 않는 용기 또는 투과하지 않게 포장을 한 용기이며 취급 또는 저장하는 동안에 내용물이 광화학적 변화를 일으키지 아니하도록 방지할 수 있는 용기
> • 밀봉용기 : 취급 또는 저장하는 동안에 기체 또는 미생물이 침입하지 아니하도록 내용물을 보호하는 용기
> • 기밀용기 : 취급 또는 저장하는 동안에 밖으로부터의 공기 또는 다른 가스가 침입하지 아니하도록 내용물을 보호하는 용기

26 시중 판매되는 농황산의 비중은 약 1.84, 농도는 96%(중량기준)일 때, 이 농황산의 몰농도(mol/L)는?

① 12
② 18
③ 24
④ 36

> **해설**
> 몰농도(mol/L) = 비중$\left(\dfrac{g}{mL}\right) \times \left(\dfrac{10^3 mL}{L}\right) \times \left(\dfrac{1 mol}{98g}\right) \times 0.96$(농도)
> $= 1.84 \times 10^3 \times \dfrac{1}{98} \times 0.96 = 18$

27 폐수 중 총인을 자외선/가시선 분광법으로 측정할 때의 분석파장으로 옳은 것은?

① 220nm
② 450nm
③ 540nm
④ 880nm

> **해설**
> 자외선/가시선 분광법 분석파장
> • 총인 : 880nm
> • 망간 : 525nm
> • 크로뮴 : 540nm

28 다음 중 지하수의 일반적인 수질 특성에 관한 설명으로 옳지 않은 것은?

① 수온의 변화가 심하다.
② 무기물 성분이 많다.
③ 지질 특성에 영향을 받는다.
④ 지표면 깊은 곳에서는 무산소 상태로 될 수 있다.

> **해설**
> 수온의 변화가 적고 10m 부근에서는 1년 내내 온도가 일정하다.

29 지하수의 수질을 분석하였더니 Ca^{2+} = 24mg/L, Mg^{2+} = 14mg/L의 결과를 얻었다. 이 지하수의 경도는?(단, 원자량은 Ca = 40, Mg = 24이다)

① 98.7mg/L
② 104.3mg/L
③ 118.3mg/L
④ 123.4mg/L

> **해설**
> 총경도 계산 = 2가 이온경도의 합
> = 칼슘경도 + 마그네슘경도 + 기타이온경도(영향이 적음)
> $$\sum \frac{M^{2+} \times 50(탄산칼슘\ 당량)}{M^{2+}\ 당량} = \frac{24 \times 50}{20} + \frac{14 \times 50}{12}$$
> $$= 118.3 mg/L$$
> ※ 당량 : 분자량/원자가수
>   예 마그네슘의 당량 : 24(마그네슘 분자량)/2(마그네슘 원자가수) = 12

30 유입하수량이 2,000m³/day이고, 침전지의 용적이 250m³이다. 이때 체류시간은?

① 3시간
② 4시간
③ 6시간
④ 8시간

> **해설**
> $$t = \frac{V}{Q} = \frac{250m^3}{2,000m^3/day \times 1day/24h} = 3h$$
> 여기서, t : 체류시간
> V : 부피
> Q : 유입량

정답 27 ④ 28 ① 29 ③ 30 ①

31 용존산소가 충분한 조건의 수중에서 미생물에 의한 단백질 분해순서를 올바르게 나타낸 것은?

① $NO_3^- \to NO_2^- \to NH_4^+ \to$ Amino Acid
② $NH_4^+ \to NO_2^- \to NO_3^- \to$ Amino Acid
③ Amino Acid $\to NO_3^- \to NO_2^- \to NH_4^+$
④ Amino Acid $\to NH_4^+ \to NO_2^- \to NO_3^-$

해설
호기성 상태의 유기물(단백질) 분해순서
단백질 → 아미노산(Amino Acid) → 암모늄(NH_4^+) → 질산화 과정 ($NO_2^- \to NO_3^-$)
※ 탈질화 과정 : 혐기성 상태에서 질산성 질소(NO_3^-)가 질소 기체(N_2)로 환원되는 과정

33 해수의 특성으로 옳지 않은 것은?

① 해수의 밀도는 수심이 깊을수록 증가한다.
② 해수의 pH는 5.6 정도로 약산성이다.
③ 해수의 Mg/Ca비는 3~4 정도이다.
④ 해수는 강전해질로서 1L당 35g 정도의 염분을 함유한다.

해설
② 해수의 pH는 약 7.3~8.3 정도로 약알칼리성이다.

34 다음 중 콘크리트 하수관거의 부식을 유발하는 오염물질로 가장 적합한 것은?

① NH_4^+ ② SO_4^{2-}
③ Cl^- ④ PO_4^{3-}

해설
하수관거 부식 주요 원인
• H_2S(혐기성균 부산물) + $4H_2O \to H_2SO_4$(황산) + $4H_2$
• H_2SO_4(황산) $\to 2H^+ + SO_4^{2-}$

32 명반을 폐수의 응집조에 주입 후, 완속교반을 행하는 주된 목적은?

① Floc의 입자를 크게 하기 위하여
② Floc과 공기를 잘 접촉시키기 위하여
③ 명반을 원수에 용해시키기 위하여
④ 생성된 Floc의 수를 증가시키기 위하여

해설
응집제 첨가 후 교반을 적절히 해주어야 더 많은 Floc이 형성되어 비중이 증가함과 동시에 침전의 효과를 거둘 수 있다. 교반의 속도가 중요한데 너무 빨리 교반할 경우 와류가 형성되어 플럭형성에 방해가 될 수 있으므로 가급적이면 완속교반을 시키는 것이 중요하다.

35 하천의 자정작용을 4단계(Wipple)로 구분할 때 순서대로 옳게 나열한 것은?

① 분해지대 – 활발분해지대 – 회복지대 – 정수지대
② 정수지대 – 활발분해지대 – 분해지대 – 회복지대
③ 활발분해지대 – 회복지대 – 분해지대 – 정수지대
④ 회복지대 – 분해지대 – 활발분해지대 – 정수지대

해설
하천의 자정작용 단계(Wipple)
분해지대 → 활발한 분해지대 → 회복지대 → 정수지대

36 폐기물 소각 공정에 사용되는 연소기의 종류에 해당하지 않는 것은?

① Scrubber
② Stoker
③ Rotary Kiln
④ Multiple Hearth

[해설]
Scrubber는 오염가스에 물을 분사해 처리하는 대기오염처리시설이다.

37 다음은 어떤 매립 공법의 특성에 관한 설명인가?

- 폐기물과 복토층을 교대로 쌓는 방식
- 협곡, 산간 및 폐광산 등에서 사용하는 방법
- 외곽 우수배제시설 필요
- 복토재의 외부 반입이 필요

① 샌드위치공법
② 도랑형공법
③ 박층뿌림공법
④ 순차투입공법

[해설]
샌드위치공법에 관한 설명이다.

38 다음 중 폐기물공정시험기준상 폐기물의 강열감량 및 유기물 함량을 측정하고자 할 때 사용되는 기구로만 옳게 묶여진 것은?

(ㄱ) 도가니	(ㄴ) 항온수조
(ㄷ) 전기로	(ㄹ) pH미터
(ㅁ) 전자저울	(ㅂ) 황산데시게이터

① (ㄱ), (ㄴ), (ㄷ), (ㄹ)
② (ㄴ), (ㄹ), (ㅁ), (ㅂ)
③ (ㄴ), (ㄷ), (ㅁ), (ㅂ)
④ (ㄱ), (ㄷ), (ㅁ), (ㅂ)

[해설]
ES 06301.1d 강열감량 및 유기물 함량-중량법(분석기기 및 기구)
- 증발용기 : 증발용기는 뚜껑이 있는 백금제, 석영제 또는 사기제 도가니 또는 접시로 가급적 질량이 적은 것을 사용한다.
- 저울 : 시료 용기와 시료의 질량을 잴 수 있는 것으로 0.1mg까지 측정할 수 있는 것을 사용한다.
- 데시케이터 : 실리카겔과 염화칼슘이 담겨 있는 데시케이터를 사용한다.

39 폐기물의 수거 시 수거작업 간의 노동력을 비교하기 위하여 사용하는 용어로서, 수거인부 1인이 쓰레기 1톤을 수거하는 데 소요되는 총시간을 말하는 것은?

① MHT
② HHV
③ LHV
④ RDF

[해설]
Man·Hour/Ton : 1Ton의 쓰레기를 1명의 인부가 처리하는 데 걸리는 시간으로 작을수록 효율이 좋다.

40 폐기물의 고형화 처리방법으로 가장 거리가 먼 것은?

① 활성슬러지법 ② 석회기초법
③ 유리화법 ④ 피막형성법

해설
활성슬러지법은 폐수의 생물학적 처리방법이다.

41 호기성 미생물을 이용하여 유기물을 분해하는 퇴비화공정의 최적조건의 범위로 가장 거리가 먼 것은?

① 수분함량 : 85% 이상
② pH : 6.5~7.5
③ 온도 : 55~65℃
④ C/N비 : 25~30

해설
퇴비화의 최적조건
- 수분 : 50~60%
- pH : 5.5~8 정도
- 온도 : 중온균 30~40℃, 고온균 50~60℃
- C/N비 : 30~50

42 폐기물을 분석하기 위한 시료의 축소화 방법으로만 옳게 나열된 것은?

① 구획법, 교호삽법, 원추4분법
② 구획법, 교호삽법, 직접계근법
③ 교호삽법, 물질수지법, 원추4분법
④ 구획법, 교호삽법, 적재차량계수법

해설
ES 06130.d 시료의 채취
시료의 분할채취방법으로는 구획법, 교호삽법, 원추4분법이 있다.
※ 폐기물공정시험기준 개정으로 인해 '시료의 축소방법'이 '시료의 분할채취방법'으로 변경

43 다음 중 폐기물 처리를 위해 가장 우선적으로 추진해야하는 방향은?

① 퇴비화 ② 감 량
③ 위생매립 ④ 소각열회수

해설
- 폐기물 처리의 가장 우선 단계는 폐기물의 발생량을 최소화하는 것이다.
- 폐기물 처리 우선순위 : 감량화 → 재사용 → 재생이용 → 에너지 회수 → 안전한 처분

44 밀도가 0.4t/m³인 쓰레기를 매립하기 위해 밀도 0.85t/m³으로 압축하였다. 압축비는?

① 0.6 ② 1.8
③ 2.1 ④ 3.3

해설

$$압축비 = \frac{압축\ 전\ 부피(V_1)}{압축\ 후\ 부피(V_2)}$$

- 압축 전 부피 $(V_1) = \dfrac{1\text{kg}}{400\text{kg/m}^3} = 0.0025\text{m}^3$
- 압축 후 부피 $(V_2) = \dfrac{1\text{kg}}{850\text{kg/m}^3} = 0.00118\text{m}^3$
- ∴ 압축비 $= \dfrac{0.0025\text{m}^3}{0.00118\text{m}^3} = 2.12$

정답 40 ① 41 ① 42 ① 43 ② 44 ③

45 다음 연료 중 고위발열량(kcal/Sm³)이 가장 큰 것은?

① 프로판
② 일산화탄소
③ 부틸렌
④ 아세틸렌

해설
고위발열량 공식은 8,100C + 34,250(H − O/8) + 2,250S이므로 원소 중 탄소(C), 수소(H), 황(S)의 함유량이 높은 것이 발열량이 높다.

46 착화온도에 관한 다음 설명 중 옳은 것은?

① 분자구조가 간단할수록 착화온도는 낮아진다.
② 발열량이 작을수록 착화온도는 낮아진다.
③ 활성화에너지가 작을수록 착화온도는 높아진다.
④ 화학결합의 활성도가 클수록 착화온도는 낮아진다.

해설
착화온도
• 분자구조가 간단할수록 착화온도는 높아진다.
• 발열량이 높을수록 착화온도는 낮아진다.
• 활성화에너지가 작을수록 착화온도는 낮아진다.
※ 착화온도 : 물질이 공기 중에서 열을 받아 점화시키지 않아도 스스로 연소를 시작하는 온도

47 매립 시 발생되는 매립가스 중 악취를 유발시키는 것은?

① CH_4
② CO
③ CO_2
④ NH_3

해설
악취는 암모니아(NH_3)와 황화수소(H_2S)에 기인한다.

48 장치 아래쪽에서는 가스를 주입하여 모래를 가열시키고 위쪽에서는 폐기물을 주입하여 연소시키는 형태로 기계적 구동부가 적어 고장률이 낮으며, 슬러지나 폐유 등의 소각에 탁월한 성능을 가지는 소각로는?

① 고정상 소각로
② 화격자 소각로
③ 유동상 소각로
④ 열분해 소각로

해설
유동상 소각로
여러 개의 공기분사 노즐이 있는 화상 위에 모래를 넣고 노즐로부터 공기를 압송하여 모래를 유동시켜 유동층을 형성하고, 모래를 버너로 약 600~700℃ 정도로 예열한 상태에서 쓰레기를 투입하여 순간적으로 건조, 소각하는 방식이다.

49 일정기간 동안 특정지역의 쓰레기 수거차량의 대수를 조사하여 이 값에 밀도를 곱하여 중량으로 환산하는 쓰레기 발생량 산정방법은?

① 직접계근법
② 물질수지법
③ 통과중량조사법
④ 적재차량 계수분석법

해설
폐기물 발생량의 조사방법
• 직접계근법 : 중간 적하장이나 중계 처리장에서 직접 계근
• 물질수지법 : 특정 시스템을 이용하여 유입, 유출되는 폐기물의 양에 대해 물질수지를 세워 폐기물 발생량 추정
• 적재차량 계수분석법 : 조사된 차량의 대수에 폐기물의 겉보기 비중을 보정하여 중량으로 환산

정답 45 ③ 46 ④ 47 ④ 48 ③ 49 ④

50 관거수송법에 관한 설명으로 가장 거리가 먼 것은?

① 쓰레기 발생밀도가 높은 곳은 적용이 곤란하다.
② 가설 후 경로변경이 곤란하고, 설치비가 높다.
③ 잘못 투입된 물건의 회수가 곤란하다.
④ 조대쓰레기는 파쇄, 압축 등의 전처리가 필요하다.

해설
관거(Pipeline)수거의 가장 큰 장점은 쓰레기 발생빈도가 높은 곳에 적용이 가능하다는 것이다.

51 수분함량이 30%인 어느 도시의 쓰레기를 건조시켜 수분함량이 10%인 쓰레기로 만들어 처리하려고 한다. 쓰레기 1톤당 약 몇 kg의 수분을 증발시켜야 하는가?(단, 쓰레기 비중은 1.0으로 가정함)

① 204kg ② 215kg
③ 222kg ④ 242kg

해설
$W_1(100-P_1) = W_2(100-P_2)$
여기서, W_1 : 건조 전 폐기물 양
P_1 : 건조 전 함수율
W_2 : 건조 후 폐기물 양
P_2 : 건조 후 함수율
$1,000(100-30) = W_2(100-10)$
$W_2 = \dfrac{1,000 \times 70}{90} = 777.8\text{kg}$
증발시켜야 하는 수분량 $= 1,000 - 777.8 = 222.2\text{kg}$

52 폐기물 고체연료(RDF)의 구비조건으로 틀린 것은?

① 함수율이 높을 것
② 열량이 높을 것
③ 대기오염이 적을 것
④ 성분 배합률이 균일할 것

해설
RDF(Refuse Derived Fuel)의 기준조건
• 함수율이 낮을 것
• 고열량일 것
• 대기오염이 적을 것
• 균일한 성분 배합률을 지닐 것
※ RDF(Refuse Derived Fuel) : 폐기물 재활용 고형연료

53 인구 50만명인 A도시의 폐기물 발생량 중 가연성은 20%, 불연성은 80%이다. 1인당 폐기물 발생량이 1.0kg/인·일이고, 운반차량의 적재용량이 5m³일 때, 가연성 폐기물의 운반에 필요한 차량 운행횟수(회/월)는?(단, 가연성 폐기물의 겉보기 비중은 3,000kg/m³, 월 30일, 차량은 1대 기준)

① 185 ② 191
③ 200 ④ 222

해설
• 월 가연성 폐기물 발생량
$= \dfrac{\text{인구수} \times \text{가연분비율} \times \text{1인당 발생량} \times \text{일수}}{\text{폐기물 밀도}}$
$= \dfrac{500,000\text{인} \times 0.2 \times 1.0\text{kg/인·일} \times 30\text{일}}{3,000\text{kg/m}^3}$
$= 1,000\text{m}^3$
• 월 동안의 차량 운행횟수 $= \dfrac{1,000\text{m}^3}{5\text{m}^3(\text{적재용량})} = 200$회/월

정답 50 ① 51 ③ 52 ① 53 ③

54 주로 산업폐기물의 발생량 산정법으로 먼저 조사하고자 하는 계의 경계를 정확히 설정한 다음 그 시스템으로 유입되는 모든 물질과 유출되는 모든 물질들 간의 물질수지를 세움으로써 발생량을 추정하는 방법은?

① 공장공정법
② 직접계근법
③ 물질수지법
④ 적재차량 계수법

> **해설**
> **폐기물 발생량의 조사방법**
> • 직접계근법 : 중간 적하장이나 중계 처리장에서 직접 계근
> • 물질수지법 : 특정 시스템을 이용하여 유입, 유출되는 폐기물의 양에 대해 물질수지를 세워 폐기물 발생량 추정
> • 적재차량 계수분석법 : 조사된 차량의 대수에 폐기물의 겉보기 비중을 보정하여 중량으로 환산

55 다음 폐기물 선별방법 중 특정적으로 자장이나 전기장을 이용하는 것은?

① 중력선별
② 관성선별
③ 스크린선별
④ 와전류선별

> **해설**
> 와전류선별은 연속적으로 변화하는 자장 속에 비자성, 전기전도성이 좋은 구리, 알루미늄, 아연 등 금속을 투입하여 금속 내 와전류가 발생하여 생기는 반발력의 원리를 이용한 것으로 이 반발력의 차이로 플라스틱 및 유리, 동, 아연류, 알루미늄 등을 분리하는 방식이다.

56 2개의 진동물체의 고유진동수가 같을 때 한 쪽의 물체를 울리면 다른 쪽도 울리는 현상을 의미하는 것은?

① 임피던스
② 굴 절
③ 간 섭
④ 공 명

> **해설**
> ④ 공명 : 고유 진동수와 같은 진동수의 외력이 주기적으로 전달되어 진폭이 크게 증가하는 현상
> ① 임피던스 : 교류회로에서 전류가 얼마나 흐르기 어려운가를 나타내는 정도
> ② 굴절 : 파동이 서로 다른 매질(媒質)의 경계면을 지나면서 진행방향이 바뀌는 현상
> ③ 간섭 : 둘 또는 그 이상의 빛이 겹쳐질 때 빛의 세기가 커지거나 작아지는 현상

57 종파(소밀파)에 관한 설명으로 옳지 않은 것은?

① 매질이 있어야만 전파된다.
② 파동의 진행방향과 매질의 진동방향이 서로 평행하다.
③ 수면파는 종파에 해당한다.
④ 음파는 종파에 해당한다.

> **해설**
> ③ 수면파는 대표적인 횡파에 해당한다.

58 점음원의 거리감쇠에서 음원으로부터 거리가 2배로 됨에 따른 음압레벨의 감쇠치는?(단, 자유공간)

① 2dB
② 3dB
③ 6dB
④ 10dB

해설
거리감쇠
- 점음원 : 거리가 2배 멀어질 때 6dB 감쇠
- 선음원 : 거리가 2배 멀어질 때 3dB 감쇠

59 진동수가 200Hz이고 속도가 100m/s인 파동의 파장은?

① 0.2m
② 0.3m
③ 0.5m
④ 2.0m

해설
$V = f \times \lambda$
여기서, V : 전파속도(m/s)
f : 진동수(Hz)
λ : 파장(m)
$\lambda = \dfrac{V}{f} = \dfrac{100}{200} = 0.5\text{m}$

60 방음벽 설치 시 유의사항으로 거리가 먼 것은?

① 음원의 지향성과 크기에 대한 상세한 조사가 필요하다.
② 음원의 지향성이 수음측 방향으로 클 때에는 벽에 의한 감쇠치가 계산치보다 크게 된다.
③ 벽의 투과 손실은 회절감쇠치보다 적어도 5dB 이상 크게 하는 것이 바람직하다.
④ 소음원 주위에 나무를 심는 것이 방음벽 설치보다 확실한 방음 효과를 기대할 수 있다.

해설
나무를 심는 것은 간접적인 소음감소 효과가 있으나 방음벽의 설치보다 효율적이진 못하다.

2015년 제2회 과년도 기출문제

01 공기에 작용하는 힘 중 "지구 자전에 의해 운동하는 물체에 작용하는 힘"을 의미하는 것은?

① 경도력　② 원심력
③ 구심력　④ 전향력

[해설]
지구자전에 의한 힘을 전향력(Coriolis Force)이라고 한다.

02 흡수장치의 종류를 액분산형과 기체분산형으로 나눌 때, 다음 중 기체분산형에 해당하는 것은?

① 충전탑
② 분무탑
③ 단 탑
④ 벤투리스크러버

[해설]
기체분산형 흡수장치 : 단탑, 포종탑, 다공판탑, 기포탑

03 전기집진장치에서 입자의 대전과 집진된 먼지의 탈진이 정상적으로 진행되는 겉보기 고유저항의 범위로 가장 적합한 것은?

① $10^{-3} \sim 10^{1} \Omega \cdot cm$
② $10^{1} \sim 10^{3} \Omega \cdot cm$
③ $10^{4} \sim 10^{11} \Omega \cdot cm$
④ $10^{12} \sim 10^{15} \Omega \cdot cm$

04 다음 집진장치 중 압력손실이 가장 큰 것은?

① 중력식집진장치
② 사이클론
③ 백필터
④ 벤투리스크러버

[해설]
압력손실의 비교
- 중력집진장치 : 5~15mmH$_2$O
- 전기집진장치 : 10~20mmH$_2$O
- 원심력집진장치 : 50~150mmH$_2$O
- 벤투리스크러버 : 300~800mmH$_2$O

05 대기오염공정시험기준에서 제시된 배출가스 중 오염물질별 측정방법의 연결이 옳지 않은 것은?

① 염소 – 오르토톨리딘법
② 염화수소 – 질산은적정법
③ 시안화수소 – 인도페놀법
④ 황화수소 – 메틸렌블루법

[해설]
② 염화수소 : 이온크로마토그래피, 티오사이안산제이수은 자외선/가시선 분광법
③ 시안화수소(사이안화수소) : 4-피리딘카복실산 – 피라졸론법, 연속흐름법
  ※ 암모니아 : 인도페놀법
※ 저자의견 : 확정답안은 ③으로 발표되었으나 기준 개정으로 ②, ③이 정답이다.

정답 1 ④　2 ③　3 ③　4 ④　5 ③

06 액체연료의 연소장치 중 유압식과 공기분무식을 합한 것으로 유압이 보통 7kg/cm² 이상이고, 연소가 양호하고 소형이며 전자동 연소가 가능한 것은?

① 유압분무식 버너　② 회전식 버너
③ 선회 버너　　　　④ 건타입 버너

> [해설]
> 건타입 버너에 관한 설명이다.

07 대기오염공정시험기준상 "방울수"의 의미로 옳은 것은?

① 10℃에서 정제수 10방울을 떨어뜨릴 때 그 부피가 약 1mL 되는 것을 뜻한다.
② 10℃에서 정제수 20방울을 떨어뜨릴 때 그 부피가 약 1mL 되는 것을 뜻한다.
③ 20℃에서 정제수 10방울을 떨어뜨릴 때 그 부피가 약 1mL 되는 것을 뜻한다.
④ 20℃에서 정제수 20방울을 떨어뜨릴 때 그 부피가 약 1mL 되는 것을 뜻한다.

> [해설]
> ES 01000.b 총칙(방울수)
> 방울수라 함은 20℃에서 정제수 20방울을 떨어뜨릴 때, 그 부피가 약 1mL 되는 것을 뜻한다.

08 질소산화물을 촉매환원법으로 처리할 때, 어떤 물질로 환원되는가?

① N_2　　　　② HNO_3
③ CH_4　　　④ NO_2

> [해설]
> 선택적 촉매환원법 : 배기가스 중의 질소산화물을 암모니아계 환원제를 주입하여 질소(N_2)와 물(H_2O)로 환원하는 것이다.

09 집진장치 출구 가스의 먼지농도가 0.02g/m³, 먼지통과율은 0.5%일 때, 입구 가스의 먼지농도(g/m³)는?

① 3.5g/m³
② 4.0g/m³
③ 4.5g/m³
④ 8.0g/m³

> [해설]
> 먼지통과율 $= \left(\dfrac{C_o}{C_i}\right) \times 100$
> 여기서, C_o : 출구농도
> 　　　　C_i : 입구농도
> $0.5\% = \left(\dfrac{0.02}{C_i}\right) \times 100$, $C_i = 4.0 g/m^3$

10 중력집진장치의 집진효율 향상 조건으로 옳지 않은 것은?

① 침강실 내의 처리가스 속도를 크게 한다.
② 침강실 내의 처리가스의 흐름을 균일하게 한다.
③ 침강실 높이를 작게 하고, 길이를 길게 한다.
④ 다단일 경우에는 단수가 증가될수록 압력손실은 커지나 효율은 증가한다.

> [해설]
> 처리가스의 속도가 느려야 오랜 시간 침강실 내에 가스가 머무를 수 있어 효율이 높아진다.

11 다음 중 광화학스모그 발생과 가장 거리가 먼 것은?

① 질소산화물
② 일산화탄소
③ 올레핀계 탄화수소
④ 태양광선

해설
일산화탄소는 불완전연소의 산물로 광화학스모그와는 관계가 없다.

12 원심력집진장치에서 50%의 집진율을 보이는 입자의 크기를 일컫는 용어는?

① 극한 입경
② 절단 입경
③ 중간 입경
④ 임계 입경

해설
절단 입경은 집진율이 50%인 입경으로, 50% 분리한계 입경이라고도 한다.

13 다음 중 여과집진장치의 탈진방법으로 가장 거리가 먼 것은?

① 진동형
② 세정형
③ 역기류형
④ Pulse Jet형

해설
여과집진장치의 탈진방법 : 진동방식, 역기류방식, 충격기류(Pulse Jet)방식

14 석탄의 탄화도가 클수록 가지는 성질에 관한 설명으로 옳지 않은 것은?

① 고정탄소의 양이 증가하고, 산소의 양이 줄어든다.
② 연소속도가 작아진다.
③ 수분 및 휘발분이 증가한다.
④ 연료비(고정탄소 %/휘발분 %)가 증가한다.

해설
③ 수분 및 휘발분은 감소한다.
탄화도 : 석탄에서 수분과 회분을 뺀 나머지 성분 가운데 탄소가 차지하는 비율(%)

15 A공장에서 SO_2 농도 444ppm, 유량 $52m^3/h$로 배출될 때, 하루에 배출되는 SO_2의 양(kg)은?(단, 24시간 연속가동 기준, 표준상태 기준)

① 1.58kg
② 1.67kg
③ 1.79kg
④ 1.94kg

해설
444ppm SO_2 농도 환산 :
$444mL/m^3 \times \dfrac{64mg}{22.4mL} = 1,268.5mg/m^3$
1일 배출되는 SO_2 농도
$= 1,268.5mg/m^3 \times (1kg/10^6 mg) \times 52m^3/h \times 24h/day$
$= 1.58kg/day$

16 BOD 농도 200mg/L, 유입 폐수량 800m³/일, 포기조 용량 200m³일 때 포기조에 유입되는 BOD 총부하량은?

① 1,600kg/일 ② 160kg/일
③ 800kg/일   ④ 80kg/일

해설
총부하량 = 폐수량 × BOD 농도(200mg/L = 0.2g/L = 0.2kg/m³)
= 800m³/day × 0.2kg/m³ = 160kg/day

17 하천의 정화 4단계 중 DO가 아주 낮거나 때로는 거의 없어 부패상태에 도달하게 되는 단계는?

① 분해지대   ② 활발한 분해지대
③ 회복지대   ④ 정수지대

해설
활발한 분해지대에 관한 설명이다.
① 분해지대 : 화학, 물리적인 반응이 저하되며 오염에 약한 고등 동물이 오염에 강한 곰팡이류인 미생물에 의해서 교체되어 번식한다.
③ 회복지대 : 물이 차차 깨끗해지며 용존산소의 농도는 증가한다.
④ 정수지대 : 물이 오염되지 않은 자정수처럼 깨끗해 보이며 용존산소량도 많아서 오염된 물속에서 살 수 없었던 동식물이 번식한다.

18 폐수 중 중금속의 일반적 처리방법으로 가장 적합한 것은?

① 모래여과 처리
② 미생물학적 처리
③ 화학적 처리
④ 희석 처리

해설
중금속은 화학적인 처리법을 이용하여 침전 후 제거한다.

19 하천에서의 자정작용을 저해하는 사항으로 가장 거리가 먼 것은?

① 유기물의 과도한 유입
② 독성 물질의 유입
③ 유역과 수역의 단절
④ 수중 용존산소의 증가

해설
용존산소의 증가는 미생물의 번식을 촉진하여 자정작용의 효과를 증대시킨다.

20 수중 용존산소와 관련된 일반적인 설명으로 옳지 않은 것은?

① 온도가 높을수록 용존산소값은 감소한다.
② 물의 흐름이 난류일 때 산소의 용해도는 높다.
③ 유기물질이 많을수록 용존산소값은 커진다.
④ 일반적으로 용존산소값이 클수록 깨끗한 물로 간주할 수 있다.

해설
유기물질 증가 → 미생물량 증가 → 미생물의 용존산소 사용 → 용존산소 감소

21 직경 1m의 콘크리트 관에 20℃의 물이 동수구배 0.01로 흐르고 있다. 매닝(Manning)공식에 의해 평균 유속을 구하면?(단, $n=0.014$이다)

① 1.42m/s
② 2.83m/s
③ 4.62m/s
④ 5.71m/s

해설

$$V(\text{m/s}) = \frac{1}{n} \cdot R^{\frac{2}{3}} \cdot I^{\frac{1}{2}}$$

여기서, $R = \frac{1}{4}$
　　　　$D = 0.25\text{m}$
　　　　$I = 0.01$(동수구배)

$$V(\text{m/s}) = \frac{1}{0.014} \times 0.25^{\frac{2}{3}} \times 0.01^{\frac{1}{2}} = 2.83\text{m/s}$$

22 폐수처리 유량이 2,000m³/d이고, 염소요구량이 6.0mg/L, 잔류염소 농도가 0.5mg/L일 때, 하루에 주입해야 할 염소량(kg/d)은?

① 6.0kg/d
② 6.5kg/d
③ 12.0kg/d
④ 13.0kg/d

해설

염소요구량은 염소주입량에서 잔류염소량을 뺀 값이다.
염소주입량 = 염소요구량 + 잔류염소량이므로
$6\text{mg/L} + 0.5\text{mg/L} = 6.5\text{mg/L} = 6.5\text{g/m}^3$

1일 염소주입량 $= 6.5\text{g/m}^3 \times \frac{1\text{kg}}{1,000\text{g}} \times 2,000\text{m}^3/\text{d} = 13.0\text{kg/d}$

23 자-테스트(Jar-Test)와 관련이 깊은 것은?

① 경 도
② 알칼리도
③ 응집제
④ 산 도

해설

Jar Test(응집교반시험)
SS를 효율적으로 침전시키기 위해 응집제의 사용량 중 최대의 양호한 플럭(Floc) 형성이 가능한 적정 주입량을 시험하는 장치로 황산알루미늄이 대표적인 응집제이다.

24 물을 끓여 쉽게 침전, 제거할 수 있는 경도유발 화합물은?

① $MgCl_2$
② $CaSO_4$
③ $CaCO_3$
④ $MgSO_4$

해설

일시경도는 물을 끓여 쉽게 제거가 가능하며 그 주성분은 탄산염(CO_3^{2-})혼합물이다.

25 폐수처리공정 중 여과에서 주로 제거되는 물질은?

① pH
② 부유물질
③ 휘발성 물질
④ 중금속 물질

해설

여과는 대표적인 물리적 처리법으로 주로 부유물질의 제거를 목적으로 한다.

26 탈산소계수가 0.1/day인 오염물질의 BOD₅ = 880mg/L라면 3일 BOD(mg/L)는?(단, 상용대수 적용)

① 584
② 642
③ 725
④ 776

해설

$BOD_t = BOD_u \times (1 - 10^{-kt})$

여기서, k : 탈산소계수
t : 시간(day)

$880 = BOD_u \times (1 - 10^{-0.1 \times 5})$, $BOD_u = 1,286.98$

$BOD_3 = 1,286.98(1 - 10^{-0.1 \times 3}) = 642$

27 다음 중 친온성 미생물의 성장속도가 가장 빠른 온도 분포는?

① 10℃ 부근
② 15℃ 부근
③ 20℃ 부근
④ 35℃ 부근

해설

최적 활동온도의 범위에 따른 미생물 분류
- 친냉성(저온성) 미생물 : -10~30℃(최적온도 12~18℃)
- 친온성(중온성) 미생물 : 20~50℃(최적온도 25~40℃)
- 친열성(고온성) 미생물 : 35~75℃(최적온도 55~60℃)

28 지하수의 일반적인 특징으로 가장 거리가 먼 것은?

① 유기물 함량은 적으나, 무기물의 함량이 많고 자연수 중 경도가 아주 높다.
② 지표수에 비해 염분의 함량이 30% 정도 낮은 편이다.
③ 자정작용의 속도가 느린 편이다.
④ 지하수 성분조성은 하천수와 매우 흡사하나 지표수보다 경도가 높은 편이다.

해설

지하수의 특성
- 수온의 변동이 적고 탁도가 낮다.
- 경도나 무기염료의 농도가 높다.
- 지층의 종류 지역적 수질의 차이가 크다.
- 미생물과 오염물이 적다.
- 세균에 의한 유기물의 분해(혐기성 환원작용)가 주된 생물작용이다.
- 자정속도가 느리다.
- 국지적인 환경영향을 크게 받는다.

29 다음 중 물의 밀도로 옳지 않은 것은?

① $1g/cm^3$
② $1,000kg/m^3$
③ $1kg/L$
④ $0.1mg/mm^3$

해설

물의 밀도 = $1g/cm^3$ = $1,000kg/m^3$ = $1kg/L$ = $1ton/m^3$

30 글리신(Glycine)의 이론적 산소요구량(g/mol)은? (단, 글리신의 분자식은 $C_2H_5NO_2$이며, 반응하여 CO_2, H_2O, HNO_3로 된다)

① 112
② 106
③ 94
④ 78

해설
$C_2H_5NO_2 + 3.5O_2 \rightarrow 2CO_2 + 2H_2O + HNO_3$
1mol : 3.5 × 32g
산소요구량 = 112g/mol

31 pH에 관한 설명으로 옳지 않은 것은?

① pH는 수소이온농도를 그 역수의 상용대수로서 나타내는 값이다.
② pH 표준액의 조제에 사용되는 물은 정제수를 증류하여 그 유출액을 15분 이상 끓여서 이산화탄소를 날려 보내고 산화칼슘 흡수관을 달아 식힌 후 사용한다.
③ pH 표준액 중 보통 산성표준액은 3개월, 염기성 표준액은 산화칼슘 흡수관을 부착하여 1개월 이내에 사용한다.
④ pH 미터는 보통 아르곤전극 및 산화전극으로 된 지시부와 검출부로 되어 있다.

해설
pH 미터의 구성
유리전극, 비교전극으로 된 검출부, 검출된 pH 수치를 지시하는 지시부

32 A하수처리장 유입수의 BOD가 225ppm이고, 유출수의 BOD가 46ppm이었다면, 이 하수처리장의 BOD 제거율(%)은?

① 약 66
② 약 71
③ 약 76
④ 약 80

해설
제거율(%) = $\left(1 - \dfrac{유출농도}{유입농도}\right) \times 100$
= $\left(1 - \dfrac{46}{225}\right) \times 100 = 79.555\%$
∴ 약 80%

33 그림은 호수에서의 수온 연직분포(깊이에 대한 온도)에 따른 계절별 변화를 나타낸 것이다. 이에 관한 설명으로 거리가 먼 것은?

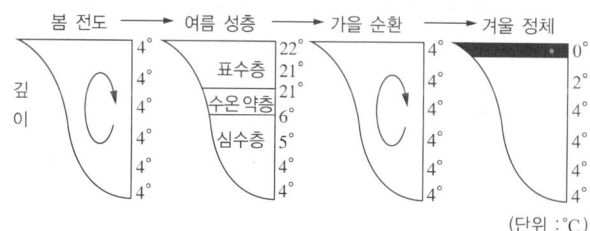

① 수심이 깊은 온대지방의 호수는 계절에 따른 수온변화로 물의 밀도차이를 일으킨다.
② 겨울에 수면이 얼 경우 얼음 바로 아래의 수온은 0℃에 가깝고 호수바닥은 4℃에 이르며 물이 안정한 상태를 나타낸다.
③ 봄이 되면 얼음이 녹으면서 표면의 수온이 높아지기 시작하여 4℃가 되면 표층의 물은 밑으로 이동하여 전도가 일어난다.
④ 여름에서 가을로 가면 표면의 수온이 내려가면서 수직적인 평형상태를 이루어 봄과 다른 순환을 이루어 수질이 양호해진다.

해설
여름에서 가을로 가면 수온변화로 인한 전도현상이 발생하여 바닥층의 오염물질이 혼합되어 전체적인 수질이 불량해진다.

34 다음 중 콜로이드 물질의 크기 범위로 가장 적합한 것은?

① 0.001~1㎛
② 10~50㎛
③ 100~1,000㎛
④ 1,000~10,000㎛

해설
콜로이드의 크기 범위는 0.001~1㎛이다.

35 다음에서 설명하는 오염물질로 가장 적합한 것은?

> 아연과 성질이 유사한 금속으로 아연 제련의 부산물로 발생하며, 일반적으로 합금용 첨가제나 충전식 전지에도 사용되고, 이타이이타이병의 원인물질로 잘 알려져 있다.

① 비 소
② 크로뮴
③ 시 안
④ 카드뮴

해설
Cd(카드뮴)은 이타이이타이병의 원인 물질이다.

36 다음 중 소각로의 형식이라 볼 수 없는 것은?

① 펌프식
② 화격자식
③ 유동상식
④ 회전로식

해설
펌프식은 소각로의 종류가 아니다.
소각로의 종류 : 유동상, 다단식, 회전로(Rotary Kiln)식, 화격자식, 고정상식

37 5m³의 용기에 2.5kg의 쓰레기가 채워져 있다. 이 쓰레기의 겉보기 비중(kg/m³)은?

① 0.5kg/m³
② 1kg/m³
③ 2kg/m³
④ 2.5kg/m³

해설
겉보기 비중 = $\dfrac{2.5\text{kg}}{5\text{m}^3}$
= 0.5kg/m³

38 슬러지 내 물의 존재 형태 중 다음 설명으로 가장 적합한 것은?

> 큰 고형물질입자 간극에 존재하는 수분으로 가장 많은 양을 차지하며, 고형물과 직접 결합해 있지 않기 때문에 농축 등의 방법으로 용이하게 분리할 수 있다.

① 모관결합수
② 내부수
③ 부착수
④ 간극수

해설
간극수에 관한 설명이다.
① 모관결합수 : 미세한 슬러지 고형물의 입자 사이의 얇은 틈에 존재하는 수분으로 원심력 등으로 제거한다.
② 내부수 : 슬러지의 입자를 형성하고 있는 세포의 세포액으로 존재하는 내부수분으로 제거하기 가장 어렵다.
③ 부착수 : 슬러지의 입자표면에 부착되어 있는 수분으로 제거하기 어렵다.

정답 34 ① 35 ④ 36 ① 37 ① 38 ④

39 폐수처리 공정에서 발생되는 슬러지를 혐기성으로 소화시키는 목적과 가장 거리가 먼 것은?

① 유해중금속 등의 화학물질을 분해시킨다.
② 슬러지의 무게와 부피를 감소시킨다.
③ 이용가치가 있는 부산물을 얻을 수 있다.
④ 병원균을 죽이거나 통제할 수 있다.

해설
슬러지처리의 목적 : 안정화, 감량화, 안전화, 무해화
※ 유해중금속은 화학적 처리를 통해 가능하다.

40 다음 중 매립지에서 유기성 폐기물이 혐기성 상태로 분해될 때 가장 먼저 일어나는 단계는?

① 수소 생성단계
② 산 생성단계
③ 메탄 생성단계
④ 발효단계

해설
혐기성 분해단계
유기산 발효 → 수소 및 산 생성 → 메탄 생성

41 인구가 200,000명인 지역에서 일주일 동안 수거한 쓰레기량은 15,000m³이다. 1인당 1일 쓰레기 발생량은?(단, 쓰레기의 밀도는 0.5ton/m³이다)

① 3.50kg/인·일
② 4.45kg/인·일
③ 5.36kg/인·일
④ 6.43kg/인·일

해설
15,000m³/7일 × 500kg/m³ × 1/200,000인 = 5.357kg/인·일
≒ 5.36kg/인·일

42 산업폐기물 발생량을 추산할 때 이용되며, 상세한 자료가 있는 경우에만 가능하고, 비용이 많이 드는 단점이 있으므로 특수한 경우에만 사용되는 방법은?

① 적재차량 계수분석
② 물질수지법
③ 직접계근법
④ 간접계근법

해설
폐기물 발생량의 조사방법
• 적재차량 계수분석법 : 조사된 차량의 대수에 폐기물의 겉보기 비중을 보정하여 중량으로 환산
• 물질수지법 : 특정 시스템을 이용하여 유입, 유출되는 폐기물의 양에 대해 물질수지를 세워 폐기물 발생량 추정하는 방법으로 주로 산업폐기물의 발생량을 추산할 때 사용
• 직접계근법 : 중간 적하장이나 중계 처리장에서 직접 계근

정답 39 ① 40 ④ 41 ③ 42 ②

43 쓰레기 발생량이 24,000kg/일이고 발열량이 500 kcal/kg이라면 노 내 열부하가 50,000kcal/m³·h 인 소각로의 용적은?(단, 1일 가동시간은 12h이다)

① 20m³
② 40m³
③ 60m³
④ 80m³

해설
24,000kg/일 × 1일/12h × 500kcal/kg × 1/50,000kcal/m³
= 20m³

44 공기 중 각 구성물질의 낙하속도 및 공기저항의 차이에 따라 폐기물을 선별하는 방법으로, 주로 종이나 플라스틱과 같은 가벼운 물질을 유리, 금속 등의 무거운 물질로부터 분리하는 데 효과적으로 사용되는 방법은?

① 손 선별
② 스크린 선별
③ 공기 선별
④ 자력 선별

해설
폐기물 선별법의 종류
- 손 선별 : 손으로 종이류, 플라스틱, 금속류, 유리류를 분류하는 방법
- 스크린 선별 : 다양한 크기의 폐기물을 스크린의 크기에 따라 분류하는 방법
- 공기 선별 : 폐기물 내의 가벼운 물질인 종이나 플라스틱을 기타 무거운 물질로부터 선별하는 방법
- 자력 선별 : 종이나 플라스틱 등 크기가 큰 물질의 회수에 이용

45 타 공법에 비해 옥외 뒤집기식 퇴비화 공법에 관한 설명으로 가장 거리가 먼 것은?

① 설치비용은 일반적으로 낮은 편이다.
② 날씨에 따른 영향이 거의 없다.
③ 부지소요면적이 큰 편이다.
④ 악취제어는 주입물에 의해 좌우되며, 악취영향 반경이 큰 편이다.

해설
옥외 뒤집기식 퇴비화 공법은 날씨(우천)에 영향을 많이 받는다.

46 전단파쇄기에 관한 설명으로 옳지 않은 것은?

① 고정칼, 왕복 또는 회전칼과의 교합에 의해 폐기물을 전단한다.
② 주로 목재류, 플라스틱류 및 종이류를 파쇄하는 데 이용된다.
③ 파쇄물의 크기를 고르게 할 수 있는 장점이 있다.
④ 충격파에 비해 파쇄속도가 빠르고, 이물질의 혼입에 대하여 강하다.

해설
④ 충격식에 비해 속도가 느리며, 이물질 혼입 시 작업이 중단되는 단점이 있다.

47 소각로의 종류 중 다단로(Multiple Hearth)의 특성으로 거리가 먼 것은?

① 다량의 수분이 증발되므로 수분함량이 높은 폐기물도 연소가 가능하다.
② 체류시간이 짧아 온도반응이 신속하다.
③ 많은 연소영역이 있으므로 연소효율을 높일 수 있다.
④ 물리·화학적 성분이 다른 각종 폐기물을 처리할 수 있다.

해설
② 체류시간이 길어 온도반응이 느리며 느린 온도반응 때문에 보조연료 사용의 조절이 어렵다.

48 내륙매립 공법 중 샌드위치공법에 관한 설명으로 거리가 먼 것은?

① 폐기물과 복토층을 교대로 쌓는 방식이다.
② 협곡, 산간 및 폐광산 등에서 사용한다.
③ 외곽에 우수배제시설이 필요하다.
④ 현재 가장 널리 사용하는 방법이다.

해설
샌드위치공법은 좁은 산간지 등의 매립지에서 사용하는 방법으로 널리 사용되지 않는다.

49 다음은 매립가스 중 어떤 성분에 관한 설명인가?

매립가스 중 이 성분은 지구온난화를 일으키며, 공기보다 가벼우므로 매립지 위에 구조물을 건설하는 경우 건물 기초 밑의 공간에 축적되어 폭발의 위험성이 있다. 또한 9% 이상 존재 시 눈의 통증이나 두통을 유발한다.

① CH_4
② CO_2
③ N_2
④ NH_3

해설
메탄(CH_4) : 매립의 최종 생성가스로 연료로 사용되나, 이산화탄소와 함께 대표적인 온실가스이며 폭발의 위험성이 있어 각별한 관리가 필요하다.

50 배출상태에 따라 폐기물을 분류할 때 "액상폐기물"은 고형물의 함량이 얼마인 것을 말하는가?

① 5% 미만
② 10% 미만
③ 15% 미만
④ 30% 미만

해설
ES 06000.b 총칙(관련 용어의 정의) – 폐기물의 성상별 분류
• 고상폐기물 : 고형물 함량 15% 이상
• 반고상폐기물 : 고형물 함량 5% 이상~15% 미만
• 액상폐기물 : 고형물 함량 5% 미만

정답 47 ② 48 ④ 49 ① 50 ①

51 폐기물의 수거노선을 결정할 때 고려해야 할 사항으로 거리가 먼 것은?

① 가능한 한 지형지물 및 도로경계와 같은 장벽을 이용하여 간선도로 부근에서 시작하고 끝나도록 배치한다.
② 출발점은 차고지와 가깝게 하고 수거된 마지막 콘테이너가 처분지에 가장 가까이 위치하도록 배치한다.
③ 교통이 혼잡한 지역에서 발생되는 쓰레기는 가능한 한 출퇴근 시간을 피하여 새벽에 수거한다.
④ 아주 적은 양의 쓰레기가 발생되는 발생원은 하루 중 가장 먼저 수거한다.

해설
수거노선의 결정 시 발생량이 많은 발생원을 가장 먼저 수거한다.

52 폐기물 고체연료(RDF)의 구비조건으로 옳지 않은 것은?

① 열량이 높을 것
② 함수율이 높을 것
③ 대기오염이 적을 것
④ 성분 배합률이 균일할 것

해설
RDF(Refuse Derived Fuel)의 기준조건
- 고열량
- 낮은 함수율
- 대기오염 적을 것
- 균일한 성분 배합률(균질성)
- 미생물 분해 용이
- 낮은 재 함량
- 낮은 염소 함량

53 원자흡광광도 측정에 사용되는 가연성 가스와 조연성 가스의 조합 중 불꽃의 온도가 높아 불꽃 중에서 해리하기 어려운 내화성 산화물을 만들기 쉬운 원소의 분석에 가장 적합한 것은?

① 아세틸렌 – 일산화이질소
② 프로판 – 공기
③ 수소 – 공기
④ 석탄가스 – 공기

해설
ES 01203.a 원자흡수분광광도법
아세틸렌 – 일산화이질소(아산화질소)에 관한 설명이다.
② 프로판(프로페인) – 공기 : 불꽃온도가 낮은 일부 원소에 이용
③ 수소 – 공기 : 원자 외 영역에서의 불꽃 자체에 의한 흡수가 적어 이 파장영역에서 분석선을 띠는 원소에 이용
※ 대기오염공정시험 개정으로 인한 명칭 변경
원자흡광광도 → 원자흡수분광광도

54 친산소성 퇴비화 공정의 설계 및 운영 시 고려인자에 관한 설명으로 옳지 않은 것은?

① 퇴비단의 온도는 초기 며칠간은 50~55℃를 유지하여야 하며, 활발한 분해를 위해서는 55~60℃가 적당하다.
② 적당한 분해작용을 위해서는 pH 5.5~6.5 범위를 유지하되, 암모니아 가스에 의한 질소손실을 줄이기 위해서는 pH는 3.5~4.5 범위로 유지시킨다.
③ 퇴비화 기간 동안 수분함량은 50~60% 범위에서 유지된다.
④ 초기 C/N비는 25~50 정도가 적당하다.

해설
퇴비화의 최적조건
- 수분 : 50~60%
- pH : 5.5~8 정도
- 온도 : 중온균 30~40℃, 고온균 50~60℃
- C/N비 : 30~50

55 옥탄(C_8H_{18})을 이론공기량으로 완전연소시킬 때 질량기준 공기연료비(AFR, Air/Fuel Ratio)는?

① 12
② 15
③ 18
④ 21

해설
옥탄(C_8H_{18}) + 12.5O_2 → 8CO_2 + 9H_2O
1mol : 12.5mol
114kg(옥탄분자량) : 32kg(산소분자량)

공기질량 = $\dfrac{12.5 \times 32}{0.232(\text{산소의 질량비})}$ = 1,724.13kg

공기연료비(AFR) = $\dfrac{1,724.13\text{kg}}{114\text{kg}}$ = 15.12kg

56 환경적 측면에서 문제가 되는 진동 중 특별히 인체에 해를 끼치는 공해진동의 진동수의 범위로 가장 적합한 것은?

① 1~90Hz
② 0.1~500Hz
③ 20~12,500Hz
④ 20~20,000Hz

해설
공해진동의 진동수 범위는 1~90Hz 정도이다.

57 음향출력이 100W인 점음원이 지상에 있을 때 12m 떨어진 지점에서의 음의 세기는?

① $0.11W/m^2$
② $0.16W/m^2$
③ $0.20W/m^2$
④ $0.26W/m^2$

해설
음의 세기 $I = \dfrac{W}{2\pi r^2} = \dfrac{100}{2 \times 3.14 \times 12^2} ≒ 0.11W/m^2$

여기서, W : 음향출력(W)
r : 거리(m)

58 공기스프링에 관한 설명으로 가장 거리가 먼 것은?

① 부하능력이 광범위하다.
② 공기누출의 위험성이 없다.
③ 사용진폭이 작은 것이 많으므로 별도의 댐퍼가 필요한 경우가 많다.
④ 자동제어가 가능하다.

해설
공기스프링의 특징
- 공기의 압축 탄성을 이용한 것이다.
- 하중의 변화에도 기계의 높이 및 고유진동수를 일정하게 유지한다.
- 부하능력이 광범위하나 사용진폭이 작아 별도의 댐퍼가 필요하다.
- 자동제어가 가능하다.
- 구조가 복잡하고 시설비가 높다.
- 공기누출의 위험성이 많다.

59 100sone인 음은 몇 phon인가?

① 106.6
② 101.3
③ 96.8
④ 88.9

해설

$L = 33.3\log S + 40$, 여기서 $S = 100$이므로
$L = 33.3\log 100 + 40$
$\quad = (33.3 \times 2) + 40 = 106.6$

※ 1,000Hz 40dB 즉, 40phon을 1sone이라 정의한다.

60 다음 중 한 파장이 전파되는 데 소요되는 시간을 말하는 것은?

① 주파수
② 변 위
③ 주 기
④ 가속도레벨

해설

주기에 관한 설명이다.
① 주파수 : 1초 동안에 사이클(Cycle)수
② 변위 : 최종 값에서 처음의 값을 뺀 것

2015년 제4회 과년도 기출문제

01 다음 [보기]에서 설명하는 현상으로 옳은 것은?

보기
- 맑고 바람이 없는 날 아침에 해가 뜨기 직전에 지표면 근처에서 강하게 형성되며, 공기의 수직혼합이 일어나지 않기 때문에 대기오염물질의 축적으로 이어지게 된다.
- 지표부근에서 일어나므로 지표역전이라고도 한다.
- 보통 가을로부터 봄에 걸쳐서 날씨가 좋고, 바람이 약하며, 습도가 적을 때 잘 형성된다.

① 공중역전 ② 침강역전
③ 복사역전 ④ 전선역전

해설
복사역전
지표면에서 발생하며 해가 진 후 대기와 지표면의 냉각속도 차이에 의해 일시적으로 형성되며 해가 뜨면 자연스럽게 사라진다.

02 다음 중 대기권에 대한 설명으로 옳은 것은?

① 대류권에서는 고도 1km 상승에 따라 약 9.8℃ 높아진다.
② 대류권의 높이는 계절이나 위도에 관계없이 일정하다.
③ 성층권에서는 고도가 높아짐에 따라 기온이 내려간다.
④ 성층권에는 지상 20~30km 사이에 오존층이 존재한다.

해설
대기권
- 대류권에서는 고도 1km 상승에 따라 약 6.5℃씩 낮아진다.
- 대류권의 높이는 열대지방의 경우 16~18km이고, 극지방의 경우 약 10km 정도이다.
- 성층권에서는 고도가 높아짐에 따라 기온이 올라간다.
※ 대기권의 고도상승에 따른 기온분포 : 대류권(하강)-성층권(상승)-중간권(하강)-열권(상승)

03 다음 중 전기집진장치의 특성으로 옳은 것은?

① 압력손실이 100~150mmH₂O 정도이다.
② 전압변동과 같은 조건변동에 대해 쉽게 적응한다.
③ 초기시설비가 적게 든다.
④ 고온가스(350℃ 정도)의 처리가 가능하다.

해설
전기집진장치의 특성
- 압력손실이 20~30mmH₂O 정도로 낮다.
- 일단 설치되면 운전변화에 따른 유연성이 떨어져 부하변동에 적응이 어렵다.
- 설치면적이 넓고, 설치비용도 많이 든다.
- 고온가스(약 350℃ 정도)의 처리가 가능하다.

04 중력식집진장치의 효율향상 조건으로 옳지 않은 것은?

① 침강실 내 처리가스 속도가 빠를수록 미립자가 포집된다.
② 침강실의 높이가 작고, 길이가 길수록 집진율은 높아진다.
③ 침강실 입구 폭이 클수록 유속이 느려져 미세한 입자가 포집된다.
④ 다단일 경우에는 단수가 증가될수록 압력손실은 커지나 효율은 증가한다.

해설
중력식집진장치의 효율향상 조건
- 침강실 내 처리가스의 느린 유속
- 침강실의 높이가 작고, 길이는 길수록
- 침강실 입구 폭이 클수록
- 단수가 증가하여 접촉 면적이 증가할수록
- 침강실 내 배기가스의 기류가 균일하도록

정답 1 ③ 2 ④ 3 ④ 4 ①

05 유해가스 제거방법 중 흡수법에 사용되는 흡수액의 구비 조건으로 옳은 것은?

① 흡수능력과 용해도가 커야 한다.
② 화학적으로 안정하고 휘발성이 높아야 한다.
③ 독성과 부식성에는 무관하다.
④ 점성이 크고 가격이 낮아야 한다.

해설
흡수액 구비조건
- 용해도가 커야 한다.
- 휘발성이 적어야 한다.
- 부식성이 적어야 오래 사용이 가능하다.
- 낮은 점성을 지녀야 한다(범람의 방지).

06 원심력집진장치의 효율을 증가시키는 방법으로 가장 거리가 먼 것은?

① 배기관경이 작을수록 입경이 작은 먼지를 제거할 수 있다.
② 입구유속에는 한계가 있지만 그 한계 내에서는 입구 유속이 빠를수록 효율이 높은 반면 압력손실도 높아진다.
③ 블로다운효과로 먼지의 재비산을 방지한다.
④ 고농도일 경우 직렬로 사용하고, 응집성이 강한 먼지는 병렬연결(5단 한계)하여 사용한다.

해설
④ 고농도의 경우 병렬, 응집성이 강한 먼지는 직렬연결로 사용해 집진효율을 높일 수 있다.

07 오존층을 파괴하는 특정물질과 거리가 먼 것은?

① 염화플루오린화탄소(CFC)
② 황화수소(H_2S)
③ 염화브로민화탄소(Halons)
④ 사염화탄소(CCl_4)

해설
황화수소는 산성비의 유발물질이다.
※ 오존층 파괴물질 : 프레온가스(CFCs), 할론, 염화브로민화탄소, 사염화탄소, 염화플루오린화탄소 등

08 충전탑에서 충전물의 구비조건에 관한 설명으로 옳지 않은 것은?

① 내식성과 내열성이 커야 한다.
② 압력손실이 작아야 한다.
③ 충전밀도가 작아야 한다.
④ 단위용적에 대한 표면적이 커야 한다.

해설
③ 충전밀도가 커야 한다.

09 메탄 94%, 이산화탄소 4%, 산소 2%인 기체연료 1m³에 대하여 9.5m³의 공기를 사용하여 연소하였다. 이 경우 공기비(m)는?(단, 표준상태 기준)

① 1.07
② 1.27
③ 1.47
④ 1.57

해설

공기비 = $\dfrac{\text{이론공기량}(A)}{\text{실제공기량}(A_o)}$

실제공기량(A_o) = 9.5Sm³

$CH_4 + 2O_2 \rightarrow CO_2 + 2H_2O$

이론산소량 = 연소성분산소량 - 연료 중 산소량
= $(2 \times 0.94) - 0.02 = 1.86\text{Sm}^3$

이론공기량 = $\dfrac{\text{이론산소량}}{0.21(\text{산소의 부피비})} = \dfrac{1.86}{0.21} = 8.857\text{Sm}^3$

공기비 = 9.5Sm³/8.857Sm³ ≒ 1.07

※ 연소성분산소량 = CH_4가 94%이고, 산소는 메탄과 1 : 2로 반응하므로 (2×0.94)로 계산한다.

10 대기오염으로 인한 지구환경 변화 중 도시지역의 공장, 자동차 등에서 배출되는 고온의 가스와 냉난방시설로부터 배출되는 더운 공기가 상승하면서 주변의 찬 공기가 도시로 유입되어 도시지역의 대기오염물질에 의한 거대한 지붕을 만드는 현상은?

① 라니냐 현상
② 열섬 현상
③ 엘니뇨 현상
④ 오존층 파괴 현상

해설

열섬 현상
도심의 온도가 대기오염이나 인공열 등의 영향으로 주변지역보다 높게 나타나는 현상으로 대도심 주거지역이 가장 뚜렷한 현상을 나타낸다.

11 아황산가스 농도 0.02ppm을 질량농도로 고치면 몇 mg/Sm³인가?(단, 표준상태 기준)

① 0.057
② 0.065
③ 0.079
④ 0.083

해설

ppm = mL/Sm³
아황산가스(SO_2)의 분자량 = 64g, 표준상태이므로
0.02ppm = 0.02mL/Sm³ × 64mg/22.4mL = 0.057mg/Sm³
※ 아황산가스(SO_2) 1mol은 표준상태에서 64mg일 때 부피 22.4mL를 나타낸다.

12 중량비로 수소 13.5%, 수분 0.65%인 중유의 고위발열량이 11,000kcal/kg인 경우 저위발열량(kcal/kg)은?

① 약 9,880
② 약 10,270
③ 약 10,740
④ 약 10,980

해설

$H_l = H_h - 600(W + 9H)$
= $11,000 - 600\{0.0065 + (9 \times 0.135)\}$
= $10,267\text{kcal/kg}$

여기서, H_l : 저위발열량(kcal/kg)
H_h : 고위발열량(kcal/kg)
H : 수소의 함량(%)
W : 수분의 함량(%)

13 다음 중 헨리법칙이 가장 잘 적용되는 기체는?

① O_2
② HCl
③ SO_2
④ HF

해설

• 헨리의 법칙 적용 기체 : 난용성 기체(H_2, O_2, N_2, NO, CO, CO_2 등)
• 헨리의 법칙 미적용 기체 : 수용성 기체(HF, HCl, Cl_2, NH_3 등)

정답 9 ① 10 ② 11 ① 12 ② 13 ①

14 A집진장치의 압력손실이 444mmH₂O, 처리가스량이 55m³/s인 송풍기의 효율이 77%일 때, 이 송풍기의 소요동력은?

① 256kW　　② 286kW
③ 298kW　　④ 311kW

해설

송풍기의 소요동력(kW) = $\dfrac{P_s \times Q}{102 \times \eta}$

여기서, P_s : 압력손실(mmH₂O)
　　　　Q : 처리가스량(m³/s)
　　　　η : 송풍기 효율(%)

$\dfrac{444\text{mmH}_2\text{O} \times 55\text{m}^3/\text{s}}{102 \times 0.77} = 310.9\text{kW} ≒ 311\text{kW}$

---

15 다음 중 도자기나 유리제품에 부식을 일으키는 성질을 가진 가스로서 알루미늄제조, 인산비료제조공업 등에 이용되는 것은?

① 플루오린 및 그 화합물
② 염소 및 그 화합물
③ 시안화수소
④ 아황산가스

해설

플루오린(F) 3대 배출공업 : 알루미늄제조공업, 유리공업, 인산비료제조공업

---

16 포기조에 가해진 BOD부하 1g당 100L의 공기를 주입시켜야 한다면 BOD가 100mg/L인 하수 1,000L/day를 처리하기 위해서는 얼마의 공기를 주입시켜야 하는가?

① 1m³/day
② 10m³/day
③ 100m³/day
④ 1,000m³/day

해설

- 1일 하수 BOD 부하량 : 100mg/L × 1,000L/day = 100g/day
- 공기주입량 : 100g/day × 100L/1g = 10,000L/day
- 단위환산 : 10,000L/day × 1m³/1,000L = 10m³/day

---

17 다음은 미생물의 종류에 관한 설명이다. (　) 안에 들어갈 말로 옳은 것은?

> 미생물은 영양섭취, 온도 또는 산소의 섭취 유무에 따라서도 분류하기도 하는데, (　) 미생물은 용존산소가 아닌 SO_4^{2-}, NO_3^- 등과 같은 화합물에서 산소를 섭취하고, 그 결과 황화수소, 질소가스 등을 발생시킨다.

① 자산성　　② 호기성
③ 혐기성　　④ 고온성

해설

혐기성 미생물은 SO_4^{2-}, NO_3^- 등의 원소 내부에 포함된 결합산소를 섭취하며 부산물로 황화수소, 질소가스, 메탄, 이산화탄소 등의 물질을 발생시킨다.

※ 자유산소 : 물속에 산소 자체로 녹아있는 성분(O₂)

18 폐수 중의 오염물질을 제거할 때 부상이 침전보다 좋은 점을 설명한 것으로 가장 적합한 것은?

① 침전속도가 느린 작거나 가벼운 입자를 짧은 시간 내에 분리시킬 수 있다.
② 침전에 의해 분리되기 어려운 유해 중금속을 효과적으로 분리시킬 수 있다.
③ 침전에 의해 분리되기 어려운 색도 및 경도 유발 물질을 효과적으로 분리시킬 수 있다.
④ 침전속도가 빠르고 큰 입자를 짧은 시간 내에 분리시킬 수 있다.

해설
입자의 크기가 작을 경우 침전으로 제거하기가 어려워 표면으로 부상시킨 후 분리하면 빠른시간 내에 경제적으로 처리할 수 있어 좋다.

19 호기성 상태에서 미생물에 의한 유기질소의 분해 과정을 순서대로 나열한 것은?

① 유기질소 – 아질산성 질소 – 암모니아성 질소 – 질산성 질소
② 유기질소 – 질산성 질소 – 아질산성 질소 – 암모니아성 질소
③ 유기질소 – 암모니아성 질소 – 아질산성 질소 – 질산성 질소
④ 유기질소 – 아질산성 질소 – 질산성 질소 – 암모니아성 질소

해설
③ 유기질소-암모니아성 질소(NH_3-N)-아질산성 질소(NO_2-N)-질산성 질소(NO_3-N)

20 다음 수처리 공정 중 스토크스(Stokes) 법칙이 가장 잘 적용되는 공정은?

① 1차 소화조　② 1차 침전지
③ 살균조　　　④ 포기조

해설
Stokes 법칙이 적용되는 침전 형태는 중력침강(독립침전)이며 침사지, 1차 침전지에서 가장 잘 적용된다.

21 폐수처리에서 여과공정에 사용되는 여재로 가장 거리가 먼 것은?

① 모 래　　② 무연탄
③ 규조토　　④ 유 리

해설
다공질 여재의 종류
모래, 자갈, 규조토, 분쇄된 무연탄(Anthracite)
※ 유리는 다공질이 아닌 물질로서 여재로 부적합하다.

22 A공장의 BOD 배출량이 500명의 인구당량에 해당하고, 그 수량은 50m³/d이다. 이 공장폐수의 BOD 농도는?(단, 한 사람이 하루에 배출하는 BOD는 50g이다)

① 350mg/L　② 410mg/L
③ 475mg/L　④ 500mg/L

해설
BOD 배출량 = 50g/인·일 × 500인 = 25,000g/일
BOD(mg/L) = BOD 배출량/폐수량 = $\frac{25,000g/일}{50m^3/일}$
= 500g/m³ = 500mg/L
※ g/m³ = 1,000mg/1,000L(1g = 1,000mg, 1m³ = 1,000L)
　= mg/L

23 중화반응공정에서 폐수가 산성일 때 약품조에 들어갈 약품으로 옳은 것은?

① 황 산
② 염 산
③ 염화나트륨
④ 수산화나트륨

해설
- 산성 중화약품 : 수산화나트륨(NaOH), 수산화칼슘($Ca(OH)_2$)
- 알칼리성 중화약품 : 황산(H_2SO_4), 염산(HCl), 질산(HNO_3)
※ 염화나트륨(NaCl) : 산과 염기의 중화반응 침전물

25 활성슬러지공법의 폐수처리장 포기조에서 요구되는 공기공급량이 $28.3m^3$/kg BOD이다. 포기조 내 평균유입 BOD가 150mg/L, 포기조로의 유입유량이 7,570m^3/day일 때 공급해야 할 공기량은?

① $70.8m^3/min$
② $48.1m^3/min$
③ $31.1m^3/min$
④ $22.3m^3/min$

해설
BOD = 150mg/L = 0.15kg/m^3
BOD부하량 = 0.15kg/m^3 × 7,570m^3/day = 1,135.5kg/day
공기량 = 1,135.5kg/day × 28.3m^3/kg × 1day/24h × 1h/60min
    = 22.315 ≒ 22.3m^3/min

24 흡착에 관한 다음 설명 중 가장 거리가 먼 것은?

① 폐수처리에서 흡착이라 함은 보통 물리적 흡착을 말하며, 그 대표적인 예로는 활성탄에 의한 흡착이다.
② 냄새나 색도의 제거에도 쓰인다.
③ 고도처리 시 질소나 인의 제거에 가장 유효하다.
④ 흡착이란 제거대상 물질이 흡착제의 표면에 물리적 또는 화학적으로 부착되는 현상이다.

해설
질소와 인은 고도처리를 이용해 제거 가능하며 흡착법으로는 불가능하다.

26 활성슬러지 공법에서 2차 침전지 슬러지를 포기조로 반송시키는 주된 목적은?

① 슬러지를 순환시켜 배출슬러지를 최소화하기 위해
② 포기조 내 요구되는 미생물 농도를 적절하게 유지하기 위해
③ 최초침전지 유출수를 농축하기 위해
④ 폐수 중 무기고형물을 산화하기 위해

해설
② 포기조 내 일정한 F/M비를 맞추기 위해 반송한다.
※ F/M비 : Food to Microorganism의 약자로 유기물과 미생물의 비율을 의미한다.

27 독립침전영역에서 스토크스의 법칙을 따르는 입자의 침전속도에 영향을 주는 인자와 거리가 먼 것은?

① 물의 밀도   ② 물의 점도
③ 입자의 지름   ④ 입자의 용해도

해설
용해도와는 아무 상관이 없다.

스토크스(Stokes)의 법칙 $V_g = \dfrac{d^2(\rho_s - \rho)g}{18\mu}$

여기서, 지름 : $d(cm)$
점성계수 : $\mu(g/cm \cdot s)$
밀도차이 : $(\rho_s - \rho)$
중력가속도 : $g(cm/s^2)$

28 다음 중 물속에 녹아 경도를 유발하는 물질로 거리가 먼 것은?

① K   ② Ca
③ Mg   ④ Fe

해설
경도(Hardness)를 일으키는 금속 2가 양이온 : Ca^{2+}, Mg^{2+}, Fe^{2+}, Mn^{2+}, Sr^{2+}

29 폐수에 명반(Alum)을 사용하여 응집침전을 실시하는 경우 어떤 침전물이 생기는가?

① 탄산나트륨
② 수산화나트륨
③ 황산알루미늄
④ 수산화알루미늄

해설
수산화알루미늄은 명반의 응집침전으로 발생하는 침전물이다.
※ 폐수와 명반의 반응 : $Al_2(SO_4)_3$ + 폐수 → $Al(OH)_3 \downarrow$ (침전물)

30 혐기성 소화조의 완충능력(Buffer Capacity)을 표현하는 것으로 가장 적합한 것은?

① 탁 도
② 경 도
③ 알칼리도
④ 응집도

해설
혐기성 소화에 있어서 알칼리도는 주로 혐기성 분해과정에서 발생되는 암모니아의 중탄산염에 의한 것이며, 소화조의 완충능력을 나타낸다.

31 수질오염공정시험기준상 따로 규정이 없는 한 감압 또는 진공의 기준으로 옳은 것은?

① 5mmHg 이하
② 10mmHg 이하
③ 15mmHg 이하
④ 20mmHg 이하

해설
ES 04000.d 총칙(관련 용어의 정의)
'감압 또는 진공'이라 함은 따로 규정이 없는 한 15mmHg 이하를 뜻한다.

정답 27 ④ 28 ① 29 ④ 30 ③ 31 ③

32 박테리아에 관한 설명으로 옳지 않은 것은?

① 60%는 수분, 40%는 고형물질로 구성되어 있다.
② 막대기모양, 공모양, 나선모양 등이 있다.
③ 단세포 미생물로서 용해된 유기물을 섭취한다.
④ 일반적인 화학조성식은 $C_5H_7O_2N$으로 나타낼 수 있다.

해설
박테리아는 80%의 수분과 20%의 고형물질로 구성되어 있다.

33 침사지의 수면적부하 1,800m³/m²·day, 수평유속 0.32m/s, 유효수심 1.2m인 경우 침사지의 유효길이는?

① 14.4m
② 16.4m
③ 18.4m
④ 20.4m

해설
체류시간 = $\dfrac{유효수심}{수면적부하}$
= $(1.2m \times 24h/day \times 3,600s/h)/(1,800m^3/m^2 \cdot day)$
= 57.6s

수평유속 = $\dfrac{유효길이}{체류시간}$

유효길이 = 수평유속 × 체류시간
= 0.32m/s × 57.6s
= 18.432m

34 생물학적 폐수처리에 있어서 팽화(Bulking)현상의 원인으로 가장 거리가 먼 것은?

① 유기물 부하량이 급격하게 변동될 경우
② 포기조의 용존산소가 부족할 경우
③ 유입수에 고농도의 산업유해폐수가 혼합되어 유입될 경우
④ 포기조 내 질소와 인이 유입될 경우

해설
④ 포기조 내 질소와 인이 부족할 때 팽화현상이 발생한다.
벌킹(팽화)현상 : 슬러지가 침전되지 않고 부풀어 오르는 현상

35 침전지 또는 농축조에 설치된 스크레이퍼의 사용목적으로 가장 적합한 것은?

① 침전물을 부상시키기 위해서
② 스컴(Scum)을 방지하기 위해서
③ 슬러지(Sludge)를 혼합하기 위해서
④ 슬러지(Sludge)를 끌어 모으기 위해서

해설
스크레이퍼는 침전지 하부에 남은 슬러지 찌꺼기를 끌어 모아 배출시키는 장치이다.

36 투수계수가 0.5cm/s이며 동수경사가 2인 경우 Darcy법칙을 적용하여 구한 유출속도는?

① 1.5cm/s
② 1.0cm/s
③ 2.5cm/s
④ 0.25cm/s

해설
Darcy의 법칙
$V = KI$
여기서, V : 유출속도(cm/s)
K : 투수계수
I : 동수구배(경사)
$X\text{cm/s} = 0.5\text{cm/s} \times 2 = 1\text{cm/s}$
※ 동수구배(경사) : 유체(물)가 흙 속을 흐를 때 단위길이당 손실 수두 또는 수두변화량

37 다음은 폐기물공정시험기준상 어떤 용기에 관한 설명인가?

> 취급 또는 저장하는 동안에 이물이 들어가거나 또는 내용물이 손실되지 아니하도록 보호하는 용기를 말한다.

① 밀봉용기 ② 기밀용기
③ 차광용기 ④ 밀폐용기

해설
ES 06000.b 총칙(관련 용어의 정의)
- 밀봉용기 : 취급 또는 저장하는 동안에 기체 또는 미생물이 침입하지 아니하도록 내용물을 보호하는 용기
- 기밀용기 : 취급 또는 저장하는 동안에 밖으로부터의 공기 또는 다른 가스가 침입하지 아니하도록 내용물을 보호하는 용기
- 차광용기 : 광선이 투과하지 않는 용기 또는 투과하지 않게 포장을 한 용기이며 취급 또는 저장하는 동안에 내용물이 광화학적 변화를 일으키지 아니하도록 방지할 수 있는 용기

38 폐기물의 고형화 처리 시 유기성 고형화에 관한 설명으로 가장 거리가 먼 것은?(단, 무기성 고형화와 비교 시)

① 수밀성이 매우 크며, 다양한 폐기물에 적용이 가능하다.
② 미생물 및 자외선에 대한 안정성이 강하다.
③ 최종 고화체의 체적 증가가 다양하다.
④ 폐기물의 특정 성분에 의한 중합체 구조의 장기적인 약화가능성이 존재한다.

해설
유기성 고형화는 방사성 폐기물과 같이 유해성이 높은 폐기물에 적용 가능하나 미생물과 자외선에 대해 안정성이 약한 단점이 있다.

39 혐기성 소화법과 상대 비교 시 호기성 소화법의 특징으로 거리가 먼 것은?

① 상징수의 BOD 농도가 높으며, 운영이 다소 복잡하다.
② 초기 시공비가 낮고 처리된 슬러지에서 악취가 나지 않는 편이다.
③ 포기를 위한 동력요구량 때문에 운영비가 높다.
④ 겨울철은 처리효율이 떨어지는 편이다.

해설
호기성 소화의 장점은 미생물의 관리가 용이하여 운영이 간단하며, 상징수의 BOD가 낮다는 데 있다.

40 함수율 96%인 슬러지를 수분이 75%로 탈수했을 때, 이 탈수슬러지의 체적(m³)은?(단, 원래 슬러지의 체적은 100m³, 비중은 1.0)

① 12.4　② 13.1
③ 14.5　④ 16

해설

$V_1(100 - P_1) = V_2(100 - P_2)$

여기서, V_1 : 건조 전 폐기물 양
P_1 : 건조 전 함수율
V_2 : 건조 후 폐기물 양
P_2 : 건조 후 함수율

$100(100 - 96) = V_2(100 - 75)$, $V_2 = 16$

41 연소가스의 잉여열을 이용하여 보일러에 주입되는 물을 예열함으로써 보일러드럼에 발생되는 열응력을 감소시켜 보일러의 효율을 높이는 장치는?

① 과열기(Super Heater)
② 재열기(Reheater)
③ 절탄기(Economizer)
④ 공기예열기(Air Preheater)

해설

절탄기(Economizer) : 보일러 연소배기가스의 여열을 이용하여 급수를 예열함으로써 연료를 절감시키는 폐열회수장치를 말한다.

42 다음 중 해안매립공법에 해당하는 것은?

① 도랑형공법
② 압축매립공법
③ 샌드위치공법
④ 순차투입공법

해설

해안매립공법
- 수중투기공법
- 순차투입공법
- 박층뿌림공법

43 다음 중 매립지에서 유기물이 혐기성 분해될 때 가장 늦게 일어나는 단계는?

① 가수 분해단계
② 알코올 발효단계
③ 메탄 생성단계
④ 산 생성단계

해설

메탄 생성단계
- 매립지 내 유기물 최종 분해단계
- 초기 혐기성세균이 분해과정에서 CO_2, H_2 및 지방산을 생성
- 축적된 수소와 지방산과 메탄 생성균의 반응으로 메탄(CH_4)가스 생성
- 최종 비율 : 이산화탄소(CO_2) 30~50%, 메탄(CH_4) 50~70%의 비율을 나타냄
※ 혐기성 분해단계 : 유기산 발효 – 수소 및 산 생성단계 – 메탄생성

정답 40 ④　41 ③　42 ④　43 ③

44 폐기물 오염을 측정하기 위한 시료의 축소방법으로 거리가 먼 것은?

① 구획법
② 교호삽법
③ 사등분법
④ 원추사분법

해설
ES 06130.d 시료의 채취(시료의 분할 채취 방법)
• 구획법
• 교호삽법
• 원추4분법
※ 폐기물공정시험기준 개정으로 인해 '시료의 축소방법'이 '시료의 분할 채취 방법'으로 변경

45 폐기물의 열분해에 관한 설명으로 옳지 않은 것은?

① 공기가 부족한 상태에서 폐기물을 연소시켜 가스, 액체 및 고체상태의 연료를 생산하는 공정을 열분해 방법이라 부른다.
② 열분해에 의해 생성되는 액체물질은 식초산, 아세톤, 메탄올, 오일 등이다.
③ 열분해 방법 중 저온법에서는 Tar, Char 및 액체상태의 연료가 보다 많이 생성된다.
④ 저온 열분해는 1,100~1,500℃에서 이루어진다.

해설
④ 저온 열분해는 500~900℃에서 이루어진다.

46 쓰레기를 연소시키기 위한 이론공기량이 10Sm³/kg이고, 공기비가 1.1일 때, 실제로 공급된 공기량은?

① 0.5Sm³/kg
② 0.6Sm³/kg
③ 10.0Sm³/kg
④ 11.0Sm³/kg

해설
실제공기량 = 공기비 × 이론공기량
= 1.1 × 10Sm³/kg
= 11.0Sm³/kg

47 슬러지를 가열(210℃ 정도)·가압(120atm 정도)시켜 슬러지 내의 유기물이 공기에 의해 산화되도록 하는 공법은?

① 가열건조
② 습식산화
③ 혐기성 산화
④ 호기성 소화

해설
슬러지의 습식산화 공법(Zimmerman Process)
170~260℃의 고온으로 가열하고, 70기압 이상의 고압을 가해 슬러지를 산화, 분해시켜 물, 재, 연소가스로 분리, 처리하는 방법이다.

48 분뇨처리법 중 부패조에 관한 설명으로 가장 거리가 먼 것은?

① 고부하 운전에 적합하다.
② 특별한 에너지 및 기계설비가 필요하지 않은 편이다.
③ 처리효율이 낮으며, 냄새가 많이 나는 편이다.
④ 조립형인 경우 설치시공이 용이하며, 유지관리에 특별한 기술이 요구되지 않는다.

해설
부패조는 처리효율이 낮아 저부하 운전에 적합하다.

49 쓰레기를 유동층 소각로에서 처리할 때 유동상 매질이 갖추어야 할 특성으로 옳지 않은 것은?

① 공급이 안정적일 것
② 열충격에 강하고 융점이 높을 것
③ 비중이 클 것
④ 불활성일 것

해설
③ 비중이 작아야 한다.
유동상 매질이 갖추어야 할 특성
• 높은 융점
• 작은 비중
• 불활성

50 폐수 슬러지를 혐기적 방법으로 소화시키는 목적으로 거리가 먼 것은?

① 유기물을 분해시킴으로써 슬러지를 안정화시킨다.
② 슬러지의 무게와 부피를 증가시킨다.
③ 이용가치가 있는 부산물을 얻을 수 있다.
④ 유해한 병원균을 죽이거나 통제할 수 있다.

해설
혐기성 소화를 통해 슬러지의 무게, 부피도 줄일 수 있다.

51 1,792,500ton/year의 쓰레기를 5,450명의 인부가 수거하고 있다면 수거인부의 MHT는?(단, 수거인부의 1일 작업시간은 8시간이고 1년 작업일수는 310일이다)

① 2.02 ② 5.38
③ 7.54 ④ 9.45

해설
$$\text{MHT} = \frac{\text{작업인부} \times \text{작업시간}}{\text{쓰레기수거량}}$$
$$= \frac{5,450 \times 8 \times 310}{1,792,500} = 7.54\text{MHT}$$

52 적환장의 설치위치로 옳지 않은 것은?

① 가능한 한 수거지역의 중심에 위치하여야 한다.
② 주요 간선도로와 떨어진 곳에 위치하여야 한다.
③ 수송 측면에서 가장 경제적인 곳에 위치하여야 한다.
④ 적환 작업에 의한 공중위생 및 환경 피해가 최소인 지역에 위치하여야 한다.

해설
② 주요 간선도로와 인접해 있어야 수거가 빠르다.

53 슬러지 처리의 일반적 혐기성 소화과정이 다음과 같다면 ( ) 안에 들어갈 말로 옳은 것은?

> 산 생성균 + 유기물 → ( ) + 메탄균 → 메탄 + 이산화탄소

① 탄 산
② 황 산
③ 무기산
④ 유기산

해설
산 생성균과 유기물의 반응의 부산물로 유기산이 생성된다.

54 매립시설에서 복토의 목적으로 가장 거리가 먼 것은?

① 빗물배제
② 화재방지
③ 식물성장방지
④ 폐기물의 비산방지

해설
복토의 목적은 빗물배제, 화재방지, 폐기물의 날림(비산)방지 등에 있다.

55 A도시 쓰레기(가연성+비가연성)의 체적이 8m³, 밀도가 400kg/m³이다. 이 쓰레기의 성분 중 비가연성 성분이 중량비로 약 60% 차지한다면, 가연성 물질의 양(ton)은?

① 0.48
② 0.69
③ 1.28
④ 1.92

해설
체적 8m³ × 밀도 400kg/m³ = 3,200kg = 3.2ton
$3.2 \times \frac{40}{100} = 1.28$

56 다음 중 종파(소밀파)에 해당하는 것은?

① 물결파
② 전자기파
③ 음 파
④ 지진파의 S파

해설
종파는 파동이 나아가는 방향과 같은 방향으로 진동하며 소밀파, 음파라 한다.

57 투과계수가 0.001일 때 투과손실량은?

① 20dB
② 30dB
③ 40dB
④ 50dB

해설
투과손실 = $10\log\frac{1}{\tau}$
= $10\log\frac{1}{0.001} = 10\log 10^3 = 30dB$
여기서, τ : 투과율

정답 53 ④ 54 ③ 55 ③ 56 ③ 57 ②

58 발음원이 이동할 때 그 진행방향 가까운 쪽에서는 발음원보다 고음으로, 진행 반대쪽에서는 저음으로 되는 현상은?

① 음의 전파속도 효과
② 도플러 효과
③ 음향출력 효과
④ 음압레벨 효과

해설
도플러 효과(Doppler Effect) : 어떤 파동의 파동원과 관찰자의 상대 속도에 따라 진동수와 파장이 바뀌는 현상

59 진동 감각에 대한 인간의 느낌을 설명한 것으로 옳지 않은 것은?

① 진동수 및 상대적인 변위에 따라 느낌이 다르다.
② 수직 진동은 주파수 4~8Hz에서 가장 민감하다.
③ 수평 진동은 주파수 1~2Hz에서 가장 민감하다.
④ 인간이 느끼는 진동가속도의 범위는 0.01~10Gal이다.

해설
④ 인간이 느끼는 진동가속도의 범위는 0.01~1,000Gal이다.

60 소음 발생을 기류음과 고체음으로 구분할 때 다음 각 음의 대책으로 틀린 것은?

① 고체음 : 가진력 억제
② 기류음 : 밸브의 다단화
③ 기류음 : 관의 곡률완화
④ 고체음 : 방사면 증가 및 공명유도

해설
소음대책
- 고체음 : 가진력 억제, 방사면 감소, 공명방지, 제진처리
- 기류음 : 밸브의 다단화, 관의 곡률완화 등

2015년 제5회 과년도 기출문제

01 사이클론에서 처리가스량의 5~10%를 흡인하여 선회기류의 흐트러짐을 방지하고 유효원심력을 증대시키는 효과는?

① 축류효과(Axial Effect)
② 나선효과(Helical Effect)
③ 먼지상자효과(Dust Box Effect)
④ 블로다운효과(Blow-down Effect)

해설
블로다운효과에 대한 설명이다.

02 PM10이 의미하는 것은?

① 총질량이 10kg 이상인 강하먼지
② 공기역학적 직경이 $10\mu m$ 이하인 미세먼지
③ 공기역학적 직경이 10mm 이하인 미세먼지
④ 시료 채취기간 10일 동안의 먼지농도

해설
PM10이란 미세먼지를 의미하는 용어로 직경이 $10\mu m$ 이하의 먼지를 의미한다.
※ PM2.5 : 초미세먼지(직경이 $2.5\mu m$ 이하의 먼지)

03 가솔린 자동차에서 배출되는 가스를 저감하는 기술로 가장 거리가 먼 것은?

① 기관개량
② 삼원촉매장치
③ 증발가스 방지장치
④ 입자상물질 여과장치

해설
가솔린 자동차 배기가스 저감기술
• 기관개량
• 연료개선
• 삼원촉매장치
• 증발가스 방지장치
※ 입자상물질 여과장치는 디젤기관의 배기가스 저감기술이다.

04 HF를 제거하고자 효율 90%의 흡수탑 3대를 직렬로 설치하였다. HF 유입농도가 3,000ppm이라면 처리가스 중의 HF 농도는?

① 0.3ppm   ② 3ppm
③ 9ppm   ④ 30ppm

해설
$\eta_t = 1-(1-\eta_1)(1-\eta_2)(1-\eta_3)$
여기서, η_t : 총집진율(%)
η_1 : 1차 집진율
η_2 : 2차 집진율
η_3 : 3차 집진율
총집진율 $= 1-(1-\eta_1)(1-\eta_2)(1-\eta_3)$
$= 1-(1-0.9)(1-0.9)(1-0.9)$
$= 0.999$
처리가스 중의 HF 농도는 $3,000ppm \times (1-0.999) = 3ppm$

정답 1 ④ 2 ② 3 ④ 4 ②

05 연료의 연소에서 검댕 발생을 줄일 수 있는 방법으로 가장 적합한 것은?

① 과잉공기율을 적게 한다.
② 고체연료는 분말화한다.
③ 연소실의 온도를 낮게 한다.
④ 중유연소 시에는 분무유적을 크게 한다.

해설
검댕은 연료의 불완전 연소로 인해 발생하며 연료의 접촉면적이 커지면(분말화) 발생을 줄일 수 있다.

06 황산화물(SO_x)은 주로 석탄의 연소, 석유의 연소, 원유의 정제를 위한 정유공정 등에서 발생하는데, 이러한 배출가스 중의 탈황방법으로 적절하지 않은 것은?

① 흡수법
② 흡착법
③ 산화법
④ 수소화법

해설
탈황기술은 흡수법, 흡착법, 산화법 등이 있다.

07 다음 중 산성비에 관한 설명으로 가장 거리가 먼 것은?

① 독일에서 발생한 슈바르츠발트(검은 숲이란 뜻)의 고사현상은 산성비에 의한 대표적인 피해이다.
② 바젤협약은 산성비 방지를 위한 대표적인 국제협약이다.
③ 산성비에 의한 피해로는 파르테논 신전과 아크로폴리스 같은 유적의 부식 등이 있다.
④ 산성비의 원인물질로 H_2SO_4, HCl, HNO_3 등이 있다.

해설
바젤협약은 유해폐기물의 국가 간 교역을 규제하는 국제적 협약이다.

08 다음 유해가스 처리방법 중 황산화물 처리방법이 아닌 것은?

① 금속산화물법
② 선택적 촉매환원법
③ 흡착법
④ 석회세정법

해설
선택적 촉매환원법 : 배기가스 중의 질소산화물을 암모니아계 환원제를 주입하여 질소(N_2)와 물(H_2O)로 환원하는 것이다.

09 석탄의 탄화도가 증가하면 감소하는 것은?

① 휘발분
② 고정탄소
③ 착화온도
④ 발열량

해설
탄화도란 석탄화가 얼마나 진행되었는지를 의미하며 탄화도가 높을수록 고정탄소의 함유량은 높고 착화온도가 증가하며 발열량이 높아지나, 휘발분의 양은 적어진다.

정답 5 ② 6 ④ 7 ② 8 ② 9 ①

10 압력이 740mmHg인 기체는 몇 atm인가?

① 0.974atm
② 1.013atm
③ 1.471atm
④ 10.33atm

해설
$\frac{740}{760} = 0.974 \text{atm}$

11 대기환경보전법규상 연료사용량을 고체연료 환산계수로 환산할 때 기준이 되는 연료는?

① 경유
② 무연탄
③ 등유
④ 중유

해설
연료사용량 = 연료별 사용량 × 고체연료 환산계수(무연탄 기준)

12 다음 대기오염물질 중 물리적 성상이 다른 것은?

① 먼지
② 매연
③ 오존
④ 비산재

해설
- 입자상 오염물질 : 먼지, 매연, 비산재
- 가스상 오염물질 : 오존, 일산화탄소, 이산화황 등

13 전기집진장치의 집진효율을 Deutsch-Anderson식으로 구할 때 직접적으로 필요한 인자가 아닌 것은?

① 집진극 면적
② 입자의 이동속도
③ 처리가스량
④ 입자의 점성력

해설
Deutsch-Anderson식
$$\frac{Q}{A} = \frac{1}{W_e} \times \ln\left(\frac{1}{1-\eta}\right)$$
여기서, Q : 처리가스량(m³/s)
A : 집진극 단면적(m²)
W_e : 입자의 이동속도(m/s)
η : 처리효율(%)

14 지구의 대기권은 고도에 따른 기온의 분포에 의해 몇 개의 권역으로 구분하는데, 다음 설명에 해당하는 것은?

- 고도가 높아짐에 따라 온도가 상승한다.
- 공기의 상승이나 하강과 같은 수직 이동이 없는 안정한 상태를 유지한다.
- 지면으로부터 20~30km 사이에 오존이 많이 분포하고 있는 오존층이 있다.

① 대류권
② 성층권
③ 중간권
④ 열권

해설
오존층이 많이 분포하는 층은 성층권이 유일하다.

정답 10 ① 11 ② 12 ③ 13 ④ 14 ②

15 매연의 지상농도에 영향을 주는 인자에 관한 설명으로 가장 거리가 먼 것은?

① 최대 착지농도 지점은 대기가 안정할수록 멀어진다.
② 농도는 풍속에 반비례한다.
③ 유효연돌고가 증가하면 농도는 증가한다.
④ 농도는 오염물질 배출량에 비례한다.

해설
유효연돌고란 굴뚝의 높이를 의미하며 높이가 높을수록 매연의 지상농도는 낮아진다.

16 BOD 400mg/L, 유량 3,000m³/day인 폐수를 MLSS 3,000mg/L인 포기조에서 체류시간을 8시간으로 운전하고자 할 때 F/M비(BOD-MLSS 부하)는?

① 0.2
② 0.4
③ 0.6
④ 0.8

해설
체류시간 $t = \dfrac{V}{Q}$

여기서, Q : 유량(m³/day)
V : 포기조 용적(m³)
t : 체류시간(day)

포기조 용적 $V = t \times Q$
$= 8h \times 3,000m^3/day \times 1day/24h$
$= 1,000m^3$

∴ F/M비 $= \dfrac{BOD \times Q}{MLSS \times V} = \dfrac{400 \times 3,000}{3,000 \times 1,000} = 0.4$

17 활성탄을 이용하여 흡착법으로 A폐수를 처리하고자 한다. 폐수 내 오염물질의 농도를 30mg/L에서 10mg/L로 줄이는 데 필요한 활성탄의 양은?(단, $X/M = KC^{1/n}$ 사용, $K = 0.5$, $n = 1$)

① 3.0mg/L
② 3.3mg/L
③ 4.0mg/L
④ 4.6mg/L

해설
등온흡착식 $\dfrac{X}{M} = KC^{\frac{1}{n}}$

여기서, X : 농도차(mg/L)
M : 활성탄 주입농도(mg/L)
C : 유출농도(mg/L)
K, n : 상수

$\dfrac{30-10}{M} = 0.5 \times 10^{\frac{1}{1}}$

$M = \dfrac{20}{5} = 4.0mg/L$

18 상수도의 정수처리장에서 정수처리의 일반적인 순서로 가장 적합한 것은?

① 플럭형성지 – 침전지 – 여과지 – 소독
② 침전지 – 소독 – 플럭형성지 – 여과지
③ 여과지 – 플럭형성지 – 소독 – 침전지
④ 여과지 – 소독 – 침전지 – 플럭형성지

해설
정수처리의 일반적인 순서는 플럭형성지 – 침전지 – 여과지 – 염소소독지 순서이다.
※ 플럭형성지는 약품과 처리수를 잘 접촉시키기 위한 탱크이다.

19 수로형 침사지에서 폐수처리를 위해 유지해야 하는 폐수의 유속으로 가장 적합한 것은?

① 30m/s
② 10m/s
③ 5m/s
④ 0.3m/s

해설
침사지는 모래나 자갈이 떠내려가지 않도록 만든 못으로 평균유속은 0.15~0.4m/s 범위로 하며 보통 0.3m/s 정도로 유지하는 것이 가장 적당하다.

20 급속모래여과는 다음 중 어떤 오염물질을 처리하기 위하여 설치되는가?

① 용존 유기물
② 암모니아성 질소
③ 부유물질
④ 색 도

해설
급속모래여과는 부유물질, 콜로이드상의 물질, 박테리아의 일부를 제거할 수 있다.

21 개방유로의 유량측정에 주로 사용되는 것으로서 일정한 수위와 유속을 유지하기 위해 침사지의 폐수가 배출되는 출구에 설치하는 것은?

① 그릿(Grit)
② 스크린(Screen)
③ 배출관(Out-flow Tube)
④ 위어(Weir)

해설
폐수처리 장치
- 그릿(Grit) : 폐수장에서 제거되는 무기물, 유기물
- 스크린(Screen) : 오염물질을 스크린의 크기에 따라 거르는 방법
- 배출관(Out-flow Tube) : 폐수 내 큰 부유물이나 부상물을 제거하기 위해 설치하는 공정
- 위어(Weir) : 침전지 내 슬러지 배출관

22 침전지의 용량 결정을 위하여 폐수의 체류시간과 함께 필수적으로 조사하여야 하는 항목은?

① 유입폐수의 전해질 농도
② 유입폐수의 용존산소 농도
③ 유입폐수의 유량
④ 유입폐수의 경도

해설
침전지의 용량 $V = Q \cdot T$
여기서, V : 용량(부피)
T : 체류시간
Q : 유량(유입수량)

정답 19 ④ 20 ③ 21 ④ 22 ③

23 염소 살균능력이 높은 것부터 배열된 것은?

① $OCl^- > NH_2Cl > HOCl$
② $HOCl > NH_2Cl > OCl^-$
③ $HOCl > OCl^- > NH_2Cl$
④ $NH_2Cl > OCl^- > HOCl$

해설
살균력의 크기 순서
오존(O_3) ≫ 차아염소산(HOCl) > 차아염소산 이온(OCl^-) > 클로라민(NH_2Cl)

24 3kg의 박테리아($C_5H_7O_2N$)를 완전히 산화시키려고 할 때 필요한 산소의 양(kg)은?(단, 질소는 모두 암모니아로 무기화된다)

① 4.25   ② 3.47
③ 2.14   ④ 1.42

해설
박테리아와 산화식
$C_5H_7O_2N + 5O_2 \rightarrow 5CO_2 + 2H_2O + NH_3$(암모니아)
113(박테리아 분자량) : 5×32(산소분자량) = 3kg(산화될 박테리아 분자량) : x

$\therefore x = \dfrac{5 \times 32kg \times 3kg}{113kg} = 4.25kg$

25 플루오린 제거를 위한 폐수처리방법으로 가장 적합한 것은?

① 화학침전
② P/L 공정
③ 살수여상
④ UCT 공정

해설
플루오린 처리방법(화학침전)
플루오린 함유 폐수에 과량의 소석회를 투입하여 pH를 10 이상으로 올린 다음 인산을 첨가하여 플루오린 제거효율을 높인다. 충분히 교반시켜 반응을 완료시킨 후 황산이나 염산으로 중화시켜 응집침전시키는 화학적 방법을 가장 많이 사용한다.

26 지하수를 사용하기 위해 수질분석을 하였더니 칼슘이온 농도가 40mg/L이고, 마그네슘이온 농도가 36mg/L이었다. 이 지하수의 총경도(as $CaCO_3$)는?

① 16mg/L   ② 76mg/L
③ 120mg/L   ④ 250mg/L

해설
총경도 계산 = 2가 이온경도의 합
 = 칼슘경도 + 마그네슘경도 + 기타이온경도(영향이 적음)

$$\sum \dfrac{M^{2+} \times 50(\text{탄산칼슘 당량})}{M^{2+} \text{ 당량}} = \dfrac{40 \times 50}{20} + \dfrac{36 \times 50}{12} = 250mg/L$$

※ 당량 : 분자량/원자가수
  예) 마그네슘의 당량 : 24(마그네슘 분자량)/2(마그네슘 원자가수) = 12

정답 23 ③ 24 ① 25 ① 26 ④

27 폭 2m, 길이 15m인 침사지에 100cm 수심으로 폐수가 유입될 때 체류시간이 60초라면 유량은?

① 1,800m³/h
② 2,160m³/h
③ 2,280m³/h
④ 2,460m³/h

해설

체류시간 $t = \dfrac{V}{Q}$

여기서, t : 체류시간
V : 부피
Q : 유량(유입수량)

$Q = \dfrac{V}{t} = \dfrac{2 \times 15 \times 1}{60s \times 1h/3,600s} = 1,800\text{m}^3/\text{h}$

28 폐수에 화학약품을 첨가하여 침전성이 나쁜 콜로이드상 고형물과 침전속도가 느린 부유물 입자를 침전이 잘 되는 플럭으로 만드는 조작은?

① 중 화
② 살 균
③ 응 집
④ 이온교환

해설

응집에 관한 설명이다.
※ 이온교환 : 오염물질의 이온성을 이용하여 이온교환수지에 오염물질을 흡착시켜 제거하는 방법

29 하수처리장에서의 스크린(Screen)의 목적을 옳게 기술한 것은?

① 폐수로부터 용해성 유기물을 제거
② 폐수로부터 콜로이드 물질을 제거
③ 폐수로부터 협잡물 또는 큰 부유물 제거
④ 폐수로부터 침강성 입자를 제거

해설

스크린은 망의 크기를 이용해 부피가 큰 협잡물이나 부유물을 제거하는 전처리 장치이다.

30 알칼리도 자료가 이용되는 분야와 거리가 먼 것은?

① 응집제 투입 시 적정 pH 유지 및 응집효과 촉진
② 물의 연수화과정에서 석회 및 소다회의 소요량 계산에 고려
③ 부산물 회수의 경제성 여부
④ 폐수와 슬러지의 완충용량계산

해설

부산물 회수의 경제성 여부와는 관계가 없다.

31 물이 얼어 얼음이 되는 것과 같이 물질의 상태가 액체 상태에서 고체상태로 변하는 현상은?

① 융 해   ② 응 고
③ 액 화   ④ 승 화

해설

물질의 상태변화
• 융해 : 고체가 액체로 변할 때의 상태변화
• 응고 : 액체가 고체로 변할 때의 상태변화
• 기화 : 액체가 기체로 변할 때의 상태변화
• 액화 : 기체가 액체로 변할 때의 상태변화(응결, 구름, 안개, 이슬 등)
• 승화 : 기체(고체)가 고체(기체)로 변할 때의 상태변화

32 A공장 폐수를 채취한 뒤 다음과 같은 실험결과를 얻었다. 이때 부유물질의 농도(mg/L)는?

- 시료의 부피 : 250mL
- 유리섬유여지 무게 : 1.3751g
- 여과 후 건조된 유리섬유여지 무게 : 1.3859g
- 회화시킨 후의 유리섬유여지 무게 : 1.3767g

① 6.4mg/L
② 33.6mg/L
③ 36.8mg/L
④ 43.2mg/L

해설
ES 04303.1b 부유물질
부유물질의 농도 = (여과 후 건조된 유리섬유여지 무게 − 유리섬유여지 무게)/시료의 부피
= (1.3859 − 1.3751)/0.25 = 43.2mg/L

33 다음 중 "공기를 좋아하는" 미생물로 물속의 용존산소를 섭취하는 미생물은?

① 혐기성 미생물
② 임의성 미생물
③ 통기성 미생물
④ 호기성 미생물

해설
미생물은 산소가 있는 곳에서 생장하는 호기성 미생물과 산소가 없는 곳에서도 생장할 수 있는 혐기성 미생물로 구분한다.
※ 임의성 미생물(통기성, 조건성) : 혐기성과 호기성의 조건과 상관없이 생장이 가능한 미생물

34 폐수를 화학적으로 산화처리할 때 사용되는 오존 처리에 대한 설명으로 옳은 것은?

① 생물학적 분해불가능 유기물 처리에도 적용할 수 있다.
② 2차 오염물질인 트라이할로메탄을 생성한다.
③ 별도 장치가 필요 없어 유지비가 적다.
④ 색과 냄새 유발성분은 제거할 수 없다.

해설
오존은 강력한 산화제로 난분해성 물질의 처리에 적합하다.
※ 트라이할로메탄(THM)은 염소처리로 발생하는 2차 오염물질이다.

35 다음 중 6가크로뮴(Cr^{6+}) 함유 폐수를 처리하기 위한 가장 적합한 방법은?

① 아말감법
② 환원침전법
③ 오존산화법
④ 충격법

해설
6가크로뮴 처리법(환원침전법)
환원(3가크로뮴화) → 중화(NaOH 주입) → 침전(pH 8~11 범위) 후 제거

36 연소가스 성분 중에서 저온 부식을 유발시키는 물질은?

① CO_2
② H_2O
③ CH_4
④ SO_x

해설
저온부식은 황화합물로 형성된 황산에 의해 진행되며 배기가스의 온도를 올리는 방법으로 방지할 수 있다.

37 폐기물 매립을 위한 파쇄의 효과와 가장 거리가 먼 것은?

① 부등침하를 가능한 한 억제
② 겉보기 비중의 감소 및 균질화 촉진
③ 연소효과의 촉진
④ 퇴비의 경우 분해효과 촉진

해설
파쇄는 겉보기 비중을 증가시켜 폐기물 처리비용을 줄여주는 효과가 있다.

38 혐기성 위생매립지로부터 발생되는 침출수의 특성에 대한 설명으로 틀린 것은?

① 색 : 엷은 다갈색~암갈색을 보이며 색도 2.0 이하이다.
② pH : 매립지 초에는 pH 6~7의 약산성을 나타내는 수가 많다.
③ COD : 매립지 초에는 BOD값보다 약간 적으나 시간의 경과와 더불어 BOD값보다 높아진다.
④ P : 침출수에 많은 양이 포함되어 있으므로 화학적인 인의 제거가 필요하다.

해설
침출수는 대체로 유기물 함량이 높고 질소 성분이 대부분 암모니아 형태로 존재하며, 인 및 중금속 함량이 비교적 낮다.

39 지정폐기물의 정의 및 그 특징에 관한 설명으로 가장 거리가 먼 것은?

① 생활폐기물 중 환경부령으로 정하는 폐기물을 의미한다.
② 유독성 물질을 함유하고 있다.
③ 2차 혹은 3차 환경오염의 유발 가능성이 있다.
④ 일반적으로 고도의 처리기술이 요구된다.

해설
지정폐기물 : 사업장폐기물 중 폐유·폐산 등 주변 환경을 오염시킬 수 있거나 의료폐기물 등 인체에 위해(危害)를 줄 수 있는 해로운 물질로서 대통령령으로 정하는 폐기물

40 다음 중 "고상 폐기물"을 정의할 때 고형물의 함량 기준은?

① 3% 이상
② 5% 이상
③ 10% 이상
④ 15% 이상

해설
ES 06000.b 총칙(관련 용어의 정의)
• 액상 폐기물 : 고형물의 함량이 5% 미만인 것
• 반고상 폐기물 : 고형물의 함량이 5% 이상 15% 미만인 것
• 고상 폐기물 : 고형물의 함량이 15% 이상인 것

41 쓰레기의 중간처리 과정에서 수직형 공기선별기를 사용하여 선별할 수 있는 물질은?

① 철
② 유리
③ 금속
④ 플라스틱

해설
공기선별 : 폐기물 내의 가벼운 물질인 종이나 플라스틱을 기타 무거운 물질로부터 선별하는 방법으로, 수직 공기선별기와 경사 공기선별기가 있다.

42 폐기물에 의한 환경오염과 가장 관계가 깊은 사건은?

① 씨프린스호 사건
② 러브캐널 사건
③ 런던스모그 사건
④ 미나마타병 사건

해설
러브캐널 사건은 불법 유독성 폐기물의 매립으로 인한 토양오염의 피해에 관한 사건이다.
① 씨프린스호 : 기름유출
③ 런던스모그 : 대기오염
④ 미나마타병 : 수질오염(중금속)

43 폐기물 중간처리 기술로서의 압축의 목적이 아닌 것은?

① 부피 감소
② 소각의 용이
③ 운반비의 감소
④ 매립지의 수명연장

해설
압축의 목적
• 부피 감소
• 운반비 절감
• 매립지 면적 감소
• 매립지 수명연장
※ 소각의 용이도는 파쇄와 연관이 있다.

44 쓰레기 발생량에 영향을 미치는 요인에 관한 설명으로 가장 적합한 것은?

① 기후에 따라 쓰레기 발생량과 종류가 달라진다.
② 수거빈도가 잦으면 쓰레기 발생량이 감소하는 경향이 있다.
③ 쓰레기통의 크기가 클수록 쓰레기 발생량이 감소하는 경향이 있다.
④ 재활용품의 회수 및 재이용률이 높을수록 쓰레기 발생량은 증가한다.

해설
쓰레기 발생은 기후, 지역에 따라 양과 종류가 달라진다.

45 폐기물을 매립한 평탄한 지면으로부터 폭이 좁은 수로를 200m 간격으로 굴착하였더니 지면으로부터 각각 4m, 6m 깊이에 지하수면이 형성되었다. 대수층의 두께가 20m이고 투수계수가 0.1m/일이라면 대수층 폭 10m당 침출수의 유량은?

① $0.10 m^3/일$
② $0.15 m^3/일$
③ $0.20 m^3/일$
④ $0.25 m^3/일$

해설
$$Q = kA \times \frac{\Delta h}{\Delta L}$$
여기서, Q : 지하수 유입량($m^3/일$)
k : 투수계수(m/일)
A : 투수 단면적(m^2)
Δh : 두 지점의 수두차(m)
ΔL : 두 지점의 수평거리(m)
$Q = 0.1m/일 \times 200m^2 \times 2m/200m$
$= 0.2 m^3/일$

46 폐기물 중의 열량을 재활용하기 위한 방법 중 소각과 열분해의 공정상 차이점으로 가장 적절한 것은?

① 공기의 공급 여부
② 처리온도의 높고 낮음
③ 폐기물의 유해성 존재 여부
④ 폐기물 중의 탄소성분 여부

해설
열분해 : 저산소 혹은 무산소 상태에서 연소시켜 대상물질을 분해하여 자원화하는 방법

47 수집 운반차에서의 시료채취 방법이 틀린 것은?

① 무작위 채취 방식을 택한다.
② 수집 운반차 2~3대 간격으로 채취한다.
③ 1대에서 10kg 이상씩 채취한다.
④ 기계식 압축차의 경우 배출 초기에서만 채취한다.

해설
기계식 압축차의 경우 배출 초기, 중간 및 마지막 단계에서 균등하게 채취한다.

48 5,000,000명이 거주하는 도시에서 일주일 동안 100,000m³의 쓰레기를 수거하였다. 쓰레기의 밀도가 0.4ton/m³이면 1인 1일 쓰레기 발생량은?

① 0.8kg/인·일
② 1.14kg/인·일
③ 2.14kg/인·일
④ 8kg/인·일

해설

• 쓰레기 발생량 = $\dfrac{\text{쓰레기수거량} \times \text{밀도}}{\text{인구수}}$

• 1일 쓰레기 발생량 = $\dfrac{100{,}000\text{m}^3 \times 0.4\text{톤}/\text{m}^3 \times 10^3\text{kg}/\text{톤}}{7\text{일}}$
   = 5,714,286kg/일

• 1인 1일 쓰레기 발생량 = $\dfrac{5{,}714{,}286\text{kg}/\text{일}}{5{,}000{,}000\text{인}}$ = 1.14kg/인·일

49 수분함량이 25%(W/W)인 쓰레기를 건조시켜 수분함량이 10%(W/W)인 쓰레기로 만들려면 쓰레기 1톤당 약 얼마의 수분을 증발시켜야 하는가?

① 46kg   ② 83kg
③ 167kg ④ 250kg

해설
$W_1(100-P_1) = W_2(100-P_2)$
여기서, W_1 : 건조 전 폐기물 양
　　　　P_1 : 건조 전 함수율
　　　　W_2 : 건조 후 폐기물 양
　　　　P_2 : 건조 후 함수율
$1{,}000(100-25) = W_2(100-10)$
$W_2 = \dfrac{1{,}000 \times 75}{90} = 833.33\text{kg}$
증발시켜야 하는 수분량 = 1,000 − 833.33 ≒ 167kg

50 분뇨의 특성과 거리가 먼 것은?

① 유기물 농도 및 염분 함량이 낮다.
② 질소농도가 높다.
③ 토사와 협잡물이 많다.
④ 시간에 따라 크게 변한다.

해설
분뇨는 다량의 유기물을 포함하고 염분 농도가 높다.

51 퇴비화 시 부식질의 역할로 옳지 않은 것은?

① 토양능의 완충능을 증가시킨다.
② 토양의 구조를 양호하게 한다.
③ 가용성 무기질소의 용출량을 증가시킨다.
④ 용수량을 증가시킨다.

해설
부식질은 미생물에 의해 분해가 안 되며, 가용성 무기질소의 용출량을 줄여 토양을 건강하게 유지시켜 준다.

52 폐기물의 최종처분으로 실시하는 내륙매립 공법이 아닌 것은?

① 셀공법
② 압축매립공법
③ 박층뿌림공법
④ 도랑형공법

해설
내륙매립 공법에는 도랑형, 압축매립, 샌드위치공법 등이 있다.
※ 박층뿌림공법은 해안매립 공법의 종류에 해당한다.

53 폐기물의 기름성분 분석방법 중 중량법(노말헥산 추출시험방법)에 관한 설명으로 옳지 않은 것은?

① 25℃의 물중탕에서 30분간 방치하고, 따로 물 20mL를 취하여 시료의 시험방법에 따라 시험하여 바탕시험액으로 한다.
② 폐기물 중의 비교적 휘발되지 않는 탄화수소, 탄화수소유도체, 그리스유상물질 중 노말헥산에 용해되는 성분에 적용한다.
③ 시료에 적당한 응집제 또는 흡착제 등을 넣어 노말헥산 추출물질을 포집한 다음 노말헥산으로 추출하고 잔류물의 무게를 측정하여 노말헥산 추출물질의 양으로 한다.
④ 시료 적당량을 분액깔때기에 넣고 메틸오렌지용액(0.1 W/V%)을 2~3방울 넣고 황색이 적색으로 변할 때까지 염산(1 + 1)을 넣어 pH 4 이하로 조절한다.

해설
ES 06302.1b 기름성분-중량법(분석절차)
80℃ 물중탕에서 약 10분간 가열 분해한 후 시험기준에 따라 시험한다. 따로 실험에 사용된 노말헥산 전량을 미리 질량을 잰 증발접시에 넣어, 시료와 같이 조작하여 노말헥산을 날려 보내어 바탕시험을 행하고 보정한다.

54 슬러지 처리공정 단위조작으로 가장 거리가 먼 것은?

① 혼 합
② 탈 수
③ 농 축
④ 개 량

해설
슬러지 처리의 단위조작 : 탈수, 개량, 농축 등

55 소화조로 투입되는 휘발성 고형물의 양이 4,500kg/day이다. 이 분뇨의 휘발성 고형물은 전체 고형물의 2/3를 차지하고 분뇨는 5%의 고형물을 함유한다면 이때 소화조로 투입되는 분뇨의 양은 몇 m³/day인가?(단, 분뇨의 비중은 1.0으로 본다)

① 65　　　② 80
③ 100　　 ④ 135

해설

- 휘발성 고형물 = $4,500\text{kg/day}\left(\dfrac{2}{3}\right)$
- 비휘발성 고형물 = $2,250\text{kg/day}\left(\dfrac{1}{3}\right)$

전체 고형물 = 휘발성 고형물 + 비휘발성고형물 = 6,750kg/day
분뇨의 양(100%) = 전체고형물(5%) + 비고형물(95%)로 계산하면
$6,750 : x = 5\% : 100\%$
$x = 135,000\text{kg/day} = 135\text{m}^3/\text{day}$
(비중은 1.0, 1,000kg = 1m³)

56 음이 온도가 일정치 않은 공기를 통과할 때 음파가 휘는 현상은?

① 회절　　② 반사
③ 간섭　　④ 굴절

해설

① 회절 : 파동이 좁은 틈을 통과할 때 그 뒤편까지 파가 전달되는 현상
② 반사 : 빛이 직진 중 다른 매질을 만나게 되면 그 경계면에서 일부 빛이 반사되는 현상
③ 간섭 : 둘 또는 그 이상의 빛이 겹쳐질 때 빛의 세기가 커지거나 작아지는 현상

57 소음이 인체에 미치는 영향으로 가장 거리가 먼 것은?

① 혈압 상승, 맥박 증가
② 타액분비량 증가, 위액산도 저하
③ 호흡수 감소 및 호흡깊이 증가
④ 혈당도 상승 및 백혈구 수 증가

해설
소음에 노출되면 호흡수가 증가하며, 호흡깊이는 감소한다.

58 투과손실이 32dB인 벽체의 투과율은?

① 3.2×10^{-3}
② 3.2×10^{-4}
③ 6.3×10^{-3}
④ 6.3×10^{-4}

해설

투과손실(TL) = $10\log\left(\dfrac{1}{\tau}\right)$
$32 = 10\log\left(\dfrac{1}{\tau}\right)$
$3.2 = \log\left(\dfrac{1}{\tau}\right)$
$3.2 = \log 1 - \log \tau$
$-3.2 = \log \tau$
∴ $\tau = 10^{-3.2} = 6.3 \times 10^{-4}$

59 다음 괄호에 알맞은 것은?

> 한 장소에 있어서의 특정의 음을 대상으로 생각할 경우 대상소음이 없을 때 그 장소의 소음을 대상소음에 대한 ( )이라 한다.

① 정상소음
② 배경소음
③ 상대소음
④ 측정소음

60 환경기준 중 소음측정방법에서 소음계의 청감보정회로는 원칙적으로는 어느 특성에 고정하여 측정하여야 하는가?

① A특성
② B특성
③ C특성
④ D특성

해설
소음계의 청감보정회로는 A특성에 고정하여 측정하여야 한다.

2016년 제1회 과년도 기출문제

01 연료의 연소과정에서 공기비가 너무 큰 경우 나타나는 현상으로 가장 적합한 것은?

① 배기가스에 의한 열손실이 커진다.
② 오염물의 농도가 커진다.
③ 미연분에 의한 매연이 증가한다.
④ 불완전 연소되어 연소효율이 저하된다.

해설
과잉 공기비는 배기가스에 의한 열손실을 증가시키는 문제를 야기한다.

02 20℃, 740mmHg에서 SO_2가스의 농도가 5ppm이다. 표준상태(S.T.P)로 환산한 농도(ppm)는?

① 4.54
② 5.00
③ 5.51
④ 12.96

해설
ppm 단위 = mL/m^3
표준상태(S.T.P)는 0℃(273), 1기압(760)이므로 20℃, 740mmHg에서의 가스농도 = $\dfrac{5mL}{m^3} \times \dfrac{(273+0) \times 740mmHg}{(273+20) \times 760mmHg}$
$= 4.54 SmL/m^3$
위 값을 표준상태(0℃(273), 1기압(760)) 값으로 보정하면
$4.54 SmL/m^3 \times \dfrac{(273+20) \times 760mmHg}{(273+0) \times 740mmHg} = 5 SmL/Sm^3$
$= 5ppm$

03 상층부가 불안정하고 하층부가 안정을 이루고 있을 때의 연기의 모양은?

①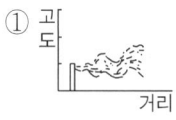
②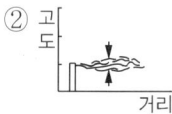
③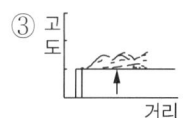
④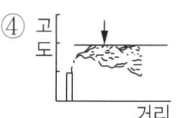

해설
- 상층부 불안정 : 연기 혼합
- 하층부 안정 : 연기 미혼합, 이런 공기의 형태를 Lofting형이라고 한다.

04 여과집진장치에 사용되는 다음 여포재료 중 가장 높은 온도에서 사용이 가능한 것은?

① 목 면
② 양 모
③ 가네카론
④ 글라스파이버

해설
④ 글라스파이버 : 250℃(신소재 유리섬유로 열에 강하다)
① 목면 : 80℃
② 양모 : 80℃
③ 가네카론 : 100℃

정답 1 ① 2 ② 3 ③ 4 ④

05 유해가스 흡수장치의 흡수액이 갖추어야 할 조건으로 옳은 것은?

① 용해도가 작아야 한다.
② 휘발성이 커야 한다.
③ 점성이 작아야 한다.
④ 화학적으로 불안정해야 한다.

해설
휘발성이 작아야 흡수액의 증발손실을 최소화하여 오래 사용이 가능하다.

08 사이클론으로 100% 집진할 수 있는 최소 입경을 의미하는 것은?

① 절단입경
② 기하학적 입경
③ 임계입경
④ 유체역학적 입경

해설
임계직경(한계입경, 최소 제거입경) : 사이클론으로 100% 제거할 수 있는 직경
※ 절단입경(Cut Size) : 사이클론으로 50% 제거할 수 있는 직경

06 일반적으로 배기가스의 입구처리속도가 증가하면 제거효율이 커지며, 블로다운 효과와 관련된 집진장치는?

① 중력집진장치
② 원심력집진장치
③ 전기집진장치
④ 여과집진장치

해설
원심력집진장치
분진을 함유한 가스에 회전운동을 주어 원심력과 관성력에 의하여 분진을 벽면에 충돌시켜서 포집하는 장치이다. 원통구조물 내에서 전체가스를 나선모양으로 흐르게 하여 입자를 제거하므로 입구처리속도가 증가하면 제거효율이 커진다.

07 기체의 용해도에 대한 설명이 틀린 것은?

① 온도가 증가할수록 용해도가 커진다.
② 용해도는 기체의 압력에 비례한다.
③ 용해도가 작은 기체는 헨리상수가 크다.
④ 헨리의 법칙이 잘 적용되는 기체는 용해도가 작은 기체이다.

해설
헨리의 법칙에 의하면 기체의 용해도는 온도에 반비례한다.

09 대기환경보전법상 온실가스에 해당하지 않는 것은?

① NH_3
② CO_2
③ CH_4
④ N_2O

해설
6대 온실가스 : 이산화탄소(CO_2), 메탄(CH_4), 아산화질소(N_2O), 수소플루오린화탄소(HFCs), 과플루오린화탄소(PFCs), 육플루오린화황(SF_6)
※ 이산화탄소와 메탄에 의한 영향이 가장 크다.

10 직경이 5μm이고 밀도가 3.7g/cm³인 구형의 먼지 입자가 공기 중에서 중력침강할 때 종말침강속도는?(단, 스토크스 법칙 적용, 공기의 밀도 무시, 점성계수 1.85×10^{-5} kg/m·s)

① 약 0.27cm/s
② 약 0.32cm/s
③ 약 0.36cm/s
④ 약 0.41cm/s

해설

스토크스(Stokes)의 법칙 $V_g = \dfrac{d^2(\rho_s - \rho)g}{18\mu}$

여기서, 직경 : d(cm)
점성계수 : μ(g/cm·s)
밀도차이 : $(\rho_s - \rho)$
중력가속도 : g(cm/s²)

$V_g = \dfrac{(5\times 10^{-4}\text{cm})^2 \times 3.7\text{g/cm}^3 \times 980\text{cm/s}^2}{18 \times 1.85 \times 10^{-4}\text{g/cm·s}}$

≒ 0.27cm/s

11 후드의 설치 및 흡인요령으로 가장 적합한 것은?

① 후드를 발생원에 근접시켜 흡인시킨다.
② 후드의 개구면적을 점차적으로 크게 하여 흡인속도에 변화를 준다.
③ 에어커튼(Air Curtain)은 제거하고 행한다.
④ 배풍기(Blower)의 여유량은 두지 않고 행한다.

해설

후드의 설치 시 후드를 발생원에 근접시키는 것이 중요하다.
② 후드의 개구면적을 좁게 하여 흡인속도를 크게 한다.
③ 필요시 에어커튼(Air Curtain)을 이용한다.
④ 배풍기는 항상 충분한 여유를 둔다.

12 전기집진장치에 관한 설명으로 가장 거리가 먼 것은?

① 대량의 가스 처리가 가능하다.
② 전압변동과 같은 조건변동에 쉽게 적응할 수 있다.
③ 초기 설비비가 고가이다.
④ 압력손실이 적어 소요동력이 적다.

해설

전압변동이 자주 일어날 경우 일정한 전기를 공급해야 하는 전극에 이상이 생겨 효율이 떨어진다.

13 가솔린을 연료로 사용하는 자동차의 엔진에서 NO_x가 가장 많이 배출될 때의 운전 상태는?

① 감 속
② 가 속
③ 공회전
④ 저속(15km 이하)

해설

NO_x는 공회전 시 적게, 가속 시 다량 발생하게 된다.

14 포집먼지의 중화가 적당한 속도로 행해지기 때문에 이상적인 전기집진이 이루어질 수 있는 전기저항의 범위로 가장 적합한 것은?

① $10^2 \sim 10^4 \Omega \cdot cm$
② $10^5 \sim 10^{10} \Omega \cdot cm$
③ $10^{12} \sim 10^{14} \Omega \cdot cm$
④ $10^{15} \sim 10^{18} \Omega \cdot cm$

해설
비저항(Resistivity)
- 저비저항(Low Resistivity) : $10^4 \Omega \cdot cm$ 이하 → 재비산
- 정상 비저항(Normal Resistivity) : $10^4 \sim 10^{11} \Omega \cdot cm$
- 고비저항(High Resistivity) : $10^{11} \Omega \cdot cm$ 이상 → 역전리현상
※ 역전리현상 : 비저항이 클 경우 발생되는 현상으로 전기집진장치의 효율저하의 요인이다.

15 런던 스모그와 비교한 로스앤젤레스형 스모그현상의 특성으로 옳은 것은?

① SO_2, 먼지 등이 주오염물질
② 온도가 낮고 무풍의 기상조건
③ 습도가 높은 이른 아침
④ 침강성 역전층이 형성

해설
런던형 스모그는 대표적인 방사성 복사역전으로 일반적으로 해가 뜨면 대부분 소멸한다.

16 폐수처리 분야에서 미생물이라 하는 개체의 크기 기준으로 가장 적절한 것은?

① 1.0mm 이하
② 3.0mm 이하
③ 5.0mm 이하
④ 10.0mm 이하

해설
직경 1.0mm 이하를 칭한다.

17 버섯은 어느 부류에 속하는가?

① 세 균 ② 균 류
③ 조 류 ④ 원생동물

해설
균류 : 유기물을 분해하여 영양분을 흡수하는 종으로 곰팡이, 버섯 등이 대표적이다.

18 살수여상 처리과정에 주의해야 할 점으로 거리가 먼 것은?

① 악 취 ② 연못화
③ 팽 화 ④ 동 결

해설
살수여상법 유의점 : 파리의 발생, 악취 발생, 연못화현상, 결빙, 생물막의 탈락 등
※ 슬러지 팽화(Bulking)는 활성슬러지 공법에서 발생하는 문제점이다.

19 기름입자 A와 B의 지름은 동일하나 A의 비중은 0.88이고, B의 비중은 0.91이다. 이때의 A/B의 부상속도비는?(단, 기타 조건은 같다)

① 1.03 ② 1.33
③ 1.52 ④ 1.61

해설
스토크스의 법칙을 적용하여 각각의 부상속도를 구해 나눈다.
$$V_g = \frac{d^2(\rho_s - \rho)g}{18\mu}$$
직경(d), 점성계수(μ), 중력가속도(g)가 동일하므로 비중차만 구하여 계산하면
$V_g(A) = (1 - 0.88) = 0.12$
$V_g(B) = (1 - 0.91) = 0.09$
$$\frac{V_g(A)}{V_g(B)} = \frac{0.12}{0.09} = 1.33$$

20 우리나라 강수량 분포의 특성으로 가장 거리가 먼 것은?

① 월별 강수량 차이가 큰 편이다.
② 하천수에 대한 의존량이 큰 편이다.
③ 6월과 9월 사이에 연 강수량의 약 2/3 정도가 집중되는 경향이 있다.
④ 세계 평균과 비교 시 연간 총강수량은 낮으나, 인구 1인당 가용수량은 높다.

해설
세계 평균과 비교 시 연간 총강수량은 1.4배 많으나, 높은 인구밀도로 인해 인구 1인당 가용수량은 낮다.

21 다음 용어 중 흡착과 가장 관련이 깊은 것은?

① 도플러효과
② VAL
③ 플랑크상수
④ 프로인드리히의 식

해설
프로인드리히(Freundlich)의 식은 흡착제를 이용해 오염물질을 제거하는 흡착등온식이다.
$S = KC^N$
여기서, K, N : 상수

22 생물학적으로 인을 제거하는 반응의 단계로 옳은 것은?

① 혐기 상태 → 인 방출 → 호기 상태 → 인 섭취
② 혐기 상태 → 인 섭취 → 호기 상태 → 인 방출
③ 호기 상태 → 인 방출 → 혐기 상태 → 인 섭취
④ 호기 상태 → 인 섭취 → 혐기 상태 → 인 방출

해설
활성슬러지 공법에서 발생한 인은 약 30~40%가 제거되나 충분하지 않아 고도처리로 인 제거 미생물을 활용하여 혐기 상태에서 인을 방출시킨 후 호기 상태로 변환하여 인을 섭취한다.

정답 19 ② 20 ④ 21 ④ 22 ①

23 어느 공장폐수의 Cr^{6+}이 600mg/L이고, 이 폐수를 아황산나트륨으로 환원처리하고자 한다. 폐수량이 40m³/day일 때, 하루에 필요한 아황산나트륨의 이론량은?(단, Cr 원자량 52, Na_2SO_3 분자량 126)

$$2H_2CrO_4 + 3Na_2SO_3 + 3H_2SO_4$$
$$\rightarrow Cr_2(SO_4)_3 + 3Na_2SO_4 + 5H_2O$$

① 72kg　　② 80kg
③ 87kg　　④ 95kg

해설
$2H_2CrO_4 + 3Na_2SO_3 + 3H_2SO_4 \rightarrow Cr_2(SO_4)_3 + 3Na_2SO_4 + 5H_2O$
　2mol　　3mol
Cr^{6+} 600mg/L = 600g/m³이므로,
600g/m³ × 40m³/day = 24,000g/day = 24kg/day
하루에 필요한 아황산나트륨의 이론량(x)은 다음과 같다.
2 × 52g/mol : 3 × 126g/mol = 24kg/day : x
∴ $x = \dfrac{3 \times 126\text{g/mol}}{2 \times 52\text{g/mol}} \times 24\text{kg/day} = 87.23\text{kg/day}$

24 C_2H_5OH가 물 1L에 92g 녹아 있을 때 COD(g/L)값은?(단, 완전분해 기준)

① 48　　② 96
③ 192　　④ 384

해설
- 에탄올 분자식 : C_2H_5OH
- C_2H_5OH　+　$3O_2$　→　$2CO_2 + 3H_2O$
46g(분자량)　: 3 × 32g(분자량)
　　92g/L　:　x
$x = \dfrac{3 \times 32 \times 92}{46} = 192\text{g/L}$

25 하수관로의 배수형식 중 하수를 방류할 때 일단 간선 하수 차집거에 모아 처리장으로 보내어 처리한 후 배출하는 방식으로 하천 유량이 하수량을 배출하기에는 부족하여 하천의 오염이 심할 것으로 예상되는 경우에 사용되는 방식은?

① 직각식
② 차집식
③ 선형식
④ 방사식

해설
차집식에 해당하는 설명이다.

26 오염물질을 배출하는 형태에 따라 점오염원과 비점오염원으로 구분된다. 다음 중 비점오염원에 해당하는 것은?

① 생활하수
② 농경지배수
③ 축산폐수
④ 산업폐수

해설
배출형태에 따른 오염원의 분류
- 점오염원 : 오염물질이 지도상의 한 점에서 배출되는 것(예 생활하수, 축산폐수, 산업폐수)
- 비점오염원 : 도시, 도로, 농지, 산지, 공사장 등 불특정장소에서 면적 단위로 수질오염물질이 배출되는 배출원(예 농경지배수)

27 폐수의 살균에 대한 설명으로 옳은 것은?

① NH_2Cl보다는 $HOCl$이 살균력이 작다.
② 보통 온도를 높이면 살균속도가 느려진다.
③ 같은 농도일 경우 유리잔류염소는 결합잔류염소보다 빠르게 작용하므로 살균능력도 훨씬 크다.
④ $HOCl$이 오존보다 더 강력한 산화제이다.

해설
오존은 산소의 동소체로 $HOCl$보다 더 강력한 산화제이다.
※ 오존은 가장 강력한 산화제이다.

28 다음 보기에서 우리나라 하천수의 일반적인 수질적 특징만을 골라 묶여진 것은?

> ㉠ 계절에 따라 수위 변화가 심하다.
> ㉡ 여름철과 겨울철에 성층이 형성된다.
> ㉢ 수온이 비교적 일정하고 무기물이 풍부하다.
> ㉣ 오염물의 이동, 분해, 희석 등 자정작용이 활발하다.

① ㉠, ㉡   ② ㉡, ㉢
③ ㉢, ㉣   ④ ㉠, ㉣

해설
㉡ 성층이란 고여 있는 물(호소)의 특징으로 온도 차이에 의해 발생한다.
㉢ 지하수에 관한 설명이다.

29 다음 중 해역에서 적조 발생의 주된 원인 물질은?

① 수 은
② 산 소
③ 염 소
④ 질 소

해설
적조는 부영양화의 원인물질인 인(P)과 질소(N)에 기인한다.

30 0.1M NaOH 1,000mL를 0.3M H_2SO_4으로 중화적정할 때 소비되는 이론적 황산량은?

① 126mL   ② 167mL
③ 234mL   ④ 277mL

해설
• 수산화나트륨의 양
  $0.1mol/L \times 40g/mol \times 1eq/40g = 0.1eq/L = 0.1N$
• 황산의 양
  $0.3mol/L \times 98g/mol \times 1eq/49g = 0.6eq/L = 0.6N$
$NV = N'V'$ 적용하면
$0.1N \times 1,000mL = 0.6N \times$ 황산량
∴ 황산량 ≒ 167mL

31 수질오염공정시험기준에 의거 페놀류를 측정하기 위한 시료의 보존방법(㉠)과 최대보존기간(㉡)으로 가장 적합한 것은?

① ㉠ 현장에서 용존산소 고정 후 어두운 곳 보관
　㉡ 8시간
② ㉠ 즉시 여과 후 4℃ 보관
　㉡ 48시간
③ ㉠ 20℃ 보관
　㉡ 즉시 측정
④ ㉠ 4℃ 보관, H_3PO_4로 pH 4 이하로 조정한 후 $CuSO_4$ 1g/L 첨가
　㉡ 28일

해설
ES 04130.1e 시료의 채취 및 보존 방법(페놀류 측정)
- 시료용기 : G
- 시료의 보존방법 : 4℃ 보관, H_3PO_4로 pH 4 이하 조정한 후 시료 1L당 $CuSO_4$ 1g 첨가
- 최대보존기간(권장보존기간) : 28일

32 오존살균 시 급수계통에서 미생물의 증식을 억제하고, 잔류살균효과를 유지하기 위해 투입하는 약품은?

① 염 소
② 활성탄
③ 실리카겔
④ 활성알루미나

해설
오존은 잔류살균효과가 없어 잔류살균효과를 유지하기 위해서는 염소(Cl_2) 및 염소화합물을 사용한다.
※ 활성탄, 실리카겔, 활성알루미나 : 흡착제

33 살수여상의 표면적이 300m², 유입분뇨량이 1,500 m³/일이다. 표면부하는 얼마인가?

① $3m^3/m^2 \cdot 일$
② $5m^3/m^2 \cdot 일$
③ $15m^3/m^2 \cdot 일$
④ $18m^3/m^2 \cdot 일$

해설
표면부하 = $\dfrac{Q(유량)}{A(표면적)} = \dfrac{1,500 m^3/day}{300 m^2} = 5 m^3/m^2 \cdot day$

34 MLSS 농도 3,000mg/L인 포기조 혼합액을 1,000mL 메스실린더로 취해 30분간 정치시켰을 때 침강슬러지가 차지하는 용적은 440mL이었다. 이때 슬러지밀도지수(SDI)는?

① 146.7
② 73.4
③ 1.36
④ 0.68

해설
슬러지밀도지수(SDI) = $\dfrac{100}{슬러지 용적지수(SVI)}$

슬러지용적지수(SVI) = $\dfrac{침강슬러지 용적(mL) \times 1,000}{MLSS(mg/L)}$

$= \dfrac{440 mL \times 1,000}{3,000 mg/L} ≒ 146.7$

슬러지밀도지수(SDI) = $\dfrac{100}{146.7} ≒ 0.68$

정답 31 ④　32 ①　33 ②　34 ④

35 125m³/h의 폐수가 유입되는 침전지의 월류부하가 100m³/m·day일 경우 침전지 월류위어의 유효 길이는?

① 10m ② 20m
③ 30m ④ 40m

해설

월류부하 = $\dfrac{\text{유량}}{\text{월류위어길이}}$

월류위어의 유효길이 = $\dfrac{\text{유량}}{\text{월류부하}}$

$= \dfrac{125\text{m}^3/\text{h} \times 24\text{h/day}}{100\text{m}^3/\text{m}\cdot\text{day}}$

$= 30\text{m}$

36 탄소 1kg이 연소할 때 이론적으로 필요한 산소의 질량은?

① 4.1kg ② 3.6kg
③ 3.2kg ④ 2.7kg

해설

$C \;+\; O_2 \;\rightarrow\; CO_2$
12kg(탄소분자량) : 32kg(산소분자량×2)
　　1kg 　　:　　x

이론적 산소량 $x = \dfrac{32 \times 1}{12} ≒ 2.67\text{kg}$

37 연료의 연소에 필요한 이론공기량을 A_0, 공급된 실제공기량을 A라 할 때 공기비를 나타낸 식은?

① $\dfrac{A}{A_0}$ ② $\dfrac{A_0}{A}$

③ $\dfrac{A - A_0}{A_0}$ ④ $\dfrac{A - A_0}{A}$

해설

공기비$(m) = \dfrac{\text{실제공기량}}{\text{이론공기량}}$

38 수거된 폐기물을 압축하는 이유로 거리가 먼 것은?

① 저장에 필요한 용적을 줄이기 위해
② 수송 시 부피를 감소시키기 위해
③ 매립지의 수명을 연장시키기 위해
④ 소각장에서 소각 시 원활한 연소를 위해

해설

폐기물 압축 목적 : 부피 감량화, 취급 용이, 매립지 수명의 연장 등

39 인구 50만명이 거주하는 도시에서 일주일 동안 8,000m³의 쓰레기를 수거하였다. 쓰레기의 밀도가 420kg/m³이라면 쓰레기 발생원 단위는?

① 0.91kg/인·일
② 0.96kg/인·일
③ 1.03kg/인·일
④ 1.12kg/인·일

해설

쓰레기 발생원 단위 = $\dfrac{8,000\text{m}^3 \times 420\text{kg/m}^3}{500,000\text{인} \times 7\text{일}} = 0.96\text{kg/인}\cdot\text{일}$

정답 35 ③ 36 ④ 37 ① 38 ④ 39 ②

40 쓰레기를 수송하는 방법 중 자동화, 무공해화가 가능하고 눈에 띄지 않는다는 장점을 가지고 있으며 공기수송, 반죽수송, 캡슐수송 등의 방법으로 쓰레기를 수거하는 방법은?

① 모노레일 수거
② 관거 수거
③ 콘베이어 수거
④ 콘테이너철도 수거

해설
관거 수거에 관한 설명이다.

41 매립지에서 발생될 침출수량을 예측하고자 한다. 이때 침출수 발생량에 영향을 받는 항목으로 가장 거리가 먼 것은?

① 강수량(Precipitation)
② 유출량(Run-off)
③ 메탄가스의 함량
④ 폐기물 내 수분 또는 폐기물 분해에 따른 수분

해설
침출수는 강수량과 유출량, 그리고 폐기물에 포함되어 있는 수분의 양에 의해 결정된다.

42 다음 중 효율적인 파쇄를 위해 파쇄대상물에 작용하는 3가지 힘에 해당되지 않는 것은?

① 충격력   ② 정전력
③ 전단력   ④ 압축력

해설
파쇄의 3대 원리는 충격력, 전단력, 압축력이다.

43 쓰레기 수거노선을 결정할 때 고려사항으로 옳지 않은 것은?

① 아주 많은 양의 쓰레기가 발생되는 발생원은 하루 중 가장 나중에 수거한다.
② 가능한 한 시계 방향으로 수거노선을 정한다.
③ U자형 회전을 피하여 수거한다.
④ 적은 양의 쓰레기가 발생하나 동일한 수거빈도를 받기를 원하는 수거지점은 가능한 한 같은 날 왕복 내에서 수거하도록 한다.

해설
발생량이 많은 발생원은 가장 먼저 수거한다.

44 적환장의 설치가 필요한 경우로 가장 거리가 먼 것은?

① 인구 밀도가 높은 지역을 수집하는 경우
② 폐기물 수집에 소형 컨테이너를 많이 사용하는 경우
③ 처분장이 원거리에 있어 도중에 불법 투기의 가능성이 있는 경우
④ 공기수송방식을 사용할 경우

해설
인구 고밀도 지역은 적환장 설치가 불필요하다.

정답 40 ② 41 ③ 42 ② 43 ① 44 ①

45 합성차수막 중 PVC의 특성으로 가장 거리가 먼 것은?

① 작업이 용이한 편이다.
② 접합이 용이한 편이다.
③ 대부분의 유기화학물질에 약한 편이다.
④ 자외선, 오존, 기후 등에 강한 편이다.

해설
PVC의 장단점

장 점	단 점
• 작업이 용이하다. • 강도가 높다. • 접합이 용이하다. • 가격이 저렴하다.	• 자외선, 오존, 기후에 약하다. • 대부분의 유기화학물질에 약하다.

46 쓰레기를 건조시켜 함수율을 40%에서 20%로 감소시켰다. 건조 전 쓰레기의 중량이 1톤이었다면 건조 후 쓰레기의 중량은?(단, 쓰레기의 비중은 1.0으로 가정한다)

① 250kg ② 500kg
③ 750kg ④ 1,000kg

해설
$W_1 \times (100 - P_1) = W_2 \times (100 - P_2)$
여기서, W_1 : 농축 전 폐기물 양
P_1 : 농축 전 함수율
W_2 : 농축 후 폐기물 양
P_2 : 농축 후 함수율
$W_1 \times (100 - 40) = W_2 \times (100 - 20)$
$\dfrac{W_2}{W_1} = \dfrac{60}{80} = \dfrac{3}{4}$, $1,000kg \times \dfrac{3}{4} = 750kg$

47 소각장에서 폐기물을 연소시킬 때 조건으로 가장 거리가 먼 것은?

① 완전연소를 위해 체류시간은 가능한 한 짧아야 한다.
② 연료와 공기가 충분히 혼합되어야 한다.
③ 공기/연료비가 적절해야 한다.
④ 점화온도가 적정하게 유지되고 재의 방출이 최소화될 수 있는 소각로 형태이어야 한다.

해설
체류시간이 길어야 완전연소가 되어 그을음, 검댕, 일산화탄소(CO) 등의 발생이 적다.

48 쓰레기 발생량에 영향으로 미치는 일반적인 요인에 관한 설명으로 옳은 것은?

① 쓰레기의 성분은 계절에 영향을 받는다.
② 수거빈도와 발생량은 반비례한다.
③ 쓰레기통이 클수록 발생량이 감소한다.
④ 재활용률이 높을수록 발생량이 증가한다.

해설
계절에 따라 성분이 다양하게 변화한다.

49 다음 중 슬러지 탈수방법으로 가장 거리가 먼 것은?

① 원심분리
② 산화지
③ 진공여과
④ 벨트프레스

해설
산화지법 : 생물학적 처리법의 일종으로 호기성 산화지(Aerobic Lagoon), 포기식 산화지(Aerated Lagoon), 임의성 산화지(Facultative Lagoon)로 분류된다.

정답 45 ④ 46 ③ 47 ① 48 ① 49 ②

50 폐기물 수거효율을 결정하고 수거작업 간의 노동력을 비교하기 위한 단위로 옳은 것은?

① ton/man · hour
② man · hour/ton
③ ton · man/hour
④ hour/ton · man

해설
man · hour/ton : 1ton의 쓰레기를 1명의 인부가 처리하는 데 걸리는 시간으로 작을수록 효율이 좋다.

51 폐기물 매립지에서 발생하는 침출수 중 생물학적으로 난분해성인 유기물질을 산화·분해시키는 데 사용되는 펜톤시약(Fenton Agent)의 성분으로 옳은 것은?

① H_2O_2와 $FeSO_4$
② $KMnO_4$와 $FeSO_4$
③ H_2SO_4와 $Al_2(SO_4)_3$
④ $Al_2(SO_4)_3$와 $KMnO_4$

해설
2가 철이온과 과산화수소의 혼합액으로 사용한다.

52 폐기물을 소각할 경우 필요한 폐열회수 및 이용설비가 아닌 것은?

① 과열기
② 부패조
③ 이코노마이저
④ 공기예열기

해설
혐기성 소화에 사용하는 것이 부패조이다.

53 다음 중 폐기물의 퇴비화 시 적정 C/N비로 가장 적합한 것은?

① 1~2
② 1~10
③ 5~10
④ 25~50

해설
적정 C/N 비율은 25~50이다.

54 다음 중 퇴비화의 최적조건으로 가장 적합한 것은?

① 수분 50~60%, pH 5.5~8 정도
② 수분 50~60%, pH 8.5~10 정도
③ 수분 80~85%, pH 5.5~8 정도
④ 수분 80~85%, pH 8.5~10 정도

해설
수분 : 50~60%, pH : 5.5~8 유지

55 폐기물 전단파쇄기에 관한 설명으로 틀린 것은?

① 전단파쇄기는 대개 고정칼, 회전칼과의 교합에 의하여 폐기물을 전단한다.
② 전단파쇄기는 충격파쇄기에 비하여 파쇄속도는 느리나, 이물질의 혼입에 대하여는 강하다.
③ 전단파쇄기는 파쇄물의 크기를 고르게 할 수 있다.
④ 전단파쇄기는 주로 목재류, 플라스틱류 및 종이류를 파쇄하는 데 이용된다.

[해설]
전단파쇄기는 고정날과 가동날, 왕복날과 회전날, 회전날과 회전날의 맞물림 등에 의해 폐기물을 절단하는 장치이며 충격파쇄기에 비해 속도가 느리고 외부물질의 혼입에 약한 단점이 있다.

56 두 진동체의 고유진동수가 같을 때 한 쪽을 울리면 다른 쪽도 울리는 현상은?

① 공 명
② 진 폭
③ 회 절
④ 굴 절

[해설]
공명현상에 관한 설명이다.

57 방음대책을 음원대책과 전파경로대책으로 구분할 때 다음 중 음원대책이 아닌 것은?

① 공명방지
② 방음벽 설치
③ 소음기 설치
④ 방진 및 방사율 저감

[해설]
방음벽 설치 : 전파경로대책에 속하며 음원과 수음점 사이에 설치된다.
※ 소음기 설치, 발생원의 유속저감, 발생원의 공명방지 모두 음원대책이다.

58 점음원에서 5m 떨어진 지점의 음압레벨이 60dB이다. 이 음원으로부터 10m 떨어진 지점의 음압레벨은?

① 30dB
② 44dB
③ 54dB
④ 58dB

[해설]
점음원으로부터 거리 r_1, r_2 지점의 음압레벨을 SPL_1과 SPL_2라 할 때

$$SPL_1 - SPL_2 = 20\log\left(\frac{r_2}{r_1}\right)$$

$$\therefore SPL_2 = SPL_1 - 20\log\left(\frac{r_2}{r_1}\right)$$

$$= 60dB - 20\log\left(\frac{10}{5}\right)$$

$$= 53.98dB$$

59 변동하는 소음의 에너지 평균 레벨로서 어느 시간 동안에 변동하는 소음레벨의 에너지를 같은 시간대의 정상 소음의 에너지로 치환한 값은?

① 소음레벨(SL)
② 등가소음레벨(L_{eq})
③ 시간율소음도(L_n)
④ 주야등가소음도(L_{dn})

해설
등가소음레벨(L_{eq})에 관한 설명이다.

60 형상의 선택이 비교적 자유롭고 압축, 전단 등의 사용방법에 따라 1개로 2축 방향 및 회전 방향의 스프링 정수를 광범위하게 선택할 수 있으나, 내부 마찰에 의한 발열때문에 열화되는 방진재료는?

① 방진고무
② 공기스프링
③ 금속스프링
④ 직접지지판스프링

해설
방진고무에 관한 설명으로 각종 장비의 기초 방진용으로 주로 사용된다.

2016년 제2회 과년도 기출문제

01 링겔만 농도표와 관계가 깊은 것은?

① 매연 측정
② 가스크로마토그래프
③ 오존 농도 측정
④ 질소산화물 성분분석

해설
링겔만 농도표는 대기 중 매연의 측정을 위한 장치이다.

02 수세법을 이용하여 제거시킬 수 있는 오염물질로 가장 거리가 먼 것은?

① NH_3
② SO_2
③ NO_2
④ Cl_2

해설
③ NO_2 : 물에 대한 용해도가 낮아 선택적 촉매환원법으로 처리한다.

03 산성비에 대한 설명으로 가장 거리가 먼 것은?

① 통상 pH가 5.6 이하인 비를 말한다.
② 산성비는 인공건축물의 부식을 더디게 한다.
③ 산성비는 토양의 광물질을 씻겨 내려 토양을 황폐화시킨다.
④ 산성비는 황산화물이나 질소산화물 등이 물방울에 녹아서 생긴다.

해설
산성비로 인해 인공건축물의 부식이 진행된다.

04 가스상 물질과 먼지를 동시에 제거할 수 있으면서 압력손실이 큰 집진장치는?

① 원심력집진장치
② 여과집진장치
③ 세정집진장치
④ 전기집진장치

해설
세정집진장치는 입자와 가스형태의 물질을 모두 제거할 수 있으나 물을 사용해야 하여 압력손실이 큰 단점이 있다.

05 대기가 매우 안정한 상태일 때 아침과 새벽에 잘 발생하고, 굴뚝의 높이가 낮으면 지표 부근에 심각한 오염문제를 발생시키는 연기의 모양은?

① 환상형
② 원추형
③ 구속형
④ 부채형

해설
부채형에 관한 설명이다.

정답 1 ① 2 ③ 3 ② 4 ③ 5 ④

06 중량비가 C : 86%, H : 4%, O : 8%, S : 2%인 석탄을 연소할 경우 필요한 이론산소량(Sm^3/kg)은?

① 약 1.6
② 약 1.8
③ 약 2.0
④ 약 2.2

해설
이론산소량 공식
$1.867C + 5.6\left(H - \dfrac{O}{8}\right) + 0.7S$
$= 1.867 \times 0.86 + 5.6\left(0.04 - \dfrac{0.08}{8}\right) + 0.7 \times 0.02$
$\fallingdotseq 1.8 Sm^3/kg$

07 집진장치에 관한 설명으로 옳은 것은?

① 사이클론은 여과집진장치에 해당된다.
② 중력집진장치는 고효율 집진장치에 해당된다.
③ 여과집진장치는 수분이 많은 먼지처리에 적합하다.
④ 전기집진장치는 코로나방전을 이용하여 집진하는 장치이다.

해설
① 사이클론은 원심력집진장치에 해당된다.
② 중력집진장치는 대표적인 저효율 집진장치에 해당된다.
③ 여과집진장치는 수분이 포함된 경우 처리가 어렵다.

08 세정집진장치의 입자 포집원리에 관한 설명으로 가장 거리가 먼 것은?

① 미립자 확산에 의하여 액적과의 접촉을 쉽게 한다.
② 배기가스의 습도 감소로 인하여 입자가 응집하여 제거효율이 증가한다.
③ 액적에 입자가 충돌하여 부착한다.
④ 입자를 핵으로 한 증기의 응결에 의하여 응집성을 증가시킨다.

해설
배기가스의 습도 증가로 입자가 응결하여 제거효율이 증가한다.

09 액체 부탄 20kg을 1기압, 25℃에서 완전기화시킬 때의 부피(m^3)는?

① 5.45 ② 8.43
③ 12.38 ④ 16.43

해설
C_4H_{10}(부탄) 20kg의 부피환산(분자량 58이므로)
$20kg \times \left(\dfrac{22.4 Sm^3}{58kg}\right) = 7.724 Sm^3$
1기압, 25℃로 부피를 다시 계산하면
$7.724 Sm^3 \times \dfrac{(273+25)m^3}{273 Sm^3} = 8.43 m^3$

10 물리적 흡착과 화학적 흡착에 대한 비교 설명으로 옳은 것은?

① 물리적 흡착과정은 가역적이기 때문에 흡착제의 재생이나 오염가스의 회수에 매우 편리하다.
② 물리적 흡착은 온도의 영향을 받지 않는다.
③ 물리적 흡착은 화학적 흡착보다 분자 간의 인력이 강하기 때문에 흡착과정에서의 발열량도 크다.
④ 물리적 흡착에서는 용질의 분자량이 적을수록 유리하게 흡착한다.

해설
물리적 흡착과 화학적 흡착의 비교
- 물리적 흡착은 온도 변화에 민감하며, 흡착온도와 흡착량은 반비례한다.
- 화학적 흡착(공유결합)은 물리적 흡착보다 분자 간의 인력이 강하기 때문에 흡착과정에서의 발열량도 크다.
- 물리적 흡착에서는 용질의 분자량이 클수록 유리하게 흡착한다.

11 다음 집진장치의 원리와 특성에 대한 설명으로 옳은 것은?

① 전기집진장치는 입자의 중력에 의해 분리, 포집하는 장치로서 입경이 $100\mu m$ 이상일 때 적용한다.
② 관성력집진장치는 중력과 관성력을 동시에 이용하는 장치로서 원리와 구조는 간단하지만 압력손실이 크고 운전비가 높다.
③ 여과집진장치는 여러 종류의 먼지를 집진할 수 있어 가장 많이 사용되지만 200℃ 이상의 고온가스를 처리하기 어렵다.
④ 중력집진장치에서 배기관 지름이 작을수록 입경이 작은 먼지를 제거할 수 있고 블로다운으로 집진된 먼지의 재비산을 방지하여 효율을 높일 수 있다.

해설
여과집진장치의 가장 큰 단점은 고온가스의 처리에 부적합하다는 점이다.

12 집진장치의 입구 더스트 농도가 $2.8g/Sm^3$이고 출구 더스트 농도가 $0.1g/Sm^3$일 때 집진율(%)은?

① 86.9 ② 94.2
③ 96.4 ④ 98.8

해설
$$\eta = \left(1 - \frac{C_o}{C_i}\right) \times 100$$
여기서, η : 집진율(%)
C_o : 출구농도(g/Sm^3)
C_i : 입구농도(g/Sm^3)
$$\therefore \left(1 - \frac{0.1}{2.8}\right) \times 100 = 96.4\%$$

13 디젤 기관에서 많이 배출되며 탄화수소와 함께 광화학 스모그를 일으키는 반응에 영향을 미치는 배출가스는?

① 매 연   ② 황산화물
③ 질소산화물   ④ 일산화탄소

해설
광화학 스모그는 질소산화물이다.

14 도심지역에서 열방출이 많고 외부로 확산이 안 되기 때문에 교외지역에 비해 도심지역의 온도가 높게 나타나는 현상은?

① 온실효과
② 습윤단열감률
③ 열섬효과
④ 건조단열감률

해설
열섬현상에 관한 설명이다.

15 연소과정에서 주로 발생하는 질소산화물의 형태는?

① NO
② NO₂
③ NO₃
④ N₂O

해설
질소산화물(NO$_x$)의 대부분은 NO 형태로 배출되며 NO₂의 경우 주로 자외선의 영향으로 인한 2차 오염에 의해 생성된다.

16 도시화가 진행될수록 하천의 홍수와 갈수현상이 심화되는 이유는?

① 대기오염물질의 증가
② 생활하수 배출량의 증가
③ 생활용수 사용량의 증가
④ 지면 포장으로 강수의 침투성 저하

해설
지면 포장으로 인한 영향이 가장 크다.

17 수질오염공정시험기준상 6가크로뮴의 자외선/가시선 분광법 측정원리에 관한 설명으로 ( )에 알맞은 것은?

> 6가크로뮴에 다이페닐카바자이드를 작용시켜 생성하는 (㉠)의 착화합물의 흡광도를 (㉡)nm에서 측정하여 6가크로뮴을 정량한다.

① ㉠ 적자색   ㉡ 253.7
② ㉠ 적자색   ㉡ 540
③ ㉠ 청 색   ㉡ 253.7
④ ㉠ 청 색   ㉡ 540

해설
ES 04415.2c 자외선/가시선 분광법(6가크로뮴)
물속에 존재하는 6가크로뮴을 자외선/가시선 분광법으로 측정하는 것으로, 산성 용액에서 다이페닐카바자이드와 반응하여 생성하는 적자색 착화합물의 흡광도를 540nm에서 측정한다.

18 염소는 폐수 내의 질소화합물과 결합하여 무엇을 형성하는가?

① 유리염소
② 클로라민
③ 액체염소
④ 암모니아

해설
염소는 수중의 암모니아성 질소화합물과 반응하여 클로라민을 생성
$Cl_2 + H_2O \rightarrow HOCl + HCl$

- $HOCl + NH_3 \rightarrow H_2O + NH_2Cl$ (모노클로라민)
- $HOCl + NH_2Cl \rightarrow H_2O + NHCl_2$ (다이클로라민)
- $HOCl + NHCl_2 \rightarrow H_2O + NCl_3$ (트라이클로라민)

정답 15 ① 16 ④ 17 ② 18 ②

19 시판되는 황산의 농도가 96(W/W%), 비중 1.84일 때, 노말농도(N)는?

① 18 ② 24
③ 36 ④ 48

해설

당량 = $\frac{분자량}{원자가수}$, H_2SO_4 1당량은 $\frac{98}{2} = 49g$

$\frac{96g}{100g} \times 1,840g/L \times \frac{1eq(당량)}{49g} = 36.05N$

20 수질오염방지시설의 처리능력 또는 설계 시에 사용되는 다음 용어 중 그 성격이 나머지 셋과 다른 것은?

① F/M비 ② SVI
③ 용적부하 ④ 슬러지부하

해설

SVI(Sludge Volume Index)는 활성슬러지의 침전 가능성을 나타내는 값이다.

21 조류를 이용한 산화지(Oxidation Pond)법으로 폐수를 처리할 경우에 가장 중요한 영향인자는?

① 햇빛
② 물의 색깔
③ 산화지의 표면 모양
④ 산화지 바닥 흙입자 모양

해설

산화지(Oxidation Pond)법 : 조류(Algae)의 광합성 작용에 의하여 발생하는 산소를 호기성 미생물이 이용하여 유기물을 분해시키는 오폐수 처리방법으로 햇빛이 강할수록 오염물질의 제거가 더욱 효과적이다.

22 생물학적 원리를 이용하여 영양염류(인 또는 질소)를 효과적으로 제거할 수 있는 공법이라 볼 수 없는 것은?

① M-A/S
② A/O
③ Bardenpho
④ UCT

해설

A/O, Bardenpho 공법, UCT 공법은 질소(N) 또는 인(P)을 제거하는 생물학적 처리공법이다.

23 활성슬러지 공법으로 생활하수처리 시 과량의 유기물이 유입되었을 때, 가장 적절한 응급조치는?

① 영양물질 투입
② 응집 전처리
③ 슬러지 반송률 증가
④ 산기기 추가 설치

해설

슬러지 반송을 통해 미생물의 공급량을 늘려 비율을 조절하는 것이 가장 적절하다.

정답 19 ③ 20 ② 21 ① 22 ① 23 ③

24 농촌마을의 발생 하수를 산화지로 처리할 때 유입 BOD 농도가 100g/m³이고, 유량이 3,000m³/day이며, 필요한 산화지의 면적은 3ha라면 BOD 부하량(kg/ha·day)은?

① 10
② 50
③ 100
④ 200

해설

BOD 부하량 $= 0.1\text{kg/m}^3 \times 3{,}000\text{m}^3/\text{day} \times 1/3\text{ha}$
$= 100\text{kg/ha} \cdot \text{day}$

25 농축 대상 슬러지량이 500m³/day이고, 슬러지의 고형물 농도가 15g/L일 때, 농축조의 고형물 부하를 2.6kg/m²·h로 하기 위해 필요한 농축조의 면적(m²)은?(단, 슬러지의 비중은 1.0이고, 24시간 연속가동 기준이다)

① 110.4
② 120.2
③ 142.4
④ 156.3

해설

고형물 농도 = 15g/L = 15kg/m³

고형물 부하 $= \dfrac{\text{고형물 농도} \times \text{슬러지량}}{\text{농축조의 면적}}$

농축조의 면적 $= \dfrac{\text{고형물 농도} \times \text{슬러지량}}{\text{고형물 부하}}$
$= \dfrac{15\text{kg/m}^3 \times 500\text{m}^3/\text{day}}{2.6\text{kg/m}^2 \cdot \text{h} \times 24\text{h/day}}$
$= 120.19\text{m}^2$

26 아연과 성질이 유사한 금속으로 체내 칼슘균형을 깨뜨려 이타이이타이병과 같은 골연화증의 원인이 되는 것은?

① Hg
② Cd
③ PCB
④ Cr^{6+}

해설

이타이이타이병은 카드뮴(Cd)에서 기인한다.

27 SVI = 150인 경우 반송슬러지 농도(g/m³)는?

① 8,452
② 6,667
③ 5,486
④ 4,570

해설

$SVI = \dfrac{1}{X_r}$, $X_r = \dfrac{1}{SVI}$

여기서, SVI : 슬러지용적지수(mL/g)
X_r : 반송슬러지 농도(mg/L)

$X_r = \dfrac{1}{150\text{mL/g}} = 0.006667\text{g/mL} = 6{,}667\text{g/m}^3$

28 생물학적 고도처리방법 중 활성슬러지 공법의 포기조 앞에 혐기성조를 추가시킨 것으로 혐기성조, 호기성조로 구성되고, 질소제거가 고려되지 않아 높은 효율의 N, P의 동시제거가 어려운 공법은?

① A/O 공법
② A_2/O 공법
③ VIP 공법
④ UCT 공법

해설

A/O 공법은 인을 단독으로 제거하는 공정이다.

29 MLSS의 농도가 1,000mg/L이고, BOD 농도가 200mg/L인 2,000m³/day의 폐수가 포기조로 유입될 때 BOD/MLSS 부하(kg-BOD/kg-MLSS·day)는?(단, 포기조의 용적은 1,000m³이다)

① 0.1
② 0.2
③ 0.3
④ 0.4

해설

BOD/MLSS 부하 $= \dfrac{400\text{kg/d}}{1,000\text{kg}} = 0.4\text{kg} - \text{BOD/kg} - \text{MLSS} \cdot \text{day}$

30 지하수의 특성으로 가장 거리가 먼 것은?

① 광화학반응 및 호기성 세균에 의한 유기물 분해가 주를 이룬다.
② 국지적 환경조건의 영향을 크게 받는다.
③ 지표수에 비해 경도가 높고, 용해된 광물질을 보다 많이 함유한다.
④ 비교적 깊은 곳의 물일수록 지층과의 보다 오랜 접촉에 의해 용매효과는 커진다.

해설

지표수에 관한 설명이다.

31 SS 측정은 다음 중 어느 분석법에 해당되는가?

① 용량법
② 중량법
③ 용매추출법
④ 흡광측정법

해설

부유물질은 대표적인 중량법이다.

32 미생물 성장곡선에서 다음 설명과 같은 특성을 보이는 단계는?

- 살아 있는 미생물들이 조금밖에 없는 양분을 두고 서로 경쟁하고, 신진대사율은 큰 비율로 감소한다.
- 미생물은 그들 자신의 원형질을 분해시켜 에너지를 얻는 자산화 과정을 겪게 되어 전체 원형질 무게는 감소된다.

① 지체기
② 대수성장기
③ 감소성장기
④ 내생호흡기

해설

내생호흡(Endogenous Respiration) : 미생물이 유기물을 분해하는 과정에서 스스로 생존을 위한 활동을 말하며, 자기산화라고도 한다.

33 생물농축에 관한 설명으로 틀린 것은?

① 생물농축은 먹이연쇄를 통하여 이루어진다.
② 생체 내에서 분해가 쉽고 배설률이 크면 농축이 되질 않는다.
③ 농축계수란 유해물의 수중 농도를 생물의 체내 농도로 나눈 값을 말한다.
④ 미나마타병은 생물농축에 의한 공해병이다.

해설

농축계수 $= \dfrac{\text{생물 중 오염물질농도}}{\text{수중 오염물질농도}}$

정답 29 ④ 30 ① 31 ② 32 ④ 33 ③

34 모래, 자갈, 뼈조각 등과 같은 무기성의 부유물로 구성된 혼합물을 의미하는 것은?

① 스크린   ② 그릿
③ 슬러지   ④ 스컴

해설
그릿은 자갈, 모래, 달걀껍질 등 여러 가지 무기고형물의 혼합물이다.

35 접촉산화법(호기성 침지여상)에 관한 설명으로 가장 거리가 먼 것은?

① 매체로서는 벌집형, 모듈(Module)형, 벌크(Bulk)형 등이 쓰인다.
② 부하변동과 유해물질에 대한 내성이 높다.
③ 운전 휴지기간에 대한 적응력이 낮다.
④ 처리수의 투시도가 높다.

해설
운전을 쉬는 기간에 대한 적응력이 높은 장점이 있다.

36 처음 부피가 1,000m³인 폐기물을 압축하여 500m³인 상태로 부피를 감소시켰다면 체적감소율(%)은?

① 2   ② 10
③ 50   ④ 100

해설
체적감소율 $= \left(1 - \dfrac{V_2}{V_1}\right) \times 100$

여기서, V_1 : 초기 부피(m³)
V_2 : 압축 후 부피(m³)

∴ $\left(1 - \dfrac{500}{1,000}\right) \times 100 = 50\%$

37 도시지역의 쓰레기 수거량은 1,792,500ton/년이다. 이 쓰레기를 1,363명이 수거한다면 수거능력(MHT)은?(단, 1일 작업시간은 8시간, 1년 작업일수는 310일이다)

① 1.45
② 1.77
③ 1.89
④ 1.96

해설
$MHT = \dfrac{\text{수거인부} \times \text{작업시간}}{\text{쓰레기 수거량}}$

$= \dfrac{1,363명 \times 8h/day \times 310day/year}{1,792,500t/year}$

≒ 1.89MHT

※ man·hour/ton : 1ton의 쓰레기를 1명의 인부가 처리하는 데 걸리는 시간으로 작을수록 효율이 좋다.

38 도시의 쓰레기를 분석한 결과 밀도는 450kg/m³이고 비가연성 물질의 질량백분율은 72%였다. 이 쓰레기 10m³ 중에 함유된 가연성 물질의 질량(kg)은?

① 1,180
② 1,260
③ 1,310
④ 1,460

해설
가연성 물질(kg) = 10m³ × 450kg/m³ × 0.28 = 1,260kg

39 폐기물과 선별방법이 가장 올바르게 연결된 것은?

① 광물과 종이 – 광학선별
② 목재와 철분 – 자석선별
③ 스티로폼과 유리조각 – 스크린선별
④ 다양한 크기의 혼합폐기물 – 부상선별

해설
자석선별은 철분이 비금속과 섞여 있는 경우에 적합하다.

40 폐기물 발생특성에 관한 설명으로 옳은 것만 모두 나열된 것은?

> ㉠ 쓰레기통이 작을수록 발생량은 감소한다.
> ㉡ 계절에 따라 쓰레기 발생량이 다르다.
> ㉢ 재활용률이 증가할수록 발생량은 감소한다.

① ㉠, ㉡
② ㉠, ㉢
③ ㉡, ㉢
④ ㉠, ㉡, ㉢

해설
모두 옳은 설명이다.

41 도시폐기물을 위생매립하였을 때 일반적으로 매립 초기(1단계~2단계)에 가장 많은 비율로 발생되는 가스는?

① CH_4 ② CO_2
③ H_2S ④ NH_3

해설
매립 초기에는 이산화탄소가 많이 배출되며, 매립의 상태가 안정될수록 메탄의 발생이 늘어나 최종적으로 이산화탄소와 메탄이 약 4.5 : 5.5의 비율로 배출된다.

42 배출가스를 냉각시키거나 유해가스 또는 악취물질이 함유되어 있어 이들을 같이 제거하고자 할 때 사용하는 집진장치로 적합한 것은?

① 중력집진장치
② 원심력집진장치
③ 여과집진장치
④ 세정집진장치

해설
세정집진장치는 입자와 가스상 물질의 동시 제거가 가능하다.

43 슬러지 내의 수분 중 일반적으로 가장 많은 양을 차지하며 고형물질과 직접 결합해 있지 않기 때문에 농축 등의 방법으로 용이하게 분리할 수 있는 수분은?

① 간극수
② 모관결합수
③ 부착수
④ 내부수

해설
간극수에 관한 설명이다.

44 폐기물 소각 후 발생한 폐열의 회수를 위해 열교환기를 설치하였다. 다음 중 열교환기 종류가 아닌 것은?

① 과열기
② 비열기
③ 재열기
④ 공기예열기

> **해설**
> 열교환기의 종류 : 재열기, 과열기, 절탄기, 공기예열기

45 폐기물 발생량 산정법 중 직접계근법의 단점은?

① 밀도를 고려해야 한다.
② 작업량이 많다.
③ 정확한 값을 알기 어렵다.
④ 폐기물의 성분을 알아야 한다.

> **해설**
> 발생량을 측정하기 때문에 정확한 값을 얻을 수 있으나, 작업량이 많다는 단점이 있다.

46 수분 및 고형물 함량 측정에 필요한 실험기구와 거리가 먼 것은?

① 증발접시
② 전자저울
③ Jar 테스터
④ 데시케이터

> **해설**
> Jar 테스터는 응집교반의 실험에 필요한 장치이다.

47 퇴비화 공정에 관한 설명으로 가장 적합한 것은?

① 크기를 고르게 할 필요 없이 발생된 그대로의 상태로 숙성시킨다.
② 미생물을 사멸시키기 위해 최적온도는 90℃ 정도로 유지한다.
③ 충분히 물을 뿌려 수분을 100%에 가깝게 유지한다.
④ 소비된 산소의 보충을 위해 규칙적으로 교반한다.

> **해설**
> ① 크기를 고르게 하여 숙성시킨다.
> ② 유기물 분해에 가장 효율적인 온도범위는 45~65℃이다.
> ③ 퇴비화에 적합한 초기 수분함량은 50~65%이다.

48 폐기물처리에서 파쇄(Shredding)의 목적으로 가장 거리가 먼 것은?

① 부식효과 억제
② 겉보기 비중의 증가
③ 특정 성분의 분리
④ 고체물질 간의 균일혼합효과

> **해설**
> 파쇄의 목적은 폐기물의 성질을 미세하고 균일하게 하는 것으로, 미생물의 분해속도를 증가시켜 부식효과를 촉진한다.
> ※ 파쇄는 폐기물 사전처리 단계로 본처리의 효과를 증대시키는 데 그 목적을 둔다.

49 화상 위에서 쓰레기를 태우는 방식으로 플라스틱처럼 열에 열화, 용해되는 물질의 소각과 슬러지, 입자상 물질의 소각에 적합하지만 체류시간이 길고 국부적으로 가열될 염려가 있는 소각로는?

① 고정상
② 화격자
③ 회전로
④ 다단로

해설
고정상 소각로에 관한 설명이다.

50 다음 중 적환장의 위치로 적당하지 않은 곳은?

① 수거지역의 무게중심에서 가능한 가까운 곳
② 주요간선 도로에서 멀리 떨어진 곳
③ 작업에 의한 환경피해가 최소인 곳
④ 적환장 설치 및 작업이 가장 경제적인 곳

해설
주요간선 도로에서 가까운 지역

51 생활폐기물의 발생량을 표현하는 데 사용하는 단위는?

① kg/인·일
② kL/인·일
③ m^3/인·일
④ 톤/인·일

52 폐기물 발생량 조사방법에 해당하지 않는 것은?

① 적재차량계수분석법
② 원단위계산법
③ 직접계근법
④ 물질수지법

해설
폐기물 발생량 조사방법
- 적재차량계수분석법 : 특정 지역에서 일정기간동안 수거, 운반되는 차량의 대수를 조사하여 중량으로 산정한다. 밀도 또는 압축 정도를 정확히 파악하는 것이 어려워 오차의 원인이 된다.
- 직접계근법 : 차량의 무게를 직접 잰 후 발생량을 산정하는 방법이다.
- 물질수지법 : 원료물질의 유입과 생산물질의 유출관계를 근거로 발생량을 산정하는 방법이다.
- 원자재 사용량으로 추정하는 방법 : 국가적 차원에서 사용하며 대상지역의 원자재 수요에 대한 충분한 자료를 바탕으로 추정한다.

53 메탄 8kg을 완전연소시키는 데 필요한 이론산소량(kg)은?

① 16
② 32
③ 48
④ 64

해설
메탄의 완전 연소식
$CH_4 + 2O_2 \rightarrow CO_2 + 2H_2O$
16kg : 2×32kg
8kg : x

$x = 32kg$

54 소화슬러지의 발생량은 투입량의 15%이고 함수율이 90%이다. 탈수기에서 함수율을 70%로 한다면 케이크의 부피(m^3)는?(단, 투입량은 150kL이다)

① 7.5
② 8.7
③ 9.5
④ 10.7

해설
투입량 $\times 0.15 =$ 발생량, $150\text{kL} \times 0.15 = 22.5\text{kL} = 22.5\text{m}^3$
$22.5 \times (1-0.9) =$ 케이크 부피 $\times (1-0.7)$
∴ 케이크 부피(m^3) $= 7.5\text{m}^3$

55 폐기물의 물리·화학적 처리방법 중 용매추출에 사용되는 용매의 선택기준이 옳은 것만 모두 나열된 것은?

㉠ 분배계수가 높아 선택성이 클 것
㉡ 끓는점이 높아 회수성이 높을 것
㉢ 물에 대한 용해도가 낮을 것
㉣ 밀도가 물과 같을 것

① ㉠, ㉡
② ㉠, ㉢
③ ㉡, ㉢
④ ㉡, ㉣

해설
용매선택기준
- 분배계수가 높을 것
- 물에 대한 용해도가 낮을 것
- 끓는점이 너무 높지 않을 것
- 극성이 높지 않을 것

56 귀의 구성 중 내이에 관한 설명으로 틀린 것은?

① 난원창은 이소골의 진동을 와우각 중의 림프액에 전달하는 진동판이다.
② 음의 전달 매질은 액체이다.
③ 달팽이관은 내부에 림프액이 들어 있다.
④ 이관은 내이의 기압을 조정하는 역할을 한다.

해설
이관은 외이와 중이의 기압을 조정한다.

57 다공질 흡음재에 해당하지 않는 것은?

① 암 면
② 비닐시트
③ 유리솜
④ 폴리우레탄폼

해설
다공질 흡음재
- Glass Wool(유리솜)
- Rock Wool(암면)
- 광물면
- 식물섬유류
- 발포수지재료(폴리우레탄폼)

58 흡음기구(吸音機構)에 의한 흡음재료를 분류한 것으로 볼 수 없는 것은?

① 다공질 흡음재료
② 공명형 흡음재료
③ 판진동형 흡음재료
④ 반사형 흡음재료

해설
흡음기구의 종류 : 다공질형, 판진동형, 공명형

정답 54 ① 55 ② 56 ④ 57 ② 58 ④

59 진동에 의한 장애는?

① 난청
② 중이염
③ 레이노씨 현상
④ 피부염

해설
레이노씨 현상(Raynaud's Phenomenon)은 사지말단부(손가락, 발가락)에 혈액순환이 되지 않아 창백하게 되는 현상으로 진동공구를 사용하는 근로자들의 손가락에 자주 나타난다.

60 소음계의 기본구조 중 "측정하고자 하는 소음도가 지시계기의 범위 내에 있도록 하기 위한 감쇠기"를 의미하는 것은?

① 증폭기
② 마이크로폰
③ 동특성 조절기
④ 레벨레인지 변환기

해설
레벨레인지 변환기에 관한 설명이다.

2016년 제4회 과년도 기출문제

01 연료가 완전연소하기 위한 조건으로 가장 거리가 먼 것은?

① 공기의 공급이 충분해야 한다.
② 연소용 공기를 예열하여 공급한다.
③ 공기와 연료의 혼합이 잘 되어야 한다.
④ 연소실 내의 온도를 낮게 유지해야 한다.

해설
연소실의 온도가 낮으면 불완전연소에 의해 CO, HC 등이 발생한다.

02 열대 태평양 남미 해안으로부터 중태평양에 이르는 넓은 범위에서 해수면의 온도가 평균보다 0.5℃ 이상 높은 상태가 6개월 이상 지속되는 현상으로 스페인어로 아기예수를 의미하는 것은?

① 라니냐현상
② 업웰링현상
③ 뢴트겐현상
④ 엘니뇨현상

해설
해수면 온도 상승은 엘니뇨, 반대현상은 라니냐이다.

03 대기환경보전법상 (   )에 들어갈 용어는?

> (   )(이)란 연소할 때에 생기는 유리탄소가 응결하여 입자의 지름이 1미크론 이상이 되는 입자상 물질을 말한다.

① VOC
② 검댕
③ 콜로이드
④ 1차 대기오염물질

해설
유리탄소 응결은 검댕이다.

04 200℃, 650mmHg 상태에서 100m³의 배출가스를 표준상태로 환산(Sm³)하면?

① 40.7
② 44.6
③ 49.4
④ 98.8

해설
$$100m^3 \times \frac{273}{273+200} \times \frac{650mmHg}{760mmHg} ≒ 49.4 Sm^3$$

정답 1 ④ 2 ④ 3 ② 4 ③

05 중력집진장치에서 먼지의 침강속도 산정에 관한 설명으로 틀린 것은?

① 중력가속도에 비례한다.
② 입경의 제곱에 비례한다.
③ 먼지와 가스의 비중차에 반비례한다.
④ 가스의 점도에 반비례한다.

해설
Stokes의 법칙
$$V_g(\text{m/s}) = \frac{d^2 \cdot (\rho_p - \rho) \cdot g}{18\mu}$$
여기서, d : 입자의 직경 → 비례
$(\rho_p - \rho)$: 먼지와 가스의 비중차 → 비례
g : 중력가속도 → 비례
μ : 점도 → 반비례

07 촉매산화법으로 악취물질을 함유한 가스를 산화·분해하여 처리하고자 할 때 적합한 연소 온도 범위는?

① 100~150℃
② 300~400℃
③ 650~800℃
④ 850~1,000℃

해설
촉매산화법은 백금, 코발트, 동, 니켈 등의 촉매를 사용하여 저온(약 250~450℃)에서 가스를 산화, 분해처리하는 방법이다.

06 대기상태에 따른 굴뚝 연기의 모양으로 옳은 것은?

① 역전상태 – 부채형
② 매우 불안정상태 – 원추형
③ 안정상태 – 환상형
④ 상층 불안정, 하층 안정상태 – 훈증형

해설
대기상태에 따른 굴뚝연기 모양
• 환상형 : 매우 불안정상태
• 부채형 : 매우 안정상태(역전)
• 훈증형 : 상층 역전, 하층 불안정

08 내연기관, 폭약제조, 비료제조 등에서 발생되며 빛의 흡수가 현저하여 시정거리 단축의 원인으로 작용하는 대기오염물질은?

① SO_2
② NO_2
③ CO
④ NH_3

해설
시정감소는 질소산화물(NO_x)의 영향이 크다.

정답 5 ③ 6 ① 7 ② 8 ②

09 집진율이 각각 90%와 98%인 두 개의 집진장치를 직렬로 연결하였다. 1차 집진장치 입구의 먼지농도가 5.9g/m³일 경우 2차 집진장치 출구에서 배출되는 먼지농도(mg/m³)는?

① 11.8
② 15.7
③ 18.3
④ 21.1

해설

$\eta_t = 1-(1-\eta_1)(1-\eta_2) = 1-(1-0.9)(1-0.98) = 0.998$

$= \left(1 - \dfrac{C_o}{C_i}\right)$

$0.998 = \left(1 - \dfrac{C_o}{5.9}\right)$

∴ $C_o = 5.9 \times (1-0.998) = 0.0118 g/m^3 = 11.8 mg/m^3$

여기서, η_t : 총집진율
η_1 : 1차 집진율
η_2 : 2차 집진율
C_o : 출구배출농도(g/m³)
C_i : 입구유입농도(g/m³)

10 유해가스처리장치로 부적합한 것은?

① 충전탑
② 분무탑
③ 벤투리형 세정기
④ 중력집진장치

해설
중력집진장치로 가스성분의 제거는 불가능하다.

11 그림과 같은 집진원리를 갖는 집진장치는?

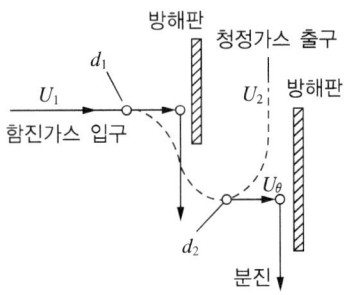

① 중력집진장치
② 관성력집진장치
③ 전기집진장치
④ 음파집진장치

해설
관성력집진장치에 관한 설명이다.

12 비행기나 자동차에 사용되는 휘발유의 옥탄가를 높이기 위하여 사용되며, 차량에 의한 대기오염물질인 유기연(Organic Lead)은?

① 염기성 탄산납
② 3산화납
③ 4에틸납
④ 아질산납

해설
옥탄가를 높이기 위해 4에틸납을 주입하지만 대기오염물질로 피해를 준다.

13 흡착법에 관한 설명으로 틀린 것은?

① 물리적 흡착은 Van der Waals 흡착이라고도 한다.
② 물리적 흡착은 낮은 온도에서 흡착량이 많다.
③ 화학적 흡착인 경우 흡착과정이 주로 가역적이며 흡착제의 재생이 용이하다.
④ 흡착제는 단위질량당 표면적이 큰 것이 좋다.

해설
화학적 흡착은 비가역적이고, 물리적 흡착이 가역적이다.
※ 가역적 흡착 : 흡착과 제거가 쉽게 일어난다.

14 호흡으로 인체에 유입되어 폐질환을 유발하는 호흡성 먼지의 크기(μm)는?

① 0.5~1.0
② 10.0~50.0
③ 50.0~100
④ 100~500

해설
초미세먼지의 일반적인 크기는 $2.5\mu m$ 이하이다(PM2.5).

15 수당량이 2,500cal/℃인 봄베열량계를 사용하여 시료 2.3g을 10cm 퓨즈로 연소시켰다. 평형온도는 연소 전 21.31℃에서 연소 후 23.61℃일 때 발열량(cal/g)은?(단, 퓨즈의 연소열은 2.3cal/cm이다)

$$Q = \frac{수당량 \times 온도\ 상승값 - 퓨즈의\ 연소열}{시료의\ 질량}$$

① 2,470 ② 2,480
③ 2,490 ④ 2,500

해설
주어진 식에 조건을 넣어 계산하면
$$Q = \frac{2,500\text{cal/℃} \times (23.61 - 21.31)\text{℃} - (2.3\text{cal/cm} \times 10\text{cm})}{2.3\text{g}}$$
$= 2,490\text{cal/g}$

16 폐수처리공정에서 최적 응집제 투입량을 결정하기 위한 자-테스트(Jar Test)에 관한 설명으로 가장 적합한 것은?

① 응집제 투입량 대 상징수의 SS 잔류량을 측정하여 최적 응집제 투입량을 결정
② 응집제 투입량 대 상징수의 알칼리도를 측정하여 최적 응집제 투입량을 결정
③ 응집제 투입량 대 상징수의 용존산소를 측정하여 최적 응집제 투입량을 결정
④ 응집제 투입량 대 상징수의 대장균군수를 측정하여 최적 응집제 투입량을 결정

해설
Jar Test(응집교반시험)
SS를 효율적으로 침전시키기 위해 응집제의 사용량 중 최대의 양호한 플럭(Floc) 형성이 가능한 적정 주입량을 시험하는 장치로 황산알루미늄이 대표적인 응집제이다.

17 인체에 만성 중독증상으로 카네미유증을 발생시키는 유해물질은?

① PCB
② 망간(Mn)
③ 비소(As)
④ 카드뮴(Cd)

해설
- 카네미유증은 PCB 섭취에 따른 중독증상이다.
- 망간(Mn) : 기관지 질병, 파킨슨 증후군 발생 가능
- 비소(As) : 식욕부진, 구토, 설사, 폐암 등

18 산도(Acidity)나 경도(Hardness)는 무엇으로 환산하는가?

① 탄산칼슘
② 탄산나트륨
③ 탄화수소나트륨
④ 수산화나트륨

해설
경도, 산도, 알칼리도 등에서 계산의 편의성을 위해 탄산칼슘($CaCO_3$)을 이용한다(분자량 = 100).

19 폐수량 700m³/일, 유입하는 폐수의 오탁물 농도 700mg/L, 침전지로부터 유출하는 처리수의 오탁물 농도는 70mg/L이었다. 발생된 슬러지의 함수율이 98%일 때 제거해야 할 슬러지량(m³/일)은? (단, 슬러지 비중은 1.0이다)

① 11.7   ② 14.7
③ 22.1   ④ 29.4

해설
유입 오탁물 농도 − 유출 오탁물 농도 = 제거대상 농도(630mg/L)
700m³/일 × 1,000L/1m³ × 630mg/L × 1kg/10⁶mg = 441kg/일
발생된 슬러지 함수율이 98%(= 고형물 2%)일 때 슬러지량(x)을 계산하면 다음과 같다.
1 : 0.02(= 고형물) = x : 441kg/일
x = 22,050kg/일
∴ 제거대상 슬러지량 = 22,050kg/일 × 1m³/1,000kg ≒ 22.1m³/일

20 스토크스 법칙에 따라 침전하는 구형입자의 침전속도는 입자직경(d)과 어떤 관계가 있는가?

① $d^{\frac{1}{2}}$에 비례
② d에 비례
③ d에 반비례
④ d^2에 비례

해설
스토크스(Stokes)의 법칙
$$V_g(\text{m/s}) = \frac{d^2 \cdot (\rho_p - \rho) \cdot g}{18\mu}$$
여기서, d^2 : 입자의 직경의 제곱 → 비례
$(\rho_p - \rho)$: 밀도 차이 → 비례
g : 중력가속도 → 비례
μ : 점도 → 반비례

21 급속여과와 비교한 완속여과의 장점으로 옳은 것은?

① 비침전성 Floc의 제거에 쓰인다.
② 여과속도는 100~200m/day이다.
③ 여층이 얇고 역세척 설비를 갖추고 있다.
④ 세균 제거가 효과적이다.

해설
완속여과는 속도가 느린 대신 세균을 효율적으로 제거할 수 있다.

22 질소, 인 등이 강이나 호수에 지나치게 유입될 때 발생할 수 있는 현상은?

① 빈영양화 ② 저영양화
③ 산영양화 ④ 부영양화

해설
부영양화로 인해 녹조, 적조가 발생한다.

23 120ppm의 NaCl의 농도(M)는?(단, 원자량은 Na : 23, Cl : 35.5이다)

① 0.0015 ② 0.0017
③ 0.0021 ④ 0.01

해설
NaCl의 분자량 = 58.5g
NaCl은 1가이므로
$1M = 58.5g$(2가일 경우 $1M = \dfrac{분자량}{2} = 29.25$)
$120ppm = 120mg/L \times 10^{-3}g/mg = 0.12g/L$
$1M : 58.5g/L = xM : 0.12g/L$
$x = \dfrac{0.12}{58.5} ≒ 0.0021M$

24 수처리 시 사용되는 응집제의 종류가 아닌 것은?

① PAC
② 소석회
③ 입상활성탄
④ 염화제2철

해설
흡착제 : 입상활성탄, 실리카겔, 합성제올라이트, 보크사이트, 활성알루미나

25 활성슬러지법에서 MLSS(Mixed Liquor Suspended Solids)가 의미하는 것은?

① 포기조 혼합액 중의 부유물질
② 처리장 유입폐수 중의 부유물질
③ 유입폐수 중의 여과된 물질
④ 처리장 방류폐수 중의 부유물질

해설
MLSS : 폭기조(포기조) 내 부유물질의 양

26 유기물과 무기물의 함량이 각각 80%, 20%인 슬러지를 소화처리한 후 유기물과 무기물의 함량이 모두 50%로 되었을 때 소화율(%)은?

① 50
② 67
③ 75
④ 83

해설

소화율 = $\dfrac{\text{소화 전 비율} - \text{소화 후 비율}}{\text{소화 전 비율}} \times 100$

• 소화 전 비율 = $\dfrac{80}{20} = 4$

• 소화 후 비율 = $\dfrac{50}{50} = 1$

∴ 소화율 = $\dfrac{4-1}{4} \times 100 = 75\%$

27 부상법의 종류에 해당하지 않는 것은?

① 용존공기부상법
② 침전부상법
③ 공기부상법
④ 진공부상법

해설

부상법의 종류
• 진공부상
• 공기부상
• 용존공기부상
• 전해부상
• 미생물학적 부상

28 독성이 있는 6가를 독성이 없는 3가로 pH 2~4에서 환원시키고, 다시 3가를 pH 8~11에서 침전시켜 처리하는 폐수는?

① 납 함유 폐수
② 비소 함유 폐수
③ 크로뮴 함유 폐수
④ 카드뮴 함유 폐수

해설

6가크로뮴을 3가로 환원하여 처리한다.

29 침사지에서 지름이 10^{-2}mm이고 비중이 2.65인 모래입자가 20℃인 물속에서 침전하는 속도(cm/s)는?(단, Stokes 법칙에 따르며 물의 밀도는 1g/cm³, 물의 점성계수는 0.01g/cm·s이다)

① 8.98×10^{-2}
② 8.98×10^{-3}
③ 9.34×10^{-2}
④ 9.34×10^{-3}

해설

스토크스의 법칙 $V_s = \dfrac{d^2(\rho_s - \rho)g}{18\mu}$

여기서, V_s : 침강속도(cm/s)
d : 입자의 직경(cm)
ρ_s : 입자의 비중(g/cm³)
ρ : 물의 비중(g/cm³)
g : 중력가속도(980cm/s²)
μ : 점성도(g/cm·s)

$V_s = \dfrac{(0.001\text{cm})^2 \times (2.65-1.0)\text{g/cm}^3 \times 980\text{cm/s}^2}{18 \times 0.01\text{g/cm}\cdot\text{s}}$

= 0.00898 cm/s
= 8.98×10^{-3}

30 산업폐수에 관한 일반적인 설명으로 가장 거리가 먼 것은?

① 주로 악성폐수가 많다.
② 업종 및 생산방식에 따라 수질이 거의 일정하다.
③ 중금속 등의 오염물질 함량이 생활하수에 비해 높다.
④ 같은 업종일지라도 생산규모에 따라 배수량이 달라진다.

해설
업종에 따라 다양한 수질의 속성을 띠는 것이 특징이다.

31 염소주입 시 물속의 오염물을 산화시키고 처리수에 남아 있는 염소의 양은?

① 잔류염소량   ② 염소요구량
③ 투입염소량   ④ 파괴염소량

해설
상수처리공정의 가장 마지막 단계는 염소주입단계로 물속에 유입될 수 있는 병원성 미생물의 사멸을 위해 투입하며 잔류염소농도를 일정수준으로 유지하도록 법적 근거를 두고 있다.
※ 잔류염소량 = 염소주입량 - 염소요구량

32 에탄올(C_2H_5OH)의 완전산화 시 ThOD/TOC의 비는?

① 1.92   ② 2.67
③ 3.31   ④ 4

해설
$C_2H_5OH + 3O_2 \rightarrow 2CO_2 + 3H_2O$
　　　　　　3×32(산소의 분자량)
• ThOD : 이론적 산소요구량 = 96
• TOC : 총유기탄소량 = $2 \times 12 = 24$
∴ ThOD/TOC = 96/24 = 4

33 표준활성슬러지법으로 폐수를 처리하는 경우 F/M 비(kg BOD/kg SS·day)의 운전범위로 가장 적합한 것은?

① 0.02~0.04
② 0.2~0.4
③ 2~4
④ 4~8

해설
유기영양물(Food)과 미생물(MLSS)의 비율로 표준활성슬러지법에서 F/M비는 0.2~0.4kg BOD/kg MLSS·day가 적당하다. F/M비가 적당하면 미생물 Floc 형성이 잘 되어 슬러지가 빠르게 침강한다.

34 지하수의 일반적인 특징으로 가장 거리가 먼 것은?

① 유속이 느리다.
② 세균에 의한 유기물 분해가 주된 생물작용이다.
③ 연중 수온이 거의 일정하다.
④ 국지적인 환경조건의 영향을 적게 받는다.

해설
지하수의 특징
• 오염되기 쉽지 않다. - 수질변동이 적다.
• 수온변화가 적다. - 유속이 느리다.
• 일반적으로 수질이 깨끗하다.
• 한 번 오염되면 복구가 상당히 어렵다.
• 미생물에 의한 유기물 분해가 주된 생물반응이다.
• 경도(Hardness)가 높아 일상생활(음용수, 세척수)에서 사용하기가 쉽지 않다.
• 국지적인 환경조건의 영향을 많이 받는다.

35 하수의 고도처리를 위한 A₂/O 공법의 조구성으로 가장 거리가 먼 것은?

① 혐기조
② 혼합조
③ 포기조
④ 무산소조

해설
혼합조는 포함되어 있지 않다.

36 퇴비화의 장점으로 거리가 먼 것은?

① 초기 시설투자비가 낮다.
② 비료로서의 가치가 뛰어나다.
③ 토양개량제로 사용 가능하다.
④ 운영 시 소요되는 에너지가 낮다.

해설
비료로서의 가치는 떨어진다.

37 우수침투 방지와 매립지 상부의 식재를 위해 최종 복토를 할 경우 매립 두께(cm)는?

① 10~30
② 30~60
③ 60~90
④ 90~120

해설
우수침투 방지를 위해 약 60~90 정도의 복토를 최종적으로 한다.

38 화격자 소각로에 관한 설명으로 가장 거리가 먼 것은?

① 연속적인 소각과 배출이 가능하다.
② 화격자는 주입된 폐기물을 이동시켜 적절히 연소되게 하고, 화격자 사이로 공기가 유통되도록 한다.
③ 플라스틱과 같이 열에 쉽게 용융되는 물질의 연소에 적합하다.
④ 수분이 많거나 발열량이 낮은 폐기물도 소각시킬 수 있다.

해설
화격자 소각로의 단점
• 체류시간이 길고 교반력이 약하다.
• 열에 쉽게 용융되는 물질은 화격자 막힘 현상을 일으킨다.
• 구동 부분의 마모 손실이 크다.

39 우리나라 수거분뇨의 pH는 대략 어느 범위에 속하는가?

① 1.0~2.5
② 4.0~5.5
③ 7.0~8.5
④ 10~12

해설
약알칼리성(7.0~8.5)을 띤다.

정답 35 ② 36 ② 37 ③ 38 ③ 39 ③

40 슬러지나 폐기물의 토지주입 시 중금속류의 성질에 관한 설명으로 가장 거리가 먼 것은?

① Cr : Cr^{3+}은 거의 불용성으로 토양 내에서 존재한다.
② Pb : 토양 내에 침전되어 있어 작물에 거의 흡수되지 않는다.
③ Hg : 토양 내에서 활성도가 커 작물에 의한 흡수가 용이하고, 강우에 의해 쉽게 지표로 용해되어 나온다.
④ Zn : 모래를 제외한 대부분의 토양에 영구적으로 흡착되나 보통 Cu나 Ni보다 장기간 용해상태로 존재한다.

[해설]
수은(Hg)은 작물에 의한 흡수가 잘 되지만, 잔존성이 강해 강우에 의해 지표로 쉽게 용해되어 나오지 않는다.

41 밀도가 $1g/cm^3$인 폐기물 10kg에 고형화 재료 2kg을 첨가하여 고형화시켰더니 밀도가 $1.2g/cm^3$로 증가했다. 이 경우 부피변화율은?

① 0.7 ② 0.8
③ 0.9 ④ 1.0

[해설]
부피변화율(압축비) = $\dfrac{V_2}{V_1}$
여기서, V_1 : 압축 전 부피
V_2 : 압축 후 부피
$V_1 = 10kg \times \dfrac{1L}{1kg} = 10L$, $V_2 = 12kg \times \dfrac{1L}{1.2kg} = 10L$
부피변화율 = $\dfrac{10L}{10L} = 1.0$

42 폐기물 발생량 조사방법으로 틀린 것은?

① 적재차량 계수분석법
② 직접계근법
③ 물질성상분석법
④ 물질수지법

[해설]
폐기물 발생량의 조사방법
- 직접계근법 : 중간적하장이나 중계처리장에서 직접 계근
- 물질수지법 : 특정 시스템을 이용하여 유입, 유출되는 폐기물의 양에 대해 물질수지를 세워 폐기물 발생량 추정
- 적재차량 계수분석법 : 조사된 차량의 대수에 폐기물의 겉보기 비중을 보정하여 중량으로 환산

43 소각로 내의 화상 위에서 폐기물을 태우는 방식으로 플라스틱과 같이 열에 의해 용융되는 물질의 소각에 적당하나 연소효율이 나쁘고 체류시간이 길고 교반력이 약하여 국부적으로 가열될 염려가 있는 소각로 형식으로 가장 적합한 것은?

① 액체주입형 소각로
② 고정상 소각로
③ 유동상 소각로
④ 열분해용융 소각로

[해설]
고정상 소각로 : 연소용 공기가 노 주위에서 화상을 향하여 분사되면서 폐기물을 소각하며 플라스틱과 같은 열가소성 폐기물에 적합하다.

44 폐기물이 발생되어 최종 처분되기까지 폐기물 관리에 관련되는 활동 중 작은 수거차량으로부터 큰 운반차량으로 폐기물을 옮겨 싣거나, 수거된 폐기물을 최종 처분장까지 장거리 수송하는 기능요소는?

① 발생
② 적환 및 운송
③ 처리 및 회수
④ 최종 처분

해설
적환장을 설치할 경우 운송을 좀더 효율적으로 진행할 수 있다.

45 매립지에서 복토를 하는 목적으로 틀린 것은?

① 악취 발생 억제
② 쓰레기 비산 방지
③ 화재 방지
④ 식물 성장 방지

해설
식물 성장을 촉진하기 위함이다.

46 유해폐기물 침출수 처리 중 펜톤처리에 사용되는 약품으로 옳은 것은?

① $Pt + Ca(OH)_2$
② $Hg + Na_2SO_4$
③ $NaCl + NaOH$
④ $Fe + H_2O_2$

해설
철염과 과산화수소를 이용한다.

47 밀도가 $0.8ton/m^3$인 쓰레기 $1,000m^3$를 적재용량 4ton인 차량으로 운반한다면 필요 차량수는?

① 100대
② 150대
③ 200대
④ 250대

해설
$$운반차량 = \frac{쓰레기발생량}{적재용량} = \frac{1,000m^3 \times 0.8t/m^3}{4t} = 200대$$

48 건조 고형물의 함량이 15%인 슬러지를 건조시켜 얻은 고형물 중 회분이 25%, 휘발분이 75%라고 할 때 슬러지의 비중은?(단, 수분, 회분, 휘발분의 비중은 1.0, 2.0, 1.2이다)

① 1.01
② 1.04
③ 1.09
④ 1.13

해설
$$\frac{고형물함량}{슬러지비중} = \frac{휘발성분함량}{휘발성분의 비중} + \frac{회분함량}{회분의 비중}$$
$$\frac{100}{고형물비중} = \frac{75}{1.2} + \frac{25}{2}, \; 고형물비중 = 1.33$$
$$\frac{슬러지함량}{슬러지비중} = \frac{고형물함량}{고형물의 비중} + \frac{수분함량}{수분의 비중}$$
$$\frac{100}{슬러지비중} = \frac{15}{1.33} + \frac{85}{1}, \; 슬러지비중 = 1.038$$

정답 44 ② 45 ④ 46 ④ 47 ③ 48 ②

49 황화수소 1Sm³의 이론연소공기량(Sm³)은?(단, 표준상태 기준, 황화수소는 완전연소되어 물과 아황산가스로 변화된다)

① 5.6
② 7.1
③ 8.7
④ 9.3

해설

이론연소공기량 = $\dfrac{\text{이론산소량}}{0.21(\text{대기 중 산소의 분압})}$

$H_2S + \dfrac{3}{2}O_2 \rightarrow SO_2 + H_2O$

황화수소(H_2S) 1Sm³을 연소하면 이론산소량(Sm³/Sm³)은
$1Sm^3 \times 3/2(Sm^3/Sm^3) = 1.5Sm^3$

이론연소공기량 = $\dfrac{1.5}{0.21} ≒ 7.1Sm^3$

50 쓰레기 발생량과 성상에 영향을 미치는 요인에 관한 설명으로 가장 거리가 먼 것은?

① 수집빈도가 높을수록, 그리고 쓰레기통이 클수록 발생량이 감소하는 경향이 있다.
② 일반적으로 도시의 규모가 커질수록 쓰레기 발생량이 증가한다.
③ 쓰레기 관련 법규는 쓰레기 발생량에 매우 중요한 영향을 미친다.
④ 대체로 생활수준이 증가하면 쓰레기 발생량도 증가하며 다양화된다.

해설
수집빈도가 높을수록, 쓰레기통이 클수록 쓰레기 발생량은 증가한다.

51 폐기물 수거노선을 결정할 때 고려 사항으로 거리가 먼 것은?

① 가능한 한 시계 방향으로 수거노선을 정한다.
② 출발점은 차고지와 가깝게 한다.
③ 수거인원 및 차량형식은 같은 기존 시스템의 조건들을 서로 관련시킨다.
④ 쓰레기 발생량이 가장 많은 곳을 하루 중 가장 나중에 수거한다.

해설
발생량이 많은 곳을 가장 먼저 수거한다.

52 폐기물 압축의 목적이 아닌 것은?

① 물질회수 전처리
② 부피 감소
③ 운반비 감소
④ 매립지 수명연장

해설
선별을 통해 물질회수 전처리를 할 수 있다.

정답 49 ② 50 ① 51 ④ 52 ①

53 발생된 폐기물을 유용하게 사용하기 위한 에너지 회수방법에 대한 설명으로 틀린 것은?

① 열량이 높고 함수율이 낮은 폐기물 고체연료(RDF)를 생산한다.
② 가연성 폐기물을 장기간 호기성 소화시켜 메탄가스를 생산한다.
③ 폐기물을 열분해시켜 재사용이 가능한 가스나 액체를 생산한다.
④ 쓰레기 소각장에서 발생한 폐열을 실내수영장에 이용한다.

해설
가연성 폐기물을 폐기물 고체연료화하거나 폐열을 다른 목적으로 이용하는 것이 좋다.

54 일반적인 폐기물의 위생매립 공법이 아닌 것은?

① 도랑식(Trench Method)
② 지역식(Area Method)
③ 경사식(Slope or Ramp Method)
④ 혐기식(Anaerobic Method)

해설
혐기식 매립은 없다.

55 쓰레기 적환장을 설치하기에 가장 적합한 경우는?

① 산업폐기물과 같이 유해성이 큰 경우
② 인구밀도가 높은 지역을 수집하는 경우
③ 음식물 쓰레기와 같이 부패성이 있는 경우
④ 처분장이 멀어 소형차량 수송이 비경제적인 경우

해설
처분장이 멀고 발생량이 많지 않은 경우 적환장을 설치하여 운영한다.

56 음압과 음압레벨에 관한 설명으로 가장 거리가 먼 것은?

① 음원이 존재할 때, 이 음을 전달하는 물질의 압력변화 부분을 음압이라 한다.
② 음압의 단위는 압력의 단위인 Pa(파스칼)(1Pa $= 1N/m^2$)이다.
③ 가청음압의 범위는 정적 공기압력과 비교하여 200~2,000Pa이다.
④ 인간의 귀는 선형적이 아니라 대수적으로 반응하므로 음압측정 시에는 Pa 단위를 직접 사용하지 않고 dB 단위를 사용한다.

해설
가청음압의 범위는 $2 \times 10^{-5} \sim 2 \times 10^2 Pa(N/m^2)$으로 광범위하다.

57 흡음재료의 선택 및 사용상의 유의점에 관한 설명으로 가장 거리가 먼 것은?

① 벽면 부착 시 한 곳에 집중시키기보다는 전체 내벽에 분산시켜 부착한다.
② 흡음재는 전면을 접착재로 부착하는 것보다는 못으로 시공하는 것이 좋다.
③ 다공질재료는 산란하기 쉬우므로 표면에 얇은 직물로 피복하는 것이 바람직하다.
④ 다공질재료의 흡음률을 높이기 위해 표면에 종이를 바르는 것이 권장되고 있다.

해설
공질재료에 종이를 바르면 흡음률이 떨어진다.

59 소음계의 성능기준으로 가장 거리가 먼 것은?

① 레벨레인지 변환기의 전환오차는 5dB 이내이어야 한다.
② 측정가능 주파수 범위는 31.5Hz~8kHz 이상이어야 한다.
③ 측정가능 소음도 범위는 35~130dB 이상이어야 한다.
④ 지시계기의 눈금오차는 0.5dB 이내이어야 한다.

해설
레벨레인지 변환기가 있는 기기에 있어서 레벨레인지 변환기의 전환오차가 0.5dB 이내이어야 한다.

58 각각 음향파워레벨이 89dB, 91dB, 95dB인 음의 평균 파워레벨(dB)은?

① 92.4
② 95.5
③ 97.2
④ 101.7

해설

$$평균파워레벨 = 10\log\left\{\frac{1}{n} \times (10^{L_1/10} + 10^{L_2/10} \cdots + 10^{L_n/10})\right\}$$
$$= 10\log\left\{\frac{1}{3} \times (10^{89/10} + 10^{91/10} + 10^{95/10})\right\}$$
$$= 10\log\left\{\frac{1}{3} \times (10^{8.9} + 10^{9.1} + 10^{9.5})\right\}$$
$$= 92.4 \text{dB}$$

여기서, L_1, L_2 : 각각의 음향파워레벨
n : 음향파워레벨 개수

60 일정한 장소에 고정되어 있어 소음발생시간이 지속적이고 시간에 따른 변화가 없는 소음은?

① 공장소음
② 교통소음
③ 항공기소음
④ 궤도소음

해설
공장소음의 특성이다.

2017년 제1회 과년도 기출복원문제

※ 2017년부터는 CBT(컴퓨터 기반 시험)로 진행되어 수험자의 기억에 의해 문제를 복원하였습니다. 실제 시행문제와 일부 상이할 수 있음을 알려드립니다.

01 먼지의 종말침강속도 산정에 관한 설명으로 옳지 않은 것은?

① 먼지와 가스의 비중차에 반비례한다.
② 입경의 제곱에 비례한다.
③ 중력가속도에 비례한다.
④ 가스의 점도에 반비례한다.

해설
먼지와 가스의 비중차에 비례한다.

종말침강속도(V_g) = $\dfrac{d^2(\rho_s - \rho)g}{18\mu}$

여기서, d : 입자의 직경(비례)
g : 중력가속도(비례)
$(\rho_s - \rho)$: 먼지와 가스의 비중차(비례)
μ : 공기의 점도(반비례)

02 연료의 불완전 연소 시에 주로 발생되는 오염물질은?

① CO
② SO_2
③ NO_2
④ H_2O

해설
일산화탄소(CO)는 대표적인 불완전 연소 물질로 약 70% 정도가 자동차에 의해 배출된다.

03 사이클론 집진장치 사용 시 집진성능을 향상시킬 목적으로 처리가스량의 약 5~10%를 재흡인하여 선회기류의 흐트러짐을 방지하고 유효원심력을 증대시키는 효과를 무엇이라 하는가?

① 축류효과(Axial Effect)
② 나선효과(Helical Effect)
③ 먼지상자효과(Dust Box Effect)
④ 블로다운효과(Blow-down Effect)

해설
블로다운은 선회기류의 흐트러짐을 방지하고 유효원심력을 증대시켜 포집된 분진의 재비산을 방지하며, 관 내 분진부착으로 인한 장치의 폐쇄현상을 방지하여 사이클론의 집진성능을 향상시킨다.

04 LA형 스모그에 관한 설명으로 가장 거리가 먼 것은?

① 주오염원이 자동차이다.
② 선진국형 오염형태로 햇빛이 강한 낮에 주로 발생한다.
③ 황화합물로 인한 오염에 기인하며, 탈황처리를 통해 발생을 줄일 수 있다.
④ 광화학 스모그라고도 한다.

해설
LA형 스모그는 자동차 배기가스 성분 중 질소화합물(NO_x)과 자외선의 반응으로 생성되는 광화학 스모그로 빛이 강한 낮에 주로 발생한다.

정답 1 ① 2 ① 3 ④ 4 ③

05 중력집진장치의 집진효율 향상 조건으로 틀린 것은?

① 침강실 내의 배기가스 기류는 균일해야 한다.
② 침강실 처리가스 속도가 작을수록 미립자가 포집된다.
③ 높이가 높고, 길이가 짧을수록 집진효율이 높아진다.
④ 침강실 입구 폭이 클수록 유속이 느려지며, 미세한 입자가 포집된다.

해설
높이(H)가 낮고, 길이(L)가 길수록 집진효율이 높아진다.

06 다음 중 2차 대기오염물질이 아닌 것은?

① O_3
② H_2O_2
③ NH_3
④ PAN

해설
대기오염물질
- 1차 오염물질 : NH_3, HCl, H_2S, CO, H_2, Pb, Zn, Hg, HC 등
- 2차 오염물질 : O_3, H_2O_2, PAN 등

07 황 성분이 2%인 중유를 20ton/h로 연소하는 보일러에서 배기가스 중의 SO_2를 $CaCO_3$로 완전히 처리하는 경우에 이론상 필요한 $CaCO_3$의 양은?(단, 중유 중의 S 성분은 모두 SO_2로 생성된다고 가정하며, Ca의 원자량은 40이다)

① 0.5ton/h
② 1.25ton/h
③ 2.5ton/h
④ 3.5ton/h

해설
$S + O_2 \rightarrow SO_2 + \frac{1}{2}O_2 + CaCO_3 \rightarrow CaSO_4 + CO_2$
- 황의 분자량 = 32g/mol
- $CaCO_3$의 분자량 = 100g/mol
- 황 성분이 2%이므로, $0.02 \times 20\text{ton/h} = 0.4\text{ton/h}$
필요한 $CaCO_3$의 양(x)은 다음과 같다.
32g/mol : 100g/mol = 0.4ton/h : x
$\therefore x = \dfrac{0.4\text{ton/h} \times 100\text{g/mol}}{32\text{g/mol}} = 1.25\text{ton/h}$

08 탄소 20kg이 완전연소하는 데 필요한 이론공기량(Sm^3)은?

① 150.4
② 177.6
③ 203.7
④ 230.5

해설
C + O_2 → CO_2
12kg(분자량) : 22.4Sm^3(1mol의 산소부피)
20kg : x

$x = 22.4 \times \dfrac{20}{12} \fallingdotseq 37.3 Sm^3$

이론공기량 = $\dfrac{\text{이론산소량}}{0.21(\text{산소의 부피비})} = \dfrac{37.3}{0.21} = 177.6 Sm^3$

09 0.01N-NaOH 용액의 농도를 ppm으로 옳게 나타낸 것은?

① 40
② 400
③ 4,000
④ 40,000

해설
NaOH는 해리되었을 경우 OH^-가 1개 존재하므로 1당량이다. 그러므로 1당량은 분자량 40g이 되는 것이다.
즉 1N = 40g/L, 0.01N = 0.4g/L
ppm(= mg/L)으로 환산하면
0.4g/L = 400ppm(mg/L)

※ 노말농도(N) : 용액 1L 속에 녹아있는 용질의 당량수$\left(\dfrac{\text{g당량}}{L}\right)$

정답 5 ③ 6 ③ 7 ② 8 ② 9 ②

10 다음 중 충전탑의 충전물이 갖추어야 할 조건으로 틀린 것은?

① 비표면적이 커야 한다.
② 마찰저항이 커야 한다.
③ 공극률이 커야 한다.
④ 내식성과 내열성이 커야 한다.

해설
마찰저항이 작아야 한다.

11 효율 90%인 전기 집진기를 효율 99%가 되도록 개조하고자 한다. 개조 전보다 집진극의 면적을 몇 배로 늘려야 하는가?(단, Deutsch-Anderson식 적용)

① 2배
② 3배
③ 6배
④ 9배

해설
Deutsch-Anderson식
$\eta = 1 - e^{\left(-\frac{AW_c}{Q}\right)}$
• 개조 전 면적(A_1)
$\eta = 1 - e^{\left(-\frac{A_1 W_c}{Q}\right)}$
$0.9 = 1 - e^{-A_1}$
$e^{-A_1} = 0.1$
$A_1 = 2.3$
• 개조 후 면적(A_2)
$\eta = 1 - e^{\left(-\frac{A_2 W_c}{Q}\right)}$
$0.99 = 1 - e^{-A_2}$
$e^{-A_2} = 0.01$
$A_2 = 4.6$
∴ $\frac{A_2}{A_1} = \frac{4.6}{2.3} = 2$배

12 중량비가 C : 86%, H : 4%, O : 8%, S : 2%인 석탄을 연소할 경우 필요한 이론산소량은?

① 약 $1.6Sm^3/kg$
② 약 $1.8Sm^3/kg$
③ 약 $2.0Sm^3/kg$
④ 약 $2.26Sm^3/kg$

해설
이론산소량 공식
$1.867C + 5.6(H - O/8) + 0.7S$
$= (1.867 \times 0.86) + 5.6(0.04 - 0.08/8) + (0.7 \times 0.02)$
$≒ 1.8Sm^3/kg$

13 5%를 ppm 단위로 환산하면 얼마인가?

① 50ppm
② 500ppm
③ 5,000ppm
④ 50,000ppm

해설
ppm = %농도 × 10,000이므로
ppm = 5% × 10,000 = 50,000ppm
※ 단위필수암기 : 1% = 10,000ppm

14 오존층 파괴물질의 관리에 대한 협약으로 옳은 것은?

① 람사르협약(1975)
② 몬트리올 의정서(1987)
③ 런던협약(1972)
④ 바젤협약(1989)

해설
몬트리올 의정서, 비엔나협약이 오존층 파괴물질 관리에 대한 협약이다.

15 30℃, 725mmHg 상태에서 CO_2 44g이 차지하는 부피는?

① 24.4L
② 25.6L
③ 26.1L
④ 27.8L

해설
CO_2의 분자량은 44이므로 1mol은 44g
이상기체 방정식 $PV = nRT$
$V = \dfrac{nRT}{P} = \dfrac{1 \times 0.082 \times (273+30)}{725/760} ≒ 26.1L$

17 0.5M H_2SO_4 10mL를 1M NaOH로 중화할 때 소요되는 NaOH의 양은?

① 5mL ② 10mL
③ 15mL ④ 20mL

해설
중화적정 공식
$NV = N'V'$
여기서, N, N' : 노말농도
V, V' : 부피
H_2SO_4는 2가이므로 노말농도(N) = 0.5M × 2 = 1N
NaOH는 1가이므로 노말농도(N') = 1N
$1 \times 10 = 1 \times V'$
∴ V' = 10mL
※ $H_2SO_4 \rightarrow 2H^+ + SO_4^{2-}$: 2가 물질
$NaOH \rightarrow Na^+ + OH^-$: 1가 물질
→ 해리되었을 때 수소이온과 염기이온의 수에 따라 1가, 2가 물질로 결정된다.

16 수처리 공정 가운데 질소, 인 등을 제거하는 고도처리에 해당하는 것은?

① 침전처리
② 스크린처리
③ 활성슬러지처리
④ 이온교환처리

해설
부영양화를 유발하는 질소, 인 등을 처리하는 것을 고도처리(3차 처리)라고 하며, 응집, 활성탄흡착, 역삼투, 이온교환 등의 방법을 이용한다.

18 활성슬러지 공법에서 슬러지 반송의 주된 목적은?

① 영양물질 공급
② pH 조절
③ DO 조절
④ MLSS 조절

해설
MLSS(포기조 내 부유물질) 농도를 일정하게 유지하기 위해서 슬러지 반송이 필요하다.
※ MLSS가 높을 경우 유기물 농도가 높아져 소화가 적절히 이루어지지 않는다.

19 부유물의 농도와 부유물 입자의 특성에 따른 침전 현상의 4가지 형태가 아닌 것은?

① 독립침전
② 응집침전
③ 지역침전
④ 분리침전

해설
침전현상의 4가지 형태
- Ⅰ형 침전(독립침전) : 낮은 농도의 입자들이 독립적으로 침전하는 형태
- Ⅱ형 침전(응집침전) : 입자가 침전하면서 응결하여 입자의 크기가 커지는 침전
- Ⅲ형 침전(지역침전, 간섭침전, 계면침전) : 높은 고형물 농도의 현탁액의 침전
- Ⅳ형 침전(압축침전) : 침전은 단지 압축으로만 일어날 수 있는 부유물의 침전

20 다음 중 화학적 수질반응에 해당하는 것은?

① 침 전
② 침 강
③ 확 산
④ 부 유

해설
침강은 단순한 물질의 비중에 의해 가라앉는 현상이나, 침전은 응집제를 투입하여 화학적인 결합을 유도한 후 가라앉히는 화학적 수질반응이다.

21 질산화 과정에 대한 설명으로 옳지 않은 것은?

① 최종 산물은 질산이온이다.
② 반대로 탈질화 과정이 있다.
③ 과정의 첫 단계는 암모늄이온의 분해이다.
④ 질산화의 정도로 오염의 시기가 파악 가능하다.

해설
질산화의 최종 산물은 질소가스(N_2)이다.

22 산도(Acidity)나 경도(Hardness)는 무엇으로 환산하는가?

① 탄산칼슘
② 탄산나트륨
③ 탄화수소나트륨
④ 수산화나트륨

해설
산도(Acidity), 경도(Hardness), 알칼리도(Alkalinity) 모두 탄산칼슘($CaCO_3$)으로 환산하여 ppm 단위로 나타내는데 이것은 탄산칼슘의 분자량이 100이어서 계산이 용이하기 때문이다.

23 다음 중 비점오염원에 해당하는 것은?

① 농경지 배수
② 폐수처리장 방류수
③ 축산폐수
④ 공장의 산업폐수

해설
배출형태에 따른 오염원의 분류
- 점오염원 : 오염물질이 지도상의 한 점에서 배출되는 것(예 생활하수, 축산폐수, 산업폐수)
- 비점오염원 : 도시, 도로, 농지, 산지, 공사장 등 불특정 장소에서 면적 단위로 수질오염물질이 배출되는 배출원(예 농경지 배수)

24 다음 중 환원에 해당하는 것은?

① 전자를 잃음
② 산화수가 증가
③ 수소를 잃음
④ 산화물이 산소를 잃음

해설
산화와 환원 비교

구 분	산 화	환 원
산 소	물질이 산소와 화합	산화물이 산소를 잃을 때
수 소	수소산화물이 수소를 잃을 때	물질이 수소와 화합
전 자	전자를 잃을 때	전자를 얻을 때
산화수	증 가	감 소

26 시료의 5일 BOD가 212mg/L이고, 탈산소계수 값이 0.15/day(밑수 10)이면 이 시료의 최종 BOD(mg/L)는?

① 243 ② 258
③ 285 ④ 292

해설
$BOD_t = BOD_u(1 - 10^{-k \cdot t})$
여기서, BOD_t : 5일 후 BOD값
BOD_u : 최종 BOD값
k : 탈산소계수
t : 시간
$212ppm = BOD_u(1 - 10^{-0.15 \times 5})$
$BOD_u = \dfrac{212}{0.82} = 258ppm$

25 SVI = 125일 때 반송슬러지 농도(mg/L)는?

① 1,000 ② 2,000
③ 4,000 ④ 8,000

해설
$SVI = \dfrac{1}{X_r}$, $X_r = \dfrac{1}{SVI}$
여기서, SVI : 슬러지용적지수(mL/g)
X_r : 반송슬러지 농도(mg/L)
$X_r = \dfrac{1}{125mL/g} = 0.008g/mL \times 1,000mg/g \times 1,000mL/L$
$= 8,000mg/L$

27 1mM의 수산화칼슘이 녹아 있는 수용액의 pH는 얼마인가?(단, 수산화칼슘은 완전해리한다)

① 2.7   ② 4.5
③ 9.5   ④ 11.3

해설
1mM $Ca(OH)_2$ → 10^{-3}M $Ca(OH)_2$ → 10^{-3}mol/L
$Ca(OH)_2$ → $Ca^{2+} + 2OH^-$
1M   :   2M
10^{-3}M : 2.0×10^{-3}M = $[OH^-]$
$pH = 14 + \log[OH^-] = 14 + \log(2 \times 10^{-3}) = 11.3$

28 농황산의 비중이 1.84, 농도는 70(W/W%) 정도라면 이 농황산의 몰농도(mol/L)는?(단, 농황산의 분자량은 98)

① 10 ② 13
③ 15 ④ 16

해설

몰농도(mol/L) = 비중$\left(\dfrac{g}{mL}\right) \times \left(\dfrac{10^3 mL}{L}\right) \times \left(\dfrac{1 mol}{98g}\right) \times 0.70$(농도)

$= 1.84 \times 10^3 \times \dfrac{1}{98} \times 0.70 = 13.14$

29 pH 2와 pH 4에 포함된 수소이온의 양은 얼마만큼 차이가 나는가?

① 2배
② 30배
③ 100배
④ 1,000배

해설

pH = $-\log[H^+]$로 로그함수이며, pH 1당 10^n만큼의 농도 차이가 발생하게 된다.

30 A도시에서 발생하는 2,000m³/day의 하수를 1차 침전지에서 침전속도가 2m/day보다 큰 입자들을 완전히 제거하기 위해 요구되는 1차 침전지의 표면적으로 가장 적합한 것은?

① 100m² 이상
② 500m² 이상
③ 1,000m² 이상
④ 4,000m² 이상

해설

$t = \dfrac{Q}{A}, \ A = \dfrac{Q}{t}$

여기서, t : 침전속도(m/s)
Q : 유량(m³/day)
A : 표면적(m²)

$A = \dfrac{2,000 m^3/day}{2m/day} = 1,000 m^2$

31 다음 보기 중 물리적 흡착의 특징을 모두 고른 것은?

|보기|
ㄱ. 흡착과 탈착이 비가역적이다.
ㄴ. 온도가 낮을수록 흡착량이 많다.
ㄷ. 흡착이 다층(Multi-layers)에서 일어난다.
ㄹ. 분자량이 클수록 잘 흡착된다.

① ㄱ, ㄴ ② ㄴ, ㄹ
③ ㄱ, ㄴ, ㄷ ④ ㄴ, ㄷ, ㄹ

해설

ㄱ. 흡착과 탈착이 가역적이다(화학적 흡착이 비가역적임).
• 가역적 : 반응이 쉽게 일어나며 반대 반응도 쉽게 일어나는 경우
• 비가역적 : 반응은 쉽게 일어날 수 있으나 반대 반응은 잘 일어나지 않는 경우

32 함수율 98%(중량)의 슬러지를 농축하여 함수율 94%(중량)인 농축 슬러지를 얻었다. 이때의 슬러지의 용적은 어떻게 변화되는가?(단, 슬러지 비중은 모두 1.0으로 가정한다)

① 원래의 1/2
② 원래의 1/3
③ 원래의 1/6
④ 원래의 1/9

해설
$V_1(100-P_1) = V_2(100-P_2)$
여기서, V_1 : 건조 전 용적
P_1 : 건조 전 함수율
V_2 : 건조 후 용적
P_2 : 건조 후 함수율
$V_1(100-98) = V_2(100-94)$
∴ $V_2 = 1/3 V_1$

34 $Cr_2O_7^{2-}$ 이온에서 크로뮴(Cr)의 산화수는?

① -5
② -6
③ +5
④ +6

해설
산화수 계산방법
• F → -1, 1족 → +1, 2족 → +2, 13족 → +3
• 수소(H)의 산화수 고려
• 산소(O_2)의 산화수 고려
• 나머지 원소의 산화수 할당 순으로 계산한다.
$K_2Cr_2O_7 = 0$
K → 1족이므로 +1, O = -2이므로
$(+1) \times 2 + 2Cr + (-2) \times 7 = 0$
Cr의 산화수 = +6
※ 산화수는 결합하는 물질에 따라 같은 원소라 할지라도 다르게 할당될 수 있다.

33 액체염소의 주입으로 생성된 유리염소, 결합잔류염소의 살균력의 크기를 바르게 나열한 것은?

① HOCl > Chloramine > OCl⁻
② OCl⁻ > HOCl > Chloramine
③ HOCl > OCl⁻ > Chloramine
④ OCl⁻ > Chloramine > HOCl

해설
살균력의 크기 순서
오존(O_3) ≫ 차아염소산(HOCl) > 차아염소산 이온(OCl⁻) > 클로라민(NH_2Cl)

35 생물학적 고도처리 방법 중 활성슬러지 공법으로 포기조 앞에 혐기성조를 추가시킨 것으로 혐기성조, 호기성조로 구성되고, 질소제거가 고려되지 않아 높은 효율의 N, P의 동시제거가 어려운 공법은?

① A/O 공법
② A_2/O 공법
③ VIP 공법
④ UCT 공법

해설
A/O 공법은 인을 단독으로 제거하는 공정이다.

36 도시지역의 쓰레기 수거량은 1,792,500ton/년이다. 이 쓰레기를 1,363명이 수거한다면 수거능력(MHT)은?(단, 1일 작업시간은 8시간, 1년 작업일수는 310일이다)

① 1.45
② 1.77
③ 1.89
④ 1.96

해설
MHT = (수거인부 × 작업시간) / (쓰레기 수거량)
= (1,363인 × 8h/day × 310day/year) / (1,792,500t/year)
≒ 1.89MHT
※ Man·Hour/Ton : 1ton의 쓰레기를 1명의 인부가 처리하는 데 걸리는 시간으로 작을수록 효율이 좋다.

37 퇴비화의 장점으로 거리가 먼 것은?

① 초기 시설투자비가 낮다.
② 비료로서의 가치가 뛰어나다.
③ 토양개량제로 사용 가능하다.
④ 운영 시 소요되는 에너지가 낮다.

해설
비료로서의 가치는 떨어진다.

38 쓰레기 발생량에 영향을 주는 요소로 옳지 않은 것은?

① 생활수준이 높을수록 쓰레기 발생량이 증가한다.
② 수집빈도가 높을수록 쓰레기 발생량이 증가한다.
③ 도시규모가 작을수록 쓰레기 발생량이 증가한다.
④ 쓰레기통의 크기가 클수록 쓰레기 발생량이 증가한다.

해설
생활수준이 높고, 수집빈도가 많고, 도시규모가 크고, 쓰레기통의 크기가 클수록 증가한다.

39 MHT에 대한 설명으로 틀린 것은?

① 폐기물의 수거효율을 나타내는 단위이다.
② MHT값이 작을수록 수거효율이 높다.
③ 수거작업 간의 노동력 비교를 위한 단위이다.
④ 1인의 인부가 쓰레기 10ton을 수거하는 데 소요되는 시간이다.

해설
1인의 인부가 쓰레기 1ton을 수거하는 데 소요되는 시간이다.

40 밀도 500kg/m³인 쓰레기 100kg을 압축하였더니 밀도가 1ton/m³이 되었다. 압축비는 얼마인가?

① 1
② 2
③ 3
④ 4

해설
밀도 = $\frac{질량}{부피}$, 부피 = $\frac{질량}{밀도}$ 이므로,

압축 전 부피 = $\frac{100kg}{500kg/m^3}$ = $0.2m^3$

압축 후 부피 = $\frac{100kg}{1,000kg/m^3}$ = $0.1m^3$

압축비(CR) = $\frac{압축\ 전\ 부피}{압축\ 후\ 부피}$ = $\frac{0.2}{0.1}$ = 2

36 ③ 37 ② 38 ③ 39 ④ 40 ②

41 소각로 내의 화상 위에서 폐기물을 태우는 방식으로 플라스틱과 같이 열에 의해 용융되는 물질의 소각에 적당하나 연소효율이 나쁘고 체류시간이 길고 교반력이 약하여 국부적으로 가열될 염려가 있는 소각로 형식으로 가장 적합한 것은?

① 액체주입형 소각로
② 고정상 소각로
③ 유동상 소각로
④ 열분해용융 소각로

해설
고정상 소각로 : 연소용 공기가 노 주위에서 화상을 향하여 분사되면서 폐기물을 소각하며 플라스틱과 같은 열가소성 폐기물에 적합하다.

42 폐기물의 3성분이라 볼 수 없는 것은?

① 수 분
② 무연분
③ 회 분
④ 가연분

해설
폐기물의 3성분 : 수분, 회분, 가연분(휘발성 고형분)

43 쓰레기 전환연료(RDF)의 구비조건으로 거리가 먼 것은?

① 칼로리가 높을 것
② 함수율이 높을 것
③ 재의 양이 적을 것
④ 조성이 균일할 것

해설
RDF(Refuse Derived Fuel)의 기준조건
• 함수율이 낮을 것
• 고열량일 것
• 대기오염이 적을 것
• 균일한 성분 배합률을 지닐 것
※ RDF(Refuse Derived Fuel) : 폐기물 재활용 고형연료

44 혐기성 단계의 매립지에서 매립 초기에 시간에 따른 발생량 증가폭이 큰 가스는?(단, 기체 구성비(%))

① 수 소
② 메 탄
③ 질 소
④ 이산화탄소

해설
혐기성 단계 : 매립지 내 이산화탄소와 메탄가스가 동시에 발생되며 반응이 지속될수록 메탄의 생성이 많아져 최종적으로 메탄과 이산화탄소가 약 5.5 : 4.5의 비율을 나타내게 된다.

45 인구 100,000명의 중소도시에 발생되는 쓰레기의 양이 200m³/day(밀도 750kg/m³)이다. 적재량 5ton 트럭으로 운반하려면 1일 소요되는 트럭 대수는?(단, 트럭은 1회 운행)

① 12대
② 18대
③ 24대
④ 30대

해설

소요되는 트럭 대수 = $\dfrac{\text{총 쓰레기 발생량}}{\text{트럭의 적재량}}$

$= \dfrac{200\text{m}^3/\text{day} \times 750\text{kg/m}^3}{5,000\text{kg/대}}$

$= 30$대/day

46 다음 슬러지 처리공정 중 개량 단계에 해당되는 것은?

① 소 각
② 소 화
③ 탈 수
④ 세 정

해설

개량(Conditioning) 단계
• 약품 : 석회, 철염, 황산반토, 고분자응집제, 세정
• 열 : 고온고압, 저온가압식, 동결융해식
• 목적 : 탈수성 증대를 통한 슬러지 처리비용 절감

47 강도 I_o의 단색광이 정색액을 통과할 때 그 빛의 80%가 흡수되었다면 흡광도는?

① 0.097
② 0.347
③ 0.699
④ 80

해설

흡광도$(A) = \log \dfrac{1}{t}$

여기서, t : 투과도
$t = 100 - 80 = 20\%$이므로

흡광도 $= \log \dfrac{1}{0.2} = 0.6989 ≒ 0.699$

48 어느 도시 쓰레기의 조성이 탄소 50%, 수소 5%, 산소 39%, 질소 3%, 황 0.5%, 회분 2.5%일 때 고위발열량은?(단, 듀롱의 식 이용)

① 약 3,900kcal/kg
② 약 4,100kcal/kg
③ 약 5,700kcal/kg
④ 약 7,440kcal/kg

해설

$HHV = 81C + 342.5\left(H - \dfrac{O}{8}\right) + 22.5S$

$= (81 \times 50) + 342.5\left(5 - \dfrac{39}{8}\right) + (22.5 \times 0.5)$

$= 4,104\text{kcal/kg} ≒ 4,100\text{kcal/kg}$

※ 질소성분, 회분성분은 열량계산과 관계가 없다.

정답 45 ④ 46 ④ 47 ③ 48 ②

49 다단로 소각에 대한 내용으로 틀린 것은?

① 체류시간이 길어 특히 휘발성이 적은 폐기물의 연소에 유리하다.
② 온도반응이 비교적 신속하여 보조연료 사용조절이 용이하다.
③ 다량의 수분이 증발되므로 수분함량이 높은 폐기물의 연소도 가능하다.
④ 물리·화학적 성분이 다른 각종 폐기물을 처리할 수 있다.

해설
체류시간이 길어 온도반응이 느리며, 늦은 온도반응때문에 보조연료 사용의 조절이 어렵다.

50 500,000명이 거주하는 도시에서 일주일 동안 8,720m³의 쓰레기를 수거하였다. 이 쓰레기의 밀도가 0.45ton/m³이라면 1인 1일 쓰레기 발생량은?

① 1.12kg/인·일
② 1.21kg/인·일
③ 1.25kg/인·일
④ 1.31kg/인·일

해설
- 발생량 = 8,720m³ × 0.45ton/m³ = 3,924,000kg
- 1인 1일 쓰레기발생량 = $\frac{발생량}{인구수 \times 기간}$ = $\frac{3,924,000}{500,000 \times 7}$
  = 1.12kg/인·일

51 폐기물 발생량 조사방법으로 틀린 것은?

① 적재차량 계수분석법
② 직접계근법
③ 물질성상 분석법
④ 물질수지법

해설
폐기물 발생량의 조사방법
- 직접계근법 : 중간 적하장이나 중계 처리장에서 직접 계근
- 물질수지법 : 특정 시스템을 이용하여 유입, 유출되는 폐기물의 양에 대해 물질수지를 세워 폐기물 발생량을 추정
- 적재차량 계수분석법 : 조사된 차량의 대수에 폐기물의 겉보기 비중을 보정하여 중량으로 환산

52 우리나라 수거분뇨의 pH는 대략 어느 범위에 속하는가?

① 1.0~2.5
② 4.0~5.5
③ 7.0~8.5
④ 10~12

해설
약알칼리성(7.0~8.5)을 띤다.

53 다음 중 적환장의 위치로 적당하지 않은 곳은?

① 수거지역의 무게중심에서 가능한 가까운 곳
② 주요간선 도로에 멀리 떨어진 곳
③ 작업에 의한 환경피해가 최소인 곳
④ 적환장 설치 및 작업이 가장 경제적인 곳

해설
주요간선 도로에 가까운 지역이 적당하다.

54 소화슬러지의 발생량은 투입량의 15%이고 함수율은 90%이다. 탈수기에서 함수율이 70%로 한다면 케이크의 부피(m^3)는?(단, 투입량은 150kL이다)

① 7.5　　② 8.7
③ 9.5　　④ 10.7

해설
투입량 × 0.15 = 발생량
150kL × 0.15 = 22.5kL = 22.5m^3
22.5 × (1 − 0.9) = 케이크부피(1 − 0.7)
∴ 케이크부피(m^3) = 7.5m^3

55 슬러지를 가열(210℃ 정도)·가압(120atm 정도)시켜 슬러지 내의 유기물이 공기에 의해 산화되도록 하는 공법은?

① 가열 건조
② 습식 산화
③ 혐기성 산화
④ 호기성 소화

해설
습식 산화에 관한 설명이다.

56 두 진동체의 고유진동수가 같을 때 한 쪽을 울리면 다른 쪽도 울리는 현상은?

① 공 명　　② 진 폭
③ 회 절　　④ 굴 절

해설
공명현상에 관한 설명이다.

57 다공질 흡음재에 해당하지 않는 것은?

① 암 면
② 비닐시트
③ 유리솜
④ 폴리우레탄폼

해설
다공질 흡음재
- Glass Wool(유리솜)
- Rock Wool(암면)
- 광물면
- 식물섬유류
- 발포수지재료(폴리우레탄폼)

58 가속도 진폭의 최댓값이 0.01m/s^2인 정현진동의 진동가속도 레벨은?(단, 기준 10^{-5}m/s^2)

① 28dB　　② 30dB
③ 57dB　　④ 60dB

해설
$$VAL = 20\log\left(\frac{a}{a_0}\right)[dB]$$

여기서, VAL : 진동가속도레벨(Vibration Acceleration Level)
a : 측정대상 진동의 가속도 실효치(= 가속도 진폭/$\sqrt{2}$)
a_0 : 진동가속도레벨의 기준치(10^{-5}m/s^2)

$$a = \frac{0.01 m/s^2}{\sqrt{2}} = 0.00707 m/s^2$$

$$VAL = 20\log\left(\frac{0.00707}{10^{-5}}\right) = 57dB$$

59 선음원의 거리감쇠에서 거리가 두 배로 증가하면 음압레벨의 변화는?

① 1dB 증가
② 1dB 감쇠
③ 3dB 증가
④ 3dB 감쇠

해설
선음원에서 거리가 2배 멀어질 경우 3dB이 감쇠한다.
※ 면음원의 경우 거리감쇠는 없다.

60 진동수가 50Hz이고 속도가 100m/s인 파동의 파장은?

① 1m
② 2m
③ 3m
④ 4m

해설
$$파장(\lambda) = \frac{V(속도)}{f(진동수)}$$
$$= \frac{100m/s}{50Hz} = 2m$$

정답 59 ④ 60 ②

2017년 제2회 과년도 기출복원문제

01 일반적으로 광원으로부터 나오는 빛을 단색화장치(Monochrometer) 또는 필터(Filter)에 의하여 좁은 파장 범위의 빛만을 선택하여 액층을 통과시킨 다음 광전측광으로 하여 목적성분의 농도를 정량하는 분석방법은?

① 기체크로마토그래피
② 자외선/가시선 분광법
③ 원자흡수분광광도법
④ 비분산적외선분광분석법

해설
① 기체시료 또는 기화한 액체나 고체시료를 운반가스(Carrier Gas)에 의하여 분리 후 관 내에 전개시켜 기체상태에서 분리되는 각 성분을 크로마토그래프로 분석하는 방법
③ 시료를 적당한 방법으로 해리시켜 중성원자로 증기화하여 생긴 기저상태(Ground State or Normal State)의 원자가 이 원자증기층을 투과하는 특유파장의 빛을 흡수하는 현상을 이용하여 광전측광과 같은 개개의 특유 파장에 대한 흡광도를 측정하여 시료 중의 원소 농도를 정량하는 방법
④ 선택성 검출기를 이용하여 시료 중의 특정 성분에 의한 적외선의 흡수량 변화를 측정하여 시료 중에 들어있는 특정 성분의 농도를 구하는 방법

02 다음 ( ) 안에 들어갈 말로 알맞은 것은?

> "정확히 단다"라 함은 규정한 양의 검체를 취하여 분석용 저울로 ( )까지 다는 것을 뜻한다.

① 0.1g
② 0.01g
③ 0.001g
④ 0.0001g

해설
ES 01000.b 총칙(관련 용어)
"정확히 단다"라 함은 규정한 양의 검체를 취하여 분석용 저울로 0.1mg까지 다는 것을 뜻한다.
※ 0.1mg = 0.0001g

03 대기조건 중 고도가 높아질수록 기온이 증가하여 수직온도차에 의한 혼합이 이루어지지 않는 상태는?

① 과단열상태
② 중립상태
③ 역전상태
④ 등온상태

해설
대기상태의 구분
- 정상상태 : 보통 고도상승에 따라 기온은 하락(열원이 지구표면)한다.
- 역전상태 : 해가 진후 지표면과 대기의 기온하락률의 차이로 기온분포가 정상상태의 반대로 되어버린 것(고도상승에 따라 기온상승)으로 대기가 안정하게 되어 대기 혼합이 이루어지지 않으며, 해가 뜨면 자연스럽게 사라지는 현상을 말한다.

04 다음 가스 흡수장치 중 장치 내의 (겉보기)가스 속도가 가장 큰 것은?

① 충전탑
② 분무탑
③ 제트스크러버
④ 벤투리스크러버

해설
④ 벤투리스크러버 : 60~90m/s
① 충전탑 : 0.3~1m/s
② 분무탑 : 0.2~1m/s
③ 제트스크러버 : 20~50m/s

정답 1 ② 2 ④ 3 ③ 4 ④

05 일반적으로 배기가스의 입구처리속도가 증가하면 제거효율이 커지는 것이 가장 알맞은 집진장치는?

① 중력집진장치
② 원심력집진장치
③ 전기집진장치
④ 여과집진장치

> **해설**
> 원심력집진장치
> 분진을 함유한 가스에 회전운동을 주어 원심력과 관성력에 의하여 분진을 벽면에 충돌시켜서 포집하는 장치이다. 원통구조물 내에서 전체가스를 나선모양으로 흐르게 하여 입자를 제거하므로 입구처리속도가 증가하면 제거효율이 커진다.

06 0.0001M-HCl 용액의 pH는 얼마인가?(단, HCl은 100% 이온화한다)

① 2   ② 3
③ 4   ④ 5

> **해설**
> HCl → H$^+$ + Cl$^-$이므로
> 100% 이온화된다면 HCl과 H$^+$, Cl$^-$의 농도는 0.0001M로 같다.
> 즉 pH = -log[H$^+$] = -log0.0001 = 4

07 비중이 1.2인 35%의 순수한 염산으로 0.2N HCl 1,000mL를 제조한다면 염산 몇 mL를 물과 함께 1,000mL로 채워야 하는가?

① 10.56mL
② 13.75mL
③ 15.72mL
④ 17.38mL

> **해설**
> 염산의 분자량 = 36.5이며 1당량이므로
> 0.2N HCl = 36.5 × 0.2 = 7.3g을 넣으면 된다(비중 1, 100% 기준).
> 그러나 순도가 35%이므로 $\frac{7.3}{0.35}$ = 20.86g, 비중이 1.2이므로
> $\frac{20.86g}{1.2g/mL}$ = 17.38mL
> 즉 17.38mL의 염산을 넣고 물을 넣어 1,000mL로 채우면 된다.

08 프로판(C$_3$H$_8$) 가스 20kg을 완전연소하는 데 필요한 이론공기량(Sm^3)은?

① 62.2Sm^3
② 84.2Sm^3
③ 121.2Sm^3
④ 242.4Sm^3

> **해설**
> C$_3$H$_8$ + 5O$_2$ → 3CO$_2$ + 4H$_2$O
> 44   : 5 × 22.4Sm^3
> 20kg : x
> 이론산소량 x = 50.9Sm^3
> 이론공기량 = $\frac{\text{이론산소량}}{0.21}$ = $\frac{50.9Sm^3}{0.21}$ = 242.4Sm^3

정답 5 ② 6 ③ 7 ④ 8 ④

09 복사역전에 대한 다음 설명 중 틀린 것은?

① 복사역전은 공중에서 일어난다.
② 맑고 바람이 없는 날 아침에 해가 뜨기 직전에 강하게 형성된다.
③ 복사역전이 형성될 경우 대기오염물질의 수직이동, 확산이 어렵게 된다.
④ 해가 지면서부터 열복사에 의한 지표면의 냉각이 시작되므로 복사역전이 형성된다.

해설
복사역전은 지표면에서 발생하며 해가 진 후 대기와 지표면의 냉각속도 차이에 의해 일시적으로 형성되며 해가 뜨면 자연스럽게 사라진다.

10 25℃, 750mmHg 상태에서 CO 28g이 차지하는 부피는?

① 22.4L ② 24.7L
③ 26.1L ④ 27.8L

해설
CO의 분자량은 28이므로 1mol은 28g
이상기체 방정식 $PV = nRT$
$V = nRT/P$
$= \dfrac{1 \times 0.082 \times (273+25)}{750/760} ≒ 24.7L$

11 전기 집진장치의 집진효율을 Deutsch-Anderson 식으로 구할 때 직접적으로 필요한 인자가 아닌 것은?

① 집진극 면적
② 입자의 이동속도
③ 처리가스량
④ 입자의 점성력

해설
Deutsch-Anderson식
$Q/A = 1/W_e \times \ln(1/1-\eta)$
여기서, Q : 처리가스량(m³/s)
A : 집진극 면적(m²)
W_e : 입자의 이동속도(m/s)
η : 제거효율(%)

12 SO₂ 기체와 물이 30℃에서 평행상태에 있다. 기상에서의 SO₂ 분압이 44mmHg일 때 액상에서의 SO₂ 농도는?(단, 30℃에서 SO₂ 기체의 물에 대한 헨리상수는 1.60×10atm·m³/kmol이다)

① $2.51 \times 10^{-4} kmol/m^3$
② $2.51 \times 10^{-3} kmol/m^3$
③ $3.62 \times 10^{-4} kmol/m^3$
④ $3.62 \times 10^{-3} kmol/m^3$

해설
평형상태는 헨리의 법칙을 활용한다.
$P = H \times C$
여기서, P : 압력
H : 헨리상수
C : 농도
$\dfrac{44}{760} = 1.60 \times 10 \times C$
$C = \dfrac{0.0579}{16} = 0.00362 = 3.62 \times 10^{-3} \ kmol/m^3$

13 수소가 15%, 수분이 0.5% 함유된 중유의 저위발열량이 10,300kcal/kg일 때, 고위발열량은?

① 9,487kcal/kg
② 10,805kcal/kg
③ 11,113kcal/kg
④ 12,300kcal/kg

해설
$H_l = H_h - 600(W + 9H)$
여기서, H_l : 저위발열량(kcal/kg)
H_h : 고위발열량(kcal/kg)
H : 수소의 함량(%)
W : 수분의 함량(%)
$H_h = H_l + 600 \times (9H + W)$
$= 10,300 + 600 \times (9 \times 0.15 + 0.005) = 11,113$ kcal/kg

14 다음 중 주로 광화학반응에 의하여 생성되는 물질은?

① CH_4
② PAN
③ NH_3
④ HC

해설
PAN(Peroxyacetyl Nitrate) : 배기가스 중에 함유된 여러 탄화수소(HC)나 질소산화물(NO_x)이 태양광선(특히 자외선-UV)에 의해 광화학적으로 합성된 2차 오염물질이다. 눈이나 목에 자극을 주며 농작물이나 식물에도 피해를 준다.

15 6대 온실가스에 포함되지 않는 것은?

① 이산화탄소(CO_2)
② 과플루오린화탄소(PFCs)
③ 육플루오린화황(SF_6)
④ 이산화질소(NO_2)

해설
6대 온실가스 : 이산화탄소(CO_2), 메탄(CH_4), 아산화질소(N_2O), 수소플루오린화탄소(HFCs), 과플루오린화탄소(PFCs), 육플루오린화황(SF_6)

16 SO_2의 1일 평균농도는 0℃, 1atm에서 $100\mu g/m^3$이다. ppm으로 환산하면 얼마인가?(단, SO_2의 분자량 : 64)

① 0.035
② 0.35
③ 3.5
④ 35

해설
ppm = mL/m^3, SO_2의 1mol = 64mg, 22.4mL(= 64g, 22.4m^3)
$0.1g/m^3(100\mu g/m^3)$을 ppm으로 환산하면,
$0.1g/m^3 \times \dfrac{22.4m^3}{64g} = 0.035$ ppm

17 BOD 400mg/L, 유량 3,000m³/day인 폐수를 MLSS 3,000mg/L인 포기조에서 체류시간을 8시간으로 운전하고자 한다. 이때 F/M비(BOD-MLSS 부하)는?

① 0.2
② 0.4
③ 0.6
④ 0.8

해설

체류시간 $t = \dfrac{V}{Q}$

여기서, Q : 유량(m³/day)
V : 포기조 용적(m³)
t : 체류시간(day)

포기조 용적 $V = t \times Q = 8h \times 3,000m^3/day \times 1day/24h$
$= 1,000m^3$

∴ F/M비 $= \dfrac{BOD \times Q}{MLSS \times V} = \dfrac{400 \times 3,000}{3,000 \times 1,000} = 0.4$

18 0.1M NaOH 1,000mL를 0.3M H₂SO₄으로 중화적정할 때 소비되는 이론적 황산량은?

① 126mL
② 167mL
③ 234mL
④ 277mL

해설

• 수산화나트륨의 양 : 0.1mol/L × 40g/mol × 1eq/40g = 0.1eq/L
    = 0.1N
• 황산의 양 : 0.3mol/L × 98g/mol × 1eq/49g = 0.6eq/L
    = 0.6N

$NV = N'V'$를 적용하면
0.1N × 1,000mL = 0.6N × 황산량
∴ 황산량 ≒ 167mL

19 활성슬러지법으로 폐수를 처리할 때 발생할 수 있는 문제점인 것은?

① 파리발생
② 악취발생
③ 연못화 현상(Ponding)
④ 슬러지 팽화(Bulking)

해설

활성슬러지공법은 팽화현상을 주의해야 한다.
※ 팽화현상 : 슬러지가 침전되지 않고 부풀어 오르는 현상

20 다음 중 경도의 주 원인물질은?

① Ca^{2+}, Mg^{2+}
② Ba^{2+}, Cd^{2+}
③ Fe^{2+}, Pb^{2+}
④ Ra^{2+}, Mn^{2+}

해설

경도(Hardness)는 금속 2가 양이온(Ca^{2+}, Mg^{2+}, Fe^{2+}, Mn^{2+}, Sr^{2+} 등)의 양을 말한다.

21 건조 전 슬러지 무게가 150g이고, 항량으로 건조한 후의 무게가 35g이었다면 이때 수분의 함량(%)은?

① 46.7 ② 56.7
③ 66.7 ④ 76.7

해설

수분함량 = $\dfrac{W_1 - W_2}{W_1} \times 100 = \dfrac{150 - 35}{150} \times 100 = 76.7\%$

22 수질오염의 지표 가운데 화학적인 지표에 해당하는 것은?

① 부유물질(SS)
② 온 도
③ 식물성 플랑크톤(조류)
④ 생물학적 산소요구량(BOD)

해설

수질오염의 지표

항 목	지 표
물리적	탁 도
	냄새와 맛
	색 도
	온 도
	부유물질(SS)
화학적	수소이온농도(pH)
	용존산소(DO)
	생물학적 산소요구량(BOD)
	화학적 산소요구량(COD)
	경도(Hardness)
	알칼리도(Alkalinity)
	총유기탄소(TOC)
	전기전도도
	독성물질
생물학적	총대장균군/분원성 대장균군
	식물성 플랑크톤(조류)
	Chlorophyll-a

23 수질오염물질 가운데 변압기, 콘덴서의 제조과정에서 발생하며 카네미유증을 유발할 수 있는 오염물질은?

① 수은(Hg) ② 비소(As)
③ 크로뮴(Cr) ④ PCB

해설

수질오염물질의 발생원과 영향

오염물질	발생원	영 향
수은(Hg)	제련, 살충제, 온도계·압력계 제조	미나마타병, 헌터-루셀증후군, 말단동통증
PCB	변압기, 콘덴서 공장	카네미유증
비소(As)	지질(광산), 유리, 염료, 안료, 의약품, 농약 제조	• 급성중독 : 구토, 설사, 복통, 탈수증, 위장염, 혈압저하, 혈변, 순환기 장애 등 • 만성중독 : 국소 및 전신 마비, 피부염, 발암, 색소 침착, 간장비대 등의 순환기 장애
카드뮴(Cd)	아연도금 및 제련, 건전지, 플라스틱 안료	이타이이타이병, 골연화증, 골다공증, 신장손상
크로뮴(Cr)	도금, 피혁재료, 염색 공업	폐암, 피부염, 피부궤양
납(Pb)	납 제련소, 축전지공장, 페인트	다발성 신경염, 관절염, 두통, 기억상실, 경련 등
구리(Cu)	광산폐수, 전기용품, 합금	메스꺼움, 간경변, 윌슨씨병
시안(CN)	각종 도금공장	전신 질식현상

24 미생물과 조류의 생물화학적 작용을 이용하여 하수 및 폐수를 자연 정화시키는 공법으로, 라군(Lagoon)이라고도 하며, 시설비와 운영비가 적게 들기 때문에 소규모 마을의 오수처리에 많이 이용되는 것은?

① 회전원판법 ② 부패조법
③ 산화지법 ④ 살수여상법

해설

산화지법은 생물학적 처리법의 일종으로 호기성 산화지(Aerobic Lagoon), 포기식 산화지(Aerated Lagoon), 임의성 산화지(Facultative Lagoon)로 분류된다.
※ 라군(Lagoon)이라는 어원은 호수, 못 등 물이 잔잔히 고여있는 공간을 의미한다.

25 125m³/h의 폐수가 유입되는 침전지의 월류부하가 100m³/m·day일 경우 침전지 월류위어의 유효 길이는?

① 10m ② 20m
③ 30m ④ 40m

해설
- 월류부하 = $\dfrac{유량}{월류위어길이}$
- 월류위어의 유효길이 = $\dfrac{유량}{월류부하}$
  = (125m³/h × 24h/day) / 100m³/m·day
  = 30m

26 MLSS 농도 3,000mg/L인 포기조 혼합액을 1,000mL 메스실린더로 취해 30분간 정치시켰을 때 침강슬러지가 차지하는 용적은 440mL이었다. 이때 슬러지밀도지수(SDI)는?

① 146.7 ② 73.7
③ 1.36   ④ 0.68

해설
SDI(슬러지밀도지수) = 100 / SVI(슬러지용적지수)
슬러지용적지수(SVI) = (침강슬러지 용적(mL) × 1,000) / MLSS (mg/L)
= (440mL × 1,000) / 3,000mg/L
≒ 146.7
슬러지밀도지수(SDI) = 100 / 146.7 = 0.68

27 염소는 폐수 내의 질소산화물과 결합하여 무엇을 형성하는가?

① 유리염소 ② 클로라민
③ 액체염소 ④ 암모니아

해설
염소는 수중의 암모니아성 질소화합물과 반응하여 클로라민을 생성
$Cl_2 + H_2O \rightarrow HOCl + HCl$
- $HOCl + NH_3 \rightarrow H_2O + NH_2Cl$(모노클로라민)
- $HOCl + NH_2Cl \rightarrow H_2O + NHCl_2$(다이클로라민)
- $HOCl + NHCl_2 \rightarrow H_2O + NCl_3$(트라이클로라민)

28 SVI = 150인 경우 반송슬러지 농도(g/m³)는?

① 8,452 ② 6,667
③ 5,486 ④ 4,570

해설
$SVI = \dfrac{1}{X_r}$, $X_r = \dfrac{1}{SVI}$
여기서, SVI : 슬러지용적지수(mL/g)
X_r : 반송슬러지 농도(mg/L)
$X_r = \dfrac{1}{150mL/g} = 0.006667g/mL = 6,667g/m^3$

29 오염된 지하수의 Darcy 속도가 0.5m/d이고, 공극률이 0.1일 때 오염원으로부터 500m 떨어진 지점까지 도달하는 데 걸리는 시간은?

① 약 0.27년 ② 약 0.65년
③ 약 0.82년 ④ 약 2.40년

해설
$\dfrac{500m \times 0.1}{0.5m/d} = 100day \times \dfrac{1year}{365d} ≒ 0.27year$

30 급속여과와 비교한 완속여과의 장점으로 옳은 것은?

① 비침전성 Floc의 제거에 쓰인다.
② 여과속도는 100~200m/day이다.
③ 여층이 얇고 역세척 설비를 갖추고 있다.
④ 세균 제거가 효과적이다.

해설
완속여과는 속도가 느린 대신 세균을 효율적으로 제거할 수 있다.

31 120ppm의 NaCl의 농도(M)는?(단, 원자량은 Na : 23, Cl : 35.5이다)

① 0.0015
② 0.0017
③ 0.0021
④ 0.01

해설
NaCl의 분자량 = 58.5g
NaCl은 1가이므로 1M = 58.5g(2가일 경우 1M = 분자량 / 2 = 29.25)
120ppm = 120mg/L × 10^{-3}g/mg = 0.12g/L
1M : 58.5g/L = xM : 0.12g/L
$x = \dfrac{0.12}{58.5} = 0.0021M$

32 독성이 있는 6가를 독성이 없는 3가로 pH 2~4에서 환원시키고 다시 3가를 pH 8~11에서 침전시켜 처리하는 폐수는?

① 납 함유 폐수
② 비소 함유 폐수
③ 크로뮴 함유 폐수
④ 카드뮴 함유 폐수

해설
6가크로뮴을 3가로 환원하여 처리한다.

33 표준활성슬러지법으로 폐수를 처리하는 경우 F/M비(kg BOD/kg SS·day)의 운전범위로 가장 적합한 것은?

① 0.02~0.04
② 0.2~0.4
③ 2~4
④ 4~8

해설
유기영양물(Food)과 미생물(MLSS)의 비율로 표준활성슬러지법에서 F/M비는 0.2~0.4kg BOD/kg MLSS·day가 적당하다. F/M비가 적당하면 미생물 Floc 형성이 잘 되어 슬러지가 빠르게 침강한다.

34 염소주입 시 물속의 오염물을 산화시키고 처리수에 남아 있는 염소의 양은?

① 잔류염소량
② 염소요구량
③ 투입염소량
④ 파괴염소량

해설
상수처리공정의 가장 마지막 단계는 염소주입단계로 물속에 유입될 수 있는 병원성 미생물의 사멸을 위해 투입하며 잔류염소농도를 일정수준으로 유지하도록 법적근거를 두고 있다.
※ 잔류염소량 = 염소주입량 − 염소요구량

정답 30 ④ 31 ③ 32 ③ 33 ② 34 ①

35 에탄올(C_2H_5OH)이 물 1L에 92g 녹아 있을 때 COD (g/L)값은?(단, 완전분해 기준)

① 48   ② 96
③ 192   ④ 348

> **해설**
> • 에탄올 분자식 : C_2H_5OH
> • $C_2H_5OH \;+\; 3O_2 \;\rightarrow\; 2CO_2 \;+\; 3H_2O$
>   46g(분자량) : 3 × 32g(분자량)
>   92g/L : x
> ∴ $x = \dfrac{3 \times 32 \times 92}{46} = 192$g/L

36 밀도가 1.2g/cm³인 폐기물 10kg에 고형화 재료 5kg을 첨가하여 고형화시킨 결과 밀도가 2.5g/cm³으로 증가하였다. 이때의 부피변화율은?

① 0.5   ② 0.72
③ 1.5   ④ 2.45

> **해설**
> 부피변화율(압축비) = $\dfrac{V_2}{V_1}$
> 여기서, V_1 : 압축 전 부피
> V_2 : 압축 후 부피
> $V_1 = 10\text{kg} \times \dfrac{1L}{1.2\text{kg}} = 8.3L$, $V_2 = 15\text{kg} \times \dfrac{1L}{2.5\text{kg}} = 6L$
> 부피변화율 = $\dfrac{6L}{8.3L} = 0.72$

37 함수율 25%인 쓰레기를 건조시켜 함수율이 12%인 쓰레기로 만들려면 쓰레기 1ton당 약 얼마의 수분을 증발시켜야 하는가?

① 148kg   ② 166kg
③ 180kg   ④ 199kg

> **해설**
> $W_1(100 - P_1) = W_2(100 - P_2)$
> 여기서, W_1 : 건조 전 폐기물 양
> W_2 : 건조 후 폐기물 양
> P_1 : 건조 전 함수율
> P_2 : 건조 후 함수율
> 1,000(100 - 25) = W_2(100 - 12)
> 88W_2 = 1,000 × 75
> W_2 = 75,000 / 88 = 852.27kg
> 증발시켜야 하는 수분량 = 1,000 - 852.27 = 147.73kg ≒ 148kg

38 다음 중 퇴비화의 최적조건으로 옳지 않은 것은?

① C/N비 : 25~35
② 함수율 : 50~60%
③ pH : 9~10
④ 용존산소 : 5~15%

> **해설**
> 퇴비화의 최적조건
> • C/N비 : 25~35
> • 온도 : 60~70℃
> • 함수율 : 50~60%
> • pH : 6~8
> • 산소 : 5~15%

정답: 35 ③ 36 ② 37 ① 38 ③

39 매립지에서의 가스 생성과정을 크게 4단계로 분류할 때 각 단계에 관한 일반적인 설명으로 옳지 않은 것은?

① 1단계 : 호기성 단계로 O_2가 소모되며, CO_2 발생이 시작된다.
② 2단계 : 호기성 전이 단계이며 NO_3^-가 산화되기 시작한다.
③ 3단계 : 혐기성 단계이며 CH_4가 산화되기 시작한다.
④ 4단계 : 정상적인 혐기단계로 CH_4와 CO_2의 함량이 거의 일정하다.

해설
2단계(혐기성 비메탄 단계)
CH_4 가스는 생성되지 않고 CO_2 가스함량이 최대가 되는 혐기성 단계로서 혐기성 세균에 의하여 탄산가스(CO_2), 수소가스(H_2), 휘발성 유기산 등이 생성되는 단계이다.

41 관거(Pipeline)수거에 관한 설명으로 틀린 것은?

① 자동화, 무공해화가 가능하다.
② 가설 후에 경로 변경이 곤란하고 설치비가 높다.
③ 잘못 투입된 물건의 회수가 용이하다.
④ 큰 쓰레기는 파쇄, 압축 등의 전처리를 해야 한다.

해설
③ 잘못 투입된 물건의 회수가 어렵다.

40 다음은 폐기물공정시험기준에 명시된 용기의 정의이다. ( ) 안에 알맞은 것은?

( )라 함은 취급 또는 저장하는 동안에 기체 또는 미생물이 침입하지 아니하도록 내용물을 보호하는 용기를 말한다.

① 밀폐용기   ② 기밀용기
③ 밀봉용기   ④ 차광용기

해설
ES 06000.b 총칙(관련 용어의 정의) – 용기의 구분
• 밀폐용기 : 취급 또는 저장하는 동안에 이물질이 들어가거나 또는 내용물이 손실되지 않도록 보호하는 용기
• 기밀용기 : 취급 또는 보관하는 동안에 외부로부터의 공기 또는 다른 가스가 침입하지 않도록 내용물을 보호하는 용기
• 차광용기 : 광선이 투과하지 않는 용기 또는 투과하지 않게 포장을 한 용기이며 취급 또는 저장하는 동안에 내용물이 광화학적 변화를 일으키지 아니하도록 방지할 수 있는 용기

42 폐기물공정시험기준상 용어의 정의 중 "항량으로 될 때까지 건조한다."의 의미로 가장 적합한 것은?

① 같은 조건에서 1시간 더 건조할 때 전후 무게의 차가 g당 0.3mg 이하일 때를 말한다.
② 같은 조건에서 1시간 더 건조할 때 전후 무게의 차가 g당 0.5mg 이하일 때를 말한다.
③ 같은 조건에서 1시간 더 건조할 때 전후 무게의 차가 g당 1mg 이하일 때를 말한다.
④ 같은 조건에서 1시간 더 건조할 때 전후 무게의 차가 g당 5mg 이하일 때를 말한다.

해설
ES 06000.b 총칙(관련 용어의 정의)
"항량으로 될 때까지 건조한다"라 함은 같은 조건에서 1시간 더 건조할 때 전후 무게의 차가 g당 0.3mg 이하일 때를 말한다.
※ 항량 : 더 이상 증발할 수분이 없어 질량변화가 없게 된 상태의 질량

정답 39 ② 40 ③ 41 ③ 42 ①

43 RDF에 대한 설명으로 틀린 것은?

① 소각로에서 사용할 경우 부식발생으로 수명이 단축될 수 있다.
② 폐기물 중의 가연성 물질만을 선별하여 함수율, 불순물, 입경 등을 조절하여 연료화시킨 것이다.
③ 부패하기 쉬운 유기물질로 구성되어 있기 때문에 수분함량이 증가하면 부패한다.
④ RDF 소각로의 경우 시설비 및 동력비가 저렴하여, 운전이 용이하다.

해설
RDF 소각로의 경우 시설비가 고가이며, 숙련된 기술이 필요하다.
※ RDF(Refuse Derived Fuel) : 폐기물 재활용 고형연료

45 연간 3,000,000ton의 도시쓰레기를 3,000명의 인부가 수거한다면 수거인부의 수거능력(MHT)은? (단, 일평균작업시간 : 8h/day, 1년 작업일수 : 300day)

① 1.7   ② 2.4
③ 3.1   ④ 4.5

해설
$$MHT = \frac{작업인부 \times 작업시간}{연간쓰레기발생량}$$
$$= \frac{3,000 \times 8h/day \times 300day/년}{3,000,000톤/년} = 2.4$$

※ Man·Hour/Ton : 1t의 쓰레기를 1명의 인부가 처리하는 데 걸리는 시간으로 작을수록 효율이 좋다.

44 폐기물 관리체계 중 도시폐기물 관리에서 가장 많은 비용을 차지하는 요소는?

① 처 리   ② 저 장
③ 처 분   ④ 수 집

해설
도시폐기물 관리체계에서 수거(수집)의 비용이 가장 크다.

46 함수율 50%인 쓰레기와 함수율 90%인 슬러지를 7 : 3으로 섞어 매립하고자 한다. 이 혼합물의 함수율은 얼마인가?

① 57%   ② 62%
③ 70%   ④ 73%

해설
혼합물의 함수율 = (0.5 × 0.7) + (0.9 × 0.3) = 0.62(= 62%)

47 다음 중 소각로의 형식이라 볼 수 없는 것은?

① 펌프식
② 화격자식
③ 유동상식
④ 회전로식

해설
소각로 형식 : 고정상식, 유동상식, 화격자식, 회전로식, 건류식

48 폐기물소각로의 설계기준이 되는 발열량은?

① 고위발열량
② 저위발열량
③ 고위발열량과 저위발열량의 산술평균
④ 고위발열량과 저위발열량의 기하평균

해설
소각로의 설계는 수분을 배제한 발열량인 저위발열량(진발열량)을 기준으로 한다.

49 쓰레기 수거차량의 노선 결정 시에 유의할 사항으로 옳지 않은 것은?

① 출퇴근 시간을 피한다.
② 가급적 반시계 방향으로 노선을 정한다.
③ 언덕을 내려가면서 수거한다.
④ U턴은 피하여 결정한다.

해설
교통신호를 최소화할 수 있어서 가급적 시계 방향으로 노선을 결정한다.

50 소각로 형식 중 회전로가 가지는 장점이라 볼 수 없는 것은?

① 비교적 열효율이 높다.
② 공급장치의 설계에 있어 유연성이 있다.
③ 예열, 혼합, 파쇄 등 전처리 없이 주입이 가능하다.
④ 액상, 고상 폐기물을 따로 수용하거나 섞어서 수용할 수 있다.

해설
회전로(Rotary Kiln)식 소각로의 단점은 열효율이 낮다.

51 파쇄장치에 작용하는 세 가지 힘에 해당하지 않는 것은?

① 전단작용
② 충격작용
③ 압축작용
④ 밀폐작용

해설
파쇄장치는 전단력, 충격작용, 압축작용의 세 가지 힘에 의해 작용된다.

52 다음 그림은 폐기물을 매립한 후 발생하는 생성가스의 농도 변화를 단계적으로 나타낸 것이다. 유기물이 효소에 의해 발효되는 혐기성 비메탄 단계는?

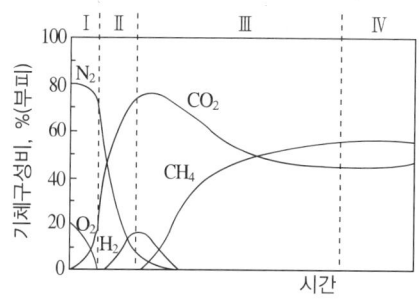

① Ⅰ구역
② Ⅱ구역
③ Ⅲ구역
④ Ⅳ구역

해설
- Ⅰ단계 : 호기성 단계로 호기성 미생물에 의해 분해가 일어난다.
- Ⅱ단계 : 혐기성 비메탄 단계는 혐기성 초기 단계로 메탄 생성균이 아직 활성화되지 않았다.
- Ⅲ단계 : 메탄생성 축적 단계는 본격적인 메탄 생성균에 의해 유기물 분해가 시작되는 단계이다.
- Ⅳ단계 : 정상적인 혐기성 단계로 반응이 거의 안정화되어 정상적인 혐기성 분해가 이루어지는 구간이다.

53 수질오염방지시설의 처리능력 또는 설계 시에 사용되는 다음 용어 중 그 성격이 나머지 셋과 다른 것은?

① F/M비　　② SVI
③ 용적부하　　④ 슬러지부하

해설
SVI(Sludge Volume Index)는 슬러지 침강성을 나타내는 지표이다.

54 침사지 내의 평균유속은 보통 얼마로 유지하는 것이 적당한가?

① 0.3m/초　　② 1.5m/초
③ 2.5m/초　　④ 3.0m/초

해설
침사지의 모래나 자갈이 떠내려가지 않도록 만든 못으로 평균유속은 0.15~0.4m/초 범위로 하며, 보통 0.3m/초 정도로 유지하는 것이 가장 적당하다.

55 어떤 물질을 분석한 결과 1,500ppm의 결과를 얻었다. 이것을 %로 환산하면 얼마나 되겠는가?

① 0.15%　　② 1.5%
③ 15%　　　④ 150%

해설
% : 10^{-2}, ppm : 10^{-6}이므로
ppm = % × 10,000
% = 1,500ppm / 10,000 = 0.15%
※ 1% = 10,000ppm

56 가청주파수의 범위로 알맞은 것은?

① 20Hz 이하
② 20~20,000Hz
③ 20,000Hz 이상
④ 200kHz 이하

해설
가청주파수의 범위는 20~20,000Hz이다.

57 발음원이 이동할 때 그 진행 방향 쪽에서는 원래 발음원의 음보다 고음으로 진행 반대쪽에서는 저음으로 되는 현상을 무엇이라 하는가?

① 도플러 효과
② 회절
③ 지향효과
④ 마스킹 효과

해설
도플러 효과(Doppler Effect) : 어떤 파동의 파동원과 관찰자의 상대 속도에 따라 진동수와 파장이 바뀌는 현상

정답 53 ② 54 ① 55 ① 56 ② 57 ①

58 진동수가 3,300Hz이고, 속도가 330m/s인 소리의 파장은?

① 0.1m
② 1m
③ 10m
④ 100m

해설

파동의 파장(λ) = $\frac{v}{f}$ = $\frac{330\text{m/s}}{3,300\text{Hz}}$ = 0.1m

여기서, v : 속도(m/s)
　　　　f : 진동수(Hz)

59 다음 중 매질의 진동 방향과 파동의 진행 방향이 수평인 것은?

① 물결파
② 지진파의 P파
③ 전자기파
④ 지진파의 S파

해설

종파 : 매질의 진동 방향이 파동의 진행 방향과 평행할 경우
예 음파(소리), 지진파의 P파
횡파 : 매질의 진동 방향이 파동의 진행 방향과 수직인 경우
예 물결파, 전자기파, 지진파의 S파

60 진동측정 시 진동픽업을 설치하기 위한 장소로 옳지 않은 것은?

① 경사 또는 요철이 없는 장소
② 완충물이 있고 충분히 다져서 단단히 굳은 장소
③ 복잡한 반사, 회절현상이 없는 지점
④ 온도, 전자기 등의 외부 영향을 받지 않는 곳

해설

완충물이 없고 충분히 다져서 단단히 굳은 장소로 한다.

정답 58 ① 59 ② 60 ②

2018년 제 1 회 과년도 기출복원문제

01 다음과 같은 특성을 지닌 굴뚝 연기의 모양은?

- 대기의 상태가 하층부는 불안정하고 상층부는 안정할 때 볼 수 있다.
- 하늘이 맑고 바람이 약한 날의 아침에 볼 수 있다.
- 지표면의 오염 농도가 매우 높게 된다.

① 환상형　　② 원추형
③ 훈증형　　④ 구속형

해설
훈증형 : 하층의 불안정층이 굴뚝높이를 막 넘었을 때 굴뚝에서 배출된 오염물질이 지면까지 미치면서 발생하는 것으로, 지면에서부터 굴뚝 상공에 아직 소멸되지 않은 역전층까지 꽉 채워지게 되므로 지면 부근을 심하게 오염시킨다.

02 황(S) 함량이 2.0%인 중유를 시간당 5ton으로 연소시킨다. 배출가스 중의 SO_2를 $CaCO_3$로 완전히 흡수시킬 때, 필요한 $CaCO_3$의 양을 구하면?(단, 중유 중의 황 성분은 전량 SO_2로 연소된다)

① 278.3kg/h　　② 312.5kg/h
③ 351.7kg/h　　④ 379.3kg/h

해설
- 황의 분자량 = 32g/mol
- $CaCO_3$의 분자량 = 100g/mol
- 황(S) 함량이 2.0%이므로, 0.02 × 5ton/h = 0.1ton/h
필요한 $CaCO_3$의 양(x)은 다음과 같다.
32g/mol : 100g/mol = 0.1ton/h : x

∴ $x = \dfrac{0.1\text{ton/h} \times 100\text{g/mol}}{32\text{g/mol}} = 0.3125\text{ton/h} = 312.5\text{kg/h}$

03 질소산화물 발생을 억제하는 연소방법이 아닌 것은?

① 2단 연소법　　② 저과잉공기 연소법
③ 배기가스 재순환법　　④ 고온연소법

해설
질소산화물의 억제를 위해서는 연소온도를 낮추는 것이 중요하며 온도를 낮추기 위해 다단 연소(2단 이상), 저과잉공기 연소, 배기가스 재순환(FGR) 등의 방법이 필요하다.

04 원형 송풍관의 길이가 10m, 내경이 300mm, 직관 내 속도압이 $15\text{mmH}_2\text{O}$, 철판의 관마찰계수가 0.004일 때 이 송풍관의 압력손실은?

① $1\text{mmH}_2\text{O}$　　② $4\text{mmH}_2\text{O}$
③ $8\text{mmH}_2\text{O}$　　④ $18\text{mmH}_2\text{O}$

해설
- 덕트(굴뚝) 압력손실은 굴뚝의 모양이 원형, 사각형일 때 다르게 적용된다.
  - 원형일 때 $\Delta P = 4f \times \left(\dfrac{L}{D}\right) \times V_p = 4f \times \left(\dfrac{L}{D}\right) \times \left(\dfrac{\gamma \times V^2}{2g}\right)$
  - 장방형(사각형)일 때
  $\Delta P = f \times \left(\dfrac{L}{D}\right) \times V_p = f \times \left(\dfrac{L}{D}\right) \times \left(\dfrac{\gamma \times V^2}{2g}\right)$
- 원형 송풍관의 압력손실이므로
$\Delta P = 4f \times \left(\dfrac{L}{D}\right) \times V_p = 4f \times \left(\dfrac{L}{D}\right) \times \left(\dfrac{\gamma \times V^2}{2g}\right)$
$= 4 \times 0.004 \times \left(\dfrac{10}{0.3}\right) \times 15$
$= 8\text{mmH}_2\text{O}$

여기서, ΔP : 압력손실(mmH_2O)
$V_p \left(= \dfrac{\gamma \times V^2}{2g}\right)$: 속도압(mmH_2O)
f : 마찰계수
L : 관의 길이(m)
g : 중력가속도(9.8m/s^2)
D : 내경(m)
γ : 밀도(kg/m^3)
V : 유속(m/s)

정답 1 ③　2 ②　3 ④　4 ③

05
사이클론 집진장치 사용 시 집진성능을 향상시킬 목적으로 처리가스량의 약 5~10%를 재흡인하여 선회기류의 흐트러짐을 방지하고 유효원심력을 증대시키는 효과를 무엇이라 하는가?

① 축류효과(Axial Effect)
② 나선효과(Helical Effect)
③ 먼지상자효과(Dust Box Effect)
④ 블로다운효과(Blow-Down Effect)

해설
블로다운은 선회기류의 흐트러짐을 방지하고 유효원심력을 증대시키며, 포집된 분진의 재비산을 방지한다. 또한 관 내 분진부착으로 인한 장치의 폐쇄현상을 방지하여 사이클론의 집진성능을 향상시킨다.

07
다음 흡수장치 중 장치 내의 가스속도를 가장 크게 해야 하는 것은?

① 분무탑
② 벤투리스크러버
③ 충전탑
④ 기포탑

해설
흡수장치 입구유속
- 분무탑 : 0.2~1m/s
- 충전탑 : 0.3~1m/s
- 제트스크러버 : 20~50m/s
- 벤투리스크러버 : 30~80m/s

08
원심력 집진장치에서 50%의 집진효율을 보이는 입자의 크기를 부르는 말을 무엇이라 하는가?

① 중간입경
② 분리한계입경
③ 임계입경
④ 극한입경

해설
분리한계입경은 절단입경과 같은 의미로 집진율의 50%인 것을 말한다.

06
사이클론의 집진효율 향상조건으로 옳지 않은 것은?

① 일정 한계 내에서 입구 가스의 속도를 빠르게 한다.
② 배기관의 지름을 크게 한다.
③ 고농도일 때는 병렬연결을 한다.
④ 블로다운(Blow Down)효과를 이용한다.

해설
사이클론 집진효율 $\propto \dfrac{1}{\text{배기관 지름}}$

09
후드의 설치 및 흡인요령으로 가장 적합한 것은?

① 후드를 발생원에 근접시켜 흡입시킨다.
② 후드의 개구면적을 점차적으로 크게 하여 흡인속도에 변화를 준다.
③ 에어커튼(Air Curtain)은 제거하고 행한다.
④ 배풍기(Blower)의 여유량은 두지 않고 행한다.

해설
② 후드의 개구면적을 좁게 하여 흡인속도를 크게 한다.
③ 필요시 에어커튼(Air Curtain)을 이용한다.
④ 배풍기는 항상 충분한 여유를 둔다.

정답 5 ④ 6 ② 7 ② 8 ② 9 ①

10
실제공기량(A)을 바르게 나타낸 식은?(단, A_o : 이론공기량, m : 공기비, $m > 1$)

① $A = mA_o$
② $A = (m+1)A_o$
③ $A = (m-1)A_o$
④ $A = \dfrac{A_o}{m}$

해설
실제공기량(A) = 공기비(m) × 이론공기량(A_o)

11
연소 시 연소온도를 높일 수 있는 조건으로 가장 거리가 먼 것은?

① 완전연소시킨다.
② 연소용 공기를 예열한다.
③ 과잉공기량을 많게 한다.
④ 발열량이 높은 연료를 사용한다.

해설
과잉공기량이 지나치게 많으면 연소실의 온도가 저하된다.

12
원심력 집진장치에 관한 설명으로 옳지 않은 것은?

① 구조가 간단하고 취급이 용이한 편이다.
② 압력손실이 20mmH$_2$O 정도로 작고, 고집진율을 얻기 위한 전문적인 기술이 불필요하다.
③ 점(흡)착성 배출가스 처리는 부적합하다.
④ 블로다운 효과를 사용하여 집진효율 증대가 가능하다.

해설
압력손실은 50~150mmH$_2$O 정도이며, 고집진율을 얻기 위한 전문적인 기술이 필요하다.

13
중력집진장치의 효율을 향상시키는 조건으로 거리가 먼 것은?

① 침강실 내의 배기가스의 기류는 균일해야 한다.
② 높이가 높고, 길이가 짧을수록 집진율이 높아진다.
③ 침강실 내의 처리가스 유속이 작을수록 미립자가 포집된다.
④ 침강실의 입구폭이 클수록 미세입자가 포집된다.

해설
높이가 낮고, 길이가 길수록 집진율이 높아진다.

14
세정집진장치는 유수식, 가압수식, 회전식으로 분류될 수 있는데, 다음 중 유수식의 분류에 해당되는 것은?

① 분수형
② 벤투리스크러버
③ 충전탑
④ 분무탑

해설
세정집진장치의 종류
- 유수식 : 물 중에 함진가스를 불어넣는 방식(임펠러형, 로터형, 분수형, 나선가이드 베인형, 오리피스스크러버 등)
- 가압수식 : 함진가스에 물방울을 공급하는 방식(벤투리스크러버, 제트스크러버, 사이클론스크러버, 분무탑, 포종탑, 충전탑 등)
- 회전식 : 팬을 회전하여 액적, 액막, 기포를 생성하는 방식(타이젠워셔, 임펄스스크러버)

15 다음 집진장치 중 일반적으로 동력비가 가장 적게 드는 것은?

① 벤투리스크러버
② 사이클론
③ 살수탑
④ 중력집진장치

해설
중력집진장치 : 집진효율이 낮지만 설치비가 저렴하며, 유지비와 동력비가 적게 든다.

16 다단로 소각에 대한 내용으로 틀린 것은?

① 체류시간이 길어 특히 휘발성이 적은 폐기물의 연소에 유리하다.
② 온도반응이 비교적 신속하여 보조연료 사용조절이 용이하다.
③ 다량의 수분이 증발되므로 수분함량이 높은 폐기물의 연소도 가능하다.
④ 물리·화학적 성분이 다른 각종 폐기물을 처리할 수 있다.

해설
체류시간이 길어 온도반응이 느리며 늦은 온도반응 때문에 보조연료 사용의 조절이 어렵다.

17 섭씨온도 25℃는 절대온도로 몇 K인가?

① 25K   ② 45K
③ 273K   ④ 298K

해설
절대온도(K) = 273 + 섭씨온도(℃) = 273 + 25 = 298K

18 폐기물공정시험기준상 용어의 정의 중 "항량으로 될 때까지 건조한다."의 의미로 가장 적합한 것은?

① 같은 조건에서 1시간 더 건조할 때 전후 무게의 차가 g당 0.3mg 이하일 때를 말한다.
② 같은 조건에서 1시간 더 건조할 때 전후 무게의 차가 g당 0.5mg 이하일 때를 말한다.
③ 같은 조건에서 1시간 더 건조할 때 전후 무게의 차가 g당 1mg 이하일 때를 말한다.
④ 같은 조건에서 1시간 더 건조할 때 전후 무게의 차가 g당 5mg 이하일 때를 말한다.

해설
ES 06000.b 총칙(관련 용어의 정의)
"항량으로 될 때까지 건조한다"라 함은 같은 조건에서 1시간 더 건조할 때 전후 무게의 차가 g당 0.3mg 이하일 때를 말한다.
※ 항량 : 더 이상 증발할 수분이 없어 질량변화가 없게 된 상태의 질량

19 염소 살균에서 용존 염소가 반응하여 물의 불쾌한 맛과 냄새를 유발하는 것은?

① 클로로페놀
② PCB
③ 다이옥신
④ CFC

해설
클로로페놀 : 정수처리 중 잔류한 염소가 페놀과 반응하여 클로로페놀이 형성되며 악취와 불쾌한 맛을 유발한다.
※ 지난 1991년 3월 16일 발생한 낙동강 페놀사건의 주 원인물질이다.

정답 15 ④ 16 ② 17 ④ 18 ① 19 ①

20 수분함량이 25%(W/W)인 쓰레기를 건조시켜 수분 함량이 10%(W/W)인 쓰레기로 만들려면 쓰레기 1톤당 약 얼마의 수분을 증발시켜야 하는가?

① 46kg ② 83kg
③ 167kg ④ 250kg

해설

$W_1 \times (100 - P_1) = W_2 \times (100 - P_2)$

여기서, W_1 : 건조 전 폐기물 양
 P_1 : 건조 전 함수율
 W_2 : 건조 후 폐기물 양
 P_2 : 건조 후 함수율

$1,000 \times (100 - 25) = W_2 \times (100 - 10)$

$W_2 = \dfrac{75,000}{90} = 833.33 \text{kg}$

∴ 증발시켜야 할 수분 = 1,000 − 833.33 = 166.7kg

21 오염물질의 종류와 피해상태의 연결로 거리가 먼 것은?

① 질소 − 부영양화
② 카드뮴 − 전신질식현상
③ 유기물 − 악취, 용존산소 결핍
④ 철 − 붉은색으로 발색, 심미적 피해

해설

카드뮴(Cd^{2+})은 분자구조가 칼슘(Ca^{2+})과 유사해 뼈를 구성하는 성분으로 오해하며 골연화증, 이타이이타이병 등의 원인물질이 된다.

22 다음 중 선택적인 촉매환원법으로 질소산화물을 처리할 때 사용되는 환원제로 가장 적합한 것은?

① 수산화칼슘 ② 암모니아
③ 염화수소 ④ 플루오린화수소

해설

선택적 촉매환원법(SCR) 환원제
• 암모니아(NH_3)
• 일산화탄소(CO)
• 탄화수소(HC)

23 수돗물을 염소로 소독하는 가장 주된 이유는?

① 잔류염소 효과가 있다.
② 물과 쉽게 반응한다.
③ 유기물을 분해한다.
④ 생물농축 현상이 없다.

해설

염소소독의 잔류효과를 통해 추후에 발생될 수 있는 오염물질(주로 병원성 미생물)을 차단하는 효과를 기대할 수 있다.

24 하수처리장의 유입수 BOD가 225mg/L이고, 유출수의 BOD가 55ppm이었다. 이 하수처리장의 BOD 제거율은?

① 약 55% ② 약 76%
③ 약 83% ④ 약 95%

해설

BOD 제거율 = $\dfrac{\text{유입수의 BOD 농도} - \text{유출수의 BOD 농도}}{\text{유입수의 BOD 농도}} \times 100$

$= \dfrac{225 - 55}{225} \times 100 = 75.5 ≒ 76\%$

정답 20 ③ 21 ② 22 ② 23 ① 24 ②

25
폐기물관리법령상 지정폐기물 중 부식성 폐기물의 "폐산"기준으로 옳은 것은?

① 액체상태의 폐기물로서 수소이온농도 지수가 2.0 이하인 것으로 한정한다.
② 액체상태의 폐기물로서 수소이온농도 지수가 3.0 이하인 것으로 한정한다.
③ 액체상태의 폐기물로서 수소이온농도 지수가 5.0 이하인 것으로 한정한다.
④ 액체상태의 폐기물로서 수소이온농도 지수가 5.5 이하인 것으로 한정한다.

해설
부식성 폐기물(폐기물관리법 시행령 별표 1, 지정폐기물의 종류)
- 폐산 : 액체상태의 폐기물로 pH(수소이온농도 지수)가 2.0 이하인 것으로 한정
- 폐알칼리 : 액체상태의 폐기물로서 pH(수소이온농도 지수)가 12.5 이상인 것으로 한정(수산화칼륨 및 수산화나트륨 포함)

26
다음 중 레이놀즈 수(Reynold's Number)와 반비례하는 것은?

① 액체의 점성계수
② 입자의 지름
③ 액체의 밀도
④ 입자의 침강속도

해설
레이놀즈 수
$$Re = \frac{\rho v_s L}{\mu} = \frac{v_s L}{\nu}$$
여기서, ρ : 유체의 밀도
v_s : 평균속도
μ : 점성계수
ν : 동점성 계수
L : 특성길이

27
스토크스(Stokes)의 법칙에 따라 물속에서 침전하는 원형입자의 침전속도에 관한 설명으로 옳지 않은 것은?

① 침전속도는 입자의 지름의 제곱에 비례한다.
② 침전속도는 물의 점도에 반비례한다.
③ 침전속도는 중력가속도에 비례한다.
④ 침전속도는 입자와 물 간의 밀도차에 반비례한다.

해설
스토크스(Stokes)의 법칙
$$V_s (\text{m/s}) = \frac{d^2(\rho_s - \rho)g}{18\mu}$$
여기서, d : 입자의 직경(비례)
$\rho_s - \rho$: 밀도 차이(비례)
g : 중력가속도(비례)
μ : 점도(반비례)

28
SVI와 SDI의 관계식으로 옳은 것은?(단, SVI ; Sludge Volume Index, SDI ; Sludge Density Index)

① SVI = 100/SDI
② SVI = 10/SDI
③ SVI = 1/SDI
④ SVI = SDI/1,000

해설
SDI(슬러지밀도지수) = 100 / SVI(슬러지 용적지수)

29 회전원판식 생물학적 처리시설로 유량 1,000m³/d, BOD 200mg/L로 유입될 경우, BOD 부하(g/m²·d)는?(단, 회전원판의 지름은 3m, 300매로 구성되어 있으며, 두께는 무시하며, 양면을 기준으로 한다)

① 29.4
② 47.2
③ 94.3
④ 107.6

해설

- BOD 부하 = $\dfrac{\text{BOD 농도} \times \text{유량}}{\text{단면적}}$
- BOD 농도 = 200mg/L → 200g/m³
- 단면적 = $\dfrac{\pi}{4} \times D^2 \times 2 \times 300(\text{매}) = \dfrac{3.14}{4} \times 3^2 \times 2 \times 300$
  = 4,239m²
- ∴ BOD 부하 = $\dfrac{200\text{g/m}^3 \times 1,000\text{m}^3/\text{d}}{4,239\text{m}^2}$ = 47.18g/m²·d

30 분뇨의 일반적인 특성에 대한 설명 중 틀린 것은?

① 유기물을 많이 함유하고 있다.
② 고액분리가 쉽다.
③ 토사 및 협잡물을 다량 함유하고 있다.
④ 염분 및 질소의 농도가 높다.

해설

고형물 함유도가 높고 고액분리가 어렵다.

31 다음 중 슬러지 개량(Conditioning)의 주목적은?

① 악취 제거
② 슬러지의 무해화
③ 탈수성 향상
④ 부패 방지

해설

슬러지 개량(Conditioning)의 주목적 : 슬러지의 탈수 특성을 좋게 하기 위해 세척, 약품처리, 열처리 등으로 실시한다.

32 퇴비화 공정에 관한 설명으로 가장 적합한 것은?

① 크기를 고르게 할 필요 없이 발생된 그대로의 상태로 숙성시킨다.
② 미생물을 사멸시키기 위해 최적 온도는 90℃ 정도로 유지한다.
③ 충분히 물을 뿌려 수분을 100%에 가깝게 유지한다.
④ 소비된 산소의 보충을 위해 규칙적으로 교반한다.

해설

① 크기를 고르게 하여 숙성시킨다.
② 유기물 분해에 가장 효율적인 온도범위는 45~65℃이다.
③ 퇴비화에 적합한 초기 수분함량은 50~65%이다.

33 탈질(Denitrification)과정을 거쳐 질소 성분이 최종적으로 변환된 질소의 형태는?

① NO_2-N
② NO_3-N
③ NH_3-N
④ N_2

해설
탈질과정
$NO_3-N \rightarrow NO_2-N \rightarrow$ 대기 중 N_2
- 탈질화(Denitrification) : 토양이나 하수 중의 단백질의 최종산화물인 아질산성 질소 또는 질산성 질소가 질소기체로 환원되어 공기 중으로 방출, 제거되는 현상
- 질산화(Nitrification) : 탈질화의 반대과정($NH_3 \rightarrow NO_2-N \rightarrow NO_3-N$)

34 다음 포기조 내의 미생물 성장 단계 중 신진대사율이 가장 높은 단계는?

① 내생성장단계
② 감소성장단계
③ 감소와 내생성장단계 중간
④ 대수성장단계

해설
미생물은 지체기 → 대수성장기 → 감소성장기 → 내생성장기의 단계를 거친다.
- 지체기(The Lag Phase) : 접종한 미생물이 배양액의 환경에 적응하여 분열을 시작하기까지 걸리는 시간
- 대수성장기(The Log-growth Phase) : 미생물이 급격히 증식하는 단계로 신진대사율이 가장 높음
- 감소성장기(The Stationary Phase) : 세포 성장에 필요한 기질과 영양소 소비가 끝나고 오래된 세포의 사멸률이 세포성장률보다 높아지는 단계
- 내생호흡기(The Log-death Phase) : 내생단계로 기질과 영양소 소비가 없어 세포의 자산화가 일어나는 단계

35 기계적인 탈수방법에 관한 다음 각 설명 중 가장 거리가 먼 것은?

① 원심분리 탈수를 이용하기 위해서는 슬러지의 고형물의 비중이 물보다 작아야 하며, 정기적 보수는 거의 불필요하다.
② 필터프레스는 여과천으로 덮여있는 판 사이로 슬러지를 공급시켜 가동한다.
③ 진공 탈수에는 Rotary Drum형, Belt형, Coil형 등이 있다.
④ 원심분리 탈수에는 Basket형, Disk Nozzle형, Solid Bowl형 등이 있다.

해설
원심분리 탈수는 슬러지의 수분과 고형분을 원심력을 이용하여 분리하는 방법으로 슬러지의 고형물 비중이 물보다 큰 것이 좋다.

36 활성슬러지법은 여러 가지 변법이 개발되어 왔으며, 각 방법은 특별한 운전이나 제거효율을 달성하기 위하여 발전되었다. 다음 중 활성슬러지법의 변법으로 볼 수 없는 것은?

① 다단폭기법
② 접촉안정법
③ 장기폭기법
④ 오존안정법

해설
활성슬러지법의 변법에는 계단식(다단)폭기법, 접촉안정법, 장기폭기법, 산화구법, 연속회분식 슬러지법 등이 있다.

37 하천의 유량은 1,000m³/일, BOD 농도 26ppm이며, 이 하천에 흘러드는 폐수의 양이 100m³/일, BOD 농도 165ppm이라고 하면, 하천과 폐수가 완전 혼합된 후 BOD 농도는?(단, 혼합에 의한 기타 영향 등은 고려하지 않는다)

① 38.6ppm ② 44.9ppm
③ 48.5ppm ④ 59.8ppm

해설

$$C_m = \frac{Q_1 C_1 + Q_2 C_2}{Q_1 + Q_2} = \frac{(1,000 \times 26) + (100 \times 165)}{1,000 + 100}$$
$$= 38.6 \text{ppm}$$

여기서, C_m : 두 하천 혼합 후 BOD 농도
C_1 : 첫 번째 하천 농도
C_2 : 두 번째 하천 농도
Q_1 : 첫 번째 하천 유량
Q_2 : 두 번째 하천 유량

38 pH에 관한 설명으로 옳지 않은 것은?

① pH는 수소이온농도를 그 역수의 상용대수로써 나타내는 값이다.
② pH 표준액의 조제에 사용되는 물은 정제수를 증류하여 그 유출액을 15분 이상 끓여서 이산화탄소를 날려 보내고 산화칼슘 흡수관을 달아 식힌 후 사용한다.
③ pH 표준액 중 보통 산성표준액은 3개월, 염기성 표준액은 산화칼슘 흡수관을 부착하여 1개월 이내에 사용한다.
④ pH 미터는 보통 아르곤전극 및 산화전극으로 된 지시부와 검출부로 되어 있다.

해설

pH 미터의 구성
유리전극, 비교전극으로 된 검출부, 검출된 pH 수치를 지시하는 지시부

39 폐수처리공정에서 유입폐수 중에 포함된 모래, 기타 무기성의 부유물로 구성된 혼합물을 제거하는 데 사용되는 시설은?

① 응집조
② 침사지
③ 부상조
④ 여과조

해설

침사지 : 모래 및 자갈 등의 부유물질을 비중차를 이용해 침강 분리하는 못이나 조를 말한다.

40 황록색의 유독한 기체로 물에 잘 녹으며 강한 자극성이 있는 기체는?

① Cl_2 ② NH_3
③ CO_2 ④ CH_4

해설

염소는 상온상압에서 자극성의 냄새가 있는 황록색의 기체로 독성 가스이다. 살균성이 좋아 수돗물을 소독하는 용도로 미량의 염소를 투입하기도 하나 대기 중의 일정농도 이상의 염소가스는 눈, 코, 기관지, 폐 등을 자극하며, 대량 흡입할 경우 호흡 곤란 등의 증상이 나타날 수 있다.

41 공장폐수 100mL를 검수로 하여 산성 100℃ KMnO₄법에 의한 COD 측정을 하였을 때, 시료적정에 소비된 0.005M KMnO₄ 용액은 5.13mL이다. 이 폐수의 COD값은?(단, 0.005M KMnO₄ 용액의 역가는 0.98이고, 바탕시험 적정에 소비된 0.005M KMnO₄ 용액은 0.13mL이다)

① 9.8mg/L ② 19.6mg/L
③ 21.6mg/L ④ 98mg/L

해설

$$COD(mg/L) = (b-a) \times f \times \frac{1,000}{V} \times 0.2$$
$$= (5.13 - 0.13) \times 0.98 \times \frac{1,000}{100} \times 0.2$$
$$= 9.8 mg/L$$

여기서, a : 바탕시험 적정에 소비된 과망가니즈산칼륨용액 (0.005M)의 양(mL)
b : 시료의 적정에 소비된 과망가니즈산칼륨용액 (0.005M)의 양(mL)
f : 과망가니즈산칼륨용액(0.005M)의 농도계수(Factor)
V : 시료의 양(mL)

42 폐기물 매립지의 덮개시설에 대한 설명으로 가장 거리가 먼 것은?

① 덮개시설은 매립 후 안전한 사후관리를 위해 필요하다.
② 덮개흙으로 가장 적합한 것은 Clay이며, 투수계수가 큰 것이 좋다.
③ 덮개흙은 연소가 잘 되지 않아야 한다.
④ 덮개시설은 악취, 비산, 해충 및 야생동물번식, 화재방지 등을 위해 설치한다.

해설

덮개흙으로는 투수계수가 낮은 것이 좋다.
※ 투수계수 : 15℃의 기준온도에서 다공성 재료의 단위면적을 통과하는 정상류의 유량을 의미하며 투수계수가 작을수록 침출수 발생이 적어 덮개흙으로 적당하다.

43 도시 폐기물의 개략분석(Proximate Analysis) 시 4가지 구성성분에 해당하지 않는 것은?

① 다이옥신(Dioxin)
② 휘발성 고형물(Volatile Solids)
③ 고정탄소(Fixed Carbon)
④ 회분(Ash)

해설

개략분석(Proximate Analysis) 구성성분 : 수분, 휘발성 고형물, 고정탄소, 회분

44 다음 중 내륙매립 공법의 종류가 아닌 것은?

① 도랑형공법
② 압축매립공법
③ 샌드위치공법
④ 박층뿌림공법

해설

• 박층뿌림공법은 해안매립 공법의 종류에 해당한다.
• 내륙매립 공법에는 도랑형, 압축매립, 샌드위치공법 등이 있다.

45 폐기물의 중간처리 공정 중 금속, 유리, 플라스틱 등 재활용 가능한 성분을 분리하기 위한 것은?

① 압 축 ② 건 조
③ 선 별 ④ 파 쇄

해설

폐기물의 선별법 : 손선별, 스크린선별, 공기선별, 관성선별, 부상선별, 광학선별, 자력선별

정답 41 ① 42 ② 43 ① 44 ④ 45 ③

46 다음 중 유해폐기물의 국제적 이동의 통제와 규제를 주요 골자로 하는 국제협약(의정서)은?

① 교토 의정서
② 바젤협약
③ 비엔나협약
④ 몬트리올 의정서

해설
① 교토 의정서 : 지구온난화 방지 및 기후변화협약
③ 비엔나협약 : 오존층 보호를 위한 최초의 협약
④ 몬트리올 의정서 : 오존층 파괴물질인 염화플루오린화탄소(CFCs)의 생산과 사용을 규제하기 위한 협약

47 인구 2,650,000명인 도시에서 1,154,000t/yr의 쓰레기가 발생하였다. 이 도시의 1인당 1일 쓰레기 발생량은?

① 0.98kg/인·일
② 1.19kg/인·일
③ 1.51kg/인·일
④ 2.14kg/인·일

해설
쓰레기 발생량 = (1,154,000t/yr × 1,000kg/t)/(yr/365일)
            = 3,161,643.8kg/일
∴ 1인당 1일 쓰레기 발생량 = (3,161,643.8kg/일)/2,650,000인
            = 1.19kg/인·일

48 500g의 $C_6H_{12}O_6$가 완전한 혐기성 분해를 한다고 가정할 때 발생 가능한 CH_4 가스용적으로 옳은 것은?(단, 표준상태 기준)

① 24.4L
② 62.2L
③ 186.7L
④ 1,339.3L

해설
$C_6H_{12}O_6 \rightarrow 3CO_2 + 3CH_4$
180g : 3 × 22.4L = 500g : x
∴ CH_4 가스용적 $x = \dfrac{3 \times 22.4L \times 500g}{180g} = 186.7L$

49 도시 쓰레기의 조성을 분석하였더니 탄소 30%, 수소 10%, 산소 45%, 질소 5%, 황 0.5%, 회분 9.5%일 때, 듀롱(Dulong)식을 이용한 고위발열량은?

① 약 2,450kcal/kg
② 약 3,940kcal/kg
③ 약 4,440kcal/kg
④ 약 5,360kcal/kg

해설
$H_h = 8,100C + 34,250\left(H - \dfrac{O}{8}\right) + 2,250S$
$= (8,100 \times 0.3) + 34,250\left(0.1 - \dfrac{0.45}{8}\right) + (2,250 \times 0.005)$
$= 2,430 + 1,498.44 + 11.25$
$= 3,939.7 \text{kcal/kg}$

50 750g의 Glucose($C_6H_{12}O_6$)가 완전한 혐기성 분해를 할 경우 발생 가능한 CH_4 가스량은?(단, 표준상태 기준)

① 187L ② 225L
③ 255L ④ 280L

해설

$C_6H_{12}O_6 \rightarrow 3CH_4 + 3CO_2$
180g : 3 × 22.4L = 750g : x
∴ x = 280L

51 처음 부피가 1,000m³인 폐기물을 압축하여 500m³인 상태로 부피를 감소시켰다면, 체적감소율은?

① 2% ② 10%
③ 50% ④ 100%

해설

체적감소율 = $\left(1 - \dfrac{V_2}{V_1}\right) \times 100 = \left(1 - \dfrac{500}{1,000}\right) \times 100 = 50\%$

여기서, V_1 : 초기 부피(m³)
V_2 : 압축 후 부피(m³)

52 폐기물 시료 100kg을 달아 건조시킨 후의 시료 중량을 측정하였더니 40kg이었다. 이 폐기물의 수분함량(%, W/W)은?

① 40% ② 50%
③ 60% ④ 80%

해설

수분함량(%) = $\dfrac{W_1 - W_2}{W_1} \times 100 = \dfrac{100 - 40}{100} \times 100 = 60\%$

여기서, W_1 : 건조 전 시료의 무게
W_2 : 건조 후 시료의 무게

53 특정 시스템을 이용해 유입, 유출되는 폐기물의 양을 이용해 폐기물의 발생량을 추정하는 방법으로 주로 사업장 폐기물의 발생량을 추산할 때 이용하는 방법은?

① 성분분석법
② 물질수지법
③ 직접계근법
④ 적재차량분석법

해설

물질수지법은 특정 시스템을 활용해 유입되는 폐기물의 양에 대해 물질수지를 세워 폐기물의 발생량을 추정한다.

54 쓰레기 수거 시 발생하는 작업 간의 노동력 비교를 위한 MHT를 가장 올바르게 표현한 것은?

① 쓰레기 1톤을 1시간 동안 수거할 때 총수거효율
② 작업자 1인이 1시간 동안 수거할 수 있는 쓰레기 총량
③ 쓰레기 1톤을 1시간 동안 수거하는 데 필요한 작업자 수
④ 작업자 1인이 쓰레기 1톤을 수거하는 데 소요되는 총시간

해설

MHT는 1톤의 쓰레기를 1명의 인부가 처리하는 데 소요되는 시간으로 작을수록 높은 효율을 나타낸다.

55 방음대책을 음원대책과 전파경로대책으로 구분할 때 음원대책에 해당하는 것은?

① 거리감쇠
② 소음기 설치
③ 방음벽 설치
④ 공장건물 내벽의 흡음처리

해설
소음기 설치는 음원대책에 해당한다.

56 소음통계레벨(L_N)에 관한 설명으로 옳지 않은 것은?

① L_{50}은 중앙치라고 한다.
② L_{10}은 80% 레인지 상단치라고 한다.
③ 총측정시간의 N(%)를 초과하는 소음레벨을 의미한다.
④ L_{90}은 L_{10}보다 큰 값을 나타낸다.

해설
%가 작을수록 큰 소음레벨을 나타내므로 $L_{10} > L_{90}$이다.

57 소음의 영향으로 옳지 않은 것은?

① 소음성 난청은 소음이 높은 공장에서 일하는 근로자들에게 나타나는 직업병으로 4,000Hz 정도에서부터 난청이 시작된다.
② 단순 반복작업보다는 보통 복잡한 사고, 기억을 필요로 하는 작업에 더 방해가 된다.
③ 혈중 아드레날린 및 백혈구 수가 감소한다.
④ 말초혈관 수축, 맥박증가 같은 영향을 미친다.

해설
③ 혈중 아드레날린 및 백혈구 수가 증가한다.

58 진동수가 250Hz이고 파장이 5m인 파동의 전파속도는?

① 50m/s
② 250m/s
③ 750m/s
④ 1,250m/s

해설
$V = f \times \lambda = 250 \times 5 = 1,250$m/s
여기서, V : 전파속도(m/s)
f : 진동수(Hz)
λ : 파장(m)

59 아파트 벽의 음향투과율이 0.1%라면, 투과손실은?

① 10dB
② 20dB
③ 30dB
④ 50dB

해설

투과손실 $= 10\log\dfrac{1}{\tau} = 10\log\dfrac{1}{0.001} = 10\log 10^3 = 30\text{dB}$

여기서, τ : 투과율

60 음세기 레벨이 80dB인 전동기 3대가 동시에 가동된다면, 합성소음레벨은?

① 약 81dB
② 약 83dB
③ 약 85dB
④ 약 89dB

해설

합성소음레벨

$L = 10\log(10^{L_1/10} + 10^{L_2/10} + \cdots + 10^{L_n/10})$
$= 10\log(10^{\frac{80}{10}} + 10^{\frac{80}{10}} + 10^{\frac{80}{10}})$
$= 10\log(3 \times 10^8)$
$= 10\log 3 + 80$
$= 4.77 + 80$
$= 84.77\text{dB}$

여기서, L : 합성소음레벨
L_1 : 소음1
L_2 : 소음2
L_n : n번째 소음

2018년 제2회 과년도 기출복원문제

01 다음 중 산성비에 관한 설명으로 가장 거리가 먼 것은?

① 독일에서 발생한 슈바르츠발트(검은 숲이란 뜻)의 고사현상은 산성비에 의한 대표적인 피해이다.
② 바젤협약은 산성비 방지를 위한 대표적인 국제협약이다.
③ 산성비에 의한 피해로는 파르테논 신전과 아크로폴리스 같은 유적의 부식 등이 있다.
④ 산성비의 원인물질로 H_2SO_4, HCl, HNO_3 등이 있다.

해설
바젤협약은 유해폐기물의 국가 간 이동 및 처리에 관한 국제협약이다.

02 다음 유해가스 처리방법 중 황산화물 처리방법이 아닌 것은?

① 금속산화물법
② 선택적 촉매환원법
③ 흡착법
④ 석회세정법

해설
선택적 촉매환원법은 배기가스 중의 질소산화물을 질소와 물로 환원하는 방법이다.

03 지구의 대기권은 고도에 따른 기온의 분포에 의해 몇 개의 권역으로 구분하는데, 다음 설명에 해당하는 것은?

- 고도가 높아짐에 따라 온도가 상승한다.
- 공기의 상승이나 하강과 같은 수직 이동이 없는 안정한 상태를 유지한다.
- 지면으로부터 20~30km 사이에 오존이 많이 분포하고 있는 오존층이 있다.

① 대류권
② 성층권
③ 중간권
④ 열 권

해설
성층권에는 오존이 분포하고 있으며, 자외선을 차단해 주는 역할을 한다.

04 SO_2의 1일 평균농도는 0℃, 1atm에서 $100\mu g/m^3$이다. 이를 ppm으로 환산하면 얼마인가?(SO_2의 분자량은 64이다)

① 0.035
② 0.35
③ 3.5
④ 35

해설
ppm = mL/m^3, SO_2의 1mol = 64mg, 22.4mL(= 64g, 22.4m^3)
$0.1g/m^3$($100\mu g/m^3$)을 ppm으로 환산하면

$0.1g/m^3 \times \dfrac{22.4m^3}{64g}$ = 0.035ppm

정답 1 ② 2 ② 3 ② 4 ①

05 온실효과를 일으키는 주요 물질과 거리가 먼 것은?

① 이산화탄소(CO_2)
② 황화수소(H_2S)
③ 메탄(CH_4)
④ 수소플루오린화탄소(HFCs)

해설
6대 온실가스 : 이산화탄소(CO_2), 메탄(CH_4), 아산화질소(N_2O), 수소플루오린화탄소(HFCs), 과플루오린화탄소(PFCs), 육플루오린화황(SF_6)

06 런던 스모그의 특징이 아닌 것은?

① 석탄 사용이 원인이다.
② 역전형태는 복사역전이다.
③ 습도는 낮고 온도는 높았다.
④ 이른 아침에 발생하였다.

해설
런던스모그는 추운 겨울철(12~1월) 난방연료(석탄, 석유)의 대량 사용과 대기 중의 높은 습도와 복사역전층의 형성으로 이른 아침에 주로 발생하는 형태를 지닌다.

07 성층권에 대한 설명은?

① 오로라가 관측된다.
② 지표 10km 이하의 대기층에 속한다.
③ 오존층이 존재한다.
④ 고도가 높아질수록 온도가 내려간다.

해설
오존층은 성층권에만 존재한다.
※ 대류권에도 오존이 존재하나 자연적인 현상이 아닌 질소산화물의 대량 발생에 의한 것이며, 그 농도는 층이라 부를 수 있는 정도가 아니다.

08 스토크스 법칙에 따른 입자의 침전속도에 관한 설명으로 틀린 것은?

① 침전속도는 입자와 물의 밀도차에 비례한다.
② 침전속도는 중력가속도에 비례한다.
③ 침전속도는 입자지름의 제곱에 반비례한다.
④ 침전속도는 물의 점도에 반비례한다.

해설
스토크스(Stokes)의 법칙
$$V_g(\text{m/sec}) = \frac{d^2(\rho_p - \rho)g}{18\mu}$$
여기서, d^2 : 입자의 직경의 제곱 → 비례
$(\rho_p - \rho)$: 밀도차이 → 비례
g : 중력가속도 → 비례
μ : 점도 → 반비례

09 후드(Hood)의 일반적 흡인요령으로 옳지 않은 것은?

① 충분한 포착속도를 유지한다.
② 후드의 개구면적을 가능한 한 크게 한다.
③ 가능한 한 후드를 발생원에 근접시킨다.
④ 국부적인 흡인방식을 택한다.

해설
후드의 개구면적을 좁게 하여 흡인속도를 크게 한다.

10 황화수소(H_2S) $4Sm^3$ 연소 시 필요한 이론산소량은?

① $1Sm^3$ ② $4Sm^3$
③ $6Sm^3$ ④ $8Sm^3$

해설
이론산소량
$H_2S + 3/2O_2 \rightarrow SO_2 + H_2O$
황화수소(H_2S) $4Sm^3$을 연소하면 이론산소량(Sm^3/Sm^3)은
$4Sm^3 \times \dfrac{3}{2} Sm^3/Sm^3 = 6Sm^3$

11 대기조건 중 고도가 높아질수록 기온이 증가하여 수직온도차에 의한 혼합이 이루어지지 않는 상태는?

① 과단열상태
② 중립상태
③ 역전상태
④ 등온상태

해설
대기상태의 구분
- 정상상태 : 보통 고도상승에 따라 기온은 하락(열원이 지구 표면)한다.
- 역전상태 : 해가 진 후 지표면과 대기의 기온하락률의 차이로 기온분포가 정상상태의 반대로 되어버린 것(고도상승에 따라 기온 상승)으로 대기가 안정하게 되어 대기 혼합이 이루어지지 않으며, 해가 뜨면 자연스럽게 사라지는 현상을 말한다.

12 함진가스를 방해판에 충돌시켜 기류의 급격한 방향전환을 이용하여 입자를 분리·포집하는 집진장치는?

① 중력집진장치
② 전기집진장치
③ 여과집진장치
④ 관성력집진장치

해설
관성력집진장치는 뉴턴의 관성의 법칙을 이용한 것으로 함진가스를 방해판에 충돌시키거나 기류를 급격하게 방향전환시켜 입자를 관성력에 의하여 분리·포집하는 장치이다.

13 일반적으로 배기가스의 입구처리속도가 증가하면 제거효율이 커지는 것이 가장 알맞은 진집장치는?

① 중력집진장치
② 원심력집진장치
③ 전기집진장치
④ 여과집진장치

해설
원심력집진장치는 분진을 함유한 가스에 회전운동을 주어 원심력과 관성력에 의하여 분진을 벽면에 충돌시켜서 포집하는 장치이다. 원통구조물 내에서 전체가스를 나선모양으로 흐르게 하여 입자를 제거하므로 입구처리속도가 증가하면 제거효율이 커진다.

14 원형송풍관이 아닌 사각송풍관일 경우 원형송풍관의 지름에 해당하는 사각송풍관의 상당지름을 구하여 계산하는데, 가로 45cm, 세로 55cm인 직사각형 후드의 상당지름은?

① 37.5cm
② 44.5cm
③ 49.5cm
④ 50.5cm

해설

상당직경 $D = \dfrac{단면적}{평균둘레길이} = \dfrac{2ab}{a+b} = \dfrac{2 \times 45 \times 55}{45+55} = 49.5cm$

여기서, a : 가로
b : 세로

15 복사역전에 대한 다음 설명 중 틀린 것은?

① 복사역전은 공중에서 일어난다.
② 맑고 바람이 없는 날 아침에 해가 뜨기 직전에 강하게 형성된다.
③ 복사역전이 형성될 경우 대기오염물질의 수직이동, 확산이 어렵게 된다.
④ 해가 지면서부터 열복사에 의한 지표면의 냉각이 시작되므로 복사역전이 형성된다.

해설

복사역전은 지표면에서 발생하고 해가 진 후 대기와 지표면의 냉각속도 차이에 의해 일시적으로 형성되며, 해가 뜨면 자연스럽게 사라진다.

16 25℃, 760mmHg 상태에서 CH₄ 32g이 차지하는 부피는?

① 24.4L
② 38.6L
③ 48.9L
④ 59.2L

해설

CH₄의 분자량은 16이므로 2mol
이상기체 방정식 $PV = nRT$
$V = nRT/P = \dfrac{2 \times 0.082 \times (273+25)}{760/760} = 48.9L$

17 활성슬러지 공법에서 2차 침전지 슬러지를 포기조로 반송시키는 주된 목적은?

① 슬러지를 순화시켜 배출슬러지를 최소화하기 위해
② 포기조 내 요구되는 미생물 농도를 적절하게 유지하기 위해
③ 최초침전지 유출수를 농축하기 위해
④ 폐수 중 무기고형물을 산화하기 위해

해설

MLSS(포기조 내 부유물질, 미생물의 양)의 농도를 일정하게 유지해야 소화가 적절하게 이루어진다.

18 폐수에 명반(Alum)을 사용하여 응집침전을 실시하는 경우 어떤 침전물이 생기는가?

① 탄산나트륨
② 수산화나트륨
③ 황산알루미늄
④ 수산화알루미늄

해설

수산화알루미늄은 명반의 응집침전으로 발생하는 침전물이다.

19 다음은 수질오염공정시험기준상 6가크로뮴의 자외선/가시선 분광법 측정원리이다. ( ) 안에 알맞은 것은?

> 6가크로뮴에 다이페닐카바자이드를 작용시켜 생성하는 (㉠)의 착화합물의 흡광도를 (㉡)nm에서 측정하여 6가크로뮴을 정량한다.

① ㉠ 적자색, ㉡ 253.7
② ㉠ 적자색, ㉡ 540
③ ㉠ 청색, ㉡ 253.7
④ ㉠ 청색, ㉡ 540

[해설]
ES 04415.2c 6가크로뮴 – 자외선/가시선 분광법(목적)
물속에 존재하는 6가크로뮴을 자외선/가시선 분광법으로 측정하는 것으로, 산성 용액에서 다이페닐카바자이드와 반응하여 생성하는 적자색 착화합물의 흡광도를 540nm에서 측정한다.

20 다음의 설명에 해당하는 오염물질은?

> 합금, 도금 및 피혁공장에서 발생하고 피부질환의 원인이며, 처리방법은 환원침전법 등이 있다.

① 크로뮴   ② PCB
③ 비 소   ④ 카드뮴

[해설]
합금, 도금, 피혁공장에서 발생하는 크로뮴을 6가크로뮴이라고 한다. 자연계에서 발생하는 3가크로뮴과 다르게 자극성이 강하고 부식성이 있으며, 인체 독성을 지니고 있어 환원침전법을 사용해 3가크로뮴으로 환원하여 그 독성을 제거할 수 있다.

21 침전지 유입부에 설치하는 정류판(Baffle)의 기능으로 가장 적합한 것은?

① 침전지 유입수의 균일한 분배와 분포
② 침전지 내의 침사물 수집
③ 바람을 막아 표면난류 방지
④ 침전 슬러지의 재부상 방지

[해설]
침전지 유입부에 설치하는 정류판(Baffle)의 주요 목적은 유속의 감소와 유량의 분산을 유도하여 흐름을 양호하게 하기 위함이다.

22 응집제 중 가장 많이 사용하는 응집제는?

① 염화칼슘
② 석 회
③ 수산화나트륨
④ 황산알루미늄

[해설]
응집제는 금속염(황산알루미늄, 염화제2철 등)과 합성 또는 유기 폴리머가 주로 사용된다.

23 지구상의 담수 중 가장 큰 비율을 차지하고 있는 것은?

① 호 수
② 하 천
③ 빙설 및 빙하
④ 지하수

[해설]
지구상의 담수는 대부분 빙설 및 빙하(90% 이상)로 존재한다.
※ 담수의 분포도 : 빙하 ≫ 지하수 > 지표수 > 토양 함유 수분 > 대기 중 수분

정답 19 ② 20 ① 21 ① 22 ④ 23 ③

24 Jar Test를 실시한 결과 pH 7.3에서 500mL의 폐수에 0.2% $Al_2(SO_4)_3 \cdot 18H_2O$(밀도=1.0g/cm³) 용액 20mL를 넣었을 경우 가장 효과가 좋았다면 이 폐수 100m³/day를 처리하기 위해 소요되는 적정 응집제 투입량(kg/day)은?

① 8 ② 10
③ 12 ④ 14

해설
응집제 주입농도를 계산하면
0.2% → 2,000mg/L(1% = 10,000ppm)
2,000mg/L × 0.02L/0.5L = 80mg/L = 80g/m³
응집제 투입량 = 80g/m³ × 100m³/day = 8,000g/day
= 8kg/day

26 폐수를 활성탄을 이용하여 흡착법으로 처리하고자 한다. 폐수 내 오염물질의 농도를 50mg/L에서 10mg/L로 줄이는 데 필요한 활성탄의 양은?(단, $X/M = KC^{1/n}$ 사용, K = 0.5, n = 1)

① 3.0mg/L ② 3.3mg/L
③ 8.0mg/L ④ 4.6mg/L

해설
등온흡착식 $X/M = KC^{1/n}$
여기서, X : 농도차(mg/L)
M : 활성탄 주입농도(mg/L)
C : 유출농도(mg/L)
K, n : 상수
$(50-10)/M = (0.5) \times 10^{1/1}$
$M = 40/5 = 8.0$mg/L

25 다음 중 환원에 해당하지 않는 것은?

① 수소와 화합
② 산소를 잃음
③ 전자를 얻음
④ 산화수 증가

해설
산화와 환원 비교

구 분	산 화	환 원
산 소	물질이 산소와 화합	산화물이 산소를 잃을 때
수 소	수소산화물이 수소를 잃을 때	물질이 수소와 화합
전 자	전자를 잃을 때	전자를 얻을 때
산화수	증 가	감 소

27 다음 중 활성슬러지공법으로 하수 처리 시 주로 사상성 미생물의 이상번식으로 2차 침전지에서 침전성이 불량한 슬러지가 침전되지 못하고 유출되는 현상을 의미하는 것은?

① 슬러지 벌킹
② 슬러지 시딩
③ 연못화
④ 역 세

해설
슬러지 벌킹에 관한 설명이다.
② MLSS 관리를 위해 반송슬러지를 투입하는 것
③ 살수여상법에서 폐수처리 시 여상표면에 물이 고이는 것
④ 여과층의 찌꺼기를 씻어내는 세척방법

정답 24 ① 25 ④ 26 ③ 27 ①

28 다음 중 용존공기부상법에서 공기와 고형물 간의 비를 나타낸 것은?

① A/S비
② F/M비
③ C/N비
④ SVI비

해설
용존공기부상법(DAF ; Dissolved Air Flotation)
공기로 포화된 가압수를 순간적으로 감압하였을 때, 발생되는 마이크로 크기의 미세기포가 고형물 입자에 부착되어 상승 분리되는 원리를 이용한 처리방법이다. A/S비는 공기와 고형물 간의 비를 나타내며 설계 시 가장 중요한 인자이다.
② F/M비 : 유기영양물(Food)과 미생물(MLSS)의 비율로 적당하면 슬러지가 빠르게 침강한다.
③ C/N비 : 탄소(C)와 질소(N) 성분의 비율로 퇴비화의 중요한 인자이다.
④ SVI비 : SVI(Sludge Volume Index)는 활성슬러지의 침전 가능성을 나타내는 값이다.

29 pH에 관한 설명으로 옳지 않은 것은?

① pH는 수소이온농도를 그 역수의 상용대수로서 나타내는 값이다.
② pH 표준액의 조제에 사용되는 물은 정제수를 증류하여 그 유출액을 15분 이상 끓여서 이산화탄소를 날려 보내고 산화칼슘 흡수관을 달아 식힌 후 사용한다.
③ pH 표준액 중 보통 산성표준액은 3개월, 염기성 표준액은 산화칼슘 흡수관을 부착하여 1개월 이내에 사용한다.
④ pH 미터는 보통 아르곤전극 및 산화전극으로 된 지시부와 검출부로 되어 있다.

해설
pH 미터의 구성 : 유리전극, 비교전극으로 된 검출부, 검출된 pH 수치를 지시하는 지시부

30 BOD가 200mg/L이고, 폐수량이 1,500m³/day인 폐수를 활성슬러지법으로 처리하고자 한다. F/M비가 0.4kg/kg·day라면 MLSS 1,500mg/L로 운전하기 위해서 요구되는 포기조 용적은?

① 900m³
② 800m³
③ 600m³
④ 500m³

해설
$$V = \frac{\text{BOD} \times Q}{\text{MLSS} \times \text{F/M비}}$$
$$= \frac{200\text{mg/L} \times 1{,}500\text{m}^3/\text{d}}{1{,}500\text{mg/L} \times 0.4\text{kg/kg} \cdot \text{d}}$$
$$= 500\text{m}^3$$

31 1M H₂SO₄ 10mL를 1M NaOH로 중화할 때 소요되는 NaOH의 양은?

① 5mL
② 10mL
③ 15mL
④ 20mL

해설
중화적정 공식
$NV = N'V'$
여기서, N, N' : 노말농도
V, V' : 부피
H_2SO_4는 2가이므로 노말농도$(N) = 1\text{M} \times 2 = 2\text{N}$
NaOH는 1가이므로 노말농도$(N') = 1\text{N}$
$2 \times 10 = 1 \times V'$
$\therefore V' = 20\text{mL}$
※ $H_2SO_4 \rightarrow 2H^+ + SO_4^{2-}$: 2가 물질
  $NaOH \rightarrow Na^+ + OH^-$: 1가 물질
  → 해리되었을 때 수소이온과 염기이온의 수에 따라 1가, 2가 물질로 결정된다.

28 ① 29 ④ 30 ④ 31 ④

32 소도시에서 발생하는 하수를 산화지로 처리하고자 한다. 유입 BOD 농도가 200g/m³이고, 유량이 6,000 m³/day이며, BOD 부하량이 300kg/ha·day라면 필요한 산화지의 면적은 몇 ha인가?

① 1ha
② 2ha
③ 3ha
④ 4ha

해설

BOD 부하량 = $\dfrac{\text{BOD 농도} \times \text{유량}}{\text{면적(ha)}}$

면적 = $\dfrac{\text{BOD 농도} \times \text{유량}}{\text{BOD 부하량}}$

   = $\dfrac{0.2\text{kg/m}^3 \times 6,000\text{m}^3/\text{day}}{300\text{kg/ha}\cdot\text{day}} = 4\text{ha}$

34 부영양화의 원인물질 또는 영향물질의 양을 측정하는 독립적 평가방법으로 가장 거리가 먼 것은?

① 경도 측정
② 투명도 측정
③ 영양염류 측정
④ 클로로필-a 농도 측정

해설

부영양화의 평가지표: 투명도, 영양염류(총인, 총질소), 클로로필-a 농도 등

33 다음 설명에 해당하는 생물적 요소로 가장 적합한 것은?

- 고형물질의 표면에 부착하여 생장하는 미생물이다.
- 핵의 형태가 뚜렷한 단세포가 서로 연결되어 일정한 형태를 이룬다.
- 다세포로 구성된 균사, 생식세포를 형성하는 자실체로 구성되어 있다.
- 각 세포는 독립된 생존능력을 가지며, 영양물질과 에너지 물질인 유기물을 세포 표면으로 흡수하여 생장한다.
- 물질순환 및 자정작용에 중요한 역할을 한다.

① 곰팡이
② 바이러스
③ 원생동물
④ 수서곤충

해설

곰팡이의 가장 큰 특징은 형태가 균사체(실 같은 균사)와 자실체(포자생성)로 구성된다는 점이다.

35 다음과 같은 특성을 지닌 폐기물 선별방법은?

- 예부터 농가에서 탈곡 작업에 이용되어 온 것으로 그 작업이 밀폐된 용기 내에서 행해지도록 한 것
- 공기 중 각 구성물질의 낙하속도 및 공기저항의 차에 따라 폐기물을 분별하는 방법
- 종이나 플라스틱과 같은 가벼운 물질과 유리, 금속 등의 무거운 물질을 분리하는 데 효과적임

① 스크린 선별
② 공기 선별
③ 자력 선별
④ 손 선별

해설

공기 선별: 폐기물 내의 가벼운 물질인 종이나 플라스틱을 기타 무거운 물질로부터 선별하는 방법으로, 수직 공기선별기와 경사 공기선별기가 있다.

36 다음 연료 중 고위발열량이 가장 큰 것은?

① 프로판
② 일산화탄소
③ 부틸렌
④ 아세틸렌

> **해설**
> 고위발열량 공식은 $8,100C + 34,250(H - O/8) + 2,250S$이므로 원소 중 탄소(C), 수소(H), 황(S)의 함유량이 높은 것이 발열량이 높다.

37 다음 중 작용하는 힘에 따른 폐기물의 파쇄 장치의 분류로 가장 거리가 먼 것은?

① 전단식 파쇄기
② 충격식 파쇄기
③ 압축식 파쇄기
④ 공기식 파쇄기

> **해설**
> 파쇄 장치에 작용하는 힘은 전단, 충격, 압축 3가지이다.

38 다음 중 폐기물 처리를 위해 가장 우선적으로 추진해야 하는 방향은?

① 퇴비화
② 감량
③ 위생매립
④ 소각열회수

> **해설**
> 폐기물 처리의 첫 번째 수칙은 발생량을 최소화하는 것이다.

39 쓰레기 수거노선 결정 시 유의사항 중 틀린 것은?

① 가장 많이 배출되는 쓰레기는 나중에 수거한다.
② 출발점은 차고지와 가깝게 한다.
③ 주요 간선도로에 인접한 곳에서 시작하고 끝나도록 한다.
④ 시계 방향으로 수거한다.

> **해설**
> 가장 많이 배출되는 쓰레기를 가장 처음에 수거한다.

40 폐기물 전단파쇄기에 관한 설명으로 틀린 것은?

① 전단파쇄기는 대개 고정칼, 회전칼과의 교합에 의하여 폐기물을 전단한다.
② 전단파쇄기는 충격파쇄기에 비하여 파쇄속도는 느리나, 이물질의 혼입에 대하여는 강하다.
③ 전단파쇄기는 파쇄물의 크기를 고르게 할 수 있다.
④ 전단파쇄기는 주로 목재류, 플라스틱류 및 종이류를 파쇄하는 데 이용된다.

> **해설**
> 전단파쇄기는 충격파쇄기에 비하여 처리속도가 느리고, 이물질의 혼입에 대하여 약하나 파쇄물질의 크기를 균열하게 할 수 있는 장점이 있다.

41 다음 중 해안매립이 아닌 것은?

① 수중투기
② 박층뿌림
③ 순차투입공법
④ 셀매립식

해설
해안매립 공법 : 수중투기, 순차투입, 박층뿌림

42 발열량이 800kcal/kg인 폐기물을 용적이 125m³인 소각로에서 1일 8시간씩 연소하여 연소실의 열발생률이 4,000kcal/m³·h이었다. 이 소각로에서 하루에 소각한 폐기물의 양은?

① 1톤 ② 3톤
③ 5톤 ④ 7톤

해설
- 연소실의 열발생률 = $\dfrac{발열량 \times 폐기물량}{용적}$
- 폐기물량 = $\dfrac{연소실의 열발생률 \times 용적}{발열량}$

$= \dfrac{4,000\text{kcal/m}^3 \cdot \text{h} \times 125\text{m}^3 \times 8\text{h/day}}{800\text{kcal/kg}}$

$= 5,000$ kg/day
$= 5$ 톤/day

43 다음은 폐기물 매립처분시설 중 어떤 시설에 해당하는 설명인가?

- 악취, 쓰레기의 비산, 해충 및 야생동물의 번식, 화재 등을 방지하기 위해 설치한다.
- 쓰레기의 매립 및 다짐 작업에 필요할 뿐만 아니라 우수의 침투를 방지하는 효과가 있어 침출수 발생량을 감소시키는 역할도 한다.
- 이 시설은 매일복토, 중간복토, 최종복토로 나눈다.

① 차수시설
② 덮개시설
③ 저류 구조물
④ 우수 집배수시설

해설
덮개시설(복토시설)에 관한 설명이다.

44 폐기물을 분석하기 위한 시료의 분할채취방법으로만 옳게 나열된 것은?

① 구획법, 교호삽법, 원추4분법
② 구획법, 교호삽법, 직접계근법
③ 교호삽법, 물질수지법, 원추4분법
④ 구획법, 교호삽법, 적재차량계수법

해설
ES 06130.d 시료의 채취(시료의 분할채취방법)
시료의 분할채취방법은 구획법, 교호삽법, 원추4분법 총 3가지이다.

정답 41 ④ 42 ③ 43 ② 44 ①

45 함수율 25%인 쓰레기를 건조시켜 함수율이 12%인 쓰레기로 만들려면 쓰레기 1ton당 약 얼마의 수분을 증발시켜야 하는가?

① 148kg ② 166kg
③ 180kg ④ 199kg

해설
$W_1(100 - P_1) = W_2(100 - P_2)$
여기서, W_1 : 건조 전 폐기물 양
P_1 : 건조 전 함수율
W_2 : 건조 후 폐기물 양
P_2 : 건조 후 함수율
$1,000(100 - 25) = W_2(100 - 12)$
$88 W_2 = 1,000 \times 75$
$W_2 = 75,000 / 88 = 852.27 \text{kg}$
증발시켜야 하는 수분량 = 1,000 − 852.27 = 147.73kg ≒ 148kg

46 Dulong 공식을 적용하여 슬러지의 건조무게당 발열량을 구하는 방법은?

① 원소분석법
② 근사치분석법
③ 열량계법
④ 열분해법

해설
듀롱(Dulong)의 식(원소분석법)
$H_h = 8,100C + 34,250\left(H - \dfrac{O}{8}\right) + 2,250S \, (\text{kcal/kg})$
• 고위발열량(H_h) = H_l + 600(9H + W)(kcal/kg)
• 저위발열량(H_l) = H_h − 600(9H + W)(kcal/kg)

47 "반고상 폐기물"의 고형물 함량 범위로 알맞은 것은?

① 3% 이상 5% 미만
② 5% 미만
③ 5% 이상 15% 미만
④ 15% 이상

해설
ES 06000.b 총칙(관련 용어의 정의) - 고형물 구분
• 액상 폐기물 : 고형물의 함량이 5% 미만인 것
• 반고상 폐기물 : 고형물의 함량이 5% 이상 15% 미만인 것
• 고상 폐기물 : 고형물의 함량이 15% 이상인 것

48 폐기물의 처리공정 가운데 최종처리에 해당하는 것은?

① 압 축 ② 파 쇄
③ 매 립 ④ 선 별

해설
매립과 소각은 최종처리에 해당하며 우리나라는 대부분의 폐기물을 매립하여 처리한다(일본은 소각의 비율이 월등히 높음).

49 내륙매립 공법 중 하나로 쓰레기를 일정한 덩어리 형태로 압축하여 부피를 줄여 포장해 매립하는 방법을 부르는 말은?

① 셀공법
② 순차투입공법
③ 도랑형공법
④ 압축매립공법

해설
압축매립공법에 관한 설명이다.

정답 45 ① 46 ① 47 ③ 48 ③ 49 ④

50 다음 중 퇴비화의 최적조건으로 가장 적합한 것은?

① 수분 50~60%, pH 5.5~8 정도
② 수분 50~60%, pH 8.5~10 정도
③ 수분 80~85%, pH 5.5~8 정도
④ 수분 80~85%, pH 8.5~10 정도

해설
퇴비화의 최적조건
- C/N비 : 25~35
- 온도 : 60~70℃
- 함수율 : 50~60%
- pH : 6~8
- 산소 : 5~15%

51 습식산화법의 일종으로 슬러지에 통상 200~270℃ 정도의 온도와 70atm 정도의 압력을 가하여 산소에 의해 유기물을 화학적으로 산화시키는 공법은?

① 짐머만(Zimmerman) 공법
② 유동산화(Fluidized Oxidation) 공법
③ 내산화(Inter Oxidation) 공법
④ 포졸란(Pozzolan) 공법

해설
습식산화 : 짐머만(Zimmerman) 공법

52 폐기물 관리체계 중 도시폐기물 관리에서 가장 많은 비용을 차지하는 요소는?

① 처 리   ② 저 장
③ 처 분   ④ 수 집

해설
도시폐기물 관리체계에서 수거(수집)의 비용이 가장 크다.

53 다음 (   )에 알맞은 것은?

> 한 장소에 있어서의 특정의 음을 대상으로 생각할 경우 대상소음이 없을 때 그 장소의 소음을 대상소음에 대한 (   )이라 한다.

① 정상소음   ② 배경소음
③ 상대소음   ④ 측정소음

해설
배경소음에 대한 설명이다.

54 음원 형태가 선인 경우 음원으로부터 2배 멀어질 때 음압레벨 감쇠치는?

① 0dB   ② 3dB
③ 6dB   ④ 9dB

해설
거리감쇠
- 점음원 : 거리가 2배 멀어질 때 6dB 감쇠
- 선음원 : 거리가 2배 멀어질 때 3dB 감쇠

55 어느 벽체의 투과손실이 32dB이라면, 이 벽체의 투과율(τ)은?

① 6.3×10^{-4}　　② 7.3×10^{-4}
③ 8.3×10^{-4}　　④ 9.3×10^{-4}

해설

투과손실 $TL = 10\log\left(\dfrac{1}{\tau}\right)$ [dB]

여기서, τ : 투과율

$32 = 10\log\left(\dfrac{1}{\tau}\right)$, $3.2 = \log\left(\dfrac{1}{\tau}\right)$

$3.2 = \log(1) - \log\tau$

$-3.2 = \log\tau$

$\tau = 10^{-3.2} = 6.3 \times 10^{-4}$

※ $6.309 = 10^{0.8}$

57 음압이 10배가 되면 음압레벨은 몇 dB 증가하는가?

① 10　　② 20
③ 30　　④ 40

해설

$SPL = 20\log\left(\dfrac{P}{P_o}\right)$

여기서, SPL : 음압레벨(dB)
　　　　P_o : 기준음압
　　　　P : 최소 실효치 음압($2 \times 10^{-5} N/m^2$)

$SPL_2/SPL_1 = 20\log\left(\dfrac{10P}{P_o}\right) \div 20\log\left(\dfrac{P}{P_o}\right) = 20\log 10$
$\qquad\qquad\quad = 20dB$

56 다음 중 공해진동에 관한 설명으로 옳지 않은 것은?

① 일반적으로 공해진동의 주파수 범위는 50~90Hz 이다.
② 사람에게 불쾌감을 주는 진동을 말한다.
③ 공해진동레벨은 60dB부터 80dB까지가 많다.
④ 수직진동은 1~2Hz 범위에서 가장 민감하다.

해설

일반적인 공해진동의 주파수 범위는 1~90Hz이다.

58 다음 중 진동레벨계의 성능기준으로 옳지 않은 것은?

① 측정가능 주파수 범위 : 1~90Hz 이상
② 측정가능 진동레벨 범위 : 45~120dB 이상
③ 레벨레인지 변환기의 전환오차 : 0.5dB 이내
④ 지시계기의 눈금오차 : 1dB 이내

해설

지시계기의 눈금오차는 0.5dB 이내이어야 한다.

59 파동이 서로 다른 매질의 경계면을 지나면서 진행 방향이 바뀌는 현상을 무엇이라 하는가?

① 굴 절   ② 회 절
③ 음 선   ④ 흡 음

해설
굴절에 관한 설명이다.
※ 회절 : 파동이 진행 도중 장애물을 만나거나 좁은 틈을 지날 때 장애물의 뒷부분까지 파동이 전달되는 현상

60 다음 중 종파에 해당되는 것은?

① 광 파
② 음 파
③ 수면파
④ 지진파의 S파

해설
종파 : 매질의 진동 방향이 파동의 진행 방향과 평행할 경우
예 음파(소리), 지진파 P파
횡파 : 매질의 진동 방향이 파동의 진행 방향과 수직인 경우
예 물결파, 전자기파, 지진파 S파

2019년 제1회 과년도 기출복원문제

01 사이클론의 효율 향상에 관한 설명으로 옳은 것은?

① 배기관경(내경)이 클수록 입경이 작은 먼지를 제거할 수 있다.
② 입구의 한계유속 내에서는 그 입구유속이 작을수록 효율이 높다.
③ 고농도일 경우 직렬로 연결하여 사용하고, 응집성이 강한 먼지는 병렬로 연결하여 사용한다.
④ 미세먼지의 재비산 방지를 위해 스키머와 회전깃 등을 설치한다.

해설
사이클론의 효율 향상
- 배기관경(내경)이 작을수록 입경이 작은 먼지를 제거할 수 있다.
- 입구유속이 빠를수록 효율이 높아진다(한계유속 이내일 때).
- 고농도일 경우 병렬로 연결하고, 응집성이 강한 먼지는 직렬로 연결하여 사용한다.

02 다음 중 산성비에 관한 설명으로 가장 거리가 먼 것은?

① 독일에서 발생한 슈바르츠발트(검은 숲이란 뜻)의 고사현상은 산성비에 의한 대표적인 피해이다.
② 바젤협약은 산성비 방지를 위한 대표적인 국제협약이다.
③ 산성비에 의한 피해로는 파르테논 신전과 아크로폴리스 같은 유적의 부식 등이 있다.
④ 산성비의 원인물질로 H_2SO_4, HCl, HNO_3 등이 있다.

해설
바젤협약(Basel Convention)은 유엔환경계획(UNEP) 후원하에 스위스 바젤(Basel)에서 채택된 협약으로, 유해폐기물의 국가 간 이동 및 교역을 규제하는 협약이다.
※ 물은 중성으로 pH가 7이지만 CO_2로 인해 빗물은 pH가 5.6 정도이다.

03 다음 중 대기권에 대한 설명으로 옳은 것은?

① 대류권에서는 고도 1km 상승에 따라 약 9.8℃ 높아진다.
② 대류권의 높이는 계절이나 위도에 관계없이 일정하다.
③ 성층권에서는 고도가 높아짐에 따라 기온이 내려간다.
④ 성층권에는 지상 20~30km 사이에 오존층이 존재한다.

해설
대기권에 관한 설명
- 대류권에서는 고도 1km 상승에 따라 약 6.5℃씩 낮아진다.
- 대류권의 높이는 열대지방의 경우 16~18km이고, 극지방의 경우 약 10km 정도이다.
- 성층권에서는 고도가 높아짐에 따라 기온이 올라간다.
※ 대기권의 고도상승에 따른 기온분포
   대류권(하강) - 성층권(상승) - 중간권(하강) - 열권(상승)

정답 1 ④ 2 ② 3 ④

04 다음 중 여과집진장치에 대한 설명으로 옳은 것은?

① 350℃ 이상의 고온의 가스처리에 적합하다.
② 여과포의 종류와 상관없이 가스상 물질도 효과적으로 제거할 수 있다.
③ 압력손실이 약 20mmH₂O 전후이며, 다른 집진장치에 비해 설치면적이 작고, 폭발성 먼지제거에 효과적이다.
④ 집진원리는 직접 차단, 관성 충돌, 확산 등의 형태로 먼지를 포집한다.

해설
여과집진장치
• 350℃ 이상의 고온에서는 여과재가 손상될 수 있어 250℃ 이하의 가스처리를 주로 한다.
• 가스상 물질보다 입자상 물질의 제거에 효과적이다.
• 압력손실이 약 100~200mmH₂O이며, 다른 집진장치에 비해 설치면적이 크고, 폭발의 위험성이 있다.

05 중력집진장치의 집진효율 향상조건으로 틀린 것은?

① 침강실 내의 배기가스 기류는 균일해야 한다.
② 침강실 처리가스 속도가 작을수록 미립자가 포집된다.
③ 높이가 높고, 길이가 짧을수록 집진효율이 높아진다.
④ 침강실 입구 폭이 클수록 유속이 느려지며, 미세한 입자가 포집된다.

해설
높이(H)가 낮고, 길이(L)가 길수록 집진효율이 높아진다.

06 열대 태평양 남미 해안으로부터 중태평양에 이르는 넓은 범위에서 해수면의 온도가 평균보다 0.5℃ 이상 높은 상태가 6개월 이상 지속되는 현상으로 스페인어로 아기예수를 의미하는 것은?

① 라니냐 현상   ② 업웰링 현상
③ 뢴트겐 현상   ④ 엘니뇨 현상

해설
엘니뇨 현상은 태평양 동부 적도 해역의 월평균 해수면 온도 편차의 5개월 이동평균값이 약 6개월 이상 계속해서 +0.5℃ 이상이 되는 현상을 말한다. 이 현상은 무역풍의 세기가 약해져 발생하는 것으로 추정되며, 대기 순환의 변화를 가져와 세계 각 지역의 이상기후 현상을 일으킨다.
※ 라니냐 현상 : 엘니뇨 현상의 반대로 적도 무역풍의 세기가 강해져 적도 인근 서태평양 바다 온도의 상승으로 동태평양 해수 온도가 저온이 되는 해류 이변 현상(태평양 동부 적도 해역의 월평균 해수면 온도 편차의 5개월 이동평균값이 약 6개월 이상 계속해서 −0.5℃ 이하가 되는 현상)을 말한다.

07 흡수공정으로 유해가스를 처리할 때, 흡수액이 갖추어야 할 요건으로 옳지 않은 것은?

① 용해도가 커야 한다.
② 점성이 작아야 한다.
③ 휘발성이 커야 한다.
④ 용매의 화학적 성질과 비슷해야 한다.

해설
휘발성이 작아야 흡수액의 증발손실을 최소화하여 오랜 사용이 가능하다.

08 다음 중 LNG의 주성분은?

① CO   ② C_2H_2
③ CH_4 ④ C_3H_8

해설
LNG(액화천연가스)의 주성분은 메탄(CH_4)이고, LPG(액화석유가스)의 주성분은 프로판(C_3H_8)과 부탄(C_4H_{10})이다.

09 탄소 18kg이 완전연소하는 데 필요한 이론공기량 (Sm³)은?

① 107　　② 160
③ 203　　④ 208

해설

$$C + O_2 \rightarrow CO_2$$

12kg(분자량) : 22.4Sm³(1mol의 산소부피)
18kg : x

$x = 22.4 \times \dfrac{18}{12} = 33.6\,\text{Sm}^3 \rightarrow$ 이론산소량

∴ 이론공기량 $= \dfrac{\text{이론산소량}}{0.21(\text{산소의 부피비})} = \dfrac{33.6}{0.21} = 160\,\text{Sm}^3$

10 대기오염으로 인한 지구환경 변화 중 도시지역의 공장, 자동차 등에서 배출되는 고온의 가스와 냉난방시설로부터 배출되는 더운 공기가 상승하면서 주변의 찬 공기가 도시로 유입되어 도시지역의 대기오염물질에 의한 거대한 지붕을 만드는 현상은?

① 라니냐 현상　　② 열섬 현상
③ 엘니뇨 현상　　④ 오존층 파괴 현상

해설

열섬 현상이란 도심의 온도가 대기오염이나 인공열 등의 영향으로 주변지역보다 높게 나타나는 현상으로, 대도심 주거지역에서 가장 뚜렷하게 나타난다.

11 다음 중 압력손실이 가장 큰 집진장치는?

① 중력집진장치　　② 전기집진장치
③ 원심력집진장치　　④ 벤투리스크러버

해설

압력손실의 비교
- 중력집진장치 : 5~15mmH₂O
- 전기집진장치 : 10~20mmH₂O
- 원심력집진장치 : 50~150mmH₂O
- 벤투리스크러버 : 300~800mmH₂O

12 다음 보기에서 설명하는 기체에 관한 법칙은?

┌ 보기 ┐
일정 온도에서 기체 중의 특정 성분의 분압 P(atm)와 액체 중의 농도 C(kmol/m³) 사이에는 $P = HC$의 비례관계가 성립한다.

① 보일의 법칙
② 샤를의 법칙
③ 헨리의 법칙
④ 보일-샤를의 법칙

해설

$P = HC$는 헨리의 법칙이다(비례관계에서 H는 헨리상수).
① 보일의 법칙 : 온도가 일정할 때, 일정량의 기체의 부피는 압력에 반비례한다.
② 샤를의 법칙 : 압력이 일정할 때, 일정량의 기체의 부피는 절대온도에 비례한다(온도가 높아지면 부피는 상승하고 온도가 낮아지면 부피는 감소한다).
④ 보일-샤를의 법칙 : 일정량의 기체의 부피는 압력에 반비례하고, 절대온도에 비례한다.

13 Formaldehyde(CH_2O)의 완전산화 시 ThOD/TOC의 비는?

① 1.92　　② 2.67
③ 3.31　　④ 4

해설

$CH_2O + O_2 \rightarrow CO_2 + H_2O$
　　　　32g(산소요구량)

- ThOD(이론적 산소요구량) = 32g
- TOC(총유기탄소량) = 12g
  (∵ CH_2O 1mol이 산화하며, 여기에 포함된 탄소는 1mol이다)

∴ ThOD/TOC = 32/12 ≒ 2.67

14 연소과정에서 주로 발생하는 질소산화물의 형태는?

① NO
② NO$_2$
③ NO$_3$
④ N$_2$O

해설
질소산화물(NO$_x$)의 대부분은 NO 형태로 배출되며, NO$_2$의 경우 주로 자외선의 영향으로 인한 2차 오염에 의해 생성된다.

16 집진장치의 입구 더스트 농도가 2.8g/Sm^{3}이고 출구 더스트 농도가 0.1g/Sm^{3}일 때 집진율(%)은?

① 86.9
② 94.2
③ 96.4
④ 98.8

해설
$$\eta = \left(1 - \frac{C_o}{C_i}\right) \times 100$$

여기서, η : 집진율(%)
C_o : 출구농도(g/Sm^3)
C_i : 입구농도(g/Sm^3)

$$\therefore \eta = \left(1 - \frac{0.1}{2.8}\right) \times 100 = 96.4\%$$

15 다음 보기에서 설명하는 소각로 형식은?

| 보기 |
- 복동식과 흔들이식이 있다.
- 연속적인 소각과 배출이 가능하다.
- 수분이 많거나 발열량이 낮은 폐기물도 어느 정도 소각이 가능하다.
- 플라스틱과 같이 열에 쉽게 용융되는 폐기물의 연소에는 적합하지 않다.
- 고온에서 기계적으로 구동하여 금속부의 마멸이 심할 수 있다.

① 다단로
② 회전로
③ 유동상 소각로
④ 화격자 소각로

해설
화격자 연소방식의 특징
- 연속적인 소각 및 배출이 가능하다.
- 대량 소각이 가능하다.
- 수분이 많거나 발열량이 낮은 것도 처리가 가능하다.
- 열에 쉽게 용융되는 폐기물(플라스틱류 등)은 화격자를 막거나 손상시켜 고장의 원인이 된다.

17 물리적 흡착과 화학적 흡착에 대한 비교 설명으로 옳은 것은?

① 물리적 흡착과정은 가역적이기 때문에 흡착제의 재생이나 오염가스의 회수에 매우 편리하다.
② 물리적 흡착은 온도의 영향을 받지 않는다.
③ 물리적 흡착은 화학적 흡착보다 분자 간의 인력이 강하기 때문에 흡착과정에서의 발열량도 크다.
④ 물리적 흡착에서는 용질의 분자량이 작을수록 유리하게 흡착한다.

해설
물리적 흡착과 화학적 흡착의 비교
- 물리적 흡착은 온도 변화에 민감하며, 흡착온도와 흡착량은 반비례한다.
- 화학적 흡착(공유결합)은 물리적 흡착보다 분자 간의 인력이 강하기 때문에 흡착과정에서의 발열량도 크다.
- 물리적 흡착에서는 용질의 분자량이 클수록 유리하게 흡착한다.

18 중량비가 C : 86%, H : 4%, O : 8%, S : 2%인 석탄을 연소할 경우 필요한 이론산소량(Sm^3/kg)은?

① 약 1.6
② 약 1.8
③ 약 2.0
④ 약 2.2

해설
이론산소량 공식
$1.867C + 5.6(H - O/8) + 0.7S$
$= 1.867 \times 0.86 + 5.6(0.04 - 0.08/8) + 0.7 \times 0.02$
$≒ 1.8 Sm^3/kg$

19 A중유 연소 가열로의 연소 배출가스를 분석하였더니 용량비로서 질소 : 80%, 탄산가스 : 12%, 산소 : 8%의 결과치를 얻었다. 이때 공기비는?

① 약 1.6
② 약 1.4
③ 약 1.2
④ 약 1.1

해설
공기비(m) 공식은 다음과 같이 두 가지로 나뉜다.
• 일산화탄소(CO)가 존재할 때
$$m = \frac{N_2(\%)}{N_2(\%) - 3.76(O_2(\%) - 0.5CO(\%))}$$
여기서, 3.76 : 산소대비 질소의 비율
• 일산화탄소(CO)가 없을 때
$$m = \frac{21}{21 - O_2} = \frac{21}{21 - 8} ≒ 1.6$$

20 일반적으로 약품교반시험(Jar Test)에 관한 다음 설명 중 (   ) 안에 가장 적합한 것은?

> Jar Test는 시료를 일련의 유리 비커에 담고, 여기에 응집제와 응집보조제의 양을 달리 주입하여 (㉠)으로 혼합한 후, (㉡)으로 하여 침전시킨다.

① ㉠ 1~5분 정도 100rpm,
   ㉡ 10~15분 정도 40~50rpm
② ㉠ 1시간 정도 40~50rpm,
   ㉡ 1~5분 정도 600rpm
③ ㉠ 1~5분 정도 1,200rpm,
   ㉡ 1시간 정도 5,000rpm
④ ㉠ 1시간 정도 150rpm,
   ㉡ 1~5분 정도 1,200rpm

해설
Jar Test 방법
• 처리하는 물을 6개의 비커에 동일량(500mL 또는 1L)을 채운다.
• RPM(교반회전수)을 100~140rpm하에 5분 이내 급속 교반시켜 pH를 최적범위(pH 6)를 조정한다.
• pH 조정을 위한 약품과 응집제를 짧은 시간 내에 주입한다.
• 교반 시 회전속도를 20~50rpm으로 감소시키고 10~30분간 완속 교반한다.
• 플럭 생성시간과 상태를 기록하면서 약 30~60분간 침전시켜 상등수를 분석한다.
※ rpm(round per minute) : 분당 회전수

21 물의 깊이에 따라 나타나는 수온성층에 해당되지 않는 것은?

① 수온약층
② 표수층
③ 변수층
④ 심수층

해설
수온성층(깊이에 따른 구분)
• 표수층 : 표면층을 말하며, 물이 따뜻하고 혼합이 원활하게 이루어진다.
• 수온약층 : 중간대 영역이며, 수온 및 밀도가 급격히 낮아지기 시작한다.
• 심수층 : 상대적으로 낮은 온도를 유지하며 혼합이 어렵고 혐기성 조건이 형성된다.

22 다음 중 다른 살균방법에 비해 염소살균을 더 선호하는 이유로 가장 적합한 것은?

① 특정온도에서의 반응성 증가
② 부반응의 억제
③ 잔류염소의 효과
④ 인체에 대한 면역성 증가

> **해설**
> 염소살균은 오존이나 자외선살균 방법보다 살균력이 떨어지지만 잔류염소를 유지시킴으로써 침투하는 세균을 지속적으로 제거할 수 있는 이점이 있다.

23 다음은 미생물의 성장단계에 관한 설명이다. ( ) 안에 알맞은 것은?

> ( )란 일정한 양의 에너지와 영양분이 한 번만 주어지는 회분식 배양에서 접종 전 배양 말기의 불리한 조건에서 대사산물이나 효소가 고갈된 접종세포가 새로운 환경에 적응할 때까지의 소요기간을 말한다.

① 내생호흡기
② 지체기
③ 감소성장기
④ 대수성장기

> **해설**
> 미생물은 지체기 → 대수성장기 → 감소성장기 → 내생호흡기의 단계를 거친다.
> • 지체기(The Lag Phase) : 접종한 미생물이 배양액의 환경에 적응하여 분열을 시작하기까지 걸리는 시간을 말한다.
> • 대수성장기(The Log-growth Phase) : 미생물이 급격히 증식하는 단계이다.
> • 감소성장기(The Stationary Phase) : 세포 성장에 필요한 기질과 영양소 소비가 끝나고 오래된 세포의 사멸률이 세포성장률보다 높아지는 단계이다.
> • 내생호흡기(The Log-death Phase) : 내생단계로 기질과 영양소 소비가 없어 세포의 자산화가 일어나는 단계이다.

24 스토크스 법칙에 따라 침전하는 구형입자의 침전속도는 입자직경(d)과 어떤 관계가 있는가?

① $d^{\frac{1}{2}}$에 비례
② d에 비례
③ d에 반비례
④ d^2에 비례

> **해설**
> 스토크스(Stokes)의 법칙
> $$V_g(\text{m/s}) = \frac{d^2 \cdot (\rho_p - \rho) \cdot g}{18\mu}$$
> 여기서, d^2 : 입자의 직경의 제곱 → 비례
> $(\rho_p - \rho)$: 밀도 차이 → 비례
> g : 중력가속도 → 비례
> μ : 점도 → 반비례

25 슬러지를 구성하는 수분 중 다음 ( ) 안에 가장 알맞은 것은?

> ( )는 미세한 슬러지 고형물의 입자 사이의 얇은 틈에 존재하는 수분으로 모세관압으로 결합되어 있는 수분이다. 원심력, 진공압 등 기계적 압착으로 분리시킨다.

① 간극수
② 모관결합수
③ 부착수
④ 내부수

> **해설**
> **슬러지 구성 수분**
> • 간극수 : 슬러지 입자들에 의해 둘러싸인 공간을 채우고 있는 수분으로, 고형물과 직접 결합하여 있지 않으므로 농축 등의 방법으로 분리가 가능하다.
> • 부착수 : 슬러지의 입자 표면에 부착되어 있는 수분으로 제거하기 어렵다.
> • 내부수 : 슬러지의 입자를 형성하고 있는 세포의 세포액으로 존재하는 내부수분으로 제거하기 가장 어렵다.

26 폐수처리 공정에서 발생되는 슬러지를 혐기성으로 소화처리시키는 목적으로 거리가 먼 것은?

① 슬러지의 무게와 부피를 증가시킨다.
② 병원균을 통제할 수 있다.
③ 이용가치가 있는 부산물을 얻을 수 있다.
④ 슬러지를 안정화시킨다.

해설
소화처리의 목적은 슬러지의 무게와 부피를 줄이는 데 있다.

27 지구상의 담수 중 가장 큰 비율을 차지하고 있는 것은?

① 호 수
② 하 천
③ 빙설 및 빙하
④ 지하수

해설
지구상의 담수는 대부분 빙설 및 빙하(90% 이상)로 존재한다.
※ 담수의 분포도 : 빙하 ≫ 지하수 > 지표수 > 토양 함유 수분 > 대기 중 수분

28 다음 중 산화에 해당하는 것은?

① 수소와 화합
② 산소를 잃음
③ 전자를 얻음
④ 산화수 증가

해설
산화와 환원 비교

구 분	산 화	환 원
산 소	물질이 산소와 화합	산화물이 산소를 잃을 때
수 소	수소화합물이 수소를 잃을 때	물질이 수소와 화합
전 자	전자를 잃을 때	전자를 얻을 때
산화수	증 가	감 소

29 지하수의 수질 특성으로 가장 거리가 먼 것은?

① 유속이 느린 편이다.
② 국지적인 환경조건의 영향을 받지 않는다.
③ 세균에 의한 유기물 분해가 주된 생물작용이다.
④ 연중 수온이 거의 일정하다.

해설
지하수는 국지적인 환경조건의 영향을 많이 받는다.

30 폐수처리에 이용되는 미생물의 구분 중 다음 ( ) 안에 가장 적합한 것은?

> 미생물은 산소의 섭취 유무에 따라 분류하기도 하는데, ( ) 미생물은 용존산소가 아닌 SO_4^{2-}, NO_3^- 등과 같은 산화물을 용존산소로 섭취하기 때문에 그 결과 황화수소, 암모니아, 질소 등을 발생시킨다.

① 자산성
② 호기성
③ 혐기성
④ 통기성

해설
미생물은 산소가 있는 곳에서 생장하는 호기성 미생물과 산소가 없는 곳에서도 생장할 수 있는 혐기성 미생물로 구분한다.
※ 혐기성 : 산소를 싫어하는 성질을 의미한다.
※ 호기성 : 산소를 좋아하는 성질을 의미한다.

26 ① 27 ③ 28 ④ 29 ② 30 ③

31 혐기성조/호기성조의 과정을 거치면서 질소 제거는 고려되지 않지만 하·폐수 내의 유기물 산화와 생물학적으로 인(P)을 제거하는 공법으로 가장 적합한 것은?

① A/O 공법
② A$_2$/O 공법
③ S/L 공법
④ 4단계 Bardenpho 공법

해설
A/O(Anaerobic/Oxic) 공법은 혐기성과 호기성 반응조를 순서로 조합한 단일 슬러지 부유성장 처리공정으로, 폐수에서 탄소성 유기물 산화와 인의 혼합 제거에 이용된다.
② A$_2$/O : 인(P)과 질소(N) 제거
④ 4단계 Bardenpho : 인(P)과 질소(N) 제거

32 여과지 운전 중에 발생하는 주요 문제점과 거리가 먼 것은?

① 진흙 덩어리의 축적
② 모래층에 공기 기포를 생성
③ 여재층의 수축
④ 슬러지 벌킹 발생

해설
슬러지 벌킹(팽화)은 침전조의 운전 중 발생하는 문제점이다.
※ 벌킹(팽화) 현상 : 슬러지가 침전되지 않고 부풀어 오르는 현상이다.

33 MLSS 농도 3,000mg/L인 포기조 혼합액을 1,000mL 메스실린더로 취해 30분간 정치시켰을 때 침강슬러지가 차지하는 용적은 440mL이었다. 이때 슬러지밀도지수(SDI)는?

① 146.7 ② 73.7
③ 1.36   ④ 0.68

해설

슬러지밀도지수(SDI) = $\dfrac{100}{\text{슬러지용적지수(SVI)}}$

슬러지용적지수(SVI) = $\dfrac{\text{침강슬러지 용적(mL)} \times 1,000}{\text{MLSS(mg/L)}}$

$= \dfrac{440\text{mL} \times 1,000}{3,000\text{mg/L}}$

$\fallingdotseq 146.7$

∴ 슬러지밀도지수(SDI) = 100 / 146.7 ≒ 0.68

34 생물학적 원리를 이용한 하·폐수고도처리공법 중 A/O 공법의 일반적인 공정의 순서로 가장 적합한 것은?

① 혐기조 → 호기조 → 침전지
② 무산소조 → 호기조 → 무산소조 → 재포기조 → 침전지
③ 호기조 → 무산소조 → 침전지
④ 혐기조 → 무산소조 → 호기조 → 무산소조 → 침전지

해설
A/O 공법 : 혐기조 → 호기조 → 침전지로 구성된 대표적인 인(P) 제거 공정으로, 생물학적 처리법이다.

정답 31 ① 32 ④ 33 ④ 34 ①

35 폐기물 고체연료(RDF)의 구비조건으로 틀린 것은?

① 함수율이 높을 것
② 열량이 높을 것
③ 대기오염이 적을 것
④ 성분 배합률이 균일할 것

해설
RDF(Refuse Derived Fuel)의 구비조건
- 함수율이 낮을 것
- 고열량일 것
- 대기오염이 적을 것
- 균일한 성분 배합률을 지닐 것

36 밀도 0.9ton/m³, 부피 1,000m³의 쓰레기를 적재 유효량이 13ton인 차량으로 이 쓰레기를 동시에 운반하고자 한다면 몇 대의 차량이 필요한가?

① 68대
② 70대
③ 72대
④ 75대

해설
운반 차량 대수 = (0.9ton/m³ × 1,000m³) / 13ton = 69.2(약 70대)

37 슬러지 농축의 장점으로 가장 거리가 먼 것은?

① 후속 처리시설인 소화조의 부피를 감소시킬 수 있다.
② 슬러지 탈수시설의 규모가 작아지므로 슬러지 처리비용이 절감된다.
③ 슬러지 개량에 소요되는 약품의 종류를 줄일 수 있다.
④ 슬러지의 부피가 감소되므로 슬러지 수송의 경우 수송관과 펌프의 용량이 작아도 가능하다.

해설
슬러지 개량에 소요되는 약품의 총량을 줄여 비용 절감 효과가 있다.

38 발열량이 800kcal/kg인 폐기물을 하루에 6ton씩 소각한다. 소각로 연소실의 용적이 125m³이고, 1일 운전시간이 8시간이면 연소실의 열 발생률은?

① 3,600kcal/m³·h
② 4,000kcal/m³·h
③ 4,400kcal/m³·h
④ 4,800kcal/m³·h

해설
$$\text{연소실의 열 발생률} = \frac{\text{발열량(kcal/kg)} \times \text{폐기물량(kg/h)}}{\text{소각실의 용적(m}^3)}$$
$$= \frac{800\text{kcal/kg} \times 6,000\text{kg/d} \times 1\text{d}/8\text{h}}{125\text{m}^3}$$
$$= 4,800\text{kcal/m}^3 \cdot \text{h}$$

39 통상적으로 소각로의 설계기준이 되는 진발열량을 의미하는 것은?

① 고위발열량
② 저위발열량
③ 고위발열량과 저위발열량의 기하평균
④ 고위발열량과 저위발열량의 산술평균

해설
저위발열량(진발열량)
소각로 설계 시 이미 수분은 과열증기 상태로 배출되어, 수분의 영향이 거의 없다고 볼 수 있다. 따라서 설계 시 저위발열량(진발열량)을 참조한다.
※ 고위발열량을 참조하였을 경우 소각로의 크기가 커져 건설비가 올라가 경제성이 떨어지게 된다.

40 수소 15%, 수분 0.5%인 중유의 고위발열량이 12,600 kcal/kg일 때, 저위발열량(kcal/kg)은?

① 11,357kcal/kg
② 11,446kcal/kg
③ 11,787kcal/kg
④ 11,992kcal/kg

해설
$H_l = H_h - 600(W + 9H)$
여기서, H_l : 저위발열량(kcal/kg)
H_h : 고위발열량(kcal/kg)
H : 수소의 함량(%)
W : 수분의 함량(%)
∴ $H_l = 12,600 - 600\{0.005 + (9 \times 0.15)\} = 11,787$ kcal/kg

41 직경이 300mm인 관에 18m³/min의 유량으로 유체가 흐르고 있다. 이 관 단면에서의 유체 유속(m/s)은?

① 약 3.1m/s
② 약 4.2m/s
③ 약 5.3m/s
④ 약 8.1m/s

해설
유속 = 유량/단면적
$= \dfrac{Q}{\pi d^2/4} = \dfrac{18m^3/min \times 4 \times 1min/60s}{\pi \times (0.3m)^2}$
≒ 4.2m/s

42 해수의 특성에 관한 설명으로 옳지 않은 것은?

① 해수 내 전체 질소 중 35% 정도는 암모니아성 질소, 유기질소 형태이다.
② 해수의 pH는 약 5.6 정도로 약산성이다.
③ 해수의 주요 성분농도비는 거의 일정하다.
④ 해수의 Mg/Ca비는 담수에 비하여 큰 편이다.

해설
해수의 pH는 약 8.2 정도로 약알칼리성이다.

43 다음 중 적환장을 설치할 필요성이 가장 낮은 경우는?

① 공기수송 방식을 사용하는 경우
② 폐기물 수집에 대형 컨테이너를 많이 사용하는 경우
③ 처분장이 원거리에 있어 도중에 불법 투기의 가능성이 있는 경우
④ 처분장이 멀리 떨어져 있어 소형 차량에 의한 수송이 비경제적일 경우

해설
적환장은 폐기물을 비교적 작은 수집차량(소형 컨테이너)에서 큰 차량으로 옮겨 싣고 장거리 수송을 할 경우 필요한 시설이다.

정답 40 ③ 41 ② 42 ② 43 ②

44 폐기물 파쇄에 관한 다음 설명 중 가장 거리가 먼 것은?

① 전단식 파쇄기는 고정칼이나 왕복칼 또는 회전칼을 이용하여 폐기물을 절단한다.
② 충격식 파쇄기는 대량 처리가 가능하다.
③ 충격식 파쇄기는 연성이 있는 물질에는 부적합한 편이다.
④ 전단식 파쇄기는 유리나 목질류 등을 파쇄하는 데 이용되며, 해머밀은 대표적인 전단식 파쇄기에 해당한다.

해설
유리나 목질류 등을 파쇄하는 데 이용되는 것은 충격식 파쇄기이며, 해머밀은 대표적인 충격식 파쇄기에 해당한다.
※ 전단식 파쇄기는 목재, 종이, 플라스틱의 파쇄에 효과적이다.

45 폐기물 오염을 측정하기 위한 시료의 분할채취 방법으로 거리가 먼 것은?

① 구획법
② 교호삽법
③ 사등분법
④ 원추4분법

해설
폐기물 오염을 측정하기 위한 시료의 분할채취 방법 : 구획법, 교호삽법, 원추4분법

46 인구 500,000명인 A도시의 폐기물 발생량 중 가연성은 20%, 불연성은 80%이었다. 1인당 평균 폐기물 발생량이 2.0kg/일이고, 폐기물 운반차량의 적재유효용량이 4.5m³일 때, 이 중 가연성 폐기물 운반에 필요한 한 달 동안의 차량 운행횟수는?(단, 가연성 폐기물의 밀도 3,000kg/m³, 한 달 30일 기준, 차량 1대 기준)

① 223회
② 346회
③ 415회
④ 445회

해설
1달 가연성 폐기물 발생량

$= \dfrac{인구수 \times 가연분\ 비율 \times 1인당\ 발생량 \times 일수}{폐기물\ 밀도}$

$= \dfrac{500,000인 \times 0.2 \times 2.0kg/인 \cdot 일 \times 30일}{3,000kg/m^3}$

$= 2,000m^3$

∴ 1달 동안의 차량 운행횟수 $= \dfrac{2,000m^3}{4.5m^3(적재유효용량)}$
$= 444.44 (= 445회)$

47 A지역의 쓰레기 수거량은 연간 3,500,000ton이다. 이 쓰레기를 5,000명이 수거한다면 수거능력은 얼마인가?(단, 1일 작업시간 8시간, 1년 작업일수 300일)

① 2.34MHT
② 3.43MHT
③ 3.97MHT
④ 4.21MHT

해설
$MHT = \dfrac{수거인부 \times 작업시간}{쓰레기\ 수거량}$

$= \dfrac{5,000인 \times 8h/day \times 300day/year}{3,500,000ton/year}$

$= 3.43MHT$

※ Man·Hour/Ton : 1ton의 쓰레기를 1명의 인부가 처리하는 데 걸리는 시간으로, 그 값이 작을수록 효율이 좋다.

48 함수율이 20%인 폐기물을 건조시켜 함수율이 2.3%가 되도록 하려면 폐기물 1,000kg당 증발시켜야 할 수분의 양은?(단, 폐기물 비중은 1.0)

① 약 127kg　　② 약 158kg
③ 약 181kg　　④ 약 192kg

해설

$W_1(100-P_1) = W_2(100-P_2)$

여기서, W_1 : 건조 전 폐기물 양
　　　　P_1 : 건조 전 함수율
　　　　W_2 : 건조 후 폐기물 양
　　　　P_2 : 건조 후 함수율

$1,000(100-20) = W_2(100-2.3)$
$97.7 W_2 = 1,000 \times 80$
$W_2 = 80,000 / 97.7 ≒ 818.83kg$
∴ 증발시켜야 하는 수분량 = $1,000 - 818.83 ≒ 181.17kg$

50 생활쓰레기를 매립하였을 경우 다음 중 매립 초기(2단계)에 가스구성비(부피 %)가 가장 큰 것은?(단, 2단계는 혐기성 단계이나 메탄이 형성되지 않는 단계이다)

① CO_2　　② C_3H_8
③ H_2S　　④ O_3

해설

2단계 혐기성 단계에서는 혐기성 세균에 의하여 복잡한 유기물을 가수분해하여 CO_2, H_2 및 지방산을 생성한다.

49 함수율 98%(중량)의 슬러지를 농축하여 함수율 94%(중량)인 농축 슬러지를 얻었다. 이때 슬러지의 용적은 어떻게 변화되는가?(단, 슬러지 비중은 1.0으로 가정한다)

① 원래의 $\frac{1}{2}$　　② 원래의 $\frac{1}{3}$
③ 원래의 $\frac{1}{6}$　　④ 원래의 $\frac{1}{9}$

해설

$V_1 \times (100-P_1) = V_2 \times (100-P_2)$

여기서, V_1 : 건조 전 용적
　　　　V_2 : 건조 후 용적
　　　　P_1 : 건조 전 함수율
　　　　P_2 : 건조 후 함수율

$V_1 \times (100-98) = V_2 \times (100-94)$
∴ $V_2 = \frac{2}{6} V_1 = \frac{1}{3} V_1$

51 다음 중 쓰레기 발생량 산정방법으로 가장 거리가 먼 것은?

① 적재차량 계수분석법
② 직접계근법
③ 물질수지법
④ 직접경향분석법

해설

쓰레기 발생량 산정방법
- 적재차량 계수분석법 : 일정 기간 동안 특정 지역의 쓰레기 수거・운반차량의 대수를 조사하여 밀도를 이용하여 무게로 환산하는 방법이다.
- 직접계근법 : 일정 기간 동안 특정 지역의 쓰레기 수거・운반차량을 직접 계근하는 방법이다.
- 물질수지법 : 조사하고자 하는 계(System)의 경계를 설정한 후 계 내로 유입되는 모든 물질과 유출되는 모든 물질 간의 물질수지를 세움으로써 폐기물 발생량을 추정하는 방법이다.

정답　48 ③　49 ②　50 ①　51 ④

52 다음 중 효율적인 파쇄를 위해 파쇄대상물에 작용하는 3가지 힘에 해당되지 않는 것은?

① 충격력　　② 정전력
③ 전단력　　④ 압축력

> **해설**
> 파쇄의 3대 원리는 충격력, 전단력, 압축력이다.

53 폐기물처리에서 "파쇄(Shredding)"의 목적과 거리가 먼 것은?

① 부식효과 억제
② 겉보기 비중의 증가
③ 특정 성분의 분리
④ 고체물질 간의 균일혼합효과

> **해설**
> 파쇄의 목적은 폐기물의 성질을 미세하고 균일하게 하는 것으로, 미생물의 분해속도를 증가시켜 부식효과를 촉진한다.
> ※ 파쇄는 폐기물 사전처리 단계로 본처리의 효과를 증대시키는 데 그 목적을 둔다.

54 인체 귀의 구조 중 고막의 진동을 쉽게 할 수 있도록 외이와 중이의 기압을 조정하는 것은?

① 고막
② 고실창
③ 달팽이관
④ 유스타키오관

> **해설**
> 유스타키오관은 귀 내부와 외부의 압력이 서로 같도록 조절해 주고, 분비물을 제거한다.

55 소음·진동공정시험기준상 소음의 배출허용기준을 측정할 때, 손으로 소음계를 잡고 측정할 경우에 소음계는 측정자의 몸으로부터 최소 얼마 이상 떨어져야 하는가?

① 0.1m 이상　　② 0.3m 이상
③ 0.5m 이상　　④ 1.5m 이상

> **해설**
> ES 03302.1b 배출허용기준 중 소음측정방법(측정조건) – 일반사항
> 손으로 소음계를 잡고 측정할 경우 소음계는 측정자의 몸으로부터 0.5m 이상 떨어져야 한다.

56 두 개의 진동체의 고유진동수가 같을 때 한 쪽을 울리면 다른 쪽도 울리는 현상을 무엇이라 하는가?

① 공명　　② 진폭
③ 회절　　④ 굴절

> **해설**
> 공명현상이란 물체의 고유진동수와 같은 진동수의 외력이 주기적으로 전달되어 진폭이 크게 증가하는 현상을 말한다.
> ② 진폭 : 주기적인 진동에서 진동의 중심으로부터 최대로 움직인 거리를 말한다.
> ③ 회절 : 파동이 좁은 틈을 통과할 때 그 뒤편까지 파가 전달되는 현상을 말한다.
> ④ 굴절 : 파동이 서로 다른 매질(媒質)의 경계면을 지나면서 진행방향이 바뀌는 현상을 말한다.

57 다음 중 진동레벨계의 성능기준으로 옳지 않은 것은?

① 측정가능 주파수 범위 : 1~90Hz 이상
② 측정가능 진동레벨 범위 : 45~120dB 이상
③ 레벨레인지 변환기의 전환오차 : 0.5dB 이내
④ 지시계기의 눈금오차 : 1dB 이내

[해설]
지시계기의 눈금오차는 0.5dB 이내이어야 한다.

58 80dB의 소음과 90dB의 소음이 동시에 발생할 경우 합성소음레벨은?

① 약 80dB
② 약 85dB
③ 약 90dB
④ 약 93dB

[해설]
$L = 10\log(10^{L_1/10} + 10^{L_2/10})$
여기서, L : 합성소음레벨
L_1 : 소음 1
L_2 : 소음 2
∴ $L = 10\log(10^{80/10} + 10^{90/10}) = 10\log(1.1 \times 10^9) ≒ 90.4\text{dB}$

59 방음대책을 음원대책과 전파경로대책으로 구분할 때 음원대책에 해당하는 것은?

① 거리감쇠
② 소음기 설치
③ 방음벽 설치
④ 공장건물 내벽의 흡음처리

[해설]
소음기 설치는 음원대책에 해당한다.

60 소음과 관련된 용어의 정의 중 "측정소음도에서 배경소음을 보정한 후 얻어지는 소음도"를 의미하는 것은?

① 대상소음도
② 배경소음도
③ 등가소음도
④ 평가소음도

[해설]
ES 03300.b 총칙(용어 정의) - 소음
• 대상소음도 : 측정소음도에서 배경소음을 보정한 후 얻어지는 소음도를 말한다.
• 배경소음도 : 측정소음도의 측정위치에서 대상소음이 없을 때 이 시험기준에서 정한 측정방법으로 측정한 소음도 및 등가소음도 등을 말한다.
• 등가소음도 : 임의의 측정시간 동안 발생한 변동소음의 총에너지를 같은 시간 내의 정상소음의 에너지로 등가하여 얻어진 소음도를 말한다.
• 평가소음도 : 대상소음도에 보정치를 보정한 후 얻어진 소음도를 말한다.

2019년 제4회 과년도 기출복원문제

01 다음 대기오염물질의 분류 중 발생원에서 직접 외기로 배출되는 1차 오염물질에 해당하는 것은?

① O_3
② PAN
③ NH_3
④ H_2O_2

해설
대기오염물질
- 1차 오염물질 : NH_3, HCl, H_2S, CO, H_2, Pb, Zn, Hg, HC 등
- 2차 오염물질 : O_3, H_2O_2, PAN 등

02 다음 중 연소 시 질소산화물의 저감방법으로 가장 거리가 먼 것은?

① 배출가스 재순환
② 2단 연소
③ 과잉공기량 증대
④ 연소부분 냉각

해설
공급공기량을 과량 주입하면 질소산화물 발생을 촉진한다.

03 다음 중 링겔만 농도표와 관계가 깊은 것은?

① 매연측정
② 가스크로마토그래프
③ 오존농도측정
④ 질소산화물 성분분석

해설
링겔만 농도표는 굴뚝에서 나오는 매연의 농도를 측정할 때 사용하는 농도 기준표이다.

04 표준상태에서 물 6.6g을 수증기로 만들 때 부피는?

① 5.16L
② 6.22L
③ 7.24L
④ 8.21L

해설
표준상태에서 물(H_2O) 1mol(18g)일 때 22.4L이므로
18g : 22.4L = 6.6g : x
$\therefore x = \dfrac{22.4L \times 6.6g}{18g} = 8.21L$

05 충전탑(Packed Tower)에 채워지는 충전물의 구비조건으로 틀린 것은?

① 단위용적에 대하여 비표면적이 작을 것
② 마찰저항이 작을 것
③ 압력손실이 작고 충전밀도가 클 것
④ 내식성과 내열성이 클 것

해설
단위용적에 대하여 비표면적이 커야 한다.

정답 1 ③ 2 ③ 3 ① 4 ④ 5 ①

06 다음 중 헨리의 법칙에 관한 설명으로 가장 적합한 것은?

① 기체의 용매에 대한 용해도가 높은 경우에만 헨리의 법칙이 성립한다.
② HCl, HF, SO_2 등은 헨리의 법칙이 잘 적용되는 가스이다.
③ 일정 온도에서 특정 유해가스의 압력은 용해가스의 액 중 농도에 비례한다.
④ 헨리정수는 온도변화에 상관없이 동일성분 가스는 항상 동일한 값을 가진다.

[해설]
헨리의 법칙($P = H \times C$)은 일정한 온도에서 일정량의 용매에 녹는 기체의 질량은 압력(P)에 비례하지만 부피는 압력에 관계없이 일정하다는 법칙이다.
① 기체의 용매에 대한 용해도가 낮은 경우에만 적용한다.
② 헨리의 법칙이 잘 적용되는 가스는 수소, 산소, 질소, 이산화탄소 등이다.
④ 헨리정수는 온도변화에 따라 변한다.

07 "열분해"에 대한 설명으로 가장 적합한 것은?

① 일반적으로 이론공기가 공급된 상태에서 스팀을 주입하는 방법이다.
② 공기가 부족한 상태에서 폐기물을 연소시켜 고체, 액체 및 기체 상태의 연료를 생산하는 공정이다.
③ 수소가 많은 상태에서 액체연료를 회수하는 방법이다.
④ 200~350℃ 정도의 산소가 없는 상태에서 고압의 조건으로 유기물을 분해하여 기체의 연료를 회수하는 방법이다.

[해설]
열분해 : 무산소가 또는 저산소 상태에서 열을 가하여(500~900℃ 정도) 유기물질을 가스(Gas), 오일(Oil), 타르(Tar) 등으로 분해하는 공정이다(고체연료 생산 불가).

08 소각로 내의 화상 위에서 폐기물을 태우는 방식으로 플라스틱과 같이 열에 의해 용융되는 물질의 소각에 적당하나 연소효율이 나쁘고 체류시간이 길고 교반력이 약하여 국부적으로 가열될 염려가 있는 소각로 형식으로 가장 적합한 것은?

① 액체 주입형 소각로
② 고정상 소각로
③ 유동상 소각로
④ 열분해 용융 소각로

[해설]
고정상 소각로 : 연소용 공기가 노 주위에서 화상을 향하여 분사되면서 폐기물을 소각하며 플라스틱과 같은 열가소성 폐기물에 적합하다.

09 연소가스의 잉여열을 이용하여 보일러에 주입되는 물을 예열함으로써 보일러드럼에 발생되는 열응력을 감소시켜 보일러의 효율을 높이는 장치는?

① 과열기(Super Heater)
② 재열기(Reheater)
③ 절탄기(Economizer)
④ 공기예열기(Air Preheater)

[해설]
절탄기(Economizer) : 보일러 연소배기가스의 여열을 이용하여 급수를 예열함으로써 연료를 절감시키는 폐열회수장치를 말한다.

10 다음 중 오존층의 두께를 표시하는 단위는?

① VAL   ② OTL
③ Pa   ④ Dobson

해설
DU(Dobson) : 오존층의 두께를 표시하는 단위로, 해면상 표준상태(0℃, 1기압)에서 1mm는 100DU이다.

11 다음 중 온실효과의 주원인물질로 가장 적합한 것은?

① 이산화탄소   ② 암모니아
③ 황산화물   ④ 프로필렌

해설
6대 온실가스 : 이산화탄소(CO_2), 메탄(CH_4), 아산화질소(N_2O), 수소플루오린화탄소(HFCs), 과플루오린화탄소(PFCs), 육플루오린화황(SF_6)
※ 이산화탄소와 메탄에 의한 영향이 가장 크다.

12 일산화탄소의 특성으로 옳지 않은 것은?

① 무색, 무취의 기체이다.
② 물에 잘 녹고, CO_2로 쉽게 산화된다.
③ 연료 중 탄소의 불완전연소 시에 발생한다.
④ 헤모글로빈과의 결합력이 강하다.

해설
일산화탄소(CO)는 상온에서 무색, 무취, 무미의 기체로 물에 잘 녹지 않는다.

13 질소산화물을 촉매환원법으로 처리할 때, 어떤 물질로 환원되는가?

① N_2 ② HNO_3
③ CH_4 ④ NO_2

해설
선택적 촉매환원법 : 배기가스 중의 질소산화물을 암모니아계 환원제를 주입하여 질소(N_2)와 물(H_2O)로 환원하는 것이다.

14 다음과 같은 특성을 지닌 굴뚝 연기의 모양은?

- 대기의 상태가 하층부는 불안정하고 상층부는 안정할 때 볼 수 있다.
- 하늘이 맑고 바람이 약한 날의 아침에 볼 수 있다.
- 지표면의 오염 농도가 매우 높게 된다.

① 환상형   ② 원추형
③ 훈증형   ④ 구속형

해설
훈증형은 하층의 불안정층이 굴뚝높이를 막 넘었을 때 굴뚝에서 배출된 오염물질이 지면까지 미치면서 발생하는 것으로, 지면에서부터 굴뚝 상공에 아직 소멸되지 않은 역전층까지 꽉 채워지게 되므로 지면 부근을 심하게 오염시킨다.

정답 10 ④ 11 ① 12 ② 13 ① 14 ③

15 전기집진장치에 관한 설명으로 옳지 않은 것은?

① 관성력집진장치에 비해 집진효율이 높다.
② 압력손실이 커서 동력비가 많이 소요된다.
③ 약 350℃ 정도의 고온가스를 처리할 수 있다.
④ 전압변동과 같은 조건변동에 쉽게 적응하기 어렵다.

해설
전기집진장치는 압력손실이 작으므로(10~20mmAq), 팬(Fan)의 동력비가 작아 운전 유지비가 적게 든다.

16 대기오염 방지시설 중 유해 가스상 물질을 처리할 수 있는 흡착장치의 종류와 가장 거리가 먼 것은?

① 고정층 흡착장치
② 촉매층 흡착장치
③ 이동층 흡착장치
④ 유동층 흡착장치

해설
흡착장치는 흡착층의 위치 변화에 따라 고정층, 이동층, 유동층으로 구분된다.

17 직경이 5μm이고 밀도가 3.7g/cm³인 구형의 먼지 입자가 공기 중에서 중력침강할 때 종말침강속도는?(단, 스토크스 법칙이 적용되며, 공기의 밀도는 무시하고, 점성계수는 1.85×10^{-5}kg/m·s이다)

① 약 0.27cm/s
② 약 0.32cm/s
③ 약 0.36cm/s
④ 약 0.41cm/s

해설
스토크스(Stokes)의 법칙
$$V_g = \frac{d^2(\rho_s - \rho)g}{18\mu}$$
여기서, d : 직경(cm)
μ : 점성계수(g/cm·s)
$(\rho_s - \rho)$: 밀도 차이
g : 중력가속도(cm/s²)
$$\therefore V_g = \frac{(5 \times 10^{-4}\text{cm})^2 \times 3.7\text{g/cm}^3 \times 980\text{cm/s}^2}{18 \times 1.85 \times 10^{-4}\text{g/cm·s}}$$
≈ 0.27cm/s

18 직경이 20cm, 유효높이 16m, 여과자루를 사용하여 농도가 5g/m³의 배출가스를 1,200m³/min으로 처리하였다. 여과속도가 2cm/s일 때 필요한 여과자루의 수는?

① 95
② 96
③ 100
④ 107

해설
여과자루(Bag Filter)의 수
$$n = \frac{Q}{\pi D H u_f}$$
여기서, Q : 배출가스량(m³/min)
D : 직경(m)
H : 유효높이(m)
u_f : 겉보기 여과속도(m/s)
n : 여과자루의 수(개)
$$\therefore n = \frac{1,200\text{m}^3/\text{min} \times 1\text{min}/60\text{s}}{\pi \times 0.2\text{m} \times 16\text{m} \times 0.02\text{m/s}} \approx 99.5 = 100\text{개}$$

19 중력집진장치에서 효율 향상조건으로 옳지 않은 것은?

① 침강실 처리가스 속도가 작을수록 미립자가 포집된다.
② 침강실 입구폭이 클수록 유속이 느려지며 미세한 입자가 포집된다.
③ 침강실 내의 배기가스 기류는 균일하여야 한다.
④ 침강실의 높이가 높고 수평거리가 짧을수록 집진율이 높아진다.

해설
침강실의 높이(H)가 낮고, 길이(L)가 길수록 집진효율이 높아진다.

20 다음 중 연소조절에 의한 질소산화물의 발생을 억제하는 방법으로 거리가 먼 것은?

① 과잉공기공급량을 증가시킨다.
② 연소부분을 냉각시킨다.
③ 배출가스를 재순환시킨다.
④ 2단 연소시킨다.

해설
질소산화물은 공기공급량이 증가할 경우 발생이 더욱 촉진된다.
질소산화물의 발생을 억제하는 방법
• 저과잉공기 연소
• 연소용 공기온도 저하
• 배기가스 재순환(FGR)
• 단계적 연소

21 다음 중 활성슬러지공법으로 하수처리 시 주로 사상성 미생물의 이상번식으로 2차 침전지에서 침전성이 불량한 슬러지가 침전되지 못하고 유출되는 현상을 의미하는 것은?

① 슬러지 벌킹 ② 슬러지 시딩
③ 연못화   ④ 역 세

해설
슬러지 벌킹에 관한 설명이다.
② MLSS 관리를 위해 반송슬러지를 투입하는 것이다.
③ 살수여상법에서 폐수처리 시 여상표면에 물이 고이는 것이다.
④ 여과층의 찌꺼기를 씻어내는 세척방법이다.

22 다음 중 인체에 만성 중독증상으로 카네미유증을 발생시키는 유해물질은?

① PCB   ② Mn
③ As   ④ Cd

해설
카네미유증은 PCB 섭취에 따른 중독증상이다.
② 망간(Mn) : 기관지 질병, 파킨슨 증후군 발생 가능
③ 비소(As) : 식욕부진, 구토, 설사, 폐암 등
④ 카드뮴(Cd) : 이타이이타이병의 원인물질

23 다음 중 활성슬러지공법으로 폐수를 처리하는 경우 침전성이 좋은 슬러지가 최종 침전지에서 떠오르는 슬러지 부상(Sludge Rising)을 일으키는 원인으로 가장 적합한 것은?

① 층류 형성
② 이온전도도 차
③ 탈질 작용
④ 색도 차

해설
슬러지 부상(Sludge Rising)
유입폐수 중의 질소 성분이 폭기에 의해 질산화되고 종말침전조에서 DO가 부족하면 탈질산화 현상이 일어나면서 이때 발생하는 질소가스가 슬러지를 부상시킨다.
※ 탈질화 현상 : 혐기성 상태에서 질산성 질소(NO_3-N)가 질소 기체(N_2)로 환원되는 과정

24 다음은 수질오염공정시험기준상 방울수에 대한 설명이다. ( ) 안에 알맞은 것은?

> 방울수라 함은 20℃에서 정제수 (㉠)을 적하할 때, 그 부피가 약 (㉡) 되는 것을 뜻한다.

① ㉠ 10방울 ㉡ 1mL
② ㉠ 20방울 ㉡ 1mL
③ ㉠ 10방울 ㉡ 0.1mL
④ ㉠ 20방울 ㉡ 0.1mL

해설
ES 04000.d 총칙(관련 용어의 정의)
방울수라 함은 20℃에서 정제수 20방울을 적하할 때, 그 부피가 약 1mL 되는 것을 뜻한다.

25 살수여상에서 발생하는 연못화 현상의 원인으로 가장 거리가 먼 것은?

① 유기물 부하량이 너무 적어 처리가 되지 않을 경우
② 매질이 너무 작거나 균일하지 못한 경우
③ 미생물 점막이 과도하게 탈리되어 공극을 메울 경우
④ 최초침전지에서 현탁고형물이 충분히 제거되지 않을 경우

해설
연못화(Ponding)는 오니가 여상을 막고 통수가 저해되며, 여상 위에 처리할 폐수가 체류하는 것으로 주로 유기물 부하량이 과도할 때 일어난다.

26 슬러지 내의 수분 중 일반적으로 가장 많은 양을 차지하여 고형물질과 직접 결합해 있지 않기 때문에 농축 등의 방법으로 용이하게 분리할 수 있는 수분은?

① 간극수
② 모관결합수
③ 부착수
④ 내부수

해설
슬러지 내 수분의 종류
• 모관결합수 : 입자의 집합밀도가 높은 부분에 물의 표면장력 작용으로 모관현상을 일으키고, 입자 간의 망상에 차 있는 물을 말한다.
• 부착수 : 겔 및 졸의 상태인 콜로이드가 고형물질의 표면을 둘러싸고, 콜로이드 입자 자체가 전하를 가지고 있어 흡인하는 등의 외력에 의해서는 분리가 어려운 물을 말한다.
• 내부수 : 활성오니 중의 원생동물과 세균 혹은 셀룰로스 등의 생물체 세포질 내에 보유되어 있는 물을 말한다.
※ 슬러지 탈수 양호성 : 모관결합수 > 간극 모관결합수 > (표면)부착수 > 내부(결합)수

27 응집실험에서 폐수 500mL에 0.2%-Al$_2$(SO$_4$)$_3$ · 18H$_2$O 용액 25mL를 주입하였을 때 최적조건으로 나타났다. 같은 폐수를 2,000m^3/day로 처리하는 경우 필요한 응집제의 양(kg/day)은?(단, 응집용액의 밀도는 1.0g/mL이다)

① 200 ② 300
③ 400 ④ 500

해설
0.2% → 0.2×10^{4}ppm → 0.2×10^4 mg/L(∵ 1% = 10,000ppm)
0.2%-Al$_2$(SO$_4$)$_3$ · 18H$_2$O 농도 = 0.2×10^{4}mg/L × 25mL/500mL
= 100mg/L = 100g/m^3
∴ 응집제의 양 = 100g/m^3 × 2,000m^3/day = 200,000g/day
= 200kg/day

28 유독한 6가크로뮴이 함유된 폐수를 처리하는 과정에서 환원제로 사용하기에 적합한 것은?

① O$_3$ ② Cl$_2$
③ FeSO$_4$ ④ NaOCl

해설
크로뮴 환원제
• 아황산가스(SO$_2$)
• 아황산나트륨(Na$_2$SO$_3$)
• 중아황산나트륨(NaHSO$_3$)
• 황산제1철(FeSO$_4$)
• 메타중아황산나트륨(Na$_2$S$_2$O$_5$)
※ 6가크로뮴(Cr^{6+})은 독성이 강하므로 3가크로뮴(Cr^{3+})으로 환원시킨 후 제거한다.

29 물속에서 입자가 침강하고 있을 때 스토크스(Stokes)의 법칙이 적용된다고 한다. 다음 중 입자의 침강속도에 가장 큰 영향을 주는 변화인자는?

① 입자의 밀도 ② 물의 밀도
③ 물의 점도 ④ 입자의 직경

해설
스토크스(Stokes)의 법칙
$$V_g(\text{m/s}) = \frac{d^2 \cdot (\rho_p - \rho) \cdot g}{18\mu}$$
여기서, d^2 : 입자의 직경의 제곱 → 비례
$(\rho_p - \rho)$: 밀도 차이 → 비례
g : 중력가속도 → 비례
μ : 점도 → 반비례
스토크스(Stokes)의 법칙에 따르면, 입자의 침강속도는 입자 직경(d)의 제곱에 비례하므로 가장 큰 영향을 주는 변화인자이다.

30 수질관리를 위해 대장균군을 측정하는 주목적으로 가장 타당한 것은?

① 다른 수인성 병원균의 존재 가능성을 알기 위하여
② 호기성 미생물 성장가능 여부를 알기 위하여
③ 공장폐수의 유입 여부를 알기 위하여
④ 수은의 오염 정도를 측정하기 위하여

해설
대장균 자체는 아무런 해가 없으나, 사람이나 가축의 대장에 서식하는 균의 유무를 통해 다른 수인성 병원균의 존재 가능성을 추측할 수 있다. 이러한 미생물을 지표미생물이라 한다.

정답 27 ① 28 ③ 29 ④ 30 ①

31 활성슬러지법의 운전조건 중 F/M비(kg BOD/kg MLSS·일)는 얼마로 유지하는 것이 가장 적합한가?

① 200~400　② 20~40
③ 2~4　④ 0.2~0.4

해설
활성슬러지법의 운전조건
- BOD 용적부하 : 0.4kg BOD/m^3·일
- F/M비 : 0.2~0.4kg BOD/kg MLSS·일
- 슬러지 반송비 : 30~50%

32 0.04M NaOH 용액을 mg/L로 환산하면?

① 1.6mg/L　② 16mg/L
③ 160mg/L　④ 1,600mg/L

해설
NaOH의 분자량은 40이므로 1M = 40g/L이다.
∴ 0.04M = 0.04mol/L × 40g/mol × 1,000mg/g = 1,600mg/L
※ 몰농도(M ; Molarity, mol/L) : 용액 1L 속에 포함된 용질의 몰수이다.

33 유기물과 무기물의 함량이 각각 80%, 20%인 슬러지를 소화처리한 후 유기물과 무기물의 함량이 모두 50%로 되었다. 이때 소화율은?

① 50%　② 67%
③ 75%　④ 83%

해설
소화율 = {(소화 전 비율 − 소화 후 비율) / 소화 전 비율} × 100
- 소화 전 비율 = 80 / 20 = 4
- 소화 후 비율 = 50 / 50 = 1
∴ 소화율 = {(4 − 1) / 4} × 100 = 75%

34 지름이 20m, 깊이가 3m인 원형 침전지에서 시간당 416.7m^3의 하수를 처리하는 경우 수면적 부하는?(단, 24시간 연속 가동)

① 31.8m^3/m^2·day
② 36.6m^3/m^2·day
③ 42.0m^3/m^2·day
④ 48.3m^3/m^2·day

해설
$$수면적\ 부하 = \frac{하수량}{면적}$$

$$면적 = \frac{\pi D^2}{4} = \frac{\pi \times (20m)^2}{4} ≒ 314m^2$$

$$∴ 수면적\ 부하 = \frac{416.3m^3/h \times 24h/day}{314m^2} ≒ 31.82m^3/m^2·day$$

35 비점오염원의 특징으로 거리가 먼 것은?

① 지표수 유출이 거의 없는 갈수 시 하천수 수질악화에 큰 영향을 미친다.
② 기상조건, 지질, 지형 등의 영향이 크다.
③ 빗물, 지하수 등에 의하여 희석되거나 확산되면서 넓은 장소로부터 배출된다.
④ 일간, 계절 간의 배출량 변화가 크다.

해설
비점오염원은 강우 등 자연적 요인에 따른 배출량의 변화가 심하여 예측이 곤란하다. 지표수 유출이 거의 없는 갈수 시 하천수 수질악화에 큰 영향을 미치는 것은 점오염원이다.
- 점오염원 : 오염물질이 지도상의 한 점에서 배출되는 것(예 생활하수, 축산폐수, 산업폐수)
- 비점오염원 : 도시, 도로, 농지, 산지, 공사장 등 불특정 장소에서 면적 단위로 배출되는 배출원(예 농경지 배수)

정답　31 ④　32 ④　33 ③　34 ①　35 ①

36 A공장의 BOD 배출량은 400인의 인구당량에 해당한다. A공장의 폐수량이 200m³/day일 때 이 공장 폐수의 BOD(mg/L)값은?(단, 1인이 하루에 배출하는 BOD는 50g이다)

① 100
② 150
③ 200
④ 250

해설
BOD 배출량 = 50g/인·일 × 400인 = 20,000g/일

$BOD(mg/L) = \dfrac{BOD \text{ 배출량}}{\text{폐수량}} = \dfrac{20,000 g/일}{200 m^3/일} = 100 g/m^3$
$= 100 mg/L$

※ $g/m^3 = 1,000mg/1,000L (\because 1g = 1,000mg, 1m^3 = 1,000L)$
$= mg/L$

37 다음 중 조류를 이용한 산화지(Oxidation Pond)법으로 폐수를 처리할 경우에 가장 중요한 영향 인자는?

① 산화지의 표면 모양
② 물의 색깔
③ 햇 빛
④ 산화지 바닥 흙입자 모양

해설
산화지법(Oxidation Pond) : 조류(Algae)의 광합성 작용에 의하여 발생하는 산소를 호기성 미생물이 이용하여 유기물을 분해시키는 오·폐수 처리방법으로, 햇빛이 강할수록 오염물질의 제거가 더욱 효과적이다.

38 다음 중 생물학적 원리를 이용하여 인(P)만을 효과적으로 제거하기 위한 고도처리 공법으로 가장 적합한 것은?

① A/O 공법
② A₂/O 공법
③ 4단계 Bardenpho 공법
④ 5단계 Bardenpho 공법

해설
A/O 공법은 인의 제거에 효과적이다.
② A₂/O 공법 : 질소(N)와 인(P) 제거
③ 4단계 Bardenpho 공법 : 질소(N)와 인(P) 제거
④ 5단계 Bardenpho 공법 : 질소(N)와 인(P) 제거

39 다음 중 수질오염공정시험기준에 의거 페놀류를 측정하기 위한 시료의 보존방법(㉠)과 최대보존기간(㉡)으로 가장 적합한 것은?

① ㉠ 현장에서 용존산소 고정 후 어두운 곳 보관
   ㉡ 8시간
② ㉠ 즉시 여과 후 4℃ 보관
   ㉡ 48시간
③ ㉠ 4℃ 보관, H₃PO₄로 pH 4 이하 조정한 후 CuSO₄ 1g/L 첨가
   ㉡ 28일
④ ㉠ 20℃ 보관
   ㉡ 즉시 측정

해설
ES 04130.1e 시료의 채취 및 보존 방법(페놀류 측정)
• 시료용기 : G
• 시료의 보존방법 : 4℃ 보관, H₃PO₄로 pH 4 이하 조정한 후 시료 1L당 CuSO₄ 1g 첨가
• 최대보존기간(권장보존기간) : 28일

40 다음 설명에 해당하는 폐수처리 공정은?

- 호기성 미생물을 이용한다.
- 대표적인 부착성장식 생물학적 처리공법이다.
- 쇄석이나 플라스틱과 같은 여재를 채운 탱크에 폐수를 뿌려주어 유기물을 섭취 분해한다.
- 연못화 현상이 일어나거나 파리 번식과 악취 발생 우려가 있다.

① 고정소각법 ② 살수여상법
③ 라군법 ④ 활성슬러지법

해설
살수여상법 : 오・폐수를 여재(쇄석 또는 플라스틱 매체 등)에 간헐적으로 살수하여 공기와 접촉시킴으로써, 여재에 부착된 미생물에 의해 호기성으로 처리하는 방법이다.

42 인구 100,000명의 중소도시에서 발생되는 총쓰레기의 양이 200m³/day(밀도 750kg/m³)이다. 적재량 5ton 트럭으로 운반하려면 1일 소요되는 트럭 대수는?(단, 트럭은 1일 1회 운행)

① 12대 ② 18대
③ 24대 ④ 30대

해설
쓰레기 발생량 = 200m³/day × 750kg/m³ = 150,000kg/day
= 150ton/day

∴ 소요되는 트럭 대수 = $\frac{쓰레기\ 발생량}{적재\ 용량}$

= $\frac{150ton/day}{5ton/대}$

= 30대/day

41 A도시에 인구 100,000명이 거주하고, 1인당 쓰레기 발생량은 평균 0.9kg/인・일이다. 이 쓰레기를 50명이 수거한다면 수거능력(MHT)은?(단, 1일 작업시간은 8시간, 1년 작업일수는 300일이다)

① 3.46MHT ② 3.65MHT
③ 3.87MHT ④ 3.98MHT

해설
MHT = $\frac{수거인부 \times 작업시간}{쓰레기\ 발생량(수거량)}$

쓰레기 발생량(수거량) = 100,000인 × 0.9kg/인・일 × 365일
= 32,850,000kg
= 32,850ton

∴ MHT = $\frac{50인 \times 8h/day \times 300day/year}{32,850ton/year}$ ≒ 3.65MHT

43 도시 쓰레기의 조성을 분석하였더니 탄소 30%, 수소 10%, 산소 45%, 질소 5%, 황 0.5%, 회분 9.5%일 때 듀롱(Dulong)식을 이용한 고위발열량은?

① 약 2,450kcal/kg
② 약 3,940kcal/kg
③ 약 4,440kcal/kg
④ 약 5,360kcal/kg

해설
$H_h = 8,100C + 34,250\left(H - \frac{O}{8}\right) + 2,250S$ (kcal/kg)

= $(8,100 \times 0.3) + 34,250\left(0.1 - \frac{0.45}{8}\right) + (2,250 \times 0.005)$

≒ 2,430 + 1,498.4 + 11.25 ≒ 3,939.65kcal/kg

44 다음 중 유해폐기물의 국제적 이동의 통제와 규제를 주요 골자로 하는 국제협약(의정서)은?

① 교토 의정서
② 바젤협약
③ 비엔나협약
④ 몬트리올 의정서

해설
① 교토 의정서 : 지구온난화 방지 및 기후변화 협약
③ 비엔나협약 : 오존층 보호를 위한 최초의 협약
④ 몬트리올 의정서 : 오존층 파괴물질인 염화플루오린화탄소(CFCs)의 생산과 사용을 규제하기 위한 협약

45 500,000명이 거주하는 지역에서 일주일 동안 10,780m^3의 쓰레기를 수거하였다. 쓰레기 밀도가 0.5ton/m^3이면 1인 1일 쓰레기 발생량은?

① 1.29kg/인·일
② 1.54kg/인·일
③ 1.82kg/인·일
④ 1.91kg/인·일

해설
쓰레기 발생량 = $\dfrac{쓰레기\ 수거량 \times 밀도}{인구수}$

1일 쓰레기 발생량 = $\dfrac{10,780m^3 \times 0.5ton/m^3 \times 10^3 kg/ton}{7일}$
= 770,000kg/일

1인 1일 쓰레기 발생량 = $\dfrac{770,000kg/일}{500,000인}$ = 1.54kg/인·일

46 4,000,000ton/year의 쓰레기를 하루에 6,667명의 인부가 수거하고 있다면 수거능력(MHT)은? (단, 수거인부의 1일 작업시간은 8시간, 1년 작업일수는 300일로 한다)

① 3
② 4
③ 5
④ 6

해설
수거능력(MHT) = $\dfrac{작업인부 \times 작업시간}{연간\ 쓰레기\ 발생량}$

= $\dfrac{6,667인 \times 8시간/일 \times 300일/year}{4,000,000ton/year}$

≒ 4MHT

※ Man·Hour/Ton : 1ton의 쓰레기를 1명의 인부가 처리하는 데 걸리는 시간으로, 그 값이 작을수록 효율이 좋다.

47 다음 중 적환장의 위치로 적당하지 않은 곳은?

① 쉽게 간선도로에 연결될 수 있고 2차 보조 수송수단에의 연결이 쉬운 곳
② 수거해야 할 쓰레기 발생지역의 무게중심으로부터 먼 곳
③ 공중의 반대가 적고 환경적 영향이 최소인 곳
④ 건설과 운용이 가장 경제적인 곳

해설
② 수거해야 할 쓰레기 발생지역의 무게중심에 가까운 곳

48 다음은 폐기물의 매립 공법에 관한 설명이다. 가장 적합한 것은?

> 쓰레기를 매립하기 전에 이의 감량화를 목적으로 먼저 쓰레기를 일정한 더미 형태로 압축하여 부피를 감소시킨 후 포장을 실시하여 매립하는 방법으로, 쓰레기 발생량 증가와 매립지 확보 및 사용연한 문제에 있어서 운반이 쉽고 안정성이 유리하다는 것과 지가(地價)가 비쌀 경우 유효한 방법이다.

① 압축매립공법
② 도랑형공법
③ 셀공법
④ 순차투입공법

해설
압축매립공법 : 쓰레기를 일정한 덩어리 형태로 압축하여 부피를 감소시킨 후 포장하여 매립하는 방법이다.

49 폐기물을 관거(Pipeline)를 이용하여 수거하는 방법에 관한 설명으로 거리가 먼 것은?

① 폐기물 발생 빈도가 높은 곳이 경제적이다.
② 잘못 투입된 물건은 회수하기 곤란하다.
③ 5km 이상의 장거리 수송에 경제적이다.
④ 큰 폐기물은 전처리하여야 한다.

해설
관거(Pipeline)수거의 가장 큰 단점은 장거리 수송이 곤란하다는 것이다.

50 인구 300,000명의 도시에서 평균 1.5kg/인·일의 쓰레기가 배출된다면 이 도시의 총쓰레기 배출량은?(단, 쓰레기의 밀도는 400kg/m³이다)

① 1,100m³/일
② 1,125m³/일
③ 1,200m³/일
④ 1,250m³/일

해설

쓰레기 배출량 = $\dfrac{인구수 \times 1인당\ 발생량}{밀도}$

= $\dfrac{300,000인 \times 1.5kg/인·일}{400kg/m^3}$

= 1,125m³/일

51 인구 2,650,000명인 도시에서 1,154,000ton/년의 쓰레기가 발생하였다. 이 도시의 1인당 1일 쓰레기 발생량은?

① 0.98kg/인·일
② 1.19kg/인·일
③ 1.51kg/인·일
④ 2.14kg/인·일

해설
쓰레기 발생량 = (1,154,000ton/년 × 1,000kg/ton) / (365일/년)
≒ 3,161,643.8kg/일
∴ 1인당 1일 쓰레기 발생량 ≒ (3,161,643.8kg/일) / 2,650,000인
≒ 1.19kg/인·일

정답 48 ① 49 ③ 50 ② 51 ②

52 다음 폐기물의 감량화 방안 중 폐기물이 발생원에서 발생되지 않도록 사전에 조치하는 발생원 대책으로 거리가 먼 것은?

① 적정 저장량 관리
② 과대포장 사용 안 하기
③ 철저한 분리수거 실시
④ 폐기물로부터 회수에너지 이용

해설
폐기물로부터 회수에너지를 이용하는 것은 폐기물의 감량화 방안이 아니라 폐기물 재활용 방안이다.

53 폐기물 수거 노선을 결정할 때 유의해야 할 사항으로 가장 거리가 먼 것은?

① 교통량이 적은 새벽에 수거한다.
② 언덕지역은 아래로 내려가면서 수거한다.
③ 발생량이 적은 곳은 먼저 수거한다.
④ 될 수 있는 한 한번 간 곳은 다시 가지 않는다.

해설
③ 발생량이 많은 곳을 가장 먼저 수거한다.

54 폐기물 분석 시료를 얻기 위한 시료의 분할채취방법 중 다음 보기에 해당하는 것은?

> **보기**
> ㉠ 대시료를 네모꼴로 엷게 균일한 두께로 편다.
> ㉡ 이것을 가로 4등분, 세로 5등분하여 20개의 덩어리로 나눈다.
> ㉢ 20개의 각 부분에서 균등한 양을 취한 후 혼합하여 하나의 시료로 만든다.

① 균일법
② 구획법
③ 교호삽법
④ 원추4분법

해설
ES 06130.d 시료의 채취(구획법)

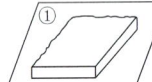 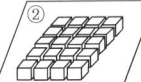 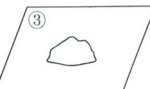

55 소음의 배출허용기준 측정방법에서 소음계의 청감보정회로는 어디에 고정하여 측정하여야 하는가?

① A특성
② B특성
③ D특성
④ F특성

해설
ES 03302.1b 배출허용기준 중 소음측정방법(청감보정회로)
인체의 청감각을 주파수 보정특성에 따라 나타내는 것으로 A특성을 갖춘 것이어야 한다. 소음계의 청감보정회로는 A특성에 고정하여 측정하여야 한다.

56 하나의 파면상의 모든 점이 파원이 되어 각각 2차적인 구면파를 사출하여 그 파면들을 둘러싸는 면이 새로운 파면을 만드는 현상을 의미하는 것은?

① 도플러 효과
② 마스킹 효과
③ 비트 효과
④ 호이겐스 원리

해설
호이겐스(C. Huygens) 원리
어느 순간의 파면이 주어지면 다음 순간의 파면은 주어진 파면상의 각 점이 각각 독립한 파원이 되어 발생하는 2차적인 구면파에 공통으로 접하는 면, 즉 포락면이 된다는 것이다. 여기서 파동의 마루를 이어준 곡선 혹은 곡면을 파면이라 한다.

57 다음 중 가청주파수의 범위로 옳은 것은?

① 20Hz 이하
② 20~20,000Hz
③ 20~20,000kHz
④ 20,000kHz 이상

해설
가청주파수의 범위는 20~20,000Hz이다.

58 귀의 구성 중 내이에 관한 설명으로 틀린 것은?

① 난원창은 이소골의 진동을 와우각 중의 림프액에 전달하는 진동판이다.
② 음의 전달 매질은 액체이다.
③ 달팽이관은 내부에 림프액이 들어 있다.
④ 이관은 내이의 기압을 조정하는 역할을 한다.

해설
이관은 외이와 중이의 기압을 조정한다.

59 소음계의 기본구조 중 "측정하고자 하는 소음도가 지시계기의 범위 내에 있도록 하기 위한 감쇠기"를 의미하는 것은?

① 증폭기
② 마이크로폰
③ 동특성 조절기
④ 레벨레인지 변환기

해설
레벨레인지 변환기에 관한 설명이다.

60 다공질 흡음재에 해당하지 않는 것은?

① 암 면
② 비닐시트
③ 유리솜
④ 폴리우레탄폼

해설
다공질 흡음재
- 유리솜(Glass Wool)
- 암면(Rock Wool)
- 광물면
- 식물섬유류
- 발포수지재료(폴리우레탄폼)

2020년 제1회 과년도 기출복원문제

01 먼지의 종말침강속도 산정에 관한 설명으로 옳지 않은 것은?

① 먼지와 가스의 비중차에 반비례한다.
② 입경의 제곱에 비례한다.
③ 중력가속도에 비례한다.
④ 가스의 점도에 반비례한다.

해설
먼지와 가스의 비중차에 비례한다.
종말침강속도 $(V_g) = \dfrac{d^2(\rho_s - \rho)g}{18\mu}$

여기서, d : 입자의 직경 – 비례
g : 중력가속도 – 비례
$(\rho_s - \rho)$: 먼지와 가스의 비중차 – 비례
μ : 공기의 점도 – 반비례

02 후드(Hood)의 일반적 흡인요령으로 옳지 않은 것은?

① 충분한 포착속도를 유지한다.
② 후드의 개구면적을 가능한 한 크게 한다.
③ 가능한 한 후드를 발생원에 근접시킨다.
④ 국부적인 흡인방식을 택한다.

해설
후드의 개구면적을 좁게 하여 흡인속도를 크게 한다.

03 가스상태의 오염물질을 물리적 흡착법으로 처리하려고 한다. 흡착효율을 높이기 위한 방법으로 옳은 것은?

① 접촉시간을 줄인다.
② 온도를 내린다.
③ 압력을 감소시킨다.
④ 흡착제의 표면적을 줄인다.

해설
흡착효율을 높이기 위한 방법
• 접촉시간을 늘린다.
• 압력을 증가시킨다.
• 흡착제의 표면적을 늘린다.
• 온도를 내린다.

04 다음 중 물에 대한 용해도가 가장 큰 기체는?(단, 온도는 30℃ 기준이며, 기타 조건은 동일하다)

① SO_2　　　　② CO_2
③ HCl　　　　④ H_2

해설
물에 대한 용해도의 크기
$HCl > HF > NH_3 > SO_2 > O_2$

05 다음에 해당하는 대기오염물질은?

> 보통 백화현상에 의해 맥간반점을 형성하고 지표식물로는 자주개나리, 보리, 담배 등이 있고, 강한 식물로는 협죽도, 양배추, 옥수수 등이 있다.

① 황산화물
② 탄화수소
③ 일산화탄소
④ 질소산화물

해설
식물의 잎에 백화현상이나 맥간반점을 일으키는 주된 오염물질은 아황산가스(SO_2)이다.

06 사이클론의 집진효율 향상조건으로 옳지 않은 것은?

① 일정 한계 내에서 입구가스의 속도를 빠르게 한다.
② 배기관의 지름을 크게 한다.
③ 고농도일 때는 병렬연결을 한다.
④ 블로다운(Blow Down)효과를 이용한다.

해설
사이클론 집진효율 $\propto \dfrac{1}{\text{배기관 지름}}$

07 오염가스를 흡착하기 위하여 사용되는 흡착제와 가장 거리가 먼 것은?

① 활성탄
② 활성망간
③ 마그네시아
④ 실리카겔

해설
흡착제의 종류에는 활성탄, 활성 알루미나, 실리카겔, 합성 제올라이트, 마그네시아 등이 있다.
※ 활성망간은 흡수제로 사용된다.

흡 수	액상 물질에 의한 대상 물질의 용해현상
흡 착	고상 물질에 의한 대상 물질의 부착현상

08 악취 성분을 직접연소법으로 처리하고자 할 때, 일반적인 연소온도로 가장 적합한 것은?

① 100~150℃
② 200~300℃
③ 600~800℃
④ 1,400~1,500℃

해설
직접연소법은 악취가스를 연소로에 도입하여 고온의 연소온도에서 가스 중의 악취물질을 이산화탄소(CO_2)와 물로 산화 분해하는 방법이다. 온도가 1,400℃ 이상일 경우에는 질소산화물의 생성이 증가하기 때문에 악취 성분의 일반적인 연소온도는 700~800℃ 정도가 요구된다.

09 여과식 집진장치에서 지름이 0.3m, 길이가 3m인 원통형 여과포 18개를 사용하여 유량이 30m³/min인 가스를 처리할 경우에 여과포의 표면 여과속도는 얼마인가?

① 0.39m/min
② 0.59m/min
③ 0.79m/min
④ 0.99m/min

해설

$$u_f = \frac{Q}{\pi DHn} = \frac{30\text{m}^3/\text{min}}{3.14 \times 0.3\text{m} \times 3\text{m} \times 18} = 0.589\text{m/min}$$

여기서, u_f : 표면 여과속도(m/min)
Q : 배출가스량(m³/min)
D : 직경(m)
H : 유효높이(m)
n : 여과자루의 수(개)

11 CH_4 90%, CO_2 6%, O_2 4%인 기체연료 1Sm³에 대하여 10Sm³의 공기를 사용하여 연소하였다. 이때 공기비는?

① 1.19
② 1.49
③ 1.79
④ 2.09

해설

$CH_4 + 2O_2 \rightarrow CO_2 + 2H_2O$

$$공기비 = \frac{이론공기량(A)}{실제공기량(A_o)}$$

- 실제공기량(A_o) = 10Sm³
- 이론산소량 = 연소성분 산소량 − 연료 중 산소량
  = (2 × 0.9) − 0.04 = 1.76Sm³
- 이론공기량 = $\frac{이론산소량}{0.21(산소의 부피비)} = \frac{1.76}{0.21}$ = 8.38Sm³

여기서 0.21은 산소의 부피비이다.

∴ 공기비 = $\frac{10\text{Sm}^3}{8.38\text{Sm}^3}$ = 1.19

※ 연소 성분 산소량은 CH_4 90%이고, 산소는 메탄과 1 : 2로 반응하므로 (2 × 0.9)로 계산한다.

10 아황산가스의 대기환경 중 기준치가 0.06ppm이라면 몇 $\mu g/Sm^3$인가?(단, 모두 표준상태로 가정한다)

① 85.7
② 99.7
③ 135.7
④ 171.4

해설

ppm = mL/Sm³

아황산가스(SO_2)의 분자량이 64g이고 표준상태이므로,

0.06ppm = 0.06mL/Sm³ × 64mg/22.4mL × 10³ μg/mg
= 171.42μg/Sm³

※ 아황산가스(SO_2) 1mol은 표준상태에서 64mg일 때 부피 22.4mL를 나타낸다.

12 여름철 광화학 스모그의 일반적인 발생 조건으로만 옳게 묶여진 것은?

㉠ 반응성 탄화수소의 농도가 크다.
㉡ 기온이 높고 자외선이 강하다.
㉢ 대기가 매우 불안정한 상태이다.

① ㉠, ㉡
② ㉠, ㉢
③ ㉡, ㉢
④ ㉢

해설

광화학 스모그는 자외선에 의해 영향을 받기 때문에 빛이 강한 날에 잘 발생하며, 대기 중에 머물러야 하기 때문에 대기가 안정한 상태에서 잘 발생한다.

13 다음 건조한 대기의 화학적 구성 중 농도가 가장 높은 것은?

① 질 소
② 산 소
③ 아르곤
④ 이산화탄소

해설
건조 공기의 성분은 부피를 기준으로 질소(N_2)가 78%, 산소(O_2)가 21%, 아르곤(Ar)은 0.93%, 이산화탄소(CO_2)는 0.03%이며, 기타 0.02%이다.
※ 질량비 : 질소의 분자량(28)보다 산소의 분자량(32)이 크므로 질소 76.5%, 산소 23.5% 정도이다.
- 질소의 질량비 = $\dfrac{28 \times 0.78}{28.56} \times 100 = 76.5\%$
- 산소의 질량비 = $\dfrac{32 \times 0.21}{28.56} \times 100 = 23.5\%$

여기서, $(28 \times 0.78) + (32 \times 0.21) = 28.56$

15 다음 설명하는 대기오염물질에 해당하는 것은?

- 강산화제로 작용하고, 눈에 통증을 일으킨다.
- 빛을 분산시키므로 가시거리를 단축시킨다.
- 화학식은 $CH_3COOONO_2$이다.

① Acetic Acid
② PAN
③ PBN
④ CFC

해설
PAN(Peroxyacetyl Nitrate)
배기가스 중에 함유된 여러 탄화수소(HC)나 질소산화물(NO_x)이 태양광선(특히 자외선-UV)에 의해 광화학적으로 합성된 2차 오염물질이다. 눈이나 목에 자극을 주며, 농작물이나 식물에도 피해를 준다.

14 정지 공기 중에서 침강하는 직경이 $3\mu m$인 구형입자의 종말침강속도는?(단, 스토크스 법칙을 적용하며, 입자의 밀도는 $5.2g/cm^3$, 점성계수는 $1.85 \times 10^{-5} kg/m \cdot s$이다)

① 0.115cm/s
② 0.138cm/s
③ 0.234cm/s
④ 0.345cm/s

해설
스토크스(Stokes)의 법칙
$$V_g = \dfrac{d^2(\rho_s - \rho)g}{18\mu}$$
$$= \dfrac{(3 \times 10^{-4} cm)^2 \times 5.2 g/cm^3 \times 980 cm/s^2}{18 \times 1.85 \times 10^{-4} g/cm \cdot s}$$
$$= 0.138 cm/s$$

16 다음 침전에 해당하는 것은?

입자들이 고농도로 있을 때의 침전현상으로서, 활성슬러지공법으로 폐수를 처리하는 경우에 최종침전지의 하부에서 일어난다. 이 침전은 슬러지 중력 농축공정에서 중요한 요소로, 폭기조로의 반송을 위해 활성슬러지가 농축되어야 하는 활성슬러지 공법의 최종침전지에서 특히 중요하다.

① 독립침전
② 압축침전
③ 지역침전
④ 응집침전

해설
압축침전(Compression Settling) : 고농도의 입자들이 서로 접촉하여 물리적 압축에 의해 침전하는 형태이다.

17 다음 중 비점오염원에 해당하는 것은?

① 농경지
② 세차장
③ 축산단지
④ 비료공장

해설
오염원의 구분
- 점오염원 : 오염물질이 지도상의 한 점에서 배출되는 것(예 생활하수, 축산폐수, 산업폐수)
- 비점오염원 : 도시, 도로, 농경지, 산지, 공사장 등 불특정 장소에서 면적 단위로 배출되는 배출원(예 농경지 배수)

18 다음 중 플루오린 제거를 위한 폐수처리방법으로 가장 적합한 것은?

① 화학침전
② P/L 공정
③ 살수여상
④ UCT 공정

해설
가장 일반적인 플루오린 함유 폐수의 처리방법은 석회를 통한 화학침전 방법이다.

19 폐수처리에 있어서 활성탄은 주로 어떤 목적으로 사용되는가?

① 흡 착   ② 중 화
③ 침 전   ④ 부 유

해설
활성탄은 내부의 공극으로 오염물질을 흡착하는 원리로 사용된다.

20 다음 오염물질 함유 폐수 중 알칼리 조건하에서 염소처리(산화)가 필요한 것은?

① 시안(CN)
② 알루미늄(Al)
③ 6가크로뮴(Cr^{6+})
④ 아연(Zn)

해설
시안(CN) 함유 폐수에서 가장 일반적인 방법은 알칼리염소법이다. 알칼리염소법은 시안을 함유한 폐수를 알칼리성으로 하고 차아염소산이나 염소 등의 산화제를 이용하여 시안을 산화시키는 방법이다.

21 다음 중 부상법의 종류에 해당하지 않는 것은?

① 진공부상
② 산화부상
③ 공기부상
④ 용존공기부상

해설
부상법의 종류
- 진공부상
- 공기부상
- 용존공기부상
- 전해부상
- 미생물학적 부상

22 어떤 물질을 분석한 결과 1,500ppm의 결과를 얻었다. 이것을 %로 환산하면?

① 0.15%   ② 1.5%
③ 15%   ④ 150%

해설
1% = 10,000ppm이므로
1 : 10,000 = x : 1,500
∴ $x = 0.15\%$
※ ppm = 10^{-6}(무단위), 100% = 1이므로
1% = 10^{-2} = 10,000ppm

23 에탄올(C_2H_5OH)의 농도가 350mg/L인 폐수의 이론적인 화학적 산소요구량은?

① 620mg/L
② 730mg/L
③ 840mg/L
④ 950mg/L

해설
에탄올의 산화반응식
$C_2H_5OH + 3O_2 \rightarrow 2CO_2 + 3H_2O$
46g(분자량) : 3×32g(분자량) = 350mg/L : x
∴ $x = \dfrac{3 \times 32 \times 350}{46} = 730.4$mg/L

24 다음 식은 크로뮴 함유 폐수의 수산화물 침전과정의 화학반응식이다. ㉠에 들어갈 알맞은 수치는?

$Cr_2(SO_4)_3 + 6NaOH \rightarrow$ ㉠$Cr(OH)_3 \downarrow + 3Na_2SO_4$

① 1   ② 2
③ 3   ④ 4

해설
좌측 반응식에서 Cr이 2개이므로, 우측 침전식의 Cr을 수치로 맞추어 볼 수 있다.

25 다음 중 수처리 시 사용되는 응집제와 거리가 먼 것은?

① PAC
② 소석회
③ 입상활성탄
④ 염화제2철

해설
흡착제 : 입상활성탄, 실리카겔, 합성제올라이트, 보크사이트, 활성알루미나

26 무기응집제인 알루미늄염의 장점으로 가장 거리가 먼 것은?

① 적정 pH 폭이 2~12 정도로 매우 넓은 편이다.
② 독성이 거의 없어 대량으로 주입할 수 있다.
③ 시설을 더럽히지 않는 편이다.
④ 가격이 저렴한 편이다.

해설
알루미늄염은 독성이 없고 경제적이나 pH 폭이 좁은 단점이 있다.

정답 22 ① 23 ② 24 ② 25 ③ 26 ①

27 완속여과의 특징에 관한 설명으로 가장 거리가 먼 것은?

① 손실수두가 비교적 적다.
② 유지관리비가 적은 편이다.
③ 시공비가 적고 부지가 좁다.
④ 처리수의 수질이 양호한 편이다.

해설
완속여과는 여과속도가 느리기 때문에 큰 부지면적이 필요하며, 시공비도 많이 든다.

28 해수의 특성에 관한 설명으로 옳지 않은 것은?

① 해수 내 전체 질소 중 35% 정도는 암모니아성 질소, 유기질소 형태이다.
② 해수의 pH는 약 5.6 정도로 약산성이다.
③ 해수의 주요 성분농도비는 거의 일정하다.
④ 해수의 Mg/Ca비는 담수에 비하여 큰 편이다.

해설
해수의 pH는 약 8.2 정도로 약알칼리성이다.

29 다음 중 활성슬러지공법으로 하수처리 시 주로 사상성 미생물의 이상번식으로 2차 침전지에서 침전성이 불량한 슬러지가 침전되지 못하고 유출되는 현상을 의미하는 것은?

① 슬러지 벌킹
② 슬러지 시딩
③ 연못화
④ 역 세

해설
슬러지 벌킹에 관한 설명이다.
② MLSS 관리를 위해 반송슬러지를 투입하는 것이다.
③ 살수여상법에서 폐수처리 시 여상표면에 물이 고이는 것이다.
④ 여과층의 찌꺼기를 씻어내는 세척방법이다.

30 다음 중 황산알루미늄에 비하여 처리수의 pH 강하가 작고 알칼리 소비량도 적은 무기성 고분자 응집제는?

① PAC(Poly Aluminium Chloride)
② ABS(Alkyl Benzene Sulfonate)
③ PCB(Polychlorinated Biphenyl)
④ PCDD(Polychlorinated Dibenzo-p-Dioxin)

해설
폴리염화알루미늄(Poly Aluminum Chloride)
• 응집 및 플럭 형성이 황산알루미늄보다 현저히 빠르다.
• pH, 알칼리도 저하가 황산알루미늄의 1/2 이하이다.
• 탁질제거 효과가 현저하며, 과량으로 주입하여도 효과가 떨어지지 않는다.

정답 27 ③ 28 ② 29 ① 30 ①

31 pH 9인 용액의 [OH⁻] 농도(mol/L)는?

① 10^{-1}
② 10^{-5}
③ 10^{-9}
④ 10^{-11}

해설
pH = 9, pH = $-\log[H^+]$, $[H^+] = 10^{-9}$
$[H^+][OH^-] = 10^{-14}$ mol/L이므로,
$[OH^-] = \dfrac{10^{-14}}{10^{-9}} = 10^{-5}$ mol/L

---

32 유기물 과다 유입에 따른 수질오염 현상으로 가장 거리가 먼 것은?

① DO 농도의 감소
② 혐기 상태로 변화
③ 어패류의 폐사현상
④ BOD 농도의 감소

해설
유기물 과다 유입 시 수중생태계의 영향
미생물 과다 증식 → 수중산소 고갈 → BOD 상승 → 수중생물 폐사(어패류) → 혐기성화

---

33 염소의 수중 용해상태가 다음 표와 같을 때 살균력이 가장 큰 것은?

구 분	OCl⁻	HOCl
㉠	80%	20%
㉡	60%	40%
㉢	40%	60%
㉣	20%	80%

① ㉠
② ㉡
③ ㉢
④ ㉣

해설
살균력은 HOCl > OCl⁻이므로 HOCl 농도가 높을수록 살균력도 더 커진다.
살균력의 크기 순서
오존(O_3) ≫ 차아염소산(HOCl) > 차아염소산 이온(OCl⁻) > 클로라민(NH_2Cl)

---

34 유독한 6가크로뮴이 함유된 폐수를 처리하는 과정에서 환원제로 사용하기에 적합한 것은?

① O_3
② Cl_2
③ $FeSO_4$
④ NaOCl

해설
크로뮴 환원제
• 아황산가스(SO_2)
• 아황산나트륨(Na_2SO_3)
• 중아황산나트륨($NaHSO_3$)
• 황산제1철($FeSO_4$)
• 메타중아황산나트륨($Na_2S_2O_5$)
※ 6가크로뮴(Cr^{6+})은 독성이 강하므로 3가크로뮴(Cr^{3+})으로 환원시킨 후 제거한다.

정답 31 ② 32 ④ 33 ④ 34 ③

35 물의 특성으로 옳지 않은 것은?

① 물의 밀도는 4℃에서 최소가 된다.
② 분자량이 유사한 다른 화합물에 비해 비열이 큰 편이다.
③ 화학 구조적으로 극성을 띠어 많은 물질들을 녹일 수 있다.
④ 상온에서 알칼리금속이나 알칼리토금속 또는 철과 반응하여 수소를 발생시킨다.

해설
4℃ 부근에서 물의 밀도가 가장 크다.

36 관거(Pipeline)를 이용한 폐기물 수거방법에 관한 설명으로 가장 거리가 먼 것은?

① 폐기물 발생 빈도가 높은 곳이 경제적이다.
② 가설 후에 경로변경이 곤란하다.
③ 25km 이상의 장거리 수송에 현실성이 있다.
④ 큰 폐기물은 파쇄, 압축 등의 전처리를 해야 한다.

해설
관거(Pipeline)수거의 가장 큰 단점은 장거리 수송이 곤란하다는 것이다.

37 매립가스 중 축적되면 폭발의 위험성이 있으며, 가볍기 때문에 위로 확산되며, 구조물의 설계 시에는 구조물로 스며들지 않도록 해야 하는 물질은?

① 메 탄
② 산 소
③ 황화수소
④ 이산화탄소

해설
메탄(CH_4)은 매립가스 중에서 연료로 사용이 가능하나 폭발의 위험성이 있으므로 조심해야 한다.

38 밀도가 350kg/m³인 폐기물을 750kg/m³이 되도록 압축시켰을 때의 부피감소율은?

① 약 72%
② 약 68%
③ 약 53%
④ 약 47%

해설
압축비$(CR) = \dfrac{V_2}{V_1}$, 부피감소율$(VR) = (1 - CR) \times 100$

여기서, V_1 : 압축 전 부피
V_2 : 압축 후 부피

• $V_1 = \dfrac{1\text{kg}}{350\text{kg/m}^3} = 0.002857\text{m}^3$

• $V_2 = \dfrac{1\text{kg}}{750\text{kg/m}^3} = 0.001333\text{m}^3$

$CR = \dfrac{0.001333}{0.002857} = 0.467$

∴ 부피감소율$(VR) = (1 - 0.467) \times 100 = 53.3\%$

정답 35 ① 36 ③ 37 ① 38 ③

39 다음 중 폐기물 중간처리 공정에 해당하지 않는 것은?

① 압 축
② 파 쇄
③ 선 별
④ 매 립

[해설]
폐기물 처리공정
• 중간처리 : 압축, 파쇄, 선별
• 최종처리 : 매립, 소각

40 다음 중 로터리킬른 방식의 장점으로 거리가 먼 것은?

① 드럼이나 대형 용기를 파쇄하지 않고 그대로 투입할 수 있다.
② 예열이나 혼합 등 전처리가 거의 필요 없다.
③ 열효율이 높고, 작은 공기비로도 완전연소가 가능하다.
④ 습식가스 세정시스템과 함께 사용할 수 있다.

[해설]
로터리킬른은 일명 회전로라 하며 열효율이 낮고, 투자비에 비해 소각능력이 떨어지는 단점이 있다.

41 쓰레기의 발생량을 산정하는 방법 중 비교적 정확하게 파악할 수 있는 장점이 있으나 작업량이 많고 번거로운 단점이 있는 것은?

① 직접계근법
② 물질수지법
③ 중량환산법
④ 적재차량 계수분석법

[해설]
쓰레기의 발생량 산정방법

직접계근법	• 중간 적하장이나 중계 처리장에서 직접 계근 • 비교적 정확한 발생량 파악 • 작업량이 많고 번거로움
물질수지법	• 특정 시스템을 이용하여 유입, 유출되는 폐기물의 양에 대해 물질수지를 세워 폐기물 발생량 추정 • 주로 산업폐기물의 발생량 추산 • 비용이 많이 들고 작업량이 많아 잘 이용되지 않음
적재차량 계수분석법	• 조사된 차량의 대수에 폐기물의 겉보기 비중을 보정하여 중량으로 환산 • 중간 적하장이나 중계 처리장에서 조사 • 밀도 또는 압축 정도에 따라 오차 큼

42 밀도가 450kg/m³인 생활폐기물을 매립하기 위해 850kg/m³으로 압축하였다면 압축비는?

① 1.54
② 1.73
③ 1.89
④ 2.11

[해설]
• 압축 전 부피 $V_1 = \dfrac{1\text{kg}}{450\text{kg/m}^3} = 0.00222\text{m}^3$

• 압축 후 부피 $V_2 = \dfrac{1\text{kg}}{850\text{kg/m}^3} = 0.00118\text{m}^3$

∴ 압축비 $= \dfrac{\text{압축 전 부피}(V_1)}{\text{압축 후 부피}(V_2)} = \dfrac{0.00222\text{m}^3}{0.00118\text{m}^3} = 1.89$

정답 39 ④ 40 ③ 41 ① 42 ③

43 다음은 폐기물공정시험기준에 명시된 용기의 정의이다. ( ) 안에 알맞은 것은?

> ( )라 함은 취급 또는 저장하는 동안에 기체 또는 미생물이 침입하지 아니하도록 내용물을 보호하는 용기를 말한다.

① 밀폐용기
② 기밀용기
③ 밀봉용기
④ 차광용기

해설
ES 06000.b 총칙(관련 용어의 정의) – 용기의 구분
- 밀폐용기 : 취급 또는 저장하는 동안에 이물질이 들어가거나 또는 내용물이 손실되지 않도록 보호하는 용기
- 기밀용기 : 취급 또는 보관하는 동안에 외부로부터의 공기 또는 다른 가스가 침입하지 않도록 내용물을 보호하는 용기
- 차광용기 : 광선이 투과하지 않는 용기 또는 투과하지 않게 포장을 한 용기이며 취급 또는 저장하는 동안에 내용물이 광화학적 변화를 일으키지 아니하도록 방지할 수 있는 용기

44 다음 중 폐기물의 고형화 처리방법에 해당되지 않는 것은?

① 시멘트 기초법
② 활성탄 흡착법
③ 유기중합체법
④ 열가소성 플라스틱법

해설
활성탄 흡착법은 오폐수의 고도처리방법이다.
폐기물 고형화 처리법 : 시멘트 기초법, 유기중합체법, 열가소성 플라스틱법, 석회기초법, 유리화법 등

45 20%의 수분을 포함하고 있는 폐기물을 연소시킨 결과 고위발열량은 2,500kcal/kg이었다. 저위발열량은?(단, 추정식에 의한다)

① 2,480kcal/kg
② 2,380kcal/kg
③ 2,020kcal/kg
④ 1,860kcal/kg

해설
$H_l = H_h - 600(9H + W) = 2,500 - (600 \times 0.2) = 2,380 \text{kcal/kg}$

46 발열량이 800kcal/kg인 폐기물을 용적이 125m³인 소각로에서 1일 8시간씩 연소하여 연소실의 열발생률이 4,000kcal/m³·h이었다. 이 소각로에서 하루에 소각한 폐기물의 양은?

① 1톤
② 3톤
③ 5톤
④ 7톤

해설
연소실의 열발생률 $= \dfrac{\text{발열량} \times \text{폐기물량}}{\text{용적}}$

∴ 폐기물량 $= \dfrac{\text{연소실 열발생률} \times \text{용적}}{\text{발열량}}$

$= \dfrac{4,000 \text{kcal/m}^3 \cdot \text{h} \times 125 \text{m}^3 \times 8 \text{h/d}}{800 \text{kcal/kg}}$

$= 5,000 \text{kg/d} = 5 \text{t/d}$

47 다음 중 폐기물의 선별목적으로 가장 적합한 것은?

① 폐기물의 부피 감소
② 폐기물의 밀도 증가
③ 폐기물 저장 면적의 감소
④ 재활용 가능한 성분의 분리

해설
선별은 재활용 성분의 분리에 목적이 있다.
①·②·③ 폐기물 파쇄의 목적에 해당한다.

48 A폐기물의 성분을 분석한 결과 가연성 물질의 함유율이 무게기준으로 50%이었다. 밀도가 700kg/m³인 A폐기물 10m³에 포함된 가연성 물질의 양은?

① 500kg
② 1,500kg
③ 2,500kg
④ 3,500kg

해설
가연성 물질의 양
= 폐기물 밀도 × 폐기물량 × 가연성 물질 함유율/100
= 700kg/m³ × 10m³ × 0.5
= 3,500kg

49 쓰레기 수거노선을 설정하는 데 유의하여야 할 사항으로 옳지 않은 것은?

① U자형 회전을 피해 수거한다.
② 될 수 있는 한 한번 간 길은 다시 가지 않는다.
③ 가능한 한 시계 반대 방향으로 수거노선을 정한다.
④ 출발점은 차고지와 가깝게 하고 수거된 마지막 컨테이너는 처분장과 가깝도록 배치한다.

해설
③ 가능한 한 시계 방향으로 수거노선을 정한다.

50 강열감량 및 유기물함량–중량법에 관한 설명으로 옳지 않은 것은?

① 시료에 황산암모늄용액(5%)을 넣고 가열한다.
② 시료에 시약을 넣고 가열하여 600±25℃의 전기로 안에서 3시간 강열한 다음 데시케이터에서 식힌 후 무게를 단다.
③ 칭량병 또는 증발접시는 백금제, 석영제 또는 사기제 도가니 또는 접시로 가급적 무게가 적은 것을 사용한다.
④ 데시케이터는 실리카겔과 염화칼슘이 담겨 있는 것을 사용한다.

해설
ES 06301.1d 강열감량 및 유기물함량–중량법(목적)
• 시료 : 질산암모늄용액(25%)을 넣고 가열한다.
• 진행 : 600±25℃의 전기로 안에서 3시간 강열한 다음 데시케이터에서 식힌 후 무게를 단다.
• 측정 : 증발용기의 질량 차이로부터 강열감량 및 유기물함량(%)을 구한다.

정답 47 ④ 48 ④ 49 ③ 50 ①

51 유기성 폐기물 매립장(혐기성)에서 가장 많이 발생되는 가스는?(단, 정상상태(Steady-State)이다)

① 일산화탄소
② 이산화질소
③ 메 탄
④ 부 탄

해설
정상상태의 매립지에서 혐기성 분해과정을 통해 발생되는 가스는 주로 메탄(55%)과 이산화탄소(45%)이다.

52 A폐기물의 조성이 탄소 42%, 산소 34%, 수소 8%, 황 2%, 회분 14%였다. 이때 고위발열량을 구하면?

① 약 4,070kcal/kg
② 약 4,120kcal/kg
③ 약 4,300kcal/kg
④ 약 4,730kcal/kg

해설
$$HHV = 81C + 342.5\left(H - \frac{O}{8}\right) + 22.5S$$
$$= (81 \times 42) + 342.5\left(8 - \frac{34}{8}\right) + (22.5 \times 2) ≒ 4,731 \text{kcal/kg}$$

※ 질소 성분, 회분 성분은 열량계산과 관계가 없다.

53 화격자 소각로의 소각능률이 220kg/m²·h이고 80,000kg의 폐기물을 1일 8시간 소각한다면 이때 화격자의 면적은?

① 41.6m²
② 45.4m²
③ 49.7m²
④ 54.6m²

해설
- 폐기물 1일 소각량 = $\frac{80,000\text{kg/d}}{8\text{h/d}} = 10,000\text{kg/h}$
- 소각로의 소각능률 = $\frac{\text{쓰레기의 양}(\text{kg/h})}{\text{화격자의 면적}(\text{m}^2)} = 220\text{kg/m}^2 \cdot \text{h}$

∴ 화격자의 면적 = $\frac{\text{쓰레기의 양}}{\text{쓰레기 소각능력}}$
$$= \frac{10,000\text{kg/h}}{220\text{kg/m}^2 \cdot \text{h}}$$
$$= 45.45\text{m}^2$$

54 습식산화법의 일종으로 슬러지에 통상 200~270℃ 정도의 온도와 70atm 정도의 압력을 가하여 산소에 의해 유기물을 화학적으로 산화시키는 공법은?

① 짐머만(Zimmerman) 공법
② 유동산화(Fluidized Oxidation) 공법
③ 내산화(Inter Oxidation) 공법
④ 포졸란(Pozzolan) 공법

해설
습식산화 : 짐머만(Zimmerman) 공법

55 폐기물을 안정화 및 고형화시킬 때의 폐기물의 전환 특성으로 거리가 먼 것은?

① 오염물질의 독성 증가
② 폐기물 취급 및 물리적 특성 향상
③ 오염물질이 이동되는 표면적 감소
④ 폐기물 내에 있는 오염물질의 용해성 제한

해설
① 오염물질의 독성이 감소한다.

56 환경기준 중 소음 측정점 및 측정조건에 관한 설명으로 옳지 않은 것은?

① 손으로 소음계를 잡고 측정할 경우 소음계는 측정자의 몸으로부터 0.5m 이상 떨어져야 한다.
② 소음계의 마이크로폰은 주소음원 방향으로 향하도록 한다.
③ 옥외측정을 원칙으로 한다.
④ 일반지역의 경우 장애물이 없는 지점의 지면 위 0.5m 높이로 한다.

해설
ES 03301.1c 환경기준 중 소음측정방법(시료채취 및 관리 – 측정점)
일반지역의 경우에는 가능한 한 측정점 반경 3.5m 이내에 장애물(담, 건물, 기타 반사성 구조물 등)이 없는 지점의 지면 위 1.2~1.5m로 한다.

57 진동수가 100Hz, 속도가 50m/s인 파동의 파장은?

① 0.5m
② 1m
③ 1.5m
④ 2m

해설
$V = f \times \lambda$
$\lambda = \dfrac{V}{f} = \dfrac{50}{100} = 0.5\text{m}$
여기서, V : 전파속도(m/s)
f : 진동수(Hz)
λ : 파장(m)

58 음향파워레벨이 125dB인 기계의 음향파워는 약 얼마인가?

① 125W
② 12.5W
③ 32W
④ 3.2W

해설
음향파워레벨(PWL, Sound Power Level)
$\text{PWL} = 10\log\left(\dfrac{W}{W_o}\right)[\text{dB}]$
여기서, W : 대상음원의 음향파워(W)
W_o : 기준음향파워(10^{-12}W)
$10\log\left(\dfrac{W}{W_o}\right) = 125$
$10\log(W \times 10^{12}) = 125$
$10\log W + 10\log 10^{12} = 125$
$10\log W = 125 - 120$
$10\log W = 5$
$\log W = 0.5$
$W = 3.2\text{W}$

59 다음 지반을 전파하는 파에 관한 설명 중 옳은 것은?

① 종파는 파동의 진행 방향과 매질의 진동 방향이 서로 수직이다.
② 종파는 매질이 없어도 전파된다.
③ 음파는 종파에 속한다.
④ 지진파의 S파는 파동의 진행 방향과 매질의 진동 방향이 서로 평행하다.

해설
파장의 특징
- 종파는 파동의 진행 방향과 매질의 진동 방향이 서로 평행이다.
- 종파의 전달 과정에서 매질은 촘촘한(밀한) 부분과 성긴(소한) 부분이 반복되어 진행하므로 소밀파라고도 한다(매질이 필요).
- 지진파의 S파는 파동의 진행 방향과 매질의 진동 방향이 서로 수직이다.

60 다음 중 다공질 흡음재에 해당하지 않는 것은?

① 암 면
② 비닐시트
③ 유리솜
④ 폴리우레탄폼

해설
다공질 흡음재
- 유리솜(Glass Wool)
- 암면(Rock Wool)
- 광물면
- 식물섬유류
- 발포수지재료(폴리우레탄폼)

2020년 제2회 과년도 기출복원문제

01 직경이 5μm이고 밀도가 3.7g/cm³인 구형의 먼지입자가 공기 중에서 중력침강할 때 종말침강속도는?(단, 스토크스 법칙 적용, 공기의 밀도 무시, 점성계수 1.85×10^{-5}kg/m·s)

① 약 0.27cm/s ② 약 0.32cm/s
③ 약 0.36cm/s ④ 약 0.41cm/s

해설

스토크스(Stokes)의 법칙 $V_g = \dfrac{d^2(\rho_s - \rho)g}{18\mu}$

여기서, 직경 : d(cm)
점성계수 : μ(g/cm·s)
밀도 차이 : $(\rho_s - \rho)$
중력가속도 : g(cm/s²)

$V_g = \dfrac{(5\times 10^{-4}\text{cm})^2 \times 3.7\text{g/cm}^3 \times 980\text{cm/s}^2}{18 \times 1.85 \times 10^{-4}\text{g/cm}\cdot\text{s}}$

≒ 0.27cm/s

02 황(S) 성분이 1%인 중유를 10t/h로 연소하는 보일러에서 발생하는 배출가스 중 SO_2를 $CaCO_3$로 완전 탈황하는 경우 이론상 필요한 $CaCO_3$의 양은? (단, 중유의 S는 모두 SO_2로 배출되며, $CaCO_3$ 분자량은 100이다)

① 약 0.9t/h ② 약 0.6t/h
③ 약 0.3t/h ④ 약 0.1t/h

해설

$S + O_2 \rightarrow SO_2 + \dfrac{1}{2}O_2 + CaCO_3 \rightarrow CaSO_4 + CO_2$

- 황의 분자량 = 32g/mol
- $CaCO_3$의 분자량 = 100g/mol
- 황(S) 성분이 1%이므로, 0.01 × 10t/h = 0.1t/h
  필요한 $CaCO_3$의 양(x)은 다음과 같다.
  32g/mol : 100g/mol = 0.1t/h : x

∴ $x = \dfrac{0.1\text{t/h} \times 100\text{g/mol}}{32\text{g/mol}} = 0.3125\text{t/h}$

03 다음 설명하는 대기권으로 적합한 것은?

- 지면으로부터 약 11~50km까지의 권역이다.
- 고도가 높아지면서 온도가 상승하는 층이다.
- 오존이 많이 분포하여 태양광선 중의 자외선을 흡수한다.

① 열권 ② 중간권
③ 성층권 ④ 대류권

해설

성층권에 관한 설명이다.
① 열권은 중간권 위로부터 약 600km 높이까지의 구간이며, 오로라 현상이 나타난다.
② 중간권은 지표로부터 약 50~80km 구간이며, 위로 갈수록 기온이 하강한다.
④ 대류권은 지표로부터 약 10km 높이까지의 구간이며, 대류현상이 일어난다.

대기권의 고도상승에 따른 기온분포
대류권(하강) - 성층권(상승) - 중간권(하강) - 열권(상승)

04 메탄 5Sm³를 공기비 1.2로 완전연소시킬 때 필요한 실제공기량(Sm³)은?

① 47.6 ② 50.3
③ 53.9 ④ 57.1

해설

$CH_4 + 2O_2 \rightarrow CO_2 + 2H_2O$
22.4Sm³ : 2 × 22.4Sm³ = 5Sm³ : x

- 이론산소량 $x = (5 \times 2 \times 22.4) / 22.4 = 10\text{Sm}^3$
- 이론공기량 = $\dfrac{10\text{Sm}^3}{0.21(\text{산소의 부피비})} = 47.6\text{Sm}^3$
- ∴ 실제공기량 = 47.6Sm³ × 1.2 = 57.1Sm³

정답 1 ① 2 ③ 3 ③ 4 ④

05 역사적인 대기오염 사건 중 포자리카(Poza Rica) 사건은 주로 어떤 오염물질에 의한 피해였는가?

① O_3
② H_2S
③ PCB
④ MIC

해설
멕시코 포자리카 사건
- 원인물질 : 황화수소(H_2S)
- 기상상태 : 기온역전
- 피해 : 점막자극, 호흡곤란

06 다음 압력 중 크기가 다른 하나는?

① $1,013N/m^2$
② 760mmHg
③ 1,013mbar
④ 1atm

해설
1atm = 76cmHg = 760mmHg = 1,013.25hPa = 1,013mbar
    = $1.013 \times 10^5 N/m^2$

07 표준상태에서 물 6.6g을 수증기로 만들 때 부피는?

① 5.16L
② 6.22L
③ 7.24L
④ 8.21L

해설
표준상태에서 물(H_2O) 1mol(18g)일 때 부피는 22.4L이므로
18g : 22.4L = 6.6g : x
$\therefore x = \dfrac{22.4L \times 6.6g}{18g} = 8.21L$

08 다음 중 오존층의 두께를 표시하는 단위는?

① VAL
② OTL
③ Pa
④ Dobson

해설
DU(Dobson) : 오존층의 두께를 표시하는 단위로, 해면상 표준상태(0℃, 1기압)에서 1mm는 100DU이다.
※ 성층권에 대략 2~3mm의 오존층이 존재한다.

09 SO_2 기체와 물이 30℃에서 평형상태에 있다. 기상에서의 SO_2 분압이 44mmHg일 때 액상에서의 SO_2 농도는?(단, 30℃에서 SO_2 기체의 물에 대한 헨리상수는 $1.60 \times 10atm \cdot m^3/kmol$이다)

① $2.51 \times 10^{-4} kmol/m^3$
② $2.51 \times 10^{-3} kmol/m^3$
③ $3.62 \times 10^{-4} kmol/m^3$
④ $3.62 \times 10^{-3} kmol/m^3$

해설
평형상태는 헨리의 법칙을 활용한다.
$P = H \times C$
여기서, P : 압력
    H : 헨리상수
    C : 농도
$\dfrac{44}{760} = 1.60 \times 10 \times C$
$\therefore C = \dfrac{0.0579}{16} = 3.62 \times 10^{-3} kmol/m^3$

10 대기의 상태가 과단열감률을 나타내는 것으로, 매우 불안정하고 심한 와류로 굴뚝에서 배출되는 오염물질이 넓은 지역에 걸쳐 분산되지만 지표면에서는 국부적인 고농도 현상이 발생하기도 하는 연기의 형태는?

① 환상형(Looping)
② 원추형(Coning)
③ 부채형(Fanning)
④ 구속형(Trapping)

해설
환상형은 대기가 절대 불안정한 상태이다.
※ 환상형은 연기의 형태 중 가장 자주 출제된다.

11 메탄(Methane) 1mol을 이론적으로 완전연소시킬 때, 0℃, 1기압하에서 필요한 산소의 부피(L)는? (단, 이때 산소는 이상기체로 간주한다)

① 22.4L
② 44.8L
③ 67.2L
④ 89.6L

해설
표준상태는 기본적으로 0℃, 1기압을 나타내며, 이상기체는 표준상태에서 1mol일 경우 22.4L의 부피를 갖는다.
메탄의 완전연소식
$CH_4 + 2O_2 \rightarrow CO_2 + 2H_2O$
1mol : 2mol = 22.4L : x
∴ $x = 44.8L$

12 프로판(C_3H_8) 44kg을 완전연소시키기 위해 부피비로 10%의 과잉공기를 사용하였다. 이때 공급한 공기의 양은?

① 112Sm³
② 123Sm³
③ 587Sm³
④ 1,232Sm³

해설
$C_3H_8 + 5O_2 \rightarrow 3CO_2 + 4H_2O$
44kg(분자량) : 5×22.4Sm³ = 44kg(연소량) : x

• 이론산소량 $x = \dfrac{44}{44} \times 5 \times 22.4 = 112Sm^3$

• 이론공기량 = $\dfrac{이론산소량}{0.21} = \dfrac{112Sm^3}{0.21} = 533.33Sm^3$

∴ 실제공기량 = 공기비 × 이론공기량
= 1.1(10% 과잉공기비) × 533.33Sm³
= 586.7Sm³

13 바람을 일으키는 3가지 힘 가운데 지구자전에 의한 힘을 나타내는 것은?

① 응집력
② 전향력
③ 마찰력
④ 기압경도력

해설
바람을 일으키는 힘
• 전향력 : 지구자전에 의한 힘(코리올리 힘(Coriolis Force))
• 마찰력 : 지표에서 풍속에 비례하며 진행 방향의 반대로 작용하는 힘
• 기압경도력 : 기압의 차이에 의한 힘(고기압 → 저기압)
• 원심력 : 곡선의 바깥쪽으로 향하는 힘
※ 응집력 : 고체나 액체 간의 인접한 부분에 작용하는 인력

정답 10 ① 11 ② 12 ③ 13 ②

14 다음 중 주로 광화학반응에 의하여 생성되는 물질은?

① CH_4
② PAN
③ NH_3
④ HC

해설
PAN(Peroxyacetyl Nitrate) : 배기가스 중에 함유된 여러 탄화수소(HC)나 질소산화물(NO_x)이 태양광선(특히, 자외선-UV)에 의해 광화학적으로 합성된 2차 오염물질이다. 눈이나 목에 자극을 주며 농작물이나 식물에도 피해를 준다.

15 다음 대기오염물질 중 2차 생성오염물질은?

① O_3
② CO_2
③ CO
④ NH_3

해설
대기오염물질
- 1차 오염물질 : NH_3, HCl, H_2S, CO, CO_2, H_2, Pb, Zn, Hg, HC, 알데하이드 등
- 2차 오염물질 : O_3, H_2O_2, PAN, 알데하이드 등

16 유기물의 호기성 분해 시 최종산물은?

① 물과 이산화탄소
② 일산화탄소와 메탄
③ 이산화탄소와 메탄
④ 물과 일산화탄소

해설
호기성 분해
유기물($C_xH_yO_x$) + O_2 → CO_2 + H_2O + 에너지
※ 혐기성 분해의 부산물은 메탄(CH_4, 55%)과 이산화탄소(CO_2, 45%)이다.

17 활성슬러지법으로 처리한 슬러지의 탈수 후 무게가 150kg이고, 항량으로 건조한 후의 무게가 35kg이라면 탈수 후 슬러지의 수분함량(%)은?

① 46.7
② 56.7
③ 66.7
④ 76.7

해설
$$수분함량 = \frac{W_1 - W_2}{W_1} \times 100 = \frac{150 - 35}{150} \times 100 = 76.67\%$$

18 유입수량이 700m³/일이고, BOD가 1,715mg/L인 하수를 활성슬러지공법으로 처리하고자 할 때 적당한 포기조의 용적은?(단, 포기조의 BOD 용적부하는 1.0kg/m³·일이다)

① 약 2,100m³
② 약 1,715m³
③ 약 1,200m³
④ 약 700m³

해설
BOD 농도 1,715mg/L = 1,715g/m³ = 1.715kg/m³
BOD 용적부하 = (BOD 농도 × 유입수량) / 포기조의 용적
∴ 포기조의 용적 = (BOD 농도 × 유입수량) / BOD 용적부하
= (1.715kg/m³ × 700m³/일) / 1.0kg/m³·일
= 1,200.5m³

19 알칼리도에 관한 설명으로 가장 거리가 먼 것은?

① 산이 유입될 때 이를 중화시킬 수 있는 능력의 척도이다.
② 0.01N NaOH로 적정하여 소비된 양을 탄산칼슘의 당량으로 환산하여 mg/L로 나타낸다.
③ 중탄산염이 많이 포함된 물을 가열하면 CO_2가 대기 중으로 방출되어 물 속에 OH^-가 존재하므로 알칼리성을 띠게 된다.
④ 일반적으로 자연수에 존재하는 이온 중 알칼리도에 기여하는 물질의 강도는 $OH^- > CO_3^{2-} > HCO_3^-$ 순이다.

해설
알칼리도는 수중의 수산화물(OH^-), 탄산염(CO_3^{2-}), 중탄산염(HCO_3^-)의 형태로 함유되어 있는 성분을 $0.02N-H_2SO_4$로 적정하여 이에 대응하는 탄산칼슘의 형태로 환산하여 mg/L 단위로 나타낸 것이다.

20 다음 중 슬러지 팽화의 지표로서 가장 관계가 깊은 것은?

① 함수율
② SVI
③ TSS
④ NBDCOD

해설
SVI(Sludge Volume Index) : 활성슬러지의 침전 가능성을 나타내는 값으로 슬러지 팽화(Sludge Bulking) 여부를 확인하는 지표이다.
• 50~150 : 정상침강
• 200 이상 : 슬러지 팽화현상 발생

21 50,000m³/day의 상수를 살균하기 위해 20kg/day의 염소가 사용되고 있는데 15분 접촉 후 잔류염소는 0.2mg/L이다. 이때 염소주입농도(㉠)와 염소요구량(㉡)은 각각 얼마인가?

① ㉠ 0.8mg/L, ㉡ 0.4mg/L
② ㉠ 0.2mg/L, ㉡ 0.4mg/L
③ ㉠ 0.4mg/L, ㉡ 0.8mg/L
④ ㉠ 0.4mg/L, ㉡ 0.2mg/L

해설
염소요구량 = 염소주입량 − 잔류염소량
• 염소주입량
 = (20kg/day × 10^6mg/kg) / (50,000m³/day × 10^3L/m³)
 = 0.4mg/L
• 염소요구량 = 0.4mg/L − 0.2mg/L = 0.2mg/L

22 공장에서 NaOH가 3% 함유된 폐수 500m³/day를 방출하고 있다. 중화제를 사용하여 이 폐수를 중화시키는 데 필요한 중화제의 양(m³/day)은?(단, 중화제로는 37% HCl(비중 1.18)을 사용, 이 폐수의 비중은 1.0으로 본다. Na : 23, Cl : 35.5)

① 27.75m³/day
② 31.35m³/day
③ 37.75m³/day
④ 41.35m³/day

해설
$NV = N'V'$
여기서, N, N' : 용액의 농도(N = eq/L)
 V, V' : 용액의 부피
• NaOH의 농도
 = 0.03% × 1.0g/mL(밀도) × 1,000mL/L × 1eq/40g
 = 0.75N(eq/L)
• HCl의 농도
 = 0.37% × 1.18g/mL(밀도) × 1,000mL/L × 1eq/36.5g
 = 11.96N(eq/L)
$0.75 \times 500 = 11.96 \times V'$
∴ $V' = \dfrac{375}{11.96} = 31.35$m³/day

정답 19 ② 20 ② 21 ④ 22 ②

23 A공장 폐수의 BOD가 800ppm이다. 유입폐수량이 1,000m³/h일 때, 1일 BOD 부하량은?(단, 폐수의 비중은 1.0이고, 24시간 연속 가동한다)

① 19.2t/d
② 20.2t/d
③ 21.2t/d
④ 22.2t/d

해설
BOD 농도 800ppm = 800mg/L = 800g/m³ = 0.8kg/m³
BOD 부하량 = BOD 농도 × 유입폐수량
= 0.8kg/m³ × 1,000m³/h × 24h/d
= 19,200kg/d
= 19.2t/d

25 응집실험에서 폐수 500mL에 0.2%-$Al_2(SO_4)_3 \cdot 18H_2O$ 용액 25mL를 주입하였을 때 최적조건으로 나타났다. 같은 폐수를 2,000m³/day로 처리하는 경우 필요한 응집제의 양(kg/day)은?(단, 응집용액의 밀도는 1.0g/mL이다)

① 200
② 300
③ 400
④ 500

해설
0.2% = 0.2 × 10⁴ppm = 0.2 × 10⁴ mg/L (∵ 1% = 10,000ppm)
0.2%-$Al_2(SO_4)_3 \cdot 18H_2O$ 농도 = 0.2 × 10⁴mg/L × 25mL / 500mL
= 100mg/L = 100g/m³
∴ 응집제의 양 = 100g/m³ × 2,000m³/day = 200,000g/day
= 200kg/day

24 경도(Hardness)에 관한 설명으로 틀린 것은?

① SO_4^{2-}, NO_3^-, Cl^-와 화합물을 이루고 있을 때 나타나는 경도를 영구경도라고도 한다.
② 경도가 높은 물은 관로의 통수저항을 감소시켜 공업용수(섬유제지 등)로 적합하다.
③ 탄산경도는 일시경도라고도 한다.
④ Na^+은 경도를 유발하는 이온은 아니지만 그 농도가 높을 때 경도와 비슷한 작용을 하므로 유사경도라 한다.

해설
경도가 높은 물은 배관 부위에 물 때(Scale)를 형성시켜 열전도율을 감소시키거나 관로의 통수저항을 증가시켜 식수는 물론 공업용수로도 부적합하다.

26 수질관리를 위해 대장균군을 측정하는 주목적으로 가장 타당한 것은?

① 다른 수인성 병원균의 존재 가능성을 알기 위하여
② 호기성 미생물 성장 가능 여부를 알기 위하여
③ 공장폐수의 유입 여부를 알기 위하여
④ 수은의 오염 정도를 측정하기 위하여

해설
대장균 자체는 아무런 해가 없으나, 사람이나 가축의 대장에 서식하는 균의 유무를 통해 다른 수인성 병원균의 존재 가능성을 추측할 수 있다. 이러한 미생물을 지표미생물이라 한다.

27 상수처리에 사용되는 오존살균에 관한 다음 설명 중 옳지 않은 것은?

① 저장이 어려우므로 오존발생기를 이용하여 현장에서 생산한다.
② 오존은 HOCl보다 더 강력한 산화제이다.
③ 상수의 최종살균을 위해 가장 권장되는 방법이다.
④ 수용액의 오존은 매우 불안정하여 20℃의 증류수에서의 반감기는 20~30분 정도이다.

해설
오존살균은 전기로 산소를 발생시켜 오존을 생성해야 하므로 유지비 및 초기 투자비가 염소살균보다 비싸서 상수처리공정에 많이 사용되지 않는다.
※ 정수나 하수처리에서 가장 많이 이용되는 살균제는 염소이다.

29 부유물질(SS)의 측정대상으로 가장 적합한 것은?

① 특정용매에 용해되어 있는 액체상 물질
② 기름상의 물질
③ 생물학적으로 분해되는 유기물질
④ 여과에 의하여 분리되는 물질

해설
유리섬유여과지를 이용해 여과하여 분리한 후, 무게 측정을 통해 부유물질의 양을 측정한다.

28 0.05N-HCl 용액의 pH는 얼마인가?(단, HCl은 100% 이온화한다)

① 1　② 1.3
③ 3　④ 5

해설
HCl → H$^+$ + Cl$^-$
0.05M　0.05M　0.05M
pH = $-\log[H^+]$ = $-\log[0.05]$ = 1.3

30 1차 침전지의 깊이가 4m, 표면적 1m^{2}에 대해 30m^3/day으로 폐수가 유입된다. 이때 체류시간은?

① 2.3h　② 3.2h
③ 5.5h　④ 6.1h

해설
체류시간 $t = \dfrac{V}{Q} = \dfrac{4m \times 1m^2}{30m^3/day \times 1day/24h} = 3.2h$

여기서, t : 체류시간
　　　　V : 볼륨(부피)
　　　　Q : 유량(유입수량)

정답 27 ③　28 ②　29 ④　30 ②

31 1N H_2SO_4 용액으로 옳은 것은?

① 용액 1mL 중 H_2SO_4 98g 함유
② 용액 1,000mL 중 H_2SO_4 98g 함유
③ 용액 1,000mL 중 H_2SO_4 49g 함유
④ 용액 1mL 중 H_2SO_4 49g 함유

해설

노말농도(N) : 용액 1L 속에 녹아 있는 용질의 당량수 $\left(\dfrac{g당량}{L}\right)$

※ g당량 : 1당량에 해당하는 물질의 무게

H_2SO_4는 2당량, H_2SO_4의 g당량 = $\dfrac{분자량}{2}$ = 49g

즉, 용액 1L에 49g 함유되어 있을 경우 1N임

예) HCl g당량 : 36.5g → H^+ 1개 발생 = $\dfrac{36.5(H와 Cl의 분자량합)}{1(수소이온발생수)}$

H_2O g당량 : 9g → H^+ 2개 발생 = $\dfrac{18(H_2와\ O의\ 분자량합)}{2(수소이온발생수)}$

32 $62.5m^3/h$의 폐수가 24시간 균일하게 유입되는 폐수처리장의 침전지에서 이 침전지의 월류부하를 $100m^3/m \cdot d$로 할 때, 월류위어의 유효길이는?

① 10m ② 12m
③ 15m ④ 50m

해설

월류부하 = $\dfrac{유량}{월류위어길이}$

∴ 월류위어의 유효길이 = $\dfrac{유량}{월류부하}$

= $\dfrac{62.5m^3/h \times 24h/d}{100m^3/m \cdot d}$ = 15m

33 다음 중 크로뮴 함유 폐수처리 시 사용되는 크로뮴 환원제에 해당하지 않는 것은?

① NH_2SO_4 ② Na_2SO_3
③ $FeSO_4$ ④ SO_2

해설

6가크로뮴(Cr^{6+})은 독성이 강하므로 3가크로뮴(Cr^{3+})으로 환원시킨 후 제거한다.

크로뮴환원제
- 아황산가스(SO_2)
- 아황산나트륨(Na_2SO_3)
- 중아황산나트륨($NaHSO_3$)
- 황산제1철($FeSO_4$)
- 메타중아황산나트륨($Na_2S_2O_5$)

34 수질오염공정시험기준에 의거 부유물질(SS)을 측정하고자 할 때 반드시 필요한 것은?

① 배 지
② Gas Chromatography
③ 배양기
④ GF/C 여지

해설

ES 04303.1b 부유물질(목적)

미리 무게를 단 유리섬유여과지(GF/C)를 여과장치에 부착하여 일정량의 시료를 여과시킨 다음 항량으로 건조하여 무게를 달아 여과 전·후의 유리섬유여과지의 무게차를 산출하여 부유물질의 양을 구하는 방법이다.

① 배지 : 멸균으로 미생물을 모두 사멸시킨 후 세균의 성장에 필요한 물질을 첨가시킨 용액
② 가스크로마토그래피(Gas Chromatography) : 미량 물질의 정량, 정성분석에 사용되는 실험장치
③ 배양기 : 미생물 성장에 필요한 온도조건을 조절시킬 수 있는 장치

35 Cr^{6+} 함유 폐수처리법으로 가장 적합한 것은?

① 환원 → 침전 → 중화
② 환원 → 중화 → 침전
③ 중화 → 침전 → 환원
④ 중화 → 환원 → 침전

해설
6가크로뮴 처리법(환원침전법)
환원(3가크로뮴화) → 중화(NaOH 주입) → 침전(pH 8~11 범위) 후 제거

36 혐기성 소화탱크에서 유기물 75%, 무기물 25%인 슬러지를 소화 처리하여 소화슬러지의 유기물이 58%, 무기물이 42%가 되었다. 이때의 소화율은?

① 35% ② 42%
③ 49% ④ 54%

해설
- 소화 전 비율 = $\frac{75}{25} = 3$
- 소화 후 비율 = $\frac{58}{42} = 1.38$
- ∴ 소화율 = $\left(\frac{\text{소화 전 비율} - \text{소화 후 비율}}{\text{소화 전 비율}}\right) \times 100$
  = $\left(\frac{3 - 1.38}{3}\right) \times 100$
  = 54%

37 쓰레기 수거노선을 설정할 때의 유의사항으로 가장 거리가 먼 것은?

① 가능한 한 간선도로 부근에서 시작하고 끝나도록 한다.
② 언덕길은 내려가면서 수거한다.
③ 발생량이 많은 곳은 하루 중 가장 먼저 수거한다.
④ 가능한 한 시계 반대 방향으로 수거노선을 정한다.

해설
④ 가능한 한 시계 방향으로 수거노선을 정한다.

38 매립시설에서 복토의 목적과 가장 거리가 먼 것은?

① 빗물 배제
② 화재 방지
③ 식물 성장 방지
④ 쓰레기 비산 방지

해설
복토는 식물의 성장을 촉진한다.

39 인구 100,000명의 중소도시에서 발생되는 쓰레기의 양이 200m³/day(밀도 750kg/m³)이다. 적재량 5ton 트럭으로 운반하려면 1일 소요되는 트럭 대수는?(단, 트럭은 1회 운행)

① 12대 ② 18대
③ 24대 ④ 30대

해설
소요되는 트럭 대수 = $\frac{\text{총쓰레기 발생량}}{\text{트럭의 적재량}}$
= $\frac{200 \text{m}^3/\text{day} \times 750 \text{kg/m}^3}{5,000 \text{kg/대}}$
= 30대/day

40. Dulong 공식을 적용하여 슬러지의 건조무게당 발열량을 구하는 방법은?

① 원소분석법
② 근사치분석법
③ 열량계법
④ 열분해법

해설
듀롱(Dulong)의 식(원소분석법)
$$H_h = 8,100C + 34,250\left(H - \frac{O}{8}\right) + 2,250S \text{ (kcal/kg)}$$
- 고위발열량(H_h) = H_l + 600(9H + W)(kcal/kg)
- 저위발열량(H_l) = H_h − 600(9H + W)(kcal/kg)

42. 다음에서 설명하는 폐기물 안정화법은?

- 고농도의 중금속 폐기물에 적합하다.
- 가장 널리 사용되는 방법 중 하나로 포틀랜드 시멘트를 이용한다.
- 중금속 이온이 불용성의 수산화물이나 탄산염으로 침전된다.

① 유리화법
② 석회기초법
③ 시멘트기초법
④ 열가소성 플라스틱법

해설
① 폐기물에 규소를 혼합하여 유리화하는 방법
② 콘크리트와 같은 고형물을 얻기 위하여 석회를 기초로 하고 미세한 Pozzolan 물질(규소를 다량 함유)을 폐기물과 함께 섞어 시멘트 기초법과 같은 효과를 얻는 방법
④ 고온(130~150℃)에서 열가소성 플라스틱과 건조된 폐기물을 혼합하여 냉각시킴으로써 고화하는 방법

41. RDF에 대한 설명으로 틀린 것은?

① RDF는 Refuse Derived Fuel의 약자이다.
② 폐기물 중의 가연성 성분만을 선별하여 함수율, 불순물, 입경 등을 조절하여 연료화시킨 것이다.
③ 부패하기 쉬운 유기물질로 구성되어 있기 때문에 수분함량이 증가하면 부패한다.
④ 시설비 및 동력비가 저렴하며, 운전이 용이하다.

해설
RDF(Refuse Derived Fuel)
가연성 생활폐기물을 이용해 고체연료를 만드는 것으로 PVC(염화비닐수지), 수분, 불에 타지 않는 철·캔 등 비가연성 물질을 제외한 쓰레기를 원료로 사용하여 편리하지만 시설비, 동력비가 많이 들고 운전이 어려운 단점이 있다.

43. 쓰레기 1톤을 건조시킨 후, 무게를 측정하였더니 550kg이 되었다면 수분함량은?

① 35%
② 45%
③ 55%
④ 85%

해설
$$W_1 \times (100 - P_1) = W_2 \times (100 - P_2)$$
여기서, W_1 : 건조 전 무게
W_2 : 건조 후 무게
P_1 : 건조 전 함수율
P_2 : 건조 후 함수율
$1,000 \times (100 - P_1) = 550 \times (100 - 0)$
$(100 - P_1) = 55$
$P_1 = 100 - 55 = 45\%$

44 다음에서 설명하는 매립시설로 가장 적합한 것은?

> 폐기물에 포함된 수분, 폐기물의 분해 시 생성되는 수분, 빗물에 유입되는 침출수의 유출을 방지하기 위한 것으로 매립이 시작되면 보수 및 복구가 불가능하므로 완벽하게 설계·시공해야 한다. 재료는 합성고무 및 합성수지계 막이나 점토가 사용된다.

① 덮개시설
② 차수시설
③ 저류 구조물
④ 지하수 검사실

해설
차수시설 설치의 목적 : 폐기물의 분해, 강우 등에 따른 침출수의 유출 방지, 매립지 내부로의 지하수 유입 방지

45 A도시의 쓰레기를 분류하여 다음 표와 같은 결과를 얻었다. 이 쓰레기의 평균 함수율(%)은?

성 분	구성중량(%)	함수율(%)
연탄재	50	10
주방쓰레기	30	50
종이쓰레기	20	5

① 15%
② 18%
③ 21%
④ 24%

해설
평균 함수율(%)
= {(0.5×0.1) + (0.3×0.5) + (0.2×0.05)} × 100
= 21%

46 폐기물의 재활용과 감량화를 도모하기 위해 실시할 수 있는 제도로 가장 거리가 먼 것은?

① 예치금 제도
② 환경영향평가
③ 부담금 제도
④ 쓰레기 종량제

해설
환경영향평가는 환경에 크게 영향을 미치는 법률, 행정계획 등 국가 정책을 수립하거나 개발 사업을 시행하기에 앞서, 그와 같은 행위가 환경에 미치는 영향을 미리 예측평가하고 영향저감방안을 강구함으로써 환경에 미치는 부정적인 영향을 최소화하려는 일련의 행정절차이다.

폐기물 재활용 및 감량화 제도
• 예치금 제도
• 부담금 제도
• 쓰레기 종량제

47 폐기물 파쇄 전후의 입자크기와 입자크기분포를 이해하는 것은 폐기물 특성을 파악하는 데 매우 중요하다. 대표적으로 사용하는 특성입경은 입자의 무게기준으로 몇 %가 통과할 수 있는 체 눈의 크기를 말하는가?

① 36.8%
② 50%
③ 63.2%
④ 80.7%

해설
입자크기
• 평균입자크기 : 입자 무게기준 50% 통과한 체 크기
• 특정입자크기 : 입자 무게기준 63.2% 통과한 체 크기

48 하부에서 뜨거운 가스로 모래를 가열하여 부상시키고, 상부에서는 폐기물을 주입하여 소각시키는 형태의 소각로는?

① 액체 주입형 소각로
② 화격자 소각로
③ 회전형 소각로
④ 유동상 소각로

해설
유동상 소각로
여러 개의 공기분사 노즐이 있는 화상 위에 모래를 넣고 노즐로부터 공기를 압송하여 모래를 유동시켜 유동층을 형성하고, 모래를 버너로 약 600~700℃ 정도로 예열한 상태에서 쓰레기를 투입하여 순간적으로 건조, 소각하는 방식이다.

49 1,792,500t/yr의 쓰레기를 2,725명의 인부가 수거하고 있다면, 수거인부의 수거능력(MHT)은? (단, 수거인부의 1일 작업시간은 8시간, 1년 작업일수는 310일이다)

① 2.16
② 2.95
③ 3.24
④ 3.77

해설
$$MHT = \frac{작업인부 \times 작업시간}{연간쓰레기 발생량}$$
$$= \frac{2,725 \times 8h/day \times 310day/yr}{1,792,500t/yr} = 3.77$$

Man · Hour/Ton : 1T의 쓰레기를 1명의 인부가 처리하는 데 걸리는 시간으로 값이 작을수록 효율이 좋다.

50 폐기물의 파쇄작용이 일어나게 되는 힘의 3종류와 가장 거리가 먼 것은?

① 압축력
② 전단력
③ 원심력
④ 충격력

해설
파쇄원리는 압축력, 전단력, 충격력이다.

51 폐기물의 3성분이라 볼 수 없는 것은?

① 수 분
② 무연분
③ 회 분
④ 가연분

해설
폐기물의 3성분 : 수분, 회분, 가연분(휘발성 고형분)

52 폐기물의 저위발열량(LHV)을 구하는 식으로 옳은 것은?[단, HHV : 폐기물의 고위발열량(kcal/kg), H : 폐기물의 원소분석에 의한 수소 조성비(kg/kg), W : 폐기물의 수분 함량(kg/kg), 600 : 수증기 1kg의 응축열(kcal)]

① $LHV = HHV - 600W$
② $LHV = HHV - 600(H + W)$
③ $LHV = HHV - 600(9H + W)$
④ $LHV = HHV + 600(9H + W)$

해설
$LHV = HHV - 600(9H + W)$
여기서, LHV : 저위발열량(kcal/kg)
　　　　HHV : 고위발열량(kcal/kg)
　　　　H : 수소의 함량(%)
　　　　W : 수분의 함량(%)
저위발열량 : 수분에 의한 영향을 배제한 열량으로 소각로 건설에 기준이 되기도 한다.

53 유해 폐기물의 국가 간 불법적인 교역을 통제하기 위한 국제협약은?

① 교토 의정서
② 바젤협약
③ 리우협약
④ 몬트리올 의정서

해설
바젤협약에 관한 설명이다.
① 교토 의정서 : 지구 온난화방지 및 기후변화협약
③ 리우협약 : 기후변화에 관한 유엔 기본협약
④ 몬트리올 의정서 : 오존층 파괴 물질인 염화플루오린화탄소(CFCs)의 생산과 사용을 규제하기 위한 협약

54 폐기물공정시험기준에서 방울수라 함은 20℃에서 정제수 몇 방울을 적하할 때 그 부피가 약 1mL가 되는 것을 의미하는가?

① 5
② 10
③ 20
④ 50

해설
ES 06000.b 총칙(관련 용어의 정의)
방울수라 함은 20℃에서 정제수 20방울을 적하할 때, 그 부피가 약 1mL가 되는 것을 뜻한다.

55 함수율 60%인 폐기물 1,000kg을 건조시켜 함수율을 25%로 하였을 때, 건조 후의 폐기물 중량은? (단, 건조 전후의 기타 특성변화는 고려하지 않음)

① 약 0.47t
② 약 0.53t
③ 약 0.67t
④ 약 0.78t

해설
$W_1 \times (100 - P_1) = W_2 \times (100 - P_2)$
여기서, W_1 : 농축 전 폐기물량
P_1 : 농축 전 함수율
W_2 : 농축 후 폐기물량
P_2 : 농축 후 함수율
$1,000(100-60) = W_2(100-25)$
$\therefore W_2 = \dfrac{1,000(100-60)}{100-25} \fallingdotseq 533.33\text{kg} = 0.533\text{t}$

56 70dB과 80dB인 두 소음의 합성레벨을 구하는 식으로 옳은 것은?

① $10\log(10^{70} + 10^{80})$
② $10\log(70 + 80)$
③ $10\log(10^{70/10} + 10^{80/10})$
④ $10\log[(80+70)/2]$

해설
합성음압레벨공식
$L = 10\log(10^{L_1/10} + 10^{L_2/10} + \cdots + 10^{L_n/10})$
여기서, L : 합성음압레벨
L_1, L_2, L_n : 각 소음 발생원의 음압레벨
소음원이 두 개이므로,
$L = 10\log(10^{70/10} + 10^{80/10})$
$= 10\log(10^7 + 10^8) = 80.41\text{dB}$

57 마스킹 효과에 관한 설명 중 옳지 않은 것은?

① 저음이 고음을 잘 마스킹한다.
② 두 음의 주파수가 비슷할 때는 마스킹 효과가 대단히 커진다.
③ 두 음의 주파수가 거의 같을 때는 Doppler 현상에 의해 마스킹 효과가 커진다.
④ 음파의 간섭에 의해 일어난다.

해설
두 음의 주파수가 거의 같을 때에는 맥동이 생겨 마스킹 효과가 감소한다.
※ 도플러(Doppler) 현상 : 어떤 파동이 파동원과 관찰자의 상대속도에 따라 진동수 및 파장이 바뀌는 현상

58 방음대책을 음원대책과 전파경로대책으로 분류할 때, 다음 중 주로 전파경로대책에 해당하는 것은?

① 방음벽 설치
② 소음기 설치
③ 발생원의 유속저감
④ 발생원의 공명방지

해설
① 전파경로대책에 속하며 음원과 수음점 사이에 설치된다.
②, ③, ④ 모두 음원대책이다.

59 진동수가 250Hz이고 파장이 5m인 파동의 전파속도는?

① 50m/s
② 250m/s
③ 750m/s
④ 1,250m/s

해설
$V = f \times \lambda = 250 \times 5 = 1{,}250 \text{m/s}$
여기서, V : 전파속도(m/s)
f : 진동수(Hz)
λ : 파장(m)

60 길이 10m, 폭 10m, 높이 10m인 실내의 바닥, 천장, 벽면의 흡음률이 모두 0.0161일 때 Sabine의 식을 이용하여 잔향시간(s)을 구하면?

① 0.17
② 1.7
③ 16.7
④ 167

해설
Sabine의 식
$T = 0.161 \dfrac{V}{S\alpha}$
여기서, V : 실용적(m^3)
S : 실내 표면적(m^2)
α : 실내의 평균흡음률
$T = 0.161 \times \dfrac{10 \times 10 \times 10}{(10 \times 10) \times 6 \times 0.0161} = 16.7$

2021년 제2회 과년도 기출복원문제

01 다음과 같은 특성을 지닌 대기오염물질은?

- 가죽제품이나 고무제품을 각질화한다.
- 마늘냄새와 같은 특유의 냄새가 나는 가스상 오염물질이다.
- 대기 중의 농도가 일정 기준을 초과하면 경보발령을 한다.
- 자동차 등에서 배출된 질소산화물과 탄화수소가 광화학반응을 일으키는 과정에서 생성된다.

① 오 존
② 암모니아
③ 황화수소
④ 일산화탄소

해설
오존은 자동차 등에서 대기로 직접 배출되는 1차 대기오염물질인 질소산화물(NO_x), 탄화수소류(HCs) 등이 햇빛과 반응을 일으켜 생성된다.

02 소각시설의 연소온도가 너무 높을 때 주로 발생되는 대기오염물질은?

① 질소산화물
② 탄화수소류
③ 일산화탄소
④ 수증기와 재

해설
질소산화물(NO_x) 발생조건 : 고온, 과잉공기(O_2), 긴 체류시간

03 다음은 어떤 오염물질에 관한 설명인가?

- 적갈색의 자극성을 가진 기체이다.
- 공기에 대한 비중이 1.59이며, 공기보다 무겁다.
- 혈액 중 헤모글로빈과의 결합이 O_2에 비해 아주 크다.

① 아황산가스
② 이산화질소
③ 염화수소
④ 일산화탄소

해설
이산화질소(NO_2)는 적갈색의 자극성 냄새가 나는 유독한 대기오염물질로, 아질산가스라고도 한다.

※ 공기에 대한 비중(1.59) = $\dfrac{\text{기체의 분자량(kg)}}{\text{공기의 분자량(29kg)}}$

기체의 분자량(kg) = 1.59 × 공기의 분자량(29kg) = 46kg

04 다음 중 대류권에 해당하는 사항으로만 옳게 나열된 것은?

- ㉠ 고도가 상승함에 따라 기온이 감소한다.
- ㉡ 오존의 밀도가 높은 오존층이 존재한다.
- ㉢ 지상으로부터 50~85km 사이의 층이다.
- ㉣ 공기의 수직이동에 의한 대류현상이 일어난다.
- ㉤ 눈이나 비가 내리는 등의 기상현상이 일어난다.

① ㉠, ㉡, ㉣
② ㉡, ㉢, ㉣
③ ㉢, ㉣, ㉤
④ ㉠, ㉣, ㉤

해설
㉡ 오존의 밀도가 높은 오존층은 성층권에 존재한다.
㉢ 지상으로부터 50~85km 사이의 층은 중간권이다.

정답 1 ① 2 ① 3 ② 4 ④

05 대기상태가 중립조건일 때 발생하며, 연기의 수직 이동보다 수평이동이 크기 때문에 오염물질이 멀리까지 퍼져 나가며 지표면 가까이에는 오염의 영향이 거의 없으며, 이 연기 내에서는 오염의 단면분포가 전형적인 가우시안분포를 나타내는 연기 형태는?

① 환상형
② 부채형
③ 원추형
④ 지붕형

해설
원추형에 관한 설명이다.
① 환상형 : 대기가 매우 불안정한 상태이다.
② 부채형 : 대기가 매우 안정한 상태이며, 연기는 수평면에서 천천히 이동하여 점차 퍼진다.
④ 지붕형 : 굴뚝의 높이보다 낮게 역전층이 형성되며, 그 이상의 높이에서 대기는 중립이거나 비교적 불안정한 상태이다.

06 다음과 같은 특성을 지닌 굴뚝연기의 모양은?

- 대기의 상태가 하층부는 불안정하고, 상층부는 안정할 때 볼 수 있다.
- 하늘이 맑고 바람이 약한 날의 아침에 볼 수 있다.
- 지표면의 오염 농도가 매우 높게 된다.

① 환상형
② 원추형
③ 훈증형
④ 구속형

해설
① 환상형 : 대기상태가 불안정하며, 국부적인 고농도 오염이 발생한다.
② 원추형 : 대기상태가 중립조건일 때 발생하며, 날씨가 흐리고 바람이 약할 때 약한 난류에 의해 발생한다.
④ 구속형 : 대기상태가 상·하층은 모두 안정하고, 중층은 불안정하여 역전층이 형성된다.

07 다음 중 주로 광화학반응에 의하여 생성되는 물질은?

① CH_4
② PAN
③ NH_3
④ HC

해설
PAN(Peroxyacetyl Nitrate) : 배기가스 중에 함유된 여러 탄화수소(HC)나 질소산화물(NO_x)이 태양광선(특히, 자외선-UV)에 의해 광화학적으로 합성된 2차 오염물질이다. 눈이나 목에 자극을 주며, 농작물이나 식물에도 피해를 준다.

08 일반적으로 배기가스의 입구처리 가스속도가 증가하면 제거효율이 커지며, 블로다운 효과와 관련된 집진장치는?

① 중력집진장치
② 원심력집진장치
③ 전기집진장치
④ 여과집진장치

해설
블로다운(Blow Down)은 원심력집진장치의 집진율을 높이기 위한 방법이다.

09 다음 세정집진장치 중 스로트부 가스속도가 60~90m/s 정도인 것은?

① 충전탑
② 분무탑
③ 제트스크러버
④ 벤투리스크러버

해설
④ 벤투리스크러버 : 60~90m/s
① 충전탑 : 0.3~1m/s
② 분무탑 : 0.2~1m/s
③ 제트스크러버 : 20~50m/s

10 여과집진장치에 사용되는 여포재료 중 가장 높은 온도에서 사용이 가능한 것은?

① 목 면
② 양 모
③ 가네카론
④ 글라스파이버

해설
④ 글라스파이버 : 250℃(신소재 유리섬유로 열에 강하다)
① 목면 : 80℃
② 양모 : 80℃
③ 가네카론 : 100℃

11 중력집진장치의 효율향상 조건이 아닌 것은?

① 침강실 내의 처리가스 속도를 작게 한다.
② 침강실 내의 배기가스 기류를 균일하게 한다.
③ 침강실의 높이는 낮고, 길이는 길게 한다.
④ 침강실의 Blow Down 효과를 유발하여 난류현상을 유발한다.

해설
침강실의 Blow Down 효과를 유발하는 것은 원심력집진장치의 효율향상 조건에 해당한다.
Blow Down : 사이클론의 더스트 박스에서 처리배기량의 5~10%를 흡입함에 따라 사이클론 내 난류기류 현상을 억제시킴으로써, 집진된 분진이 비산되어 분리된 분진이 빠져나가는 것을 방지하는 방법이다.

12 전기집진장치에 관한 설명으로 가장 거리가 먼 것은?

① 대량의 가스처리가 가능하다.
② 전압변동과 같은 조건변동에 쉽게 적응할 수 있다.
③ 초기 설비비가 고가이다.
④ 압력손실이 작아 소요동력이 적다.

해설
전압변동이 자주 일어날 경우 일정한 전기를 공급해야 하는 전극에 이상이 생겨 효율이 떨어진다.

13 프로판(C_3H_8) 가스 10kg을 완전연소하는 데 필요한 이론공기량(Sm^3)은?

① $62.2 Sm^3$
② $84.2 Sm^3$
③ $104.2 Sm^3$
④ $121.2 Sm^3$

해설
$C_3H_8 + 5O_2 \rightarrow 3CO_2 + 4H_2O$
$44kg : 5 \times 22.4 Sm^3 = 10kg : x$
이론산소량 $x ≒ 25.45 Sm^3$
$\therefore$ 이론공기량 $= \dfrac{\text{이론산소량}}{0.21} = \dfrac{25.45 Sm^3}{0.21} ≒ 121.2 Sm^3$

14 C_2H_5OH의 완전산화 시 ThOD/TOC의 비는?

① 1.92
② 2.67
③ 3.31
④ 4

해설
$C_2H_5OH + 3O_2 \rightarrow 2CO_2 + 3H_2O$
- ThOD(이론적 산소요구량) $= 3 \times 32 = 96g$
- TOC(총유기탄소량) $= 2 \times 12 = 24g$
$\therefore$ ThOD/TOC $= 96/24 = 4$

15 C_8H_{18}을 완전연소시킬 때 부피 및 무게에 대한 이론 AFR로 옳은 것은?

① 부피 : 59.5, 무게 : 15.1
② 부피 : 59.5, 무게 : 13.1
③ 부피 : 35.5, 무게 : 15.1
④ 부피 : 35.5, 무게 : 13.1

해설

공기연료비(AFR) : 공급된 공기와 연료가 완전연소하는 경우, 공기와 연료의 질량비 또는 몰(부피)비를 말한다.
$C_8H_{18} + 12.5O_2 \rightarrow 8CO_2 + 9H_2O$
$1\text{mol} : 12.5\text{mol} = 22.4\text{Sm}^3 : x$
연료(C_8H_{18}) 1mol당 이론산소량은 12.5mol이므로

• 부피에 대한 이론 AFR

공기의 부피(x) $= 12.5 \times \dfrac{22.4\text{Sm}^3}{0.21(\text{산소의 부피비})}$

$\approx 1,333.33 \text{Sm}^3$

$\therefore \text{AFR} = \dfrac{1,333.33\text{Sm}^3}{22.4\text{Sm}^3} \approx 59.5$ (부피비)

• 무게에 대한 이론 AFR

공기의 무게(x) $= 12.5 \times \dfrac{32\text{kg}}{0.232(\text{산소의 무게비})} \approx 1,724\text{kg}$

$\therefore \text{AFR} = \dfrac{1,724\text{kg}}{114\text{kg}} \approx 15.1$ (무게비)

16 메탄(Methane) 1mol을 이론적으로 완전연소시킬 때 0℃, 1기압하에서 필요한 산소의 부피(L)는? (단, 이때 산소는 이상기체로 간주한다)

① 22.4L
② 44.8L
③ 67.2L
④ 89.6L

해설

표준상태는 기본적으로 0℃, 1기압을 나타내며, 이상기체는 표준상태에서 1mol일 경우 22.4L의 부피를 갖는다.
메탄의 완전연소식
$CH_4 + 2O_2 \rightarrow CO_2 + 2H_2O$
$1\text{mol} : 2\text{mol} = 22.4 : x$
$\therefore x = 44.8\text{L}$

17 다음 중 지표수의 특성으로 가장 거리가 먼 것은? (단, 지하수와 비교)

① 지상에 노출되어 오염의 우려가 큰 편이다.
② 용존산소 농도가 높고, 경도가 큰 편이다.
③ 철, 망간 성분이 비교적 적게 포함되어 있고, 대량 취수가 용이한 편이다.
④ 수질 변동이 비교적 심한 편이다.

해설

일반적으로 지표수는 지하수보다 용존산소 농도 및 경도가 작다.

18 레이놀즈 수의 관계인자와 거리가 먼 것은?

① 입자의 지름
② 액체의 점도
③ 액체의 비표면적
④ 입자의 속도

해설

레이놀즈 수
유체 흐름의 특성을 구별하는 무차원계수로 층류($Re < 2,100$), 난류($Re > 2,100$)를 구분 짓는 인자로 사용된다.

$Re = \dfrac{\rho VD}{\mu} = \dfrac{VD}{\nu}$

여기서, ρ : 유체의 밀도
V : 평균속도
D : 입자의 지름
μ : 점성계수
ν : 동점성계수

19 산업폐수에 관한 일반적인 설명으로 가장 거리가 먼 것은?

① 주로 악성폐수가 많다.
② 업종 및 생산방식에 따라 수질이 거의 일정하다.
③ 중금속 등의 오염물질 함량이 생활하수에 비해 높다.
④ 같은 업종일지라도 생산 규모에 따라 배수량이 달라진다.

해설
업종 및 생산방식에 따라 수질이 다양하며, 특성에 따라 그 처리방법도 다르다.

20 오염물질은 배출 형태에 따라 점오염원과 비점오염원으로 구분된다. 다음 중 비점오염원에 해당하는 것은?

① 생활하수
② 농경지 배수
③ 축산폐수
④ 산업폐수

해설
- 점오염원 : 오염물질이 지도상의 한 점에서 배출되는 것이다(예 생활하수, 축산폐수, 산업폐수).
- 비점오염원 : 도시, 도로, 농지, 산지, 공사장 등 불특정 장소에서 면적 단위로 수질오염물질이 배출되는 배출원이다(예 농경지 배수).

21 수질오염공정시험기준상 부유물질(SS) 시험방법에 관한 설명으로 거리가 먼 것은?

① 철 또는 칼슘이 높은 시료는 금속 침전물 발생으로 측정에 영향을 준다.
② 105~110℃의 건조기 안에서 6시간 건조시킨 후 무게를 정밀히 단다.
③ 나무 조각, 큰 모래입자 등과 같은 큰 입자들은 직경 2mm 금속망에 먼저 통과시킨 후 분석을 실시한다.
④ 사용한 여과장치의 하부여과재는 다이크로뮴산칼륨·황산용액에 넣어 침전물을 녹인 다음 정제수로 씻어 사용한다.

해설
ES 04303.1b 부유물질(분석절차)
105~110℃의 건조기 안에서 2시간 건조시켜 데시케이터에 넣어 방치하고 냉각한 다음 항량하여 무게를 정밀히 달고, 여과장치에 부착시킨다.
※ 항량 : 더 이상 증발할 수분이 없어 질량 변화가 없게 된 상태의 질량이다.

22 수질오염공정시험기준상 윙클러-아자이드화나트륨 변법에 의한 DO 측정 시 표준적정액으로 옳은 것은?

① 0.025M $Na_2S_2O_3$
② 0.025M $Na_2C_2O_4$
③ 0.025M $KMnO_4$
④ 0.025M $K_2Cr_2O_7$

해설
ES 04308.1e 용존산소-적정법(윙클러-아자이드화나트륨 변법)
- 시료(300mL)에 황산망간($MnSO_4$)용액, 알칼리성 아이오딘화칼륨-아자이드화나트륨(Alkali-KI-NaN_3)용액 각 1mL 첨가한다.
- 마개를 닫고 병을 여러 번 회전시킨 후 약 2분간 정치시킨다(갈색 침전물 발생).
- 침전물이 바닥에 1/3 이상 가라앉은 후 진한 황산 2mL를 첨가한다(아이오딘에 의해 노란색으로 발색됨).
- 전체 시료 중 200mL를 따로 취하여 삼각플라스크에 옮긴다.
- 0.025M 티오황산나트륨($Na_2S_2O_3$)으로 적정을 시작한다.
- 진한 노란색이 옅어지면 전분 1mL를 첨가한다(청색으로 발색).
- 무색이 될 때까지 티오황산나트륨으로 계속 적정한다.

23 흡착에 관한 설명으로 옳지 않은 것은?

① 물리적 흡착은 가역적이므로 흡착제의 재생이나 오염가스의 회수에 유리하다.
② 물리적 흡착에서 흡착량은 온도의 영향을 받지 않는다.
③ 물리적 흡착은 대체로 용질의 분압이 높을수록 증가하고 분자량이 클수록 잘 흡착된다.
④ 화학적 흡착은 물리적 흡착보다 분자 간의 결합력이 강하기 때문에 흡착과정에서의 발열량이 더 크다.

> **해설**
> 물리적 흡착반응은 발열반응으로, 온도가 상승하면 흡착량은 감소한다.

24 다음 중 물리적 예비처리공정이 아닌 것은?

① 스크린
② 침사지
③ 유량조정조
④ 소화조

> **해설**
> 소화조는 예비처리공정이 아닌 본격적인 슬러지 분해공정으로, 생물학적 처리에 해당한다.

25 폐수처리방법 중 부상처리에 대한 설명으로 맞는 것은?

① 생물학적 처리방식의 일종
② 가벼운 입자 제거
③ 부상 촉진제로 물 사용
④ 폐수와 부유물 결합

> **해설**
> 부상처리는 물보다 가벼운 비중을 나타내는 물질을 띄워서 제거하는 방법이다.
> ① 물리적 처리방식의 일종
> ③ 부상 촉진제로 미세기포(공기) 사용
> ④ 폐수와 부유물 분리

26 폐수처리에 있어서 스크린(Screen) 조작으로 옳은 것은?

① 수로 흐름을 용이하게 하기 위해 큰 고형물(나무조각, 플라스틱 등)을 제거하는 조작이다.
② 화학적 플럭을 제거하는 조작이다.
③ 비교적 밀도가 크고, 입자의 크기가 작은 고형물을 제거하는 조작이다.
④ BOD와 관계 있는 유기물인 가용성 물질을 제거하는 조작이다.

> **해설**
> 스크린은 폐수처리의 첫 단계로 폐수 중의 고형물(나무조각, 플라스틱 등)을 제거하여 장치 시설의 고장을 예방하는 역할로 주로 사용된다.

27 A폐수의 산성 100℃에서 과망가니즈산칼륨에 의한 화학적 산소요구량 측정 실험의 결과가 다음과 같을 때 COD 값은 얼마인가?(단, 0.005M-KMnO₄ 역가는 1.001이다)

항목	시료의 양	시료의 적정에 소비된 0.005M-KMnO₄ 용액	바탕시험 적정에 소비된 0.005M-KMnO₄ 용액
소비량 (mL)	40	4.5	0.2

① 21.5mg/L ② 50.5mg/L
③ 107.6mg/L ④ 200.2mg/L

해설

$$COD(mg/L) = (b - a) \times f \times \frac{1,000}{V} \times 0.2$$

여기서, a : 바탕시험 적정에 소비된 과망가니즈산칼륨용액 (0.005M)의 양(mL)
b : 시료의 적정에 소비된 과망가니즈산칼륨용액 (0.005M)의 양(mL)
f : 과망가니즈산칼륨용액(0.005M)의 농도계수(Factor)
V : 시료의 양(mL)

∴ $COD = (4.5 - 0.2) \times 1.001 \times \frac{1,000}{40} \times 0.2 ≒ 21.5mg/L$

28 폐수를 화학적으로 산화처리할 때 사용되는 오존 처리에 대한 설명으로 옳은 것은?

① 생물학적 분해 불가능 유기물 처리에도 적용할 수 있다.
② 2차 오염물질인 트라이할로메탄을 생성한다.
③ 별도의 장치가 필요 없어 유지비가 적게 든다.
④ 색과 냄새 유발성분은 제거할 수 없다.

해설

오존처리의 목적은 세균 및 바이러스의 살균, 유기성 착색 성분의 분해, 악취 및 불쾌한 냄새물질의 분해, COD 등의 감소, 유독성 및 유해물질의 분해 등이 있다.
② 오존처리는 트라이할로메탄(THM)의 생성을 억제한다.
  ※ 염소에 의해 THM이 발생된다.
③ 전기로 산소를 발생시킨 후 오존을 생성해야 하므로 유지비(전기세)가 많이 든다.
④ 색과 냄새의 유발 성분 제거에 매우 효과적이다.

29 수질오염공정시험기준상 산성 100℃ 과망가니즈산칼륨에 의한 화학적 산소요구량 측정 시 적정온도로 가장 적합한 것은?

① 25~30℃
② 60~80℃
③ 110~120℃
④ 185~200℃

해설

옥살산나트륨용액(0.0125M) 10mL를 정확하게 넣고 60~80℃를 유지하면서 과망가니즈산칼륨용액(0.005M)을 사용하여 액의 색이 엷은 홍색을 나타낼 때까지 적정한다.

30 다음 중 생물학적 원리를 이용하여 인(P)만 효과적으로 제거하기 위한 고도처리 공법으로 가장 적합한 것은?

① A/O 공법
② A₂/O 공법
③ 4단계 Bardenpho 공법
④ 5단계 Bardenpho 공법

해설

A/O 공법은 인의 제거에 효과적이다.
② A₂/O 공법 : 질소(N)와 인(P) 제거
③ 4단계 Bardenpho 공법 : 질소(N)와 인(P) 제거
④ 5단계 Bardenpho 공법 : 질소(N)와 인(P) 제거

정답 27 ① 28 ① 29 ② 30 ①

31 다음 설명에 해당하는 폐수처리 공정은?

- 호기성 미생물을 이용한다.
- 대표적인 부착성장식 생물학적 처리공법이다.
- 쇄석이나 플라스틱과 같은 여재를 채운 탱크에 폐수를 뿌려 유기물을 섭취 분해한다.
- 연못화 현상이 일어나거나 파리 번식과 악취 발생의 우려가 있다.

① 고정소각법 ② 살수여상법
③ 라군법 ④ 활성슬러지법

해설
살수여상법 : 오·폐수를 여재(쇄석 또는 플라스틱 매체 등)에 간헐적으로 살수하여 공기와 접촉시킴으로써, 여재에 부착된 미생물에 의해 호기성으로 처리하는 방법이다.

32 다음 중 생물학적 고도 폐수처리방법으로 인을 제거할 수 있는 공법으로 가장 거리가 먼 것은?

① A/O 공법
② Indore 공법
③ Phostrip 공법
④ Bardenpho 공법

해설
- Indore 공법 : 퇴비화의 공법
- A/O 공법, Phostrip 공법, Bardenpho 공법 : 인(P) 제거 공법(생물학적 고도처리)

33 탈산소계수가 0.15/d인 어느 유기물질의 BOD_5가 200ppm이었다. 2일 후에 남아 있는 BOD는?(단, 상용대수 적용)

① 105mg/L ② 118mg/L
③ 122mg/L ④ 136mg/L

해설
$BOD_5 = BOD_u(1 - 10^{-k \times t})$
여기서, BOD_5 : 5일 후 BOD값
  BOD_u : 최종 BOD값
  k : 탈산소계수
  t : 시간
$200\text{ppm} = BOD_u \times (1 - 10^{-0.15 \times 5})$
$BOD_u = \dfrac{200}{1 - 10^{-0.75}} ≒ 243.26\text{ppm}$
2일 후에 남아 있는 BOD값은 잔존공식을 이용한다.
$BOD_2 = BOD_u \times (10^{-k \times t}) = 243.26 \times (10^{-0.15 \times 2})$
  $≒ 121.9\text{ppm}(= \text{mg/L})$
※ 소비공식 $BOD_5 = BOD_u(1 - 10^{-k \times t})$
  잔존공식 $BOD_5 = BOD_u(10^{-k \times t})$

34 소도시에서 발생하는 하수를 산화지로 처리하고자 한다. 유입 BOD 농도가 200g/m³이고, 유량이 6,000m³/d이며, BOD 부하량이 300kg/ha·d라면 필요한 산화지의 면적은 몇 ha인가?

① 1ha ② 2ha
③ 3ha ④ 4ha

해설
BOD 부하량 = $\dfrac{\text{BOD 농도} \times \text{유량}}{\text{면적(ha)}}$

∴ 면적 = $\dfrac{\text{BOD 농도} \times \text{유량}}{\text{BOD 부하량}}$

  = $\dfrac{0.2\text{kg/m}^3 \times 6,000\text{m}^3/\text{d}}{300\text{kg/ha} \cdot \text{d}}$

  = 4ha

35 폭 8m, 길이 28m, 높이가 3m인 침전지에 유입수량이 0.07m³/s일 때 체류시간은?

① 2시간 40분
② 2시간 50분
③ 3시간 5분
④ 3시간 28분

해설
체류시간
$$t = \frac{V}{Q} = \frac{8m \times 28m \times 3m}{0.07m^3/s} = 9,600s = 160분 = 2시간 40분$$
여기서, t : 체류시간
V : 부피
Q : 유량(유입수량)

36 폐기물부담금제도의 효과와 가장 거리가 먼 것은?

① 소비의 증대
② 폐기물 발생량 억제
③ 자원의 낭비 방지
④ 자원 재활용의 촉진

해설
폐기물부담금제도는 폐기물 발생량 억제, 자원의 낭비 방지, 자원 재활용의 촉진효과는 있으나 소비의 증대와는 거리가 멀다.

37 현행 폐기물관리법령상 지정폐기물 중 부식성 폐기물의 폐산(㉠)과 폐알칼리(㉡)의 판정기준은? (단, 액체상태의 폐기물이며, 기타 조건은 제외)

① ㉠ pH 2.0 이하, ㉡ pH 12.5 이상
② ㉠ pH 3.0 이하, ㉡ pH 12.5 이상
③ ㉠ pH 2.0 이하, ㉡ pH 11.0 이상
④ ㉠ pH 3.0 이하, ㉡ pH 11.0 이상

해설
부식성 폐기물(폐기물관리법 시행령 별표 1, 지정폐기물의 종류)
• 폐산(액체상태의 폐기물로서 수소이온농도지수가 2.0 이하인 것으로 한정한다)
• 폐알칼리(액체상태의 폐기물로서 수소이온농도지수가 12.5 이상인 것으로 한정하며, 수산화칼륨 및 수산화나트륨을 포함한다)

38 도금, 피혁 제조, 색소, 방부제, 약품제조업 등의 폐기물에서 주로 검출될 수 있는 성분은?

① As
② Cd
③ Cr
④ Hg

해설
크로뮴(Cr) 화합물 : 크로뮴 도금, 피혁 제조, 색소, 방부제, 약품제조업 등에서 발생한다.
① 비소 : 유리, 도자기 제조, 의약품과 농약의 제조 및 운반과 저장 등에서 폭로된다.
② 카드뮴 : 아연광석의 채광이나 제련과정에서 부산물로 생성된다.
④ 수은 : 석탄과 석유의 연소에 의해서 공기 중에 방출된다.

39 밀도가 350kg/m³인 폐기물의 가연 성분이 무게비로 35%였다. 이 폐기물 6m³ 중에 포함되어 있는 가연성 물질의 양은?

① 735kg
② 1,175kg
③ 1,225kg
④ 1,317kg

해설
가연성 물질의 양 = 350kg/m³ × 6m³ × 0.35 = 735kg

40 다음 폐기물의 감량화 방안 중 폐기물이 발생원에서 발생되지 않도록 사전에 조치하는 발생원 대책으로 거리가 먼 것은?

① 적정 저장량 관리
② 과대 포장하지 않기
③ 철저한 분리수거 실시
④ 폐기물로부터 회수에너지 이용

해설
폐기물로부터 회수에너지를 이용하는 것은 폐기물의 감량화 방안이 아니라 폐기물의 재활용 방안이다.

41 폐기물의 발생원에서 처리장까지의 거리가 먼 경우 중간지점에 설치하여 운반비용을 절감시키는 역할을 하는 것은?

① 적환장
② 소화조
③ 살포장
④ 매립지

해설
적환장은 비교적 작은 수집차량(소형 컨테이너)에서 큰 차량으로 옮겨 싣고 장거리 수송을 할 경우 필요한 시설이다.

42 쓰레기 1톤을 수거하는 데 수거인부 1인이 소요하는 총 시간을 뜻하는 용어는?

① MHS
② MHT
③ MTS
④ MTH

해설
MHT = (수거인부 × 수거시간 × 수거일)/수거량(톤)
※ Man·Hour/Ton : 1ton의 쓰레기를 1명의 인부가 처리하는 데 걸리는 시간으로, MHT가 작을수록 효율이 좋다.

43 수분함량이 20%인 쓰레기를 건조시켜 5%가 되도록 하려면 쓰레기 1톤당 증발시켜야 할 수분의 양은?(단, 쓰레기의 비중은 1.0으로 동일)

① 126.1kg
② 132.3kg
③ 157.9kg
④ 184.7kg

해설
$W_1 \times (100 - P_1) = W_2 \times (100 - P_2)$
여기서, W_1 : 건조 전 무게
W_2 : 건조 후 무게
P_1 : 건조 전 함수율
P_2 : 건조 후 함수율
$1,000 \times (100 - 20) = W_2 \times (100 - 5)$
$W_2 = \dfrac{80,000}{95} \fallingdotseq 842.1 kg$
∴ 증발시켜야 할 수분 = 1,000 − 842.1 ≒ 157.9kg

44 다음 그림과 같이 쓰레기를 대량으로 간편하게 소각처리하는 데 적합하고, 연속적인 소각과 배출이 가능한 소각로의 형태는?

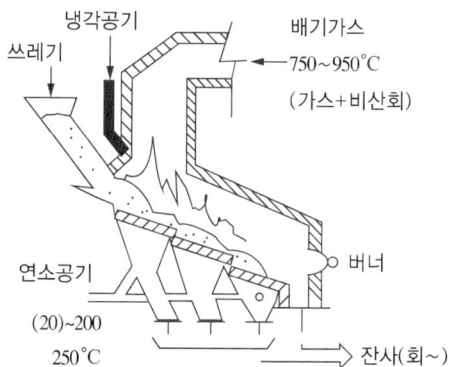

① 스토커식　② 유동상식
③ 회전로식　④ 분무연소식

해설
스토커(Stoker)식 소각로 : 화격자식 소각로라고도 하며, 화격자 위에 쓰레기를 올려놓고 아래에서 공기를 주입하면서 연소시키는 방식이다.

45 소각로를 설계할 때 가장 기본이 되는 폐기물 발열량인 고위발열량(HHV)과 저위발열량(LHV)의 관계로 옳은 것은?(단, 발열량의 단위는 kcal/kg, W는 수분함량 %이며, 수소함량은 무시한다)

① LHV = HHV + 6W
② LHV = HHV − 6W
③ HHV = LHV + 9W
④ HHV = LHV − 9W

해설
저위발열량은 수분에 의한 영향을 무시하므로 고위발열량에서 수분에 의한 영향을 빼면 된다. 저위발열량 = 고위발열량 − 6(9H + W)이며, 수소함량(H)을 무시하므로 저위발열량 = 고위발열량 − 6W이다.

46 수소 10%, 수분 5%인 중유의 고위발열량이 10,000kcal/kg일 때, 저위발열량(kcal/kg)은?

① 9,310　② 9,430
③ 9,590　④ 9,720

해설
$H_l = H_h - 600(9H + W)$
$= 10,000 - 600(9 \times 0.1 + 0.05)$
$= 9,430 \text{kcal/kg}$

여기서, H_l : 저위발열량
　　　　H_h : 고위발열량

※ 저위발열량(진발열량)은 수분의 영향을 배제하여 계산하며, 소각로 설계의 기준이 된다.

47 유해폐기물을 '무기적 고형화'에 의한 처리방법에 관한 특성 비교로 옳지 않은 것은?(단, 유기적 고형화 방법과 비교)

① 고도의 기술이 필요하며, 촉매 등 유해물질이 사용된다.
② 수용성이 작고, 수밀성이 양호하다.
③ 고화재료 구입이 용이하며, 재료가 무독성이다.
④ 상온, 상압에서 처리가 용이하다.

해설
유기적 고형화 방법의 특성이다.

정답　44 ①　45 ②　46 ②　47 ①

48 밀도가 1g/cm³인 폐기물 10kg에 고형화 재료 2kg을 첨가하여 고형화시켰더니 밀도가 1.2g/cm³로 증가했다. 이 경우 부피변화율은?

① 0.7　　② 0.8
③ 0.9　　④ 1.0

해설

부피변화율(압축비) $= \dfrac{V_2}{V_1}$

여기서, V_1 : 압축 전 부피
　　　　V_2 : 압축 후 부피

$V_1 = 10\text{kg} \times \dfrac{1\text{L}}{1\text{kg}} = 10\text{L}$, $V_2 = 12\text{kg} \times \dfrac{1\text{L}}{1.2\text{kg}} = 10\text{L}$

∴ 부피변화율 $= \dfrac{10\text{L}}{10\text{L}} = 1.0$

49 폐기물을 안정화 및 고형화시킬 때 폐기물의 전환 특성으로 거리가 먼 것은?

① 오염물질의 독성 증가
② 폐기물 취급 및 물리적 특성 향상
③ 오염물질이 이동되는 표면적 감소
④ 폐기물 내에 있는 오염물질의 용해성 제한

해설
① 오염물질의 독성이 감소한다.

50 매립지의 폐기물에 포함된 수분, 매립지에 유입되는 빗물에 의해 발생하는 침출수의 유출 방지와 매립지 내부로의 지하수 유입을 방지하기 위하여 설치하는 것은?

① 차수시설　　② 복토시설
③ 다짐시설　　④ 회수시설

해설
차수시설 설치의 목적
• 폐기물의 분해에 따른 침출수의 유출 방지
• 매립지 내부로 지하수 유입 방지

51 폐기물 매립지 입지 선정 시 적격 기준항목으로 거리가 먼 것은?

① 토지 : 주민 밀집지역인 곳
② 토양 : 주변 토양 복토재 사용 가능성이 있는 곳
③ 지형 및 지질 : 경제성 있는 매립용량 확보가 가능한 곳
④ 수문 : 강우배제 침출수 발생 제어가 용이한 곳

해설
주변에 민가가 없고 주거지역으로부터 멀리 떨어져 있어야 한다.

정답 48 ④　49 ①　50 ①　51 ①

52 폐기물 매립지의 덮개시설에 대한 설명으로 가장 거리가 먼 것은?

① 덮개시설은 매립 후 안전한 사후관리를 위해 필요하다.
② 덮개흙으로 가장 적합한 것은 Clay이며, 투수계수가 큰 것이 좋다.
③ 덮개흙은 연소가 잘되지 않아야 한다.
④ 덮개시설은 악취, 비산, 해충 및 야생동물 번식, 화재방지 등을 위해 설치한다.

해설
덮개흙으로는 투수계수가 작은 것이 좋다.
※ 투수계수 : 15℃의 기준온도에서 다공성 재료의 단위면적을 통과하는 정상류의 유량을 의미하며, 투수계수가 작을수록 침출수 발생이 적어 덮개흙으로 적당하다.

53 처음 부피가 1,000m³인 폐기물을 압축하여 500m³인 상태로 부피를 감소시켰다면, 체적감소율은?

① 2% ② 10%
③ 50% ④ 100%

해설
체적감소율 $= \left(1 - \dfrac{V_2}{V_1}\right) \times 100 = \left(1 - \dfrac{500}{1,000}\right) \times 100 = 50\%$
여기서, V_1 : 초기 부피(m³)
V_2 : 압축 후 부피(m³)

54 매립 시 발생되는 매립가스 중 악취를 유발시키는 물질은?

① CH_4 ② CO_2
③ NH_3 ④ CO

해설
악취 발생물질 : 암모니아(NH_3), 황화수소(H_2S), 메틸메르캅탄 및 아민류 등

55 혐기성 소화방법으로 쓰레기를 처분하려고 한다. 연료로 쓰일 수 있는 가스를 많이 얻으려면, 다음 중 어떤 성분이 특히 많아야 유리한가?

① 질 소 ② 탄 소
③ 산 소 ④ 인

해설
연료로 쓰일 수 있는 가스성분은 메탄(CH_4)이므로 탄소 성분이 많아야 유리하다.

56 손으로 소음계를 잡고 측정할 경우 소음계는 측정자의 몸으로부터 얼마 이상 떨어져야 하는가?

① 0.1m 이상
② 0.2m 이상
③ 0.3m 이상
④ 0.5m 이상

해설
ES 03302.1b 배출허용기준 중 소음측정방법(측정조건 - 일반사항)
손으로 소음계를 잡고 측정할 경우 소음계는 측정자의 몸으로부터 0.5m 이상 떨어져야 한다.

정답 52 ② 53 ③ 54 ③ 55 ② 56 ④

57 다음 ( ) 안에 들어갈 알맞은 용어는?

> 한 장소에 있어서의 특정의 음을 대상으로 생각할 경우 대상소음이 없을 때 그 장소의 소음을 대상소음에 대한 ( )이라 한다.

① 고정소음
② 기저소음
③ 정상소음
④ 배경소음

58 다음의 조건에 해당되는 방진재로 가장 적합한 것은?

> - 지지하중이 크게 변하는 경우에는 높이 조정변에 의해 그 높이를 조절할 수 있어 기계 높이를 일정 레벨로 유지시킬 수 있다.
> - 하중의 변화에 따라 고유진동수를 일정하게 유지할 수 있다.
> - 부하능력이 광범위하다.

① 공기스프링
② 방진고무
③ 금속스프링
④ 진동절연

해설
공기스프링은 그 외 자동제어가 가능하고 설계 시 스프링의 높이, 내하력, 스프링정수를 각각 독립적으로 광범위하게 설정할 수 있다.

59 80dB의 소음과 90dB의 소음이 동시에 발생할 경우 합성소음레벨은?

① 약 80dB
② 약 85dB
③ 약 90dB
④ 약 93dB

해설
$L = 10\log(10^{L_1/10} + 10^{L_2/10})$
여기서, L : 합성소음레벨
L_1 : 소음 1
L_2 : 소음 2
∴ $L = 10\log(10^{80/10} + 10^{90/10}) = 10\log(1.1 \times 10^9) ≒ 90.4$dB

60 다음은 소음 · 진동공정시험기준에서 사용되는 용어의 정의이다. ( ) 안에 들어갈 알맞은 용어는?

> ( )란 임의의 측정시간 동안 발생한 변동소음의 총에너지를 같은 시간 내의 정상소음의 에너지로 등가하여 얻어진 소음도를 말한다.

① 등가소음도
② 평가소음도
③ 배경소음도
④ 정상소음도

해설
② 평가소음도 : 대상소음도에 보정치를 보정한 후 얻어진 소음도를 말한다.
③ 배경소음도 : 측정소음도의 측정위치에서 대상소음이 없을 때 이 시험기준에서 정한 측정방법으로 측정한 소음도 및 등가소음도 등을 말한다.
※ 정상소음 : 시간적으로 변동하지 아니하거나 또는 변동폭이 작은 소음을 말한다(ES 03300.b 총칙(소음)).

2021년 제3회 과년도 기출복원문제

01 다음 중 광화학스모그 발생과 가장 거리가 먼 것은?

① 질소산화물
② 일산화탄소
③ 올레핀계 탄화수소
④ 태양광선

해설
광화학스모그는 자동차의 배기가스에 함유되어 있는 질소산화물(NO_x)과 탄화수소(HC) 등 대기오염물질이 강한 태양광선(자외선)을 받아 발생한다.
※ 일산화탄소는 불완전연소의 산물로, 광화학스모그와는 관계가 없다.

02 다음 중 대기오염물질 중 1차 생성오염물질은?

① CO_2
② PAN
③ O_3
④ H_2O_2

해설
대기오염물질
• 1차 오염물질 : NH_3, HCl, H_2S, CO, CO_2, H_2, Pb, Zn, Hg, HC 등
• 2차 오염물질 : O_3, H_2O_2, PAN, 알데하이드 등

03 대기오염공정시험기준상 배출가스 중 질소산화물의 연속자동측정방법이 아닌 것은?

① 화학발광법
② 적외선흡수법
③ 자외선흡수법
④ 용액전도율법

해설
질소산화물의 연속자동측정방법 : 화학발광법, 적외선흡수법, 자외선흡수법 및 정전위전해법
※ 용액전도율법 : 이산화황의 연속자동측정방법이다.

04 가스량이 15,000m³/h인 유해가스를 흡수탑을 이용하여 정화할 때 소요되는 흡수탑의 직경은?(단, 흡수탑 내 접근유속은 1.0m/s이다)

① 2.3m
② 2.5m
③ 3.3m
④ 4.5m

해설
$$V = \frac{Q}{A}, \quad Q = V \times A = \frac{\pi D^2}{4}$$
여기서, V : 부피(m³)
Q : 유량(m³/h)
A : 넓이(m²)
D : 직경(m)
시간의 단위를 시간(h)에서 초(s)로 바꾸어 계산한다.
$15,000\text{m}^3/\text{h} \times 1\text{h}/3,600\text{s} = 1.0\text{m/s} \times \frac{\pi D^2}{4}$
$D^2 ≒ 5.3$
∴ $D ≒ 2.3$m

정답 1 ② 2 ① 3 ④ 4 ①

05 유해가스를 배출시키기 위해 설치한 가로 30cm, 세로 50cm인 직사각형 송풍관의 상당직경(D_e)은?

① 37.5cm ② 38.5cm
③ 39.5cm ④ 40.0cm

해설

상당직경 $D_e = \dfrac{단면적}{평균\ 둘레길이} = \dfrac{2ab}{a+b} = \dfrac{2 \times 30 \times 50}{30+50} = 37.5\,\text{cm}$

여기서, a : 가로
b : 세로

06 유해가스 처리기술 중 헨리의 법칙을 이용하여 오염가스를 제거하는 방법으로 가장 적합한 것은?

① 흡 수 ② 흡 착
③ 연 소 ④ 집 진

해설

헨리의 법칙
- 유해가스 처리기술 중 흡수법에 해당한다.
- $P = H \cdot C$
  여기서, $P(\text{atm})$: 일정 온도에서 기체 중의 분압
  $H(\text{atm} \cdot \text{m}^3/\text{kmol})$: 헨리상수(온도에 따라 변화)
  $C(\text{kmol/m}^3)$: 액상 중의 농도

07 세정집진장치의 유지관리에 관한 설명으로 옳지 않은 것은?

① 먼지의 성상과 처리가스농도를 고려하여 액가스비를 결정한다.
② 목부는 처리가스의 속도가 매우 크기 때문에 마모가 일어나기 쉬우므로 수시로 점검하여 교환한다.
③ 기액분리기는 시설의 작동이 정지해도 잠시 공회전을 하여 부착된 먼지에 의한 산성의 세정수를 제거해야 한다.
④ 벤투리형 세정기에서 집진효율을 높이기 위해 가능한 한 처리가스 온도를 높게 하여 운전하는 것이 바람직하다.

해설

벤투리형 세정기는 낮은 온도에서 높은 유해가스 제거효율을 기대할 수 있다.

08 함진가스를 방해판에 충돌시켜 기류의 급격한 방향 전환을 이용하여 입자를 분리·포집하는 집진장치는?

① 중력집진장치
② 전기집진장치
③ 여과집진장치
④ 관성력집진장치

해설

관성력집진장치는 뉴턴의 관성의 법칙을 이용한 것으로, 함진가스를 방해판에 충돌시키거나 기류를 급격하게 방향 전환시켜 입자를 관성력에 의하여 분리·포집하는 장치이다.

09 원심력 집진장치에 관한 설명으로 옳지 않은 것은?

① 구조가 간단하고 취급이 용이한 편이다.
② 압력손실이 20mmH$_2$O 정도로 작고, 고집진율을 얻기 위한 전문적인 기술이 불필요하다.
③ 점(흡)착성 배출가스 처리는 부적합하다.
④ 블로다운 효과를 사용하여 집진효율 증대가 가능하다.

> **해설**
> 압력손실은 50~150mmH$_2$O 정도이며, 고집진율을 얻기 위한 전문적인 기술이 필요하다.

11 집진장치에 관한 설명으로 옳은 것은?

① 사이클론은 여과집진장치에 해당된다.
② 중력집진장치는 고효율 집진장치에 해당된다.
③ 여과집진장치는 수분이 많은 먼지처리에 적합하다.
④ 전기집진장치는 코로나방전을 이용하여 집진하는 장치이다.

> **해설**
> ① 사이클론은 원심력집진장치에 해당된다.
> ② 중력집진장치는 대표적인 저효율 집진장치에 해당된다.
> ③ 여과집진장치는 수분이 포함된 경우 처리가 어렵기 때문에 건조한 먼지처리에 적합하다.

10 집진효율이 50%인 중력침강집진장치와 99%인 여과식 집진장치의 직렬로 연결된 집진시설에서 중력침강집진장치의 입구 먼지농도가 1,000mg/Sm^{3}이라면, 여과식 집진장치의 출구 먼지농도(mg/Sm^3)는?

① 1　　② 5
③ 10　　④ 50

> **해설**
> $\eta_T = 1-(1-\eta_1)(1-\eta_2)$
> $= 1-(1-0.5)(1-0.99) = 0.995 = 99.5\%$
> 여기서, η_T : 총집진율(%)
> 　　　　η_1 : 1차 집진율
> 　　　　η_2 : 2차 집진율
> ∴ 출구 먼지농도 = 입구 먼지농도 × 통과율
> 　　　　　　　 = 1,000mg/Sm^3 × (1-0.995) = 5mg/Sm^3

12 중량비가 C : 86%, H : 4%, O : 8%, S : 2%인 석탄을 연소할 경우 필요한 이론산소량은?

① 약 1.6Sm^3/kg
② 약 1.8Sm^3/kg
③ 약 2.0Sm^3/kg
④ 약 2.26Sm^3/kg

> **해설**
> 이론산소량 공식
> 1.867C + 5.6(H − O/8) + 0.7S
> = (1.867 × 0.86) + 5.6(0.04 − 0.08/8) + (0.7 × 0.02)
> ≒ 1.8Sm^3/kg

13 프로판(C_3H_8) 22kg을 완전연소시키기 위해 부피비로 10%의 과잉공기를 사용하였다. 이때 공급한 공기의 양은?

① 112Sm³ ② 123Sm³
③ 293Sm³ ④ 587Sm³

해설

$C_3H_8 + 5O_2 \rightarrow 3CO_2 + 4H_2O$

44kg(분자량) : 5×22.4Sm³ = 22kg(연소량) : x

- 이론산소량 $x = \dfrac{22}{44} \times 5 \times 22.4 = 56$Sm³

- 이론공기량 = $\dfrac{\text{이론산소량}}{0.21} = \dfrac{56 \text{Sm}^3}{0.21} ≒ 266.67$Sm³

∴ 실제공기량 = 공기비 × 이론공기량
= 1.1(10% 과잉공기비) × 266.67Sm³
≒ 293Sm³

14 질소산화물의 발생을 억제하는 연소방법이 아닌 것은?

① 저과잉공기비 연소법
② 고온 연소법
③ 2단 연소법
④ 배기가스 재순환법

해설

질소산화물은 고온상태에서 발생하기 쉬우므로 연소온도를 낮추어야 한다.

질소산화물의 발생을 억제하는 방법
- 저과잉공기 연소
- 연소용 공기온도 저하
- 배기가스 재순환(FGR)
- 단계적 연소

15 다음 중 선택적인 촉매환원법으로 질소산화물을 처리할 때 사용되는 환원제로 가장 적합한 것은?

① 수산화칼슘
② 암모니아
③ 염화수소
④ 플루오린화수소

해설

선택적 촉매환원법(SCR) 환원제
- 암모니아(NH_3)
- 일산화탄소(CO)
- 탄화수소(HC)

16 황(S) 성분이 1%인 중유를 10t/h로 연소하는 보일러에서 발생하는 배출가스 중 SO_2를 $CaCO_3$로 완전 탈황하는 경우 이론상 필요한 $CaCO_3$의 양은? (단, 중유의 S는 모두 SO_2로 배출되며, $CaCO_3$ 분자량 : 100)

① 약 0.9t/h
② 약 0.6t/h
③ 약 0.3t/h
④ 약 0.1t/h

해설

$S + O_2 \rightarrow SO_2 + \dfrac{1}{2}O_2 + CaCO_3 \rightarrow CaSO_4 + CO_2$

- 황의 분자량 = 32g/mol
- $CaCO_3$의 분자량 = 100g/mol
- 황(S) 성분이 1%이므로, 0.01 × 10t/h = 0.1t/h
  필요한 $CaCO_3$의 양(x)은 다음과 같다.
  32g/mol : 100g/mol = 0.1t/h : x

∴ $x = \dfrac{0.1\text{t/h} \times 100\text{g/mol}}{32\text{g/mol}} = 0.3125$t/h

정답 13 ③ 14 ② 15 ② 16 ③

17 다음 중 비점오염원에 해당하는 것은?

① 농경지 배수
② 폐수처리장 방류수
③ 축산폐수
④ 공장의 산업폐수

해설
배출형태에 따른 오염원의 분류
- 점오염원 : 오염물질이 지도상의 한 점에서 배출되는 것이다(예 생활하수, 축산폐수, 산업폐수).
- 비점오염원 : 도시, 도로, 농지, 산지, 공사장 등 불특정 장소에서 면적 단위로 수질오염물질이 배출되는 배출원이다(예 농경지 배수).

18 다음 ( ) 안에 가장 적합한 수질오염물질은?

물속에 있는 ( )의 대부분은 산업폐기물과 광산폐기물에서 유입된 것이며, 아연정련업, 도금공업, 화학공업(염료, 촉매, 염화비닐 안정제), 기계제품제조업(자동차부품, 스프링, 항공기) 등에서 배출된다. 그 처리법으로 응집침전법, 부상분리법, 여과법, 흡착법 등이 있다.

① 수 은
② 페 놀
③ PCB
④ 카드뮴

해설
① 수은 : 제련소 및 매립지, 농작지에서 유출되며 이온교환, 응집·침전, 역삼투막으로 처리한다.
② 페놀 : 아스팔트포장도로 등에서 배출되며 활성탄으로 처리한다.
③ PCB : 전기제품 생산공장, 화학공장, 식품공장, 제지공장 등에서 배출되며 방사선 분해법, 자외선 분해법, 열 분해법, 미생물 분해법, 흡착법 등으로 처리한다.

19 하천이 유기물로 오염되었을 경우 자정과정을 오염원으로부터 하천 유하거리에 따라 분해지대, 활발한 분해지대, 회복지대, 정수지대의 4단계로 구분한다. 다음과 같은 특성을 나타내는 단계는?

- 용존산소의 농도가 아주 낮거나 때로는 거의 없어 부패 상태에 도달하게 된다.
- 이 지대의 색은 짙은 회색을 나타내고, 암모니아나 황화수소에 의해 썩은 달걀 냄새가 나며 흑색과 점성질이 있는 퇴적물질이 생기고 기포 방울이 수면으로 떠오른다.
- 혐기성 분해가 진행되어 수중의 탄산가스 농도나 암모니아성 질소의 농도가 증가한다.

① 분해지대
② 활발한 분해지대
③ 회복지대
④ 정수지대

해설
활발한 분해지대에 관한 설명이다.
① 분해지대 : 화학, 물리적인 반응이 저하되며, 오염에 약한 고등동물은 오염에 강한 곰팡이류인 미생물에 의해서 교체되어 번식한다.
③ 회복지대 : 물이 차차 깨끗해지며, 용존산소의 농도는 증가한다.
④ 정수지대 : 물이 오염되지 않은 자정수처럼 깨끗해 보이며, 용존산소량도 많아서 오염된 물속에서 살 수 없었던 동식물이 번식한다.

20 1M H_2SO_4 10mL를 1M NaOH로 중화할 때 소요되는 NaOH의 양은?

① 5mL
② 10mL
③ 15mL
④ 20mL

해설
중화적정 공식
$NV = N'V'$
여기서, N, N' : 노말농도
V, V' : 부피
H_2SO_4는 2가이므로 노말농도(N) = 1M × 2 = 2N
NaOH는 1가이므로 노말농도(N') = 1N
$2 \times 10 = 1 \times V'$
∴ $V' = 20mL$
※ $H_2SO_4 \rightarrow 2H^+ + SO_4^{2-}$: 2가 물질
NaOH $\rightarrow Na^+ + OH^-$: 1가 물질
→ 해리되었을 때 수소이온과 염기이온의 수에 따라 1가, 2가 물질로 결정된다.

정답 17 ① 18 ④ 19 ② 20 ④

21 다음 중 6가크로뮴(Cr^{6+}) 함유 폐수를 처리하기 위한 가장 적합한 방법은?

① 아말감법
② 환원침전법
③ 오존산화법
④ 충격법

해설
6가크로뮴 처리계통도(환원침전법)
환원(3가크로뮴화) → 중화(NaOH 주입) → 침전(pH 8~11 범위) 후 제거

22 플루오린 제거를 위하여 가장 많이 이용되는 폐수 처리 방법은?

① 화학침전
② 물리침전
③ 생물침전
④ 자연침전

해설
플루오린 처리방법(화학침전)
플루오린 함유 폐수에 과량의 소석회를 투입하여 pH를 10 이상으로 올린 후 인산을 첨가하여 플루오린 제거효율을 높인다. 충분히 교반시켜 반응을 완료시킨 후 황산이나 염산으로 중화해 응집침전시키는 화학적 방법을 가장 많이 사용한다.

23 하·폐수처리공정 중 활성탄의 일반적인 용도로 가장 거리가 먼 것은?

① 응집, 침전한 후 색깔의 제거
② 다량의 기름 제거
③ 냄새가 나는 물의 탈취
④ 하수 중의 미량 중금속의 제거

해설
활성탄은 강력한 흡착력을 이용하여 하·폐수의 냄새, 맛, 색도, 미량의 탁질 및 COD, THM 등을 제거하는 데 사용된다.
※ 기름 제거는 부상법을 활용한다.

24 생물학적 처리방법에 관한 설명으로 옳지 않은 것은?

① 주로 유기성 폐수의 처리에 적용한다.
② 미생물을 이용한 처리방법으로 호기성 처리방법에는 부패조 등이 있다.
③ 살수여상은 부착성장식 생물학적 처리공법이다.
④ 산화지는 자연에 의하여 처리하기 때문에 활성슬러지법에 비해 적정처리가 어렵다.

해설
생물학적 처리방법에는 호기성 처리방법과 혐기성 처리방법이 있다. 호기성 처리방법은 활성슬러지법, 살수여상법, 산화지법이 있고, 혐기성 처리방법은 부패조 등이 있다.

25 회전원판 접촉법과 가장 관계가 먼 것은?

① 호기성 처리
② 고밀도 폴리에틸렌
③ 폭기기
④ 생물학적 처리

해설
회전원판 접촉법은 폭기장치(산소 공급장치)가 필요 없다.

26 탈산소계수가 0.1/d인 어느 유기물질의 BOD_5가 200ppm이었다. 2일 후에 남아 있는 BOD는?(단, 상용대수 적용)

① 192.3mg/L
② 189.4mg/L
③ 184.6mg/L
④ 179.3mg/L

해설
$BOD_5 = BOD_u(1-10^{-k \times t})$
여기서, BOD_5 : 5일 후 BOD값
　　　　BOD_u : 최종 BOD값
　　　　k : 탈산소계수
　　　　t : 시간
$200ppm = BOD_u \times (1-10^{-0.1 \times 5})$
$BOD_u = \dfrac{200}{1-10^{-0.5}} \fallingdotseq 292.5ppm$
2일 후에 남아 있는 BOD값은 잔존공식을 이용한다.
$BOD_2 = BOD_u \times (10^{-k \times t}) = 292.5 \times (10^{-0.1 \times 2})$
　　　$\fallingdotseq 184.6ppm(=mg/L)$
※ 소비공식 $BOD_5 = BOD_u(1-10^{-k \times t})$
　　잔존공식 $BOD_5 = BOD_u(10^{-k \times t})$

27 수질오염공정시험기준상 따로 규정이 없는 한 감압 또는 진공의 기준으로 옳은 것은?

① 5mmHg 이하
② 10mmHg 이하
③ 15mmHg 이하
④ 20mmHg 이하

해설
ES 04000.d 총칙(관련 용어의 정의)
'감압 또는 진공'이라 함은 따로 규정이 없는 한 15mmHg 이하를 뜻한다.

28 다음 오염물질 함유 폐수 중 알칼리 조건하에서 염소처리(산화)가 필요한 것은?

① 시안(CN)
② 알루미늄(Al)
③ 6가크로뮴(Cr^{6+})
④ 아연(Zn)

해설
시안(CN) 함유 폐수에서 가장 일반적인 방법은 알칼리염소법이다. 알칼리염소법은 시안을 함유한 폐수를 알칼리성으로 하고 차아염소산이나 염소 등의 산화제를 이용하여 시안을 산화시키는 방법이다.

29 수질관리를 위해 대장균군을 측정하는 주목적으로 가장 타당한 것은?

① 유기물질의 오염농도를 측정하기 위하여
② 수질의 미생물 성장 가능 여부를 알기 위하여
③ 공장폐수의 유입 여부를 알기 위하여
④ 다른 수인성 병원균의 존재 가능성을 알기 위하여

> **해설**
> 대장균 자체는 아무런 해가 없으나, 사람이나 가축의 대장에 서식하는 균의 유무를 통해 다른 수인성 병원균의 존재 가능성을 추측할 수 있다. 이러한 미생물을 지표미생물이라 한다.

30 개방유로의 유량측정에 주로 사용되는 것으로서 일정한 수위와 유속을 유지하기 위해 침사지의 폐수가 배출되는 출구에 설치하는 장치는?

① 그릿(Grit)
② 스크린(Screen)
③ 배출관(Out-flow Tube)
④ 위어(Weir)

> **해설**
> 폐수처리 장치
> ④ 위어(Weir) : 침전지 내 슬러지 배출관이다.
> ① 그릿(Grit) : 폐수장에서 제거되는 무기물, 유기물이다.
> ② 스크린(Screen) : 오염물질을 스크린의 크기에 따라 거르는 장치이다.
> ③ 배출관(Out-flow Tube) : 폐수 내 큰 부유물이나 부상물을 제거하기 위해 설치하는 장치이다.

31 상수처리에서 완속여과법과 비교한 급속여과법의 특징으로 가장 거리가 먼 것은?

① 실트, 조류, 금속산화물 등의 현탁물 외에 점토, 세균, 바이러스, 색도성분 등의 콜로이드성분이 제거 가능하나 용해성분인 암모니아성 질소, 페놀류, 냄새성분 등에 대해서는 제거효율이 낮다.
② 여과속도에 따라 120~150m/day의 표준여과 및 200~300m/day 이상의 고속여과로 구분할 수 있다.
③ 잔류염소를 포함하지 않는 물을 여과하는 경우, 수온이 높은 시기에는 여재 표면에 증식한 미생물의 활동에 의해 암모니아성 질소 등의 용해성분 일부가 제거되는 경우도 있다.
④ 여과 시 손실수두가 작고, 원칙적으로 약품을 사용하지 않고 처리하는 방법이다.

> **해설**
> 급속여과법은 여과 시 손실수두가 크고, 약품(응집제)을 사용해 물을 정화하는 방법이다.

32 1mM의 수산화칼슘이 녹아 있는 수용액의 pH는 얼마인가?(단, 수산화칼슘은 완전해리한다)

① 2.7
② 4.5
③ 9.5
④ 11.3

> **해설**
> 1mM Ca(OH)$_2$ → 10^{-3}M Ca(OH)$_2$ → 10^{-3}mol/L Ca(OH)$_2$
> Ca(OH)$_2$ → Ca^{2+} + 2OH$^-$
> 1M : 2M
> 10^{-3}M : 2×10^{-3}M = [OH$^-$]
> ∴ pH = 14 + log[OH$^-$] = 14 + log(2×10^{-3}) ≒ 11.3

33. 다음은 미생물의 성장단계에 관한 설명이다. ( ) 안에 들어갈 알맞은 용어는?

> ( )란 일정한 양의 에너지와 영양분이 한 번만 주어지는 회분식 배양에서 접종 전 배양 말기의 불리한 조건에서 대사산물이나 효소가 고갈된 접종세포가 새로운 환경에 적응할 때까지의 소요기간을 말한다.

① 내생호흡기
② 지체기
③ 감소성장기
④ 대수성장기

해설
미생물은 지체기 → 대수성장기 → 감소성장기 → 내생호흡기의 단계를 거친다.
- 지체기(The Lag Phase) : 접종한 미생물이 배양액의 환경에 적응하여 분열을 시작하기까지 걸리는 시간이다.
- 대수성장기(The Log-growth Phase) : 미생물이 급격히 증식하는 단계이다.
- 감소성장기(The Stationary Phase) : 세포 성장에 필요한 기질과 영양소 소비가 끝나고 오래된 세포의 사멸률이 세포성장률보다 높아지는 단계이다.
- 내생호흡기(The Log-death Phase) : 내생단계로 기질과 영양소 소비가 없어 세포의 자산화가 일어나는 단계이다.

35. 생물학적 원리를 이용한 하·폐수고도처리공법 중 A/O 공법의 일반적인 공정 순서로 가장 적합한 것은?

① 혐기조 → 호기조 → 침전지
② 무산소조 → 호기조 → 무산소조 → 재포기조 → 침전지
③ 호기조 → 무산소조 → 침전지
④ 혐기조 → 무산소조 → 호기조 → 무산소조 → 침전지

해설
A/O 공법 : 혐기조 → 호기조 → 침전지로 구성된 대표적인 인(P) 제거 공정으로, 생물학적 처리법이다.

34. 폐수처리에 이용되는 미생물의 구분 중 다음 ( ) 안에 가장 적합한 용어는?

> 미생물은 산소의 섭취 유무에 따라 분류하기도 하는데, ( ) 미생물은 용존산소가 아닌 SO_4^{2-}, NO_3^- 등과 같은 산화물을 용존산소로 섭취하기 때문에 그 결과 황화수소, 암모니아, 질소 등을 발생시킨다.

① 자산성
② 호기성
③ 혐기성
④ 통기성

해설
미생물은 산소가 있는 곳에서 생장하는 호기성 미생물과 산소가 없는 곳에서도 생장할 수 있는 혐기성 미생물로 구분한다.
※ 호기성 : 산소를 좋아하는 성질
혐기성 : 산소를 싫어하는 성질

36. 다음 중 유기성 폐기물의 퇴비화 특성으로 가장 거리가 먼 것은?

① 생산된 퇴비는 비료가치가 높으며, 퇴비 완성 시 부피감소율이 70% 이상으로 큰 편이다.
② 초기 시설투자비가 낮고, 운영 시 소요에너지도 낮은 편이다.
③ 다른 폐기물 처리기술에 비해 고도의 기술수준이 요구되지 않는다.
④ 퇴비제품의 품질표준화가 어렵고, 부지가 많이 필요한 편이다.

해설
① 생산된 퇴비는 비료가치가 낮으며, 퇴비 완성 시 부피감소율이 50% 이하로 크지 않은 편이다.

정답 33 ② 34 ③ 35 ① 36 ①

37 분뇨의 특성으로 옳지 않은 것은?

① 분뇨는 연중 배출량 및 특성변화 없이 일정하다.
② 분뇨는 대량의 유기물을 함유하고 점도가 높다.
③ 분뇨에 포함되어 있는 질소화합물은 소화 시 소화조 내의 pH 강하를 막아 준다.
④ 분뇨는 도시하수에 비해 고형물 함유도가 높다.

해설
분뇨의 특성
- 다량의 유기물을 함유하고 있다.
- pH는 중성~약알칼리성(8~9) 범위이다.
- 고액분리가 어려워 처리가 곤란하다.
- 계절에 따른 배출량 변화가 심하다.

38 폐기물을 압축시켰을 때 부피감소율이 75%이었다면, 압축비는?

① 1.5   ② 2.0
③ 2.5   ④ 4.0

해설
$$압축비 = \frac{압축\ 전\ 부피(V_1)}{압축\ 후\ 부피(V_2)} = \frac{100}{100-75} = 4$$

39 폐기물 재활용 고형연료(RDF)의 구비조건으로 거리가 먼 것은?

① 칼로리가 높을 것
② 함수율이 높을 것
③ 재의 양이 적을 것
④ 조성이 균일할 것

해설
폐기물 재활용 고형연료(RDF ; Refuse Derived Fuel)의 구비조건
- 함수율이 낮을 것
- 고열량일 것
- 대기오염이 적을 것
- 균일한 성분 배합률을 지닐 것

40 A도시지역의 쓰레기 수거량은 1,792,500t/년이다. 이 쓰레기를 1,363명이 수거한다면 수거능력(MHT)은?(단, 1일 작업시간은 8시간, 1년 작업일수는 310이다)

① 1.45   ② 1.77
③ 1.89   ④ 1.96

해설
$$MHT = \frac{작업인부 \times 작업시간}{쓰레기\ 수거량} = \frac{1,363 \times 8 \times 310}{1,792,500}$$
$$\fallingdotseq 1.89MHT$$

41 일정기간 동안 특정 지역의 쓰레기 수거차량의 대수를 조사하여 이 값에 쓰레기의 밀도를 곱하여 중량으로 환산하여 쓰레기 발생량을 산출하는 방법은?

① 경향법
② 직접계근법
③ 물질수지법
④ 적재차량 계수분석법

해설

폐기물 발생량 조사방법

- 적재차량 계수분석법 : 조사된 차량의 대수에 폐기물의 겉보기 비중을 보정하여 중량으로 환산하여 발생량을 산출하는 방법이다.
- 직접계근법 : 차량의 무게를 직접 잰 후 발생량을 산정하는 방법이다.
- 물질수지법 : 원료물질의 유입과 생산물질의 유출관계를 근거로 발생량을 산정하는 방법이다.

42 인구 30만명인 도시에서 1인당 쓰레기 발생량이 1.2kg/일이라고 한다. 적재용량이 15m³인 트럭으로 이 쓰레기를 매일 수거하려고 할 때, 필요한 트럭의 수는?(단, 쓰레기 평균밀도는 550kg/m³)

① 31
② 36
③ 39
④ 44

해설

$$운반\ 차량 = \frac{쓰레기\ 발생량}{적재용량}$$

$$= \frac{(300,000인 \times 1.2kg/인 \cdot d)/(550kg/m^3)}{15m^3/대}$$

$$≒ 43.6$$
$$≒ 44대$$

43 용존산소가 충분한 조건의 수중에서 미생물에 의한 단백질 분해 순서를 올바르게 나타낸 것은?

① $NO_3^- \rightarrow NO_2^- \rightarrow NH_4^+ \rightarrow$ Amino Acid
② $NH_4^+ \rightarrow NO_2^- \rightarrow NO_3^- \rightarrow$ Amino Acid
③ Amino Acid $\rightarrow NO_3^- \rightarrow NO_2^- \rightarrow NH_4^+$
④ Amino Acid $\rightarrow NH_4^+ \rightarrow NO_2^- \rightarrow NO_3^-$

해설

호기성 상태의 유기물(단백질) 분해 순서

단백질 → 아미노산(Amino Acid) → 암모늄(NH_4^+) → 질산화 과정($NO_2^- \rightarrow NO_3^-$)

※ 탈질화 과정 : 혐기성 상태에서 질산성 질소(NO_3^-)가 질소 기체(N_2)로 환원되는 과정이다.

44 펜톤(Fenton) 산화반응에 대한 설명으로 옳은 것은?

① 황화수소 난분해성 유기물질 산화
② 오존의 난분해성 유기물질 산화
③ 과산화수소의 난분해성 유기물질 산화
④ 아질산의 난분해성 유기물질 산화

해설

Fenton 산화반응은 OH 라디칼(Radical)에 의한 산화반응으로 난분해성 물질을 제거할 수 있는 방법이다. Fenton 시약으로 과산화수소(30~35%)와 황산철(Ⅱ)을 주입하고 계속 교반하면서 산화시킨다.

45 혐기성 소화방법으로 쓰레기를 처분하려고 한다. 연료로 쓰일 수 있는 가스를 많이 얻으려면, 다음 중 어떤 성분이 특히 많아야 유리한가?

① 질 소
② 탄 소
③ 산 소
④ 인

해설
연료로 쓰일 수 있는 가스성분은 메탄(CH_4)이므로 탄소 성분이 많아야 유리하다.

46 다음 그림은 폐기물을 매립한 후 발생하는 생성가스의 농도 변화를 단계적으로 나타낸 것이다. 유기물이 효소에 의해 발효되는 '혐기성 비메탄' 단계는?

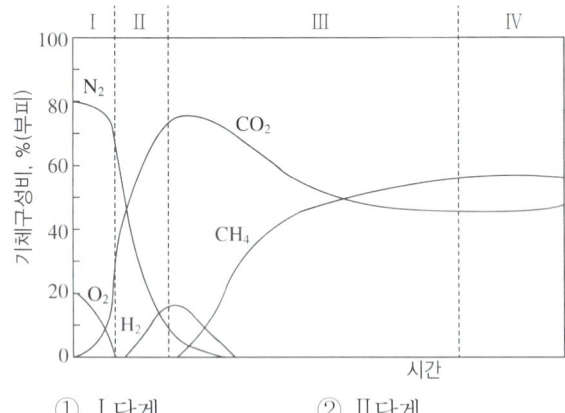

① Ⅰ단계
② Ⅱ단계
③ Ⅲ단계
④ Ⅳ단계

해설
폐기물 매립가스 생성단계
- Ⅰ단계 : 호기성 단계로 호기성 미생물에 의해 분해가 일어난다.
- Ⅱ단계 : 혐기성 비메탄 단계로 메탄 생성균이 아직 활성화되지 않았다.
- Ⅲ단계 : 메탄생성 축적단계로 본격적인 메탄 생성균에 의해 유기물 분해가 시작된다.
- Ⅳ단계 : 정상적인 혐기성 단계로 반응이 거의 안정화되어 정상적인 혐기성 분해가 이루어진다.

47 다음 재활용시설 중 생물학적 재활용시설은?

① 고형화시설
② 고화시설
③ 버섯재배시설
④ 건조시설

해설
①·② 화학적 재활용시설
④ 기계적 재활용시설

48 다음 중 덮개시설에 관한 설명으로 옳지 않은 것은?

① 당일복토는 매립 작업 종료 후에 매일 실시한다.
② 셀(Cell) 방식의 매립에서는 상부면의 노출기간이 7일 이상이므로 당일복토는 주로 사면부에 두께 15cm 이상으로 실시한다.
③ 당일복토재로 사질토를 사용하면 압축작업이 쉽고 통기성은 좋으나 악취 발산의 가능성이 커진다.
④ 중간복토의 두께는 15cm 이상으로 하고, 우수배제를 위해 중간복토층은 최소 0.5% 이상의 경사를 둔다.

해설
④ 중간복토의 두께는 30cm 이상으로 하고, 우수배제를 위해 중간복토층은 최소 2% 이상의 경사를 둔다.

49 매립지의 복토기능으로 거리가 먼 것은?

① 화재 발생 방지
② 우수의 이동 및 침투 방지로 침출수량 최소화
③ 유해가스 이동성 향상
④ 매립지의 압축효과에 따른 부등침하의 최소화

해설
유해가스 이동성을 억제한다.

50 매립지역 선정 시 고려사항으로 옳지 않은 것은?

① 매몰 후 덮을 수 있는 충분한 흙이 있어야 하며, 점토의 용이성 등 흙의 성질을 고려해야 한다.
② 용지 매수가 쉽고 경제적이어야 한다.
③ 입지 선정 후에 야기될 주민들의 반응도 고려한다.
④ 지하수 침투를 용이하게 하기 위해 낮은 지역으로 선정한다.

해설
매립지는 지하수 침투를 받지 않는 높은 지역이 좋다.

51 다음은 폐기물 매립처분시설 중 어떤 시설에 해당하는가?

- 악취, 쓰레기의 비산, 해충 및 야생동물의 번식, 화재 등을 방지하기 위해 설치한다.
- 쓰레기의 매립 및 다짐 작업에 필요할 뿐만 아니라 우수의 침투를 방지하는 효과가 있어 침출수 발생량을 감소시키는 역할도 한다.
- 이 시설은 매일복토, 중간복토, 최종복토로 나눈다.

① 차수시설
② 덮개시설
③ 저류 구조물
④ 우수 집배수시설

52 소형 차량으로 수거한 쓰레기를 대형 차량으로 옮겨 운반하기 위해 마련하는 적환장의 위치로 적합하지 않은 곳은?

① 주요 간선도로에 인접한 곳
② 수송 측면에서 가장 경제적인 곳
③ 공중위생 및 환경 피해가 최소인 곳
④ 가능한 한 수거지역에서 멀리 떨어진 곳

해설
④ 가능한 한 수거지역에서 가까운 곳으로 정한다.

정답 49 ③ 50 ④ 51 ② 52 ④

53 400,000명이 거주하는 A지역에서 일주일 동안 8,000m^{3}의 쓰레기를 수거하였다. 이 지역의 쓰레기 발생원 단위가 1.37kg/인 · 일이면, 쓰레기의 밀도(t/m^3)는?

① 0.28
② 0.38
③ 0.48
④ 0.58

해설

1주일 쓰레기 발생량 $= 400{,}000$인 $\times 1.37$kg/인 · 일 $\times 7$일
$= 3{,}836{,}000\text{kg} = 3{,}836\text{t}$

$$\therefore \text{쓰레기의 밀도} = \frac{\text{발생량(t)}}{\text{쓰레기 수거량}(\text{m}^3)} = \frac{3{,}836}{8{,}000} \fallingdotseq 0.48\text{t/m}^3$$

54 압축비 1.67로 쓰레기를 압축하였다면 압축 전과 압축 후의 체적감소율은 몇 %인가?(단, 압축비는 V_i / V_f 이다)

① 30%
② 40%
③ 50%
④ 60%

해설

$$\text{체적감소율} = \left(1 - \frac{1}{\text{압축비}}\right) \times 100 = \left(1 - \frac{1}{1.67}\right) \times 100 \fallingdotseq 40\%$$

55 다음은 파쇄기의 특성에 관한 설명이다. ( ) 안에 들어갈 용어로 가장 적합한 것은?

> ( )는 기계의 압착력을 이용하여 파쇄하는 장치로 나무나 플라스틱류, 콘크리트덩이, 건축폐기물의 파쇄에 이용되며, Rotary Mill식, Impact Crusher 등이 있다.
> 이 파쇄기는 마모가 적고, 비용이 적게 소요되는 장점이 있으나 금속, 고무, 연질플라스틱류를 파쇄하기는 어렵다.

① 전단파쇄기
② 압축파쇄기
③ 충격파쇄기
④ 컨베이어파쇄기

56 음의 회절에 관한 설명으로 옳지 않은 것은?

① 회절하는 정도는 파장에 반비례한다.
② 슬릿의 폭이 좁을수록 회절하는 정도가 크다.
③ 장애물 뒤쪽으로 음이 전파되는 현상이다.
④ 장애물이 작을수록 회절이 잘된다.

해설

회절현상은 파장에 비례한다.

53 ③ 54 ② 55 ② 56 ① **정답**

57 가속도 진폭의 최댓값이 0.01m/s²인 정현진동의 진동가속도 레벨은?(단, 기준 10^{-5}m/s²)

① 28dB　　② 30dB
③ 57dB　　④ 60dB

해설

$VAL = 20\log\left(\dfrac{a}{a_0}\right)[dB]$

여기서, VAL : 진동가속도레벨(Vibration Acceleration Level)
　　　a : 측정대상 진동의 가속도 실효치(= 가속도 진폭/$\sqrt{2}$)
　　　a_0 : 진동가속도레벨의 기준치(10^{-5}m/s²)

$a = \dfrac{0.01\text{m/s}^2}{\sqrt{2}} ≒ 0.00707\text{m/s}^2$

∴ $VAL = 20\log\left(\dfrac{0.00707}{10^{-5}}\right) ≒ 57\text{dB}$

---

58 소음의 영향에 대한 설명으로 옳지 않은 것은?

① 노인성 난청은 고주파음(6,000Hz)에서부터 난청이 시작된다.
② 영구적 청력손실은 4,000Hz 정도에서부터 난청이 시작된다.
③ 가축의 산란율, 부화율, 우유량 등의 저하를 유발시킨다.
④ 신체적으로 혈당도, 혈중 백혈구 수, 혈중 아드레날린 등을 저하시킨다.

해설

소음의 신체적 영향
• 순환계 : 혈압 상승, 맥박 증가, 말초혈관 수축
• 호흡기계 : 호흡횟수 증가, 호흡의 깊이 감소
• 소화기계 : 타액 분비량 증가, 위액 산도 저하, 위 수축운동의 감퇴
• 혈액 : 혈당도 상승, 혈중 백혈구 수 증가, 혈중 아드레날린 증가

---

59 한 대 통과 시 소음도가 77dB(A)인 자동차가 동시에 두 대 지나가면 소음도[dB(A)]는?

① 80　　② 82
③ 83　　④ 84

해설

합성소음레벨 공식
$L = 10\log(10^{L_1/10} + 10^{L_2/10} + \cdots + 10^{L_n/10})$

여기서, L : 합성소음레벨
　　　L_1, L_2, L_n : 각 소음 발생원의 소음레벨

소음원이 2개이므로
∴ $L = 10\log(10^{77/10} + 10^{77/10}) ≒ 80\text{dB(A)}$

---

60 방음대책을 음원대책과 전파경로대책으로 구분할 때, 다음 중 전파경로대책에 해당하는 것은?

① 강제력 저감
② 방사율 저감
③ 파동의 차단
④ 지향성 변환

해설

방음대책
• 음원대책 : 발생원의 저소음화, 발생원인 제거, 차음, 방진, 제진
• 전파경로대책 : 거리감쇠, 차폐효과, 방음벽 설치(흡음), 지향성 변환

정답　57 ③　58 ④　59 ①　60 ④

2022년 제2회 과년도 기출복원문제

01 연료의 완전연소 조건으로 가장 거리가 먼 것은?

① 공기(산소)의 공급이 충분해야 한다.
② 공기와 연료의 혼합이 잘 되어야 한다.
③ 연소실 내의 온도를 가능한 한 낮게 유지해야 한다.
④ 연소를 위한 체류시간이 충분해야 한다.

해설
연소실의 온도가 낮으면 불완전 연소에 의해 CO, HC 등이 발생한다.

02 다음 중 후드(Hood)를 이용하여 오염물질을 효율적으로 흡인하는 요령으로 거리가 먼 것은?

① 발생원에 후드를 가급적으로 접근시킨다.
② 국부적인 흡인방식으로 주발생원을 대상으로 한다.
③ 후드의 개구면적을 가급적으로 넓게 한다.
④ 충분한 포착속도를 유지한다.

해설
후드의 개구면적을 좁게 하여 흡인속도를 크게 한다.

03 전기집진장치에 관한 설명으로 옳지 않은 것은?

① 관성력집진장치에 비해 집진효율이 높다.
② 압력손실이 커서 동력비가 많이 소요된다.
③ 약 350℃ 정도의 고온가스를 처리할 수 있다.
④ 전압변동과 같은 조건변동에 쉽게 적응하기 어렵다.

해설
전기집진장치는 압력손실이 작으므로(10~20mmAq), 팬(Fan)의 동력비가 작아 운전 유지비가 적게 든다.

04 대기오염물질과 주요 발생원의 연결로 가장 적합한 것은?

① 납 - 비료 및 암모니아 제조공업
② 수은 - 알루미늄공업, 유리공업
③ 벤젠 - 석유 정제, 포르말린 제조
④ 브로민 - 석면 제조, 니켈광산

해설
① 자동차 축전지 제조, 페인트공장
② 도금공장, 농약 제조공장
④ 염료공정, 의약 제조, 농약 제조

05 연소 시 연소온도를 높일 수 있는 조건으로 가장 거리가 먼 것은?

① 완전연소시킨다.
② 연소용 공기를 예열한다.
③ 과잉공기량을 많게 한다.
④ 발열량이 높은 연료를 사용한다.

해설
과잉공기량이 지나치게 많으면 연소실의 온도가 저하된다.

정답 1 ③ 2 ③ 3 ② 4 ③ 5 ③

06 다음 설명하는 장치분석법에 해당하는 것은?

> 이 법은 기체시료 또는 기화한 액체나 고체시료를 운반가스(Carrier Gas)에 의하여 분리 후 관 내에 전개시켜 기체상태에서 분리되는 각 성분을 크로마토그래프로 분석하는 방법으로, 무기물 또는 유기물의 대기오염물질에 대한 정성, 정량분석에 이용한다.

① 자외선/가시선 분광법
② 원자흡수분광광도법
③ 기체크로마토그래피
④ 비분산적외선분광분석법

해설
ES 01201.a 기체크로마토그래피에 관한 설명이다.

07 효율 90%인 전기 집진기를 효율 99.9%가 되도록 개조하고자 한다. 개조 전보다 집진극의 면적을 몇 배로 늘려야 하는가?

(단, Deutsch-Anderson식 $\eta = 1 - \exp\left(-\dfrac{AW_e}{Q}\right)$을 적용하고, 기타 조건은 고려하지 않는다)

① 2배   ② 3배
③ 6배   ④ 9배

해설
• 개조 전 면적(A_1)
$\eta = 1 - e^{\left(-\dfrac{A_1 W_e}{Q}\right)}$
$0.9 = 1 - e^{-A_1}$
$e^{-A_1} = 0.1$
$A_1 = 2.3$

• 개조 후 면적(A_2)
$\eta = 1 - e^{\left(-\dfrac{A_2 W_e}{Q}\right)}$
$0.999 = 1 - e^{-A_2}$
$e^{-A_2} = 0.001$
$A_2 = 6.9$

$\therefore \dfrac{A_2}{A_1} = \dfrac{6.9}{2.3} = 3배$

08 일반적으로 배기가스의 입구처리 가스속도가 증가하면 제거효율이 커지며, 블로다운효과와 관련된 집진장치는?

① 중력집진장치
② 원심력집진장치
③ 전기집진장치
④ 여과집진장치

해설
블로다운(Blow Down)은 원심력집진장치의 집진율을 높이기 위한 방법이다.

09 사이클론으로 100% 집진할 수 있는 최소 입경을 의미하는 것은?

① 절단입경
② 기하학적 입경
③ 임계입경
④ 유체역학적 입경

해설
임계직경(한계입경, 최소 제거입경) : 사이클론으로 100% 제거할 수 있는 직경
※ 절단입경(Cut Size) : 사이클론으로 50% 제거할 수 있는 직경

10 다음 오염물질 중 '알루미늄공업, 요업, 인산비료공업, 유리공업' 등이 주요 배출 관련 업종인 것은?

① NH_3 ② HF
③ Cd   ④ Pb

해설
① 화학비료 제조, 도금공장, 냉동공장, 표백공정, 나일론 제조공정
③ 아연정련, 카드뮴 축전지, 전기도금, 페인트, 살충제 제조
④ 건전지 제조, 인쇄공업, 페인트, 농약

정답 6 ③ 7 ② 8 ② 9 ③ 10 ②

11 연소조절에 의한 NO_x 발생의 억제방법으로 옳지 않은 것은?

① 2단 연소를 실시한다.
② 과잉공기량을 삭감시켜 운전한다.
③ 배기가스를 재순환시킨다.
④ 부분적인 고온영역을 만들어 연소효율을 높인다.

해설
질소산화물(NO_x)은 고온상태에서 발생하기 쉬우므로 연소온도를 낮추어야 한다.
질소산화물의 발생을 억제하는 방법
- 저과잉공기 연소
- 연소용 공기온도 저하
- 배기가스 재순환(FGR)
- 단계적 연소

12 집진율이 각각 90%와 98%인 두 개의 집진장치를 직렬로 연결하였다. 1차 집진장치 입구의 먼지농도가 $5.9g/m^3$일 경우, 2차 집진장치 출구에서 배출되는 먼지 농도는?

① $11.8mg/m^3$
② $15.7mg/m^3$
③ $18.3mg/m^3$
④ $21.1mg/m^3$

해설
$\eta_t = 1-(1-\eta_1)(1-\eta_2) = 1-(1-0.9)(1-0.98) = 0.998$
$= \left(1 - \dfrac{C_o}{C_i}\right)$
$0.998 = \left(1 - \dfrac{C_o}{5.9}\right)$
$\therefore C_o = 5.9 \times (1-0.998) = 0.0118 g/m^3 = 11.8 mg/m^3$
여기서, η_t : 총집진율
η_1 : 1차 집진율
η_2 : 2차 집진율
C_o : 출구배출농도(g/m^3)
C_i : 입구유입농도(g/m^3)

13 섭씨온도 25℃는 절대온도로 몇 K인가?

① 25K
② 45K
③ 273K
④ 298K

해설
절대온도(K) = 섭씨온도(℃) + 273 = 25 + 273 = 298K

14 건조한 대기의 구성성분 중 질소, 산소 다음으로 많은 부피를 차지하고 있는 것은?

① 아르곤
② 이산화탄소
③ 네 온
④ 오 존

해설
건조대기의 구성비율
질소(78%) > 산소(21%) > 아르곤(0.934%) > 이산화탄소(0.033%) > 네온(Ne), 헬륨(He), 제논(Xe)

15 집진장치에 관한 설명으로 옳은 것은?

① 사이클론은 여과집진장치에 해당된다.
② 중력집진장치는 고효율 집진장치에 해당된다.
③ 여과집진장치는 수분이 많은 먼지 처리에 적합하다.
④ 여과집진장치는 코로나 방전을 이용하여 집진하는 장치이다.

해설
① 사이클론은 원심력집진장치에 해당된다.
② 중력집진장치는 대표적인 저효율 집진장치에 해당된다.
③ 여과집진장치는 건조한 먼지 처리에 적합하다.

정답 11 ④ 12 ① 13 ④ 14 ① 15 ④

16 활성슬러지법의 운전조건 중 F/M비(kg BOD/kg MLSS·일)는 얼마로 유지하는 것이 가장 적합한가?

① 200~400   ② 20~40
③ 2~4   ④ 0.2~0.4

해설
활성슬러지법의 운전조건
- BOD 용적부하 : 0.4kg BOD/m^3·일
- F/M비 : 0.2~0.4kg BOD/kg MLSS·일
- 슬러지 반송비 : 30~50%

17 경도(Hardness)에 관한 설명으로 거리가 먼 것은?

① Na^+은 농도가 높을 때는 경도와 비슷한 작용을 하여 유사경도라 한다.
② 2가 이상의 양이온 금속의 양을 수산화칼슘으로 환산하여 ppm 단위로 표시한다.
③ 센물 속의 금속이온들은 세제나 비누와 결합하여 세탁효과를 떨어뜨린다.
④ 경도 중 CO_3^{2-}, HCO_3^- 등과 결합한 형태로 있을 때 이를 탄산경도라고 하고, 이 성분은 물을 끓일 때 침전 제거되므로 일시경도라 한다.

해설
2가 이상의 양이온 금속의 양을 탄산칼슘($CaCO_3$)으로 환산하여 ppm 단위로 표시한다.

18 유기물질을 호기성으로 완전분해 시 최종산물은?

① 이산화탄소와 메탄
② 일산화탄소와 메탄
③ 이산화탄소와 물
④ 일산화탄소와 물

해설
호기성 분해과정

유기물 + O_2 →(호기성 미생물) CO_2 + H_2O + 에너지

※ 혐기성 분해과정 : 메탄가스(CH_4) 및 탄산가스(CO_2) 발생

19 다음 중 생물학적 원리를 이용하여 인(P)만을 효과적으로 제거하기 위한 고도처리 공법으로 가장 적합한 것은?

① A/O 공법
② A_2/O 공법
③ 4단계 Bardenpho 공법
④ 5단계 Bardenpho 공법

해설
②·③·④ 질소(N)와 인(P)을 제거하는 공법이다.

20 다음 설명에 해당하는 폐수처리 공정은?

- 호기성 미생물을 이용한다.
- 대표적인 부착성장식 생물학적 처리공법이다.
- 쇄석이나 플라스틱과 같은 여재를 채운 탱크에 폐수를 뿌려주어 유기물을 섭취 분해한다.
- 연못화 현상이 일어나거나 파리 번식과 악취 발생 우려가 있다.

① 고정소각법   ② 살수여상법
③ 라군법   ④ 활성슬러지법

해설
살수여상법 : 오·폐수를 여재(쇄석 또는 플라스틱 매체 등)에 간헐적으로 살수하여 공기와 접촉시킴으로써, 여재에 부착된 미생물에 의해 호기성으로 처리하는 방법이다.

21 혐기성 소화조의 완충능력(Buffer Capacity)을 표현하는 것으로 가장 적합한 것은?

① 탁 도
② 경 도
③ 알칼리도
④ 응집도

해설
혐기성 소화에 있어서 알칼리도는 주로 혐기성 분해과정에서 발생되는 암모니아의 중탄산염에 의한 것이며, 소화조의 완충능력을 나타낸다.

22 다음 중 비점오염원에 해당하는 것은?

① 농경지 배수
② 폐수처리장 방류수
③ 축산폐수
④ 공장의 산업폐수

해설
배출형태에 따른 오염원의 분류
- 점오염원 : 오염물질이 지도상의 한 점에서 배출되는 것(예) 생활하수, 축산폐수, 산업폐수)
- 비점오염원 : 도시, 도로, 농지, 산지, 공사장 등 불특정 장소에서 면적 단위로 수질오염물질이 배출되는 배출원(예) 농경지 배수)

23 다음 중 황산(1 + 2) 혼합용액은?

① 물 1mL에 황산을 가하여 전체 2mL로 한 용액
② 황산 1mL를 물에 희석하여 전체 2mL로 한 용액
③ 물 1mL와 황산 2mL를 혼합한 용액
④ 황산 1mL와 물 2mL를 혼합한 용액

해설
액체 시약의 농도에 있어서 황산(1 + 2) : 황산 1mL와 물 2mL를 혼합하여 조제한 것을 말한다.

24 폐수처리장에서 개방유로의 유량측정에 이용되는 것으로 단면의 형상에 따라 삼각, 사각 등이 있는 것은?

① 확산기(Diffuser)
② 산기기(Aerator)
③ 위어(Weir)
④ 피토전극기(Pitot Electrometer)

해설
위어(Weir)는 개방유로를 횡단하여 설치된 벽 위로 물이 월류(Overflow)하도록 만든 구조물로, 위어판에 의하여 수위차를 만들어서 유량을 측정한다.

25 다음 중 회분식 배양조건에서 시간에 따른 박테리아의 성장곡선을 순서대로 옳게 나열한 것은?

① 유도기 → 사멸기 → 대수성장기 → 정지기
② 유도기 → 사멸기 → 정지기 → 대수성장기
③ 대수성장기 → 정지기 → 유도기 → 사멸기
④ 유도기 → 대수성장기 → 정지기 → 사멸기

해설
미생물(박테리아)의 성장곡선
유도기 → 대수성장기 → 정지기 → 사멸기

정답 21 ③ 22 ① 23 ④ 24 ③ 25 ④

26 어느 공장폐수의 Cr^{6+}이 600mg/L이고, 이 폐수를 아황산나트륨으로 환원처리하고자 한다. 폐수량이 $40m^3/d$일 때, 하루에 필요한 아황산나트륨의 이론량은?(단, Cr의 원자량은 52, Na_2SO_3의 분자량은 126, 반응식은 다음 식을 이용하여 계산하시오)

$$2H_2CrO_4 + 3Na_2SO_3 + 3H_2SO_4 \rightarrow Cr_2(SO_4)_3 + 3Na_2SO_4 + 5H_2O$$

① 72kg ② 80kg
③ 87kg ④ 95kg

해설

$2H_2CrO_4 + 3Na_2SO_3 + 3H_2SO_4 \rightarrow Cr_2(SO_4)_3 + 3Na_2SO_4 + 5H_2O$
   2mol   3mol
Cr^{6+} 600mg/L = $600g/m^3$이므로,
$600g/m^3 \times 40m^3/day = 24,000g/day = 24kg/day$
하루에 필요한 아황산나트륨의 이론량(x)은 다음과 같다.
$2 \times 52g/mol : 3 \times 126g/mol = 24kg/day : x$
$\therefore x = \dfrac{3 \times 126g/mol}{2 \times 52g/mol} \times 24kg/day = 87.23kg/day$

27 실험실에서 일반적으로 BOD_5를 측정할 때 배양 조건은?

① 5℃에서 10일간 배양
② 5℃에서 20일간 배양
③ 20℃에서 5일간 배양
④ 20℃에서 10일간 배양

해설

ES 04305.1c 생물화학적 산소요구량
BOD_5를 측정할 때의 시험기준은 실험실에서 20℃에서 5일 동안 배양할 때의 산소요구량이다.

28 오염물질과 피해 형태의 연결로 가장 거리가 먼 것은?

① 페놀 – 냄새
② 인 – 부영양화
③ 유기물 – 용존산소 결핍
④ 시안 – 골연화증

해설

시안 : 세포호흡 저해, 질식성 경련, 의식장애
※ 알루미늄 – 골연화증

29 생물학적 원리를 이용하여 폐수 중의 인과 질소를 동시에 제거하는 공정 중 혐기조의 역할로 가장 적합한 것은?

① 유기물 흡수, 인의 과잉 흡수
② 유기물 흡수, 인 방출
③ 유기물 흡수, 탈질소
④ 유기물 흡수, 질산화

해설

혐기조에서는 유기물 제거(흡수)와 인의 방출이 일어나고 폭기조에서는 인의 과잉 섭취가 일어난다.
※ 무산소조 : 탈질화

30 다음 중 생물학적 고도 폐수처리방법으로 인을 제거할 수 있는 공법으로 가장 거리가 먼 것은?

① A/O 공법
② Indore 공법
③ Phostrip 공법
④ Bardenpho 공법

해설

- Indore 공법 : 퇴비화의 공법
- A/O 공법, Phostrip 공법, Bardenpho 공법 : 인(P) 제거 공법(생물학적 고도처리)

정답 26 ③ 27 ③ 28 ④ 29 ② 30 ②

31 물의 성질에 관한 설명으로 옳지 않은 것은?

① 물 분자 안의 수소는 부분적으로 양전하($\delta+$)를, 산소는 부분적으로 음전하($\delta-$)를 갖는다.
② 물은 분자량이 유사한 다른 화합물에 비하여 비열은 작고, 압축성이 크다.
③ 물은 4℃ 부근에서 최대 밀도를 나타낸다.
④ 일반적으로 물의 점도는 온도가 높아짐에 따라 작아진다.

해설
물은 분자량이 유사한 다른 화합물에 비하여 비열은 크고, 압축성이 매우 작다.

---

32 BOD 400mg/L, 유량 3,000m³/d인 폐수를 MLSS 3,000mg/L인 폭기조에서 체류시간을 8시간으로 운전하고자 한다. 이때 F/M비(BOD-MLSS 부하)는?

① 0.2 ② 0.4
③ 0.6 ④ 0.8

해설
체류시간 $t = \dfrac{V}{Q}$
여기서, Q : 유량(m³/d)
　　　　V : 폭기조 용적(m³)
　　　　t : 체류시간(d)
폭기조 용적 $V = t \times Q = \dfrac{8h \times 3,000 m^3/d}{24h/1d} = 1,000 m^3$
∴ F/M비 $= \dfrac{BOD \times Q}{MLSS \times V} = \dfrac{400 \times 3,000}{3,000 \times 1,000} = 0.4$

---

33 30m × 18m × 3.6m 규격의 직사각형조에 물이 가득 차 있다. 약품주입농도를 69mg/L로 하기 위해서 주입해야 할 약품량(kg)은?

① 약 214kg ② 약 156kg
③ 약 148kg ④ 약 134kg

해설
약품량(kg)
= 체적(m³) × 약품주입농도(mg/L)
= 30m × 18m × 3.6m × 69mg/L × 10^{-6}kg/L × 1,000L/m³
≒ 134kg

---

34 0.05%는 몇 ppm인가?

① 5ppm ② 50ppm
③ 500ppm ④ 5,000ppm

해설
ppm = %농도 × 10,000 = 0.05 × 10,000 = 500ppm
※ 1% = 10,000ppm

---

35 BOD가 200mg/L이고, 폐수량이 1,500m³/d인 폐수를 활성슬러지법으로 처리하고자 한다. F/M비가 0.4kg/kg·d라면 MLSS 1,500mg/L로 운전하기 위해서 요구되는 폭기조 용적은?

① 900m³ ② 800m³
③ 600m³ ④ 500m³

해설
$V = \dfrac{BOD \times Q}{MLSS \times F/M비}$
$= \dfrac{200mg/L \times 1,500m^3/d}{1,500mg/L \times 0.4kg/kg \cdot d}$
$= 500m^3$

36 폐기물 시료 100kg을 달아 건조시킨 후의 시료 중량을 측정하였더니 40kg이었다. 이 폐기물의 수분함량(%, W/W)은?

① 40% ② 50%
③ 60% ④ 80%

해설

수분함량(%) = $\dfrac{W_1 - W_2}{W_1} \times 100 = \dfrac{100 - 40}{100} \times 100 = 60\%$

여기서, W_1 : 건조 전 시료의 무게
W_2 : 건조 후 시료의 무게

37 다음 중 유해폐기물의 국제적 이동의 통제와 규제를 주요 골자로 하는 국제협약(의정서)은?

① 교토 의정서
② 바젤협약
③ 비엔나협약
④ 몬트리올 의정서

해설
① 교토 의정서 : 지구온난화 방지 및 기후변화협약
③ 비엔나협약 : 오존층 보호를 위한 최초의 협약
④ 몬트리올 의정서 : 오존층 파괴물질인 염화플루오린화탄소(CFCs)의 생산과 사용을 규제하기 위한 협약

38 다음 중 효율적인 파쇄를 위해 파쇄대상물에 작용하는 3가지 힘에 해당되지 않는 것은?

① 충격력 ② 정전력
③ 전단력 ④ 압축력

해설
파쇄의 3대 원리는 충격력, 전단력, 압축력이다.

39 다음 중 하부로부터 가스를 주입하여 모래를 띄운 후 이를 가열하여 상부로부터 폐기물을 주입하여 소각하는 형식은?

① 유동상 소각로
② 회전식 소각로
③ 다단식 소각로
④ 화격자 소각로

해설
유동상 소각로
여러 개의 공기분사 노즐이 있는 화상 위에 모래를 넣고 노즐로부터 공기를 압송하여 모래를 유동시켜 유동층을 형성하고, 모래를 버너로 약 600~700℃ 정도 예열한 상태에서 쓰레기를 투입하여 순간적으로 건조, 소각하는 방식이다.

40 다음 중 유기성 폐기물의 퇴비화 특성으로 가장 거리가 먼 것은?

① 생산된 퇴비는 비료가치가 높으며, 퇴비 완성 시 부피감소율이 70% 이상으로 큰 편이다.
② 초기 시설투자비가 낮고, 운영 시 소요에너지도 낮은 편이다.
③ 다른 폐기물 처리기술에 비해 고도의 기술수준이 요구되지 않는다.
④ 퇴비제품의 품질표준화가 어렵고, 부지가 많이 필요한 편이다.

해설
① 생산된 퇴비는 비료가치가 낮으며, 퇴비 완성 시 부피감소율이 50% 이하로 크지 않은 편이다.

41 다음 중 로터리킬른 방식의 장점으로 거리가 먼 것은?

① 열효율이 높고, 적은 공기비로도 완전연소가 가능하다.
② 예열이나 혼합 등 전처리가 거의 필요 없다.
③ 드럼이나 대형용기를 파쇄하지 않고 그대로 투입할 수 있다.
④ 공급장치의 설계에 있어서 유연성이 있다.

해설
로터리킬른은 일명 회전로라 하며 열효율이 낮고, 투자비에 비해 소각능력이 떨어지는 단점이 있다.

42 다음 중 폐기물 선별방법으로 가장 거리가 먼 것은?

① 산화선별
② 공기선별
③ 자석선별
④ 스크린선별

해설
폐기물 선별방법에는 손선별법과 기계선별법(공기선별, 자석선별, 스크린선별)이 있다.

43 폐기물처리에서 "파쇄(Shredding)"의 목적과 거리가 먼 것은?

① 부식효과 억제
② 겉보기 비중의 증가
③ 특정 성분의 분리
④ 고체물질 간의 균일혼합효과

해설
파쇄의 목적은 폐기물의 성질을 미세하고 균일하게 하는 것으로, 미생물의 분해속도를 증가시켜 부식효과를 촉진한다.
※ 파쇄는 폐기물 사전처리 단계로 본처리의 효과를 증대시키는 데 그 목적을 둔다.

44 슬러지나 분뇨의 탈수 가능성을 나타내는 것은?

① 균등계수
② 알칼리도
③ 여과비저항
④ 유효경

해설
슬러지의 여과 특성을 잘 나타내는 인자는 여과비저항이다.
SRF(여과비저항)

$$\text{SRF} = \frac{2 \times A \times \Delta P \times b}{\eta \times TS}$$

여기서, A : 여과면적
ΔP : 여과 케이크에 의한 압력손실
b : 상수
η : 동점성계수
TS : 전 고형물농도

45 다음 중 해안매립 공법에 해당하는 것은?

① 셀공법
② 도랑형공법
③ 순차투입공법
④ 샌드위치공법

> **해설**
> 해안매립 공법 : 수중투기공법, 순차투입공법, 박층뿌림공법

46 소각로를 설계할 때 가장 기본이 되는 폐기물 발열량인 고위발열량(HHV)과 저위발열량(LHV)의 관계로 옳은 것은?(단, 발열량의 단위는 kcal/kg, W는 수분함량 %이며, 수소함량은 무시한다)

① LHV = HHV + 6W
② LHV = HHV − 6W
③ HHV = LHV + 9W
④ HHV = LHV − 9W

> **해설**
> 저위발열량은 수분에 의한 영향을 무시하므로 고위발열량에서 수분에 의한 영향을 빼면 된다. 저위발열량 = 고위발열량 − 6(9H + W)이며, 수소함량(H)을 무시하므로 저위발열량 = 고위발열량 − 6W이다.

47 연료를 연소시킬 때 실제 공급된 공기량을 A, 이론 공기량을 A_o라 할 때, 과잉공기율을 옳게 나타낸 것은?

① $\dfrac{A - A_o}{A}$
② $\dfrac{A - A_o}{A_o}$
③ $\dfrac{A}{A_o} + 1$
④ $\dfrac{A_o}{A} - 1$

> **해설**
> • 공기비$(m) = \dfrac{\text{실제공기량}}{\text{이론공기량}} = \dfrac{A}{A_o}$
> • 실제공기량(A) = 공기비(m) × 이론공기량(A_o)
> • 과잉공기율(%) = $(m-1) \times 100 = \left(\dfrac{A}{A_o} - 1\right) \times 100$
> $= \dfrac{A - A_o}{A_o}$

48 도시에서 생활쓰레기를 수거할 때 고려할 사항으로 가장 거리가 먼 것은?

① 처음 수거지역은 차고지와 가깝게 설정한다.
② U자형 회전을 피하여 수거한다.
③ 교통이 혼잡한 지역은 출·퇴근 시간을 피하여 수거한다.
④ 쓰레기가 적게 발생하는 지점은 하루 중 가장 먼저 수거하도록 한다.

> **해설**
> ④ 쓰레기가 가장 많이 발생하는 지점을 하루 중 가장 먼저 수거한다.

49 다음 중 안정된 매립지에서 가장 많이 발생되는 가스는?

① CH_4
② O_2
③ N_2
④ H_2S

> **해설**
> 매립지에서 유기물질이 혐기성 분해과정에 의해 분해될 때 발생되는 가스는 주로 메탄(CH_4 : 40~60%)과 이산화탄소(CO_2 : 30~50%)이다.

정답 45 ③ 46 ② 47 ② 48 ④ 49 ①

50 85%의 함수율을 갖고 있는 쓰레기를 건조시켜 함수율이 25%가 되었다면, 쓰레기 1톤에 대하여 증발하는 수분의 양은?(단, 비중은 모두 1.0)

① 600kg ② 700kg
③ 800kg ④ 900kg

해설
$W_1 \times (100 - P_1) = W_2 \times (100 - P_2)$
여기서, W_1 : 농축 전 슬러지량
W_2 : 농축 후 슬러지량
P_1 : 농축 전 함수율
P_2 : 농축 후 함수율
$1,000 kg \times (100 - 85) = W_2 \times (100 - 25)$
$W_2 = \frac{15,000}{75} = 200 kg$
∴ 증발시켜야 할 수분의 양 = 1,000 - 200 = 800kg

51 폐기물의 퇴비화에 대한 설명이다. 옳지 않은 것은?

① 호기성 미생물에 의해 유기물이 분해한다.
② 퇴비화한 후에는 C/N비가 높아진다.
③ 초기단계에서는 분해되기 쉬운 당류, 아미노산 등이 분해된다.
④ 퇴비화 결과 암갈색의 부식질이 생성된다.

해설
② 퇴비화한 후에는 C/N비가 낮아진다(약 20~30).

52 다음 중 폐기물의 선별목적으로 가장 적합한 것은?

① 폐기물의 부피 감소
② 폐기물의 밀도 증가
③ 폐기물 저장 면적의 감소
④ 재활용 가능한 성분의 분리

해설
선별은 재활용 성분의 분리에 목적이 있다.
①·②·③ 폐기물 파쇄의 목적에 해당한다.

53 다음은 어떤 폐기물의 매립 공법에 관한 설명인가?

쓰레기를 매립하기 전에 이의 감량화를 목적으로 먼저 쓰레기를 일정한 더미 형태로 압축하여 부피를 감소시킨 후 포장을 실시하여 매립하는 방법으로, 쓰레기 발생량 증가와 매립지 확보 및 사용연한 문제에 있어서 유리하고, 운송이 간편하고 안정성이 있으며, 지가(地價)가 비쌀 경우에도 유효한 방법이다.

① 압축매립공법 ② 도랑형공법
③ 셀공법 ④ 순차투입공법

해설
압축매립공법 : 쓰레기를 일정한 덩어리 형태로 압축하여 부피를 감소시킨 후 포장하여 매립하는 방법이다.

54 소형 차량으로 수거한 쓰레기를 대형 차량으로 옮겨 운반하기 위해 마련하는 적환장의 위치로 적합하지 않은 곳은?

① 주요 간선도로에 인접한 곳
② 수송 측면에서 가장 경제적인 곳
③ 공중위생 및 환경 피해가 최소인 곳
④ 가능한 한 수거지역에서 멀리 떨어진 곳

해설
④ 가능한 한 수거지역에서 가까운 곳으로 정한다.

55 압축비 1.67로 쓰레기를 압축하였다면 압축 전과 압축 후의 체적감소율은 몇 %인가?(단, 압축비는 V_i/V_f 이다)

① 30% ② 40%
③ 50% ④ 60%

해설
체적감소율 $= \left(1 - \dfrac{1}{압축비}\right) \times 100 = \left(1 - \dfrac{1}{1.67}\right) \times 100 ≒ 40\%$

56 진동수가 100Hz, 속도가 50m/s인 파동의 파장은?

① 0.5m ② 1m
③ 1.5m ④ 2m

해설
$V = f \times \lambda$
$\therefore \lambda = \dfrac{V}{f} = \dfrac{50}{100} = 0.5\text{m}$
여기서, V : 전파속도(m/s)
f : 진동수(Hz)
λ : 파장(m)

57 방음대책을 음원대책과 전파경로대책으로 구분할 때 음원대책에 해당하는 것은?

① 거리감쇠
② 소음기 설치
③ 방음벽 설치
④ 공장건물 내벽의 흡음처리

해설
소음기 설치는 음원대책에 해당한다.

58 아파트 벽의 음향투과율이 0.1%라면, 투과손실은?

① 10dB ② 20dB
③ 30dB ④ 50dB

해설
투과손실 $= 10\log\dfrac{1}{\tau} = 10\log\dfrac{1}{0.001} = 10\log 10^3 = 30\text{dB}$
여기서, τ : 투과율

59 점음원에서 10m 떨어진 곳에서의 음압레벨이 100dB일 때, 이 음원으로부터 20m 떨어진 곳의 음압레벨은?

① 92dB ② 94dB
③ 102dB ④ 104dB

해설
점음원으로부터 거리 r_1, r_2 지점의 음압레벨을 SPL₁과 SPL₂라 할 때,
$SPL_1 - SPL_2 = 20\log\left(\dfrac{r_2}{r_1}\right)$
$\therefore SPL_2 = SPL_1 - 20\log\left(\dfrac{r_2}{r_1}\right)$
$= 100\text{dB} - 20\log\left(\dfrac{20}{10}\right)$
$= 93.98\text{dB}$

60 다음 중 다공질 흡음재에 해당하지 않는 것은?

① 암 면   ② 비닐시트
③ 유리솜 ④ 폴리우레탄폼

해설
다공질 흡음재
• 유리솜(Glass Wool)
• 암면(Rock Wool)
• 광물면
• 식물섬유류
• 발포수지재료(폴리우레탄폼)

정답 55 ② 56 ① 57 ② 58 ③ 59 ② 60 ②

2022년 제3회 과년도 기출복원문제

01 다음 중 오존층의 두께를 표시하는 단위는?

① VAL   ② OTL
③ Pa   ④ Dobson

해설
DU(Dobson) : 오존층의 두께를 표시하는 단위로, 해면상 표준상태(0℃, 1기압)에서 1mm는 100DU이다.

02 메탄 $5Sm^3$를 공기비 1.2로 완전연소시킬 때 필요한 실제공기량(Sm^3)은?

① 47.6   ② 50.3
③ 53.9   ④ 57.1

해설
$CH_4 + 2O_2 \rightarrow CO_2 + 2H_2O$
$22.4Sm^3 : 2 \times 22.4Sm^3 = 5Sm^3 : x$
- 이론산소량 $x = (5 \times 2 \times 22.4) / 22.4 = 10Sm^3$
- 이론공기량 $= \dfrac{10Sm^3}{0.21(산소의 부피비)} = 47.6Sm^3$
∴ 실제공기량 $= 47.6Sm^3 \times 1.2 = 57.1Sm^3$

03 일산화탄소의 특성으로 옳지 않은 것은?

① 무색, 무취의 기체이다.
② 물에 잘 녹고, CO_2로 쉽게 산화된다.
③ 연료 중 탄소의 불완전연소 시에 발생한다.
④ 헤모글로빈과의 결합력이 강하다.

해설
일산화탄소(CO)는 상온에서 무색, 무취, 무미의 기체로 물에 잘 녹지 않는다.

04 황(S) 성분이 1%인 중유를 10t/h로 연소하는 보일러에서 발생하는 배출가스 중 SO_2를 $CaCO_3$로 완전 탈황하는 경우 이론상 필요한 $CaCO_3$의 양은? (단, 중유의 S는 모두 SO_2로 배출되며, $CaCO_3$ 분자량 : 100)

① 약 0.9t/h
② 약 0.6t/h
③ 약 0.3t/h
④ 약 0.1t/h

해설
$S + O_2 \rightarrow SO_2 + \dfrac{1}{2}O_2 + CaCO_3 \rightarrow CaSO_4 + CO_2$
- 황의 분자량 = 32g/mol
- $CaCO_3$의 분자량 = 100g/mol
- 황(S) 성분이 1%이므로, $0.01 \times 10t/h = 0.1t/h$
필요한 $CaCO_3$의 양(x)은 다음과 같다.
$32g/mol : 100g/mol = 0.1t/h : x$
∴ $x = \dfrac{0.1t/h \times 100g/mol}{32g/mol} = 0.3125t/h$

05 직렬로 조합된 집진장치의 총집진율은 99%이었다. 2차 집진장치의 집진율이 96%라면 1차 집진장치의 집진율은?

① 75%   ② 82%
③ 90%   ④ 94%

해설
$\eta_t = 1 - (1 - \eta_1)(1 - \eta_2)$
$0.99 = 1 - (1 - \eta_1)(1 - 0.96)$
$(1 - \eta_1)(1 - 0.96) = 1 - 0.99$
$1 - \eta_1 = 0.25$
∴ $\eta_1 = 1 - 0.25 = 0.75 = 75\%$

정답 1 ④ 2 ④ 3 ② 4 ③ 5 ①

06 흡착에 관한 다음 설명 중 옳지 않은 것은?

① 물리적 흡착은 가역적이므로 흡착제의 재생이나 오염가스의 회수에 유리하다.
② 물리적 흡착에서 흡착량은 온도의 영향을 받지 않는다.
③ 물리적 흡착은 대체로 용질의 분압이 높을수록 증가하고 분자량이 클수록 잘 흡착된다.
④ 화학적 흡착은 물리적 흡착보다 분자 간의 결합력이 강하기 때문에 흡착과정에서의 발열량이 더 크다.

해설
물리적 흡착반응은 발열반응으로, 온도가 상승하면 흡착량은 감소한다.

07 직경이 20cm, 유효높이 16m, 여과자루를 사용하여 농도가 5g/m³의 배출가스를 1,200m³/min으로 처리하였다. 여과속도가 2cm/s일 때 필요한 여과자루의 수는?

① 95　　② 96
③ 100　　④ 107

해설
여과자루(Bag Filter)의 수
$n = \dfrac{Q}{\pi D H u_f}$
여기서, Q : 배출가스량(m³/min)
　　　　D : 직경(m)
　　　　H : 유효높이(m)
　　　　u_f : 겉보기 여과속도(m/s)
　　　　n : 여과자루의 수(개)
∴ $n = \dfrac{1,200 \text{m}^3/\text{min} \times 1\text{min}/60\text{s}}{\pi \times 0.2\text{m} \times 16\text{m} \times 0.02\text{m/s}} ≒ 99.5 = 100$개

08 대기오염공정시험기준상 관련 용어에 관한 설명으로 틀린 것은?

① '정확히 단다'라 함은 규정한 양의 검체를 취하여 분석용 저울로 0.1mg까지 다는 것을 뜻한다.
② 시험조작 중 '즉시'란 1분 이내에 표시된 조작을 하는 것을 뜻한다.
③ '항량이 될 때까지 건조한다 또는 강열한다'라 함은 따로 규정이 없는 한 보통의 건조방법으로 1시간 더 건조 또는 강열할 때 전후 무게의 차가 매 g당 0.3mg 이하일 때를 뜻한다.
④ '감압 또는 진공'이라 함은 따로 규정이 없는 한 15mmHg 이하를 뜻한다.

해설
ES 01000.b 총칙(관련 용어)
시험조작 중 '즉시'란 30초 이내에 표시된 조작을 하는 것을 뜻한다.

09 세정집진장치의 입자 포집원리로 가장 거리가 먼 것은?

① 관성충돌　　② 확산작용
③ 응집작용　　④ 여과작용

해설
세정진집장치의 입자 포집원리는 관성충돌, 직접흡수, 확산작용, 응집작용, 응결 등이다.

10 다음 건조한 대기의 화학적 구성 중 농도가 가장 높은 것은?

① 질소　　② 산소
③ 아르곤　　④ 이산화탄소

해설
건조 공기의 성분은 부피를 기준으로 질소(N_2)가 78%, 산소(O_2)가 21%, 아르곤(Ar)이 0.93%, 이산화탄소(CO_2)는 0.03%이며, 기타 0.02%이다.

정답 6 ②　7 ③　8 ②　9 ④　10 ①

11 여름철 광화학 스모그의 일반적인 발생조건으로만 옳게 묶여진 것은?

> ㉠ 반응성 탄화수소의 농도가 크다.
> ㉡ 기온이 높고 자외선이 강하다.
> ㉢ 대기가 매우 불안정한 상태이다.

① ㉠, ㉡
② ㉠, ㉢
③ ㉡, ㉢
④ ㉢

해설
광화학 스모그는 자외선에 의해 영향을 받기 때문에 빛이 강한 날에 잘 발생하며, 대기 중에 머물러야 하기 때문에 대기가 안정한 상태에서 잘 발생한다.

12 유해가스 측정을 위한 시료채취장치가 순서대로 바르게 구성된 것은?

① 굴뚝 – 시료채취관 – 여과재 – 흡수병 – 건조탑 – 흡입펌프 – 가스미터
② 굴뚝 – 건조탑 – 흡입펌프 – 가스미터 – 시료채취관 – 여과재 – 흡수병
③ 굴뚝 – 시료채취관 – 가스미터 – 여과재 – 흡수병 – 건조탑 – 흡입펌프
④ 굴뚝 – 가스미터 – 흡입펌프 – 건조탑 – 흡수병 – 시료채취관 – 여과재

13 악취 성분을 직접연소법으로 처리하고자 할 때, 일반적인 연소온도로 가장 적합한 것은?

① $100 \sim 150\,^\circ\text{C}$
② $200 \sim 300\,^\circ\text{C}$
③ $600 \sim 800\,^\circ\text{C}$
④ $1,400 \sim 1,500\,^\circ\text{C}$

해설
직접연소법은 악취가스를 연소로에 도입하여 고온의 연소온도에서 가스 중의 악취물질을 이산화탄소(CO_2)와 물로 산화 분해하는 방법이다. 온도가 $1,400\,^\circ\text{C}$ 이상일 경우에는 질소산화물의 생성이 증가하기 때문에 악취성분의 일반적인 연소온도는 $700 \sim 800\,^\circ\text{C}$ 정도가 요구된다.

14 $C_2H_5NO_2$ 150g 분해에 필요한 이론적 산소요구량(g)은?(단, 최종분해산물은 CO_2, H_2O, HNO_3이다)

① 89g
② 94g
③ 112g
④ 224g

해설
$$C_2H_5NO_2 + \frac{7}{2}O_2 \rightarrow 2CO_2 + 2H_2O + HNO_3$$

$75(\text{분자량}) : \frac{7}{2} \times 32 = 150\text{g} : x$

∴ 이론적 산소요구량 $x = \dfrac{112 \times 150}{75} = 224\text{g}$

15 다음 중 산성비에 관한 설명으로 가장 거리가 먼 것은?

① 독일에서 발생한 슈바르츠발트(검은 숲이란 뜻)의 고사현상은 산성비에 의한 대표적인 피해이다.
② 바젤협약은 산성비 방지를 위한 대표적인 국제협약이다.
③ 산성비에 의한 피해로는 파르테논 신전과 아크로폴리스 같은 유적의 부식 등이 있다.
④ 산성비의 원인물질로 H_2SO_4, HCl, HNO_3 등이 있다.

해설
바젤협약(Basel Convention)은 유엔환경계획(UNEP) 후원하에 스위스 바젤(Basel)에서 채택된 협약으로, 유해폐기물의 국가 간 이동 및 교역을 규제하는 협약이다.

16 다음 중 상향류 혐기성 슬러지상(UASB)의 특징으로 가장 거리가 먼 것은?

① 기계적인 교반이나 여재가 필요없기 때문에 비용이 적게 든다.
② 수리학적 체류시간을 작게 할 수 있어 반응조 비용이 축소된다.
③ 고형물의 농도가 높아도 고형물 및 미생물 유실의 염려가 없다.
④ 미생물 체류시간을 적절히 조절하면 저농도 유기성 폐수의 처리도 가능하다.

해설
상향류 혐기성 슬러지상(UASB)은 분뇨가 하부에서 상부로 흐르며 혐기미생물 슬러지층을 거치면서 발효된다. 고형물의 농도가 높으면 고형물 및 미생물 유실의 염려가 있다.

17 유기물과 무기물의 함량이 각각 80%, 20%인 슬러지를 소화처리한 후 유기물과 무기물의 함량이 모두 50%로 되었다. 이때 소화율은?

① 50%   ② 67%
③ 75%   ④ 83%

해설
소화율 = $\dfrac{\text{소화 전 비율} - \text{소화 후 비율}}{\text{소화 전 비율}} \times 100$

• 소화 전 비율 = $\dfrac{80}{20} = 4$

• 소화 후 비율 = $\dfrac{50}{50} = 1$

∴ 소화율 = $\dfrac{4-1}{4} \times 100 = 75\%$

18 Ca^{2+}의 농도가 40mg/L, Mg^{2+}의 농도가 24mg/L인 물의 경도(mg/L as $CaCO_3$)는?(단, Ca의 원자량은 40, Mg의 원자량은 24이다)

① 100   ② 150
③ 200   ④ 250

해설
• 물의 경도(mg/L as $CaCO_3$) = $\dfrac{M^{2+}\text{의 농도(mg/L)} \times 50}{M^{2+}\text{의 당량}}$

여기서, M^{2+} : 물속의 +2가 양이온 금속이온

• 당량 = $\dfrac{\text{원자량}}{\text{원자가}}$

– Ca^{2+}의 당량 = $\dfrac{40}{2} = 20$

– Mg^{2+}의 당량 = $\dfrac{24}{2} = 12$

∴ 물의 경도(mg/L as $CaCO_3$)
= $\dfrac{Ca^{2+}\text{의 농도(mg/L)} \times 50}{Ca^{2+}\text{의 당량}} + \dfrac{Mg^{2+}\text{의 농도(mg/L)} \times 50}{Mg^{2+}\text{의 당량}}$
= $\dfrac{40 \times 50}{20} + \dfrac{24 \times 50}{12}$
= 200

19 다음 중 조류를 이용한 산화지(Oxidation Pond)법으로 폐수를 처리할 경우에 가장 중요한 영향 인자는?

① 산화지의 표면모양
② 물의 색깔
③ 햇 빛
④ 산화지 바닥 흙입자 모양

해설
산화지법(Oxidation Pond) : 조류(Algae)의 광합성 작용에 의하여 발생하는 산소를 호기성 미생물이 이용하여 유기물을 분해시키는 오·폐수 처리방법으로, 햇빛이 강할수록 오염물질의 제거가 더욱 효과적이다.

20 다음 중 수질오염공정시험기준에 의거 페놀류를 측정하기 위한 시료의 보존방법(㉠)과 최대보존기간(㉡)으로 가장 적합한 것은?

① ㉠ 현장에서 용존산소 고정 후 어두운 곳 보관
㉡ 8시간
② ㉠ 즉시 여과 후 4℃ 보관
㉡ 48시간
③ ㉠ 4℃ 보관, H_3PO_4로 pH 4 이하 조정한 후 $CuSO_4$ 1g/L 첨가
㉡ 28일
④ ㉠ 20℃ 보관
㉡ 즉시 측정

해설
ES 04130.1e 시료의 채취 및 보존 방법(페놀류 측정)
- 시료용기 : G
- 시료의 보존방법 : 4℃ 보관, H_3PO_4로 pH 4 이하 조정한 후 시료 1L당 $CuSO_4$ 1g 첨가
- 최대보존기간(권장보존기간) : 28일

21 다음 수처리 공정 중 스토크스(Stokes) 법칙이 가장 잘 적용되는 공정은?

① 1차 소화조 ② 1차 침전지
③ 살균조 ④ 포기조

해설
Stokes 법칙이 적용되는 침전 형태는 중력침강(독립침전)이며 침사지, 1차 침전지에서 가장 잘 적용된다.

22 다음 중 용존산소에 영향을 주는 인자에 대한 설명으로 옳지 않은 것은?

① 물의 온도가 높을수록 용존산소량은 감소한다.
② 불순물의 농도가 높을수록 용존산소량은 감소한다.
③ 물의 흐름이 난류일 때 산소의 용해도가 낮다.
④ 현재 물속에 녹아 있는 용존산소량이 적을수록 용해속도가 증가한다.

해설
③ 물의 흐름이 난류일 때 산소의 용해도가 높다.
※ 유체역학에서 난류(Turbulent Flow)란 속도가 빠르고 무질서한 특성을 의미하며, 난류일수록 외부산소와의 접촉이 많아져 용해도는 높아진다. 난류의 반대는 층류(Laminar Flow)이다.

23 도금, 피혁 제조, 색소, 방부제, 약품제조업 등의 폐기물에서 주로 검출될 수 있는 성분은?

① As ② Cd
③ Cr ④ Hg

해설
크로뮴(Cr) 화합물 : 크로뮴 도금, 피혁 제조, 색소, 방부제, 약품제조업 등에서 발생한다.
① 비소 : 유리, 도자기 제조, 의약품과 농약의 제조 및 운반과 저장 등에서 폭로된다.
② 카드뮴 : 아연광석의 채광이나 제련과정에서 부산물로 생성된다.
④ 수은 : 석탄과 석유의 연소에 의해서 공기 중에 방출된다.

24 다음은 수질오염공정시험기준상 6가크로뮴의 자외선/가시선 분광법 측정원리이다. ( ) 안에 알맞은 것은?

> 6가크로뮴에 다이페닐카바자이드를 작용시켜 생성하는 (㉠)의 착화합물의 흡광도를 (㉡)nm에서 측정하여 6가크로뮴을 정량한다.

① ㉠ 적자색, ㉡ 253.7
② ㉠ 적자색, ㉡ 540
③ ㉠ 청색, ㉡ 253.7
④ ㉠ 청색, ㉡ 540

해설
ES 04415.2c 6가크로뮴 - 자외선/가시선 분광법(목적)
물속에 존재하는 6가크로뮴을 자외선/가시선 분광법으로 측정하는 것으로, 산성 용액에서 다이페닐카바자이드와 반응하여 생성하는 적자색 착화합물의 흡광도를 540nm에서 측정한다.

26 효과적인 응집을 위해 실시하는 약품교반 실험장치(Jar Tester)의 일반적인 실험순서가 바르게 나열된 것은?

① 정치 침전 → 상징수 분석 → 응집제 주입 → 급속 교반 → 완속교반
② 급속교반 → 완속교반 → 응집제 주입 → 정치 침전 → 상징수 분석
③ 상징수 분석 → 정치 침전 → 완속교반 → 급속교반 → 응집제 주입
④ 응집제 주입 → 급속교반 → 완속교반 → 정치 침전 → 상징수 분석

해설
약품교반 실험(Jar Test) 순서
- Step 1 : 6개의 Jar에 원수를 넣고, 응집제의 주입량을 달리한다.
- Step 2 : 급속교반 후 완속교반하여 20분간 정치한다.
- Step 3 : 각 Jar의 상징수를 채취하여 탁도를 측정한다.
- Step 4 : 최저 탁도를 나타내는 Jar의 응집제 주입률을 최적값으로 상징수를 분석한다.

25 BOD, SS의 제거율이 비교적 높고, 악취나 파리의 발생이 거의 없고, 설치면적은 적게 드나, 슬러지 팽화의 문제점이 있고, 슬러지 생성량이 비교적 많은 생물학적 처리방법은?

① 활성슬러지법
② 회전원판법
③ 산화지법
④ 살수여상법

해설
활성슬러지법의 장단점

장점	• 설치면적이 적게 든다. • 처리수의 수질이 양호하다. • 악취 발생이 적고, 2차 공해 우려가 없다. • BOD, SS의 제거율이 높다.
단점	• 운전비용이 많이 든다. • 숙련된 유지관리가 필요하다. • 슬러지 생성량이 많다. • 슬러지 팽화가 발생한다.

27 물의 깊이에 따라 나타나는 수온성층에 해당되지 않는 것은?

① 수온약층
② 표수층
③ 변수층
④ 심수층

해설
수온성층(깊이에 따른 구분)
- 표수층 : 표면층을 말하며, 물이 따뜻하고 혼합이 원활하게 이루어진다.
- 수온약층 : 중간대 영역이며, 수온 및 밀도가 급격히 낮아지기 시작한다.
- 심수층 : 상대적으로 낮은 온도를 유지하며 혼합이 어렵고 혐기성 조건이 형성된다.

28 경도(Hardness)에 관한 설명으로 틀린 것은?

① SO_4^{2-}, NO_3^-, Cl^-와 화합물을 이루고 있을 때 나타나는 경도를 영구경도라고도 한다.
② 경도가 높은 물은 관로의 통수저항을 감소시켜 공업용수(섬유제지 등)로 적합하다.
③ 탄산경도는 일시경도라고도 한다.
④ Na^+은 경도를 유발하는 이온은 아니지만 그 농도가 높을 때 경도와 비슷한 작용을 하므로 유사경도라 한다.

해설
경도가 높은 물은 배관 부위에 물 때(Scale)를 형성시켜 열전도율을 감소시키거나 관로의 통수저항을 증가시켜 식수는 물론 공업용수로도 부적합하다.

29 활성슬러지법의 미생물 성장은 35℃ 정도까지의 경우 10℃ 증가할 때마다 그 성장속도가 일반적으로 몇 배로 증가되는가?

① 2배로 증가
② 16배로 증가
③ 32배로 증가
④ 64배로 증가

해설
수온 35℃까지는 10℃ 상승할 때마다 미생물의 성장속도가 2배로 증가한다.

30 다음과 같은 특성을 갖는 수원은?

- 일반적으로 무기물이 풍부하고 지표수보다 깨끗하다.
- 연중 수온의 변화가 적으므로 수원으로서 많이 이용되고 있다.
- 일년 내내 온도가 거의 일정하다.

① 호 수
② 하천수
③ 지하수
④ 바닷물

해설
지하수의 특성
- 수온의 변동이 적고 탁도가 낮다.
- 경도나 무기염류의 농도가 높다.
- 지역적 수질의 차이가 크다.
- 미생물과 오염물이 적다.
- 세균에 의한 유기물의 분해(혐기성 환원작용)가 주된 생물작용이다.
- 자정속도가 느리다.
- 국지적인 환경영향을 크게 받는다.

31 액체염소의 주입으로 생성된 유리염소, 결합잔류염소의 살균력의 크기를 바르게 나열한 것은?

① $HOCl > Chloramine > OCl^-$
② $OCl^- > HOCl > Chloramine$
③ $HOCl > OCl^- > Chloramine$
④ $OCl^- > Chloramine > HOCl$

해설
살균력의 크기 순서
오존(O_3) ≫ 차아염소산($HOCl$) > 차아염소산 이온(OCl^-) > 클로라민(NH_2Cl)

정답 28 ② 29 ① 30 ③ 31 ③

32 레이놀즈 수의 관계인자와 거리가 먼 것은?

① 입자의 지름
② 액체의 점도
③ 액체의 비표면적
④ 입자의 속도

해설
레이놀즈 수
유체 흐름의 특성을 구별하는 무차원계수로 층류($Re < 2,100$), 난류($Re > 2,100$)를 구분 짓는 인자로 사용된다.

$$Re = \frac{\rho VD}{\mu} = \frac{VD}{\nu}$$

여기서, ρ : 유체의 밀도
V : 평균속도
D : 입자의 지름
μ : 점성계수
ν : 동점성계수

34 1M H_2SO_4 10mL를 1M NaOH로 중화할 때 소요되는 NaOH의 양은?

① 5mL
② 10mL
③ 15mL
④ 20mL

해설
중화적정 공식
$NV = N'V'$
여기서, N, N' : 노말농도
V, V' : 부피
H_2SO_4는 2가이므로 노말농도(N) = 1M × 2 = 2N
NaOH는 1가이므로 노말농도(N') = 1N
$2 \times 10 = 1 \times V'$
∴ $V' = 20$mL

※ $H_2SO_4 \rightarrow 2H^+ + SO_4^{2-}$: 2가 물질
  $NaOH \rightarrow Na^+ + OH^-$: 1가 물질
  → 해리되었을 때 수소이온과 염기이온의 수에 따라 1가, 2가 물질로 결정된다.

33 해수의 특성에 관한 설명으로 옳지 않은 것은?

① 해수의 pH는 약 8.2 정도로 약알칼리성을 지닌다.
② 해수의 주요 성분 농도비는 거의 일정하다.
③ 염분은 적도 해역에서는 높고, 남북 양극 해역에서는 다소 낮다.
④ 해수의 Mg/Ca비는 300~400 정도로 담수보다 크다.

해설
일반적인 해수의 Mg/Ca비는 3~4 정도로 담수보다 크다.

35 0.1M 수산화나트륨 용액의 농도는 몇 ppm인가?

① 40
② 400
③ 4,000
④ 40,000

해설
- 0.1M NaOH 용액 = 0.1mol NaOH/1L 용액
- 0.1mol NaOH의 질량 = 0.1mol × 40g/mol = 4g

∴ ppm = $\frac{용질의 \ 질량(g)}{용액의 \ 질량(g)} \times 10^6$

$= \frac{4g}{1,000g} \times 10^6$

$= 4,000$ppm

정답 32 ③ 33 ④ 34 ④ 35 ③

36 함수율 98%(중량)의 슬러지를 농축하여 함수율 94%(중량)인 농축 슬러지를 얻었다. 이때 슬러지의 용적은 어떻게 변화되는가?(단, 슬러지 비중은 1.0으로 가정한다)

① 원래의 $\frac{1}{2}$ ② 원래의 $\frac{1}{3}$
③ 원래의 $\frac{1}{6}$ ④ 원래의 $\frac{1}{9}$

해설
$V_1 \times (100 - P_1) = V_2 \times (100 - P_2)$
여기서, V_1 : 건조 전 용적
V_2 : 건조 후 용적
P_1 : 건조 전 함수율
P_2 : 건조 후 함수율
$V_1 \times (100 - 98) = V_2 \times (100 - 94)$
$\therefore V_2 = \frac{2}{6} V_1 = \frac{1}{3} V_1$

37 다음 중 슬러지 개량(Conditioning)방법에 해당하지 않는 것은?

① 슬러지 세척   ② 열처리
③ 약품처리   ④ 관성분리

해설
슬러지 개량(Conditioning)의 주목적 : 슬러지의 탈수 특성을 좋게 하기 위함으로 세척, 약품처리, 열처리 등으로 실시한다.

38 퇴비화 공정에 관한 설명으로 가장 적합한 것은?

① 크기를 고르게 할 필요 없이 발생된 그대로의 상태로 숙성시킨다.
② 미생물을 사멸시키기 위해 최적 온도는 90℃ 정도로 유지한다.
③ 충분히 물을 뿌려 수분을 100%에 가깝게 유지한다.
④ 소비된 산소의 보충을 위해 규칙적으로 교반한다.

해설
① 크기를 고르게 하여 숙성시킨다.
② 유기물 분해에 가장 효율적인 온도범위는 45~65℃이다.
③ 퇴비화에 적합한 초기 수분함량은 50~65%이다.

39 함수율 40%(W/W)인 폐기물을 건조시켜 함수율 20%(W/W)로 하였다면 중량은 어떻게 변화되는가?(단, 비중은 모두 1.0 기준)

① 원래의 1/4로 된다.
② 원래의 1/2로 된다.
③ 원래의 3/4으로 된다.
④ 원래의 5/6로 된다.

해설
$W_1 \times (100 - P_1) = W_2 \times (100 - P_2)$
$W_1 \times (100 - 40) = W_2 \times (100 - 20)$
$\therefore \frac{W_2}{W_1} = \frac{60}{80} = \frac{3}{4}$

40 관거(Pipeline)수거에 관한 설명으로 틀린 것은?

① 자동화, 무공해화가 가능하다.
② 가설 후에 경로 변경이 곤란하고 설치비가 높다.
③ 잘못 투입된 물건의 회수가 용이하다.
④ 큰 쓰레기는 파쇄, 압축 등의 전처리를 해야 한다.

해설
③ 잘못 투입된 물건의 회수가 어렵다.

41 매립지에서의 가스 생성과정을 크게 4단계로 분류할 때 각 단계에 관한 일반적인 설명으로 옳지 않은 것은?

① 1단계 : 호기성 단계로 O_2가 소모되며, CO_2 발생이 시작된다.
② 2단계 : 호기성 전이 단계이며 NO_3^-가 산화되기 시작한다.
③ 3단계 : 혐기성 단계이며 CH_4가 산화되기 시작한다.
④ 4단계 : 정상적인 혐기 단계로 CH_4와 CO_2의 함량이 거의 일정하다.

해설
2단계(혐기성 비메탄 단계)
CH_4 가스는 생성되지 않고 CO_2 가스함량이 최대가 되는 혐기성 단계로서 혐기성 세균에 의하여 탄산가스(CO_2), 수소가스(H_2), 휘발성 유기산 등이 생성되는 단계이다.

42 발열량이 800kcal/kg인 폐기물을 하루에 6ton씩 소각한다. 소각로 연소실의 용적이 125m³이고, 1일 운전시간이 8시간이면 연소실의 열 발생률은?

① 3,600kcal/m³·h
② 4,000kcal/m³·h
③ 4,400kcal/m³·h
④ 4,800kcal/m³·h

해설
$$\text{연소실의 열 발생률} = \frac{\text{발열량(kcal/kg)} \times \text{폐기물량(kg/h)}}{\text{소각실의 용적(m}^3\text{)}}$$
$$= \frac{800\text{kcal/kg} \times 6,000\text{kg/d} \times 1\text{d}/8\text{h}}{125\text{m}^3}$$
$$= 4,800\text{kcal/m}^3 \cdot \text{h}$$

43 다음 중 RDF(Refuse Derived Fuel)의 구비조건으로 옳지 않은 것은?

① 함수율이 높을 것
② 조성이 균일할 것
③ 재의 양이 적을 것
④ 칼로리가 높을 것

해설
RDF(Refuse Derived Fuel)의 구비조건
• 함수율이 낮을 것
• 고열량일 것
• 대기오염이 적을 것
• 균일한 성분 배합률을 지닐 것

44 쓰레기의 발생량을 산정하는 방법 중 일정기간 동안 특정지역의 쓰레기 수거차량의 대수를 조사하여 이 값에 밀도를 곱하여 중량으로 환산하는 방법은?

① 물질수지법
② 직접계근법
③ 적재차량 계수분석법
④ 적환법

해설
폐기물 발생량의 조사방법
• 직접계근법 : 중간 적하장이나 중계 처리장에서 직접 계근하는 방법이다.
• 물질수지법 : 특정 시스템을 이용하여 유입, 유출되는 폐기물의 양에 대해 물질수지를 세워 폐기물 발생량을 추정하는 방법이다.
• 적재차량 계수분석법 : 조사된 차량의 대수에 폐기물의 겉보기 비중을 보정하여 중량으로 환산하는 방법이다.

45 차수시설에 관한 설명으로 옳지 않은 것은?

① 점토의 경우 급경사면을 포함한 어떤 지반에도 효과적으로 적용 가능하고, 부등침하가 발생하지 않는다.
② 점토의 경우 양이온 교환능력 등에 의한 오염물질의 정화기능도 가지고 있을 뿐 아니라 벤토나이트 등을 첨가하면 차수성을 향상시킬 수 있다.
③ 연직차수막은 매립지 바닥에 수평 방향으로 불투수층이 넓게 분포하고 있는 경우에 수직 또는 경사로 불투수층을 시공한다.
④ 합성고무 및 합성수지계 차수막은 자체의 차수성은 우수하나 두께가 얇아서 찢어지거나 접합이 불완전하면 차수성이 떨어진다.

해설
측면이 급경사인 경우 점토, 혼합토를 사용해서는 안 된다.

46 수거대상인구가 550,000명이고, 수거실적이 220,000톤/년이라면 1인 1일 폐기물 발생량(kg)은?(단, 1년 365일로 계산)

① 1.1kg ② 1.3kg
③ 1.5kg ④ 1.7kg

해설
$$\text{1인 1일 폐기물 발생량} = \frac{\text{발생량}}{\text{인구수} \times \text{기간}}$$
$$= \frac{220{,}000\text{톤/년} \times 1{,}000\text{kg/톤}}{550{,}000\text{인} \times 365\text{일/년}}$$
$$= 1.1\text{kg/인·일}$$

47 인구 100,000명의 중소도시에서 발생되는 쓰레기의 양이 200m³/day(밀도 750kg/m³)이다. 적재량 5ton 트럭으로 운반하려면 1일 소요되는 트럭 대수는?(단, 트럭은 1회 운행)

① 12대 ② 18대
③ 24대 ④ 30대

해설
$$\text{소요되는 트럭 대수} = \frac{\text{총쓰레기 발생량}}{\text{트럭의 적재량}}$$
$$= \frac{200\text{m}^3/\text{day} \times 750\text{kg/m}^3}{5{,}000\text{kg/대}}$$
$$= 30\text{대/day}$$

48 밀도가 0.4t/m³인 쓰레기를 매립하기 위해 밀도 0.85t/m³으로 압축하였다. 압축비는?

① 0.6 ② 1.8
③ 2.1 ④ 3.3

해설
$$\text{압축비} = \frac{\text{압축 전 부피}(V_1)}{\text{압축 후 부피}(V_2)}$$

- 압축 전 부피$(V_1) = \frac{1\text{kg}}{400\text{kg/m}^3} = 0.0025\text{m}^3$
- 압축 후 부피$(V_2) = \frac{1\text{kg}}{850\text{kg/m}^3} = 0.00118\text{m}^3$
- ∴ 압축비 $= \frac{0.0025\text{m}^3}{0.00118\text{m}^3} = 2.12$

정답 45 ① 46 ① 47 ④ 48 ③

49 연소가스의 잉여열을 이용하여 보일러에 주입되는 물을 예열함으로써 보일러드럼에 발생되는 열응력을 감소시켜 보일러의 효율을 높이는 장치는?

① 과열기(Super Heater)
② 재열기(Reheater)
③ 절탄기(Economizer)
④ 공기예열기(Air Preheater)

해설
절탄기(Economizer) : 보일러 연소배기가스의 여열을 이용하여 급수를 예열함으로써 연료를 절감시키는 폐열회수장치를 말한다.

50 소각로에서 완전연소를 위한 3가지 조건(일명 3T)으로 옳은 것은?

① 시간 – 온도 – 혼합
② 시간 – 온도 – 수분
③ 혼합 – 수분 – 시간
④ 혼합 – 수분 – 온도

해설
완전연소를 위한 3가지 조건(3T)
시간(Time), 온도(Temperature), 혼합(Turbulence)

51 폐기물 분석 시료를 얻기 위한 시료의 분할채취방법 중 다음 보기에 해당하는 것은?

|보기|
㉠ 대시료를 네모꼴로 엷게 균일한 두께로 편다.
㉡ 이것을 가로 4등분, 세로 5등분하여 20개의 덩어리로 나눈다.
㉢ 20개의 각 부분에서 균등한 양을 취한 후 혼합하여 하나의 시료로 만든다.

① 균일법
② 구획법
③ 교호삽법
④ 원추4분법

해설
ES 06130.d 시료의 채취(구획법)

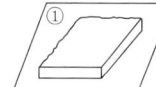 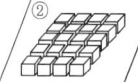 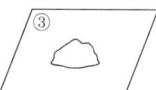

52 다음 중 매립지에서 복토를 하여 덮개시설을 하는 목적으로 가장 거리가 먼 것은?

① 악취 발생 억제
② 해충 및 야생동물의 번식 방지
③ 쓰레기의 비산 방지
④ 식물 성장의 억제

해설
덮개시설은 식물 성장을 촉진한다.

53 다음 중 슬러지 처리의 일반적인 계통도로 옳은 것은?

① 농축 – 안정화 – 개량 – 탈수 – 소각 – 최종처분
② 안정화 – 탈수 – 농축 – 개량 – 소각 – 최종처분
③ 안정화 – 농축 – 탈수 – 소각 – 개량 – 최종처분
④ 농축 – 탈수 – 개량 – 안정화 – 소각 – 최종처분

해설
슬러지 처리의 계통도
농축(중력식, 부상식, 원심력) → 안정화(혐기성, 호기성, 습식산화) → 개량(화학개량, 열처리, 세정, 동결) → 탈수(가압탈수, 벨트탈수, 원심분리) → 건조(가열건조, 건조상) → 소각 → 최종처분(퇴비화, 매립, 해양투기)

55 현행 폐기물관리법령상 지정폐기물 중 부식성 폐기물의 폐산(㉠)과 폐알칼리(㉡)의 판정기준은? (단, 액체상태의 폐기물이며, 기타 조건은 제외)

① ㉠ pH 2.0 이하 ㉡ pH 12.5 이상
② ㉠ pH 3.0 이하 ㉡ pH 12.5 이상
③ ㉠ pH 2.0 이하 ㉡ pH 11.0 이상
④ ㉠ pH 3.0 이하 ㉡ pH 11.0 이상

해설
부식성 폐기물(폐기물관리법 시행령 별표 1, 지정폐기물의 종류)
• 폐산(액체상태의 폐기물로서 수소이온농도지수가 2.0 이하인 것으로 한정한다)
• 폐알칼리(액체상태의 폐기물로서 수소이온농도지수가 12.5 이상인 것으로 한정하며, 수산화칼륨 및 수산화나트륨을 포함한다)

54 A도시에 인구 50,000명이 거주하고 있으며, 1인당 쓰레기 발생량이 평균 0.9kg/인·일이다. 이 쓰레기를 25명이 수거한다면 수거효율(MHT)은 얼마인가?(단, 1일 작업시간은 8시간, 1년 작업일수는 310일이다)

① 2.52 ② 3.14
③ 3.77 ④ 4.44

해설
$$MHT = \frac{작업인부 \times 작업시간}{연간\ 쓰레기\ 발생량}$$
$$= \frac{25명 \times 8h/d \times 310d/yr}{16,425t/yr}$$
$$= 3.77$$
∴ 연간 쓰레기 발생량
= 0.9kg/인·일 × 50,000인 × 365d/yr × 10^{-3}t/kg
= 16,425t/yr

56 투과손실이 32dB인 벽체의 투과율은?

① 3.2×10^{-3}
② 3.2×10^{-4}
③ 6.3×10^{-3}
④ 6.3×10^{-4}

해설
투과손실(TL) = $10\log\left(\frac{1}{\tau}\right)$
$32 = 10\log\left(\frac{1}{\tau}\right)$
$3.2 = \log\left(\frac{1}{\tau}\right)$
$3.2 = \log 1 - \log \tau$
$-3.2 = \log \tau$
∴ $\tau = 10^{-3.2} = 6.3 \times 10^{-4}$

57 다음 중 가청주파수의 범위로 옳은 것은?

① 20Hz 이하
② 20~20,000Hz
③ 20~20,000kHz
④ 20,000kHz 이상

해설
가청주파수의 범위는 20~20,000Hz이다.

58 다음은 음의 크기에 관한 설명이다. ( ) 안에 알맞은 것은?

( ) 순음의 음세기 레벨 40dB의 음크기를 1sone이라 한다.

① 10Hz
② 100Hz
③ 1,000Hz
④ 10,000Hz

해설
1,000Hz 순음의 음세기 레벨 40dB의 음크기를 1sone, 즉 1,000Hz 순음 40phon을 1sone으로 정의하며 그 표시기호는 S, 단위는 sone이다.

59 음향파워가 0.1Watt일 때 PWL은?

① 1dB
② 10dB
③ 100dB
④ 110dB

해설
$$PWL = 10\log\left(\frac{W}{W_o}\right)$$
여기서, PWL : 음향파워레벨(dB)
W : 음향파워(Watt)
W_o : 기준 음향파워(10^{-12}Watt)

$$\therefore PWL = 10\log\left(\frac{0.1}{10^{-12}}\right) = 10\log(10^{11}) = 110dB$$

60 손으로 소음계를 잡고 측정할 경우 소음계는 측정자의 몸으로부터 얼마 이상 떨어져야 하는가?

① 0.1m 이상
② 0.2m 이상
③ 0.3m 이상
④ 0.5m 이상

해설
ES 03302.1b 배출허용기준 중 소음측정방법(측정조건 - 일반사항) 손으로 소음계를 잡고 측정할 경우 소음계는 측정자의 몸으로부터 0.5m 이상 떨어져야 한다.

정답 57 ② 58 ③ 59 ④ 60 ④

2023년 제2회 과년도 기출복원문제

01 대기 상태가 중립조건일 때 발생하며, 연기의 수직 이동보다 수평 이동이 크기 때문에 오염물질이 멀리까지 퍼져 나가고 지표면 가까이에는 오염의 영향이 거의 없으며, 이 연기 내에서는 오염의 단면분포가 전형적인 가우시안 분포를 나타내는 연기 형태는?

① 환상형 ② 부채형
③ 원추형 ④ 지붕형

해설
① 환상형은 대기가 절대불안정할 때 발생한다.
② 부채형은 대기가 매우 안정한 상태이므로 연기의 수직 방향 분산이 매우 적고 연기는 수평면에서 천천히 이동하여 점차 퍼지게 된다.
④ 지붕형은 굴뚝의 높이보다 낮게 역전층이 있고 그 이상의 대기는 중립이거나 비교적 불안정 상태일 때 발생한다.

02 0.05%는 몇 ppm인가?

① 5ppm ② 50ppm
③ 500ppm ④ 5,000ppm

해설
ppm = %농도 × 10,000이므로
(1ppm = 10^{-6}이고 1% = 10^{-2}이므로 %가 ppm보다 10^4만큼 크다)
∴ 0.05% × 10,000 = 500ppm

03 C_8H_{18}을 완전연소할 때 부피 및 무게에 대한 이론 AFR로 옳은 것은?

① 부피 : 59.5, 무게 : 15.1
② 부피 : 59.5, 무게 : 13.1
③ 부피 : 35.5, 무게 : 15.1
④ 부피 : 35.5, 무게 : 13.1

해설
공기연료비(AFR ; Air/Fuel Ratio)
공급된 공기와 연료가 완전연소하는 경우, 공기와 연료의 질량(무게)비 또는 몰(부피)비를 말한다.

C_8H_{18} + 2.5O_2 → 8CO_2 + 9H_2O
1mol   12.5mol
22.4Sm³ x

연료(C_8H_{18}) 1mol당 이론산소량은 12.5mol이므로 공기 몰(부피)은

공기의 부피(x) = 12.5 × $\dfrac{22.4Sm^3}{0.21(산소의\ 부피비)}$ = 1333.33Sm³

AFR = $\dfrac{1333.33Sm^3}{22.4Sm^3}$ = 59.5(부피비)

같은 방법으로 무게비를 계산하면,

공기의 무게(x) = 12.5 × $\dfrac{32kg}{0.232(산소의\ 무게비)}$ = 1,724kg

AFR = $\dfrac{1,724kg}{114kg}$ = 15.12(무게비)

04 대기오염공정시험기준상 굴뚝 배출가스 중 질소산화물을 분석하는 데 사용되는 방법은?

① 페놀디설폰산법 ② 중화적정법
③ 침전적정법 ④ 아르세나조 Ⅲ법

해설
페놀디설폰산법
시료 중의 질소산화물을 산화 흡수제(황산+과산화수소수)에 흡수시켜 질산이온으로 만들고 페놀디설폰산을 반응시켜 얻어지는 착색액의 흡광도로부터 이산화질소를 정량하는 방법으로, 배출가스 중의 질소산화물을 이산화질소로 계산한다.

05 다음과 같은 특성을 지닌 대기오염물질은?

- 가죽제품이나 고무제품을 각질화한다.
- 마늘 냄새 같은 특유의 냄새가 나는 가스상 오염물질이다.
- 대기 중에서 농도가 일정 기준을 초과하면 경보를 발령하고 있다.
- 자동차 등에서 배출된 질소산화물과 탄화수소가 광화학반응을 일으키는 과정에서 생성된다.

① 오존
② 암모니아
③ 황화수소
④ 일산화탄소

해설
오존은 자동차 등에서 대기로 직접 배출되는 1차 대기 오염물질인 질소산화물(NO_x), 탄화수소류(HCs) 등이 햇빛과 반응을 일으켜 생성된다.
② 암모니아는 무색의 자극적인 냄새를 지닌 기체이다.
③ 황화수소는 이산화황(SO_2)이라고도 불리며 자극적인 냄새를 동반하고, 물과 반응해 황산을 생성하는 유독물질로 런던형 스모그, 산성비의 주원인 물질이다.
④ 일산화탄소는 공기보다 미세하게 가벼우며 무색, 무미, 무취이며 혈중 헤모글로빈과의 결합이 산소보다 약 200배 강하다.

06 대류권에 해당하는 사항으로만 옳게 연결된 것은?

㉠ 고도가 상승함에 따라 기온이 감소한다.
㉡ 오존의 밀도가 높은 오존층이 존재한다.
㉢ 지상으로부터 50~85km 사이의 층이다.
㉣ 공기의 수직 이동에 의한 대류 현상이 일어난다.
㉤ 눈이나 비가 내리는 등의 기상 현상이 일어난다.

① ㉠, ㉡, ㉣
② ㉡, ㉢, ㉣
③ ㉢, ㉣, ㉤
④ ㉠, ㉣, ㉤

해설
㉡ 오존의 밀도가 높은 오존층이 존재하는 곳은 성층권이다.
㉢ 지상으로부터 50~85km 사이의 층은 중간권이다.

07 유해가스 측정을 위한 시료 채취 방법으로 틀린 것은?

① 시료 채취관은 배출가스 등에 의해 부식되지 않는 재질의 관을 사용한다.
② 시료 채취관은 굴뚝 벽에 최대한 닿도록 끼워 넣는다.
③ 가스 중에 먼지가 혼입되는 것을 방지하기 위하여 시료 채취관에 여과재를 넣어 둔다.
④ 시료 채취 위치는 가스의 유속이 현저하게 변화하지 않고 수분이 적은 곳으로 한다.

해설
채취관은 배출가스의 흐름에 따라서 직각이 되도록 연결한다.

08 헨리의 법칙에 관한 설명으로 가장 적합한 것은?

① 기체의 용매에 대한 용해도가 높은 경우에만 헨리의 법칙이 성립한다.
② HCl, HF, SO_2 등은 헨리의 법칙이 잘 적용되는 가스이다.
③ 일정 온도에서 특정 유해가스의 압력은 용해 가스의 액중 농도에 비례한다.
④ 헨리 정수는 온도변화에 상관없이 동일성분 가스는 항상 동일한 값을 가진다.

해설
헨리의 법칙은 일정한 온도에서 일정량의 용매에 녹는 기체의 질량은 압력에 비례하지만, 부피는 압력에 관계없이 일정하다는 법칙이다.
① 기체의 용매에 대한 용해도가 낮은 경우에만 적용한다.
② 헨리의 법칙이 잘 적용되는 가스는 수소, 산소, 질소, 이산화탄소 등이다.
④ 헨리 정수는 온도변화에 따라 값이 변한다.

09 여과집진장치의 효율 향상 조건으로 거리가 먼 것은?

① 간헐식 털어내기 방식은 높은 집진율을 얻는 경우에 적합하고, 연속식 털어내기 방식은 고농도의 함진 가스 처리에 적합하다.
② 필요에 따라 유리섬유의 실리콘 처리 등을 하여 적합한 여포재를 선택하도록 한다.
③ 겉보기 여과 속도가 클수록 미세한 입자를 포집한다.
④ 여포의 파손 및 온도, 압력 등을 상시 파악하여 기능의 손상을 방지한다.

해설
여재를 통과하는 가스의 겉보기 속도가 작을수록 미세입자의 포집이 가능하다.

10 직렬로 조합된 집진장치의 총집진율은 99%이었다. 2차 집진장치의 집진율이 96%라면 1차 집진장치의 집진율은?

① 75% ② 82%
③ 90% ④ 94%

해설
$\eta_t = 1 - (1-\eta_1)(1-\eta_2)$
$0.99 = 1 - (1-\eta_1)(1-0.96)$
$(1-\eta_1)(1-0.96) = 1 - 0.99$
$(1-\eta_1) = 0.25$
$\eta_1 = 1 - 0.25 = 0.75$
∴ $0.75 \times 100\% = 75\%$

11 전기집진장치에서 먼지의 겉보기 전기저항이 10^{12} $\Omega \cdot cm$보다 높은 경우 투입하는 물질로 거리가 먼 것은?

① NaCl
② NH_3
③ H_2SO_4
④ Soda Lime(소다회)

해설
전기집진장치에서 먼지의 겉보기 전기저항이 $10^{12} \Omega \cdot cm$ 이상이면 역전리현상이 발생하기 때문에 이를 해소하기 위해 NaCl, H_2SO_4, Soda Lime(소다회) 등을 투입한다.

12 다음 가스 흡수장치 중 장치 내의 겉보기 가스 속도가 가장 큰 것은?

① 충전탑 ② 분무탑
③ 제트스크러버 ④ 벤투리스크러버

해설
④ 30~80m/s
① 0.3~1m/s
② 0.2~1m/s
③ 20~50m/s

13 CH_4 90%, CO_2 6%, O_2 4%인 기체연료 $1Sm^3$에 대하여 $10Sm^3$의 공기를 사용하여 연소하였을 때의 공기비는?

① 1.19 ② 1.49
③ 1.79 ④ 2.19

해설
공기비 = 실제공기량/이론공기량
실제공기량 = $10Sm^3$
$CH_4 + 2O_2 \rightarrow CO_2 + 2H_2O$
이론산소량 = $(2 \times 0.9) - 0.04 = 1.76Sm^3$
이론공기량 = 이론산소량/0.21 = 1.76/0.21 = $8.38Sm^3$
공기비 = $10Sm^3/8.38Sm^3$ = 1.19

14 탄소 6kg을 완전연소할 때 필요한 이론산소량(Sm^3)은?

① $6Sm^3$
② $11.2Sm^3$
③ $22.4Sm^3$
④ $53.3Sm^3$

해설

$C + O_2 \rightarrow CO_2$
12      $22.4Sm^3$
6kg x

∴ 이론산소량 $x = \dfrac{22.4 \times 6}{12} = 11.2Sm^3$

15 메탄 1mol이 완전연소할 경우 건조연소 배기가스 중의 CO_2 농도는 몇 %인가?(단, 부피 기준)

① 11.73
② 16.25
③ 21.03
④ 23.82

해설

$CH_4 + 2O_2 \rightarrow CO_2 + 2H_2O$
1mol   1mol
이론공기량 $A_0 = 2/0.21$
이론건조연소가스량 $G_{0d} = (1-0.21)A_0 + CO_2$의 양
$= (1-0.21) \times 2/0.21 + 1Sm^3/Sm^3$
$= 8.5238 Sm^3/Sm^3$

∴ 배기가스 중의 CO_2 농도 $= \dfrac{1}{8.5238} \times 100 = 11.73\%$

16 물의 특성으로 옳지 않은 것은?

① 물의 밀도는 4℃에서 최소가 된다.
② 분자량이 유사한 다른 화합물에 비해 비열이 큰 편이다.
③ 화학 구조적으로 극성을 띠어 많은 물질을 녹일 수 있다.
④ 상온에서 알칼리금속이나 알칼리토금속 또는 철과 반응하여 수소를 발생시킨다.

해설

4℃ 부근에서 물의 부피가 가장 작으므로 밀도는 최대가 된다.
(∵ 밀도 = $\dfrac{부피}{질량}$)

17 해수의 특성에 관한 설명으로 옳지 않은 것은?

① 해수의 pH는 약 8.2 정도로 약알칼리성을 지닌다.
② 해수의 주요 성분 농도비는 거의 일정하다.
③ 염분은 적도 해역에서는 높고, 남북 양극 해역에서는 다소 낮다.
④ 해수의 Mg/Ca비는 300~400 정도로 담수보다 크다.

해설

해수의 Mg/Ca비는 3~4 정도로 담수보다 크다.

18 수세법을 이용하여 제거할 수 있는 오염물질로 가장 거리가 먼 것은?

① NH_3
② SO_2
③ NO_2
④ Cl_2

해설

물에 대한 용해도가 큰 물질은 수세법으로 처리한다. NO_2는 선택적 촉매환원법으로 처리한다.

정답 14 ② 15 ① 16 ① 17 ④ 18 ③

19 적조 현상을 발생시키는 주된 원인 물질은?

① Cl ② P
③ Mg ④ Fe

해설
적조 현상은 해수 속으로 질소(N)와 인(P) 등의 영양염류가 과다하게 유입되어 발생한다.

20 ( ) 안에 가장 적합한 수질오염물질은?

> 물속에 있는 ( )의 대부분은 산업폐기물과 광산폐기물에서 유입된 것이며, 아연 정련업, 도금공업, 화학공업(염료, 촉매, 염화비닐 안정제), 기계제품제조업(자동차부품, 스프링, 항공기) 등에서 배출된다. 그 처리법으로 응집침전법, 부상분리법, 여과법, 흡착법 등이 있다.

① 수은 ② 페놀
③ PCB ④ 카드뮴

해설
① 수은은 제련소 및 매립지, 농작지로부터 유출되며 이온교환, 응집·침전, 역삼투막으로 처리한다.
② 페놀은 약품공업, 아스팔트포장도로 등에서 배출되며, 활성탄으로 처리한다.
③ PCB는 전기제품 생산공장, 화학공장, 식품공장, 제지공장 등에서 배출되며, 방사선 분해법, 자외선 분해법, 열분해법, 미생물 분해법, 흡착법 등으로 처리한다.

21 입자의 침전속도 0.5m/일, 유입 유량 50m³/일, 침전지 표면적 50m², 깊이 2m인 침전지에서의 침전효율은?

① 20% ② 50%
③ 70% ④ 90%

해설
침전효율
$$E = \frac{V_s}{Q/A}$$
표면부하율 $Q/A = \frac{50}{50} = 1$ 이므로 $E = 0.5$
∴ $0.5 \times 100\% = 50\%$

22 하·폐수 처리시설의 일반적인 처리계통으로 가장 적합한 것은?

① 침사지 - 1차 침전지 - 소독조 - 포기조
② 침사지 - 1차 침전지 - 포기조 - 소독조
③ 침사지 - 소독조 - 포기조 - 1차 침전지
④ 침사지 - 포기조 - 소독조 - 1차 침전지

해설
하수처리과정
침사지 - 유입펌프 - 1차 침전지(최초침전지) - 포기조 - 최종침전지 - 소독조 - 방류

23 철과 같이 재활용 가치가 높은 자원을 수거된 폐기물로부터 선별하는 데 적합한 선별방법은?

① 공기선별 ② 자석선별
③ 부상선별 ④ 스크린선별

해설
① 폐기물 내의 가벼운 물질인 종이나 플라스틱류를 기타 무거운 물질로부터 선별하는 방법
③ 공기의 부상력을 이용한 분리법
④ 다양한 크기의 폐기물을 스크린의 크기에 따라 분류하는 방법

24 화학흡착의 특성에 해당되는 것은?(단, 물리흡착과 비교)

① 온도범위가 낮다.
② 흡착열이 낮다.
③ 여러 층의 흡착층 가능하다.
④ 흡착제의 재생이 이루어지지 않는다.

해설
①·②·③ 물리흡착의 특성에 해당한다.

25 활성슬러지법에서 MLSS가 의미하는 것으로 가장 적합한 것은?

① 방류수 중의 부유물질
② 폐수 중의 중금속물질
③ 포기조 혼합액 중의 부유물질
④ 유입수 중의 부유물질

해설
MLSS : 폭기조(포기조) 내 부유물질의 양

26 액체염소의 주입으로 생성된 유리염소, 결합잔류염소의 살균력의 크기를 바르게 나열한 것은?

① HOCl > Chloramine > OCl$^-$
② OCl$^-$ > HOCl > Chloramine
③ HOCl > OCl$^-$ > Chloramine
④ OCl$^-$ > Chloramine > HOCl

해설
염소 살균력의 크기
HOCl > OCl$^-$ > Chloramine

27 침출수 내 난분해성 유기물을 펜톤 산화법에 의해 처리하고자 할 때, 사용되는 시약의 구성으로 옳은 것은?

① 과산화수소 + 철
② 과산화수소 + 구리
③ 질산 + 철
④ 질산 + 구리

해설
펜톤 산화법은 펜톤 시약인 과산화수소와 철염을 이용하여 OH라디칼을 발생시킴으로써 펜톤 시약의 강력한 산화력으로 난분해성 유기물을 분해하는 것이다.

28 SO_2 기체와 물이 30℃에서 평형상태에 있다. 기상에서의 SO_2 분압이 44mmHg일 때 액상에서의 SO_2 농도는?(단, 30℃에서 SO_2 기체의 물에 대한 헨리 상수는 1.60×10 atm·m^3/kmol이다)

① 2.51×10^{-4} kmol/m^3
② 2.51×10^{-3} kmol/m^3
③ 3.62×10^{-4} kmol/m^3
④ 3.62×10^{-3} kmol/m^3

해설
평형상태는 헨리의 법칙을 활용한다.
$P = H \times C$
여기서, P : 압력, H : 헨리 상수, C : 농도
$\frac{44}{760} = 1.60 \times 10 \times C$
$C = \frac{0.0579}{16} = 0.0036 = 3.62 \times 10^{-3}$ kmol/m^3

29 황(S) 성분이 1.6wt%인 중유가 2,000kg/hr 연소하는 보일러 배출가스를 NaOH 용액으로 처리할 때, 시간당 필요한 NaOH의 양(kg)은?(단, 황 성분은 완전연소하여 SO_2로 되며, 탈황률은 95%이다)

① 76
② 82
③ 84
④ 89

해설

$$S + O_2 \rightarrow SO_2 + 2NaOH \rightarrow Na_2SO_3 + H_2O$$

32kg : 2×40kg
30.4kg/hr : x

(∵ 황 성분이 1.6%이므로 0.016×2,000kg/hr×0.95 = 30.4kg/hr)
필요한 NaOH의 양(x) = 30.4kg/hr×80/32 = 76kg/hr

---

30 농황산의 비중이 약 1.84, 농도는 75%라면 이 농황산의 몰농도(mol/L)는?(단, 농황산의 분자량은 98이다)

① 9
② 11
③ 14
④ 18

해설

몰농도(mol/L) = 비중$(\frac{g}{mL}) \times \frac{10^3 mL}{L} \times \frac{1 mol}{98 g} \times 0.75$(농도)

$= 1.84 \times 10^3 \times \frac{1}{98} \times 0.75 ≒ 14 mol/L$

---

31 활성슬러지법으로 처리하고 있는 어떤 폐수처리시설 포기조의 운영관리 자료 중 적절하지 않은 것은?

① SV가 20~30%이다.
② DO가 7~9mg/L이다.
③ MLSS가 3,000mg/L이다.
④ pH가 6~8이다.

해설
용존산소(DO) 농도는 2mg/L(ppm)을 유지한다.

---

32 대표적인 부착성장식 생물학적 처리공법 중의 하나로 미생물이 부착된 매체에 하수를 뿌려주어 유기물을 제거하는 공법은?

① 산화지법
② 소화조법
③ 살수여상법
④ 활성슬러지법

해설
살수여상법은 1차 침전지를 거친 폐수를 미생물막으로 덮인 자갈이나 쇄석, 기타 매개층 등 여재(Filter Material) 위에 뿌려서 미생물막과 폐수 중의 유기물을 접촉시켜 분해시키는 처리방법이다. 살수여상은 여재, 하부 배수시설, 살수장치(Nozzle)로 구성된다.

---

33 하수의 고도처리공법 중 인(P) 성분만을 주로 제거하기 위한 Side Stream 공정으로 가장 적합한 것은?

① Bardenpho 공법
② Phostrip 공법
③ A_2/O 공법
④ UCT 공법

해설
인(P) 제거 공법(생물학적 고도처리)
Phostrip 공법, A/O 공법, Bardenpho 공법 등

---

34 조류를 이용한 산화지(Oxidation Pond)법으로 폐수를 처리할 경우 가장 중요한 영향 인자는?

① 산화지의 표면 모양
② 물의 색깔
③ 햇 빛
④ 산화지 바닥 흙입자 모양

해설
산화지(Oxidation Pond)법은 조류의 광합성 작용에 의하여 발생하는 산소를 호기성 미생물이 이용하여 유기물을 분해시키는 오폐수 처리방법이다.

---

29 ① 30 ③ 31 ② 32 ③ 33 ② 34 ③

35 살수여상법으로 폐수를 처리할 때 유지·관리상 주의할 점이 아닌 것은?

① 슬러지의 팽화
② 여상의 폐쇄
③ 생물막의 탈락
④ 파리의 발생

해설
슬러지의 팽화현상은 활성슬러지법 운영상 문제점이다.

36 폐기물관리법령상 지정 폐기물의 종류 중 부식성 폐기물의 폐알칼리 기준으로 옳은 것은?

① 액체상태의 폐기물로서 수소이온농도지수가 2.0 이하인 것으로 한정한다.
② 액체상태의 폐기물로서 수소이온농도지수가 5.6 이하인 것으로 한정한다.
③ 액체상태의 폐기물로서 수소이온농도지수가 8.6 이상인 것으로 한정하며, 수산화칼륨 및 수산화나트륨을 포함한다.
④ 액체상태의 폐기물로서 수소이온농도지수가 12.5 이상인 것으로 한정하며, 수산화칼륨 및 수산화나트륨을 포함한다.

해설
부식성 폐기물(폐기물관리법 시행령 별표 1, 지정폐기물의 종류)
• 폐산 : 액체상태의 폐기물로서 수소이온농도지수가 2.0 이하인 것으로 한정한다.
• 폐알칼리 : 액체상태의 폐기물로서 수소이온농도지수가 12.5 이상인 것으로 한정하며, 수산화칼륨 및 수산화나트륨을 포함한다.

37 폐기물 분석을 위한 시료의 분할채취방법에 해당하지 않는 것은?

① 구획법
② 원추4분법
③ 교호삽법
④ 면체분할법

해설
ES 06130.d 시료의 채취(시료의 분할채취방법)
시료의 축소방법에는 구획법, 원추4분법, 교호삽법 등이 있다.

38 고형폐기물의 파쇄처리 목적으로 거리가 먼 것은?

① 특정 성분의 분리
② 겉보기 밀도의 증가
③ 비표면적의 증가
④ 부식효과 방지

해설
파쇄처리의 목적
• 밀도의 증가 : 쓰레기의 운반, 저장, 취급의 용이성 증대
• 입자크기의 균일화 : 매립작업의 효율성 증대
• 유가물의 분리 : 쓰레기의 균일화로 물질별 분리 가능
• 비표면적의 증가 : 미생물의 작용을 촉진해 퇴비화 등의 발효효율 증대

39 폐기물의 발생원에서 처리장까지의 거리가 먼 경우 중간지점에 설치하여 운반비용을 절감시키는 역할을 하는 것은?

① 적환장
② 소화조
③ 살포장
④ 매립지

해설
적환장은 비교적 작은 수집 차량에서 큰 차량으로 옮겨 싣고 장거리 수송을 할 경우 필요한 시설이다.

40 소형차량으로 수거한 쓰레기를 대형차량으로 옮겨 운반하기 위해 마련하는 적환장의 위치로 적합하지 않은 곳은?

① 주요 간선도로에 인접한 곳
② 수송 측면에서 가장 경제적인 곳
③ 공중위생 및 환경피해가 최소인 곳
④ 가능한 한 수거지역에서 멀리 떨어진 곳

해설
④ 가능한 한 수거지역에서 가까운 곳

정답 35 ① 36 ④ 37 ④ 38 ④ 39 ① 40 ④

41 폐기물의 감량화 방안 중 폐기물이 발생원에서 발생되지 않도록 사전에 조치하는 발생원 대책으로 거리가 먼 것은?

① 적정 저장량 관리
② 과대포장 안 하기
③ 철저한 분리수거 실시
④ 폐기물로부터 회수에너지 이용

해설
폐기물로부터 회수에너지를 이용하는 것은 사후 대책에 해당한다.

42 400,000명이 거주하는 A 지역에서 일주일 동안 8,000m³의 쓰레기를 수거하였다. 이 지역의 쓰레기 발생원 단위가 1.37kg/인·일이면 쓰레기의 밀도(ton/m³)는?

① 0.28
② 0.38
③ 0.48
④ 0.58

해설
일주일 쓰레기 발생량 = 400,000인 × 1.37kg/인·일 × 7일
 = 3,836,000kg = 3,836ton
쓰레기의 밀도 = 3,836/8,000 = 0.48ton/m³

43 폐기물처리에서 에너지 회수방법으로 거리가 먼 것은?

① 슬러지 개량
② 혐기성 소화
③ 소각열 회수
④ RDF 제조

해설
슬러지 개량이란 탈수성을 좋게 하여 처리 시 비용을 저렴하게 하기 위한 방법이다.

44 소각에 비하여 열분해 공정의 특징이라고 볼 수 없는 것은?

① 무산소 분위기 중에서 고온으로 가열한다.
② 액체 및 기체상태의 연료를 생산하는 공정이다.
③ NO_x 발생량이 적다.
④ 열분해 생성물의 질과 양의 안정적 확보가 용이하다.

해설
열분해 공정은 가스, 액체 연료 등의 획득이 가능하나 그 양과 질의 안정적인 확보가 어렵다.

45 소각로의 형식이라 볼 수 없는 것은?

① 펌프식
② 화격자식
③ 유동상식
④ 회전로식

해설
소각로의 종류는 연소방식에 따라서 고정상식, 유동상식, 화격자식, 회전로식, 건류식 등이 있다.

46 짐머만(Zimmerman) 공법이라고도 하며, 액상 슬러지에 열과 압력을 작용해 용존산소에 의해 화학적으로 슬러지 내의 유기물을 산화하는 방법은?

① 혐기성 소화
② 호기성 소화
③ 습식 산화
④ 화학적 안정화

해설
① 혐기성 소화 : 혐기성 미생물을 활용해 유기물을 분해하는 방법
② 호기성 소화 : 활성슬러지법이라고 하며 호기성 미생물을 이용해 유기물을 분해하는 방법
④ 화학적 안정화 : 처리 대상 물질이 화학적으로 불안정한 상태를 안정화하여 화학적 변화가 발생하지 않도록 하는 것

정답 41 ④ 42 ③ 43 ① 44 ④ 45 ① 46 ③

47 유해 폐기물의 물리 화학적 처리방법 중 휘발성 물질을 함유하는 유해 액상 폐기물을 수증기와 접촉시켜 휘발 성분을 기화시킨 후 분리하는 공정으로, 특히 휘발성 물질이 고농도로 농축된 액상 폐기물의 처리에 가장 적합한 방법은?

① 가압 부상　　② 증발 농축
③ 공기 탈기　　④ 증기 탈기

해설
증기 탈기는 액상 폐기물을 수증기와 접촉시켜 휘발성 물질을 기화시킨 후 분리하는 공정으로, 연속식 또는 배치식(Batch)으로 나눌 수 있다.

48 폐기물의 고형화 처리방법에 해당하지 않는 것은?

① 시멘트 기초법
② 활성탄 흡착법
③ 유기 중합체법
④ 열가소성 플라스틱법

해설
활성탄 흡착법은 오폐수의 고도처리방법이다.

49 함수율 40%(W/W)인 폐기물을 건조해 함수율 20%(W/W)로 하였다면 중량은 어떻게 변하는가? (단, 비중은 1.0)

① 원래의 1/4로 된다.
② 원래의 1/2로 된다.
③ 원래의 3/4으로 된다.
④ 원래의 5/6로 된다.

해설
$W_1 \times (100 - P_1) = W_2 \times (100 - P_2)$
$W_1 \times (100 - 40) = W_2 \times (100 - 20)$
$\therefore \dfrac{W_2}{W_1} = \dfrac{60}{80} = \dfrac{3}{4}$

50 매립지에서 유기물이 혐기성 분해될 때 가장 늦게 일어나는 단계는?

① 가수분해 단계
② 알코올발효 단계
③ 메탄 생성 단계
④ 산 생성 단계

해설
혐기성 분해의 단계
• 혐기성 세균에 의하여 복잡한 유기물을 가수분해하여 CO_2, H_2 및 지방산을 생성한다.
• 수소와 지방산이 축적되면 메탄 생성 세균에 의하여 CH_4 가스가 생성된다.
• CH_4의 조성은 50~70%, CO_2의 조성은 30~50%를 유지한다.

51 침출수를 혐기성 여상으로 처리하고자 한다. 유입 유량이 1,000m³/일이고, BOD가 500mg/L, 처리 효율이 90%라면 이때 혐기성 여상에서 발생하는 메탄가스의 양은?(단, 1.5m³ 가스/BOD kg, 가스 중 메탄함량 60%)

① 350m³/일
② 405m³/일
③ 510m³/일
④ 550m³/일

해설
BOD 농도 500mg/L = 500g/m³ = 0.5kg/m³
메탄가스의 양
= 1,000m³/일 × 0.5kg/m³ × 0.9 × 1.5m³ 가스/BOD kg × 0.6
= 405m³/일

52 밑면을 개방할 수 있는 바지선에 폐기물을 적재하여 대상지점에 투하하는 방식으로 내수배제가 곤란하고 수심이 깊은 지역 등에 적합한 해안매립공법은?

① 도량식공법
② 셀공법
③ 샌드위치공법
④ 박층뿌림공법

해설
①·②·③ 모두 내륙매립 공법이다.

53 매립지에서 복토를 하여 덮개시설을 하는 목적으로 가장 거리가 먼 것은?

① 악취 발생 억제
② 해충 및 야생동물의 번식 방지
③ 쓰레기의 비산 방지
④ 식물성장의 억제

해설
식물성장을 억제하는 것이 아니라 식물의 성장환경을 조성한다.

54 침출수 중의 난분해성 유기물 처리에 사용되는 것은?

① 중크로뮴산(Bichromate) 용액
② 옥살산(Oxalic acid) 용액
③ 펜톤(Fenton) 시약
④ 네스럴(Nessler) 시약

해설
펜톤(Fenton) 처리법
과산화수소(H_2O_2)와 제1철(F^{2+})은 대부분의 난분해성 유기물과 잘 반응하여 독성을 감소시키고 생분해성을 증가시키기 때문에 생물학적 처리가 어려운 산업폐수의 처리에 적합한다. 과산화수소는 제1철염이온을 촉매로 하여 pH 3.5~5.0에서 강력한 산화력을 지니는 OH라디칼을 생성하여 폐수 중 난분해성 유기물질을 산화한다.

55 매립 시 발생하는 매립 가스 중 악취를 유발하는 물질은?

① CH_4
② CO_2
③ NH_3
④ CO

해설
대표적으로 암모니아, 황화수소, 메틸메르캅탄 및 아민류 등이 악취를 일으키는 성분이다.

56 인체의 청각기관 중 외이(外耳)에 해당하는 것은?

① 고막
② 이소골
③ 이관
④ 와우각

해설
외이는 귓바퀴와 외이도, 고막으로 이루어지며, 귓바퀴와 외이도를 통해 모인 소리는 고막을 진동시켜 중이에 전달된다.

57 아파트 벽의 음향투과율이 0.1%라면 투과손실은?

① 10dB
② 20dB
③ 30dB
④ 50dB

해설

투과손실(dB) = $10\log\dfrac{1}{\tau} = 10\log\dfrac{1}{0.001} = 10\log10^3 = 30\text{dB}$

여기서, τ : 투과율

58 방음대책을 음원대책과 전파경로대책으로 구분할 때, 전파경로대책에 해당하는 것은?

① 강제력 저감
② 방사율 저감
③ 파동의 차단
④ 지향성 변환

해설

방음대책
- 음원대책 : 발생원의 저소음화, 발생원인 제거, 차음, 방진, 제진
- 전파경로대책 : 거리감쇠, 차폐효과, 흡음, 지향성 변환

59 진동수가 250Hz이고 파장이 5m인 파동의 전파속도는?

① 50m/s
② 250m/s
③ 750m/s
④ 1,250m/s

해설

$\lambda = \dfrac{V}{f}$

$V = \lambda \times f = 5 \times 250 = 1{,}250\text{m/s}$

60 소음제어를 위한 방법 중 기류음(공기음)의 발생대책이 아닌 것은?

① 분출 유속의 저감
② 관의 곡률 완화
③ 밸브의 다단화
④ 가진력 억제

해설

소음제어대책
- 기류음 : 덕트의 곡률 완화, 분출 유속의 저감, 밸브의 다단화
- 고체음 : 가진력 억제, 공명방지, 방사면 축소 및 제진 처리, 방진

정답 57 ③ 58 ④ 59 ④ 60 ④

2023년 제3회 과년도 기출복원문제

01 로스앤젤레스(Los Angeles)형 스모그 발생조건으로 가장 거리가 먼 것은?

① 방사성 역전형태 ② 23~32℃의 고온
③ 광화학적 반응   ④ 석유계 연료

해설
로스앤젤레스형 스모그는 침강성 역전형태(하강형)이고, 런던형 스모그는 방사성 역전형태(복사형)이다.

02 보기에서 설명하는 대기오염물질은?

> **보기**
> 자동차 등에서 배출된 질소산화물과 탄화수소가 광화학반응을 일으키는 과정에서 생성되며, 가죽제품이나 고무제품을 각질화한다. 대기환경보전법상 대기 중 농도가 일정 기준을 초과하면 경보를 발령하고 있다.

① VOC   ② O_3
③ CO_2 ④ CFC

해설
대기오염 경보의 대상 오염물질은 환경정책기본법 제12조에 따라 환경기준이 설정된 오염물질 중 미세먼지, 초미세먼지, 오존을 말한다(대기환경보전법 시행령 제2조 제2항).

03 대기오염공정시험기준상 굴뚝 배출가스 중 질소산화물의 연속자동 측정방법이 아닌 것은?

① 용액전도율법   ② 적외선흡수법
③ 자외선흡수법   ④ 화학발광법

해설
설치방식에 따라 시료채취형과 굴뚝부착형으로 구분하며, 측정원리에 따라 화학발광법, 적외선흡수법, 자외선흡수법 및 정전위전해법 등으로 분류할 수 있다.

04 $Cr_2O_7^{2-}$ 이온에서 크로뮴(Cr)의 산화수는?

① -5 ② -6
③ $+5$ ④ $+6$

해설
산화수 계산
$K_2Cr_2O_7 = 0$
K = +1이고, O = −2이므로
$(+1) \times 2 + 2Cr + (-2) \times 7 = 0$
∴ Cr의 산화수 = +6

05 유해가스 처리기술 중 헨리의 법칙을 이용하여 오염 가스를 제거하는 방법으로 가장 적합한 것은?

① 흡수   ② 흡착
③ 연소   ④ 집진

해설
흡수법은 수용성 유해가스를 흡수제(액상)로 중화 흡수하는 방법으로 헨리의 법칙을 이용한다.
헨리의 법칙
$P = H \times C$
여기서, P(atm) : 일정 온도에서 기체 중의 분압
H(atm · m³/Kmol) : 헨리 상수(온도에 따라 변화)
C(Kmol/m³) : 액상 중의 농도
② 흡착 : 다공성 고체를 이용해 대상 가스를 구멍 안에 부착하여 제거하는 방법
③ 연소 : 주로 악취를 처리할 때 사용하는 방법으로 대상 물질을 태워서 제거하는 방법
④ 집진 : 입자성 물질(먼지 등)을 기체에서 분리하여 제거하는 방법

정답 1 ① 2 ② 3 ① 4 ④ 5 ①

06 흡수공정으로 유해가스를 처리할 때, 흡수액이 갖추어야 할 요건으로 옳지 않은 것은?

① 용해도가 커야 한다.
② 점성이 작아야 한다.
③ 휘발성이 커야 한다.
④ 용매의 화학적 성질과 비슷해야 한다.

해설
③ 휘발성이 작아야 한다.

07 유해가스를 배출하기 위해 설치한 가로 30cm, 세로 50cm인 직사각형 송풍관의 상당직경(De)은?

① 37.5cm
② 38.5cm
③ 39.5cm
④ 40.0cm

해설
상당직경$(De) = \dfrac{2 \times a \times b}{a+b} = \dfrac{2 \times 30 \times 50}{30+50} = 37.5cm$

08 유해가스를 흡수액에 흡수시켜 제거하려고 한다. 흡수효율에 영향을 미치는 인자로 가장 거리가 먼 것은?

① 기체-액체의 접촉시간 및 접촉면적
② 흡수액에 대한 유해가스의 용해도
③ 유해가스의 분압
④ 운반가스(Carrier Gas)의 활성도

해설
유해가스 흡수효율은 기체와 액체의 접촉시간과 접촉면적, 흡수액의 농도와 반응 속도, 물에 대한 기체의 용해도에 영향을 받는다.

09 여과집진장치의 탈진방법으로 가장 거리가 먼 것은?

① 진동형
② 세정형
③ 역기류형
④ Pulse Jet형

해설
여과집진장치의 탈진방법으로는 진동방식, 역기류방식, 충격기류(Pulse Jet)방식 등이 있다.

10 중력 집진장치에 대한 설명으로 옳지 않은 것은?

① 침강실 입구폭이 클수록 유속이 느려지며 미세한 입자가 포집된다.
② 취급 입경은 $0.1 \sim 10\mu m$ 이며, 유지비용은 비싼 편이다.
③ 운전 시 압력손실은 $5 \sim 15 mmH_2O$로 낮다.
④ 침강실의 높이가 낮고, 수평 길이가 길수록 집진율이 높아진다.

해설
② 취급 입경은 $50\mu m$ 이상이며, 유지비용은 적게 든다.

11 백필터(Bag Filter)의 특징으로 틀린 것은?

① 폭발성 및 점착성 먼지 제거가 곤란하다.
② 수분에 대한 적응성이 낮으며, 유지비용이 많이 든다.
③ 여과속도가 클수록 집진효율이 커진다.
④ 가스 온도에 따른 여재의 사용이 제한된다.

해설
③ 여과속도가 클수록 집진효율이 낮아진다.

12 2대의 집진장치가 직렬로 배치되어 있다. 1차 집진장치의 집진율은 80%이고 2차 집진장치의 집진율은 90%일 때 총집진효율은?

① 85%
② 90%
③ 95%
④ 98%

해설
$\eta_t = 1 - (1-\eta_1)(1-\eta_2) = 1 - (1-0.8)(1-0.9) = 0.98$
∴ $0.98 \times 100\% = 98\%$

13 에탄 가스 $1Sm^3$의 완전연소에 필요한 이론공기량은?

① $8.67Sm^3$
② $10.67Sm^3$
③ $12.67Sm^3$
④ $16.67Sm^3$

해설
$C_2H_6 + \frac{7}{2}O_2 \rightarrow 2CO_2 + 3H_2O$
$1Sm^3 \quad 3.5Sm^3$
이론산소량 = $3.5Sm^3$
이론공기량 = $3.5Sm^3 / 0.21 ≒ 16.67Sm^3$

14 완전연소를 위한 이론공기량을 산출하는 식으로 옳은 것은?(단, 부피 기준)

① 이론공기량 = 이론산소량 × 0.21
② 이론공기량 = 이론산소량 ÷ 0.21
③ 이론공기량 = 이론산소량 × 0.79
④ 이론공기량 = 이론산소량 ÷ 0.79

해설
이론산소량 = 이론공기량 × 0.21이므로
∴ 이론공기량 = 이론산소량 ÷ 0.21

15 황화수소 $1Sm^3$의 이론연소 공기량(Sm^3)은?(단, 표준상태 기준, 황화수소는 완전연소되어 물과 아황산가스로 변화)

① 5.6
② 7.1
③ 8.7
④ 9.3

해설
이론연소 공기량 = $\dfrac{이론산소량}{0.21(대기 중 산소의 분압)}$

$H_2S + \frac{3}{2}O_2 \rightarrow SO_2 + H_2O$

황화수소(H_2S) $1Sm^3$을 연소하면 이론산소량(Sm^3/Sm^3)은
$1Sm^3 \times \frac{3}{2} Sm^3/Sm^3 = 1.5Sm^3$

∴ 이론연소 공기량 = $\dfrac{1.5}{0.21} ≒ 7.1Sm^3$

16 추운 겨울에 호수가 표면부터 어는 현상 및 호수의 전도 현상과 가장 밀접한 연관이 있는 물의 특성은?

① 증산
② 밀도
③ 증발열
④ 용해도

해설
호수의 물은 수온에 따른 밀도차에 의해 수심별로 여러 개의 층으로 나뉘는 성층 현상이 일어난다. 봄과 가을에는 물의 특성상 수표면의 수온이 4℃가 되면 물의 밀도가 최대로 되어 하부로 내려가게 되고, 하부의 물은 상부로 이동하여 전도 현상이 발생한다.

17 유기물 과다 유입에 따른 수질오염 현상으로 가장 거리가 먼 것은?

① DO 농도의 감소
② 혐기 상태로 변화
③ 어패류의 폐사 현상
④ BOD 농도의 감소

해설
유기물이 과다 유입되면 부영양화에 따라 BOD가 상승한다.

18 수질오염공정시험기준상 산성 100℃ 과망가니즈산칼륨에 의한 화학적 산소요구량 측정 시 적정온도로 가장 적합한 것은?

① 25~30℃   ② 60~80℃
③ 110~120℃   ④ 185~200℃

해설
옥살산나트륨용액(0.0125M) 10mL를 정확하게 넣고 60~80℃를 유지하면서 과망가니즈산칼륨용액(0.005M)을 사용하여 용액의 색이 엷은 홍색을 나타낼 때까지 적정한다.

19 비점오염원에 해당하는 것은?

① 농경지 배수
② 폐수처리장 방류수
③ 축산폐수
④ 공장의 산업폐수

해설
비점오염원이란 도시, 도로, 농지, 산지, 공사장 등의 불특정 장소에서 불특정하게 수질 오염물질을 배출하는 배출원을 말한다. 폐수처리장 방류수, 축산폐수, 산업폐수는 점오염원에 해당한다.

20 시판되는 황산의 농도가 96%(W/W), 비중 1.84일 때, 노말농도(N)는?

① 18   ② 24
③ 36   ④ 48

해설

$$당량 = \frac{분자량}{원자가수}$$

H_2SO_4 1당량은 98/2 = 49g
96g/100g × 1,840g/L × 1eq(당량)/49g = 36.05N

21 유입하수량이 2,000m³/일이고, 침전지의 용적이 250m³일 때 체류 시간은?

① 3시간   ② 4시간
③ 6시간   ④ 8시간

해설

$$t = \frac{V}{Q} = \frac{A \times H}{Q} = \frac{250\text{m}^3 \times 24\text{시간/일}}{2,000\text{m}^3/\text{일}} = 3\text{시간}$$

여기서, t : 체류 시간 V : 부피
A : 단위 표면적 H : 침전지 깊이
Q : 유입량

22 물리적 예비처리공정으로 볼 수 없는 것은?

① 스크린   ② 침사지
③ 유량조정조   ④ 소화조

해설
소화조는 혐기적 생물학적 처리공정에 해당한다.

23 침전지 유입부에 설치하는 정류판(Baffle)의 기능으로 가장 적합한 것은?

① 침전지 유입수의 균일한 분배와 분포
② 침전지 내의 침사물 수집
③ 바람을 막아 표면 난류 방지
④ 침전 슬러지의 재부상 방지

해설
정류판은 침전지 유입구에 설치하여 유속의 감소와 유량의 분산을 유도하여 흐름을 양호하게 하기 위한 시설이다.

24 다음 중 물리적 흡착의 특징을 모두 고른 것은?

ㄱ. 흡착과 탈착이 비가역적이다.
ㄴ. 온도가 낮을수록 흡착량이 많다.
ㄷ. 흡착이 다층(Multi-layers)에서 일어난다.
ㄹ. 분자량이 클수록 잘 흡착된다.

① ㄱ, ㄴ
② ㄴ, ㄹ
③ ㄱ, ㄴ, ㄷ
④ ㄴ, ㄷ, ㄹ

해설
흡착과 탈착이 비가역적인 것은 화학적 흡착의 특징이다.

25 침전지 또는 농축조에 설치된 스크레이퍼의 사용 목적으로 옳은 것은?

① 침전물을 부상시키기 위해
② 스컴(Scum)을 방지하기 위해
③ 슬러지(Sludge)를 혼합하기 위해
④ 슬러지(Sludge)를 끌어모으기 위해

해설
스크레이퍼는 비중이 큰 고형물들이 슬러지 부상 동안에 바닥으로 가라앉으므로 이를 긁어 주기 위하여 사용한다.

26 1N H_2SO_4 용액으로 옳은 것은?

① 용액 1mL 중 H_2SO_4 98g 함유
② 용액 1,000mL 중 H_2SO_4 98g 함유
③ 용액 1,000mL 중 H_2SO_4 49g 함유
④ 용액 1mL 중 H_2SO_4 49g 함유

해설
1N(노말농도)은 용액 1L(1,000mL)당 용질(H_2SO_4)을 1당량(49g) 함유한다는 것이다.

27 0.01M 염산(HCl) 용액의 pH는 얼마인가?(단, 이 농도에서 염산은 100% 해리한다)

① 1
② 2
③ 3
④ 4

해설
$HCl \rightarrow H^+ + Cl^-$
0.01M   0.01M   0.01M
$pH = -\log[H^+] = -\log[0.01] = -\log[10^{-2}] = 2$

28 불소 제거를 위하여 가장 많이 이용되는 폐수처리 방법은?

① 화학침전
② 물리침전
③ 생물침전
④ 자연침전

해설
불소처리 방법(화학침전)
불소 함유 폐수에 과량의 소석회를 투입하여 pH를 10 이상으로 올린 다음 인산을 첨가하여 불소 제거효율을 높인다. 충분히 교반시켜 반응을 완료시킨 후 황산이나 염산으로 중화해 응집·침전시킨다.

정답 23 ① 24 ④ 25 ④ 26 ③ 27 ② 28 ①

29 6가 크로뮴(Cr^{6+}) 함유 폐수를 처리하기 위한 가장 적합한 방법은?

① 아말감법 ② 환원침전법
③ 오존산화법 ④ 충격법

해설
환원침전법
pH 3.0 이하의 낮은 pH에서 황산제1철, 아황산가스 등의 환원제를 사용하여 6가 상태의 크로뮴을 3가로 환원시킨 다음 석회 등의 알칼리성 물질을 넣어 중화시킨 후 3가 상태의 크로뮴으로 침전시키는 방법이다.

30 수질오염공정시험기준에 의거 부유물질(SS)을 측정하고자 할 때 반드시 필요한 것은?

① 배지
② Gas Chromatography
③ 배양기
④ GF/C 여지

해설
ES 04303.1b 부유물질(목적)
미리 무게를 단 유리섬유 여과지(GF/C)를 여과 장치에 부착하여 일정량의 시료를 여과시킨 다음 항량으로 건조하여 무게를 달아 여과 전·후의 유리섬유 여과지의 무게 차를 산출하여 부유물질의 양을 구한다.

31 탈산소 계수(k)가 0.15/day인 어느 유기물질의 BOD_5가 200ppm이었다. 2일 후에 남아있는 BOD는?(단, 상용대수 적용)

① 105 ② 118
③ 122 ④ 136

해설
$BOD_5 = BOD_u \times (1 - 10^{-k_1 t})$
$200ppm = BOD_u \times (1 - 10^{-0.15 \times 5})$
$BOD_u = \dfrac{200}{(1 - 10^{-0.75})} = 243.26 ppm$
$BOD_2 = BOD_u \times 10^{-k_1 t}$
$BOD_2 = 243.26 \times (10^{-0.15 \times 2}) = 121.91 ppm$

32 용존산소에 영향을 주는 인자에 대한 설명으로 옳지 않은 것은?

① 물의 온도가 높을수록 용존산소량은 감소한다.
② 불순물의 농도가 높을수록 용존산소량은 감소한다.
③ 물의 흐름이 난류일 때 산소의 용해도가 낮다.
④ 현재 물속에 녹아 있는 용존산소량이 적을수록 용해 속도가 증가한다.

해설
③ 물의 흐름이 난류일 때 산소의 용해 속도가 높다.

33 탱크에 쇄석 등의 여재를 채우고 위에서 폐수를 뿌려 쇄석 표면에 번식하는 미생물이 폐수와 접촉해 유기물을 섭취·분해하여 폐수를 생물학적으로 처리하는 방식은?

① 활성슬러지법
② 호기성 산화지법
③ 회전원판법
④ 살수여상법

해설
회전원판법은 살수여상법과 같이 부착성 미생물에 의한 생물막 처리방법이며, 쇄석을 사용하는 것은 살수여상법이다.

정답 29 ② 30 ④ 31 ③ 32 ③ 33 ④

34 BOD, SS의 제거율이 비교적 높고 악취나 파리의 발생이 거의 없으며 설치면적은 적게 드나, 슬러지 팽화의 문제점이 있고 슬러지 생성량이 비교적 많은 생물학적 처리방법은?

① 활성슬러지법　② 회전원판법
③ 산화지법　　　④ 살수여상법

해설
활성슬러지법의 장단점

장점	• 설치면적이 작음 • 처리수 수질 양호 • 악취 발생이 적고 2차 공해 우려가 없음 • BOD, SS의 제거율이 높음
단점	• 높은 운전비용 • 숙련된 유지관리 필요 • 슬러지 생성량이 많음 • 슬러지 팽화 발생

35 생물학적 원리를 이용하여 폐수 중의 인과 질소를 동시에 제거하는 공정 중 혐기조의 역할로 가장 적합한 것은?

① 유기물 흡수, 인의 과잉 흡수
② 유기물 흡수, 인 방출
③ 유기물 흡수, 탈질소
④ 유기물 흡수, 질산화

해설
혐기조에서는 유기물 흡수와 인의 방출이 일어나고 폭기조에서는 인의 과잉 섭취가 일어난다.

36 폐기물의 3성분이라 볼 수 없는 것은?

① 수분　　② 무연분
③ 회분　　④ 가연분

해설
폐기물의 3성분은 수분, 회분, 휘발성 고연분(가연분)으로 나뉜다.

37 폐기물 분석시료를 얻기 위한 시료의 분할채취방법 중 다음에 해당하는 것은?

• 대시료를 네모꼴로 엷게 균일한 두께로 편다.
• 이것을 가로 4등분, 세로 5등분하여 20개의 덩어리로 나눈다.
• 20개의 각 부분에서 균등량씩 취한 다음, 혼합하여 하나의 시료로 한다.

① 균일법
② 구획법
③ 교호삽법
④ 원추4분법

해설
ES 06130.d 시료의 채취(구획법)

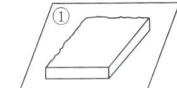 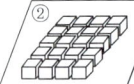 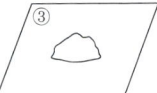

38 폐기물의 퇴비화 공정에서 발생된 생성물로 가장 거리가 먼 것은?

① NO_3^-
② CO_2
③ O_3
④ H_2O

해설
퇴비화 생성물 반응
유기성 폐기물의 분해는 미생물에 의하여 호기적으로 일어나며, 산화 반응 중 발생하는 산화 발생열에 의하여 분해가 촉진된다.
유기물 + O_2 → H_2O + CO_2 + NO_3 + SO_4^-
　　　　→ 대사물질 + Energy

39 폐기물 시료 100kg을 달아 건조한 후의 시료 중량을 측정하였더니 40kg이었다. 이 폐기물의 수분함량 %(W/W)는?

① 40% ② 50%
③ 60% ④ 80%

해설

수분함량(%) = $\frac{W_1 - W_2}{W_1} \times 100 = \frac{100 - 40}{100} \times 100 = 60\%$

여기서, W_1 : 건조 전 시료의 무게
W_2 : 건조 후 시료의 무게

40 관거(Pipeline) 수거에 관한 설명으로 틀린 것은?

① 자동화, 무공해화가 가능하다.
② 가설 후에 경로 변경이 곤란하고 설치비가 높다.
③ 잘못 투입된 물건의 회수가 용이하다.
④ 큰 쓰레기는 파쇄, 압축 등의 전처리를 해야 한다.

해설

관거(Pipeline)에 의한 방법은 관거에 스크류 컨베이어(Screw Conveyor)를 설치하여 수송·운반하는 방법으로 잘못 투입된 물건의 회수가 어렵다.

41 1,792,500ton/년의 쓰레기를 2,725명의 인부가 수거하고 있다면 수거인부의 수거능력(MHT)은? (단, 수거인부의 1일 작업시간은 8시간, 1년 작업일 수는 310일이다)

① 2.16 ② 2.95
③ 3.24 ④ 3.77

해설

수거능력(MHT) = (작업인부 × 작업시간)/연간 쓰레기량(ton)
= (2,725인×8시간×310일/년) / 1,792,500ton/년
= 3.77

42 어느 도시에 인구 100,000명이 거주하고 있으며, 1인당 쓰레기 발생량이 평균 0.9kg/인·일이다. 이 쓰레기를 적재용량이 5ton인 트럭을 이용하여 한 번에 수거를 마치려면 트럭이 몇 대 필요한가?

① 10대 ② 12대
③ 15대 ④ 18대

해설

운반 차량 = $\frac{쓰레기 발생량}{적재용량}$ = $\frac{100,000인 \times 0.9kg/인}{5ton(=5,000kg)}$ = 18대

43 쓰레기 발생량 산정방법으로 가장 거리가 먼 것은?

① 적재차량 계수분석법
② 직접계근법
③ 물질수지법
④ 직접경향분석법

해설

쓰레기 발생량 산정방법
① 적재차량 계수분석법 : 일정 기간 동안 특정 지역의 쓰레기 수거·운반 차량의 대수를 조사하고 밀도를 이용하여 무게로 환산하는 방법
② 직접계근법 : 일정 기간 동안 특정 지역의 쓰레기 수거·운반 차량을 직접 계근하는 방법
③ 물질수지법 : 조사하고자 하는 계의 경계를 설정 후, 계 내로 유입되는 모든 물질과 유출되는 모든 물질 간에 물질수지를 세움으로써 폐기물 발생량을 추정하는 방법

정답 39 ③ 40 ③ 41 ④ 42 ④ 43 ④

44 로타리킬른 방식의 장점으로 거리가 먼 것은?

① 열효율이 높고, 적은 공기비로도 완전연소가 가능하다.
② 예열이나 혼합 등 전처리가 거의 필요 없다.
③ 드럼이나 대형용기를 파쇄하지 않고 그대로 투입할 수 있다.
④ 습식가스 세정시스템과 함께 사용할 수 있다.

해설
로타리킬른 방식의 장단점

장점	• 구조가 간단하고 취급이 용이 • 동력비, 운전비가 적게 소요 • 부피가 큰 폐기물 소각 가능 • 다양한 액·고상폐기물 소각 가능 • 전처리 불필요 • 1,400℃ 이상 가동하여 독성물질 파괴 가능
단점	• 비교적 넓은 부지가 소요 • 설치비가 비싸고 열효율이 낮음 • 2차 연소실 필요 • 투자비에 비해 소각능력이 떨어짐 • 높은 농도의 분진 발생 가능성 • 내화물의 마모 • 탈수성이 나쁘면 조립작용으로 괴상 물질이 생성되어 불완전 연소

45 기체연료를 버너노즐로 분출시켜 외부공기와 혼합하여 연소시키는 방법은?

① 확산 연소법   ② 사전혼합 연소법
② 화격자 연소법   ④ 미분탄 연소법

해설
확산 연소법은 기체연료(프로판 가스, LPG 등)를 공기의 확산에 의하여 반응하는 연소형태를 취한다.

46 어느 슬러지 건조상의 길이가 40m이고, 폭은 25m이다. 여기에 30cm 깊이로 슬러지를 주입할 때 전체 건조 기간 중 슬러지의 부피가 70% 감소하였다면 건조된 슬러지의 부피는 몇 m^3가 되겠는가?

① $50m^3$ ② $70m^3$
③ $90m^3$ ④ $110m^3$

해설
건조된 슬러지의 부피 = 40m × 25m × 0.3m × (1 − 0.7) = $90m^3$

47 폐기물을 안정화 및 고형화할 때 폐기물의 전환 특성으로 거리가 먼 것은?

① 오염물질의 독성 증가
② 폐기물 취급 및 물리적 특성 향상
③ 오염물질이 이동되는 표면적 감소
④ 폐기물 내에 있는 오염물질의 용해성 제한

해설
① 오염물질의 독성이 감소한다.

48 슬러지의 안정화 방법으로 볼 수 없는 것은?

① 혐기성 소화   ② 살수여상법
③ 호기성 소화   ④ 퇴비화

해설
슬러지의 안정화
• 목적 : 슬러지 중의 유기물을 제거하여 안정화 및 슬러지의 양 감소
• 방법 : 혐기성 소화, 호기성 소화, 습식 산화, 임호프탱크, 석회 안정화, 염소 산화

49 무기응집제인 알루미늄염의 장점으로 가장 거리가 먼 것은?

① 적정 pH 폭이 2~12 정도로 매우 넓은 편이다.
② 독성이 거의 없어 대량으로 주입할 수 있다.
③ 시설을 더럽히지 않는 편이다.
④ 가격이 저렴한 편이다.

해설
알루미늄염은 독성이 없고 경제적이나 pH 폭이 좁은 단점이 있다.

50 혐기성 소화 탱크에서 유기물 75% 무기물 25%인 슬러지를 소화 처리하여 소화 슬러지의 유기물이 58%, 무기물이 42%가 되었을 때의 소화율은?

① 35% ② 42%
③ 49% ④ 54%

해설
소화율 = {(소화 전 비율 − 소화 후 비율) / 소화 전 비율} × 100%
소화 전 비율 = 75/25 = 3
소화 후 비율 = 58/42 = 1.38
소화율 = {(3 − 1.38)/3} × 100% = 54%

51 폐기물의 재활용과 감량화를 도모하기 위해 실시할 수 있는 제도로 가장 거리가 먼 것은?

① 예치금 제도 ② 환경영향평가
③ 부담금 제도 ④ 쓰레기 종량제

해설
환경영향평가
환경에 크게 영향을 미치는 법률, 행정계획 등 국가 정책을 수립하거나 개발사업을 시행하기에 앞서, 그와 같은 행위가 환경에 미치는 영향을 미리 예측·평가하고 영향 저감방안을 강구함으로써 환경에 미치는 부정적인 영향을 최소화하려는 일련의 행정절차이다.

52 매립지 차수시설에 대한 설명 중 가장 거리가 먼 것은?

① 차수시설은 매립이 시작되면 복구가 불가능하므로 차수막의 특성에 따라 완벽하게 설계 및 시공되어야 한다.
② 차수시설은 형태에 따라 매립지의 바닥 및 경사면의 차수를 위한 표면차수공과 매립지의 하류부 또는 주변부에 연직으로 설치하는 연직차수시설로 나뉜다.
③ 점토에 벤토나이트 등을 첨가하면 차수성을 향상시킬 수 있다.
④ 합성수지 및 고무계 차수막은 내화학성과 내구성이 높아 경사면 및 지반침하의 우려가 있는 곳에도 직접 시공할 수 있다.

해설
지반침하의 우려가 있는 곳에서는 지하수의 압력에 의하여 파괴될 수 있으므로 피한다.

53 폐기물의 자원화와 가장 관계가 먼 것은?

① RDF
② Pyrolysis
③ Land Fill
④ Composting

해설
Land Fill은 폐기물매립이라는 의미이며, 자원화와 관련된 것은 Land Fill Gas(매립지 가스)이다.

54 매립지의 복토 기능으로 거리가 먼 것은?

① 화재 발생 방지
② 우수의 이동 및 침투방지로 침출수량 최소화
③ 유해가스 이동성 향상
④ 매립지의 압축 효과에 따른 부등침하의 최소화

해설
③ 유해가스 이동성을 억제한다.

55 매립 가스 중 축적되면 폭발성의 위험성이 있고 가볍기 때문에 위로 확산되며, 구조물의 설계 시에는 구조물로 스며들지 않도록 해야 하는 물질은?

① 메 탄
② 산 소
③ 황화수소
④ 이산화탄소

해설
메탄(CH_4)은 매립 가스 중 연료로 사용 가능하나 폭발의 위험성이 있어 조심해야 한다.

56 음의 회절에 관한 설명으로 옳지 않은 것은?

① 회절하는 정도는 파장에 반비례한다.
② 슬릿의 폭이 좁을수록 회절하는 정도가 크다.
③ 장애물 뒤쪽으로 음이 전파되는 현상이다.
④ 장애물이 작을수록 회절이 잘된다.

해설
① 회절현상은 파장에 비례한다.

57 진동수가 200Hz이고, 속도가 50m/s인 파동의 파장은?

① 25cm
② 50cm
③ 75cm
④ 100cm

해설
파동의 파장 $= \dfrac{속도}{진동수} = \dfrac{50}{200} = 0.25m = 25cm$

58 소음 · 진동 환경오염공정시험기준상 소음의 배출허용기준을 측정할 때, 손으로 소음계를 잡고 측정할 경우 소음계는 측정자의 몸으로부터 최소 얼마 이상 떨어져야 하는가?

① 0.1m 이상
② 0.3m 이상
③ 0.5m 이상
④ 1.5m 이상

해설
ES 03302.1b 배출허용기준 중 소음측정방법(측정조건 - 일반사항)
손으로 소음계를 잡고 측정할 경우 소음계는 측정자의 몸으로부터 0.5m 이상 떨어져야 한다.

정답 54 ③ 55 ① 56 ① 57 ① 58 ③

59 하중의 변화에도 기계의 높이 및 고유진동수를 일정하게 유지할 수 있으며, 부하 능력이 광범위하나 사용진폭이 적은 것이 많으므로 별도의 댐퍼가 필요한 경우가 많은 방진재는?

① 방진고무
② 탄성블럭
③ 금속스프링
④ 공기스프링

해설
공기스프링의 특징
- 공기의 압축 탄성을 이용한 것
- 하중의 변화에도 기계의 높이 및 고유진동수를 일정하게 유지
- 부하 능력이 광범위하나 사용진폭이 작아 별도의 댐퍼가 필요함
- 자동제어 가능
- 구조가 복잡하고 시설비가 높음

60 가속도 진폭의 최댓값이 0.01m/s²인 정현 진동의 진동가속도레벨은?(단, 10^{-5}m/s² 기준)

① 28dB
② 30dB
③ 57dB
④ 60dB

해설
진동가속도레벨(VAL ; Vibration Acceleration Level)

$$VAL(dB) = 20\log(\frac{a}{a_0})$$

여기서, a : 측정대상의 진동가속도실효치(= 가속도 진폭 / $\sqrt{2}$)
a_0 : 진동가속도레벨의 기준치(10^{-5}m/s²)

$$a = \frac{0.01\text{m/s}^2}{\sqrt{2}} = 0.00707\text{m/s}^2$$

$$VAL = 20\log(\frac{0.00707}{10^{-5}}) = 57\text{dB}$$

정답 59 ④ 60 ③

2024년 제1회 최근 기출복원문제

※ 2025년부터 변경되는 출제기준에 맞춰 복원한 문제입니다. 실제 시행문제와 일부 상이할 수 있음을 알려드립니다.

01 다음 대기오염물질의 분류 중 발생원에서 직접 외기로 배출되는 1차 오염물질에 해당하는 것은?

① O_3
② PAN
③ NH_3
④ H_2O_2

해설
대기오염물질
- 1차 오염물질 : NH_3, HCl, H_2S, CO, CO_2, H_2, Pb, Zn, Hg, HC 등
- 2차 오염물질 : O_3, H_2O_2, PAN, 알데하이드 등

02 다음 중 링겔만 농도표와 관계가 깊은 것은?

① 매연측정
② 가스크로마토그래프
③ 오존농도측정
④ 질소산화물 성분분석

해설
링겔만 농도표는 굴뚝에서 나오는 매연의 농도를 측정할 때 사용하는 농도 기준표이다.

03 대기오염공정시험기준상 굴뚝 배출가스 중 질소산화물의 연속자동 측정방법이 아닌 것은?

① 용액전도율법
② 적외선흡수법
③ 자외선흡수법
④ 화학발광법

해설
설치방식에 따라 시료채취형과 굴뚝부착형으로 구분하며, 측정원리에 따라 화학발광법, 적외선흡수법, 자외선흡수법 및 정전위전해법 등으로 분류할 수 있다.

04 다음 중 오존층의 두께를 표시하는 단위는?

① VAL
② OTL
③ Pa
④ Dobson

해설
DU(Dobson)
오존층의 두께를 표시하는 단위로 해면상 표준상태 0℃, 1기압에서 1mm는 100DU이다.

05 디젤 기관에서 많이 배출되면 탄화수소와 함께 광화학 스모그를 일으키는 반응에 영향을 미치는 배출가스는?

① 매 연
② 황산화물
③ 질소산화물
④ 일산화탄소

해설
광화학 스모그는 질소산화물이다.

정답 1 ③ 2 ① 3 ① 4 ④ 5 ③

06 대기오염으로 인한 지구환경 변화 중 도시지역의 공장, 자동차 등에서 배출되는 고온의 가스와 냉난방시설로부터 배출되는 더운 공기가 상승하면서 주변의 찬 공기가 도시로 유입되어 도시지역의 대기오염물질에 의한 거대한 지붕을 만드는 현상은?

① 라니냐 현상   ② 열섬 현상
③ 엘니뇨 현상   ④ 오존층 파괴 현상

해설
열섬 현상이란 도심의 온도가 대기오염이나 인공열 등의 영향으로 주변지역보다 높게 나타나는 현상으로, 대도심 주거지역에서 가장 뚜렷하게 나타난다.

07 유해가스 측정을 위한 시료채취 방법으로 틀린 것은?

① 시료 채취관은 배출가스 등에 의해 부식되지 않는 재질의 관을 사용한다.
② 시료 채취관은 굴뚝 벽에 최대한 닿도록 끼워 넣는다.
③ 가스 중에 먼지가 혼입되는 것을 방지하기 위하여 시료 채취관에 여과재를 넣어 둔다.
④ 시료 채취 위치는 가스의 유속이 현저하게 변화하지 않고 수분이 적은 곳으로 한다.

해설
채취관은 배출가스의 흐름에 따라서 직각이 되도록 연결한다.

08 유해가스를 배출시키기 위해 설치한 가로 30cm, 세로 50cm인 직사각형 송풍관의 상당직경(D_e)은?

① 37.5cm   ② 38.5cm
③ 39.5cm   ④ 40.0cm

해설
상당직경(D_e) = $\dfrac{단면적}{평균\ 둘레길이}$ = $\dfrac{(2ab)}{a+b}$ = $\dfrac{2 \times 30 \times 50}{30+50}$
= 37.5cm
여기서, a = 가로
b = 세로

09 유해가스 흡수장치인 충전탑(Packed Tower)에서 충전물이 갖추어야 할 조건으로 적합하지 않은 것은?

① 가벼워야 한다.
② 비표면적이 작아야 한다.
③ 마찰저항이 작아야 한다.
④ 압력손실이 작아야 한다.

해설
비표면적(단위용적에 대한 표면적)이 커야 동일한 부피를 지닌 충전물이 더 많은 유해가스를 처리할 수 있다.

10 1시간에 7,200m³이 발생되는 배기가스를 2m/s의 속도로 원형 송풍관을 통과시켜 전기집진장치로 보내려 할 때, 이 원형 송풍관의 반지름(r)은 몇 cm로 해야 하는가?(단, 기타조건은 무시)

① 42.8   ② 48.6
③ 56.4   ④ 59.7

해설
$A = \dfrac{Q}{V}$, $A = \dfrac{\pi \times D^2}{4}$

$\dfrac{\pi \times D^2}{4} = \dfrac{Q}{V}$

$D^2 = \dfrac{4 \times 7,200 \text{m}^3/\text{hr} \times 1/3,600 \text{hr/s}}{3.14 \times 2\text{m/s}}$

$D = \sqrt{\dfrac{4 \times 7,200 \text{m}^3/\text{hr} \times 1/3,600 \text{hr/s}}{3.14 \times 2\text{m/s}}} = 1.128\text{m}$

반지름 $r = \dfrac{D}{2} = \dfrac{1.128}{2} = 0.564\text{m} = 56.4\text{cm}$

정답 6 ② 7 ② 8 ① 9 ② 10 ③

11 집진율 99%로 운전되던 집진장치가 성능저하로 집진율이 97%로 떨어졌다. 집진장치 입구의 함진농도가 일정하다고 할 때 출구의 함진농도는 어떻게 변하겠는가?

① 3% 증가 ② 3배 증가
③ 2% 증가 ④ 2배 증가

해설

출구의 함진농도 $= \frac{(1-\eta_1)}{(1-\eta_2)} = \frac{(1-0.97)}{(1-0.99)} = 3$

12 세정식 집진장치의 유지관리에 관한 설명으로 옳지 않은 것은?

① 먼지의 성상과 처리가스 농도를 고려하여 액가스비를 결정한다.
② 목부는 처리가스의 속도가 매우 크기 때문에 마모가 일어나기 쉬우므로 수시로 점검하여 교환한다.
③ 기액분리기는 시설의 작동이 정지해도 잠시 공회전을 하여 부착된 먼지에 의한 산성의 세정수를 제거해야 한다.
④ 벤투리형 세정기에서 집진효율을 높이기 위하여 될 수 있는 한 처리가스 온도를 높게 하여 운전하는 것이 바람직하다.

해설

④ 벤투리형 세정기는 낮은 온도에서 높은 유해가스 제거효율을 기대할 수 있다.

13 메탄올 4kg이 완전연소하는 데 필요한 이론공기량(Sm^3)은?(단, 표준상태 기준)

① $5Sm^3$ ② $10Sm^3$
③ $15Sm^3$ ④ $20Sm^3$

해설

$CH_3OH + 3/2O_2 \rightarrow CO_2 + 2H_2O$
　32　　$3/2 \times 22.4Sm^3$
　4kg　　　x
이론산소량 $x = (4 \times 3/2 \times 22.4)/32 = 4.2$
이론공기량 $= 4.2/0.21 = 20Sm^3$

14 황 성분 1%인 중유를 20ton/hr로 연소시킬 때 배출되는 SO_2를 석고($CaSO_4$)로 회수하고자 할 때 회수하는 석고의 양은?(단, 24시간 연속가동되며, 연소율 : 100%, 탈황률 : 90%, 원자량 S : 32, Ca : 40)

① 5.83kg/min
② 6.42kg/min
③ 12.75kg/min
④ 14.17kg/min

해설

반응식
$S + O_2 \rightarrow SO_2 + 1/2O_2 + CaCO_3 \rightarrow CaSO_4 + CO_2$
　32　　　32　　　　　　64　　　　100　　　136
황 성분 1%이므로,
$0.01 \times (20,000\text{kg/hr} \div 60\text{hr/min}) = 3.33\text{kg/min}$
SO_2 배출량 $= 3.33\text{kg/min} \times 64 \div 32 = 6.66\text{kg/min}$
회수하는 석고의 양 $= 6.66\text{kg/min} \times 0.9 \times 136 \div 64$
　　　　　　　　　　$\fallingdotseq 12.75\text{kg/min}$

15 과잉공기비(m)를 크게(m > 1) 하였을 때의 연소 특성으로 옳지 않은 것은?

① 연소가스 중 CO 농도가 높아져 산업공해의 원인이 된다.
② 통풍력이 강하여 배기가스에 의한 열손실이 크다.
③ 배기가스의 온도저하 및 SO_x, NO_x 등의 생성물이 증가한다.
④ 연소실의 냉각효과를 가져온다.

해설
과잉공기비(m)가 커진다는 것은 산소의 공급이 증가한다는 의미로 완전연소가 촉진되어 CO의 농도는 낮아지고 CO_2의 농도가 높아져 산업공해의 발생이 줄어든다.

16 해수의 특성에 관한 설명으로 옳지 않은 것은?

① 해수 내 전체 질소 중 35% 정도는 암모니아성 질소, 유기질소 형태이다.
② 해수의 pH는 약 5.6 정도로 약산성이다.
③ 해수의 주요 성분 농도비는 거의 일정하다.
④ 해수의 Mg/Ca비는 담수에 비하여 큰 편이다.

해설
해수의 pH는 약 7.3~8.3 정도로 약알칼리성이다.

17 다음 중 비점오염원에 해당하는 것은?

① 농경지 배수
② 폐수처리장 방류수
③ 축산폐수
④ 공장의 산업폐수

해설
오염원의 구분
- 점오염원 : 오염물질이 지도상의 한 점에서 배출되는 것(예 폐수처리장 방류수, 축산폐수, 산업폐수)
- 비점오염원 : 도시, 도로, 농경지, 산지, 공사장 등 불특정 장소에서 면적 단위로 배출되는 배출원

18 [보기]와 같은 특성을 가지는 수질오염 물질은?

┤보기├
- 안료, 화학전지 제조나 도금공장 등에서 발생된다.
- 광산폐수에 함유된 이 물질 때문에 일본에서는 이타이이타이병이 발생했다.
- 급성 중독은 위장 점막에 염을 일으키며 기침, 현기증, 복통 등의 증상을 나타낸다.

① Cr
② Cu
③ Hg
④ Cd

해설
Cd(카드뮴)은 이타이이타이병의 원인 물질이다.

19 다음 중 수질오염의 지표에 관한 설명으로 옳지 않은 것은?

① pH : 산성 또는 알칼리성의 정도
② SS : 수중에 부유하고 있는 물질량
③ DO : 수중에 용해되어 있는 산소량
④ COD : 생화학적 산소 요구량

해설
COD는 Chemical Oxygen Demand의 약자로 생물학적으로 분해가 되지 않는 물질이 유입되었을 때, 이를 화학적으로 산화시키기 위한 값으로 수질오염의 대표적인 지표이며 값이 클수록 많은 오염도가 심하다는 뜻이다.

20 수질오염 측정의 시료채취운반 및 보관 시 복수시료 채취의 예외사항에 해당하지 않는 것은?

① 일반적인 상황에서 시료의 정확성이 요구될 때
② 물환경보전법 제38조 제1항의 규정에 의한 비정상적인 행위를 할 경우
③ 사업장 내에서 발생하는 폐수를 회분식(batch식) 등 간헐적으로 처리하여 방류하는 경우
④ 기타 부득이 복수시료채취 방법으로 시료를 채취할 수 없을 경우

해설
신속대응 요구 시 : 환경오염사고, 취약시간대인 경우

21 시료의 보존에 사용하는 용기 중 폴리에틸렌을 사용해야 하는 대상물질은?

① 유기인
② 불소
③ 휘발성 유기화합물
④ 과불화화합물

해설
①, ③ 유리병
④ 폴리프로필렌

22 맛을 이용한 관능법 분석에 대한 설명으로 옳지 않은 것은?

① 수질 기준으로 소독으로 인한 맛 이외의 맛은 없는 것이 정상이다.
② 샘물, 먹는샘물, 약수터의 맛은 적용하지 않는다.
③ 시료를 비커에 넣고 가온하여 40~50℃로 만든 후 맛을 보아 판단한다.
④ 최소 2명이 측정(권장은 5명 이상, 염소 맛 포함)

해설
염소 맛은 포함하지 않는 것을 원칙으로 한다.

23 무게차법 분석인 부유물질의 시료보존기간은 며칠인가?

① 3일
② 5일
③ 7일
④ 9일

해설
• 보존기간 : 7일
• 시료관리 : 4℃ 보관

24 직경이 5μm이고 밀도가 3.7g/cm³인 구형의 먼지 입자가 공기 중에서 중력침강할 때 종말침강속도는?(단, 스토크스 법칙 적용, 공기의 밀도 무시, 점성계수는 1.85×10^{-5}kg/m·s)

① 약 0.27cm/s ② 약 0.32cm/s
③ 약 0.36cm/s ④ 약 0.41cm/s

해설

$$V_g = \frac{d^2(\rho_s - \rho)g}{18\mu}$$

여기서, d : 입자의 직경
g : 중력가속도
$\rho_s - \rho$: 먼지와 가스의 비중차
μ : 공기의 점도

직경 $d = 5\mu m = 5 \times 10^{-4}$cm
점성계수 $\mu = 1.85 \times 10^{-5}$kg/m·s $= 1.85 \times 10^{-4}$g/cm·s

$$V_g = \frac{(5 \times 10^{-4} \text{cm})^2 \times 3.7\text{g/cm}^3 \times 980\text{cm/s}^2}{18 \times 1.85 \times 10^{-4} \text{g/cm·s}} \fallingdotseq 0.27\text{cm/sec}$$

25 폭 2m, 길이 15m인 침사지에 100cm 수심으로 폐수가 유입할 때 체류시간이 50초라면 유량은?

① 2,000m³/h ② 2,160m³/h
③ 2,280m³/h ④ 2,460m³/h

해설

$$t = \frac{V}{Q}$$

여기서, t : 체류시간
V : 부피
Q : 유량

∴ $Q = \dfrac{V}{t} = \dfrac{2 \times 15 \times 1}{50s \times 1hr/3,600s} = 2,160$m³/h

26 7,000m³/day의 하수를 처리하는 침전지의 유입하수의 SS농도가 400mg/L, 유출하수의 SS농도가 200mg/L이라면 이 침전지의 SS제거율은?

① 3%   ② 25%
③ 50% ④ 70%

해설

침전지의 SS제거율
$= \dfrac{\text{유입하수의 SS농도} - \text{유출하수의 SS농도}}{\text{유입하수의 SS농도}} \times 100$
$= \dfrac{400 - 200}{400} \times 100 = 50\%$

27 다음 중 하·폐수 처리시설의 일반적인 처리계통으로 가장 적합한 것은?

① 침사지 - 1차 침전지 - 소독조 - 포기조
② 침사지 - 1차 침전지 - 포기조 - 소독조
③ 침사지 - 소독조 - 포기조 - 1차 침전지
④ 침사지 - 포기조 - 소독조 - 1차 침전지

해설

하수처리과정
침사지 - 유입펌프 - 1차 침전지(최초침전지) - 포기조 - 최종침전지 - 소독조 - 방류

정답 24 ① 25 ② 26 ③ 27 ②

28 pH에 관한 설명으로 옳지 않은 것은?

① pH는 수소이온농도를 그 역수의 상용대수로서 나타내는 값이다.
② pH 표준액의 조제에 사용되는 물은 정제수를 증류하여 그 유출액을 15분 이상 끓여서 이산화탄소를 날려 보내고 산화칼슘 흡수관을 달아 식힌 후 사용한다.
③ pH 표준액 중 보통 산성표준액은 3개월, 염기성 표준액은 산화칼슘 흡수관을 부착하여 1개월 이내에 사용한다.
④ pH 미터는 보통 아르곤전극 및 산화전극으로 된 지시부와 검출부로 되어 있다.

> **해설**
> pH 미터의 구성
> 유리전극, 비교전극으로 된 검출부, 검출된 pH 수치를 지시하는 지시부

29 슬러지나 폐기물을 토지주입 시 중금속류의 성질에 관한 설명으로 가장 거리가 먼 것은?

① Cr : Cr^{3+}은 거의 불용성으로 토양 내에서 존재한다.
② Pb : 토양 내에 침전되어 있어 작물에 거의 흡수되지 않는다.
③ Hg : 토양 내에서 활성도가 커 작물에 의한 흡수가 용이하고, 강우에 의해 쉽게 지표로 용해되어 나온다.
④ Zn : 모래를 제외한 대부분의 토양에 영구적으로 흡착되나 보통 Cu나 Ni보다 장기가 용해상태로 존재한다.

> **해설**
> 수은(Hg)은 작물에 의한 흡수가 잘 되지만, 잔존성이 강해 강우에 의해 지표로 쉽게 용해되어 나오지 않는다.

30 다음은 폐수처리에서 일반적으로 많이 사용되고 있는 무기응집제인 황산알루미늄에 관한 설명이다. 옳지 않은 것은?

① 결정은 부식성이 없어 취급이 용이하다.
② 철염에 비해 적정 pH의 범위가 좁다.
③ 저렴하고 무독성으로 대량주입이 가능하다.
④ 철염에 비해 Floc이 무거워 침전이 잘된다.

> **해설**
> 황산알루미늄은 철염에 비해 Floc이 가볍다.

31 물에 주입된 염소의 약 23%는 HOCl로, 77%는 해리된 OCl^-로 존재하는 pH의 개략값으로 가장 적합한 것은?

① pH 3   ② pH 5
③ pH 8   ④ pH 11

> **해설**
> • pH 4~5 : 낮은 pH에서는 HOCl 형태로 존재
> $Cl_2 + H_2O \rightarrow HOCl + H^+ + Cl^-$
> • pH 8 : pH가 상승하면 OCl^- 형태가 증가
> $HOCl \rightarrow H^+ + OCl^-$
> • pH 11 이상 : OCl^- 형태로 존재

32 미생물과 조류의 생물화학적 작용을 이용하여 하수 및 폐수를 자연 정화시키는 공법으로, 라군(Lagoon)이라고도 하며, 시설비와 운영비가 적게 들기 때문에 소규모 마을의 오수처리에 많이 이용되는 것은?

① 회전원판법   ② 부패조법
③ 산화지법   ④ 살수여상법

> **해설**
> 산화지법은 생물학적 처리법의 일종으로 호기성 산화지(Aerobic Lagoon), 포기식 산화지(Aerated Lagoon), 임의성 산화지(Facultative Lagoon)로 분류된다.

33 탈산소계수가 0.1/day인 어떤 유기물질의 BOD_5가 200mg/L이었다. 3일 후에 남아있는 BOD값은?(단, 상용대수 적용)

① 192.3mg/L ② 189.4mg/L
③ 184.6mg/L ④ 146.6mg/L

해설

$BOD_5 = BOD_u \times (1 - 10^{-k_1 \times t})$
여기서, BOD_5 : 5일 후 BOD값
BOD_u : 최종 BOD값
k : 탈산소계수
t : 시간
200mg/L = $BOD_u \times (1 - 10^{-0.1 \times 5})$
BOD_u = 200/0.6837 ≒ 292.5mg/L
3일 후에 남아있는 BOD값은 잔존공식을 이용하면,
$BOD_3 = BOD_u \times (10^{-k_1 \times t})$
= 292.5 × $(10^{-0.1 \times 3})$ = 292.5 × 0.501187 ≒ 146.6mg/L

34 A 공장의 BOD 배출량은 400인의 인구당량에 해당한다. A 공장의 폐수량이 200m³/day일 때 이 공장폐수의 BOD(mg/L)값은?(단, 1인이 하루에 배출하는 BOD는 50g이다)

① 100 ② 150
③ 200 ④ 250

해설

BOD 배출량 = 50g/인·일 × 400인 = 20,000g/일

$BOD(mg/L) = \dfrac{BOD \text{ 배출량}}{\text{폐수량}}$

$= \dfrac{20,000g/일}{200m^3/일} = 100g/m^3 = 100mg/L$

35 포기조의 유입량은 1,765m³/day, BOD 총량은 250kg/day일 때, BOD 용적부하를 0.4kg/m³로 하였다. 포기조 체류시간은 얼마인가?

① 12.5h ② 10.5h
③ 8.5h   ④ 7.5h

해설

$t = \dfrac{V}{Q}$

BOD 용적부하 = BOD 총량/용적 V
용적 V = BOD 총량/BOD 용적부하
= (250kg/day)/0.4kg/m³ = 625m³
유입량 Q = 1,765m³/day = 73.54m³/h

$\therefore t = \dfrac{625m^3}{73.54m^3/h} = 8.49h$

36 인구 180,000명 도시에서 1일 1인당 2.5kg의 원단위로 폐기물이 발생된 경우 그 발생량은?(단, 폐기물 밀도는 500kg/m³이다)

① 180m³/day ② 360m³/day
③ 720m³/day ④ 900m³/day

해설

폐기물발생량 = (180,000인 × 2.5kg/인·일)/500kg/m³
= 900m³/일

37 다음 폐기물의 감량화 방안 중 폐기물이 발생원에서 발생되지 않도록 사전에 조치하는 발생원 대책으로 거리가 먼 것은?

① 적정 저장량 관리
② 과대포장 사용 안 하기
③ 철저한 분리수거 실기
④ 폐기물로부터 회수에너지 이용

해설

폐기물로부터 회수에너지를 이용하는 것은 사후대책에 해당한다.

38 폐기물 수거 노선을 결정할 때 유의해야 할 사항으로 가장 거리가 먼 것은?

① 교통량이 적은 새벽에 수거한다.
② 언덕지역은 아래로 내려가면서 수거한다.
③ 발생량이 적은 곳은 먼저 수거한다.
④ 될 수 있는 한 한 번 간 곳은 다시 가지 않는다.

해설
발생량이 많은 곳은 먼저 수거한다.

39 쓰레기의 성상분석 및 시료 채취방법으로 가장 거리가 먼 것은?

① 지역 쓰레기의 성상 파악을 위해서는 적어도 연 4회의 측정이 필요하다.
② 수분의 평균치를 알기 위해서는 비오는 날의 수집은 피하는 것이 바람직하다.
③ 1회의 시료채취는 적어도 쓰레기의 축소작업 개시부터 24시간 이내에 완료하는 것이 바람직하다.
④ 쓰레기 시료 채취작업은 될 수 있는 한 신속하게 진행한다.

해설
③ 1회의 시료채취는 적어도 쓰레기의 축소작업 개시부터 30분 이내에 완료하는 것이 바람직하다.

40 폐기물을 분리하여 재활용하고자 할 때 철금속류를 회수하는 가장 적합한 방법은?

① Air Separation
② Hand Separation
③ Magnetic Separation
④ Screening

해설
① 폐기물 내의 가벼운 물질인 종이나 플라스틱을 기타 무거운 물질로부터 선별하는 방법
② 손으로 종이류, 플라스틱, 금속류, 유리류를 분류하는 방법
④ 종이나 플라스틱 등 크기가 큰 물질의 회수에 이용

41 관거(Pipeline) 수거에 관한 설명으로 틀린 것은?

① 자동화, 무공해화가 가능하다.
② 가설 후에 경로 변경이 곤란하고 설치비가 높다.
③ 잘못 투입된 물건의 회수가 용이하다.
④ 큰 쓰레기는 파쇄, 압축 등의 전처리를 해야 한다.

해설
관거(Pipeline)에 의한 방법은 관거에 스크루 콘베이어(Screw Conveyor)를 설치하여 수송·운반하는 방법으로 잘못 투입된 물건의 회수가 어렵다.

42 4,000,000ton/year의 쓰레기를 하루에 6,667명의 인부가 수거하고 있다면 수거능력(MHT)은? (단, 수거인부의 1일 작업시간은 8시간, 1년 작업일수는 300일로 한다)

① 3 ② 4
③ 5 ④ 6

해설
수거능력(MHT)
= (6,667인 × 8시간/일 × 300일/year)/4,000,000ton/year
≒ 4MHT

43 폐기물의 발생원에서 처리장까지의 거리가 먼 경우 중간지점에 설치하여 운반비용을 절감시키는 역할을 하는 것은?

① 적환장
② 소화조
③ 살포장
④ 매립지

해설
적환장은 비교적 작은 수집차량에서 큰 차량으로 옮겨 싣고 장거리 수송을 할 경우 필요한 시설이다.

44 폐기물처리에서 파쇄(Shredding)의 목적과 거리가 먼 것은?

① 부식효과 억제
② 겉보기 비중의 증가
③ 특정 성분의 분리
④ 고체물질 간의 균일혼합효과

해설
파쇄의 목적은 폐기물의 성질을 미세하고 균일하게 하는 것으로 미생물의 분해속도를 증가시켜 부식효과를 촉진한다.

45 파쇄하였거나 파쇄하지 않은 폐기물로부터 철분을 회수하기 위해 가장 많이 사용되는 폐기물 선별방법은?

① 공기선별
② 스크린선별
③ 자석선별
④ 손선별

해설
③ 자석선별 : 폐기물 내 철분과 비철분을 분류하기 위한 방법
① 공기선별 : 폐기물 내의 가벼운 물질인 종이나 플라스틱을 기타 무거운 물질로부터 선별하는 방법
② 스크린선별 : 다양한 크기를 가진 혼합 폐기물을 크기에 따라 자동으로 분류하는 방법
④ 손선별 : 손으로 종이류, 플라스틱, 금속류, 유리류를 분류하는 방법

46 잔재물별 기본 관리방침으로 옳지 않은 것은?

① 재활용품은 재판매하거나 공공재활용기반시설과 연계하여 가공 후 무상판매 방안이 필요하다.
② 음식물류는 생물학적 처리 후 호기성 분해시켜 안정화한다.
③ 토사류는 폐기물 관리법에 의거하여 매립 등의 방법으로 처리한다.
④ 호기성 분해 안정화 후 잔재물은 최대한 회수하며, 고형연료제조, 유상판매, 매립 등의 방식으로 처리한다.

해설
① 재활용품은 가공처리하여 유상판매함을 원칙으로 한다.

47 85%의 함수율을 갖고 있는 쓰레기를 건조시켜 함수율이 25%가 되었다면 쓰레기 1톤에 대하여 증발하는 수분의 양은?(단, 비중은 모두 1.0)

① 600kg
② 700kg
③ 800kg
④ 900kg

해설
$W_1 \times (100 - P_1) = W_2 \times (100 - P_2)$
여기서, W_1 : 농축 전 슬러지량
W_2 : 농축 후 슬러지량
P_1 : 농축 전 함수율
P_2 : 농축 후 함수율
$1,000 \times (100 - 85) = W_2 \times (100 - 25)$
$W_2 = 15,000/75 = 200$kg
∴ 증발시켜야 할 수분 = 1,000 - 200 = 800kg

48 밀도가 1g/cm³인 폐기물 10kg에 고형화 재료 2kg을 첨가하여 고형화시켰더니 밀도가 1.2g/cm³로 증가했다. 이 경우 부피변화율은?

① 0.7
② 0.8
③ 0.9
④ 1.0

해설

부피변화율(압축비) = $\dfrac{V_2}{V_1}$

여기서, V_1 : 압축 전 부피
V_2 : 압축 후 부피

$V_1 = 10\text{kg} \times \dfrac{1\text{L}}{1\text{kg}} = 10\text{L}$, $V_2 = 12\text{kg} \times \dfrac{1\text{L}}{1.2\text{kg}} = 10\text{L}$

∴ 부피변화율 = $\dfrac{10\text{L}}{10\text{L}} = 1.0$

49 폐기물의 자원화와 가장 관계가 먼 것은?

① RDF
② Pyrolysis
③ Land Fill
④ Composting

해설

Land Fill은 폐기물매립이라는 의미이며, 자원화와 관련된 것은 Land Fill Gas(매립지 가스)이다.
① RDF(Refuse Derived Fuel) : 폐기물 재활용 고형연료
② Pyrolysis : 열분해(가스, 액체연료 획득 가능)
④ Composting : 퇴비화

50 건설폐기물 가운데 건축물 또는 구조물이 아닌 시설의 바닥, 도로의 경계시설 등의 설치 및 보수용으로 활용이 가능한 순환골재 재활용품의 종류에 해당하는 것은?

① 아스팔트 제품
② 콘크리트 제품
③ 목제제품
④ 벽지제품

해설

콘크리트 제품
• 순환골재 59% 이상 사용한 제품
• 건축물 또는 구조물이 아닌 시설의 바닥, 도로의 경계시설 등의 설치 및 보수용

51 다음 중 폐기물의 퇴비화 공정에서 유지시켜 주어야 할 최적 조건으로 가장 적합한 것은?

① 온도 : 20±2℃
② 수분 : 5~10%
③ C/N 비율 : 100~150
④ pH : 6~8

해설

① 온도 : 50~60℃
② 수분 : 50~60%
③ C/N 비율 : 20~30

52 폐기물 매립지의 덮개시설에 대한 설명으로 가장 거리가 먼 것은?

① 덮개시설은 매립 후 안전한 사후관리를 위해 필요하다.
② 덮개흙으로 가장 적합한 것은 Clay이며, 투수계수가 큰 것이 좋다.
③ 덮개흙은 연소가 잘 되지 않아야 한다.
④ 덮개시설은 악취, 비산, 해충 및 야생동물번식, 화재방지 등을 위해 설치한다.

해설

② 덮개흙으로는 투수계수가 낮은 것이 좋다.
※ 투수계수 : 15℃의 기준온도에서 다공성 재료의 단위면적을 통과하는 정상류의 유량을 의미하며 투수계수가 작을수록 침출수 발생이 적어 덮개흙으로 적당하다.

53 다음은 폐기물의 매립 공법에 관한 설명이다. 가장 적합한 것은?

> 쓰레기를 매립하기 전에 이의 감량화를 목적으로 먼저 쓰레기를 일정한 더미형태로 압축하여 부피를 감소시킨 후 포장을 실시하여 매립하는 방법으로, 쓰레기 발생량 증가와 매립지 확보 및 사용연한 문제에 있어서 운반이 쉽고 안정성이 유리하다는 것과 지가(地價)가 비쌀 경우 유효한 방법이다.

① 압축매립공법　② 도랑형공법
③ 셀공법　④ 순차투입공법

[해설]
압축매립공법 : 쓰레기를 일정한 덩어리 형태로 압축하여 부피를 감소시킨 후 포장하여 매립하는 방법이다.

54 다음 설명하는 매립시설로 가장 적합한 것은?

> 폐기물에 포함된 수분, 폐기물의 분해 시 생성되는 수분, 빗물에 유입되는 침출수의 유출을 방지하기 위한 것으로 매립이 시작되면 보수 및 복구가 불가능하므로 완벽하게 설계·시공해야 한다. 사용되는 재료는 합성고무 및 합성수지계 막이나 점토가 사용된다.

① 덮개 시설　② 차수 시설
③ 저류 구조물　④ 지하수 검사실

[해설]
차수 시설 설치의 목적 : 폐기물의 분해, 강우 등에 따른 침출수의 유출 방지, 매립지 내부로의 지하수 유입 방지

55 매립 시 발생되는 매립가스 중 악취를 유발시키는 물질은?

① CH_4　② CO_2
③ NH_3　④ CO

[해설]
악취 발생물질 : 암모니아(NH_3), 황화수소(H_2S), 메틸메르캅탄 및 아민류 등

56 하나의 파면상의 모든 점이 파원이 되어 각각 2차적인 구면파를 사출하여 그 파면들을 둘러싸는 면이 새로운 파면을 만드는 현상을 의미하는 것은?

① 도플러 효과　② 마스킹 효과
③ 비트효과　④ 호이겐스 원리

[해설]
호이겐스(C. Huygens) 원리
어느 순간의 파면이 주어지면 다음 순간의 파면은 주어진 파면상의 각 점이 각각 독립한 파원(波源)이 되어 발생하는 2차적인 구면파에 공통으로 접하는 면, 즉 포락면(包絡面)이 된다는 것이다. 여기서, 파동의 마루를 이어준 곡선 혹은 곡면을 파면이라 한다.

57 점음원에서 5m 떨어진 지점의 음압레벨이 60dB이다. 이 음원으로부터 10m 떨어진 지점의 음압레벨은?

① 30dB　② 44dB
③ 54dB　④ 58dB

[해설]
점음원으로부터 거리 r_1, r_2 지점의 음압레벨을 SPL_1과 SPL_2라 할 때,

$$SPL_1 - SPL_2 = 20\log\left(\frac{r_2}{r_1}\right)$$

$$SPL_2 = SPL_1 - 20\log\left(\frac{r_2}{r_1}\right)$$

$$= 60dB - 20\log\left(\frac{10}{5}\right)$$

$$≒ 53.98dB$$

58 방음대책을 음원대책과 전파경로대책으로 구분할 때 다음 중 음원대책이 아닌 것은?

① 공명방지
② 방음벽 설치
③ 소음기 설치
④ 방진 및 방사율 저감

해설
방음벽 설치 : 전파경로대책에 속하며 음원과 수음점 사이에 설치된다.
※ 소음기 설치, 발생원의 유속저감, 발생원의 공명방지 모두 음원대책이다.

59 두 진동체의 고유진동수가 같을 때 한 쪽을 울리면 다른 쪽도 울리는 현상은?

① 공 명
② 진 폭
③ 회 절
④ 굴 절

해설
공명현상에 관한 설명이다.

60 형상의 선택이 비교적 자유롭고 압축, 전단 등의 사용방법에 따라 1개로 2축 방향 및 회전 방향의 스프링 정수를 광범위하게 선택할 수 있으나, 내부 마찰에 의한 발열 때문에 열화되는 방진재료는?

① 방진고무
② 공기스프링
③ 금속스프링
④ 직접지지판 스프링

해설
방진고무에 관한 설명으로 각종 장비의 기초 방진용으로 주로 사용된다.

2024년 제2회 최근 기출복원문제

01 연료의 불완전 연소 시에 주로 발생되는 오염물질은?

① CO
② SO_2
③ NO_2
④ H_2O

해설
연료의 불완전 연소로 발생되는 일산화탄소(CO)는 70% 정도가 자동차에 의해 배출된다.
② SO_2 : 황산화물로 난방용 화석연료의 연소 시 주로 발생한다.
③ NO_2 : 질소산화물로 자동차 배기가스로부터 주로 발생한다.

02 소각시설의 연소온도가 너무 높을 때 주로 발생되는 대기오염물질은?

① 질소산화물
② 탄화수소류
③ 일산화탄소
④ 수증기와 재

해설
질소산화물(NO_x) 발생량은 연소온도와 O_2가 높고, 고온영역에서 연소가스의 체류시간이 길수록 많아진다.
② 탄화수소류 : 주로 자동차 배기가스에서 발생된다.
③ 일산화탄소 : 연소의 불완전 연소 시 발생된다.
④ 수증기와 재 : 소각로에서 발생된다.

03 다음은 어떤 오염물질에 관한 설명인가?

- 적갈색의 자극성을 가진 기체
- 공기에 대한 비중이 1.59이며, 공기보다 무겁다.
- 혈액 중 헤모글로빈과의 결합이 O_2에 비해 아주 크다.

① 아황산가스
② 이산화질소
③ 염화수소
④ 일산화탄소

해설
이산화질소(NO_2)는 적갈색의 자극성 냄새가 있는 유독한 대기오염물질로 아질산가스라고도 한다.
① 아황산가스 : 자극적인 냄새를 지니며 물과 반응해 황산을 생성한다.
② 염화수소 : 상온에서 기체, 무색으로 산성을 띈다.
④ 일산화탄소 : 물질의 불완전연소 시 발생하며 헤모글로빈과의 결합력이 강하다.

04 다음 중 산성비에 관한 설명으로 가장 거리가 먼 것은?

① 독일에서 발생한 슈바르츠발트(검은 숲이란 뜻)의 고사 현상은 산성비에 의한 대표적인 피해이다.
② 바젤협약은 산성비 방지를 위한 대표적인 국제협약이다.
③ 산성비에 의한 피해로는 파르테논 신전과 아크로폴리스 같은 유적의 부식 등이 있다.
④ 산성비의 원인물질은 H_2SO_4, HCl, HNO_3 등이 있다.

해설
바젤협약(Basel Convention)은 유엔환경계획(UNEP) 후원하에 스위스 바젤(Basel)에서 채택된 협약으로, 유해폐기물의 국가 간 이동 및 교역을 규제하는 협약이다.

정답 1 ① 2 ① 3 ② 4 ②

05 지표면이 매우 차가워져 대기 중의 수증기가 직접 얼음으로 변하여 지면에 형성되는 현상을 무엇이라 하는가?

① 강 우   ② 안 개
③ 눈   ④ 서 리

06 측정하고자 하는 입자와 동일한 침강속도를 가지며 밀도가 1g/cm³인 구형입자로 정의되는 직경은?

① 마틴 직경   ② 등속도 직경
③ 스토크스 직경 ④ 공기역학 직경

> **해설**
> 공기역학 직경과 스토크스 직경
> • 공기역학 직경 : 본래의 분진과 침강속도가 동일하며 밀도가 1g/cm³인 구형입자의 직경
> • 스토크스 직경 : 본래의 분진과 밀도 및 침강속도가 동일한 구형 입자의 직경

07 유해가스 흡수장치의 흡수액이 갖추어야 할 조건으로 옳은 것은?

① 용해도가 작아야 한다.
② 휘발성이 커야 한다.
③ 점성이 작아야 한다.
④ 화학적으로 불안정해야 한다.

> **해설**
> 휘발성이 작아야 흡수액의 증발손실을 최소화하여 오래 사용 가능하다.

08 유해가스 처리 장치로 부적합한 것은?

① 충전탑   ② 분무탑
③ 벤투리형 세정기 ④ 중력집진장치

> **해설**
> 중력집진장치로 가스성분의 제거는 불가능하다.

09 유해가스 처리기술 중 헨리법칙을 이용하여 오염가스를 제거하는 방법으로 가장 적합한 것은?

① 흡 수   ② 흡 착
③ 연 소   ④ 집 진

> **해설**
> 흡수법은 수용성 유해가스를 흡수제(액상)로 중화 흡수하는 방법으로 헨리의 법칙을 이용한다.
> ② 흡착 : 다공성 고체를 이용해 대상 가스를 구멍 안에 부착하여 제거하는 방법
> ③ 연소 : 주로 악취를 처리할 때 사용하는 방법으로 대상 물질을 태워서 제거하는 방법
> ④ 집진 : 입자성 물질(먼지 등)을 기체에서 분리하여 제거하는 방법

10 세정 집진장치의 유지관리에 관한 설명으로 옳지 않은 것은?

① 먼지의 성상과 농도를 고려하여 액가스비를 결정한다.
② 목부는 처리가스의 속도가 매우 크기 때문에 마모가 일어나기 쉬우므로 수시로 점검하여 교환한다.
③ 기액분리기는 시설의 작동이 정지해도 잠시 공회전을 하여 부착된 먼지에 의한 산성의 세정수를 제거해야 한다.
④ 벤투리형 세정기에서 집진효율을 높이기 위하여 될 수 있는 한 처리가스 온도를 높게 하여 운전하는 것이 바람직하다.

> **해설**
> 벤투리형 세정기는 높은 집진효율을 위해 처리가스 온도를 낮추는 것이 중요하다.

11 효율 90%인 전지 집진기를 효율 99%가 되도록 개조하고자 한다. 개조 전보다 집진극의 면적을 몇 배로 늘려야 하는가?(단, Deutsch-Anderson식 적용)

① 2배　　② 3배
③ 6배　　④ 9배

해설

Deutsch-Anderson식을 이용해 면적을 구하는 식으로 유도하면
$Q/A = 1/We \times \ln(1/1-\eta)$
$A = Q/We \times \ln(1/1-\eta)$
$\dfrac{A_2}{A_1} = \dfrac{Q/We \times \ln(1/1-0.99)}{Q/We \times \ln(1/1-0.90)} = \dfrac{4.6}{2.3} = 2$배

13 탄소 18kg이 완전연소하는 데 필요한 이론공기량(Sm^3)은?

① 107　　② 160
③ 203　　④ 208

해설

$C + O_2 \rightarrow CO_2$
12　　32
12kg　22.4Sm^3
18kg　x

$x = 22.4 \times \dfrac{18}{12} = 33.6 Sm^3$

∴ 이론공기량 = $\dfrac{\text{이론산소량}}{\text{산소의 부피}} = \dfrac{33.6}{0.21} = 160 Sm^3$

12 집진효율이 50%인 중력침강 집진장치와 99%인 여과식 집진장치의 직렬로 연결된 집진시절에서 중력침강 집진장치의 입구 먼지농도가 1,000mg/Sm^3이라면, 여과식 집진장치의 출구 먼지 농도(mg/Sm^3)는?

① 1　　② 5
③ 10　　④ 50

해설

$\eta_T = 1 - (1-\eta_1)(1-\eta_2)$
　　$= 1 - (1-0.5)(1-0.99) = 0.995 = 99.5\%$
여기서, η_T = 총집진율(%)
　　　　η_1 = 1차 집진율
　　　　η_2 = 2차 집진율
$\eta_T = \left(1 - \dfrac{C_o}{C_i}\right)$에 대입, $0.995 = \left(1 - \dfrac{C_o}{1,000}\right)$
$C_o = 5 mg/Sm^3$

14 A 고체연료의 탄소, 수소, 산소 및 황의 무게비가 각각 85%, 5%, 9%, 1%일 때 완전연소에 필요한 이론공기량은?(단, 표준상태 기준)

① 1.81Sm^3/kg
② 2.45 Sm^3/kg
③ 8.62 Sm^3/kg
④ 10.54 Sm^3/kg

해설

$A_0 = \dfrac{1}{0.21}\left\{1.867C + 5.6\left(H - \dfrac{O}{8}\right) + 0.7S\right\}$
$= \dfrac{1}{0.21}\left\{1.867(0.85) + 5.6\left(0.05 - \dfrac{0.09}{8}\right) + 0.7(0.01)\right\}$
$\fallingdotseq 8.62 Sm^3/kg$

정답 11 ① 12 ② 13 ② 14 ③

15 메탄 1mol이 완전연소할 경우 건조연소 배기가스 중의 CO_2 농도는 몇 %인가?(단, 부피기준)

① 11.73
② 16.25
③ 21.03
④ 23.82

해설

메탄 $CH_4 + 2O_2 \rightarrow CO_2 + 2H_2O$
  1mol   1mol

이론공기량 $A_0 = 2/0.21$

이론 건연소 가스량 $G_{od} = (1 - 0.21)A_0 + CO_2$의 양

$= (1 - 0.21) \times \dfrac{2}{0.21} + 1 Sm^3/Sm^3$

$= 8.5238 Sm^3/Sm^3$

∴ 배기가스 중의 CO_2 농도 $= \dfrac{1}{8.5238} \times 100 ≒ 11.73\%$

16 물의 깊이에 따라 나타나는 수온성층에 해당되지 않는 것은?

① 수온약층
② 표수층
③ 변수층
④ 심수층

해설

수온성층(깊이에 따른 구분)
- 표수층 : 표면층을 말하며, 물이 따뜻하고 혼합이 원활하게 이루어진다.
- 수온약층 : 중간대 영역이며, 수온 및 밀도가 급격히 낮아지기 시작한다.
- 심수층 : 상대적으로 낮은 온도를 유지하며 혼합이 어렵고 혐기성 조건이 형성된다.

17 물의 성질에 관한 설명으로 옳지 않은 것은?

① 물 분자 안의 수소는 부분적으로 양전하(δ^+)를, 산소는 부분적으로 음전하(δ^-)를 갖는다.
② 물은 분자량이 유사한 다른 화합물에 비하여 비열은 작고, 압축성이 크다.
③ 물은 4℃ 부근에서 최대 밀도를 나타낸다.
④ 일반적으로 물의 점도는 온도가 높아짐에 따라 작아진다.

해설

물의 분자량이 유사한 다른 화합물에 비하여 비열은 크고, 압축성은 매우 작다.

18 [보기]와 같은 특성을 가지는 수질오염물질은?

┤보기├
- 은백색의 광택이 있고 경도가 높은 금속으로 도금과 합금 재료로 많이 쓰인다.
- 6가 이온은 특히 독성이 강하여 3가 이온의 100배 정도 더 해롭다.
- 피부염, 피부궤양을 일으키며 흡입으로 코, 폐, 위장에 점막을 생성하고 폐암을 유발한다.

① 크로뮴
② 구 리
③ 수 은
④ 카드뮴

해설

크로뮴은 -2가에서 +6가까지 산화환원 상태로 존재하는 금속원소이며 특히 6가 크로뮴의 경우 환경 중에 존재하는 다양한 유기물질 또는 환원물질에 의해 쉽게 3가 크로뮴으로 환원된다. 크로뮴에 의한 건강장해로는 폐암, 비중격 천공, 피부괴양, 피부염, 알레르기성 피부염 및 신장장해 등을 들 수 있다.

19 다음 중 비점오염원에 해당하는 것은?

① 농경지 ② 세차장
③ 축산단지 ④ 비료공장

해설
오염원의 구분
- 점오염원 : 오염물질이 지도상의 한 점에서 배출되는 것[예 생활하수(세차장), 축산폐수, 산업폐수(비료공장)]
- 비점오염원 : 도시, 도로, 농경지, 산지, 공사장 등 불특정 장소에서 면적 단위로 배출되는 배출원

20 수질오염 측정의 적용범위에 해당하지 않는 것은?

① 지표수 ② 지하수
③ 빗 물 ④ 하 수

해설
적용범위 : 지표수, 지하수, 하수, 도시하수, 산업폐수

21 시료채취 및 보관의 일반적인 사항에 해당하지 않는 것은?

① 시료의 성상, 유량, 유속을 고려해 채취한다.
② 단일채취를 원칙으로 한다.
③ 수동으로 채취할 경우 30분 간격으로 2회 이상 채취한다.
④ 자동시료채취기로 시료를 채취할 경우 6시간 이내로 30분 이상 간격으로 2회 이상 채취하여 일정량을 단일 시료화 한다.

해설
단일채취가 아닌 복수채취를 원칙으로 한다.

22 수중 함유 성분에 대한 이화학적 측정이 불가능한 시료의 특성을 인간의 오감에 의한 분석 방법을 무엇이라 하는가?

① 관능법 분석 ② 무게차법 분석
③ 적정법 분석 ④ 흡광광도법 분석

해설
관능법 분석에 대한 설명으로 냄새, 맛, 등을 분석하는 데 사용된다.

23 대표적인 무게차법 분석방법에 해당하는 것은?

① 노말헥산 추출물질 분석
② 중화분석
③ 산화환원법
④ 킬레이트법

해설
관능법 분석에 대한 설명이며 냄새, 맛, 등을 분석하는 데 사용된다.

24 물리적 처리방법에 해당하는 것은?

① 중 화 ② 활성슬러지법
③ 펜톤산화법 ④ 스크린 처리

해설
스크린은 대표적인 물리적 처리법으로 주로 전처리에 사용된다.

정답 19 ① 20 ③ 21 ② 22 ① 23 ① 24 ④

25 다음 수처리 공정 중 스토크스(Stokes) 법칙이 가장 잘 적용되는 공정은?

① 1차 소화조 ② 1차 침전지
③ 살균조 ④ 포기조

해설
Stokes 법칙이 적용되는 침전의 형태는 독립침전으로 1차 침전지에서 이루어진다.

26 침전지 또는 농축조에서 설치된 스크레이퍼의 사용 목적으로 가장 적합한 것은?

① 침전물을 부상시키기 위해서
② 스컴(Skum)을 방지하기 위해서
③ 슬러지(Sludge)를 혼합하기 위해서
④ 슬러지(Sludge)를 끌어 모으기 위해서

해설
스크레이퍼(Scraper) : 침사지, 침전지 또는 슬러지 농축조 등에서 침전물을 배출구로 끌어 모으는 장치이다.

27 A 침전지가 6,000m³/d의 하수를 처리한다. 유입수의 SS농도가 150mg/L, 유출수의 SS농도가 90mg/L이라면 이 침전지의 SS제거율(%)은?

① 60% ② 50%
③ 40% ④ 30%

해설
$$SS제거율(\%) = \left(\frac{유출입의\ SS농도}{유입수의\ SS농도}\right) \times 100$$
$$= \left(1 - \frac{90}{150}\right) \times 100 = 40\%$$

28 다음 중 Acidity 또는 Hardness는 무엇으로 환산하는가?

① 염화칼슘
② 질산칼슘
③ 수산화칼슘
④ 탄산칼슘

해설
경도, 산도, 알칼리도 등에서 계산의 편의성을 위해 탄산칼슘(CaCO₃)을 이용한다(분자량 = 100).

29 다음 중 산화에 해당하는 것은?

① 수소와 화합
② 산소를 잃음
③ 전자를 얻음
④ 산화수 증가

해설
산화와 환원 비교

구 분	산 화	환 원
산 소	물질이 산소와 화합	산화물이 산소를 잃을 때
수 소	수소산화물이 수소를 잃을 때	물질이 수소와 화합
전 자	전자를 잃을 때	전자를 얻을 때
산화수	증 가	감 소

30 A공장의 최종 방류수 4,000m³/day에 염소를 60kg/day로 주입하여 방류하고 있다. 염소주입 후 잔류염소량이 3mg/L이었다면 이때 염소요구량은 몇 mg/L인가?

① 12mg/L ② 17mg/L
③ 20mg/L ④ 23mg/L

해설
염소요구량 = 염소주입량 − 염소잔류량
= (60kg/day × 10^6mg/kg)/(4,000m³/day × 1,000L/m³)
= 15mg/L
염소요구량은 15mg/L − 3mg/L = 12mg/L이다.

31 폐수처리공정에서 최적 응집제 투입량을 결정하기 위한 자-테스트(jar test)에 관한 설명으로 가장 적합한 것은?

① 응집제 투입량 대 상장수의 SS 잔류량을 측정하여 최적 응집제 투입량을 결정
② 응집제 투입량 대 상장수의 알칼리도를 측정하여 최적 응집제 투입량을 결정
③ 응집제 투입량 대 상장수의 용존산소를 측정하여 최적 응집제 투입량을 결정
④ 응집제 투입량 대 상장수의 대장균수를 측정하여 최적 응집제 투입량을 결정

해설
Jar test(응집교반시험)
SS를 효율적으로 침전시키기 위해 응집제의 사용량 중 최대의 양호한 플럭(Floc) 형성이 가능한 적정 주입량을 시험하는 장치로 황산알루미늄이 대표적인 응집제이다.

32 생물학적 처리방법과 그 설명이 잘못 연결된 것은?

① 회전원판법 − 미생물 부착성장형으로서 슬러지의 반송이 필요 없다.
② 접촉산화법 − 생물막을 이용한 처리방식의 일종으로 포기조에 접촉여재를 침적하여 포기, 교반시켜 처리한다.
③ 살수여상법 − 연못화에 따른 악취, 파리의 이상 번식 등이 문제점으로 지적되고 있다.
④ 산화지법 − 수심 1m 이하의 경우 호기성 세균의 산소공급원은 조류와 균류이다.

해설
산화지법에서 주로 유기물은 박테리아에 의해서 제거되고, 박테리아가 유기물을 제거하는 데 필요한 산소는 조류의 광합성에 의해 공급된다.

33 생물학적 원리를 이용하여 영양염류(인 또는 질소)를 효과적으로 제거할 수 있는 공법이라 볼 수 없는 것은?

① M−A/S ② A_2/O
③ Bardenpho ④ UCT

해설
질소와 인 제거공법
• 5-Stage Bardenpho process
• A_2/O(Anaerobic Anoxic Oxic) 공법
• UCT(University Capetown Process)
• VIP 공법
• SBR(Sequencing Batch Reactor) 공법

정답 30 ① 31 ① 32 ④ 33 ①

34 다음은 생물학적 처리방법에 대한 설명이다. 옳지 않은 것은?

① 주로 유기성 폐수의 처리에 적용한다.
② 미생물을 이용한 처리방법으로 호기성 처리방법은 부패조 등이 있다.
③ 살수여상은 부착성장식 생물학적 공법이다.
④ 산화지는 자연에 의하여 처리하기 때문에 활성슬러지법에 비해 적정처리가 어렵다.

> **해설**
> 호기성 처리방법은 활성슬러지법, 살수여상법, 산화지법 등이 있으며, 혐기성 처리방법에는 부패조 등이 해당된다.

35 활성슬러지법의 운전조건 중 F/M비(kg BOD/kg MLSS·일)는 얼마로 유지하는 것이 가장 적합한가?

① 200~400
② 20~40
③ 2~4
④ 0.2~0.4

> **해설**
> 활성슬러지법의 운전조건
> • BOD 용적부하 : 0.4kg BOD/m³·일
> • F/M비 : 0.2~0.4kg BOD/kg MLSS·일
> • 슬러지 반송비 : 30~50%

36 폐기물의 6대 유해특성에 해당하지 않는 것은?

① 인화성
② 부식성
③ 흡습성
④ 용출특성

> **해설**
> 폐기물 6대 유해특성 : 인화성, 부식성, 반응성, 용출독성, 유해성, 난분해성

37 의료폐기물에 대한 설명으로 옳지 않은 것은?

① 사업장 폐기물이다.
② 대통령령으로 정한다.
③ 지정폐기물에 해당한다.
④ 보건, 의료기관, 동물병원 등에서 주로 배출된다.

> **해설**
> 사업장 폐기물은 지정폐기물, 의료폐기물, 건설폐기물 등으로 구분된다.

38 폐기물의 시료채취 도구 및 시료용기에 관한 설명으로 옳지 않은 것은?

① 채취도구로 녹이 스는 재질은 피한다.
② 흡착이 발생하는 도구는 피한다.
③ 휘발성 저급 염소화 탄화수소류 실험을 위한 시료의 채취 시에는 투명한 유리병을 사용한다.
④ 밀봉마개로 코르크 마개는 사용하지 않는다.

> **해설**
> ③ 휘발성 저급 염소화 탄화수소류 실험을 위한 시료의 채취 시에는 갈색경질의 유리병을 사용한다.

39 폐기물을 분석하기 위한 시료의 축소화 방법으로만 옳게 나열된 것은?

① 구획법, 교호삽법, 원추4분법
② 구획법, 교호삽법, 직접계근법
③ 교호삽법, 물질수지법, 원추4분법
④ 구획법, 교호삽법, 적재차량계수법

해설
시료의 축소화 방법으로는 구획법, 교호삽법, 원추4분법이 있다.
※ 폐기물공정시험기준 개정으로 인해 '시료의 축소방법'이 '시료의 분할채취방법'으로 변경

40 수거대상인구가 550,000명이고, 수거실적이 220,000톤/년이라면 1인당 1일 폐기물 발생량(kg)은?(단, 1년 365일로 계산)

① 1.1kg   ② 1.3kg
③ 1.5kg   ④ 1.7kg

해설
1인 1일 폐기물 발생량
= (220,000톤/년 × 1,000kg/톤)/(550,000인 × 365일/년)
≒ 1.1kg/인·일

41 도시지역의 쓰레기 수거량은 1,792,500ton/년이다. 이 쓰레기를 1,363명이 수거한다면 수거능력(MHT)은?(단, 1일 작업시간은 8시간, 1년 작업일수는 310일이다)

① 1.45   ② 1.77
③ 1.89   ④ 1.96

해설
$MHT = \dfrac{수거인부 \times 작업시간}{쓰레기 수거량}$

$= \dfrac{1,363인 \times 8h/day \times 310day/year}{1,792,500t/year}$

≒ 1.89MHT

※ Man·Hour/ton : 1ton의 쓰레기를 1명의 인부가 처리하는 데 걸리는 시간으로 작을수록 효율이 좋다.

42 다음 중 적환장의 위치로 적당하지 않은 곳은?

① 수거지역의 무게중심에서 가능한 가까운 곳
② 주요간선 도로에 멀리 떨어진 곳
③ 작업에 의한 환경피해가 최소인 곳
④ 적환장 설치 및 작업이 가장 경제적인 곳

해설
② 주요간선 도로에 가까운 지역

43 폐기물 관리체계 중 도시폐기물 관리에서 가장 많은 비용을 차지하는 요소는?

① 처 리   ② 저 장
③ 처 분   ④ 수 집

해설
도시폐기물 관리 분야에서 가장 많은 비용이 소요되는 부분은 폐기물 수집과 관련되는 부분이며, 관련 업체 및 종사자의 숫자도 가장 많은 것으로 보고되고 있다.

44 폐기물을 가벼운 것과 무거운 것으로 분리하기 위하여 중력이나 탄도학을 이용한 선별방법은?

① 손 선별   ② 스크린 선별
③ 자석 선별   ④ 관성 선별

해설
관성 선별은 가벼운 것과 무거운 것을 분리하기 위한 방법으로 중력이나 탄도학을 이용하며, 탄도식 분리기와 경사 콘베이어 분리기가 있다.

45 폐기물 처리에서 다루어야 하는 잔재물의 종류에 해당하지 않는 것은?

① 재활용품
② 유기성 폐기물
③ 혐기성 소화전 슬러지
④ 토사류

> **해설**
> 재활용품, 유기성 폐기물(음식물류), 토사류, 혐기성 소화 후 발생 슬러지, 호기성 분해 안정화 후 잔재물

46 고형화의 효과에 해당하지 않는 것은?

① 폐기물 함수율 저감으로 취급이 용이해진다.
② 유해폐기물의 용출 표면적이 증가한다.
③ pH 조절, 흡착 등으로 유해물질의 용해도가 감소된다.
④ 다양한 형태로 재활용이 가능해진다(건설 자재 등).

> **해설**
> 유해폐기물의 용출 표면적이 감소하여, 오염물질 배출이 줄어들게 된다.

47 A 도시 쓰레기의 조성이 탄소 55%, 수소 10%, 산소 30%, 질소 3%, 황 1%, 회분 1%일 때 고위발열량(kcal/kg)은?(단, HHV(kcal/kg) = 81C + 342.5(H − O/8) + 22.5S)

① 약 4,518
② 약 5,318
③ 약 6,118
④ 약 6,618

> **해설**
> HHV = 81C + 342.5(H − O/8) + 22.5S
> = (81 × 55) + 342.5(10 − 30/8) + (22.5 × 1)
> ≒ 6,618kcal/kg

48 건설폐기물에 해당하지 않는 것은?

① 폐섬유
② 폐목재
③ 음식물 쓰레기
④ 폐금속

> **해설**
> 음식물 쓰레기는 건설폐물이 아닌 생활폐기물에 해당된다.

49 건설폐기물을 자원하는 일반적인 방법으로 옳지 못한 것은?

① 물질별로 유사한 방법을 활용한다.
② 불연물을 이용한 재활용법은 선별, 파쇄 등의 과정을 통해 순환골재 또는 도로포장용 골재로 사용한다.
③ 가연물을 이용한 재활용법은 폐목재 등을 활용한 고형연료 생산 등으로 활용한다.
④ 건설공사 시 사용되는 골재에 대하여 자원화를 통해 생산된 순환골재를 일정비율 의무적으로 사용하도록 규정한다.

> **해설**
> ① 물질별로 모두 다른 방법을 활용해 자원화한다.

정답 45 ③ 46 ② 47 ④ 48 ③ 49 ①

50 가연성 폐기물의 재활용 방안에 대한 것으로 옳지 않은 것은?

① 폐기물을 물질 그대로 재이용하거나 파쇄, 선별, 압축 등의 물리적 힘을 가해 가공한 후 재활용한다.
② 가정, 제조공장, 건설현장 등에서 주로 발생한다.
③ 일반적으로 소각하지 않고 매립중심으로 처리한다.
④ 대표적인 기술중에 고형 연료화 방법이 많이 사용된다.

해설
가연성 폐기물은 일반적으로 높은 열량을 지니고 있어 소각하여 열을 회수하여 재활용하기도 한다.

51 생물에서 유래한 동식물성 폐기물로 유기물의 함량이 40% 이상인 폐기물을 무엇이라 하는가?

① 무기성 폐기물
② 유기성 폐기물
③ 가연성 폐기물
④ 휘발성 폐기물

해설
유기성 폐기물에 대한 설명으로 주로 퇴비화, 사료화, 혐기성 소화 등의 방법으로 재활용한다.

52 매립지 차수시설에 대한 설명 중 가장 거리가 먼 것은?

① 차수시설은 매립이 시작되면 복구가 불가능하므로 차수막의 특성에 따라 완벽하게 설계 및 시공되어야 한다.
② 차수시설은 형태에 따라 매립지의 바닥 및 경사면의 차수를 위한 표면차수공과 매립지의 하류부 또는 주변부에 연직으로 설치하는 연직차수시설로 나뉜다.
③ 점토에 벤토나이트 등을 첨가하면 차수성을 향상시킬 수 있다.
④ 합성수지 및 고무계 차수막은 내화학성과 내구성이 높아 경사면 및 지반침하의 우려가 있는 곳에도 직접 시공할 수 있다.

해설
차수시설은 매립지에서 발생하는 침출수를 처리하는 시설로 지반침하의 우려가 있는 곳에서는 지하수의 압력에 의하여 파괴될 수 있으므로 피한다.

53 생활쓰레기를 매립하였을 경우 다음 중 매립초기(2단계)에 가스구성비(부피 %)가 가장 큰 것은? (단, 2단계는 혐기성 단계이나 메탄이 형성되지 않는 단계이다)

① CO_2
② C_3H_8
③ H_2S
④ O_3

해설
2단계 혐기성 단계에서는 혐기성 세균에 의하여 복잡한 유기물을 가수분해하여 CO_2, H_2 및 지방산을 생성한다.

54 침출수를 혐기성 여상으로 처리하고자 한다. 유입 유량이 1,000m³/day이고, BOD가 500mg/L, 처리효율이 90%라면 이때 혐기성 여상에서 발생되는 메탄가스의 양은?(단, 1.5m³ 가스/BOD kg, 가스 중 메탄함량 60%)

① 350m³/day
② 405m³/day
③ 510m³/day
④ 550m³/day

해설
BOD 농도 500mg/L = 500g/m³ = 0.5kg/m³
메탄가스의 양
= 1,000m³/day × 0.5kg/m³ × 0.9 × 1.5m³ 가스/BOD kg × 0.6
= 405m³/day

55 매립시설에서 복토의 목적으로 가장 거리가 먼 것은?

① 빗물배제
② 화재방지
③ 식물성장방지
④ 폐기물의 비산방지

해설
복토는 매립 완료 후 식물의 성장을 위한 토양을 제공한다.

56 가청주파수의 범위로 알맞은 것은?

① 20Hz 이하
② 20~20,000Hz
③ 20,000Hz 이상
④ 200kHz 이하

해설
가청주파수의 범위는 20~20,000Hz이다.

57 점음원에서 10m 떨어진 곳에서의 음압레벨이 100dB일 때, 이 음원으로부터 20m 떨어진 곳의 음압레벨은?

① 92dB
② 94dB
③ 102dB
④ 104dB

해설
점음원으로부터 거리 r_1, r_2 지점의 음압레벨을 SPL_1과 SPL_2라 할 때,

$SPL_1 - SPL_2 = 20\log\left(\dfrac{r_2}{r_1}\right)$

$SPL_2 = SPL_1 - 20\log\left(\dfrac{r_2}{r_1}\right)$

$= 100dB - 20\log\left(\dfrac{20}{10}\right) = 93.98$

$≒ 94dB$

54 ② 55 ③ 56 ② 57 ②

58 다음은 음의 크기에 관한 설명이다. ( ) 안에 알맞은 것은?

> ( ) 순음의 음세기 레벨 40dB의 음크기를 1sone 이라 한다.

① 10Hz
② 100Hz
③ 1,000Hz
④ 10,000Hz

해설
1,000Hz 순음의 음세기 레벨 40dB의 음크기를 1sone, 즉 1,000Hz 순음 40phon을 1sone으로 정의하며 그 표시 기호는 S, 단위는 sone이다.

59 진동수가 250Hz이고 파장이 5m인 파동의 전파속도는?

① 50m/s
② 250m/s
③ 750m/s
④ 1,250m/s

해설
$\lambda = \dfrac{V}{f}$
$V = \lambda \times f = 5 \times 250 = 1,250 \text{m/s}$

60 공해진동에 관한 설명으로 옳지 않은 것은?

① 진동수 범위는 1,000~4,000Hz 정도이다.
② 문제가 되는 진동레벨은 60dB부터 80dB까지가 많다.
③ 사람이 느끼는 최소진동역치는 55±5dB 정도이다.
④ 사람에게 불쾌감을 준다.

해설
공해진동의 진동수 범위는 1~90Hz 정도이다.

2025년 　　최근 기출복원문제　　　　　　　　　　회독 CHECK 1 2 3

PART 03

최근 기출복원문제

#기출유형 확인 #상세한 해설 #최종점검 테스트

2025년 제1회 최근 기출복원문제

01 대기상태에 따른 굴뚝 연기의 모양으로 옳은 것은?

① 역전 상태 – 부채형
② 매우 불안정 상태 – 원추형
③ 안정 상태 – 환상형
④ 상층 불안정, 하층 안정 상태 – 훈증형

해설
대기상태에 따른 굴뚝연기 모양
- 부채형 : 역전상태
- 환상형 : 매우 불안정 상태
- 부채형 : 매우 안정상태
- 훈증형 : 상층 역전, 하층 불안정

02 다음 설명하는 장치분석법에 해당하는 것은?

> 이 법은 기체시료 또는 기화(氣化)한 액체나 고체시료를 운반가스(Carrier Gas)에 의하여 분리, 관 내에 전개시켜 기체상태에서 분리되는 각 성분을 분석하는 방법으로 일반적으로 무기물 또는 유기물의 대기오염 물질에 대한 정성(定性), 정량(定量) 분석에 이용한다.

① 흡광광도법
② 원자흡광광도법
③ 가스크로마토그래프법
④ 비분산적외선분석법

해설
가스크로마토그래프법은 대표적인 정성, 정량분석기기로 미량의 오염물질까지 측정할 수 있다.

03 여름철 광화학스모그의 일반적인 발생조건으로만 옳게 묶어진 것은?

> ㉠ 반응성 탄화수소의 농도가 크다.
> ㉡ 기온이 높고 자외선이 강하다.
> ㉢ 대기가 매우 불안정한 상태이다.

① ㉠, ㉡
② ㉠, ㉢
③ ㉡, ㉢
④ ㉢

해설
광화학스모그는 자외선에 의해 영향을 받기 때문에 빛이 강한 날에 잘 발생하며, 대기 중에 머물러야 하기 때문에 대기가 안정한 상태에서 잘 발생한다.

04 탄소 9kg이 완전연소 하는 데 필요한 이론공기량(Sm^3)은?

① 53
② 80
③ 100
④ 104

해설
$C + O_2 \rightarrow CO_2$
12 : 22.4Sm^3
9kg : x
이론산소량 $x = \frac{9}{12} \times 22.4 = 16.8 Sm^3$
이론공기량 = 16.8/0.21 = 80Sm^3

정답 1 ① 2 ③ 3 ① 4 ②

05 흡수장치의 흡수액이 갖추어야 할 조건으로 옳지 않은 것은?

① 용해도가 작아야 한다.
② 점성이 작아야 한다.
③ 휘발성이 작아야 한다.
④ 화학적으로 안정해야 한다.

해설
용해도가 높아야 한다.

06 건조한 대기의 구성성분 중 질소, 산소 다음으로 많은 부피를 차지하고 있는 것은?

① 아르곤
② 이산화탄소
③ 네 온
④ 오 존

해설
건조대기의 구성비율은 산소 21%, 질소 78%, 아르곤(Ar) 0.934%, 이산화탄소 0.033%, 네온(Ne), 헬륨(He), 제논(Xe) 순이다.

07 일산화탄소의 특성으로 옳지 않은 것은?

① 무색, 무취의 기체이다.
② 물에 잘 녹고, CO_2로 쉽게 산화된다.
③ 연료 중 탄소의 불완전 연소 시에 발생한다.
④ 헤모글로빈과의 결합력이 강하다.

해설
일산화탄소(CO)는 물에 잘 녹지 않는다.

08 다음과 같은 특성을 지닌 굴뚝 연기의 모양은?

- 대기의 상태가 하층부는 불안정하고 상층부는 안정할 때 볼 수 있다.
- 하늘이 맑고 바람이 약한 날의 아침에 볼 수 있다.
- 지표면의 오염 농도가 매우 높게 된다.

① 환상형
② 원추형
③ 훈증형
④ 구속형

해설
① 환상형(looping)은 절대불안정한 대기상태와 강한 풍속으로 대류혼합이 심할 때 발생한다.
② 원추형(coning)은 날씨가 흐리고 바람이 약할 때 약한 난류에 의해 발생한다.
④ 구속형(trapping)은 고기압 지역에서 장시간 침강역전이 있거나, 전선면에서 전선역전이 생겼을 때 발생한다.

09 황록색의 유독한 기체로 물에 잘 녹으며 강한 자극성이 있는 기체는?

① Cl_2
② NH_3
③ CO_2
④ CH_4

해설
염소는 상온상압에서는 자극성의 냄새가 있는 황록색의 기체로 독성가스이다. 대기 중의 염소가스는 눈, 코, 기관지, 폐 등을 자극하며, 대량 흡입할 경우 호흡 곤란 등의 증상이 나타날 수 있다.

정답 5 ① 6 ① 7 ② 8 ③ 9 ①

10 촉매산화법으로 악취물질을 함유한 가스를 산화, 분해하여 처리하고자 할 때, 다음 중 가장 적합한 연소 온도 범위는?

① 100~150℃
② 250~450℃
③ 650~800℃
④ 850~1,000℃

해설
촉매산화법은 백금, 코발트, 동, 니켈 등의 촉매를 사용하여 저온(약 250~450℃)에서 가스를 산화, 분해 처리하는 방법이다.

11 중량비로 수소가 15%, 수분이 1% 함유되어 있는 액체 연료의 저위발열량은 12,184kcal/kg이다. 이 연료의 고위발열량은 얼마인가?

① 11,368kcal/kg
② 12,000kcal/kg
③ 13,000kcal/kg
④ 13,503kcal/kg

해설
$H_l = H_h - 600 \times (9H + W)$
$H_h = H_l + 600 \times (9H + W)$
$= 12,184 + 600 \times (9 \times 0.15 + 0.01) = 13,000$ kcal/kg

12 2Sm³의 기체연료를 연소시키는 데 필요한 이론공기량은 18Sm³이고 실제 사용한 공기량은 21.6Sm³이다. 이때의 공기비는?

① 0.6
② 1.2
③ 2.4
④ 3.6

해설
공기비 = 실제공기량/이론공기량 = 21.6/18 = 1.2

13 로스앤젤레스(Los Angeles)형 스모그 발생조건으로 가장 거리가 먼 것은?

① 방사성 역전형태
② 23~32℃의 고온
③ 광화학적 반응
④ 석유계 연료

해설
로스앤젤레스형 스모그는 침강성 역전형태(하강형)이고, 런던형 스모그는 방사성 역전형태(복사형)이다.

14 원심력 집진장치에 관한 설명으로 옳지 않은 것은?

① 구조가 간단하고 취급이 용이한 편이다.
② 압력손실이 20mmH₂O 정도로 작고, 고집진율을 얻기 위한 전문적인 기술이 불필요하다.
③ 점(흡)착성 배출가스 처리는 부적합하다.
④ 블로우다운 효과를 사용하여 집진효율 증대가 가능하다.

해설
원심력 집진장치의 압력손실은 50~150mmH₂O 정도이며, 고집진율을 얻기 위한 전문적인 기술이 필요하다.

15 집진장치 출구 가스의 먼지농도가 0.02g/m³, 먼지 통과율은 0.5%일 때, 입구 가스 먼지농도(g/m³)는?

① 3.5g/m³
② 4.0g/m³
③ 4.5g/m³
④ 8.0g/m³

해설

$$P = \frac{C_o}{C_i}$$

$$0.005 = \frac{0.02}{C_i}$$

$$C_i = \frac{0.02}{0.005} = 4\text{g/m}^3$$

16 다음 중 수질오염공정시험기준에 의거 페놀류를 측정하기 위한 시료의 보존방법(㉠)과 최대보존기간(㉡)으로 가장 적합한 것은?

① ㉠ 현장에서 용존산소 고정 후 어두운 곳 보관
　㉡ 8시간
② ㉠ 즉시 여과 후 4℃ 보관
　㉡ 48시간
③ ㉠ 20℃ 보관
　㉡ 즉시 측정
④ ㉠ 4℃ 보관, H_3PO_4로 pH 4 이하 조정한 후 $CuSO_4$ 1g/L 첨가
　㉡ 28일

해설

페놀류
- 시료용기 : G
- 보존방법 : 4℃ 보관, H_3PO_4로 pH 4 이하 조정한 후 시료 1L당 $CuSO_4$ 1g 첨가
- 최대보존기간 : 28일

17 다음 황산(1 + 2) 혼합용액은?

① 황산 1mL를 물에 희석하여 2mL로 한 용액
② 황산 1mL와 물 2mL를 혼합한 용액
③ 물 1mL에 황산 2mL를 혼합한 용액
④ 물 1mL에 황산을 가하여 전체 2mL로 한 용액

해설

황산(1 + 2) 혼합용액은 황산과 물(증류수)의 비율을 1 : 2로 섞으라는 의미이다.

18 다음 중 SVI(Sludge Volume Index)와 SDI(Sludge Density Index)의 관계로 옳은 것은?

① SVI = 100/SDI
② SVI = 10/SDI
③ SVI = 1/SDI
④ SVI = SDI/100

해설

- SVI(Sludge Volume Index)는 슬러지의 침강농축성을 나타내는 지표로서 포기조 내 혼합액 1L를 30분간 침전시킨 후 1g의 MLSS가 점유하는 침전슬러지의 부피(mL)를 나타낸 것이다(mL/g).
- SDI(Sludge Density Index)는 활성슬러지 1L를 30분간 정치시켰을 때 침강슬러지의 100mL당 무게(g)를 말한다(g/100mL).
- SDI = 100/SVI

19 50m³/h의 폐수가 24시간 균일하게 유입되는 폐수처리장의 침전지에서 이 침전지의 월류부하를 100m³/m·day로 할 때 월류위어의 유효길이는?

① 10m　② 12m
③ 15m　④ 50m

해설

월류위어의 유효길이 = 폐수량/월류부하
　　　　　　　　＝ (50m³/h × 24h/day)/100m³/m·day
　　　　　　　　＝ 12m

20 유입수량이 700m³/일이고, BOD가 1,715mg/L인 하수를 활성슬러지공법으로 처리하고자 할 때 적당한 포기조의 용적은?(단, 포기조의 BOD 용적부하는 1.0kg/m³·일이다)

① 약 2,100m³
② 약 1,715m³
③ 약 1,200m³
④ 약 700m³

해설
BOD 농도 1,715mg/L = 1,715g/m³ = 1.715kg/m³
BOD 용적부하 = (BOD 농도 × 유입수량)/포기조의 용적
포기조의 용적 = (BOD 농도 × 유입수량)/BOD 용적부하
= (1.715kg/m³ × 700m³/일)/1.0kg/m³·일
= 1,200.5m³

21 불소제거를 위하여 가장 많이 이용되는 폐수처리 방법은?

① 화학침전　② 물리침전
③ 생물침전　④ 자연침전

해설
불소처리 방법(화학침전)
불소함유 폐수에 과량의 소석회를 투입하여 pH를 10 이상으로 올린 다음 인산을 첨가하여 불소 제거효율을 높인다. 충분히 교반시켜 반응을 완료시킨 후 황산이나 염산으로 중화시켜 응집침전시킨다.

22 0.0001M-HCl 용액의 pH는 얼마인가?(단, HCl은 100% 이온화한다)

① 2　② 3
③ 4　④ 5

해설
pH = $-\log[H^+]$ = $-\log[0.0001]$ = 4

23 레이놀즈 수의 관계인자와 거리가 먼 것은?

① 입자의 지름
② 액체의 점도
③ 액체의 비표면적
④ 입자의 속도

해설
레이놀즈 수
$$Re = \frac{\rho v_s L}{\mu} = \frac{v_s L}{\nu}$$
여기서, ρ : 유체의 밀도
　　　　v_s : 평균속도
　　　　μ : 점성계수
　　　　ν : 동점성계수
　　　　L : 특성길이

24 탈산소계수가 0.1/d인 어떤 유기물질의 BOD₅가 200ppm이었다. 2일 후에 남아 있는 BOD값은? (단, 상용대수 적용)

① 192.3mg/L　② 189.4mg/L
③ 184.6mg/L　④ 179.3mg/L

해설
$BOD_5 = BOD_u(1 - 10^{-kt})$
여기서, BOD_5 : 5일 후 BOD값
　　　　BOD_u : 최종 BOD값
　　　　k : 탈산소계수
　　　　t : 시간
$200ppm = BOD_u(1 - 10^{-0.1 \times 5})$
$BOD_u = \frac{200}{0.6838} = 292.5ppm$
2일 후에 남아 있는 BOD값은 잔존공식을 이용하면,
∴ $BOD_2 = BOD_u \times (10^{-kt})$
　　　　 = $292.5 \times (10^{-0.1 \times 2})$ = 292.5×0.631
　　　　 ≒ 184.6ppm(= mg/L)
※ 소비공식 $BOD_t = BOD_u(1 - 10^{-kt})$
　 잔존공식 $BOD_t = BOD_u(10^{-kt})$

25 폐수처리시설의 2차 침전지에서 팽화현상은 주로 어떤 결과를 초래하는가?

① 활성슬러지를 부패시킨다.
② 포기조 산기관을 막는다.
③ 유출수의 SS농도가 높아진다.
④ 포기조 내의 이상난류를 발생시킨다.

해설
2차 침전지에서 슬러지 팽화(Bulking)가 발생하면 침전성이 불량해지므로 유출수의 SS농도가 높아진다.

26 침전지에서 입자가 100% 제거되기 위해서 요구되는 침전속도를 의미하는 것은?

① 침강속도
② 침전효율
③ 표면부하율
④ 유입속도

해설
$V_0 = Q/A$
여기서, V_0 : 100% 제거될 수 있는 입자의 침전속도
그런데, Q/A는 침전지에서의 표면적부하(= 표면침전율)를 나타낸다.
표면부하율 = Q/A
여기서, Q : 유량
A : 침전지의 수평단면적

27 염소주입에 의하여 폐수 중의 질소화합물과 반응하여 생성되는 물질은 무엇인가?

① 유리잔류질소   ② 액체질소
③ 트리할로메탄   ④ 클로라민

해설
클로라민의 형성
• 수중에 염소를 주입하면 빠르게 가수분해되어 차아염소산(HOCl)이 형성된다.
$Cl_2 + H_2O \rightarrow HOCl + H^+ + Cl^-$
• 차아염소산은 분해되어 차아염소산이온(OCl^-)과 수소이온(H^+)을 형성한다.
$HOCl \rightarrow OCl^- + H^+$
• HOCl과 OCl^-은 수용액에서 암모니아와 반응하여 무기클로라민을 형성한다.
$NH_3 + HOCl \leftrightarrow NH_2Cl + H_2O$

28 일반적으로 약품교반시험(Jar Test)에 관한 다음 설명 중 ( ) 안에 가장 적합한 것은?

> Jar Test는 시료를 일련의 유리 비커에 담고, 여기에 응집제와 응집보조제의 양을 달리 주입하여 (㉠)으로 혼합한 후, (㉡)으로 하여 침전시킨다.

① ㉠ 1~5분 정도 100rpm
  ㉡ 10~15분간 40~50rpm
② ㉠ 1시간 정도 40~50rpm
  ㉡ 1~5분 정도 600rpm
③ ㉠ 1~5분 정도 1,200rpm
  ㉡ 1시간 정도 5,000rpm
④ ㉠ 1시간 정도 150rpm
  ㉡ 1~5분 정도 1,200rpm

해설
Jar Test
• 처리하는 물을 6개의 비커에 동일량(500mL 또는 1L)을 채운다.
• 교반 회전수를 100~140rpm으로 급속교반시켜 pH를 최적범위(pH 6)를 조정한다.
• pH 조정을 위한 약품과 응집제를 짧은 시간 내에 주입한다.
• 교반 시 회전속도를 20~50rpm으로 감소시키고 10~30분간 완속 교반한다.
• 플럭 생성시간과 상태를 기록하면서 약 30~60분간 침전시켜 상등수를 분석한다.

29 수중의 용존산소의 양은 일반적으로 온도가 상승함에 따라 어떻게 변화되는가?

① 감소한다.
② 증가한다.
③ 변화없다.
④ 증가 후 감소한다.

해설
온도가 증가하면 산소의 분압이 증가하여 용존산소량은 낮아지게 된다.

30 유독한 6가 크로뮴이 함유된 폐수를 처리하는 과정에서 환원제로 사용하기에 적합한 것은?

① O_3
② Cl_2
③ $FeSO_4$
④ $NaOCl$

해설
6가 크로뮴(Cr^{6+})이 독성이 강하므로 3가 크로뮴(Cr^{3+})으로 환원시킨 후 수산화물[$Cr(OH)_3$]로 침전시켜 제거한다. 6가 크로뮴의 환원제로는 $FeSO_4$, Na_2SO_3, $NaHSO_3$ 등이 있다.

31 농도를 알 수 없는 염산 50mL를 완전히 중화시키는 데 0.4N 수산화나트륨 25mL가 소모되었다. 이 염산의 농도는?

① 0.2N
② 0.4N
③ 0.6N
④ 0.8N

해설
$NV = N'V'$
$N \times 50 = 0.4 \times 25$
$N = 0.2$

32 pH 9인 용액의 [OH^-] 농도(mol/L)는?

① 10^{-1}
② 10^{-5}
③ 10^{-9}
④ 10^{-11}

해설
pH = 9, pH = $-\log[H^+]$, [H^+] = 10^{-9}
[H^+][OH^-] = 10^{-14} mol/L이므로,
[OH^-] = $10^{-14}/10^{-9}$ = 10^{-5} mol/L

33 MLSS 농도 3,000mg/L인 포기조 혼합액을 1,000mL 메스실린더로 취해 30분간 정치시켰을 때 침강 슬러지가 차지하는 용적은 440mL이었다. 이때 슬러지밀도지수(SDI)는?

① 146.7
② 73.4
③ 1.36
④ 0.68

해설
- 슬러지밀도지수(SDI) = $\dfrac{100}{\text{슬러지 용적지수(SVI)}}$
- 슬러지 용적지수(SVI) = $\dfrac{\text{침강슬러지 용적(mL)} \times 1,000}{\text{MLSS(mg/L)}}$
$= \dfrac{440\text{mL} \times 1,000}{3,000\text{mg/L}} = 146.7$
- 슬러지밀도지수(SDI) = $\dfrac{100}{146.7} = 0.68$

34 수질관리를 위해 대장균군을 측정하는 주목적으로 가장 타당한 것은?

① 다른 수인성 병원균의 존재 가능성을 알기 위하여
② 호기성 미생물 성장 가능 여부를 알기 위하여
③ 공장폐수의 유입 여부를 알기 위하여
④ 수은의 오염 정도를 측정하기 위하여

해설
대장균군은 사람을 비롯한 가축의 장내에 서식하는 세균이므로 대장균군의 측정 여부로 다른 수인성 병원균의 존재 가능성을 알 수 있다.

35 다음 중 생물학적 원리를 이용하여 인(P)만을 효과적으로 제거하기 위한 고도처리 공법으로 가장 적합한 것은?

① A/O 공법
② A₂/O 공법
③ 4단계 Bardenpho 공법
④ 5단계 Bardenpho 공법

해설
②, ③, ④는 모두 질소(N)와 인(P)을 제거하는 공법이다.

36 20%의 수분을 포함하고 있는 폐기물을 연소시킨 결과 고위발열량은 2,500kcal/kg이었다. 저위발열량은?(단, 추정식에 의한다)

① 2,480kcal/kg
② 2,380kcal/kg
③ 2,020kcal/kg
④ 1,860kcal/kg

해설
$H_l = H_h - 600(9H + W) = 2,500 - (600 \times 0.2) = 2,380 \text{kcal/kg}$

37 다음 중 폐기물의 고형화 처리방법에 해당되지 않는 것은?

① 시멘트 기초법
② 활성탄 흡착법
③ 유기 중합체법
④ 열가소성 플라스틱법

해설
활성탄 흡착법은 오폐수의 고도처리방법이다.

38 폐기물관리법령상 지정 폐기물의 종류 중 부식성 폐기물의 폐알칼리 기준으로 옳은 것은?

① 액체상태의 폐기물로서 수소이온농도지수가 2.0 이하인 것으로 한정한다.
② 액체상태의 폐기물로서 수소이온농도지수가 5.6 이하인 것으로 한정한다.
③ 액체상태의 폐기물로서 수소이온농도지수가 8.6 이상인 것으로 한정하며, 수산화칼륨 및 수산화나트륨을 포함한다.
④ 액체상태의 폐기물로서 수소이온농도지수가 12.5 이상인 것으로 한정하며, 수산화칼륨 및 수산화나트륨을 포함한다.

해설
부식성 폐기물(폐기물관리법 시행령 별표 1, 지정폐기물의 종류)
- 폐산 : 액체상태의 폐기물로서 수소이온 농도지수가 2.0 이하인 것으로 한정한다.
- 폐알칼리 : 액체상태의 폐기물로서 수소이온 농도지수가 12.5 이상인 것으로 한정하며, 수산화칼륨 및 수산화나트륨을 포함한다.

39 폐기물 분석을 위한 시료의 축소화 방법에 해당하지 않는 것은?

① 구획법
② 원추4분법
③ 교호삽법
④ 면체분할법

해설
시료의 축소화 방법에는 구획법, 원추4분법, 교호삽법 등이 있다.

정답 35 ① 36 ② 37 ② 38 ④ 39 ④

40 A도시 쓰레기를 분류하여 성분별로 수분함량을 측정한 결과가 아래와 같다. 이 폐기물의 평균 수분함량은?

성 분	구성비(중량%)	수분함량(%)
음식물	30	80
종이류	40	10
섬유류	5	5
플라스틱류	10	1
유리류	10	1
금속류	5	2

① 3.13%
② 13.33%
③ 28.55%
④ 41.22%

해설
평균 수분함량
= (30×0.8) + (40×0.1) + (5×0.05) + (10×0.01) + (10×0.01) + (5×0.02)
= 28.55%

41 다음 중 연료형태에 따른 연소의 종류에 해당하지 않는 것은?

① 분해연소
② 조연연소
③ 증발연소
④ 표면연소

해설
연소의 형태에 따른 분류
• 기체연소 : 확산연소(발염연소)
• 액체연소 : 증발연소, 분해연소
• 고체연소 : 표면연소, 분해연소, 증발연소, 자기연소

42 밀도가 $0.4t/m^3$인 쓰레기를 매립하기 위해 밀도 $0.85t/m^3$으로 압축하였다. 압축비는?

① 0.6
② 1.8
③ 2.1
④ 3.3

해설
압축비 = $\frac{\text{압축 전 부피}(V_1)}{\text{압축 후 부피}(V_2)}$, 밀도 = $\frac{\text{질량}}{\text{부피}}$, 부피 = $\frac{\text{질량}}{\text{밀도}}$

• $V_1 = \frac{1}{0.4} = 2.5 m^3$
• $V_2 = \frac{1}{0.85} = 1.176 m^3$

∴ 압축비 = $\frac{2.5}{1.176} = 2.125$

43 밀도가 $350kg/m^3$인 폐기물을 $750kg/m^3$이 되도록 압축시켰을 때의 부피감소율은?

① 약 72%
② 약 68%
③ 약 53%
④ 약 47%

해설
압축비(CR) = $\frac{V_2}{V_1}$, 부피감소율(VR) = $(1-CR) \times 100$

• $V_1 = \frac{1kg}{350kg/m^3} = 0.002857 m^3$
• $V_2 = \frac{1kg}{750kg/m^3} = 0.001333 m^3$

$CR = 0.001333/0.002857 = 0.467$
∴ 부피감소율(VR) = $(1-0.467) \times 100 = 53.3\%$

정답 40 ③ 41 ② 42 ③ 43 ③

44 다음 중 적환장을 설치할 필요성이 가장 낮은 경우는?

① 공기수송 방식을 사용하는 경우
② 폐기물 수집에 대형 컨테이너를 많이 사용하는 경우
③ 처분장이 원거리에 있어 도중에 불법 투기의 가능성이 있는 경우
④ 처분장이 멀리 떨어져 있어 소형 차량에 의한 수송이 비경제적일 경우

해설
적환장은 비교적 작은 수집차량에서 큰 차량으로 옮겨 싣고 장거리 수송을 할 경우 필요한 시설이다.

45 500,000명이 거주하는 도시에서 일주일 동안 8,720m³의 쓰레기를 수거하였다. 이 쓰레기의 밀도가 0.45ton/m³이라면 1인 1일 쓰레기 발생량은?

① 1.12kg/인·일
② 1.21kg/인·일
③ 1.25kg/인·일
④ 1.31kg/인·일

해설
- 발생량 = 8,720m³ × 0.45ton/m³ × 10³kg/t = 3,924,000kg
- 1인 1일 쓰레기 발생량 = $\frac{발생량}{인구수 \times 기간} = \frac{3,924,000}{500,000 \times 7}$
   = 1.12kg/인·일

46 함수율 25%인 쓰레기를 건조시켜 함수율이 12%인 쓰레기로 만들려면 쓰레기 1ton당 약 얼마의 수분을 증발시켜야 하는가?

① 148kg
② 166kg
③ 180kg
④ 199kg

해설
$W_1(100 - P_1) = W_2(100 - P_2)$
여기서, W_1 : 건조 전 폐기물 양
  P_1 : 건조 전 함수율
  W_2 : 건조 후 폐기물 양
  P_2 : 건조 후 함수율
$1,000(100 - 25) = W_2(100 - 12)$
$88 W_2 = 1,000 \times 75$
$W_2 = 75,000/88 = 852.27$kg
증발시켜야 하는 수분량 = 1,000 - 852.27 = 147.73kg ≒ 148kg

47 폐기물의 재활용과 감량화를 도모하기 위해 실시할 수 있는 제도로 가장 거리가 먼 것은?

① 예치금 제도
② 환경영향평가
③ 부담금 제도
④ 쓰레기 종량제

해설
환경영향평가는 환경에 크게 영향을 미치는 법률, 행정계획 등 국가 정책을 수립하거나 개발사업을 시행하기에 앞서, 그와 같은 행위가 환경에 미치는 영향을 미리 예측평가하고 영향저감방안을 강구함으로써 환경에 미치는 부정적인 영향을 최소화하려는 일련의 행정절차이다.
폐기물 재활용 및 감량화 제도
- 예치금 제도
- 부담금 제도
- 쓰레기 종량제

48 일정 기간 동안 특정 지역의 쓰레기 수거차량의 대수를 조사하여 이 값에 쓰레기의 밀도를 곱하여 중량으로 환산하여 쓰레기 발생량을 산출하는 방법은?

① 경향법
② 직접계근법
③ 물질수지법
④ 적재차량 계수분석법

해설
폐기물 발생량 조사방법
- 적재차량 계수분석법 : 특정 지역에서 일정 기간 동안 수거, 운반되는 차량의 대수를 조사하여 중량으로 산정한다.
- 직접계근법 : 차량의 무게를 직접 잰 후 발생량을 산정하는 방법이다.
- 물질수지법 : 원료물질의 유입과 생산물질의 유출관계를 근거로 발생량을 산정하는 방법이다.
- 원자재 사용량으로 추정하는 방법 : 국가적 차원에서 사용하며 대상지역의 원자재 수요에 대한 충분한 자료를 바탕으로 추정한다.

49 어느 도시에 인구 100,000명이 거주하고 있으며, 1인당 쓰레기 발생량이 평균 0.9kg/인·일이다. 이 쓰레기를 적재용량이 5ton인 트럭을 이용하여 한 번에 수거를 마치려면 트럭이 몇 대 필요한가?

① 10대
② 12대
③ 15대
④ 18대

해설
$$\text{운반 차량} = \frac{\text{쓰레기 발생량}}{\text{적재용량}} = \frac{100,000\text{인} \times 0.9\text{kg}}{5\text{t}} \times \frac{1\text{t}}{10^3\text{kg}}$$
$$= 18\text{대}$$

50 퇴비화 시 부식질의 역할로 옳지 않은 것은?

① 토양능의 완충능을 증가시킨다.
② 토양의 구조를 양호하게 한다.
③ 가용성 무기질소의 용출량을 증가시킨다.
④ 용수량을 증가시킨다.

해설
부식질은 가용성 무기질소의 용출량을 감소시킨다.

51 다음 중 유기성 폐기물의 퇴비화 특성으로 가장 거리가 먼 것은?

① 생산되는 퇴비는 비료가치가 높으며, 퇴비완성 시 부피감소율이 70% 이상으로 큰 편이다.
② 초기 시설투자비가 낮고, 운영 시 소요 에너지도 낮은 편이다.
③ 다른 폐기물의 처리기술에 비해 고도의 기술수준이 요구되지 않는다.
④ 퇴비제품의 품질표준화가 어렵고, 부지가 많이 필요한 편이다.

해설
① 생산되는 퇴비의 비료가치가 낮으며, 퇴비완성 시 부피가 크게 감소되지 않는다.

52 다음 중 로타리킬른 방식의 장점으로 거리가 먼 것은?

① 열효율이 높고, 적은 공기비로도 완전연소가 가능하다.
② 예열이나 혼합 등 전처리가 거의 필요 없다.
③ 드럼이나 대형용기를 파쇄하지 않고 그대로 투입할 수 있다.
④ 공급장치의 설계에 있어서 유연성이 있다.

> **해설**
> 로타리킬른 방식은 쓰레기와 연소용 공기와의 접촉 효과가 떨어져 완전연소를 위해 일반적으로 2차 연소실이 있으며, 일반적으로 소각효율이 좋지 못하다.

53 침출수 내 난분해성 유기물을 펜톤산화법에 의해 처리하고자 할 때, 사용되는 시약의 구성으로 옳은 것은?

① 과산화수소 + 철
② 과산화수소 + 구리
③ 질산 + 철
④ 질산 + 구리

> **해설**
> 펜톤산화법은 펜톤 시약인 과산화수소와 철염을 이용하여 OH 라디칼을 발생시킴으로서 펜톤시약의 강력한 산화력으로 난분해성 유기물을 분해시키는 것이다.

54 건조된 고형물(Dry Solid)의 비중이 1.42이고, 건조 이전의 Dry Solid 함량이 40%, 건조중량이 400kg일 때 슬러지케이크의 비중은?

① 1.32
② 1.28
③ 1.21
④ 1.13

> **해설**
> 건조 이전 슬러지케이크의 고형물 400kg이면 수분 600kg이므로,
> 슬러지부피 = 고형물 부피 + 수분부피
> $$\frac{100}{x} = \frac{40}{1.42} + \frac{60}{1}$$
> $x = 1.134$

55 다양한 크기를 가진 혼합 폐기물을 크기에 따라 자동으로 분류할 수 있으며, 주로 큰 폐기물로부터 후속 처리장치를 보호하기 위해 많이 사용되는 선별방법은?

① 손 선별
② 스크린 선별
③ 공기 선별
④ 자석 선별

> **해설**
> ① 컨베이어 벨트를 이용하여 손으로 종이류, 플라스틱, 금속류, 유리류를 선별
> ③ 폐기물 내의 가벼운 물질인 종이나 플라스틱을 기타 무거운 물질로부터 선별
> ④ 철 성분을 회수할 경우에 사용

56 음향파워가 0.1Watt일 때 PWL은?

① 1dB
② 10dB
③ 100dB
④ 110dB

> **해설**
> $PWL = 10\log\left(\frac{W}{W_o}\right)$
> 기준음의 파워레벨 $W_o = 10^{-12}$ Watt이므로,
> $PWL = 10\log\left(\frac{0.1}{10^{-12}}\right) = 10\log(10^{11}) = 110$ dB

57 다음 중 다공질 흡음재에 해당하지 않는 것은?

① 암 면
② 비닐시트
③ 유리솜
④ 폴리우레탄폼

해설
다공질 흡음재
- Glass Wool(유리솜)
- Rock Wool(암면)
- 광물면
- 식물섬유류
- 발포수지재료(폴리우레탄폼)

58 다음 지반을 전파하는 파에 관한 설명 중 옳은 것은?

① 종파는 파동의 진행 방향과 매질의 진동 방향이 서로 수직이다.
② 종파는 매질이 없어도 전파된다.
③ 음파는 종파에 속한다.
④ 지진파의 S파는 파동의 진행방향과 매질의 진동 방향이 서로 평행하다.

해설
① 종파는 파동의 진행 방향과 매질의 진동 방향이 서로 평행이다.
② 종파의 전달 과정에서 매질은 촘촘한(밀한) 부분과 성긴(소한) 부분이 반복되어 진행하므로 소밀파라고도 한다.
④ 지진파의 S파는 파동의 진행방향과 매질의 진동 방향이 서로 직각이다.

59 각각 음향파워레벨이 89dB, 91dB, 95dB인 음의 평균 파워레벨(dB)은?

① 92.4
② 95.5
③ 97.2
④ 101.7

해설
$$\text{평균파워레벨} = 10\log\left\{\frac{1}{3} \times (10^{89/10} + 10^{91/10} + 10^{95/10})\right\}$$
$$= 10\log\left\{\frac{1}{3} \times (10^{8.9} + 10^{9.1} + 10^{9.5})\right\}$$
$$= 92.4\text{dB}$$

60 환경기준 중 소음측정점 및 측정조건에 관한 설명으로 옳지 않은 것은?

① 손으로 소음계를 잡고 측정할 경우 소음계는 측정자의 몸으로부터 0.5m 이상 떨어져야 한다.
② 소음계의 마이크로폰은 주소음원 방향으로 향하도록 한다.
③ 옥외측정을 원칙으로 한다.
④ 일반지역의 경우 장애물이 없는 지점의 지면 위 0.5m 높이로 한다.

해설
ES 03301.1c 환경기준 중 소음측정방법(시료채취 및 관리 – 측정점)
일반지역의 경우에는 가능한 한 측정점 반경 3.5m 이내에 장애물이 없는 지점의 지면위 1.2~1.5m로 한다.

2025년 제2회 최근 기출복원문제

01 다음과 같은 특성을 지닌 대기오염물질은?

- 가죽제품이나 고무제품을 각질화시킨다.
- 마늘냄새 같은 특유의 냄새가 나는 가스상 오염물질이다.
- 대기 중에서 농도가 일정 기준을 초과하면 경보발령을 하고 있다.
- 자동차 등에서 배출된 질소산화물과 탄화수소가 광화학반응을 일으키는 과정에서 생성된다.

① 오 존
② 암모니아
③ 황화수소
④ 일산화탄소

해설

오존은 자동차 등에서 대기로 직접 배출되는 1차 대기 오염 물질인 질소산화물(NO_x), 탄화수소류(HCs) 등이 햇빛과 반응을 일으켜 생성된다.
② 암모니아는 무색의 자극적인 냄새를 지닌 기체이다.
③ 황화수소는 이산화황(SO_2)이라고도 불리우며 자극적인 냄새를 동반하고, 물과 반응해 황산을 생성하는 유독물질로 런던형 스모그, 산성비의 주원인물질이다.
④ 일산화탄소는 공기보다 미세하고 가벼우며 무색, 무미, 무취이며 혈중헤모글로빈과의 결합이 산소보다 약 200배 강하다.

02 일반적으로 광원으로부터 나오는 빛을 단색화장치(Monochrometer) 또는 필터(Filter)에 의하여 좁은 파장 범위의 빛만을 선택하여 액층을 통과시킨 다음 광전측광으로 하여 목적성분의 농도를 정량하는 분석방법은?

① 가스크로마토그래피법
② 흡광광도법
③ 원자흡광광도법
④ 비분산적외선 분석법

해설

① 기체시료 또는 기화한 액체나 고체시료를 운반가스(Carrier Gas)에 의하여 분리한 후 관 내에 전개시켜 기체상태에서 분리되는 각 성분을 크로마토그래피로 분석하는 방법
③ 시료를 적당한 방법으로 해리(解離)시켜 중성원자로 증기화하여 생긴 기저상태(Ground State or Normal State)의 원자가 이 원자증기층을 투과하는 특유파장의 빛을 흡수하는 현상을 이용하여 광전측광과 같은 개개의 특유 파장에 대한 흡광도를 측정하여 시료 중의 원소 농도를 정량하는 방법
④ 선택성 검출기를 이용하여 시료 중의 특정 성분에 의한 적외선의 흡수량 변화를 측정하여 시료 중에 들어있는 특정 성분의 농도를 구하는 방법

03 대기조건 중 고도가 높아질수록 기온이 증가하여 수직온도차에 의한 혼합이 이루어지지 않는 상태는?

① 과단열상태
② 중립상태
③ 역전상태
④ 등온상태

해설

기온은 고도가 높을수록 낮아지는 것이 정상인데, 지표면의 방열(放熱)로 인하여 찬 공기가 아래층에 놓일 경우 기온의 수직적 분포가 거꾸로 되는 기온역전현상이 일어난다.
이러한 상태가 되면 공기의 순환이 이루어지지 않기 때문에 대기는 바람이 불지 않는 매우 안정된 상태가 된다.

정답 1 ① 2 ② 3 ③

04 유해가스 측정을 위한 시료채취 방법으로 틀린 것은?

① 시료 채취관은 배출가스 등에 의해 부식되지 않는 재질의 관을 사용한다.
② 시료 채취관은 굴뚝 벽에 최대한 닿도록 끼워 넣는다.
③ 가스 중에 먼지가 혼입되는 것을 방지하기 위하여 시료 채취관에 여과재를 넣어 둔다.
④ 시료 채취 위치는 가스의 유속이 현저하게 변화하지 않고 수분이 적은 곳으로 한다.

해설
채취관은 배출가스의 흐름에 따라서 직각이 되도록 연결한다.

05 다음 가스 흡수장치 중 장치 내의 (겉보기)가스 속도가 가장 큰 것은?

① 충전탑
② 분무탑
③ 제트스크러버
④ 벤투리스크러버

해설
④ 60~90m/s
① 0.3~1m/s
② 0.2~1m/s
③ 20~50m/s

06 다음 대기오염 물질 중 물리적 상태가 다른 하나는?

① 먼 지   ② 매 연
③ 검 댕   ④ 황산화물

해설
황산화물은 가스상 물질이다.

07 복사역전에 대한 다음 설명 중 틀린 것은?

① 복사역전은 공중에서 일어난다.
② 맑고 바람이 없는 날 아침에 해가 뜨기 직전에 강하게 형성된다.
③ 복사역전이 형성될 경우 대기오염물질의 수직이동, 확산이 어렵게 된다.
④ 해가 지면서부터 열복사에 의한 지표면의 냉각이 시작되므로 복사역전이 형성된다.

해설
복사에 의한 기온역전은 겨울철 짧은 낮 시간 동안 일사에 의해 지표가 가열되고, 긴 밤 시간 동안 지표 복사에 의해 급속히 냉각되기 때문에 일어난다.

08 집진율 99%로 운전되던 집진장치가 성능저하로 집진율이 97%로 떨어졌다. 집진장치 입구의 함진농도가 일정하다고 할 때 출구의 함진농도는 어떻게 변하겠는가?

① 3% 증가
② 3배 증가
③ 2% 증가
④ 2배 증가

해설
출구의 함진농도 $= \dfrac{(1-\eta_1)}{(1-\eta_2)} = \dfrac{(1-0.97)}{(1-0.99)} = 3$

09 다음 중 2차 대기오염물질이 아닌 것은?

① O_3 ② H_2O_2
③ NH_3 ④ PAN

해설
대기오염물질
• 1차 오염물질 : NH_3, HCl, H_2S, CO, H_2, Pb, Zn, Hg, HC 등
• 2차 오염물질 : O_3, H_2O_2, PAN 등

정답 4② 5④ 6④ 7① 8② 9③

10 열대 태평양 남미 해안으로부터 중태평양에 이르는 넓은 범위에서 해수면의 온도가 평균보다 0.5℃ 이상 높은 상태가 6개월 이상 지속되는 현상으로 스페인어로 아기예수를 의미하는 것은?

① 라니냐현상
② 업웰링현상
③ 뢴트겐현상
④ 엘니뇨현상

해설
엘니뇨 현상은 태평양 동부 적도 해역의 월평균 해수면 온도 편차의 5개월 이동평균값이 약 6개월 이상 계속해서 +0.5℃ 이상이 되는 현상을 말하고, 계속해서 -0.5℃ 이하가 되는 현상을 라니냐라고 한다. 엘니뇨 현상은 무역풍과 상호작용으로 발생하는 것으로 추정되며, 대기 순환의 변화를 가져와 세계 각 지역의 이상 기후 현상을 일으킨다.

11 탄소 6kg을 완전 연소하기 위해 필요한 이론공기량은?(단, 표준상태 기준)

① $11.2Sm^3$
② $22.4Sm^3$
③ $53.3Sm^3$
④ $106.7Sm^3$

해설
C + O₂ → CO₂
12 : 32   44
1mole : 1mole
           $22.4Sm^3$
탄소 6kg이므로 0.5mole
• 이론산소량 = 22.4/2 = $11.2Sm^3$
• 이론공기량 = 11.2/0.21 = $53.3Sm^3$

12 A중유 연소 가열로의 연소 배출가스를 분석하였더니 용량비로써 질소 : 80%, 탄산가스 : 12%, 산소 : 8%의 결과치를 얻었다. 이 때 공기비는?

① 약 1.6
② 약 1.4
③ 약 1.2
④ 약 1.1

해설
$$m = \frac{21}{21 - O_2} = \frac{21}{21 - 8} \fallingdotseq 1.6$$

13 충전탑(Packed Tower)에서 충전물의 구비조건으로 틀린 것은?

① 단위용적에 대한 표면적이 커야 한다.
② 공극률이 크며, 압력손실이 작아야 한다.
③ 액의 홀드업(Hold Up)이 커야 한다.
④ 마찰저항이 작아야 한다.

해설
홀드 업(Hold Up)은 처리가스의 유속이 증가함에 따라 충전층 내의 액보유량이 증가하게 되어 압력강하가 증가하는 현상(억류현상)으로 작아야 한다.

14 표준상태에서 물 6.6g을 수증기로 만들 때 부피는?

① 5.16L
② 6.22L
③ 7.24L
④ 8.21L

해설
표준상태에서 물(H_2O) 1mole(18g)일 때 22.4L이므로
18g : 22.4L = 6.6g : x
x = 8.21L

15 흡착법에 관한 설명으로 옳지 않은 것은?

① 물리적 흡착은 Van der Waals 흡착이라고도 한다.
② 물리적 흡착은 낮은 온도에서 흡착량이 많다.
③ 화학적 흡착인 경우 흡착과정이 주로 가역적이며 흡착제의 재생이 용이하다.
④ 흡착제는 단위질량당 표면적이 큰 것이 좋다.

해설
화학적 흡착은 비가역적이고, 물리적 흡착은 가역적이다.

16 0.01N-NaOH 용액의 농도를 ppm으로 옳게 나타낸 것은?

① 40
② 400
③ 4,000
④ 40,000

해설
1N = 40g/L
0.01N = 0.4g/L
ppm(=mg/L)으로 환산하면,
0.4g/L = 400ppm(mg/L)

17 수질오염공정시험기준상 윙클러-아자이드화나트륨 변법에 의한 DO 측정 시 표준적정액으로 옳은 것은?

① 0.025N $Na_2S_2O_3$
② 0.025N $Na_2C_2O_4$
③ 0.025N $KMnO_4$
④ 0.025N $K_2Cr_2O_7$

해설
윙클러-아자이드화나트륨(Winkler-Sodium Azide) 변법
황산망가니즈($MnSO_4$)에 알칼리성 아이오딘화칼륨(alkali-KI-NaN_3)용액을 넣을 때 생기는 수산화제일망가니즈[$Mn(OH)_2$]가 시료 중의 용존산소(O_2)에 의하여 산화되어 산화망가니즈(MnO_2)가 되고, 황산(H_2SO_4) 산성 하에서 용존산소량에 대응하는 아이오딘(I_2)을 유리하게 된다. 이렇게 유리된 아이오딘을 티오황산나트륨($Na_2S_2O_3$)용액으로 적정하여 용존산소의 양(mg/L)을 정량하는 방법이다.

18 미생물과 조류의 생물화학적 작용을 이용하여 하수 및 폐수를 자연 정화시키는 공법으로, 라군(Lagoon)이라고도 하며, 시설비와 운영비가 적게 들기 때문에 소규모 마을의 오수처리에 많이 이용되는 것은?

① 회전원판법
② 부패조법
③ 산화지법
④ 살수여상법

해설
산화지법은 생물학적 처리법의 일종으로 호기성 산화지(Aerobic Lagoon), 포기식 산화지(Aerated Lagoon), 임의성 산화지(Facultative Lagoon)로 분류된다.

19 1차 침전지의 깊이가 4m, 표면적 1m²에 대해 30m³/day으로 폐수가 유입된다. 이때의 체류시간은?

① 2.3시간
② 3.2시간
③ 5.5시간
④ 6.1시간

해설
$$t = \frac{V}{Q} = \frac{4m \times 1m^2 \times 24hr/day}{30m^3/day} = 3.2hr$$

20 비점오염원의 특징으로 거리가 먼 것은?

① 지표수 유출이 거의 없는 갈수 시 하천수 수질 악화에 큰 영향을 미친다.
② 기상조건, 지질, 지형 등의 영향이 크다.
③ 빗물, 지하수 등에 의하여 희석되거나 확산되면서 넓은 장소로부터 배출된다.
④ 일간, 계절 간의 배출량 변화가 크다.

해설
비점오염원은 강우 등 자연적 요인에 따른 배출량의 변화가 심하여 예측이 곤란하다. 지표수 유출이 거의 없는 갈수 시 하천수 수질악화에 큰 영향을 미치는 것은 점오염원이다.

21 수자원에 대한 일반적인 설명으로 틀린 것은?

① 호수는 미생물의 번식이 있고, 수온변화에 따른 성층이 형성된다.
② 지표수는 무기물이 풍부하고 지하수보다 깨끗하며 연중 수온이 일정하다.
③ 수량면에서는 무한하지만 사용 목적이 극히 한정적인 수자원은 바닷물이다.
④ 호수는 물의 움직임이 적어 한 번 오염이 되면 회복이 어렵다.

해설
지하수는 무기물이 풍부하고 지표수보다 깨끗하며 연중 수온이 일정하다.

22 다음 [보기] 중 물리적 흡착의 특징을 모두 고른 것은?

┤보기├
ㄱ. 흡착과 탈착이 비가역적이다.
ㄴ. 온도가 낮을수록 흡착량은 많다.
ㄷ. 흡착이 다층(Multi-layers)에서 일어난다.
ㄹ. 분자량이 클수록 잘 흡착된다.

① ㄱ, ㄴ
② ㄴ, ㄹ
③ ㄱ, ㄴ, ㄷ
④ ㄴ, ㄷ, ㄹ

해설
ㄱ. 흡착과 탈착이 가역적이다.

23 시료의 5일 BOD가 212mg/L이고, 탈산소계수값이 0.15/day(밑수 10)이면 이 시료의 최종 BOD(mg/L)는?

① 243
② 258
③ 285
④ 292

해설
$BOD_t = BOD_u (1 - 10^{-k \cdot t})$
여기서, BOD_t : 5일 후 BOD값
　　　　BOD_u : 최종 BOD값
　　　　k : 탈산소계수
　　　　t : 시간
$212\text{ppm} = BOD_u (1 - 10^{-0.15 \times 5})$
$BOD_u = \dfrac{212}{0.82} = 258\text{ppm}$

24 0.01M 염산(HCl) 용액의 pH는 얼마인가?(단, 이 농도에서 염산은 100% 해리한다)

① 1
② 2
③ 3
④ 4

해설
HCl → H⁺ + Cl⁻
0.01M 0.01M 0.01M
$pH = -\log[H^+] = -\log[0.01] = -\log[10^{-2}] = 2$

25 다음 중 폐수처리의 대표적인 부착성장식 생물학적 처리 공법은?

① 활성슬러지법
② 이온교환법
③ 살수여상법
④ 임호프탱크

해설
폐수처리 공정
- 부유식성장(Suspended Growth) : 활성슬러지법
- 부착식성장(Attached Growth) : 살수여상법

26 물속의 탄소유기물이 호기성 분해를 하여 발생하는 것은?

① 암모니아
② 탄산가스
③ 메탄가스
④ 유화수소

해설
호기성 분해과정
탄소유기물 + O_2 —(호기성 미생물)→ CO_2 + H_2O + 에너지
※ 혐기성 분해과정 : 메탄가스(CH_4) 및 탄산가스(CO_2) 발생

27 다음 중 활성슬러지공법으로 하수를 처리할 때 주로 사상성 미생물의 이상번식으로 2차 침전지에서 침전성이 불량한 슬러지가 침전되지 못하고 유출되는 현상을 의미하는 것은?

① 슬러지 벌킹
② 슬러지 시딩
③ 연못화
④ 역 세

해설
슬러지 벌킹이란 슬러지의 침강성이 불량하여 농축이 잘 안되는 현상으로 사상균이나 사상체로 성장하는 미생물이 원인이다.

28 다음 중 폐수를 응집침전으로 처리할 때 영향을 주는 주요인자와 가장 거리가 먼 것은?

① 수 온
② pH
③ DO
④ Colloid의 종류와 농도

해설
응집침전에 영향을 주는 주요인자는 수온, pH, 알칼리도, 교반조건, Colloid의 종류와 농도 등이다.

29 다음 폐수처리법 중 입자의 고액분리 방법과 가장 거리가 먼 것은?

① 전기투석
② 부상분리
③ 침 전
④ 침사지

[해설]
전기투석은 폐수처리의 고도처리공정으로서 폐수 중의 무기염류를 제거하는 목적에 이용된다.

30 하수처리장에서 발생하는 슬러지를 혐기성으로 소화처리하는 목적으로 가장 거리가 먼 것은?

① 병원균의 사멸
② 독성 중금속 및 무기물의 제거
③ 무게와 부피 감소
④ 메탄과 같은 부산물 회수

[해설]
독성 중금속 및 무기물 등은 혐기성으로 소화처리하여 제거할 수 없고 고도폐수처리를 해야 한다.

31 Jar-Test와 가장 관련이 깊은 것은?

① 응집제 선정과 주입량 결정
② 흡착제(물리, 화학) 선정과 적용
③ 경도 결정
④ 최적 알칼리도 선정

[해설]
Jar-Test
- Step 1 : 6개의 Jar에 원수를 넣고, 응집제 주입량을 달리함
- Step 2 : 급속교반, 완속교반, 20분 정치시킴
- Step 3 : 각 Jar의 상징수를 채취하여 탁도를 측정
- Step 4 : 최저 탁도를 나타내는 Jar의 응집제 주입률을 최적값으로 판정

32 액체염소의 주입으로 생성된 유리염소, 결합잔류염소의 살균력의 크기를 바르게 나열한 것은?

① $HOCl$ > Chloramine > OCl^-
② OCl^- > $HOCl$ > Chloramine
③ $HOCl$ > OCl^- > Chloramine
④ OCl^- > Chloramine > $HOCl$

[해설]
염소 살균력의 크기
$HOCl$ > OCl^- > Chloramine

33 산성폐수의 중화제로서 값이 저렴하여 널리 이용되지만 용해속도가 느리고 중화반응 시 슬러지가 많이 발생하는 것은?

① $NaOH$
② Na_2CO_3
③ $Ca(OH)_2$
④ KOH

[해설]
산성폐수 중화제의 종류

구 분	중화제	특 성
알칼리 금속염	가성소다($NaOH$) 수용액 소다회(Na_2CO_3)	• 값이 비싸다. • 용해도가 크므로 용액주입이 용이하고 반응력이 크다. • 반응이 빠르고 pH 조정이 정확하다.
알칼리토 금속염	소석회[$Ca(OH)_2$] 생석회(CaO)	• 값이 싸다. • 용해도가 낮아서 미분말 또는 Slurry 상태로 주입한다. • 응집효과가 다소 있으나 반응생성물은 불용성이 많아서 슬러지량이 많이 발생한다.
탄산염	석회석($CaCO_3$) Dolomite[$CaMg(CO_3)_2$]	• 값이 싸다. • 반응시간이 길다.

34 다음 중 활성슬러지공법으로 폐수를 처리하는 경우 침전성이 좋은 슬러지가 최종침전지에서 떠오르는 슬러지 부상(Sludge Rising)을 일으키는 원인으로 가장 적합한 것은?

① 층류 형성
② 이온전도도 차
③ 탈질 작용
④ 색도 차

해설
슬러지 부상(Sludge Rising)
유입폐수 중의 질소 성분이 폭기에 의해 질산화되고 종말침전조에서 DO가 부족하면 탈질산화 현상이 일어나면서 이때 발생하는 질소가스가 슬러지를 부상시킨다.

35 농황산의 비중이 약 1.84, 농도는 75%라면 이 농황산의 몰농도(mol/L)는?(단, 농황산의 분자량은 98이다)

① 9
② 11
③ 14
④ 18

해설
몰농도(mol/L) = (1,000 × %농도/100 × 비중) / M
여기서, M : 용질의 분자량
∴ 몰농도(mol/L) = (1,000 × 75/100 × 1.84)/98 = 14

36 폐기물 발생량의 산정방법으로 가장 거리가 먼 것은?

① 적재차량 계수분석
② 직접계수법
③ 간접계수법
④ 물질수지법

해설
폐기물 발생량의 산정방법에는 적재차량 계수분석, 직접계수법, 물질수지법 등이 있다.

37 함수율이 97%인 슬러지 3,850m³를 농축하여 함수율 94%로 낮추었을 때 슬러지의 부피는?(단, 슬러지 비중은 1.0이다)

① 1,800m³
② 1,925m³
③ 2,200m³
④ 2,400m³

해설
$3,850 \times (100 - 97) = V_2(100 - 94)$
$V_2 = (3,850 \times 3)/6 = 1,925m^3$

38 폐기물공정시험기준(방법)에 의거 기름성분을 중량법(노말헥산 추출시험방법)으로 분석하는 방법에 관한 설명으로 옳지 않은 것은?

① 노말헥산층에 용해되는 물질을 노말헥산으로 추출하여 증발시킨 잔류물의 무게로부터 구하는 방법이다.
② 정량범위는 5~200mg이고, 표준편차율은 5~20%이다.
③ 전기맨틀의 온도를 105~110℃로 유지하면서 1mL/min 속도로 증류한다.
④ 수분 제거를 위해 무수황산나트륨을 넣는다.

해설
전기맨틀의 온도를 80℃로 유지하면서 매초당 한 방울의 속도로 증류한다.

39 폐기물관리법령상 지정폐기물 중 부식성 폐기물의 "폐산" 기준으로 옳은 것은?

① 액체상태의 폐기물로서 수소이온 농도지수가 2.0 이하인 것으로 한정한다.
② 액체상태의 폐기물로서 수소이온 농도지수가 3.0 이하인 것으로 한정한다.
③ 액체상태의 폐기물로서 수소이온 농도지수가 5.0 이하인 것으로 한정한다.
④ 액체상태의 폐기물로서 수소이온 농도지수가 5.5 이하인 것으로 한정한다.

해설
부식성 폐기물
- 폐산(액체상태의 폐기물로서 수소이온 농도지수가 2.0 이하인 것으로 한정한다)
- 폐알칼리(액체상태의 폐기물로서 수소이온 농도지수가 12.5 이상인 것으로 한정하며, 수산화칼륨 및 수산화나트륨을 포함한다)

40 폐기물 선별에 관한 다음 설명 중 옳지 않은 것은?

① 영구자석을 이용한 선별방법은 별다른 동력이 소요되지 않으나 주입되는 폐기물의 양이 적어야 한다.
② 스크린 선별방법은 주로 큰 폐기물로부터 후속 처리 장치를 보호하거나 재료회수를 위해 많이 사용된다.
③ 스크린 선별방식 중 골재분리에는 회전식이, 도시폐기물 선별에는 진동식이 일반적으로 많이 사용된다.
④ 관성 선별방법은 중력이나 탄도학을 이용한 방법이다.

해설
스크린 선별방식 중 건설현장의 골재분리에는 진동식을, 도시폐기물 선별에는 회전식(트롬멜 스크린)을 사용한다.

41 A지역의 쓰레기 수거량은 연간 3,500,000톤이다. 이 쓰레기를 5,000명이 수거한다면 수거능력은 얼마인가?(단, 1일 작업시간은 8시간, 1년 작업일수는 300일)

① 2.34MHT
② 3.43MHT
③ 3.97MHT
④ 4.21MHT

해설
MHT = (수거인부 × 작업시간)/(쓰레기 수거량)
= (5,000인 × 8hr/day × 300day/year)/(3,500,000t/year)
≒ 3.43

42 폐기물을 압축시킨 결과 용적감소율이 75%였다면 이 때의 압축비는?

① 3
② 4
③ 5
④ 6

해설
부피감소율(VR) = $(1 - 1/CR) \times 100$
$75 = (1 - 1/CR) \times 100$
$(1 - 1/CR) = 0.75$
$1/CR = 0.25$
$CR = 1/0.25 = 4$

43 다음 중 MHT에 대한 설명으로 옳지 않은 것은?

① Man·hour/ton을 뜻한다.
② 폐기물의 수거효율을 평가하는 단위로 쓰인다.
③ MHT가 클수록 수거효율이 좋다.
④ 수거작업 간의 노동력을 비교하기 위한 것이다.

해설
MHT가 작을수록 수거효율이 좋다.

44 다음 중 하부로부터 가스를 주입하여 모래를 띄운 후, 이를 가열하여 상부로부터 폐기물을 주입하여 소각하는 형식은?

① 유동상 소각로
② 회전식 소각로
③ 다단식 소각로
④ 화격자 소각로

해설
유동상 소각로
여러 개의 공기분사 노즐이 있는 화상 위에 모래를 넣고 노즐로부터 공기를 압송하여 모래를 유동시켜 유동층을 형성하고, 모래를 버너로 약 600~700℃ 정도로 예열한 상태에서 쓰레기를 투입하여 순간적으로 건조, 소각하는 방식이다.

45 폐기물 처리 시 에너지를 회수 또는 재활용 할 수 있는 처리법으로 가장 거리가 먼 것은?

① 표준활성처리
② 열분해
③ 발효
④ RDF

해설
표준활성처리는 일반적인 수처리방법이다. 최종침전지로부터 유입 하수량의 20~50%에 상당하는 활성슬러지를 포기조(활성슬러지조)로 반송하여 유입하수와 활성슬러지를 혼합 후 5시간 정도 포기하여 최종침전지에서 슬러지를 분리하여 상등수를 방류한다.

46 유해폐기물을 "무기적 고형화"에 의한 처리방법에 관한 특성비교로 옳지 않은 것은?(단, 유기적 고형화 방법과 비교)

① 고도의 기술이 필요하며, 촉매 등 유해물질이 사용된다.
② 수용성이 작고, 수밀성이 양호하다.
③ 고화재료 구입이 용이하며, 재료가 무독성이다.
④ 상온, 상압에서 처리가 용이하다.

해설
①은 유기적 고형화 방법의 특성이다.

47 다음은 폐기물의 고화처리방법에 관한 설명이다. 가장 적합한 것은?

> 가장 흔히 사용되는 고화처리방법 중 하나이며, 고화제로는 포틀랜드 시멘트가 사용되고, 고농도의 중금속 폐기물 처리에 적합하다.

① 석회기초법
② 피막형성법
③ 시멘트기초법
④ 자가시멘트법

해설
① 콘크리트와 같은 고형물을 얻기 위하여 석회를 기초로 하고 미세한 포졸란(Pozzolan) 물질을 폐기물과 함께 섞어 시멘트 기초법과 같은 효과를 얻는 방법
② 건조된 폐기물을 1,2-polybutadiene과 같은 결합체와 섞은 후 약간의 고온에서 응고시키고 응고된 폐기물은 Polyethylene과 같은 플라스틱으로 피막을 입혀 단단한 고체 덩어리로 만드는 방법
④ 연소가스 탈황 시 발생된 슬러지(Flue Gas Desulfurization Sludge; FGD sludge) 처리에 사용되는 방법

48 다음은 폐기물관리법상 용어의 정의이다. ( ) 안에 알맞은 것은?

> ( )이란 보건·의료기관, 동물병원, 시험·검사기관 등에서 배출되는 폐기물 중 인체에 감염 등 위해를 줄 우려가 있는 폐기물과 인체 조직 등 적출물, 실험동물의 사체 등 보건·환경보호상 특별한 관리가 필요하다고 인정되는 폐기물로서 대통령령으로 정하는 폐기물을 말한다.

① 병원폐기물
② 의료폐기물
③ 적출폐기물
④ 기관폐기물

해설
폐기물관리법상 의료폐기물은 격리의료폐기물, 위해의료폐기물, 일반의료폐기물로 구분된다.

49 다음 중 퇴비화 공정에 있어서 분해가 가장 더딘 물질은?

① 아미노산
② 리그닌
③ 탄수화물
④ 글루코스

해설
단백질, 아미노산, 탄수화물, 글루코스 등은 분해가 잘되어 퇴비화가 원만히 진행되나, 셀룰로스나 리그닌 등 분해가 잘되지 않은 퇴비화에 있어서 많은 시간이 걸린다.

50 유기물을 완전연소시키기 위한 폐기물의 연소성능 필요조건 항목(3T)으로 가장 거리가 먼 것은?

① 온 도
② 기 압
③ 체류시간
④ 혼 합

해설
폐기물의 연소성능 3T
- 체류시간(Time)
- 온도(Temperature)
- 혼합(Turbulence)

51 화격자의 소각로의 장점에 해당되는 것은?

① 체류시간이 짧고 교반력이 강하다.
② 연속적인 소각과 배출이 가능하다.
③ 열에 쉽게 용융되는 물질의 소각에 적합하다.
④ 가동·정지 조작이 간편하며, 구동 부분의 마모 손실이 적다.

해설
화격자 소각로는 연속적 소각 및 배출이 가능하며 대량 소각도 가능하다.
① 체류시간이 길고 교반력이 약하다.
③ 열에 쉽게 용융되는 물질은 화격자 막힘 현상을 일으킨다.
④ 구동 부분의 마모 손실이 크다.

52 매립지의 복토기능으로 거리가 먼 것은?

① 화재 발생 방지
② 우수의 이동 및 침투방지로 침출수량 최소화
③ 유해가스 이동성 향상
④ 매립지의 압축효과에 따른 부등침하의 최소화

해설
유해가스 이동성을 억제한다.

정답 48 ② 49 ② 50 ② 51 ② 52 ③

53 소형 차량으로 수거한 쓰레기를 대형 차량으로 옮겨 운반하기 위해 마련하는 적환장의 위치로 적합하지 않은 곳은?

① 주요 간선도로에 인접한 곳
② 수송 측면에서 가장 경제적인 곳
③ 공중위생 및 환경피해가 최소인 곳
④ 가능한 한 수거지역에서 멀리 떨어진 곳

해설
④ 가능한 한 수거지역에서 가까운 곳

54 인구 100,000명의 중소도시에 발생되는 쓰레기의 양이 200m³/day(밀도 750kg/m³)이다. 적재량 5ton 트럭으로 운반하려면 1일 소요되는 트럭 대수는?(단, 트럭은 1회 운행)

① 12대　　② 18대
③ 24대　　④ 30대

해설
소요되는 트럭 대수 = (200m³/day × 750kg/m³)/5,000kg/대
　　　　　　　　= 30대/day

55 폐기물 매립지 입지 선정 시 적격 기준항목으로 거리가 먼 것은?

① 토지 : 주민 밀집 지역인 곳
② 토양 : 주변 토양 복토재 사용 가능성 있는 곳
③ 지형 및 지질 : 경제성 있는 매립용량 확보 가능한 곳
④ 수문 : 강우배제 침출수 발생 제어가 용이한 곳

해설
주변에 민가가 없고 주거지역으로부터 멀리 떨어져 있어야 한다.

56 진동 감각에 대한 인간의 느낌을 설명한 것으로 옳지 않은 것은?

① 진동수 및 상대적인 변위에 따라 느낌이 다르다.
② 수직 진동은 주파수 4~8Hz에서 가장 민감하다.
③ 수평 진동은 주파수 1~2Hz에서 가장 민감하다.
④ 인간이 느끼는 진동가속도의 범위는 0.01~10 Gal이다.

해설
인간이 느끼는 최소 진동가속도 레벨은 55±5dB 정도이다.

57 다음 중 중이(中耳)에서 음의 전달매질은?

① 음 파
② 공 기
③ 림프액
④ 뼈

해설
음의 전달매질
• 외이 : 공기
• 중이 : 이소골(뼈)
• 내이 : 와우림프액

정답 53 ④　54 ④　55 ①　56 ④　57 ④

58 다음은 소음·진동환경오염공정시험기준에서 사용되는 용어의 정의이다. ( ) 안에 알맞은 것은?

> ( )란 임의의 측정시간동안 발생한 변동소음의 총에너지를 같은 시간 내의 정상소음의 에너지로 등가하여 얻어진 소음도를 말한다.

① 등가소음도
② 평가소음도
③ 배경소음도
④ 정상소음도

해설
② 대상소음도에 보정치를 보정한 후 얻어진 소음도
③ 측정소음도의 측정위치에서 대상소음이 없을 때 이 시험기준에서 정한 측정방법으로 측정한 소음도 및 등가소음도
④ 정상소음은 시간적으로 변동하지 아니하거나 또는 변동폭이 작은 소음

59 어느 벽체에서 입사음의 세기가 10^{-2}W/m²이고, 투과음의 세기가 10^{-4}W/m²이다. 이 벽체의 투과손실은?

① 10dB
② 15dB
③ 20dB
④ 30dB

해설
투과손실 $TL = 10\log\left(\dfrac{1}{\tau}\right)$ dB
투과율 τ = 투과음의 세기/입사음의 세기 = 10^{-4}W/m² / 10^{-2}W/m²
    = 10^{-2}W/m²
$TL = 10\log(1/10^{-2}) = 10\log(10^2) = 20$dB

60 측정음압 1Pa일 때 음압레벨은 몇 dB인가?

① 50dB
② 77dB
③ 84dB
④ 94dB

해설
$SPL = 20\log\left(\dfrac{P}{P_o}\right)$
최소음압실효치 $P_o = 2\times10^{-5}$N/m²이므로
$SPL = 20\log\left(\dfrac{1}{2\times10^{-5}}\right) = 93.98$dB

| CHAPTER 01 | 용존산소(DO)측정 | 회독 CHECK 1 2 3 |
| CHAPTER 02 | 대기시료측정 | 회독 CHECK 1 2 3 |

PART

04

실기(작업형)

용존산소(DO)측정

제1절 | 실험기구 및 실험시약

1 실험기구

BOD병

200mL 메스플라스크 또는 메스실린더

250mL 삼각플라스크

깔때기

피펫필라와 피펫	뷰 렛

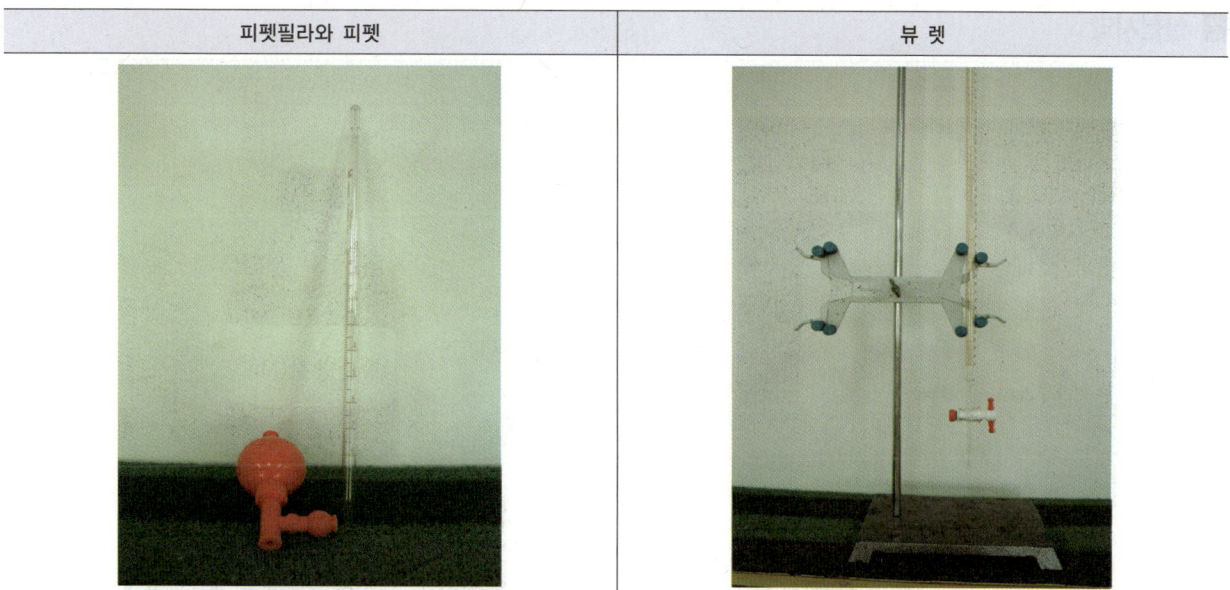

2 실험시약

시료 용액	황산망간(MnSO₄) 용액
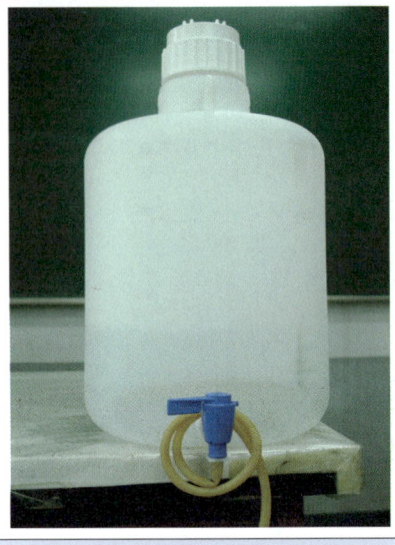	
황산(H₂SO₄) 용액	알칼리성 아이오딘화칼륨-아자이드화나트륨(KI-NaN₃) 용액
	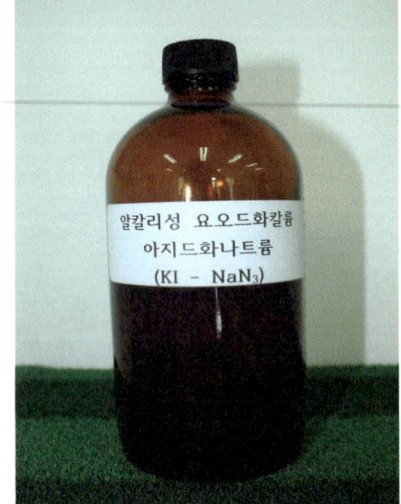

녹말 용액	티오황산나트륨($Na_2S_2O_3$) 용액
	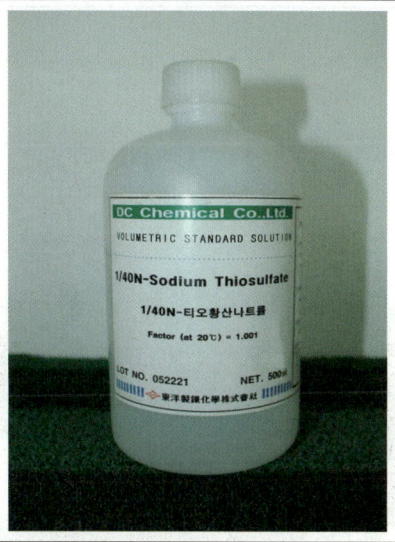

제2절 | 실험과정 및 DO 분석과정

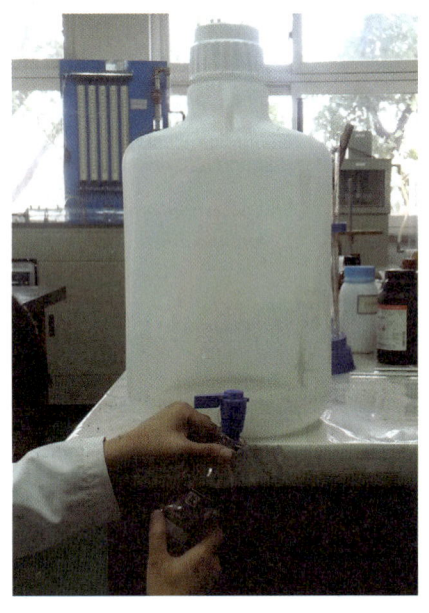

(1) BOD병에 시료 용액을 가득 받는다.

(2) 시료를 받은 BOD병에 황산망간 용액 1mL를 넣는다.

(3) 알칼리성 아이오딘화칼륨-아자이드화 나트륨 용액 1mL를 넣는다.

(4) 약 10분 정도 방치한 후 30% 정도 바닥으로 침전시킨다.

(5) 상등액이 생긴 BOD병에 황산 용액 2mL를 넣는다.

(6) 황산을 넣으면 갈색 침전물과 반응하여 노란색 아이오딘이 생성된다.

(7) 병을 좌우로 흔들어 생성된 침전물을 완전히 녹인다.

(8) 완전히 녹인 후 시료, 깔때기, 200mL 메스플라스크를 준비한다.

(9) 시료를 200mL 메스플라스크에 표시된 눈금까지 넣는다.

(10) 메스플라스크에 담긴 시료를 삼각플라스크로 옮긴다.

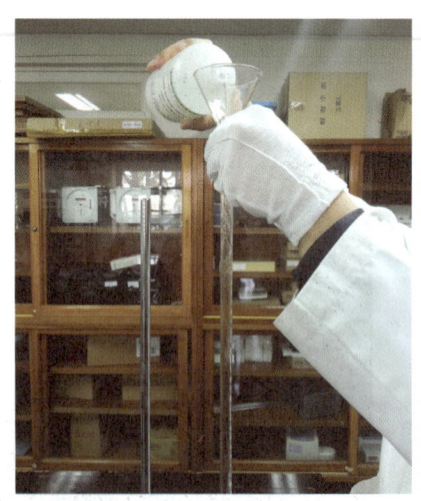

(11) 뷰렛에 티오황산나트륨 용액을 눈금까지 정확히 넣는다.

(12) 뷰렛을 삼각플라스크의 오른쪽에 최대한 밀착시켜 적정을 시작한다.

(13) 시료가 연한 노란색이 될 때까지 적정한다.

(14) 노란색의 용액에 녹말을 1mL 넣어 진한 청색으로 발색시킨다.

(15) 청색 시료를 다시 티오황산나트륨 용액으로 투명한 색이 될 때까지 적정시킨다.

(16) 적정이 끝나면 적정에 소비된 티오황산나트륨 용액의 양을 측정한다.

제3절 | 답안지 작성방법

1 답안지 작성 순서

① 용존산소 계산식을 다음과 같이 정확히 작성한다.

$$\text{용존산소(mg/L)} = a \times f \times \frac{V_1}{V_2} \times \frac{1{,}000}{V_1 - R} \times 0.2$$

a : 적정에 소비된 0.025M-티오황산나트륨 용액(mL)
f : 0.025M-티오황산나트륨 용액의 역가(Factor)
V_1 : 전체의 시료량(용존산소 측정병의 용량)(mL)
V_2 : 적정에 사용한 시료량(mL)
R : 황산망간 용액과 알칼리성 아이오딘화칼륨-아자이드화나트륨 용액 첨가량(mL)

② 계산과정에서 f값은 역가를 나타내며, 대부분 1로 주어진다. 주어지지 않을 경우 티오황산나트륨 용액의 용기에 표시되어 있으므로 확인한다. 그 외 나머지 값들은 실험한 내용을 바탕으로 대입하여 계산한다.

③ 계산식을 통해 값이 소수점 3번째 자리 이하로 나올 경우 소수점 3번째 자리에서 둘째짜리까지 반올림하여 적는다(단, 반올림한 수가 0일때는 생략하지 않고 적어준다).

예 7.2345 → 7.23
　　8.127 → 8.13
　　9.101 → 9.10

④ 계산과정에서 측정된 용존산소값을 마지막 용존산소 농도에 옮겨 적는다.
⑤ 아래 적정 소요량에는 적정에 소요된 티오황산나트륨 용액의 양을 적는다.

2 답안지 작성 예시

환경기능사 실기시험 답안지(예시)

자격종목	환경기능사	비번호 (등번호)		감독위원 확인	

- 용존산소(DO) 계산식을 적고 해당 항목에 대해 정확히 기술하세요.

$$\text{용존산소(mg/L)} = a \times f \times \frac{V_1}{V_2} \times \frac{1{,}000}{V_1 - R} \times 0.2$$

a : 적정에 소비된 0.025M-티오황산나트륨 용액(mL)
f : 0.025M-티오황산나트륨 용액의 역가(Factor)
V_1 : 전체의 시료량(용존산소 측정병의 용량)(mL)
V_2 : 적정에 사용한 시료량(mL)
R : 황산망간 용액과 알칼리성 아이오딘화칼륨-아자이드화나트륨 용액 첨가량(mL)

- 계산과정

$$\text{용존산소(mg/L)} = 9.2 \times 1 \times \frac{300}{200} \times \frac{1{,}000}{300 - 2} \times 0.2$$

$$= 9.261$$

$$= 9.26$$

- 용존산소량

용존산소(mg/L) = 9.26

적정 소요량	9.2mL

CHAPTER 02 대기시료측정

제1절 | 시험과정

1 대기시료채취장치 구성평가의 시험은 작업형 감독관들이 실기시험 도중 등번호를 호명하여 차례대로 불러 평가를 진행한다.

2 일반적으로 대기시료채취장치의 연결순서와 흡수액과 바이패스액의 구성을 묻는 두 문제가 출제된다.
① 대기시료가스채취장치 연결순서
㉠ 하얀 종이에 각 장치의 이름이 적혀 있고 이것을 감독관에게 순서대로 나열해 보라고 하거나 답안지에 적는 형태로 진행한다.
  예 대기시료채취장치의 순서를 (   ) 안에 적으시오.
  (   ) → (   ) → (   ) → (   ) → (   )
㉡ 굴뚝에서 배기가스가 배출되었을 때를 기준으로 한다.

[일반적인 형태]

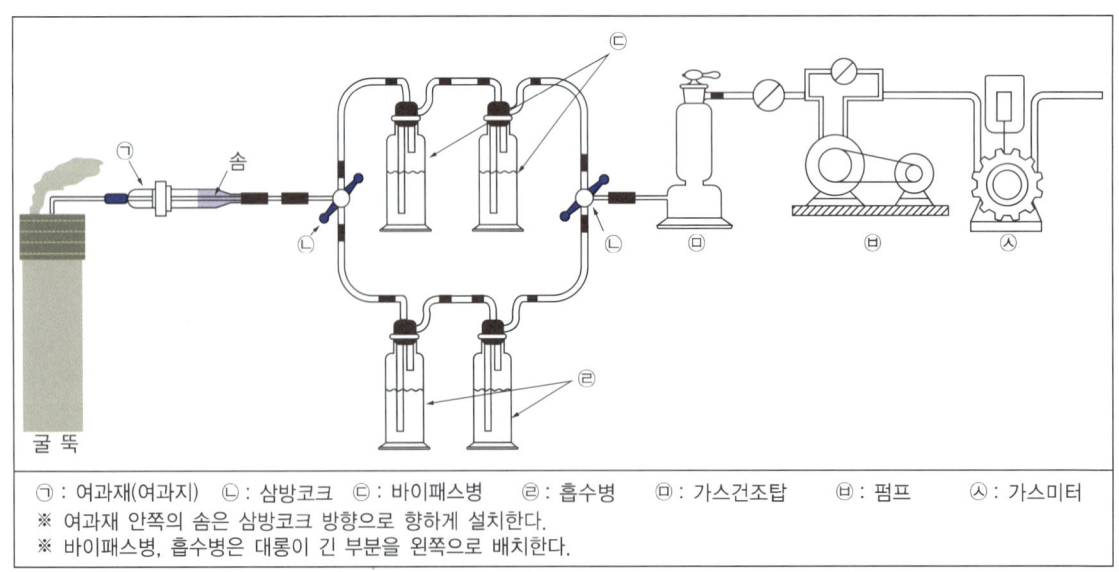

㉠ : 여과재(여과지) ㉡ : 삼방코크 ㉢ : 바이패스병 ㉣ : 흡수병 ㉤ : 가스건조탑 ㉥ : 펌프 ㉦ : 가스미터
※ 여과재 안쪽의 솜은 삼방코크 방향으로 향하게 설치한다.
※ 바이패스병, 흡수병은 대롱이 긴 부분을 왼쪽으로 배치한다.

• 순서 : 삼방코크 이후 바이패스병 → 흡수병 → 건조탑 → 흡인펌프 → 가스미터

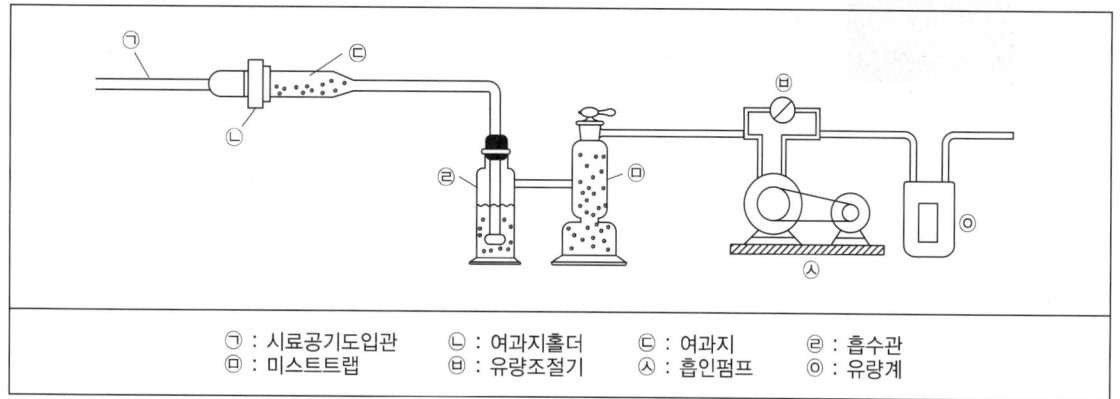

이 름	역할 및 재질	비 고
⊙ : 시료공기도입관	ⓒ : 여과지홀더	ⓒ : 여과지	ⓔ : 흡수관
ⓜ : 미스트트랩	ⓗ : 유량조절기	ⓐ : 흡인펌프	ⓞ : 유량계

- 순서 : 시료도입관* → 여과지홀더 → 여과지 → 흡수관(= 흡수액) → 미스트트랩(= 건조탑) → 유량조절기*
  → 흡인펌프 → 유량계(= 가스미터)

  ※ 시료도입관과 유량조절기는 제시되지 않는 경우도 있다.

ⓒ 각 부분의 역할 및 재질

이 름	역할 및 재질	비 고
채취관	• 굴뚝으로 배출되는 시료를 채취 • 재질 : 강철, 석영, 경질유리, 스테인리스강 등	-
여과재(여과지)	• 입자상 물질을 미리 제거 • 재질 : 실리카솜, 유리솜, 소결유리 등	솜 있는 부분이 오른쪽
삼방코크	유입되는 가스의 방향을 선별적으로 이동시킴(흡수병 vs 바이패스병)	• 방향에 주의 • 상반기 이후 배제됨
바이패스병	흡수병 이전에 배관 속을 시료로 치환시킴	대롱이 긴 부분을 왼쪽으로 배치
흡수병	주요 오염가스를 포집	대롱이 긴 부분을 왼쪽으로 배치
건조탑(미스트트랩)	• 장치의 부식을 막기 위해 수분 및 가스를 제거 • 재질 : 실리카겔, 염화칼슘 등	-
흡인펌프	펌핑하여 가스를 이동시킴	-
가스미터	배관을 통과한 총 가스의 양을 측정	-

② 흡수액과 바이패스액 정리

구 분	흡수액	바이패스액
암모니아	붕산용액(0.5%)	황산(10%)
염화수소	수산화나트륨(0.1N)	수산화나트륨(20%)
황산화물	과산화수소수(1 + 9)	과산화수소수(1 + 9)
황화수소	아연아민착염용액	수산화나트륨(20%)

교육이란 사람이 학교에서 배운 것을 잊어버린 후에 남은 것을 말한다.

– 알버트 아인슈타인 –

Win-Q 환경기능사 필기+실기

개정11판1쇄 발행	2026년 01월 05일 (인쇄 2025년 08월 20일)
초 판 발 행	2015년 01월 15일 (인쇄 2014년 11월 19일)
발 행 인	박영일
책 임 편 집	이해욱
편 저	김 민
편 집 진 행	윤진영, 김지은
표지디자인	권은경, 길전홍선
편집디자인	정경일, 이현진
발 행 처	(주)시대고시기획
출 판 등 록	제10-1521호
주 소	서울시 마포구 큰우물로 75 [도화동 538 성지 B/D] 9F
전 화	1600-3600
팩 스	02-701-8823
홈 페 이 지	www.sdedu.co.kr

I S B N	979-11-383-9791-9(13530)
정 가	27,000원

※ 저자와의 협의에 의해 인지를 생략합니다.
※ 이 책은 저작권법의 보호를 받는 저작물이므로 동영상 제작 및 무단전재와 배포를 금합니다.
※ 잘못된 책은 구입하신 서점에서 바꾸어 드립니다.

기능사 / 기사·산업기사 / 기능장 / 기술사

단기합격을 위한 완전 학습서

Win-Q 윙크시리즈
WIN QUALIFICATION

Win-Q
승강기기능사
필기+실기

Win-Q
전기기능사
필기

Win-Q
피복아크용접기능사
필기

Win-Q
컴퓨터응용선반·밀링기능사
필기

Win-Q
설비보전기능사
필기+실기

Win-Q
자동화설비기능사
필기

Win-Q
전산응용기계제도기능사
필기

Win-Q
화학분석기능사
필기+실기

자격증 취득에 승리할 수 있도록 **Win-Q시리즈**가 완벽하게 준비하였습니다.

Win-Q
위험물기능사
필기

Win-Q
환경기능사
필기+실기

Win-Q
화훼장식기능사
필기

Win-Q
원예기능사
필기+실기

Win-Q
공조냉동기계산업기사
필기

Win-Q
화학분석기사
필기

Win-Q
위험물산업기사
필기

Win-Q
소방설비기사[전기편]
필기

Win-Q
설비보전산업기사
필기+실기

Win-Q
가스산업기사
필기

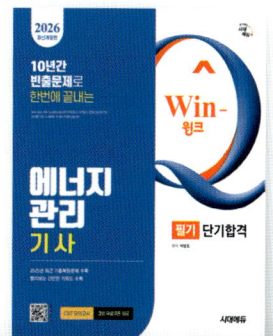
Win-Q
에너지관리기사
필기

Win-Q
실내건축산업기사
필기

※ 도서의 이미지 및 구성은 변경될 수 있습니다.